飞机防火技术丛书

# 飞机防火技术概论

张和平　陆　松　张　丹　刘长城　付阳阳　编著

科学出版社

北　京

## 内 容 简 介

本书主要介绍了现代飞机防火技术的基本概念和技术发展的概貌，以及近年来国内外的研究成果。主要内容包括：飞机防火技术基础理论，飞机动力装置舱被动、主动防火技术和灭火剂浓度探测技术，飞机货舱、行李舱防火技术，飞机客舱防火技术和人员疏散研究，其他舱室防火技术，以及飞机上多种可燃物的火灾特性研究等。

本书可以作为飞机设计人员、飞机防火研究人员的参考书籍，也可以用于安全工程、飞机设计相关专业等专业研究生、高年级本科生的教学。

**图书在版编目（CIP）数据**

飞机防火技术概论/张和平等编著. —北京：科学出版社，2017.12

（飞机防火技术丛书）

ISBN 978-7-03-055619-6

Ⅰ. ①飞…　Ⅱ. ①张…　Ⅲ. ①飞机防火-概论　Ⅳ. ①V328.3

中国版本图书馆 CIP 数据核字（2017）第 290710 号

责任编辑：胡　凯　许　蕾/责任校对：彭　涛

责任印制：赵　博/封面设计：许　瑞

科学出版社出版

北京东黄城根北街 16 号

邮政编码：100717

http://www.sciencep.com

北京厚诚则铭印刷科技有限公司印刷

科学出版社发行　各地新华书店经销

*

2017 年 12 月第　一　版　开本：787×1092　1/16

2025 年　1 月第三次印刷　印张：34 1/4

字数：812 000

**定价：199.00 元**

（如有印装质量问题，我社负责调换）

# 前　言

近年来，中国航空运输业和制造业得到了迅猛发展。作为国家战略行业，中国民航自 2012 年以来，全行业运输总周转量、旅客运输量和货邮运输量年均分别增长 12.1%、11.2%和 5.2%。截至 2016 年底，我国航空运输规模连续 12 年稳居世界第二位，仅次于美国；民航旅客周转量在综合交通运输体系中的比重达到 26.8%。在航空制造业方面，我国自行研制的支线客机 ARJ21 已经交付使用，C919 大型客机正在试飞，蛟龙 600 等型号也稳步推进，多型军用飞机的研发与生产也取得了迅猛的发展。随着飞机使用量的剧增，飞机火灾事故频发，飞机的防火安全性问题越来越凸显，引起了社会各界的关注。

安全与生存能力要求促进了飞机对防火的需求。安全主要是缓解系统或组件故障或人为错误带来的危险，而飞机生存能力往往对军用飞机而言，与飞机对威胁的敏感性和易损性相关。例如，如果没有防火措施的保护，在飞机上弹片击中的区域很可能发生火灾甚至爆炸。飞机防火设计的目标是尽可能减少火灾发生的可能性，并将火灾发生后的危害最小化。

飞机火灾的孕育、发生和发展包含着湍流流动、相变、传热传质和复杂化学反应等物理化学作用，是一种涉及物质、动量、能量和化学组分在复杂多变的环境条件下相互作用的三维、多相、多尺度、非定常、非线性、非平衡态的动力学过程，该动力学过程还与作为外部因素的飞机使用者、飞机材料、机舱环境及其他干预因素等发生相互作用。由于火灾现象自身的复杂性和随机性，以及飞机构造和运行环境的多样性，飞机防火技术涉及总体布置、结构、动力系统、燃油系统、环控系统、飞控系统、液压系统、起落架系统、航电系统、电气系统等多个专业。航空工业发达的美国，从 20 世纪初期就逐步认识到飞机防火技术的重要性，美国军方至少早在 1927 年就已经开始涉及飞机防火领域。但是，在民机领域，国外厂商只愿提供产品，却在技术输出上设置壁垒，拒绝合作；在军机领域，欧美发达国家对我国实施严格的技术封锁。相比较而言，我国在航空防火领域的起步较晚，从产品性能到技术标准都落后于西方发达国家，飞机防火技术的薄弱已经制约了我国飞机防火能力的提高以及航空运输和制造业的发展。因此，自主创新，是改变我国航空防火技术落后局面的唯一出路。

为了更好地提高对飞机防火技术的认识，本书以火灾科学、化学反应热力学、安全系统工程理论、飞机防火设备工作原理为基础，对飞机火灾的危险性、飞机火灾探测和灭火机理、飞机材料火灾危险性、飞机防火技术试验验证方法等方面取得的最新研究成果进行全面论述。其中，本书作者在飞机灭火剂浓度测试设备和技术、飞机货舱火灾动力学、飞机干舱固体推进式灭火技术、航空锂电池和镁合金的火灾安全问题等方面的研究属国内独创性工作。

全书共 6 章，由张和平、陆松、张丹、刘长城、付阳阳等共同编写，张和平对全书进行了统稿。其中，第 1 章主要介绍飞机火灾事故、燃烧学和灭火基础理论，以及飞机防火设计的主要技术措施，由张和平、陆松、袁伟、曹承阳编写。第 2 章主要论述飞机动力装置舱防火技术和灭火剂浓度测试设备，由陆松、陈龙、管雨、胡洋、袁伟、曹承阳编写。第 3 章论述飞机货舱和行李舱防火技术，由刘长城、王洁、杨慎林、郑荣、程元、陶能、赵军超、陈祝桥编写。第 4 章讲述飞机客舱防火技术，由张丹、付阳阳、钱汉杰、程元、杨维华编写。第 5 章介绍飞机其他舱室防火技术，并简介直升机防火技术，由付阳阳、张丹、刘长城、陈阳、赵军超、陶能编写。第 6 章介绍飞机典型可燃物火灾特性研究的情况，由付阳阳、刘长城、张丹、龚伦伦、陈龙编写。程旭东、杨晖、周勇、龚伦伦、赵建华、秦俊等对全书进行了校审。王民强、余达恒、杨维华、刘鑫、陈龙等对本书编写工作给予了指导和支持。

本书作者在撰写过程中，引用了国内外同行的相关研究成果，在此一并表示感谢。本书是作者团队多项科研项目研究成果的结晶，得到了火灾科学国家重点实验室自主研究课题“飞机火灾动力学与防控关键技术及装备研究”（SA1301），中央高校基本科研业务费专项资金项目“飞机货舱环境火灾烟气热物理特性与颗粒形貌研究”（WK2320000028）、“航空固体推进式灭火装置内推进剂的制备与性能研究”（WK2320000030）、“一种用于固体推进式灭火装置内的新型推进剂的制备与性能研究”（WK6030000030），中国科学技术大学先进技术研究院创新基金重点研发项目“先进飞机货舱火灾探测技术研究与应用”，中航工业天津航空机电有限公司“飞机防火系统四项大型非标试验设备研发项目”（ES2320000239）、“光学火警探测器性能综合测试装置”（ES2320000246）等项目的资助。在此衷心感谢科技部、中科院、教育部等部门和中航工业天津航空机电有限公司在研究经费上给予的大力资助。

虽然作者在编写过程中尽了最大努力，但由于水平能力有限，疏漏或不足之处在所难免，敬请读者批评指正。

编　者

2017 年 9 月

# 目　录

# 缩略词表

**A**

| | |
|---|---|
| AIAA | 美国航空航天工业协会 |
| AIMS | 飞机飞行监控系统 |
| ALPA | 美国飞行员协会 |
| AMAD | 机身安装辅助驱动器 |
| APU | 辅助动力装置 |

**C**

| | |
|---|---|
| CAA | 美国民用航空管理局 |
| CAAC | 中国民航总局 |
| CACP | 客舱区域控制面板 |
| CCAR | 中国民用航空规章 |
| CFD | 计算流体动力学 |
| CFR | 美国联邦航空法规 |
| CHF | 临界点燃热流 |
| CMS | 中央监控系统 |
| CSCP | 客舱系统控制面板 |

**D**

| | |
|---|---|
| DIRRACS I | 第一代差分红外快速灭火剂测试设备 |
| DIRRACS II | 第二代差分红外快速灭火剂测试设备 |
| DMU | 滤湿调节器 |
| DNS | 直接数值模拟 |
| DSC | 差示扫描量热法 |
| DSP | 数字信号处理 |
| DTG | 微商热重 |
| EFB | 电子飞行包 |

**E**

| | |
|---|---|
| EICAS | 发动机指示和机组报警系统 |
| EWIS | 电气线路互联系统 |

| | |
|---|---|
| FAA | 美国联邦航空局 |

**F**

| | |
|---|---|
| FDS | 火灾动力模拟 |
| FEAS | 灭火剂浓度探测器 |
| FED | 有效剂量分数 |
| FGI | 火势增长指数 |
| FM | 美国工厂联合保险商实验室 |
| FMECA | 故障模式、影响及危害性分析 |
| FMU | 燃油计量单元 |
| FPI | 火灾性能指数 |
| FRACAS | 故障报告、分析与纠正措施系统 |
| FTIR | 傅氏转换红外线光谱分析仪 |

**G**

| | |
|---|---|
| GEM | 绿色高能化合物 |
| GTC | 燃气轮机压缩机 |
| GWP | 全球暖化潜势 |

**H**

| | |
|---|---|
| HRD | 高速释放 |
| HRR | 热释放速率 |

**I**

| | |
|---|---|
| IATA | 国际航空运输协会 |
| ICAO | 国际民航组织 |
| IFE | 飞行娱乐系统 |
| IR | 红外 |

**J**

| | |
|---|---|
| JAA | 美国联合航空局 |
| JAR | 美国联合适航要求 |
| JFS | 喷气燃料启动器 |

**K**

| | |
|---|---|
| KPP | 性能关键参数 |

**L**

LES　大涡模拟
LFL　燃烧下限
LOAEL　最低可见有害作用水平
LOI　氧指数
LRD　低速释放灭火瓶

**M**

MCA　英国海事和海岸警备局
MFHBF　平均故障间隔飞行小时
MLR　质量损失速率
MMH/FH　每飞行小时的维护人时
MTBF　平均故障间隔时间

**N**

NACA　美国国家航空咨询委员会
NAFEC　（美国）国家航空设备试验中心
NASA　美国国家航空航天局
NAVAIR　美国海军司令部
NAWCWD　美国海军空战中心武器分部武器战斗力实验室
NGP　美国下一代灭火技术研究中心
NIST　美国国家标准技术研究院
NOAEL　无明显损害作用水平
NTSB　美国交通运输安全委员会

**O**

ODP　臭氧消耗潜能值
OEU　天花板电子单元

**P**

PCB　印制电路板
PED　便携式电子设备
PHHR　热释放速率峰值
PMLR　质量损失速率峰值
PRF　Purdue 研究基金会

**R**

RANS 雷诺平均和纳维斯托克斯方程
RH 相对湿度

**S**

SEI 固体电解质界面膜
SEM 场发射扫描式电子显微镜
SNAP 美国环保局新替代物政策
SOC 荷电状态
SPGG 固体推进式气体发生器
SPS 二次能源系统

**T**

TDP 哈龙替代技术发展项目
TG 热重分析
THR 总释放热
TMO 过渡金属氧化物
TSB 加拿大运输安全委员会
TTI 点燃时间

**U**

UFL 燃烧上限
UL 美国保险商实验室
UN 联合国
USAF 美国空军
USN 美国海军
UV 紫外线

**W**

WADC Wright 空气开发中心

**X**

XRD X 射线衍射

# 1 概　述

从航空历史的初期开始，飞行中的火灾就成为严重的航空安全隐患[1]。航空业最早的致命事故就是由一起不可控的飞行中火灾引起的。1785 年 6 月 15 日，奇埃和罗曼乘坐氢气和热空气并用的气球跨越英吉利海峡，不幸在空中失火坠毁，成为航空史上最早的殉难者，人类的“飞天之路”从起步就交织着浪漫与悲壮。随着航空运输业的发展，飞机火灾事故造成的损失也日益增大。根据 1972~2012 年发生的 7 类危险事件共 345 次事故/事故征候数据[2]，火灾/烟雾是发生次数最多的危险事件，造成的死亡人数也最多。发生火灾/烟雾时，往往引起较为严重的事故，并且有较高的事故死亡率，发生火灾/烟雾的事故平均单次死亡人数为 35.65 人。

安全与生存能力要求促进了飞机对防火的需求。安全主要是缓解系统或组件故障或人为错误带来的危险，而生存能力与飞机对威胁的敏感性和易损性相关。当火灾是由于组件损坏造成的，即认定为安全相关的火灾，这可能是由于设计不当，或是机械故障，比如机械疲劳或维护过失，导致易燃液体接触一个一直暴露的引火源，或是自身同时具有易燃液体和引火源。飞机生存能力往往对军用飞机而言。例如，飞机生存能力有关的火灾是指如果没有防护措施，在飞机上弹片击中的区域很可能发生火灾甚至爆炸。

飞机防火设计的目标是尽可能减少火灾发生的可能性，并将火灾发生后的危害最小化[3]。飞机设计主要考虑的因素是重量、性能和成本。飞机性能关键参数（KPP）包括高度、速度和阻力，这些都受到重量的影响。飞机项目负责人和飞机设计工程师一直在为飞机上的任何系统寻求最低的重量。例如，建立防火系统规范可能需要建立额外的防火能力。实际情况下，飞机能不能在结构上兼容安装额外的灭火剂容器，需要进行风险交易分析评估未安装灭火瓶的风险，包括导致飞机失事的失控火灾的概率分析（换句话说，也就是使用了灭火瓶，没有减轻飞机重量的风险）。如果认为风险可接受，那么提供灭火瓶的要求将被移除或放弃。飞机上火灾的发生和抑制都是概率性的。这种概率性的评估在确定以下几点设计中发挥了重要作用：是否采用该灭火系统；或者如果采用了，系统的类型是主动还是被动；以及如果采用了该系统，是否将在所有飞行和任务条件下提供防火保护。显然，只有对飞机防火技术和飞机的火灾分析有足够充分的认识，才能在飞机关键性能和飞机防火措施的取舍中做出正确的选择。

航空工业发达的美国，从 20 世纪初期就逐步认识到飞机防火技术的重要性。美国国家航空咨询委员会（NACA）对大量文献汇编进行了总结调查，包括飞机火灾难点，防火措施，火灾探测，火灾抑制，燃料箱爆炸危险和惰化。这表明美国陆军部至少早在 1927 年就已经开始涉及飞机防火领域。1938 年，刚好在第二次世界大战之前，空中发动机舱引起的火灾问题使得美国民用航空管理局（CAA）扩大其飞机防火、灭火的测试程序。

根据第二次世界大战的实战数据，按事故数量由多到少的顺序排列，发动机损坏，冷却和润滑子系统，燃油系统和飞行控制系统更有可能造成飞机失事，并且大多数飞机失事是由着火引起的。第二次世界大战后进行的调查结果表明，为了抑制火灾的发生明显需要较低挥发性的燃料，并将传送易燃液体的部件与引火源分离。此外还认识到，在飞行期间燃料箱内的燃料-空气混合物有时候是可燃的，有时候却是不可燃的，这取决于飞行条件。调查结果特别强调了发动机为主要引火源。发动机故障仍然是飞行中点燃易燃液体的最常见原因。由于我国航空工业发展较晚，从技术积累上看，我国与航空工业发达的美国相比，在飞机防火技术研究体系和防火系统设计上还存在较大差距。

与民用飞机相比，作战环境使军用飞机遭受弹片击中和更高级别的风险。这些风险可能是燃烧的或非燃烧的。下面以美军为例，美军在韩国和东南亚的军事冲突以及对这些冲突中的飞机作战失事数据的分析表明[4]，由于燃油系统相关损坏造成的火灾占据了主要部分，飞机失事主要是由于击中了燃油系统。对越南冲突造成的飞机失事原因分析表明，一半是由于燃油火灾和爆炸造成的，其中一半是由于飞机上干舱的燃料爆炸造成的。根据美国空军（USAF）的估计，1966 至 2025 年间，由于火灾原因造成运营和战斗飞机的失事，预计造成超过 300 亿美元的损失。而同一时期用于飞机防火的费用估计低于 10 亿美元。因此，应该进一步加大对飞机防火技术研究与应用的投入。

如果飞机配备完善的飞机防火系统，不仅可以减少火灾事故的发生，即使发生火灾后，还应该可以延缓飞机从发现火灾到飞机降落的时间。加拿大运输部（Transportation Safety Board of Canada, TSB）和美国联邦航空局（Federal Aviation Administration, FAA）对飞行中烟火事件的时间特征做过专项研究。研究显示，当一起飞行中烟火事件发生时，可用来控制和消灭火源的时间非常短暂，一般从发现火源到飞机撞击水面或地面的时间为 5~35min。TSB 选取了 1964 年 1 月至 1989 年 9 月的 15 起飞行中火灾事故，这些事故主要都发生于机身内部（货舱、客舱、驾驶舱），不包括发动机起火和爆炸等。结果显示，从一起飞行中火灾被发现到飞机实施紧急迫降，飞机安全着陆或不幸坠毁的平均时间为 17min。如果飞机装备有完善的防火系统就可以延长机组控制和消灭火源的可用时间，进而减少灾难的发生。

对军用飞机而言，飞机防火系统对提高战斗人员安全方面的意义是非常明显的。据估计，在降落地点和救援地点之间的时间差异一般为 5min 飞行时间。因此，如果能够提高飞机的防火能力，处理主要的运行故障风险以及战斗风险，可能会提高机组人员生存和救援的概率。

综上所述，发展飞机防火技术对我国民用和军用航空工业的发展都是非常必要的，本书将通过 6 章的内容对现代飞机防火技术进行系统的介绍，希望有助于读者了解飞机防火的技术原理、研究方法和发展趋势，进而为推动我国飞机防火技术的发展做出微薄的贡献。

## 1.1 飞机火灾事故

### 1.1.1 飞机火灾事故的危害

#### 1.1.1.1 航空器事故与事故征候

飞机火灾事故属于航空器事故的一种，下面首先介绍航空器事故与事故征候的定义。

1. 航空器事故

世界各国民用航空对航空器事故的定义都依照国际民航组织（ICAO）的定义。《国际民用航空公约》附件13《航空器事故和事故征候调查》对航空器事故定义如下：在任何人登上航空器准备飞行直至所有这类人员下了航空器为止的时间内，所发生的与该航空器的运行有关的事件，在此事件中造成了：人员遭受致命伤或重伤、航空器受到损害或结构故障或者造成航空器失踪或处于完全无法接近的地方。

根据国标GB14648—1993《民用航空器飞行事故等级》将飞行事故分为特别重大飞行事故、重大飞行事故和一般飞行事故三个等级。

（1）特别重大飞行事故

凡属下列情况之一者为特别重大飞行事故：①人员死亡，死亡人数在40人及以上者；②航空器失踪，机上人员在40人及以上者。

（2）重大飞行事故

凡属下列情况之一者为重大飞行事故：①人员死亡，死亡人数在39人及以下者；②航空器严重损坏或迫降在无法运出的地方（最大起飞重量5.7t及以下的航空器除外）；③航空器失踪，机上人员在39人及以下者。

（3）一般飞行事故

凡属下列情况之一者为一般飞行事故：①人员重伤，重伤人数在10人及以上者；②最大起飞重量5.7t（含）以下的航空器严重损坏，或迫降在无法运出的地方；③最大起飞重量5.7～50t（含）的航空器一般损坏，其修复费用超过事故当时同型或同类可比新航空器价格的10%（含）者；④最大起飞重量50t以上的航空器一般损坏，其修复费用超过事故当时同型或同类可比新航空器价格的5%（含）者。

2. 航空器事故征候

《国际民用航空公约》附件13《航空器事故和事故征候调查》对事故征候做出如下定义：事故征候不是事故，而是与航空器的操纵使用有关、会影响飞行安全的事件。中国民用航空行业标准MH/T2001—2013《民用航空器事故征候》中关于航空器事故征候的定义为：在航空器运行阶段或在机场活动区内发生的与航空器有关的，不构成事故但影响或可能影响安全的事件，分为运输航空严重事故征候、运输航空事故征候、通用航空事故征候和航空器地面事故征候。

#### 1.1.1.2 飞机火灾事故/事故征候

由于载油量大、载客量大、逃生困难，火灾是民用飞机最大的安全威胁之一。飞机防火安全是适航当局、飞机制造商和运营商最为关注的安全问题。多年来，FAA 定期更新的“运输类飞机关注问题清单”中一直将飞行结构防火、复合材料机身防火、货舱防火、易燃液体防火等防火安全问题作为飞机型号合格审定的重点关注问题。美国交通运输安全委员会（NTSB）于 2014 年再次将“改进交通运输防火安全”列入其“最希望得到改进的问题清单”。

根据航空安全网（Aviation Safety Network）对 13 个方面造成事故的主要因素的分类，13 个因素包括：飞机、空管和导航、货物、碰撞、外部因素、飞行机组、火灾、起飞/着陆、维修、意外结果、安保、天气、未知因素。有货物和火灾两个因素和飞机火灾事故相关。货物（cargo occurrences）因素是指造成事故的包括货物装配、起火、过载等因素。火灾是指包括机库、地面及飞行中发生的火灾。

根据王敏芹和郭博智[2]所收集的 345 次事故/事故征候数据，数据统计了 1972~2012 年发生的 7 类危险事件，如表 1-1 所示。发生危险的 65 次事故/28 次事故征候，其中特别重大事故 8 次、重大事故 21 次、一般事故 36 次。统计发生火灾烟雾的事故征候 6 次、事故 20 次，其中特别重大事故 5 次、重大事故 5 次、一般事故 10 次，重大和特别重大事故共占事故发生总数的 50%。可以看出死亡人数最多的是火灾/烟雾危险。火灾/烟雾是发生次数最多的危险事件。发生火灾/烟雾时，往往引起较为严重的事故，并且有较高的事故死亡率（发生火灾/烟雾的事故平均单次死亡人数为 35.65 人）。

烟雾事件作为飞行中火灾事故的初期征兆，其防范的重要性受到航空业的普遍关注，如果不能及时有效地控制烟气蔓延，就很可能造成重大火灾事故。国际航空运输协会（International Air Transport Association，IATA）收集的数据显示，平均每年有大于 1000 起飞行中烟气事件发生，导致大于 350 起非正常或预防性的着陆事件。

**表 1-1 危险事件发生统计**

| 危险事件 | 事故征候次数 | 事故次数 | | | 死亡人数 |
|---|---|---|---|---|---|
| | | 一般事故 | 重大事故 | 特别重大事故 | |
| 火灾/烟雾 | 6 | 10 | 5 | 5 | 713 |
| 客舱失压 | 9 | 5 | 3 | 1 | 356 |
| 雷击 | 1 | 1 | 1 | 0 | 0 |
| 轮胎爆破 | 5 | 9 | 0 | 0 | 2 |
| 鸟撞 | 0 | 1 | 2 | 0 | 0 |
| 擦尾 | 4 | 1 | 3 | 0 | 0 |
| 发动机空中停车 | 3 | 9 | 7 | 2 | 281 |
| 合计 | 28 | 36 | 21 | 8 | 1352 |

需要特别说明的是，表 1-1 中所述的很多事故/事故征候由多类危险共同造成，例如其中 4 次由火灾和发动机空中停车共同造成，1 次由客舱失压和发动机空中停车共同造成，1 次由轮胎爆破和火灾共同造成等等。因而在进行危险次数统计时，有些事故/事故征候会重复计算。为便于区分，将发生危险的事故/事故征候次数按次统计。

根据凤四海等[5]的研究发现，在 2005~2014 年间，全球平均每年发生的飞机火灾事故数量约占当年航空事故总数的 8%，其中 2006 年和 2013 年分别高达 11.61%和 15.56%（如图 1-1），而且整体上并没有呈现出明显降低的趋势。飞机火灾事故的致死率也很高（如图 1-2），平均 50%的飞机火灾事故会导致人员死亡。表 1-2 给出了 2005~2014 年飞机火灾事故起数、死亡人数和受伤人数。

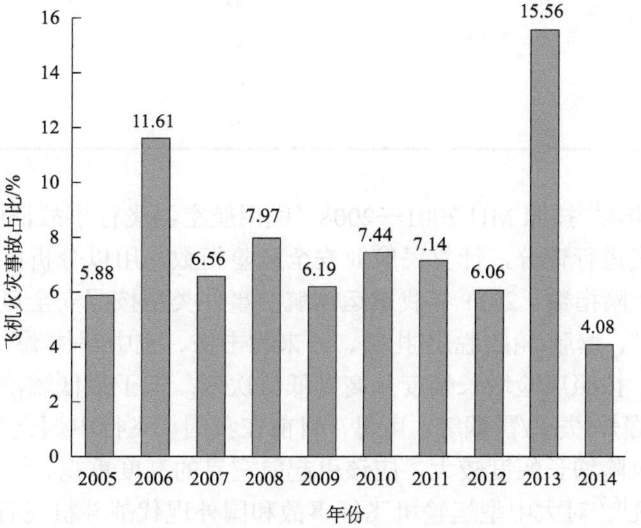


图 1-1 2005~2014 年飞机火灾事故占飞机事故的比例

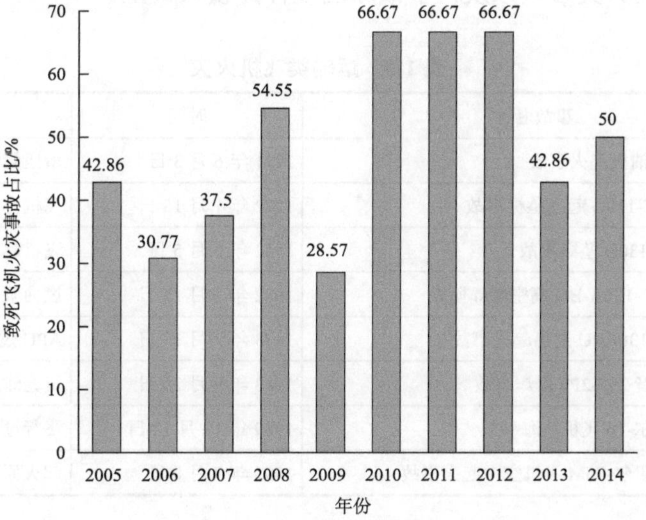


图 1-2 2005~2014 年间致死飞机火灾事故占火灾事故的比例

**表 1-2　2005~2014 年飞机火灾事故起数、死亡人数和受伤人数**

| 年份 | 事故次数 | 死亡人数 | 受伤人数 |
|---|---|---|---|
| 2005 | 7 | 272 | 98 |
| 2006 | 17 | 275 | 131 |
| 2007 | 12 | 221 | 115 |
| 2008 | 17 | 293 | 86 |
| 2009 | 7 | 54 | 24 |
| 2010 | 11 | 513 | 76 |
| 2011 | 10 | 89 | 24 |
| 2012 | 7 | 85 | 28 |
| 2013 | 15 | 66 | 205 |
| 2014 | 2 | 25 | 0 |

杜红兵和解佳妮[1]按照 MH 2001—2008《民用航空器飞行事故征候标准》，对不安全事件后果严重程度进行评分，计算民航业安全风险指数，用以分析民航运营过程中的风险。根据此安全风险指数，2011 年我国运输航空事件类型按照安全风险值从高到低依次是：鸟击、“其他”、爆胎/轮胎脱层/扎破、外来物击伤、空中解体/爆炸/失火/冒烟、重着陆和通信中断等；按照风险增长幅度从高到低依次为：低于最低燃油量、重着陆、通信中断、空中解体/爆炸/失火/冒烟等。可见，目前在我国，飞行中烟火事件的风险仍较高，占第五位，同时风险增长幅度较大，应该引起航空界的高度重视。

刘选民和李凡[6,7]对大中型运输机飞行事故和国外现代战斗机飞行事故进行了统计，本书作者在此基础上对上述事故中的火灾事故进行筛选，统计结果如表 1-3 和表 1-4，可以看出飞机各类火灾事故频发，事故原因多样，损失惨重。

**表 1-3　运输类飞机火灾**

| 类别 | 事故名称 | 时间 | 事故描述 |
|---|---|---|---|
| 飞行火灾 | KC-135Q 加油机起火事故 | 1971 年 6 月 3 日 | 增压泵管道中电线磨损 |
| | 美国海军 EC-130G 起飞坠机事故 | 1972 年 1 月 15 日 | 飞机左翼发生爆炸 |
| | 美国空军 C-130D 坠毁事故 | 1972 年 6 月 5 日 | 飞机起火 |
| | 美国空军 KC-135A-BN 高空爆炸坠毁 | 1982 年 3 月 15 日 | 燃油泵干转 |
| | 美国空军 C-130APU 过热起火事故 | 1983 年 2 月 13 日 | APU 过热 |
| | 海湾机场波音 737-2P6 爆炸事故 | 1983 年 9 月 23 日 | 货仓炸弹爆炸导致飞机起火 |
| | 苏联民航伊尔-16 飞机坠海事故 | 1989 年 10 月 18 日 | 飞行过程中发动机起火 |
| | 俄罗斯空军伊尔-76M 飞机空中起火事故 | 1993 年 7 月 8 日 | 起火原因不明 |

续表

| 类别 | 事故名称 | 时间 | 事故描述 |
|---|---|---|---|
| 飞行火灾 | 美国航空灭火公司 C-130A 坠山事故 | 1994 年 8 月 13 日 | 电弧或热源导致无油干舱以及燃油系统燃油泄漏 |
| | 美国环球航空公司波音 747-131 油箱爆炸事故 | 1996 年 7 月 17 日 | 外部电路输入电压过大，油箱爆炸 |
| | C130H 发动机故障起火 | 1997 年 4 月 1 日 | 发动机故障 |
| | 西伯利亚航空公司图-154M（1812 号）飞机空中爆炸事故 | 2001 年 10 月 4 日 | 导弹击中 |
| | 伊朗空军 C130 发动机故障起火 | 2003 年 4 月 25 日 | 发动机故障 |
| | 丝绸之路航空公司伊尔-76TD 飞机发动机故障事故 | 2004 年 9 月 14 日 | 发动机故障起火 |
| 地面火灾（包括地面养护、着陆过程） | C5 原型机滑行起火事故 | 1970 年 5 月 25 日 | 空气轮机反转过热 |
| | C5 原型机地面操作起火事故 | 1970 年 10 月 17 日 | 油箱爆炸 |
| | EC-135p 喷水箱加热器电线短路 | 1980 年 1 月 2 日 | 加热器电线短路 |
| | 大韩航空公司波音 747-2B5B 着陆事故 | 1980 年 11 月 19 日 | 起落架损坏起火 |
| | 英国空旅航空公司波音 737-236 起飞事故 | 1985 年 8 月 22 日 | 9 号燃烧室火焰筒故障 |
| | C-130H 沙特皇家空军起火事故 | 1989 年 12 月 | 空调系统起火 |
| | 菲律宾航空公司波音 737-3Y0 油箱爆炸事故 | 1990 年 5 月 11 日 | 中央翼燃油箱爆炸 |
| | C-130H 沙特皇家空军滑油箱起火事故 | 1991 年 3 月 21 日 | 滑油箱起火 |
| | KC-135R 地面待机过程中燃油泵过热火灾 | 1993 年 12 月 10 日 | 燃油泵过热 |
| | L-100-30Hercules 刹车系统过热起火事故 | 1994 年 4 月 7 日 | 刹车系统过热 |
| | 荷兰皇家航空与泛美航空公司地面相撞事故 | 1997 年 3 月 27 日 | 碰撞起火 |
| | 阿根廷航空公司波音 737-240C 起飞事故 | 1999 年 8 月 31 日 | 发动机故障，撞车失火 |
| | 泰国航空公司波音 737-4D7 油箱爆炸事故 | 2001 年 3 月 3 日 | 飞机维护时，右翼油箱爆炸 |
| | 俄罗斯西伯利亚航空公司空客 A310 着陆坠机事故 | 2006 年 7 月 9 日 | 撞击仓库起火 |
| | 伊朗航空公司图-154M 飞机着陆坠毁起火事故 | 2006 年 9 月 1 日 | 坠毁起火 |
| | 印度尼西亚嘉鲁达航空公司波音 737-749 进场事故 | 2007 年 3 月 7 日 | 操作不当，撞击起火 |
| | 吉尔吉斯斯坦航空公司伊尔-76TD 运输机地面起火 | 2007 年 5 月 10 日 | 飞机货仓起火 |
| | 苏丹航空公司空客 A310 冲出跑道事故 | 2008 年 6 月 10 日 | 发动机起火，引发爆炸 |
| | 伊朗航空公司图-154 飞机迫降坠毁事故 | 2010 年 1 月 23 日 | 迫降时操作不当起火 |

**表 1-4 国外现代战斗机火灾事故**

| 类别 | 事故名称 | 时间 | 事故描述 |
|---|---|---|---|
| 飞行火灾 | 美国格鲁门公司 F-14 第 2 架原型机 APU 起火事故 | 1974 年 5 月 13 日 | APU 起火 |
| | 美国海军 F-14A-85-GR 战斗机发动机起火坠海事故 | 1975 年 10 月 29 日 | 发动机故障起火 |
| | 美国空军 F-15A 战斗机与 F-5E 战斗机空中相撞事故 | 1977 年 2 月 28 日 | 地面相撞导致机翼破损、燃油泄漏发生着火 |
| | 美国海军 F-14A 战斗机发动机爆炸事故 | 1977 年 6 月 28 日 | 发动机爆炸起火 |

续表

| 类别 | 事故名称 | 时间 | 事故描述 |
|---|---|---|---|
| 飞行火灾 | 英国皇家空军 ZA451 号“狂风”战斗机爆炸坠机事故 | 1984 年 2 月 6 日 | 油箱起火爆炸 |
| | 英国皇家空军“鹞”式战斗机 GR.3 XZ1335 坠毁事故 | 1984 年 6 月 3 日 | 喷水系统水泵破裂碎片引燃油箱及管道 |
| | 美国海军 F-14A-110-GR 战斗机起火坠毁事故 | 1984 年 9 月 4 日 | 飞行过程故障起火 |
| | 挪威空军 F-16B 战斗机空中发动机起火事故 | 1984 年 11 月 13 日 | 油箱泄漏起火 |
| | 英国皇家空军“鹞”式战斗机 GR.3 XW921 起火坠落事故 | 1988 年 8 月 18 日 | 燃油泄漏导致飞机起火 |
| | 美国海军陆战队 AV-8B-12“鹞”式战斗机着陆坠毁事故 | 1989 年 10 月 31 日 | 发动机故障起火 |
| | 美国海军陆战队 AV-8B-7“鹞”式战斗机着陆坠毁事故 | 1990 年 6 月 19 日 | 发动机故障起火 |
| | 美国空军 F-16C 战斗机坠机事故 | 1991 年 2 月 17 日 | 发动机起火 |
| | 英国皇家空军“鹞”式战斗机 GR.3 ZG473 坠毁事故 | 1991 年 5 月 29 日 | 电弧引燃飞机后部电力板路 |
| | 德国空军 ZA540 号“狂风”战斗机发动机着火事故 | 1991 年 9 月 12 日 | 环控系统热燃气泄漏，引发大火 |
| | 英国皇家空军“鹞”式战斗机 GR.3 XZ990 坠毁事故 | 1992 年 5 月 14 日 | 发动机叶片受损导致故障起火 |
| | 美国海军 F-14A 战斗机发动机着火坠毁事故 | 1992 年 10 月 16 日 | 发动机故障起火 |
| | 英国皇家空军“鹞”式战斗机 GR.3 ZD430 坠毁事故 | 1993 年 6 月 28 日 | 右机翼内侧前缘被鸟碰撞导致燃油泄漏起火 |
| | 美国海军陆战队 AV-8B-8“鹞”式战斗机着陆坠毁事故 | 1993 年 8 月 10 日 | 湿气进入襟翼控制器导致电气系统起火 |
| | 英国皇家空军 ZA858 号“狂风”战斗机燃油泄漏坠机事故 | 1993 年 10 月 21 日 | 燃油泄漏导致飞机起火 |
| | 美国海军 F-14A-125-GR 战斗机坠毁事故 | 1993 年 11 月 18 日 | 飞机故障起火 |
| | 英国皇家空军 ZA368 号“狂风”战斗机发动机故障事故 | 1994 年 7 月 19 日 | 发动机故障导致起火 |
| | 英国皇家空军 ZG725 号“狂风”战斗机发动机空中起火事故 | 1994 年 9 月 19 日 | 压气机叶片故障导致钛合金起火 |
| | 英国皇家空军 ZE789 号“狂风”战斗机发动机空中不包容事故 | 1995 年 3 月 10 日 | 高压涡轮导向器疲劳断裂导致不包容，引发大火 |
| | 美国海军 F-14A-110-GR 战斗机发动机起火事故 | 1995 年 4 月 13 日 | 发动机起火 |
| | 美国海军 F-14D 战斗机坠毁事故 | 1996 年 2 月 18 日 | 发动机加力燃烧室衬垫发生燃烧 |
| | 英国皇家空军 ZD845 号“狂风”战斗机发动机空中起火事故 | 1996 年 2 月 26 日 | 发动机状态设置差别较大导致故障起火 |
| | 美国空军 F-15C 战斗机起飞事故 | 1997 年 1 月 10 日 | 飞机故障起火 |
| | 美国空军 F-16C 战斗机坠机事故 | 1998 年 8 月 24 日 | 发动机起火 |

续表

| 类别 | 事故名称 | 时间 | 事故描述 |
|---|---|---|---|
| 飞行火灾 | 英国皇家空军 ZE830 号“狂风”战斗机发动机故障事故 | 1999 年 11 月 17 日 | 发动机故障导致燃油泄漏起火 |
| | 美国海军 F/A-18C 战斗机发动机起火坠毁事故 | 2001 年 10 月 23 日 | 发动机故障起火 |
| | 美国空军驻英国空军基地 F-15E 战斗机飞行中发动机事故 | 2002 年 2 月 12 日 | 发动机故障起火 |
| | 英国皇家空军 ZA599 号“狂风”战斗机空中起火坠机事故 | 2002 年 5 月 17 日 | 飞机机背整流罩内燃油起火 |
| | 美国空军驻日本空军基地 F-15C 战斗机起飞起火事故 | 2002 年 7 月 31 日 | 高压涡轮部件故障导致起火 |
| | 美国空军 F-16C 战斗机坠机事故 | 2003 年 9 月 22 日 | 高压涡轮叶片疲劳导致发动机故障起火 |
| | 马来西亚皇家空军米格-29N 战斗机坠毁事故 | 2004 年 11 月 9 日 | 发动机空中起火 |
| 地面火灾 | 美国格鲁门公司 F-14A 第 8 架原型机发动机地面起火事故 | 1974 年 5 月 13 日 | 发动机故障起火 |
| | 美国空军 F-15A 战斗机滑行起火事故 | 1980 年 3 月 10 日 | 燃油泄漏导致飞机起火 |
| | 美国海军陆战队 F/A-18A 战斗机坠毁事故 | 1987 年 2 月 7 日 | 起飞时飞机故障起火坠毁 |
| | 美国海军陆战队 AV-8B-8“鹞”式战斗机着陆坠毁事故 | 1988 年 10 月 8 日 | 发动机故障起火 |
| | 比利时空军 F-16A 战斗机着陆坠机事故 | 2002 年 1 月 8 日 | 发动机故障起火 |
| | 美国空军 F-16C 战斗机起飞时发动机起火事故 | 2006 年 10 月 26 日 | 发动机故障导致滑跑时起火爆炸 |

### 1.1.2 飞机火灾事故发生位置和所处的飞行阶段

王敏芹和郭博智[2]对火灾/烟雾事件依据起火位置及是否有明火等因素进行进一步分类，事件分类统计如表 1-5。火灾/烟雾中，发生发动机起火的事故/事故征候次数比例最高，其次为客舱或、烟雾（未见明火）。

**表 1-5 火灾/烟雾分类**

| 分类 | 事故征候次数 | 事故次数 | 死亡人数 |
|---|---|---|---|
| 发动机起火 | 1 | 8 | 162 |
| 货舱起火 | 0 | 1 | 159 |
| 驾驶舱起火 | 2 | 1 | 229 |
| 客舱起火 | 1 | 5 | 163 |
| 烟雾（未见明火） | 2 | 3 | 0 |
| 其他 | 0 | 2 | 0 |
| 合计 | 6 | 20 | 713 |

飞机完成一次完整的飞行，飞行阶段包括滑行、起飞、爬升、巡航、下降、进近、着陆和复飞等过程。在上述阶段中，巡航阶段飞机基本处于稳定飞行状态，发生事故的概率较小。而起飞和降落阶段操作最为复杂，操作不当易导致飞机冲出跑道起火；或者机身倾斜导致机翼撞地，导致油箱或输油管破裂，引发火灾。一般而言，起飞阶段飞机满载航空燃油，降落阶段航空燃油基本耗尽，所以，起飞阶段引起的油箱或发动机火灾要比降落阶段的火灾要严重，造成的伤亡、损失更大。如果依据火灾/烟雾发生的阶段对事故等级进行分类，结果如表 1-6 所示。

**表 1-6　不同火灾/烟雾发生阶段的事故情况**

| 阶段 | 事故征候次数 | 事故次数 | | | 合计 |
|---|---|---|---|---|---|
| | | 特别重大 | 重大 | 一般 | |
| 滑行 | 0 | 0 | 0 | 1 | 1 |
| 起飞 | 0 | 1 | 1 | 1 | 3 |
| 爬升 | 2 | 0 | 0 | 3 | 5 |
| 巡航 | 3 | 2 | 1 | 2 | 8 |
| 下降 | 0 | 0 | 1 | 1 | 2 |
| 渐进 | 0 | 1 | 0 | 0 | 1 |
| 着陆 | 0 | 1 | 2 | 2 | 5 |
| 复飞 | 1 | 0 | 0 | 0 | 1 |
| 合计 | 6 | 5 | 5 | 10 | 26 |

凤四海等[5]将飞机火灾事故划分为坠机火灾事故和非坠机火灾事故。坠机火灾事故一般发生速度快，剧烈的燃烧和燃油引起的爆炸导致火势瞬间蔓延至全机，可以视为整机着火。在此将整机着火划分为一类，约占 41%（图 1-3）。其发生阶段为撞击后（在 CCAR 发布的《民用航空安全信息管理规定》（CCAR-396-R2）中明确将“撞击后”单独划分为一个飞行阶段），约占 47%（图 1-4）。

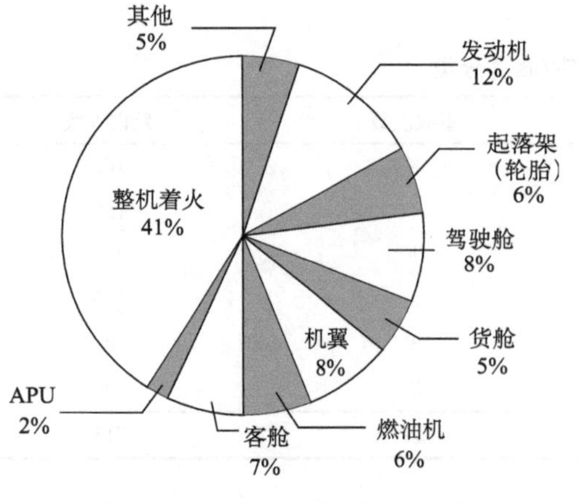


图 1-3　飞机火灾事故初期的起火部位及所占比例

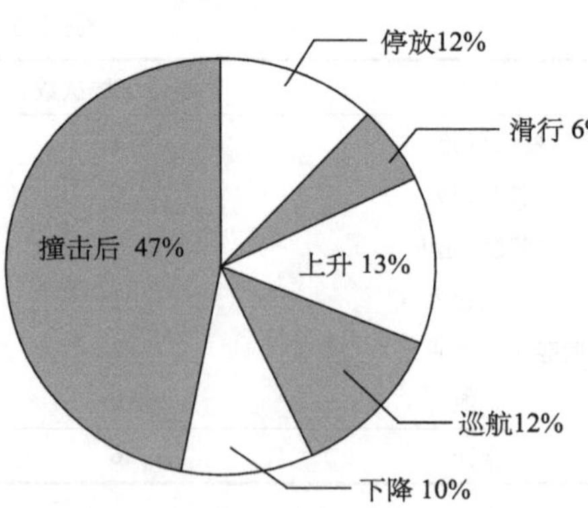


图 1-4　飞机火灾事故发生时所处的飞行阶段

对于非坠机火灾事故，最容易发生火灾的部位是发动机（12%），其次是驾驶舱（8%）；而最容易发生火灾的飞行阶段是上升阶段（13%），巡航阶段发生火灾的概率也较大（12%），可能原因是巡航阶段所占时间最长。

图 1-5 给出了坠机火灾事故和非坠机火灾事故死伤人数所占的比例，可以看出 86%的受伤人数及 99%的死亡人数都是由坠机火灾事故造成的；非坠机火灾事故造成的人员受伤比例占 14%,死亡人数比例仅占 1%。可能的原因是：非坠机火灾事故初期的危害范围较小，容易处置；坠机火灾事故往往是瞬间发生且火势大，事故后果通常都是机毁人亡，因此它造成的死伤人数会更多。

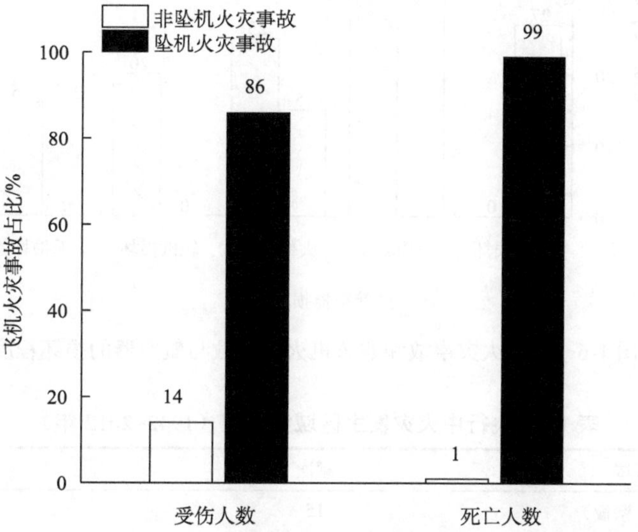


图 1-5 坠机火灾事故和非坠机火灾事故死伤人数所占的比例

下面对坠机火灾事故和非坠机火灾事故所导致的航空器损坏程度分别进行统计。如果航空器损坏程度按照由重到轻的顺序依次为：完全损坏、损坏、大体损坏、轻微损坏和无损坏，其统计结果见图 1-6。可以看出，两类火灾事故导致航空器损坏程度都是十分严重的，其中，坠机火灾事故造成 27%航空器完全损坏和 58%航空器损坏，非坠机火灾事故虽然没有造成航空器完全损坏，但造成了 39%航空器损坏，换句话说，85%坠机火灾事故和 39%非坠机火灾事故使航空器彻底失去维修价值。这个结果从侧面说明飞机火灾事故造成的经济损失是十分严重的。

杜红兵和解佳妮[1]根据对世界航空安全网 1942~2012 年共 44 起飞行中火灾事故调查报告的分析，分别从火灾发生区域、飞行阶段两方面进行统计。

（1）火灾发生区域

根据 44 起飞行中火灾事故调查报告，火灾主要发生区域有：客舱、货舱、卫生间、驾驶舱、厨房及其他机身部位，如表 1-7 所示。而在我国，据近些年航空公司的不安全事件统计，卫生间火灾的风险性较高，发生率呈较高趋势。可见，发生火灾的重点区域往往是隐蔽处，起火初期较难发现，容易蔓延引起大火。同时，因为客舱内部乘客较多，一旦引发火灾，伤亡损失严重。

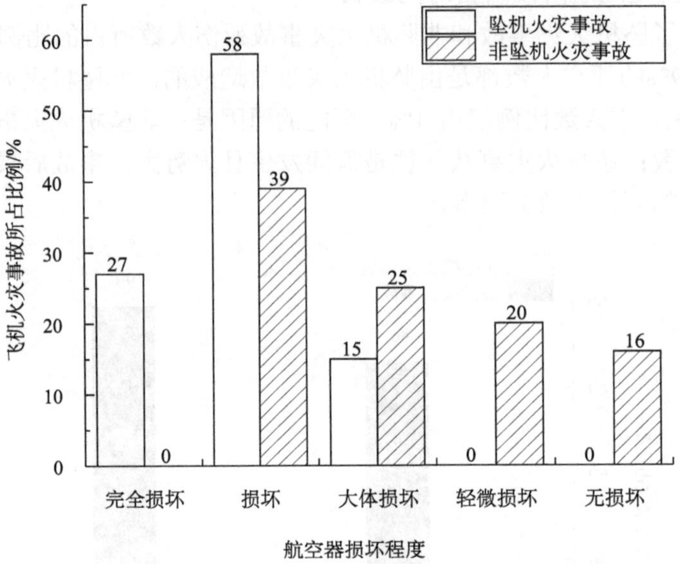


图 1-6　坠机火灾事故和非坠机火灾事故与航空器的损坏程度

**表 1-7　飞行中火灾发生区域统计表**（1942~2012 年）

| 火灾发生区域 | 频次 | 比例 |
|---|---|---|
| 客舱（行李舱、壁板） | 15 | 34.1% |
| 货舱 | 11 | 25.0% |
| 卫生间 | 6 | 13.6% |
| 驾驶舱 | 4 | 9.1% |
| 厨房 | 3 | 6.8% |
| 机身及其他 | 5 | 11.4% |
| 总计 | 44 | 100% |

（2）飞行阶段

对航空安全网飞行中火灾的发生阶段进行统计，如表 1-8 所示。巡航阶段发生火灾次数占第一位，这可能与巡航在整个飞行阶段所占的时间较长有关。与以往民航业中航空事故多发生在起飞、近着陆两个阶段的特征有所差别。

**表 1-8　飞行中火灾发生阶段统计表**（1942~2012 年）

| 飞行阶段 | 事故次数 | 比例 |
|---|---|---|
| 上升 | 7 | 15.9% |
| 巡航 | 24 | 54.6% |

续表

| 飞行阶段 | 事故次数 | 比例 |
|---|---|---|
| 下降、渐进 | 7 | 15.9% |
| 着陆 | 4 | 9.1% |
| 未查明 | 2 | 4.5% |
| 总计 | 44 | 100% |

近几年，随着民航客机的电子设备使用增多和机舱内的锂电池的运输和使用，机身着火的危险性也大大提高。依据 STEADES 数据库的统计数据，得到了机舱内火灾和烟雾报告的位置。火灾和烟雾事件有 4223 份报告，涉及机舱内的火灾和烟雾报告。在所有的烟雾和火灾报告中，有 2921 份发生在厕所，但这包括 1653 份在厕所吸烟的报告，以及 905 份关于使用悬浮微粒、香水或杀虫剂的虚假警报。除去所有的乘客吸烟和气溶胶事件之后，有 1574 份报告，厨房区域是发生火灾烟雾事件最多的地方，占比 42.94%，具体情况如图 1-7 所示。

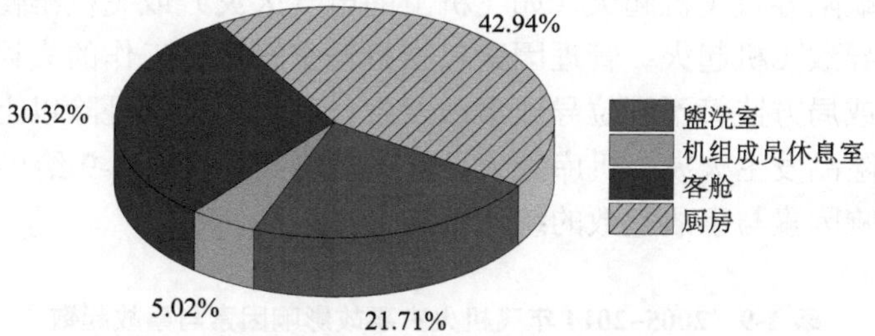


图 1-7 民航飞机机身不同位置火灾烟雾报告次数

其中有 563 份报告给出了烟雾、火焰或过热的具体位置，各种位置所占比例如图 1-8。其中，IFE 为飞行娱乐系统，PED 为便携式电子设备，其他设备包括除烤箱外的所有厨房设备，如热水器、冰箱和厨房冷却系统，以及机舱内的其他引火源和乘客物品。

如果不包括厨房，在机舱区域内的火灾烟雾分布及来源的 39%与飞行娱乐系统有关，51%与便携式电子设备（PED）有关。这包括在机舱内使用的便携式电子设备，如飞行娱乐或机上服务/销售设备，但主要与乘客自己的设备有关。由此可见，飞机机舱内的便携式设备是也是飞机起火的一个诱因。因此对于民航客机而言，加强机身客舱以及货舱的电子设备使用以及电子设备运输的监管显得十分必要。

### 1.1.3 飞机火灾事故发生的影响因素

导致飞机火灾事故的原因主要可分为飞行机组、天气、飞机、管理和其他几类影响因素，其中，飞行机组因素包括飞行员操作失误导致飞机发生坠毁或撞击事故，或飞行中发生火灾时飞行机组处置不当造成火势扩大等；天气因素包括雷电、雨雪天气导致飞机飞行环境恶劣，飞机失控坠毁的概率增大；飞机（设计、制造、维修）因素包括：飞

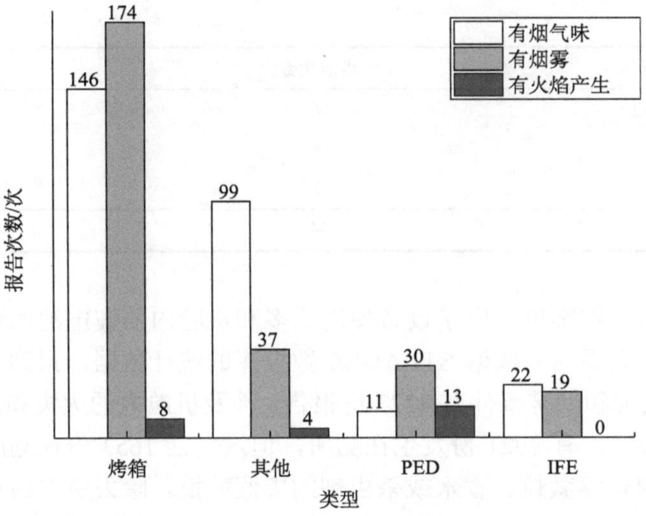


图 1-8 过热、烟雾和火焰的具体位置

机本身设计制造缺陷导致飞机起火（如飞机上的电气火灾）或飞机维修时出现失误，少装或装错零部件导致飞机起火；管理因素包括机场空管塔台工作的失误，导致飞机滑错跑道撞击起火，或局方监管不到位导致事故发生；其他因素就是除以上几类因素以外的因素，如机载危险品发生火灾、机库着火导致飞机烧毁等。表 1-9 给出了 2005~2014 年飞机火灾事故影响因素与事故起数的统计结果[5]。

**表 1-9 2005~2014 年飞机火灾事故影响因素与事故起数**

| 影响因素 | 年份 | | | | | 总计 |
|---|---|---|---|---|---|---|
| | 2005~2006 | 2007~2008 | 2009~2010 | 2011~2012 | 2013~2014 | |
| 飞行机组 | 9 | 6 | 8 | 4 | 7 | 34 |
| 天气 | 1 | 2 | 2 | 0 | 1 | 6 |
| 飞机（设计、制造、维修） | 8 | 17 | 9 | 7 | 4 | 45 |
| 管理 | 0 | 0 | 0 | 0 | 2 | 2 |
| 其他 | 5 | 4 | 5 | 6 | 3 | 23 |
| 总计 | 23 | 29 | 24 | 17 | 17 | 110 |

杜红兵和解佳妮[1]对世界航空安全网 1942~2012 年共 44 起飞行中火灾事故调查报告中的火灾发生原因进行了分析。这些调查报告中对火灾发生原因的描述大多并未明确，且许多事故是由多种相关因素共同影响造成的。事故的可能致因主要有人为、机械、环境和管理等几方面因素。

人为因素：乘客吸烟 / 携带危险品。在一些事故中，火灾的发生是由于乘客导致的，主要包括乘客吸烟和行李中夹带易燃、易爆等危险品，这是机上烟火事件的一个重要致因。在我国，也发生过多起乘客在卫生间吸烟导致的不安全烟火事件。

机械因素：燃油泄漏、发动机故障、电气系统起火。由于燃油、发动机和电气系统导致的火灾是飞行中火灾的另一主要致因。航空燃油具有挥发性，易形成爆炸性混合气体，较普遍发生的现象为燃油泄漏、喷嘴阻塞以及引起静电；发动机故障主要包括发动机失灵，造成突然停车以及发动机冒烟起火现象；电气系统是较容易起火的硬件区域，包括电源设备、供电设备、照明设备、电烤箱等用电设备，这些设备或线路可能由于老化、绝缘破坏、接触不良、超负荷等原因引起短路、发热起火。

环境因素：雷击。由于气象和空中交通管制等环境因素造成的机上火灾事故较少发生，但在航空安全网所记录的44起火灾中，有一起火灾事故是由于雷击造成飞机起火，最终导致坠毁的惨剧。

管理因素：机组处置不力。机组是此类事件发生时的第一道防线。事故调查显示，一些初期的烟气事件正是因为机组人员的应急处置不力才蔓延为不可控制的火灾，造成重大损失。这包括飞行机组紧急迫降行动不力，以及客舱机组在辨识、确定起火源，取用消防、防护设备，沟通协作以及乘客管理等方面存在缺陷。因此，机组处置不当是机上火灾蔓延的直接致因。

### 1.1.4 飞机火灾事故特点

通过以上对飞机火灾事故的统计分析，可以总结出飞机火灾事故呈现如下特点：

#### 1. 火势发展速度快

飞机在航行的时候带有大量的航空汽油、航空煤油以及滑油，这些都是可燃液体，一架飞机在飞行时携带的油量相当于一个小型油罐。如果油箱一旦发生问题，如油箱开裂、输油管断裂，燃油就会到处流散、蒸发，遇到火源、热源或微弱的火星就会引起燃烧或爆炸。一般在火灾发生后的1~2min就会形成熊熊大火，将飞机烧毁，造成人员伤亡。火灾发生不仅会引燃飞机上大量的可燃物，也会使部分不燃的合金材料发生猛烈燃烧，机身是金属合金结构，具有良好的导热性能，局部起火就会把热量迅速传导到机身的各个部位。

#### 2. 疏散困难，伤亡严重

飞机上的乘客比较多（从几十人到几百人不等），受到飞机结构的限制，飞机上的疏散条件很差。大多数的飞机只有两三个机舱门，飞机起火后，乘客感到心情慌乱，急于逃生，就会使通道更加堵塞。如果在航行中，人员基本无法逃生，飞机一旦坠毁，逃生的机会就可能更小；如果是飞机场内着火，人员也难以迅速疏散到机外，因此也会造成人员伤亡事故。

#### 3. 舱内烟雾弥散快速

飞机在航行期间，机舱都是密闭的，如果机舱内起火，机身内部的空气就会被大量消耗以至耗尽；在氧气不足的情况下，燃烧物燃烧时产生的一氧化碳和大量烟尘都是有毒的，对人体造成恶劣影响。机舱内部的塑料制品、合成皮革制品，燃烧时会生成剧毒的氯化氢、氰化氢和二氧化碳等气体，造成机舱里的人员窒息甚至中毒身亡。

4. 火灾扑救困难

如果飞机在飞行中起火，操作系统失去控制，随时有可能坠机，可能坠落在江河、田野里，有的地方没有道路，致使扑救工作难以开展，即使是在机场内，由于机舱空间不大，通道狭窄，也会给抢救工作造成困难。如果飞机是因碰撞起火，舱门和紧急出口有可能会变形无法打开，需要进行拆除，但机身的金属材料有的相当坚硬，破除需要时间，这也给抢救工作造成困难。

5. 火灾突发性强

飞机火灾一般是瞬时发生、瞬间扩大的，输油系统、电气系统和起落架发生故障或出现险情，或在航行途中突然撞到建筑物等发生爆炸起火，导致机毁人亡。这些事情都是没有先兆的，也意识不到的。

6. 火灾造成的损失严重

飞机是一种精密度高、造价昂贵的航空运输工具。如果烧毁一架，就是一笔数目不小的损失。

## 1.2 燃烧学基础理论

### 1.2.1 燃烧条件

燃烧是指可燃物与氧化剂作用发生的放热反应，一般伴有火焰、发光和（或）发烟现象[8]。燃烧过程中，温度较高的燃烧区使其中白炽的固体粒子和某些不稳定（或受激发）的中间物质分子内电子发生能级跃迁，进而发出相应波长的光。发光的气相燃烧区就是火焰，它是燃烧过程中最明显的标志。由于燃烧不完全等因素，燃烧产物中会产生一些小颗粒，这样就形成了烟。

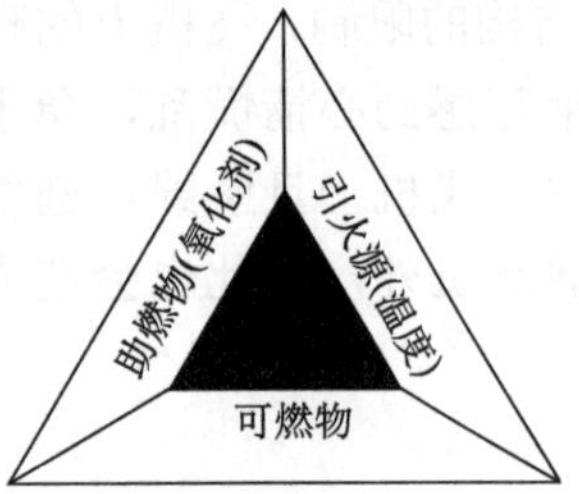

图 1-9 燃烧（火灾）三角形

燃烧可分为有焰燃烧和无焰燃烧。通常看到的明火都是有焰燃烧；有些固体发生表面燃烧时，出现发光发热的现象，但是没有火焰产生，这种燃烧方式被称为无焰燃烧。燃烧的发生和发展，必须具备三个必要条件，即可燃物、助燃物（氧化剂）和引火源（温度）（如图 1-9 所示）。当燃烧发生时，上述三个条件必须同时具备，即使有一个条件不具备，燃烧都不会发生。下面分别对可燃物、助燃物和引火源进行介绍。

#### 1.2.1.1 可燃物

一般而言，凡是能与空气中的氧或其他氧化剂起化学反应的物质称为可燃物，例如燃油、氢气、软垫家具、电池、纸张、橡胶等。可燃物按其化学成分，分为无机可燃物和有机可燃物两大类。按其所处的物理状态，又可分为固体可燃物、液体可燃物和气体可燃物三大类。

飞机上的可燃物很多[9]，但容易引起飞机发生火灾的可燃物大多是航空发动机燃油、滑油、液压油等易燃液体和易燃油气混合气，货舱或行李舱中的货物，客舱中的座椅和乘客携带的物品，以及近年来使用日益广泛的锂电池等。下面重点对飞机上高火灾危险性的易燃液体和易燃油气混合气进行介绍。

1. 易燃液体

飞机上的航空燃油是主要的易燃液体，它一般包括四个系列的碳氧化合物：链烷烃、环烷烃、烯烃、芳香烃，其中链烷烃、环烷烃通常占燃油组分的70%~80%。

除了燃油外，飞机上的其他易燃液体主要有：醇类和醇类混合物、液压油和发动机滑油。醇类中的甲醇广泛地用以增加发动机推力和防冰，一些情况下异丙基醇也有所应用。应像对其他航空燃料一样小心处理醇类。此外，醇类易与水混合，其生成的混合物是易燃的。以石油为基料的标准液压油，基本可以认为是一种碳氢化合物，在常温常压下的火灾危险性较低，但当它被加热或成喷雾状时，变得容易被点燃。

航空滑油来源于石油产品和化学化合物，它们挥发性较低，在被加热到一定程度以后才能形成均衡的易燃混合物，其闪点（基于低限）的范围为107.2~265.6℃；自动点火温度范围约为243.3~404℃，这和燃油的范围相似。

2. 易燃油气混合气

飞机上的易燃油气混合气一般存在于油箱的气隙中，当动力舱、干舱中发生燃油泄漏时，也会产生油气混合气。易燃油气混合气往往由激烈搅动和冲击产生的油雾而形成，当油雾中的油滴直径等于或小于 10μm 时，其混合物非常相似于油气混合气，但均衡的油气混合气易燃性的正常限度与油雾、油沫的值还是存在一定差异的。

易燃油气混合气的形成过程可以简述为：若在一个封闭系统内，容纳有空气和液体燃油，不让燃油蒸气和空气泄漏，有些燃油分子会穿过表面进入空气空间，而其他一些则又回到燃油中，最终达到一个平衡状态，此时离开燃油的总分子数等于回到燃油的总分子数，燃油上方的空间内包含燃油蒸气和空气。在这种情况下，燃油蒸气和空气之比可由部分压力的关系进行计算，具体计算过程可参见文献[9]中的相关内容。

当燃油在敞开的条件下，实际上不可能形成均匀的油气混合气，油气浓度在燃油表面最大，随着混合气的扩散，距离燃油表面越远油气浓度越小。但总是存在均衡油气比大于贫油易燃性极限和小于富油易燃性极限的易燃气浓度区域。从防火角度来看，对此类区域应严加防范。

#### 1.2.1.2 助燃物（氧化剂）

凡是与可燃物结合能导致并支持燃烧的物质，称为助燃物，最常见的是存在于空气中的氧气。从飞机防火的角度来看，可燃物的燃烧一般指在空气中进行的燃烧。各种不同的可燃物发生燃烧时，均有本身固定的最低氧含量要求，氧含量过低，即使其他必要条件已经具备，燃烧依然不会发生。

从飞机防火角度来看，主要氧化剂就是空气中的氧气。大气层的空气可认为是相对均匀的混合物，表 1-10 给出了标准大气的组成。假设标准大气是干燥的，在各高度上具有相同的相对组成。根据表 1-10 中的数据，可从各组成成分的体积分数和相对分子质量，推导出空气的相对分子质量为 28.97。

**表 1-10 标准大气的组成**

| 组成 | 体积分数 | 相对分子质量 |
|---|---|---|
| 氮气（$N_2$） | 78.09 | 28.016 |
| 氧气（$O_2$） | 20.93 | 32.000 |
| 氩（$A_r$） | 0.93 | 39.944 |
| 二氧化碳（$CO_2$） | 0.03 | 44.010 |
| 氖（Ne） | $1.8\times10^{-3}$ | 20.183 |
| 氦（He） | $5.24\times10^{-4}$ | 4.003 |
| 氪（Kr） | $1.0\times10^{-4}$ | 83.7 |
| 氢（$H_2$） | $5.0\times10^{-5}$ | 2.016 |
| 氙（Xe） | $8.0\times10^{-6}$ | 131.2 |
| 臭氧（$O_3$） | $1.0\times10^{-6}$ | 48.000 |
| 氡（Rn） | $6.0\times10^{-18}$ | 222 |

#### 1.2.1.3 引火源

可燃物只有达到一定能量才能引起燃烧，凡是能引起物质燃烧的点燃能源，统称为引火源。常见的引火源有高温、明火、电火花、雷击等。飞机环境中引火源的情况也分为多种。例如在发动机舱内，发动机燃烧室、涡轮机匣和排气管的高温表面，过热的发动机附件，以及由电气设备和线路故障产生的火花或电弧等都是潜在的引火源。飞机其他区域常见的引火源还有静电火花、火焰、热燃气、闪电、空气动力热及摩擦热或摩擦火花等。在飞机防火系统设计中以下引火源必须加以预防。

1. 热表面

易燃混合气与热表面接触而引成自发点火。燃油泄漏到热的尾喷管、排气管和涡轮机匣、过热的电子设备、热放气管路、过热的高速设备等而造成火灾，都是热表面作为

引火源的情况。在下列条件下热表面引火源的点火温度最小:

① 化学当量油气混合气略为富油;

② 高的绝对压力;

③ 长期滞留在热表面;

④ 燃气混合气零速度;

⑤ 封闭条件下均匀加热，其容积大于 2mL;

⑥ 无冷却作用的设备;

⑦ 燃油高压注射的应用场合。

2. 摩擦火花

飞机在应急着陆时可能会造成摩擦火花，这些火花正是点燃飞机上泄漏的油气混合气的引火源。根据模拟试验飞机蒙皮沿跑道表面滑动时得出的实验数据，钢火花在红色区域的温度约为900~954℃，会造成不稳定的点火；钛火花在白色区域的温度高达1100℃以上，会造成重复的点火。

3. 电弧和电火花

由于放电产生的电弧和电火花在小容积内能积聚很高的能量，是一个极好的引火源。放电的方法很多，飞机上经常产生感应的或电容的火花或电弧。感应火花通常由高阻挠源产生，它可由变压器、点火线圈、永磁发电机和类似设备中感应电路发生中断而产生。感应火花的相对电流小，但火花持续时间长。电容火花通常是由于充电的电容器放电产生的。除产生放电的方式有别外，由摩擦、冲击、压力、连续的接触、不同表面的间隙和流体流动所产生的放电都属于电容放电。自然界中的电晕、流光和闪电，基本上也是电容放电。电容火花的持续时间通常是极短的，例如在低能量时，持续时间小于0.01s。将高能量和阻抗加于系统时，放电持续时间会增加。

4. 热燃气

飞机排出的燃气或泄漏的引气与油气混合气相遇会造成热燃气点火。热燃气点火温度受到混合气成分、热燃气容积、湍流等因素影响。如按摄氏温度计量，碳氢燃料的热燃气最低点火温度，约为热表面最低温度的两倍。

#### 1.2.1.4 链式反应自由基

燃烧反应中的自由基是一种高度活泼的化学基团，能与其他自由基和分子起反应，从而使燃烧按链式反应的形式扩展。自由基也称游离基。

研究表明，大部分燃烧的发生和发展除了具备上述可燃物、助燃物（氧化剂）、引火源（温度）三个必要条件以外，其燃烧过程中还存在未受抑制的自由基作中间体。大部分燃烧反应不是直接进行的，而是通过自由基团和原子这些中间产物瞬间进行的循环链式反应。自由基的链式反应是这些燃烧反应的实质，光和热是燃烧过程中的物理现象。

因此，完整地论述，大部分燃烧发生和发展需要四个必要条件，即可燃物、助燃物（氧化剂）、引火源（温度）和链式反应自由基，因此燃烧条件可以进一步用燃烧四面体来表示，如图 1-10 所示。

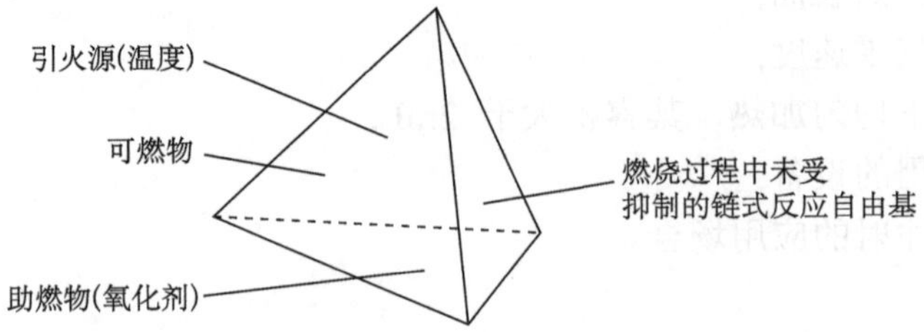


图 1-10　燃烧四面体

## 1.2.2　燃烧类型及其特点

燃烧可从着火方式、持续燃烧形式、燃烧物形态、燃烧现象等不同角度做不同的分类。掌握燃烧类型的有关知识，对于了解飞机火灾燃烧机理，开展火灾危险性分析，有着重要的意义。

### 1.2.2.1　燃烧类型分类

如果按照燃烧形成的条件和发生瞬间的特点，燃烧可分为着火和爆炸，下面分别介绍。

1. 着火

可燃物在与助燃剂共存的条件下，当达到某一温度时，与引火源接触即能引起燃烧，并在引火源离开后仍能持续燃烧，这种持续燃烧的现象被称为着火。着火就是燃烧的开始，并以出现火焰为特征。可燃物的着火方式一般分为下列两类：

（1）点燃（或称强迫着火）

点燃是指从外部能源，诸如热燃气、电火花、热表面、点火火焰等得到能量，使可燃物的局部范围受到强烈的加热而着火。这时就会在靠近引火源处引发火焰，然后依靠燃烧波传播到整个可燃混合物中，这种着火方式也习惯上称为引燃。

（2）自燃

可燃物在没有外部热源、火焰等引火源的作用下，因自身发热并蓄热所产生的自然燃烧，称为自燃。即可燃物在无外界引火源条件下，由于其本身内部发生的生物、物理或化学变化而产生热量并积蓄，使可燃物温度不断上升，发生自然燃烧的现象。自燃点是指可燃物发生自燃的最低温度。

常见的自燃现象有化学自燃和热自燃。化学自燃这种着火现象通常不需要外界加热，而热量是在常温下依据自身的化学反应产生的，例如火柴受摩擦而着火、炸药受撞击而爆炸、金属钠在空气中自燃、煤因堆积过高而自燃等。如果将可燃物和助燃剂的混合物预先均匀地加热，随着温度的升高，当混合物加热到某一温度时便会自动着火（这时着火发生在混合物的整个容积中），这种着火方式习惯上称为热自燃。

2. 爆炸

此处所指的爆炸是一种极为迅速的化学的能量释放过程，是指物质由一种状态迅速地转变成另一种状态，并在瞬间以光、热和机械功等形式释放出巨大的能量。爆炸最重要的一个特征是爆炸点周围发生剧烈的压力突变，这种压力突变就是爆炸产生破坏作用的原因。例如空气和可燃性气体的混合气体的爆炸、空气和煤屑或面粉的混合物爆炸等，都由化学反应引起，而且都是氧化反应。可燃性气体在空气中达到一定浓度时，遇明火都会发生爆炸。但爆炸并不都与氧气有关，如氯气与氢气混合气体的爆炸。

需要指出的是爆炸并不都是化学反应，如蒸汽锅炉爆炸、汽车轮胎爆炸则是物理变化。

#### 1.2.2.2 闪点、燃点、自燃点的概念

气体、液体、固体物质的燃烧各有特点，通常根据不同类型的可燃物，用闪点、燃点、自燃点来分别衡量不同可燃物的燃烧特性。了解闪点、燃点、自燃点的概念有助于进行火灾危险性的分析。

1. 闪点

闪点是指在规定的试验条件下，液体挥发的蒸气与空气形成的混合物遇火源能够闪燃的液体最低温度（采用闭杯法测定）。

闪点是描述可燃性液体性质的主要指标之一，是衡量液体火灾危险性大小的重要参数。闪点越低，火灾危险性越大，反之则越小。闪点与可燃液体的饱和蒸气压有关，饱和蒸气压越高，闪点越低。在一定条件下，当液体的温度高于其闪点时，液体随时有可能被引火源引燃或发生自燃；若液体的温度低于闪点，则液体是不会发生闪燃的，更不会着火。

闪点是判断液体火灾危险性大小以对可燃性液体进行分类的主要依据。可燃性液体的闪点越低，其火灾危险性也越大。例如，汽油的闪点为–50℃，煤油的闪点为38～74℃，显然汽油的火灾危险性就比煤油大得多。依据闪点的高低，可以确定生产、加工、储存可燃性液体场所的火灾危险性分类：闪点＜28℃的为甲类；28℃≤闪点<60℃的为乙类；闪点≥60℃的为丙类。

2. 燃点

燃点是指在规定的试验条件下，应用外部热源使物质表面起火并持续燃烧一定时间所需的最低温度。在一定条件下，物质的燃点越低，火灾危险性越大。易燃液体的燃点一般高出其闪点1～5℃，并且闪点越低，这一差值越小，特别是在敞开的容器中很难将闪点和燃点区分开来。因此，在评定液体火灾危险性大小时，一般用闪点，而固体的火

灾危险性大小一般用燃点来衡量。

3. 自燃点

自燃点是指在规定的条件下，可燃物质产生自燃的最低温度。在这一温度时，物质与空气（氧）接触，不需要明火的作用就能发生燃烧。自燃点是衡量可燃物质受热升温导致自燃危险的重要参数。可燃物的自燃点越低，发生自燃的火灾危险就越大。

不同的可燃物有不同的自燃点，同一种可燃物的自燃点也随不同的条件而发生变化。对于液体、气体可燃物，其自燃点受氧浓度、催化条件、压力、反应容器的材质、表面积与体积比等因素的影响。而固体可燃物的自燃点，往往受固体的颗粒度、热熔融程度、产生挥发物的量、受热时间等因素的影响。

#### 1.2.2.3 飞机环境下影响着火的常见参数

1. 混合气成分

理论上讲，可燃物与助燃剂满足化学当量比的混合气应是最易于点火的，但试验表明在许多情况下，最小点火能量是在比化学当量混合气稍富油时达到，而在少数场合是在稍贫油的混合气时最容易被点燃。燃料的碳水化合物类型和分子重量也能影响点火特性。例如，航空燃油在化学当量油气比富油 20% 时最容易被点燃。除了在静止的燃油储存容器内，平衡条件是很难达到的。飞机加油和其他燃油输送期间产生的雾沫和泄漏会加速燃油蒸气的挥发，尤其是在高温天气或接触热表面的情况下，着火的危险会显著增加。

2. 绝对压力

试验表明，如果绝对压力增加，可燃物能在较低的温度和能量水平完成点燃。当用电点火时，点燃所需的最小能量和绝对压力的平方近似成反比。热自燃温度也有相似的趋向。

3. 温度

无论对引火源或可燃物，温度增加意味着能量水平的增加。温度越高，点燃就越容易。例如，正戊烷最小点火能量在–30℃时为 45mJ，而 175℃时只有 2.5mJ。

4. 时间

时间是着火过程中的一个重要变量。当可燃物与助燃剂的组成、绝对压力和点火能量对促进点燃的作用不明显时，时间往往是决定能否点燃的重要因素，但时间是一个和其他条件密切相关的从属参数。在某些情况下，各种条件都在满足点燃的需求，但并未发生点燃，这是因为在足够长的时间内，这些条件并不同时存在。

5. 速度和湍流

速度和湍流一般对飞机中的易燃混合气而言。速度和湍流影响易燃混合气的最小点火能量和自身持续燃烧的能力。速度增大或湍流程度增加会使最小点火能量增大。速度增大使得火焰持续传播能力因油气比减小而减弱。航空燃油在理想油气比混合气条件下，火焰以 9.2m/s 的极限速度逆气流方向传播，而在其他混合比下极限速度会迅速减小。

6. 表面条件和组成

热表面的点燃能力与热传导性、催化作用和氧化性能等因素有关。例如，如果热表面形成锈垢，其隔绝作用会使点火所需的实际温度增加。热表面的组成材料也会影响点火温度，如铀金属丝与油气混合气接触，其综合作用会产生足够的热造成点火；又如玻璃，对一给定的易燃混合气，它所要求的点火表面温度最低。

7. 表面面积

从很小的表面区域开始，点火温度就随表面面积增加而减小，直到某个最小温度；尔后，面积增加就不再影响最小点火温度。例如，细金属丝必须被加热到自炽才能引起点火，而类似砂轮的摩擦作用发射的加热粒子在有些情况下不是很有效的引火源。

8. 表面间的距离

容纳易燃混合气空间的任何两表面间的距离会影响易燃混合气维持燃烧的能力。当两个平行表面之间足够靠近，或是管径、切缝足够小，火焰就无法传播。这个熄火距离明显受油气比、压力、温度等参数的影响，例如熄火距离在比化学当量油气比略为富油、高温和高绝对压力时达到一个最小值。

### 1.2.3 燃烧方式与燃烧产物

可燃物质受热着火后，其燃烧方式因其聚集状态的不同而发生不同的变化。绝大多数可燃物的燃烧都是在蒸气或气体的状态下进行的，并发出火焰。然而有的物质不能变为气态，其燃烧发生在固相中，如焦炭燃烧时呈灼热状态。由于可燃物的性质、状态不同，燃烧的产物也不一样。本节将介绍可燃物的燃烧方式与燃烧产物。

#### 1.2.3.1 气体燃烧

可燃气体的燃烧不需像固体、液体那样经过熔化、蒸发过程，其所需热量仅用于可燃气体的氧化或分解，或者将可燃气体加热到燃点，因而燃烧容易且燃烧速度快。根据燃烧前可燃性气体与助燃剂（氧化剂）混合状况，其燃烧方式可分为扩散燃烧和预混燃烧。

1. 扩散燃烧

扩散燃烧是指可燃性气体与气体氧化剂互相扩散，边混合边燃烧。在扩散燃烧中，可燃气体与氧化剂的混合是靠气体的扩散作用来实现的，混合过程较燃烧反应过程慢。燃烧过程处于扩散区域内，整个燃烧速度的快慢由可燃性气体与气体氧化剂的物理混合速度决定。

扩散燃烧过程比较稳定，火焰温度相对较低，扩散火焰运动幅度相对较小。可燃气体与气体氧化剂的混合一般在可燃气体喷口进行。对稳定的扩散燃烧，只要控制得好，就不会造成火灾，即使发生火灾也较易扑救。

2. 预混燃烧

预混燃烧又称为爆炸式燃烧。它是指可燃气体、蒸气预先同氧化剂混合，遇引火源产生带有冲击力的燃烧。预混燃烧一般发生在封闭体系中或在混合气体向周围扩散的速度远小于燃烧速度的敞开体系中。预混燃烧放热造成产物体积迅速膨胀，压力升高，压强可达 709.1~810.4kPa。火焰在预混气体中存在正常火焰传播和爆轰传播两种方式。如果按照混合程度分类，预混燃烧还可分为部分预混式燃烧和完全预混式燃烧。

与扩散燃烧相比，预混燃烧反应快，温度高，火焰传播速度快，反应混合气体不扩散，在可燃混合气体中引入一火源即产生一个火焰中心，成为热量与化学活性粒子集中源。

#### 1.2.3.2 液体燃烧

易燃、可燃液体在燃烧过程中，并不是液体本身在燃烧，而是液体受热后蒸发出的液体蒸气被分解、氧化达到燃点而燃烧，即蒸发燃烧。因此，液体能否发生燃烧、燃烧速率的高低受液体的蒸气压、闪点、沸点和蒸发速率等参数的影响。可燃液体会产生闪燃的现象。

可燃液态烃类燃烧时，一般产生橘色火焰并散发浓密的黑色烟雾；醇类燃烧时，通常产生透明的蓝色火焰，几乎不产生烟雾；而某些醚类燃烧时，液体表面伴有明显的沸腾状现象，此类物质的火灾较难扑灭。对于含有水分、黏度较大的重质石油产品，如原油、重油、沥青油等燃烧时，沸腾的水蒸气会带着燃烧的油向空中飞溅，这种现象被称为扬沸（沸溢和喷溅）。

1. 闪燃

闪燃是指易燃或可燃液体（包括可融化的少量固体，如石蜡、樟脑、萘等）挥发出来的蒸气分子与空气混合后，达到一定的浓度时，遇引火源发生一闪即灭的现象。发生闪燃的原因是易燃或可燃液体在闪燃温度下蒸发的速度相对较慢，蒸发出来的可燃蒸气仅能维持一瞬间的燃烧，来不及补充维持稳定的燃烧所需的可燃蒸气，因此燃烧一闪就灭了。尽管如此，闪燃却是引起火灾事故的先兆之一。闪点则是指易燃或可燃液体表面产生闪燃的最低温度。

2. 沸溢

沸溢现象以原油为例进行介绍。原油黏度比较大，并且含有一定的水分，多以乳化水和水垫两种形式存在。乳化水是指原油在开采运输过程中，原油中的水由于强力搅拌形成细小的水珠悬浮于油中而成。原油放置久后，发生油水分离，水因密度大而沉降在底部形成水垫。

在燃烧过程中，这些沸程较宽的原油会产生热波，当热波向液体深层运动时，因为温度高于水的沸点，所以热波会使油品中的乳化水汽化，大量的蒸汽就会穿过油层向油品液面上浮，在向上移动过程中会形成油包气的气泡，即油的一部分形成了含有大量蒸汽气泡的泡沫。这样，必然会使液体体积膨胀，向外溢出。与此同时部分未形成泡沫的油品也被下面的蒸汽膨胀力抛出容器外，使液面剧烈沸腾起来，这种现象叫沸溢。

从以上沸溢过程可以看出，沸溢形成必须具备三个条件：第一，原油具有形成热波的特性，即沸程宽和密度相差较大；第二，原油含有乳化水，水遇到热波变成蒸汽；第三，原油黏度较大，使水蒸气不容易从上向下穿过油层。

3. 喷溅

在重质油品燃烧过程中，随着热波温度的逐渐升高，热波向下传播的距离也加大，当热波达到水垫时，水垫的水受热大量蒸发，蒸汽体积迅速膨胀，进而把水垫上面的液体层抛向空中，向油品容器外喷射，这种现象被称为喷溅。

一般情况下，发生沸溢要比发生喷溅的时间早很多。发生沸溢的时间与原油的种类、水分含量有关。根据试验，含有1%水分的原油，经过45~60min燃烧就会发生沸溢。喷溅发生的时间与油层厚度、热波移动速度及油的燃烧速率有关。

#### 1.2.3.3　固体燃烧

根据各类固体可燃物的燃烧方式和燃烧特性，固体燃烧的形式大致可分为五种，其燃烧各有特点。

1. 蒸发燃烧

硫、磷、钾、钠、蜡烛、松香、沥青等可燃物固体，在受到火源加热时，先发生熔融蒸发，随后蒸气与氧气发生燃烧反应，这种形式的燃烧一般称为蒸发燃烧。樟脑、萘等易升华物质，在燃烧时不经过熔融过程，但其现象也可看作是一种蒸发燃烧。

2. 表面燃烧

可燃固体（如木炭、焦炭、铁、铜等）的燃烧反应是在其表面由氧和可燃物质直接作用而发生的，称为表面燃烧。这是一种无火焰的燃烧，有时又被叫作异相燃烧。

3. 分解燃烧

可燃固体，如木材、煤、合成塑料、钙塑材料等，在受到火源加热时，会先发生热分解，分解出的可燃挥发成分随后与氧发生燃烧反应，这种形式的燃烧一般称之为分解燃烧。

4. 阴燃

可燃固体在空气不疏通、加热温度较低、分解出来的可燃性挥发分较少或逸散较快，以及含水分较多等条件下，往往会发生只冒烟而无火焰的燃烧现象，这就是阴燃。阴燃是固体材料特有的燃烧形式，但其能否发生，主要取决于固体材料自身的理化性质及其所处的外部环境。很多固体材料，例如纸张、锯末、纤维织物、胶乳橡胶等，都能发生阴燃。这是因为这些材料受热分解后能产生刚性结构的多孔炭，从而具备多孔蓄热并使燃烧持续下去的条件。

5. 动力燃烧（爆炸）

动力燃烧是指可燃固体或其分解析出的可燃挥发成分遇到火源发生的爆炸式燃烧，主要包括可燃粉尘爆炸、炸药爆炸、轰燃等几种情形。其中，轰燃是指可燃固体由于受热分解或不完全燃烧析出了可燃气体，当其以适当比例与空气混合后再遇到火源时，发生的爆炸式的预混燃烧。

这里需要注意的是，上述各种燃料形式的划分不是绝对的，有些可燃固体的燃烧往往会包含两种或两种以上的形式。例如，在适当的外界条件下，木材、棉、麻、纸张等物质的燃烧会明显地存在表面燃烧、分解燃烧、阴燃等形式。

#### 1.2.3.4 燃烧产物

燃烧产物的成分取决于可燃物的组成和燃烧条件。大部分可燃物属于有机化合物，它们主要由碳、氢、氧、氮、硫等元素组成，燃烧生成的气体通常有一氧化碳、二氧化碳、丙烯醛、氯化氢、二氧化硫等。

1. 燃烧产物的概念

由燃烧或热解作用产生的产物被称为燃烧产物，有完全燃烧产物和不完全燃烧产物之分。完全燃烧产物是指可燃物中的 C 被氧化生成 $CO_2$（气）、H 被氧化生成 $H_2O$（液）、S 被氧化生成 $SO_2$（气）等；而燃烧产生的 CO、$NH_3$、醇类、醛类、醚类等是不完全燃烧产物。燃烧产物的数量、组成等随物质的化学组成及燃烧中温度、空气的供给情况等的变化而不同。

燃烧产物中的烟主要是燃烧或热解作用所产生的悬浮于大气中能被肉眼看到的直径一般在 $10^{-7}$~$10^{-4}$cm 的极小的炭黑粒子；大直径的粒子容易从烟中落下来，称为烟尘或炭黑。炭粒子的形成过程比较复杂。例如，碳氢可燃物在燃烧过程中，会因受热裂解产生一系列中间产物，中间产物还会进一步裂解成更小的碎片，这些小碎片会发生脱氢、聚合、环化等反应，最后形成石墨化的炭粒子，形成了烟。

### 2. 几类典型物质的燃烧产物

不同种类可燃物的燃烧特性及其燃烧产物是有差别的，以下介绍三类常见材料的燃烧产物。

（1）高聚物的燃烧产物

有机高分子化合物（简称高聚物），主要是以煤、石油、天然气为原料生产得到的，如塑料、橡胶、合成纤维、薄膜、胶黏剂和涂料等。其中，塑料、橡胶和纤维是人们熟知的三大合成有机高分子化合物，其应用广泛而且容易燃烧。高聚物在燃烧（或热解）过程中会产生 CO、$NO_x$（氮氧化物）、HCl、HF、$SO_2$ 及 $COCl_2$（光气）等有害气体，对火灾现场人员的生命安全构成极大的威胁。

（2）金属的燃烧产物

金属燃烧通常热值大、温度高，某些金属燃烧时的火焰具有特征颜色。金属燃烧的难易程度与比表面积关系极大，其燃烧的能力取决于金属本身及其氧化物的物理、化学性质。其中金属及其氧化物的熔点和沸点对其燃烧能力的影响比较显著。根据熔点和沸点不间，通常将金属分为挥发金属和不挥发金属两类。

挥发金属（如 Li、Na、K 等）在空气中容易着火燃烧，熔融成液体金属，它们的沸点一般低于其氧化物的熔点（K 除外），在其表面能够生成固体氧化物。由于金属氧化物多孔性结构，金属继续被加热和氧化，经过一段时间后，金属被熔化并开始蒸发，蒸发出的蒸气通过多孔的固体氧化物扩散进入空气。

不挥发金属由于其氧化物的熔点低于金属的沸点，在燃烧时会在熔融金属表面形成一层氧化物。这层氧化物在很大程度上阻碍了金属和氧化剂的接触，从而减缓了金属被氧化。但这类金属在粉末状、气熔胶状、刨花状时在空气中会进行很剧烈的燃烧。

### 3. 燃烧产物的危害性

研究结果表明，火灾中大约 75%的死亡是由于吸入毒性气体而导致的。燃烧产物中含有大量的有毒成分，例如 CO、HCN、$SO_2$、$NO_2$ 等，这些气体均对人体有不同程度的毒性。燃烧产物中常见有毒有害气体的来源、生理作用及致死浓度见表 1-11。

二氧化碳（$CO_2$）和一氧化碳（CO）是两种主要的燃烧产物。其中，二氧化碳虽然无毒，但当达到一定的浓度时，会刺激人的呼吸中枢，引起呼吸急促、烟气吸入量增加，还会造成头痛、神志不清等症状。一氧化碳是火灾中致死的主要燃烧产物之一，其毒性在于对血液中血红蛋白的高亲和性，一氧化碳对血红蛋白的亲和力比氧气高出 250 倍，因此它能够阻碍人体血液中氧气的输送，引起头痛、虚脱、神志不清等症状和肌肉调节障碍等。一氧化碳对人的影响见表 1-12。

表 1-11 几种常见有害气体的来源、生理作用及致死浓度

| 来源 | 主要的生理作用 | 短期（10min）估计致死浓度/ppm |
|---|---|---|
| 纺织品、聚丙烯腈尼龙、聚氨酯等物质燃烧时分解出的氰化氢（HCN） | 一种迅速致死、窒息性的毒物 | 350 |
| 纺织物燃烧时产生二氧化氮（$NO_2$）和其他氮的氧化物 | 肺的强刺激剂，能引起即刻死亡及潜后性伤害 | >200 |
| 由木材、丝织品、尼龙燃烧产生的氨气（$NH_3$） | 强刺激性，对眼鼻有强烈刺激作用 | >1000 |
| PVC 电绝缘材料，其他含氯高分子材料及阻燃处理物热分解产生的氯化氢（HCl） | 呼吸刺激剂，吸附于微粒上的 HCl 的潜在危险性较之等量的 HCl 气体较大 | >500，气体或微粒存在时 |
| 氢化树脂类及某些含溴阻燃材料热分解产生的含卤酸气体 | 呼吸刺激剂 | 约 400（HF）<br>约 100（$COF_2$）<br>>500（HBr） |
| 含硫氧化物及含硫物质燃烧分解产生的二氧化硫（$SO_2$） | 强刺激剂，在远低于致死浓度下也会使人难以忍受 | >500 |
| 由聚烯烃和纤维素低温热解（400℃）产生的丙醛 | 潜在的呼吸刺激剂 | 30~100 |

表 1-12 一氧化碳对人的影响

| 影响情况 | CO 浓度/ppm | 碳氧血红蛋白浓度/% |
|---|---|---|
| 在其中工作 8h 的允许浓度 | 50 | — |
| 暴露 1h 不产生明显影响的浓度 | 400~500 | — |
| 暴露 1h 后有明显影响的浓度 | 600~700 | — |
| 暴露 1h 后引起不适，但无危险症状的浓度 | 1000~1200 | — |
| 暴露 1h 后有危险的浓度 | 1500~2000 | 35 |
| 在 1h 内即会死伤的浓度 | 4000 及以上 | 50 |

除毒性之外，燃烧产生的烟气还具有一定的减光性。通常可见光波长（$\lambda$）为 0.4~0.7μm，一般烟气中烟粒子的粒径（$d$）为几微米到几十微米，由于 $d>2\lambda$，故烟粒子对可见光是有一定减光性的。烟气弥漫，会影响人们的视线，使人们难以辨别火源位置和火势发展方向。

## 1.2.4 飞机火灾的燃烧特性

### 1.2.4.1 燃烧方式

1. 喷雾火

飞机中高压燃料、润滑剂或液压油的裂缝，或是易燃流体系统部件，如电机壳体破裂，可以为发动机舱发生故障后的稳定火焰提供稳定的喷雾燃料。小液滴迅速蒸发，冲

力使喷雾有效地与燃烧所需的空气混合。当燃料-空气混合物接触热表面时会被点燃；或者造成故障行为的机制也可以成为引火源，例如当电线束与可燃液体的管线摩擦时可能产生电弧。

如果有足够量的灭火剂进入燃烧区域，或者停止可燃流体供应，降低压力对喷雾的影响，使得燃料不足，或者可燃液体降低和通风气流产生足够大的改变，则燃烧喷雾火可能会熄灭。除了可燃液体系统压力和通风气流，喷雾火火焰的稳定性也可能受通风气流温度，可燃液体类型和灭火剂类型的影响。

2. 油池火

如果可燃液体输送管路或部件发生故障，释放出足够量的可燃液体，并且由于不能排出舱室汇聚形成油池，这样就可能发生油池火。这时与热表面或造成故障行为的机械（包括弹道导弹）接触就可能起火。如果有通风气流，比如在发动机短舱内，以及如果在油池前缘有障碍物遮挡，就会大大增强油池火的稳定性。在一些短舱结构中，肋骨结构或其他阻流体障碍物位于可燃液体可能会聚集的地方，会使其不能及时排出。油池火具有预混形式，比喷雾火的扩散形式更为稳定，但是在高空气流速下，两种类型的火都不太稳定（即容易熄灭）。

实验室的灭火试验表明，在油池池火前挡板的稳定效果非常显著。测试结果表明，在类似气流和挡板高度条件下，有挡板的油池火要比位于流场中部的喷雾火更加难以熄灭。CAA 以及哈龙替代技术发展项目（Halon alternative technology development program, TDP）期间进行的短舱火灾测试显示，封闭油池火灾要比喷雾火更难抑制。据 CAA 报道，因为位于短舱低段的横向结构肋骨的存在，所需抑制剂的质量大大增加。这是因为在肋骨结构之间更难熄灭油池火。之后的三种短舱火灾场景测试（燃料喷雾火、在热表面上燃料薄表面燃烧，以及燃料油池燃烧）表明，热表面火和油池火需要比喷雾火更大的灭火剂浓度。在 TDP 期间，再次确认了采用更大的灭火剂浓度来抑制油池火的需求，其中发现由于油池火位置处于回流区，需要更大的灭火剂浓度和更长的特定灭火剂混合时间以实现对油池火的抑制作用。美国空军 F-22 型飞机的短舱火灾试验项目中，再次发现油池火比喷雾火更难抑制。

3. 气隙燃烧

如图 1-11 所示，燃料箱气隙周围的干舱区域包含可燃的燃料-空气混合物，容易受到弹片带来的损伤。从飞机生存能力的设计角度来看，燃料箱气隙和干舱是飞机主要的弹片易损区域。从穿透气隙的弹片释放出来的火星可能会点燃燃料蒸气。弹片进入燃料箱附近的干舱，穿透燃料箱或其他含有可燃液体的部件，可能会导致燃料泄漏，进而导致燃料在干舱内点燃。

美国海军进行的气隙弹道测试中，将气隙燃烧过程描述为两个阶段，即自由基反应和支链反应，这与引火源有关。对于在气隙内由于部件故障产生电火花引火源，在第一阶段产生了一个自由基，进而又在整个气隙燃料蒸气与空气混合物中产生蓝色的火焰前沿。然后该混合物迅速转变到第二阶段，其中自由基彼此反应并产生稳定加速的分子组，作为一种燃烧产物并且可能导致爆炸。该过程可以在几百毫秒内完成。燃烧弹作用在气隙中将导致剧烈的反应，与这种两阶段反应不同，而是直接产生燃烧产物。

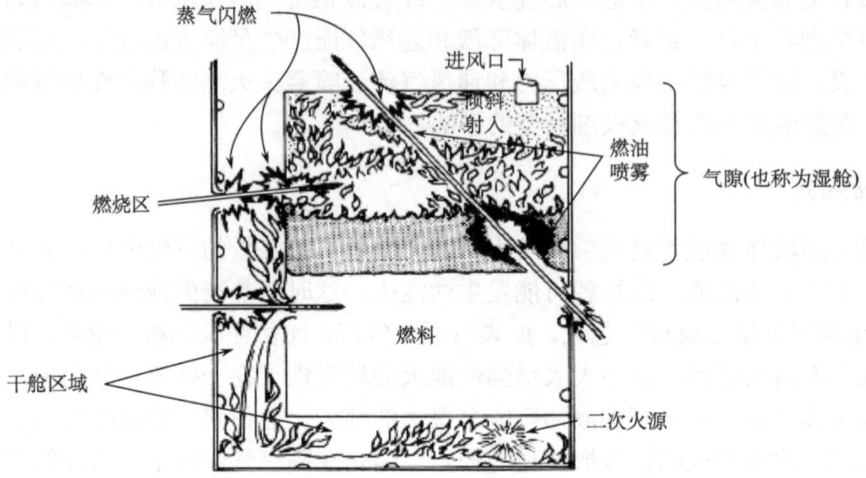


图 1-11　飞机燃油箱内部气隙和周围的燃烧风险

### 1.2.4.2　火焰温度

通常用火三角和火金字塔描述产生火的基本条件。对于燃烧（火灾）三角形（图 1-9），三边通常表示燃料（或者是燃烧的物质）、氧气和温度（即足够的热量点燃并维持燃烧状态）。而根据火金字塔（燃烧四面体，见图 1-10）的四个表面指出了第四个组成部分：关于自由基的化学链反应，这是反应（因此燃烧）持续进行所必需的。对于碳氢化合物燃料（包括航空燃料），反应通常可以写为：燃料+$O_2 \longrightarrow H_2O+CO_2$。反应的净释放热量称为燃烧热，可以用于估计可能的最大火焰温度，或者绝热火焰温度。美军飞机上使用的 JP-4、JP-5 和 JP-8 航空燃料的净燃烧热范围为 40~45kJ/g。如图 1-12 所示，可以看出当量比为 1 时，有最大火焰温度。这里当量比指的是实际燃油空气比除以化学计量的燃油空气比。这里燃油空气比只是指供给燃料的质量与供给空气的质量之比。按化学计量燃烧时，碳和氢完全转化为 $CO_2$ 和 $H_2O$，没有氧气剩余。因此，化学计量燃料空气比是供给燃料的质量与满足化学计量的供给空气的质量的比率。

实际上，绝热火焰温度是不可能达到的，特别是对于高速通风气流的舱室，比如发动机短舱以及干舱，它们可能有通风气流和排放孔，也就是说，它们不是完全密封的。另外，在短舱或干隔发生的火灾，泄漏燃料不能保证完全燃烧。火灾事件发生后，在这些区域不太可能发现残余的燃料或液压油。因此，如图 1-12 所示，实际火焰温度会低于绝热火焰温度，但是最大火焰温度位于富燃料的一侧，因为更大的燃料质量可以产生更多的能量和热量。

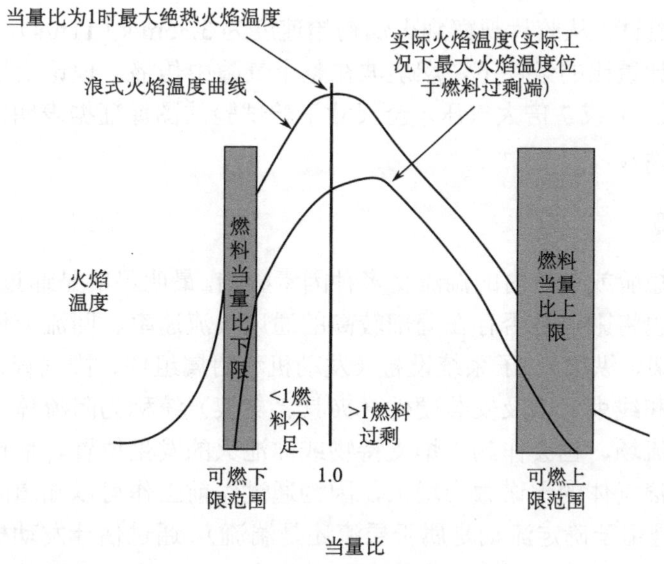


图 1-12 火焰温度与当量比关系

在确定光学火灾探测器探测火灾的光谱特征过程中，显示出 JP-4 火焰的紫外线辐射随着海拔高度的增加而增加，并且在 10.7km（35000ft）处燃烧燃料发出的紫外线（UV）功率几乎是海平面上的两倍。因此，UV 检测对低海拔比较敏感。在可见光和近红外波段的发射功率在高海拔处降低。因此，可见光/近红外检测对高海拔比较敏感。可见光/近红外发射光谱与扩散火焰中的热炭颗粒有关，而在紫外波段发射的能量与火焰中自由基的电子跃迁有关。可以认为，随着海拔增加（即压力降低），维持燃烧过程的氧气减少，导致这些自由基的密度增加，从而导致辐射更强的紫外线。相反，随着海拔增加，氧气压力降低，可能会降低火焰温度，从而降低由炭颗粒发射的可见/近红外的辐射强度。

前面讨论了热火灾探测、光学火灾探测方面的内容，而根本上灭火只与温度（暴露的温度）有关。防火区域部件要求能经受暴露于 1093℃（2000℉）的最低火焰温度和持续 15min 的 $9.3Btu/ft^2$-s（$10.6W/cm^2$）最小热传输（热通量密度）。这种温度也是许多飞机的发动机短舱和辅助动力装置（auxiliary power unit, APU）舱的连续环路热火灾探测器火警要求的阈值，而用于干舱的光学火灾探测通常对 4.3μm 波长敏感（即 $CO_2$ 吸收峰），这也与 JP 型航空燃料火灾相关。

### 1.2.4.3 爆燃与爆炸

爆燃和爆炸是根据火焰前沿速度进行区分的。超音速燃烧速度属于爆炸，并且更可能在纯氧中发生，而亚音速燃烧速度则为爆燃。研究和测试已经清楚表明，短舱、干舱和气隙火灾事件属于爆燃。爆炸和爆燃可能会或者也可能不会导致（持续）火灾。当释放能量的燃烧速度较快并且压力大幅度增加（称为超压）时，当足够大以致损坏或破坏飞机部分结构时称为爆炸。对于航空燃料，通常超压不超过 1380kPa（200psi）时就会发生爆燃。在模拟高海拔环境，压力和氧气浓度分别为 58kPa（8.4psia）和 21%，进行了一系列气隙火灾测试，从胶片观察到火焰初始速度为3.35m/s（11ft/s）。如果在燃料-空气混合物接近化学计量比的条件下，燃烧波在整个气隙中传播，理论上增加的压力可能超过690kPa（100psig）或7倍大气压。全尺寸干舱试验的图像证据表明，湍流火焰速度低于300m/s（984ft/s）。

#### 1.2.4.4 湍流环境

飞机发动机短舱或干舱内的湍流受多种因素影响。最明显的是通过舱室的通风气流。舱室的几何结构也将影响是否存在局部较高的通风气流速率、回流或停滞的区域。结构部件（肋板、框架、纵梁）、子系统设备（发动机和附属组件、排气管、可燃液体组件和管线、电气组件和线束）以及安装硬件（夹具、支架）统称为阻流体，这些会影响短舱或干舱内的复杂流场，也会作为火焰支持物或油池火的发生位置。估计在靠近阻流体的回流区域中，预混气体的雷诺数会增大，因为通过先前工作可以知道阻流体能够支持湍流条件（雷诺数是用于确定流动是属于层流还是湍流）。通过估计发动机短舱进气口处雷诺数发现，即使在考虑杂物增强混合度之前，该区域也是高度湍流的。尽管发动机短舱的通风气流可能认为是在整个环形体积纵向流动的，但是在一些地方也可能会发现通风气流在发动机圆周方向流动，甚至存在回流区域。在中等高速气流中，发动机短舱火灾通常是处于障碍物后方稳定的湍流扩散火，流速范围通常为0.57~1.25kg/s（1.25~2.75lb/s）。

短舱通风气流的主要设计目的是为了冷却发动机使其发挥期望的发动机性能，并且不会影响短舱中其他子系统组件运行。例如，F-111飞机的短舱设计采用了单向通风气流，也可以防止火焰蔓延以及除去可燃蒸气。单位时间的空气交换次数（气流体积除以净体积）取决于飞机设计，可能高达每秒一次。虽然短舱对于每架飞机都是独一无二的，但是采用的往返短舱通风气流特征是一样的。在飞机与飞机之间，干舱尺寸、通风要求和几何尺寸有很大差别，因此干舱内的湍流可能会也可能不会比发动机短舱内更复杂。

产生湍流的同样物理和环境特征也会影响火焰张力、灭火剂分布和灭火剂有效性（和稀释），因为对于有挡板稳定的火焰，灭火剂进入回流区域所需的时间是灭火效果的关键参数。在由NGP开展的计算流体动力学（CFD）建模和模型验证测试中，熄灭短舱火灾的成功与否与灭火剂的注射速率与进入短舱的总流入速率的比值相关（即通风气流和灭火剂流）。对于未优化设计的防火系统（未优化系统可能通过认证测试），湍流可能会导致不均匀性并且造成灭火失败。如果存在局部灭火剂浓度低于灭火浓度值的流场区域，则可能无法完全抑制住火灾，因为很小的火可以快速蔓延到短舱中剩余的预混气体，导致在一定条件下加速燃烧，造成灾难性后果。

## 1.3 飞机灭火基础理论

### 1.3.1 飞机火灾等级划分

在介绍飞机灭火知识之前，首先简介飞机火灾的等级划分。飞机火灾的等级一般分为A、B、C、D四类[10]：

（1）A级火灾

A级火灾属于固体材料的燃烧，燃烧过程是在高温条件下将固体材料热分解成可燃气体，维持不断的氧化反应，并将固体材料直接燃烧成炭或碳化物，如木头、木制品、布料、纺织品、纤维材料、纸、纸制品引起的燃烧。A级火灾使用水或化学喷雾剂进行灭火。如果火点所处的位置较深，可以使用水膜泡沫灭火。

（2）B级火灾

B级火灾属于易燃液体的燃烧，通常在蒸气状态进行氧化反应，这些液体一般在正常温度和适当的蒸气压力下，在液体表面存在一个易燃蒸气区，如汽油、航空燃油、其他油料或其他可燃/易燃液体引起的燃烧。B级火灾可以使用水膜泡沫、卤代烷、干粉或二氧化碳进行灭火。

（3）C级火灾

C级火灾本身仍归属于A级或B级火灾，但燃烧物具有导电性。因此在扑救C级火灾时，所使用的灭火剂必须是不导电的。实施灭火的策略为：首先断开电源，然后依据A级、B级或D级火灾的处置方法来决定使用绝缘灭火剂（二氧化碳、卤代烷、PKP化学干粉）进行灭火，或使用清水或盐水以喷雾剂的形式进行灭火。要确保喷嘴与通电设备之间的距离至少为4ft。

（4）D级火灾

D级火灾是易燃金属火灾，如镁与钛引起的燃烧。D级火灾使用大量的水进行灭火，比如高速喷雾。使用水扑灭D级火灾时将会发生小型爆炸，因此在灭火时必须保持安全距离或处于防护设施之后。

## 1.3.2 灭火原理与灭火剂

### 1.3.2.1 灭火原理

扑灭火灾通常是应用以下原理。

（1）冷却原理

对燃烧物进行冷却，使它不至于再产生易燃气体，如用水扑灭A级火灾。

（2）稀释原理

用惰性气体进行稀释，以相对减小空气中的含氧浓度或减少燃气成分到某个界限以下，使其不能继续燃烧，如用二氧化碳灭火。喷射的气态和固态二氧化碳温度很低，它对燃烧物也有一定的冷却作用。

（3）隔离原理

将燃烧物和氧化物分开，如用泡沫灭火剂扑灭B级火灾。泡沫将氧化物与燃料分开，泡沫含有水分，同时又能起到冷却作用。

（4）抑制原理

通过抑制燃烧的化学反应过程，使燃烧中断，如用卤代烷灭火剂，因为卤元素对燃烧都具有抑制作用。它夺取燃烧反应中的氢自由基，破坏氢自由基的链锁传递，而迅速抑制燃烧。此类灭火剂的冷却、稀释、隔离的作用则是次要的。

#### 1.3.2.2 灭火剂

下面简单介绍常见的几类灭火剂。

（1）水

水是一种最普遍的灭火剂，成本最低廉。在所有的灭火剂中，它有最大的冷却效能，使燃烧温度降到不能维持燃烧。水有导电性，因而不能用于扑灭 C 级火灾。 此外，它在 0℃结冰，在低温条件下的应用受到限制。因此，水只适用于一般正常情况下扑灭 A 级火灾。

（2）二氧化碳

二氧化碳适用于扑灭 B 级、C 级火灾，同时起到冷却和稀释作用，无毒性。二氧化碳的灭火效能并不高。

（3）干粉

干粉如碳酸氢钠，能扑灭 B 级、C 级火灾，无毒性。它既能吸热冷却，又能在反应后产生水蒸气和二氧化碳，这些二次产物也是很好的灭火剂，起到灭火的作用。由于干粉灭火剂呈粉末状，不能解决扑灭复燃问题，且灭火后残余物太多，因此没有广泛应用。

（4）泡沫灭火剂

泡沫灭火剂是民用灭火剂中最常用的一种，适宜扑灭 B 级火灾。它主要靠隔离氧和燃烧物起到灭火作用，灭火效能较低，因此所需的灭火剂量较大，不适宜在飞机上使用。

（5）卤代烷

卤代烷灭火剂适用于扑灭 B 级和 C 级火灾，主要靠化学反应破坏自由基的链锁反应而抑制燃烧，因此，它是一种灭火效能较高的灭火剂。卤代烷灭火剂没有结冰问题，也没有残余物问题。灭火剂从一般价格到昂贵价格都有，成本取决于生产工艺过程，还决定于这些化学产品或生产过程的中间原料是否有其他广泛的工业用途。飞机上使用的灭火剂大部分都是卤代烷灭火剂，下面将详细介绍卤代烷灭火剂的灭火机理和特性。

有的国家对飞机上使用灭火剂提出了一个正式的使用技术要求，它适用于飞行中固定式或手提式灭火器储有灭火剂的要求，即：

① 灭火剂适用于扑灭 B 级和 C 级火灾；

② 灭火剂具有高灭火效能；

③ 灭火剂的毒性要比 Halon 1011 为低，接近于二氧化碳；

④ 灭火剂在运输和储存 5 年以上的时间里具有稳定性；

⑤ 灭火剂在使用状态时应为液体状态；

⑥ 灭火剂的冰点应在−54℃以下；

⑦ 灭火剂要便于生产，成本低。

### 1.3.3 卤代烷灭火机理

卤代烷是由卤素原子取代烷烃分子中的部分氢原子或全部氢原子后得到的一类有机化合物的总称。一些低级烷烃的卤化物具有不同程度的灭火作用，统称为卤代烷灭火剂。通常用做灭火剂的多为甲烷或乙烷的卤化物，分子中的卤素原子为氟、氯、溴。国际上以代号来代表这些灭火剂，其命名原则是：用四个阿拉伯数字分别表示卤代烷中碳和卤族元素的原子数（氢原子数不计），其排列顺序为碳、氟、氯、溴，如果末尾数是零则略去。在代号前面还要冠以 Halon（哈龙——卤代烷的简称，以区别其他化合物）。

许多可用的氟化物中只有四种用做灭火剂，其化学分子式及代号分别如下：

| | | |
|---|---|---|
| 二氟一氯一溴甲烷 | $CF_2ClBr$ | Halon 1211 |
| 三氟一溴甲烷 | $CF_3Br$ | Halon 1301 |
| 二氟二溴甲烷 | $CF_2Br_2$ | Halon 1202 |
| 四氟二溴乙烷 | $C_2F_4Br_2$ | Halon 2402 |

目前内国外应用较多的有 Halon 1301 和 Halon 1211。

卤代烷灭火剂主要是通过抑制燃烧的化学反应过程使燃烧中断，达到灭火的目的。其灭火作用是通过夺取燃烧链锁反应中的活泼物质来完成的，这一过程称为断链过程或抑制过程。虽然确切的过程还不知道，它的扑灭或抑制作用是被假定为如下发生的：

当燃烧时，燃料和氧是通过一个中间产物氢氧基进行反应的。首先燃料和氧分子两者受热分解成氢和氧自由基：

$$R—H+O_2 \longrightarrow H\cdot+2O\cdot+R\cdot$$

随后，两个自由基综合产生氢氧自由基：

$$H\cdot+O\cdot \longrightarrow OH\cdot$$

其中两个 OH· 可进一步反应：

$$2OH\cdot \longrightarrow H_2O+O\cdot$$

这个反应会放出大量能量，并给参与燃烧过程的新鲜的燃料和空气提供维持燃烧的条件，这是燃烧链反应。

若把卤代烷灭火剂如 Halon 1301 引进火焰区后，Halon 1301 立即受热分解生成溴自由基：

$$CF_3Br \longrightarrow CF_3\cdot+Br\cdot$$

溴自由基与燃料中的氢反应生成溴化氢：

$$R—H+Br\cdot \longrightarrow HBr+R\cdot$$

溴化氢然后与活性氢氧基反应释放出溴自由基：

$$OH\cdot+HBr \longrightarrow H_2O+Br\cdot$$

溴自由基能够接着重复这个过程与更多的燃料反应，从火焰中移去更多的活性基，因此两个氢氧基直接反应被阻止，则燃烧链反应中断。

由于完成这一化学反应所需的时间往往比较短，所以灭火速度迅速。所有的卤元素对燃烧都具有抑制作用，而溴比氯和氟更为有效。卤代烷灭火剂适用于扑救各种易燃液体火灾和精密仪器及电气设备火灾，扑救固体纤维火灾时要用较高的浓度，但不适用于扑救活泼金属、金属氧化物和能在惰性介质中自身供氧燃烧物质的火灾。如扑灭面层一级火的 Halon 1301 灭火剂体积浓度为 5.1% ，完全扑灭深层一级火的 Halon 1301 灭火剂体积浓度为 21%。

卤代烷灭火剂一般都是以液化气的形式充装在压力灭火瓶内的，直接接触卤代烷灭火剂时，有可能使皮肤脱脂或冻伤。1min 内短暂地接触时，如 Halon 1211 体积浓度在 4%以下、Halon 1301 体积浓度在 7%以下，基本都没有什么副作用；倘若 Halon 1211 体积浓度在 4%～5%、Halon 1301 体积浓度在 7%～10%时，身体则会发生轻微的中毒反应，如果浓度再高或接触时间较长，中毒反应就比较明显。

卤代烷生产成本高，价格较贵。

## 1.3.4 卤代烷灭火剂

### 1.3.4.1 Halon 1301

现代飞机固定式灭火系统中使用的主要是 Halon 1301 灭火剂。

1. 使用范围及主要应用

Halon 1301 是卤代烷三氟一溴甲烷（bromotrifluoromethane）的商品名，其分子式为 $CF_3Br$，通常使用于固定式灭火系统，可用于 A、B、C 级及电气火灾。哈龙类物质对臭氧层具有很强破坏能力，为了控制臭氧层空洞的扩大趋势，1989 年制定了《关于消耗臭氧层物质的蒙特利尔议定书》（以下简称《协议书》），哈龙灭火剂成为受控制物质，发达国家于 1994~1996 年逐渐停止生产该类灭火剂，中国作为发展中国家于 1991 年加入修订的《议定书》，1998 年起开始正式减少哈龙生产量，并于 2010 年实现全部淘汰。但对于航空业，空中火灾可能会造成重大人员伤亡及经济损失，Halon 1301 因其卓越的灭火性能、轻质易于携带、性能稳定可长期存储，仍是飞机灭火系统最重要的气体灭火剂，在军工行业如地面装甲车辆的防火抑爆系统中也有重要应用。

2. 物理及化学性质

Halon 1301 灭火剂的主要物理参数如表 1-13 所示，沸点为–57.8℃，流经管路时呈两相流动，一喷入大气环境就会立即闪蒸、汽化。

**表 1-13 Halon 1301 的主要物性参数**

| 物理性能 | 参数 |
|---|---|
| 分子量 | 148.93 |
| 沸点/℃ | –57.8 |
| 凝固点/℃ | –168.0 |

续表

| 物理性能 | 参数 |
|---|---|
| 液体密度（25℃）/（g/mL） | 1.538 |
| 气体比容（一个标准大气压下沸点时）/（L/kg） | 115.0 |

Halon 1301 在卤代烷灭火剂中是毒性最低的一种，实验表明白鼠接触 15min 的致死浓度为 832000ppm，NOAEL（无明显损害作用水平）0.5%，LOAEL（最低可见有害作用水平）7.5%[11]，人在固定式哈龙灭火系统环境中是安全的，但是当灭火时间较长时，若长时间停留在超过极限浓度的环境中便会造成神经系统衰竭、呼吸系统紊乱、肾脏功能被破坏，此外灭火过程中分解产生的 HF、氟光气等腐蚀性、毒性气体的浓度增高，也会对人员造成危害。因此在喷放灭火剂时，人员需要尽快离开现场。Halon 1301 具有很好的化学稳定性及惰性，常温下不易与其他物质反应，易于长期存储。在与储存容器的长期接触中，对金属几乎不腐蚀，会对一些材料产生微弱的溶胀作用；哈龙灭火剂在紫外线作用下会分解产生溴、氟自由基，这些游离原子与臭氧反应引发破坏性链式反应，大量地破坏臭氧层，引起全球气候变化，危害人类健康、地球生态环境，化学活性较强的 Br·、Cl·自由基与臭氧的链式反应如下所示：

$$\begin{cases} Br\cdot(Cl\cdot)+O_3 \longrightarrow BrO\cdot(ClO\cdot)+O_2 \\ O_3 \xrightarrow{\text{紫外线}} O\cdot+O_2 \\ BrO\cdot(ClO\cdot)+O\cdot \longrightarrow Br\cdot(Cl\cdot)+O_2 \end{cases}$$

3. 灭火机理及性能

Halon 1301 是一种化学灭火剂，受热分解产生自由基与燃烧中产生的 OH·、H·、O·等中间体活性基团进行反应，形成稳定分子或低活性自由基，中止燃烧的链式反应。因此卤代烷灭火剂也被称为断链剂、抑制剂或减速剂。Halon 1301 灭火中的主要化学反应过程如下：

$$CF_3Br \xrightarrow[550℃]{\triangle} CF_3\cdot+Br\cdot$$

$$Br\cdot+H\cdot \longrightarrow HBr$$

$$HBr+OH\cdot \longrightarrow H_2O+Br\cdot$$

第一步，高温下分解出的 Br·与自由基 H·结合生成 HBr；第二步反应是在自由基 OH·和稳定分子之间进行的，相比第一步要困难很多，第二步反应生成的 Br·与灭火剂受热分解产生的 Br·不断消耗燃烧反应的中间活性基团，达到阻断作用。Cl·、F·也有类似的作用，但没有 Br·的能力强，Halon 1301 的灭火效率非常的高，约是二氧化碳的 5 倍左右。三种卤素自由基对烃类火灾的灭火效能对比如表 1-14 所示。

表 1-14　卤素自由基的相对灭火能力

| 卤素名称 | 相对灭火效能 |
|---|---|
| F | 1 |
| Cl | 2 |
| Br | 10 |

Halon 1301 对常见可燃物质的灭火浓度如表 1-15 所示。

表 1-15　Halon 1301 对常见可燃物的灭火浓度

| 可燃物名称 | 最小灭火浓度（体积分数）/% |
|---|---|
| 乙醇 | 4.0 |
| 异丁烷 | 3.3 |
| 一氧化碳 | 1.0 |
| 乙烯 | 7.2 |
| 正庚烷 | 3.7 |
| 甲烷 | 2.0 |
| 丙烷 | 3.2 |
| 煤油 | 2.8 |

4. 生产方法

目前 Halon 1301 的生产基本上都采用三氟甲烷的溴化工艺路线，国外使用由氯仿氟化得到的三氟甲烷，溴化又可分为热溴化、催化溴化，国内将一氯二氟甲烷氟化后再热溴化的工艺路线。

### 1.3.4.2　Halon 1211

Halon 1211 灭火剂，即二氟一溴一氯甲烷（$CBrClF_2$），在常温下是一种无色、略带芳香气味的低毒不导电气体，属于氟溴烷烃灭火剂。

1. 适用范围及主要应用

Halon 1211 灭火剂具有高效灭火、低毒性、无残留等优点，可以扑灭多类火灾，适用于 A、B、C 级以及电气火灾的初始灭火，常用于手提式灭火器、推车式灭火器，也可以用于固定式灭火系统。Halon 1211 的电绝缘性能好，是带电火灾的一种较为理想的有效灭火剂。灭火后，无固、液体残留物，不污染文物、档案、资料，对精密仪表、电子元件无冷震，是电子计算机房的良好灭火剂。主要的灭火适用范围如下：

① 气体或液体可燃物，如汽油、苯、煤气、烷烃、氯乙烯等引起的火灾；

② 电气设备，如变压器、发动机、继电器、油开关及精密设备等火灾；

③ 普通固体类火灾，如纸张、木材、纤维类物质等引起的火灾。

其化学稳定性、热稳定性好，可以长期存储，因此在飞机发动机舱灭火系统已广泛使用多年[12]，虽然其因对臭氧层的破坏性而受到了严格的限制，但由于目前尚未有理想替代品，所以目前在民用航空领域仍有使用。目前主要的应用如下：

① 在飞机发动机舱的固定灭火系统及战斗机座舱中，用作飞机强迫着陆装置的辅助灭火剂；

② 装甲车辆机舱的固定灭火系统，以及小型战斗车辆的手提式灭火器中；

③ 军舰、船舶的机舱、控制室及货舱的固定灭火系统中；

④ 电力设备、变压器开关以及动力部分的固定灭火系统中；

⑤ 油罐的固定灭火系统；

⑥ 手提式灭火器，用于各类小型液体、电气火灾。

需要注意的是，Halon 1211 对于少数活泼金属（钠、钾、镁、钛等）、金属氢化物及自身含氧化剂的化学品（硝化纤维等）无法灭火。

2. 物理及化学性质

Halon 1211 在常温下是无色、有微甜气味的气体，分子量 165.37，主要物性参数如表 1-16 所示。

**表 1-16 Halon 1211 的主要物理性能参数**

| 物理性能 | 参数 |
|---|---|
| 分子量 | 165.37 |
| 沸点/℃ | –40 |
| 凝固点/℃ | –160.5 |
| 液体密度（25℃）/(g/mL) | 1.808 |
| 气体比容（一个标准大气压下沸点时）/(L/kg) | 129.0 |

Halon 1211 具有较好的化学稳定性，可以长期存储；热稳定性也较好，在 500℃以上才分解，热裂解产物主要是 HBr、HF、羰基卤化物 $COBr_2$、$COF_2$ 等[12]，具有较强的毒性和腐蚀性；Halon 1211 本身的毒性较低，白鼠在 15min 接触时间内的致死浓度为 324000ppm，NOAEL 为 0.5%，LOAEL 为 1.0%；而 800℃时的 Halon 1211 裂解产物对鼠的致死浓度为 7650ppm；当 Halon 1211 浓度超过了 4%～5%，人会产生头晕目眩的症状，而其设计浓度为 6%，因此不适用于有人工作的密闭场所的固定灭火系统，应尽量避免在浓度超过 5%的环境中暴露，在 4%～5%浓度内暴露时间不应超过 1min[11]；Halon 1211 对氟橡胶、高腈橡胶以及聚氯乙烯等塑料的溶胀作用都较小，这些材料可以在灭火设备中使用。

3. 灭火机理及性能

Halon 1211 灭火机理类似于 Halon 1301，以化学灭火作用为主，主要是受热分解生成游离自由基（阻断剂），终止燃烧过程的链式反应。

$$CBrClF_2 \xrightarrow{\triangle} CF_3\cdot + Br\cdot$$

$$Br\cdot + H\cdot \longrightarrow HBr$$

$$HBr + OH\cdot \longrightarrow H_2O + Br\cdot$$

这种作用是卤素所特有的，尤以溴的作用最为显著，碳溴键在较低温度下就能断裂，易于生成自由基。游离的 Br· 是燃烧反应的阻断剂（负催化剂），可以与燃烧链式反应中的高活性自由基 H· 结合生成较为稳定的物质。

Halon 1211 灭火剂具有极佳的灭火性能，对常见可燃物的最低灭火浓度如表 1-17 所示。

**表 1-17　Halon 1211 针对常见可燃物的最低灭火浓度**

| 可燃物 | 最小灭火浓度（体积分数）/% |
|---|---|
| 甲烷 | 2.8 |
| 丙烷 | 4.5 |
| 异丙醇 | 3.8 |
| 丙酮 | 3.8 |
| 航空煤油 | 3.5 |
| 环己烷 | 3.9 |
| 乙烯 | 6.8 |

4. 生产方法

Halon 1211 一般采用 HCFC-22（二氟一氯甲烷）溴化的合成路线，国内一般采用热溴化工艺。

#### 1.3.4.3　五氟乙烷 HFC-125

五氟乙烷（pentafluoroethane），分子式 $C_2HF_5$，商品名 HFC-125，是一种重要的 CFC 替代品。HFC-125 主要是以物理方式灭火，因其热稳定性较好、不导电，目前已应用在空客的新一代民用飞机、美国部分军用飞机发动机舱及战车中。HFC-125 常温常压下为无色、几乎无味的气体，其主要物性参数如表 1-18 所示。

HFC-125 灭火剂灭火效率高，且分子中不含破坏臭氧层的氯、溴原子，对臭氧层的消耗潜能值（ODP）几乎为零，但全球暖化潜势（GWP）很高。据美国国家环境保护局的报告，它的 GWP 为二氧化碳的 3450 倍；此外 HFC-125 毒性较小，已获得了美国环保局哈龙新替代物政策（SNAP）的认可。

表 1-18 HFC-125 的基本物性参数

| 性质 | 参数 |
| --- | --- |
| 分子量 | 120.02 |
| 沸点/℃ | –48.09 |
| 凝固点/℃ | –101 |
| 饱和蒸气密度（20℃）/(kg/ m³) | 77.97 |
| 液体密度（20℃）/(kg/m³) | 1218.0 |
| ALC | >70 |
| NOAEL（体积分数）/% | 7.5 |
| LOAEL（体积分数）/% | 10 |

#### 1.3.4.4 二溴三氟丙烯 BTP

BTP 灭火剂，中文名为二溴三氟丙烯（$C_3H_2Br_2F_3$），是一种可降解含溴烯烃，因其良好的灭火性能、环境友好性而具有广阔的发展前景，其基本物性参数如表 1-19 所示。

表 1-19 BTP 的基本物性参数

| 物理性质 | 参数 |
| --- | --- |
| 分子量 | 174.95 |
| 沸点/℃ | 32~34 |
| 饱和蒸气压（25℃）/bar | 0.72 |
| 液体密度（25℃）/( g/cm³) | 1.62 |
| ODP | 0.0028~0.0052 |
| GWP | 0.23~0.26 |
| ALT/年 | 0.011~0.019 |
| 灭火浓度（体积分数）/% | 2.6%~3.1% |
| NOAEL（体积分数）/% | 0.5% |
| LOAEL（体积分数）/% | 1.0% |

BTP 含有溴元素，可以切断链式反应，灭火效能较好，从表 1-19 中可以看出，BTP 在杯式燃烧器中熄灭丙烷火焰的临界浓度仅为 2.6%，略低于 Halon 1301；分子结构中含有碳碳双键（C═C），在大气环境中可以很快发生光解反应，ODP 和 GWP 几乎为零，对臭氧层破坏、温室效应很小；BTP 的毒性与 Halon 1211 相当，NOAEL 为 0.5%，LOAEL 为 1.0%，对现场人员的伤害较小。

研究表明[13]，填充 HCFC Blend B、HFC-236fa 和 HFC-227ea 三种哈龙替代灭火剂的手提式灭火瓶是目前使用的填充 Halon 1211 的手提式灭火瓶大小的 1.5 倍，重量是其 2

倍以上，填充 BTP 灭火剂的手提式灭火瓶在灭火瓶尺寸、重量方面均和 Halon 1211 手提式灭火瓶相近。与 HCFC Blend B、HFC-236fa 和 HFC-227ea 相比，BTP 在环保、灭火瓶尺寸、重量等方面均有显著优势，是一种可用在民用飞机载人舱手提式灭火瓶中取代 Halon 1211 的理想的哈龙替代灭火剂。

#### 1.3.4.5 全氟己酮 Novec 1230

2000 年美国 3M 公司研制出一种新型液体灭火剂，该灭火剂最大优点是对臭氧层没有破坏作用，ODP 为零，温室效应值与氟代烷类灭火剂的 1300~12000 的全球变暖系数相比可以忽略不计，大气寿命仅为 5 天，是一种新型环保灭火剂。这种灭火剂就是全氟己酮，商品名为 Novec 1230，其化学式为 $CF_3CF_2COCF(CF_3)_2$，化学名称为全氟-2-甲基-3-戊酮。

此外，全氟己酮还具有以下优点：灭火性能优越，可以与 Halon 1301 相媲美，远超过其他哈龙替代灭火剂、惰性气体等；适用于 A、B、C 级火灾，可以用在有人工作且需洁净灭火剂的场所；常温下为液态，对金属、橡胶等材质的容器无腐蚀作用，易于存储，运输方便；低毒性，对人体安全，美国环保局已批准全氟己酮在有人存在场合使用。

1. 发展与应用

全氟己酮一经推出，就得到了业内的广泛关注，各大消防企业争相研制并推出相应的配套灭火系统、器具。2004 版美国防火协会标准洁净气体灭火系统设计规范将该灭火剂列在其中，它可以满足美国环保局新替代物政策（SNAP）的要求，在美国、加拿大、日本、韩国等国及我国台湾地区均有登记注册使用。美国安素公司开发了全氟己酮的灭火系统 Sapphire™，该灭火系统得到了英国海事和海岸警备局（MCA）、美国工厂联合保险商实验室（FM）、美国保险商实验室（UL）的认证并推广向市场。

在国内，3M（中国）有限公司、浙江省公安厅消防局、浙江信达可恩消防事业有限责任公司、浙江大学联合研制的海烙手提式 Novec 1230 洁净气体灭火器，填补了 Halon 1211 手提式灭火器停产后的市场空白。2006 年正式颁布的 ISO14520—2006《气体灭火系统——物理性能和替代系统》新增加了《氟化酮灭火剂》部分，给出了不同温度、不同设计浓度，以及采用全氟己酮全淹没式灭火时，单位体积被保护空间所需的灭火剂质量。

2. 物理及化学性质

全氟己酮的沸点较其他气体灭火剂更高（49.2℃），常温下为无色透明的不导电液体，应用量-容积比小，可在常压状态以及较宽的温度范围内存储和运输。其主要的物理特性参数如表 1-20 所示[14]。

全氟己酮不导电、易挥发，不会损害电子部件和线路；全氟己酮的蒸发热仅为水的 1/25，蒸气压为水的 12 倍，极易汽化；全氟己酮的饱和蒸气压较低，在很大温度范围内的压力变化很小，实验表明灭火系统由 40℃升至 80℃，压强仅增加 0.01MPa，远低于七氟丙烷的储存压力变化值（3.3MPa），这将有利于在高温、高寒地区的运输。此外，全氟己酮与常用金属（碳钢、铜、铝、不锈钢）及常用橡塑密封材料（氯丁橡胶、丁基橡胶、氟化橡胶、丁腈橡胶）无明显化学反应或溶胀作用，这些特性都有利于全氟己酮在灭火系统中的使用。

**表 1-20 全氟己酮的主要物性参数**

| 物理特性 | 参数 |
|---|---|
| 相对分子质量 | 316.4 |
| 沸点（1atm）/℃ | 49.2 |
| 凝固点/℃ | –108 |
| 饱和液体密度（25℃）/(g/mL) | 1.60 |
| 比体积（25℃，1atm）/($m^3$/kg) | 0.0733 |
| 汽化热（沸点）/（kJ/kg） | 88.1 |
| 水在全氟己酮中的溶解度（25℃，质量分数）/% | <0.001 |
| 蒸气压（25℃）/Pa | 5.87 |
| 相当于一个大气压下的绝缘强度/kV | 60 |

全氟己酮作为全氟化的酮类化合物，分子结构中含有羰基，这使得全氟己酮具有碳氢氟（HFC）所欠缺的光反应活性、化学反应活性。全氟己酮可以在紫外线的作用下快速分解，在大气中的存活时间约 5d，GWP 值约为 1，ODP 值为 0，环保性能远远优于其他卤代烷灭火剂。表 1-21 为全氟己酮与其他灭火剂的环保参数比较。

**表 1-21 灭火剂环保参数对比**

| 参数 | Novec 1230 | Halon 1301 | Halon 1211 | IG541 | FM-200 | FE-13 | FE-36 |
|---|---|---|---|---|---|---|---|
| ODP | 0 | 6 | 12 | 0 | 0 | 0 | 0 |
| GWP | 1 | 1860 | 7030 | 0 | 3660 | 12240 | 9650 |
| ALT | 0.014 | 16 | 65 | 0 | 342 | 270 | 240 |

3. 灭火机理及性能

全氟己酮是一种物理灭火剂，通过冷却作用吸收火焰及可燃物的热量，将温度降低至燃点以下，实现快速灭火。

全氟己酮拥有突出的灭火效能，设计灭火浓度为 4%~6%，对杯式燃烧器中丙烷火的灭火浓度为 3.5%（Halon 1211、Halon 1301 的灭火浓度分别为 3.6%和 4.3%），释放后 10s 左右可以达到灭火浓度，表 1-22 为几种哈龙替代灭火剂灭火浓度的测试数据。

**表 1-22 哈龙替代灭火剂灭火浓度实验测试数据**

| 灭火剂 | Novec 1230 | IG541 | FM-200 |
|---|---|---|---|
| 实验室 | UL | HAL | UL |
| 庚烷槽火实验的灭火浓度（体积分数）/% | 4.4 | 6.9 | 29.6 |
| 木垛火实验的灭火浓度（体积分数）/% | 3.4 | 4.9 | 28.2 |

## 1.3.5 卤代烷灭火剂灭火效率测定

卤代烷烃灭火效率的测试方法很多，可以归纳为两大类，即抑爆峰值测定法、动态火焰灭火试验测定法（模拟灭火实验法）[11]。

### 1.3.5.1 抑爆峰值测定法

可燃气体与空气的混合比例将会直接影响发生爆炸的难易程度，这里涉及了爆炸上下限的概念，在这两个限度之间的可燃气体浓度范围称之为爆炸范围。如果在可燃混合气体中加入灭火剂，爆炸范围就会缩小。随着灭火剂浓度的增大，爆炸范围越来越小，当灭火剂浓度达到某一值后，爆炸上下限将会重合，称为爆炸极限峰值，此时的灭火剂浓度称为抑爆峰值。当灭火剂浓度大于峰值浓度时，任何比例的燃料-空气混合物都无法燃烧，抑爆峰值就是使任何比例的燃料-空气混合物都无法燃烧的灭火剂浓度最低值。

卤代烷烃类灭火剂对可燃气体混合物的抑爆峰值可以通过爆炸极限测定仪或其他专用设备来测定。除了实验测定，卤代烷灭火剂的抑爆峰值还可以通过计算得到，主要有两种方法，麦尔康姆法和贝尔莱法[9]。

（1）麦尔康姆法

灭火剂中卤素元素（氟、氯、溴、碘）的总原子当量值为分母，分子为 100，商值为该灭火剂的抑爆峰值（体积百分数），如下式所示：

$$F \times P(\text{抑爆峰值}) = \frac{100}{\sum \text{卤素元素原子当量}}\%$$

其中，氟原子当量为 1，氯原子当量为 2，溴原子当量为 10，碘原子当量为 16。以 Halon 1211 灭火剂为例，含有两个氟原子，一个氯原子，一个溴原子，故可写为

$$F \times P(\text{抑爆峰值}) = \frac{100}{2+2+10} = 7.1\%$$

（2）贝尔莱法

灭火剂中卤素元素（氟、氯、溴、碘）和氢原子在化学反应中的总反应当量值的为分母，分子为 100，商值为该灭火剂的抑爆峰值（体积分数），如下式所示：

$$F \times P(\text{抑爆峰值}) = \frac{100}{\sum \text{反应当量值（卤素，氢原子）}}\%$$

其中，卤素与氢原子的反应当量值如下：

$H + CH_3F \rightarrow CH_3 + HF$ 反应能 10000cal/mol，氟原子的反应当量值 1.0

$H + CH_3Cl \rightarrow CH_3 + HCl$ 反应能 8000cal/mol，氯原子的反应当量值 1.9

$H + CH_3Br \rightarrow CH_3 + HBr$ 反应能 5000cal/mol，溴原子的反应当量值 5.1

$H + CH_3I \rightarrow CH_3 + HI$ 反应能 2000cal/mol，氟原子的反应当量值 13.4

$H + C_2H_6 \rightarrow C_2H_5 + HF$ 反应能 6700cal/mol，氟原子的反应当量值 2.9

以 Halon 1211 灭火剂为例，含有两个氟原子，一个氯原子，一个溴原子，故可写为

$$F \times P(\text{抑爆峰值}) = \frac{100}{2\times1.0+1.9+5.1}\% = 11.1\%$$

表 1-23 给出了常见卤代烷灭火剂对正庚烷的抑爆峰值的实验值与这两种算法所得计算值的对比。

**表 1-23 常见卤代烷灭火剂对正庚烷的抑爆峰值**

| 灭火剂 | 分子式 | 实验值（体积分数）/% | 麦尔康姆法计算值（体积分数）/% | 贝尔莱法计算值（体积分数）/% |
|---|---|---|---|---|
| Halon 1301 | $CF_3Br$ | 6.1 | 7.7 | 12.3 |
| Halon 1211 | $CF_2ClBr$ | 9.3 | 7.1 | 11.1 |
| Halon 1202 | $CF_2Br_2$ | 4.2 | 8.3 | 7.8 |
| Halon 2402 | $C_2F_4Br_2$ | 4.9 | 4.2 | 7.0 |

#### 1.3.5.2 动态火焰灭火试验测定法

动态火焰灭火试验方法也是测定卤代烷烃类灭火剂灭火效率的一种方法，在一个持续已扩散形式燃烧的标准燃烧器中通入空气和灭火剂，空气维持燃烧，灭火剂抑制燃烧，通过不断增加灭火剂的比例，从而测得火焰熄灭所需的最低灭火剂浓度。ISO14520—2006 规范性附录 B 以及 GB/T20702—2006《气体灭火剂性能测试方法》[15]描述了杯式燃烧器的结构以及在杯式燃烧器中测定灭火浓度的方法，有兴趣的读者可以查阅相关内容。

## 1.4 飞机防火技术基本知识

### 1.4.1 飞机防火设计简介

飞机防火系统应能保证机组人员和乘客的安全，能为飞机安全自救提供条件。在飞机设计中，优先考虑的是使用飞机上固有的或专门设计的预防性措施，防止发生火灾。当预防性措施不能合适地实现设计目标或很难达到设计目标时，在飞机设计中也应采取火灾探测和控制火灾险情影响（例如灭火）的措施。

飞机火灾是飞机上可能发生的最严重事故之一。巨大载油量、多种火源、部件和管

路的折中配置及飞行任务特性相互耦合，可能对机组人员、乘客和飞机的安全性产生极为严重的火灾威胁。飞机防火系统的设计需要基于飞机的火灾安全性。在飞机设计过程中充分考虑防火设计是以最低的系统性能损失为代价而获得最大火灾防护效果的最有效方法。防止火灾的发生是飞机火灾防治的优选方法，但这通常很难实现，因此在飞机设计中，也必须采用火警探测和控制系统。

此外，飞机防火系统的设计性能、研制，兼容性要求必须协调一致，以确保提供的所有防火措施是兼容的。

飞机设计初始阶段所完成的工作将确定一架新飞机内固有的防火性能的最终程度，因此需要对最终的安装细节有较大的预见能力。在飞机初始设计过程中必须强调防火设计指导思想。如果设计人员具有充足的飞机防火问题的知识储备，则可能对飞机的基本防火性能做出令人满意的贡献。在初始设计中考虑防火，将大大简化设计人员为防止具体部位火灾的工作量。

飞机防火设计所使用的基本设计思路在于：首先使飞机发生火灾的概率降至最低，其次使火灾所造成危害的严重程度减至最小。实现有效防火的方法在于如下两个方面：一方面，必须对能够引发火灾的意外事件（诸如可燃物质和火源相遇在一起，即飞机设计中固有的潜在火灾险情）的出现概率做出临界评估，在飞机设计中采用预防措施（火灾险情预防）以减少这些事件的出现；另一方面，采用控制措施（火灾险情控制）以控制、消除已出现的火灾险情。同时，在飞机防火设计中必须增加重量限制问题，以最低重量损失获得最大的火灾安全性。

在飞机正常工作（非险情）状态下，火灾的三个基本要素（燃料、火源、助燃物）中的每一个要素或两个要素会以有控制的状态（或称为正常工作状态）存在。但是，由于功能失常或意外事故，某一种或多种的要素或其组合，可能脱离控制状态，这些无控制的基本要素的存在，是导致火灾的潜在险情。实际火灾能够产生严重的综合险情，例如热、火焰、过压、烟雾和有毒雾气。

为了以最实际和最有效的方式在飞机中正确实现高效的防火，每一名飞机防火系统设计者必须熟悉有关空气、燃料、火源的物理现象及其导致火灾的相互关系。如果不具备必要的知识，可能最终得到火灾危险性较高的飞机，或者可能迫使设计人员过分注意性能损失和成本代价。同时，在飞机火灾危险性分析中涉及许多可变参数，必须采取专门且简单明了的试验。为了使这些试验有意义，并以最小的代价达到所希望的结果，先决条件是应熟悉现代防火技术，这也正是本书编写的目的。

从全机防火的角度来看，最重要的信息将从火灾险情分析中获得，火灾险情分析的工作必须在飞机设计阶段由飞机承包商完成。GJB 900《系统安全通用大纲》中要求初始险情分析，这里就涉及飞机设计中固有的潜在火灾险情。需要注意的是，这些分析在飞机设计阶段前已开始，并在飞机研制各阶段根据需要根据实际情况加以修改。执行飞机火灾险情分析的承包商，应仔细地评估每个舱，并确定可能发生的潜在险情，确定可信最不利的火灾场景。在此过程中，必须要考虑燃油和其他易燃油液和油气的泄漏，应对易燃油液和油气可能聚集至危险浓度的区域加以标识。当然，在此过程中也必须标识火源的存在或其出现的可能性。在识别出所有潜在险情及其位置后，飞机承包商则应确定每个部位潜在火灾的发生条件，即引起所有三个基本要素同时无控制地存在的条件，进而采用有针对性的火灾防治措施。

在飞机设计的各个阶段，设计人员需根据系统安全性大纲的要求，进行飞机潜在火灾危险分析，对飞机的每个区域、每个舱室进行仔细评估，对其意外事件出现概率做出统计，并确定其潜在火灾危险。设计中，应对燃油和其他易燃油液、油气的泄漏可能聚集到危险浓度的区域加以识别。在识别出所有潜在危险及其位置后，就可按火灾三个基本要素同时无控制存在的状态，综合确定潜在火灾危险的各个部位，由此来确定各种类型的火区，并对其进行防火设计。

## 1.4.2 飞机火灾风险区域

从上一节的讲述可以知道，飞机防火设计需要首先对飞机各区域的火灾风险进行分析，本节将介绍飞机潜在火区的内容，并对飞机各区域的火灾危险源进行初步的辨识。

### 1.4.2.1 潜在火区

飞机防火设计中的潜在火区是指，在飞机运行期间，在某个时刻，火源或与易燃材料、或与易燃液体和气体、或与可燃混合物同时并存的区域。潜在火区是必须同时出现两个故障进而导致潜在火灾危险的区域。这些区域还可根据是可能有控制或无控制存在火灾基本要素作进一步区分。

#### 1. 易燃物泄漏和燃料区

易燃物泄漏指的是可能出现易燃油液或油气泄漏的区域，燃料区指的是易燃物质所在的区域。泄漏物可能来自本区内的管路和设备，或来自邻区的管路、设备或燃油箱等。易燃物泄漏和燃料区内不含火源。引起潜在火灾所必需的两个故障可能会共同造成将火源导入该区，或使易燃油液、油气泄漏到有火源的区域内。对这些区域应提供有针对性的防护措施实现如下一种或多种功能：①将上述油液、油气存在的概率减至最小；②防止这些油液、油气扩散到其他舱；③防止火源导入到这些区域；④阻止已形成的任何火灾蔓延到其他舱。飞机中的这类舱室包括：轮舱、作动器舱、机翼前缘和后缘舱、燃油软油箱舱、邻近整体燃油箱的无油舱、货舱和应急动力装置舱等。

#### 2. 易燃区

易燃区指的是飞机在正常使用过程中易燃混合物可能存在的区域，例如油箱内。在这些区域中不含火源。引起潜在火灾所必需的两个故障关系到将火源引入该区域内。易燃区内应设计防火措施。

3. 火源区

火源区是指该区域内所含的设备、部件或分系统在正常使用条件下可以被看作为火源或由于故障而成为火源，以及由于正常使用、故障或失效而使该区域可成为高温源。在这些区域内，不会含易燃油液、油气输送管路及设备。引起潜在火灾所必需的两个故障关系到易燃油液、油气泄漏到这些区域。应采取防火措施，使火源区内可能进入的油液、油气的量减至最小。应根据区域内的情况提供控制高温的措施或探测过热的措施。飞机中火源区包括气冷的电子设备舱、电气舱及潜在电弧生成源；可能出现高温的部位也是火源区，例如高温空气导管及发动机涡轮机匣段。

4. 火区

火区是指只要有单个故障就能导致潜在火灾的区域。火区包括不可能分离或消除潜在火源及易燃油液、油气部件的区域，以及由于接近燃烧区域、高温表面、高温燃气泄漏或其他不可阻挡的火源而不能绝对保证不发生火灾的区域。火区所含的火灾危险源足以需要采用火灾探测技术和控制技术。典型的火区为发动机舱和辅助动力装置舱。

也有学者提出，飞机火灾一般都是由于易燃液体或其蒸气的点燃而引起的，根据易燃液体及其蒸气以及引火源的受控状态，可将飞机各物理区域分为火区、易燃区、易燃液体泄漏区和非危险区四种类型。

#### 1.4.2.2 飞机各区域火灾危险源浅析

飞机是一种靠发动机驱动，由固定机翼提供升力，比空气重的飞行器。主要由机翼、机身、尾翼、动力装置、起落系统组成，内有发动机、起落架、燃油箱、驾驶舱、客舱和货舱等，不同部位的起火原因、起火概率不同，下面简单分析各部位的火灾危险源供读者参考，具体的深入分析将在后续各章中介绍。

1. 机翼

机翼的主要功用是产生升力以支持飞机在空中飞行，也起一定的稳定和操纵作用。机翼上一般安装有付翼和襟翼。操纵付翼可使飞机滚转；放下襟翼能使机翼升力增大。另外，机翼上还可安装发动机、起落架和油箱等。

机翼上安装的油箱、输油管等内有大量航空燃油，都是易燃液体，且挥发性强，易形成爆炸性混合气体，燃油系统火灾可能存在以下诱因：

① 燃油泄漏。燃油出现“跑、冒、滴、漏”现象，遇到火源发生火灾。

② 油质不纯。燃油中含有杂质，会造成供油系统不畅，容易引发油量表，燃油分配阀、油泵和喷嘴等的卡阻或失灵，影响发动机的正常工作。

③ 燃油产生静电。在飞机加、放燃油时，如果飞机和加、放燃油的设备连接不牢固，很容易出现电位差，产生静电放电引起燃油着火。

机翼安装有油箱和发动机等装置，内部有大量的可燃物，如果出现机翼触地情况，容易出现火花，导致燃油起火，因而机翼发生火灾的可能性很大，一旦油箱和发动机起火，往往会引发严重的飞机火灾，剧烈燃烧会导致爆炸。

2. 机身

机身的主要功用是装载乘员、乘客、武器、货物和各种设备；还可将飞机的其他部件如尾翼、机翼及发动机等连接成一个整体。

机身主要包括驾驶舱、客舱和货舱三部分，飞机的电气系统集中在机身部分，飞机电气设备包括蓄电池、发动机等电源设备，变压器、电缆、电线等供电设备以及仪器仪表、照明灯具、广播音响、电烤箱等用电设备，这些设备或线路都有可能由于老化、绝缘破坏、接触不良、超负荷等原因引起短路，发热起火，影响飞机及乘客安全。

客舱和货舱可能发生由夹带或混装危险货物引起的火灾。托运的货物、行李或乘客随身携带的行李、包裹中夹带易燃、易爆、自然性危险物品，或同机装有化学性质相抵触的物品时，由于包装不严密或不按规定装卸可能引起火灾或爆炸，也存在吸烟不慎或其他带入火种引起的火灾。

3. 尾翼

尾翼的主要功用是用来操纵飞机俯仰和偏转，并保证飞机能平稳地飞行。尾翼包括水平尾翼和垂直尾翼。水平尾翼由固定的水平定面和可动的升降舵组成。垂直尾翼则包括固定的垂直安定面和可动的方向舵。

尾翼上的易燃物较少，构成燃烧条件的因素较少，故尾翼起火的概率不大。

4. 动力装置

动力装置主要用来产生拉力或推力，使飞机前进；其次还可以为飞机上的用电设备提供电源，为空调设备等用气设备提供气源。发动机故障容易引起火灾，主要有以下几种情况：

① 发动机冒烟或起火。供油管道漏油或燃油区富油过多造成发动机喘振，使发动机冒烟起火或从尾喷口向外喷火。

② 发动机突然爆炸。发动机突然爆炸主要是发动机内部的机械故障、高速裂解零件飞出、滑油阻塞、轴承过热所致。

③ 飞机起飞时发动机被甩掉。发动机甩掉后会造成飞机倾斜插地，从而引起火灾。

5. 起落装置

起落装置是用来支持飞机并使它能在地面和水平面起落和停放。陆上飞机的起落装置，大都由减震支柱和机轮等组成。它是用于起飞、着陆滑跑，地面滑行和停放时支撑飞机。起落装置引发火灾的原因包括：

① 起落架轮子火灾。飞机滑行时轮毂的温升可达 100~400℃，紧急刹车时更会产生1000℃以上的高温，镁合金轮子可能因起飞或着陆时产生的高温而引起火灾。

② 液压油着火。现代飞机是靠液压减震制动的，液压油属可燃液体，液压系统的高温或减震器密封性不好出现渗油、漏油都有可能造成液压油着火。

③ 飞机轮胎着火。飞机在起飞和降落时，轮胎与跑道而摩擦产生高温可达160~200℃，超过了橡胶的自燃点，非常容易引起轮胎燃烧，橡胶局部摩擦产生高热更容易发生轮胎爆破甚至起火。

④ 轮胎甩落或放炮。飞机起飞或降落时，某一个轮胎由于装配不牢而被甩掉或出现泄气放炮时，会给整个起落架加重负担，由于轮胎的爆裂会使支撑力失去，破坏原先的平衡，造成飞机抖动、摇摆或出现机身擦地而引起火灾。

⑤ 机械故障。飞机起落架机械故障，如起落架放不下来，使飞机不能正常安全着陆，在迫降时机身会出现擦地或受到强烈震动，造成飞机起火。

## 1.4.3 防火系统的功能与设计简介

### 1.4.3.1 防火系统功能

飞机防火设计的基本思想，首先是使发生火灾危险的概率降至最低，其次是使火灾后造成火灾危害严重程度减至最小。因此，防火设计的重点是预防设计，而当预防设计不能完全达到火灾安全目标时，也应采取火灾探测设计和控制设计[16]。

1. 火灾预防性设计

为了消除或减少火灾的发生，需要在存在潜在火灾危险的区域或者可能直接或间接导致单个故障的部位采用火灾预防性设计。火灾危险预防设计目标是使得在给定部位处不允许同时无控制地存在火灾的三个基本要素。对给定部位是否需要采取预防设计取决于在该部位同时无控制地存在可燃物和引火源两种火灾基本要素的出现概率。

2. 火灾探测

为了及时发现火区和潜在火区内出现的火灾，应在这些区域内提供探测系统。火灾探测设计目的是实现及时、正确地探测到防护区域内的火灾/过热的危险，并使机组成员能通过灯光和声响接收到报警信号。给定部位是否需要探测系统取决于在该部位火灾的三个基本要素同时无控制地存在的概率。

飞机火灾探测系统一般包括火警探测系统、过热探测系统和烟雾探测系统。飞机的不同区域，其被探测的火灾危险类型是不同的，因而对探测系统性能的要求可能是不同的。设计人员需要根据火灾危险的分析，对不同区域设置有针对性的探测系统，例如对指定火区都应设置火警探测系统，对于有温度控制的区域应根据要求设置过热探测系统。应根据民用航空的要求在货舱和电子设备舱等区域设置烟雾探测系统。

3. 火灾控制

为了防止火灾的发展和蔓延，火灾危险系统应设置在以下区域：有潜在火灾危险的区域以及要求保证火灾能被有效控制的那些邻近区域。给定部位是否需要控制系统取决于在该部位火灾三个基本要素同时无控制地存在的概率。例如，飞机动力装置和辅助动力装置安装舱室是典型的火灾高风险区域，需要设置火灾控制磋商。根据火灾危险分析可按需要对燃油箱舱、电子设备舱及货舱等提供控制措施，可考虑的火灾危险有过热、火灾、爆炸、烟雾和有毒气体等。

#### 1.4.3.2 有关飞机防火灭火系统的术语和定义

为便于读者的阅读，在具体介绍飞机防火系统设计之前，先参照行业标准中的描述，给出有关飞机防火灭火系统的术语和定义：

【防火】就适合于材料使用目的的尺寸而言，材料承受热的能力等效于钢或优于钢，凡用于指定火区内承受火的材料或零件时，“防火”系指在这些区域可能出现的最严重火灾状态及火灾持续期间内，材料或零件应能执行其预定功能，将能承受1100℃火焰，历时15min。

【耐火】就适合于材料使用目的的尺寸而言，材料承受热的能力等效于铝或优于铝。在特定部位可能出现的热或其他条件下，材料或零件应能执行其预定功能，将能承受1100℃火焰，历时5min。

【耐火焰】在移开火源后材料燃烧的火焰传播不超过安全极限点。

【易燃】材料易于点燃的性质。

【火源】在正常使用或故障条件下，可能促使火灾或爆炸的任何部件。

【可能的火区】在飞机运行期间，在某个时刻火源、易燃材料、易燃液体和气体、可燃混合物同时并存的区域，可能的火源可包含在该区域内或者在某种应急状态下从外部进入该区域。这些区域通常是发动机舱、APU舱、EPU舱、货舱、某些电子设备舱和行李舱、某些燃油箱等。

【火区】已经认定并且已按照需设置火警探测和（或）灭火设备的区域进行处置的“可能的火区”。

【火灾险情的防护】火探测和控制（包括灭火）措施成为所设计飞机一个固有部分的设计概念。

【火灾损坏防御】在一架具体飞机安装或位置中使用耐火或防火材料或部件。

【火灾险情】a. 潜在火灾险情：系指早已存在并能够导致火灾或爆炸的险情。潜在火灾险情包括在非设计部位以任何组合形式存在的可燃材料、易燃体、火源。

b. 诱发火灾险情：系指在飞机运行过程中存在并且由火灾或爆炸导致的险情。诱发火灾险情包括热、火焰、超压、烟雾和毒雾等。

【隔离】在飞机上用来防止火灾和爆炸的措施。隔离系指采用隔火屏或防火墙将易燃油液和气体与火源隔开。这是一种最有效的防火方法。

【隔火屏】一种至少是耐火的且充分气密或液密的隔框，用于控制通风气流和液流的通路。

【分离】飞机上用来防火的措施，系指将易燃流体管路与电气管路或火源隔开。

【单个故障】除了显而易见的之外，下列组合在安全性方面等效于单个故障：

a. 在飞行前检查期间或正常飞行期间不能探测到的但当其他故障出现时可能成为失效状态或不安全状态的一种故障组合。

b. 由单一故障引起的一种故障组合或链式反应。

【通风】污染空气与新鲜空气的交换。对于含有潜在易燃油液或气体泄漏物的飞机舱区，通风有助于使燃油-空气混合物贫化到易燃极限点以下，减少易燃液体在热表面的滞留时间，降低舱内温度量级。

【排漏】通常用于以流动的方式排出油液。在飞机上，快速向机外排放泄漏的易燃油液对于将火灾和爆炸的危险性减至最小是非常有效的。液态燃油在变成可点燃之前先汽化并扩散，而快速排放则减少汽化时间。

#### 1.4.3.3 火灾预防设计

火灾预防设计措施主要有：减少易燃材料火灾危险，减少安装火灾危险，隔离，分离，通风，冷却，排漏，电气搭铁和雷电防护，坠机或强迫着陆后火灾危险的预防等。

1. 减小易燃材料火灾险情

（1）结构材料

为了降低飞机的火灾危险性，人们一直希望消除飞机结构中的易燃材料，但是目前无法实现该目标，因此必须采用相应的设计以降低可燃材料火灾危险性。这一设计原则应最大限度地应用于飞机结构，包括部件和附件。

在设计中，应避免使用与飞机工作所需油液、水以及飞机维护或清洗所需用的液体不相容或易遭受这些油液损坏的材料。因为许多材料性能恶化形式不能用目视检查来发现，此种损坏的形式可能会以隐形形式导致火灾险情。一般而言，所考虑的工作油液有燃油、液压油、滑油及灭火剂。

能吸收易燃油液的材料一旦点燃，便带来难于灭火的问题，因为充满油液的材料可能成为一个大尺寸的油池火。在这些材料长度很长的情况下，它们还可能起到火焰传播器的作用。灭火后闷燃的材料可能导致复燃，并存在损害机组人员健康的危险性；同时应注意点燃温度较低的材料的危险性。当材料的点燃温度高于使用环境温度范围上限时，则可使用此类材料。对于内部用材料，推荐的温度余量至少为10℃。

在设计中，应将非阻燃材料的用量减至最小，并尽可能避免使用。由于这些非阻燃材料适合于执行其预期的功能，因此在许多飞机零部件中都有使用。控制这些非阻燃材料火灾危险性的最好方法是规定其最大燃烧速率。FAA限定聚丙烯窗和标牌一类的零部件、合成橡胶材料、仪表组件、带、束具、货物捆扎带、容器及货盘等的最大燃烧速率为64mm/min，对于火焰传播影响不大的小零件（旋钮、防磨条、滑轮、电气件等）不作要求。对于某些非常规的限制使用的零部件，FAA允许其燃烧速率为100mm/min。关于燃烧速率的要求和测定方法见CCAR 25运输类飞机适航标准中的相关要求。

减少易燃材料火灾危险性的最好方法是选择不支持燃烧的材料，并且如果点燃，当移开热源时，材料将不继续燃烧，这些属于自熄或阻燃材料。将这类材料用于天花板、护墙板、隔舱板、结构地板、储存舱以及类似的零部件时，FAA 要求材料的平均碳化长度不应超过 150mm。将这些材料用于地板覆层、家具覆盖饰物、垫、填芯料、厨房用具、绝热层、舱衬垫、管道及类似零部件，FAA 要求其平均碳化长度不超过 200mm。在两类用途下，离火后最长时间为 15s，余辉时间未作规定，但是对第一类用途，滴落物发光时间不超过 3s，对第二类用途则不超过 5s。

某些耐火材料可能是天然的，但大多数的材料是经处理后才达到此阻燃要求，此时应明确清洗（干洗或湿洗）对此种阻燃处理的影响，以及为保持此种阻燃性能而要求作重新处理的时间间隔。火灾烟雾除了损害机组人员的健康外，还会降低可见度，因此用于载人舱内的材料（如装饰纤维、地毯等）应具有低发烟值。

在设计中，需要控制使用在安装条件下可能散发有毒气体或在遇到热或火焰时会生成有毒气体的材料。大多数材料在燃烧时，将产生一些有毒生成物。经处理而耐火的材料，更是如此。所选用的材料不应产生在数量上大于飞机环控系统所能处理的有毒燃烧生成物。同时，有些经处理而耐火的材料在安装于暖环境中或由于阳光或其他热源的加热便可能排放有毒气体，应避免使用这些材料。

（2）机载易燃物

在设计中，应在最大可能范围内采取措施，以使为执行飞行任务以及为使机组人员舒适而必需的机载易燃物无较高的火灾危险性。在载人舱内提供储存区域，储存诸如毯子、枕垫、地图、手册、报纸及其他类似易燃物；厨房内也应提供合适的储存区域，用于储存食品包等。在设计这些区域时，应使灯泡、火柴、冒烟物或其他热源不能点燃其内物件。应设计耐火密闭容器，存放废弃物。客舱内还应提供足够数量的耐火、自容、可卸、带盖烟灰盒，如果舱内无所要求的烟灰盒，这些舱内应设置禁止吸烟的标牌。

### 2. 减少安装火灾危险性

飞机中良好的分系统安装设计应包括防火，建议将下列设计原则应用于分系统（如动力装置、燃油系统、起落架）安装：分系统安装及有关设备的设计应使得分系统的正常工作不会引起火灾或使火灾蔓延；分系统安装及有关设备的设计应使得由于故障或事故而引起的火灾危害减至最小；与飞机外表面所共用的分系统安装边界应设计成火灾不会由于流过飞机的自然气流而在分系统之间快速蔓延。具体而言，有以下注意事项：

确保燃油系统空中放油设施设计成直接将燃油放出机外，同时应确保放出的燃油不会喷溅到飞机任何部位而导致火灾，在任何已知的飞行任务姿态下，放出的燃油不会重新回到飞机内。

动力装置安装时应考虑结构凸起在气流中的部位成为火焰稳定器的可能性。在高气流量条件下，凸起在空气流中的部位可能保持单独的火焰，这种可能性会持续存在，并且在使用灭火剂后造成火焰再次复燃。此问题与主发动机和辅助动力装置有关，为防止此问题的出现，需在短舱安装的内部和外部采用光滑气动设计。

分系统安装及有关设备设计应包括防止飞机系统部件、输送油液的管路及电线彼此之间相互干涉或与飞机结构、隔框等相互干涉，并且防止遭受损坏。导管和电线相互之间或与结构等的摩擦，可能会引起易燃油液管或通风管泄漏及电线绝缘层损伤而产生火灾。导管和电线之间应有合适的间距，以防止可能导致上述损坏的相互干涉。应使用牢固的固定措施。在导管和电线穿越隔框处，需使用弹性材料加以防护。可以看出，在设计中对潜在的干涉和磨损区域的仔细分析是确保安全安装的重要措施。

系统导管和电线应尽可能直接地铺设，以利于减少火灾险情。凡实际可能之处，应将易燃油液系统管路铺设在液箱内，以减少由于接头失效或管路或电线损坏而造成的潜在火灾险情。这样设计目的在于减少可能受损或者以正常或意外方式失效的管路和电线的长度，从而减少由于无控制的易燃油液、火源的存在从而导致的火灾。在设计中，还应避免油液导管尖角弯曲或限流，所安装的导管不应处于应力状态。导管安装应使结构的振动或变形不会附加于导管而造成导管损坏，在结构与发动机或类似形式的安装之间应使用柔性流体导管连接件。

起落架舱门或其他类似开口的舱门都应设计成在关闭时能紧密密封的，以防止附近气流火灾进入这些舱内并引燃其内的易燃物。

3. 隔离

隔离通常与本节所列的一种或多种其他设计磋商一起使用。如果易燃油液或油气有到达火源的途径存在或者燃烧的油液或油气有移动到飞机其他部分的途径存在，则将存在火灾风险。液密或气密的隔离屏是提供这些隔离的最佳方法，此种设计适用于易燃油液箱、发动机舱及飞机本身，其目的在于限制易燃油液和油气从飞机内有控制的地点扩散到无控制的区域。对于靠近人员舱、货舱、发动机舱、电子设备舱的易燃油液箱，除了由油液和油气储存舱所提供的屏障外，还应设计第二道液密或气密隔离屏，将这些舱隔离。隔离可减少由于正常方式或意外事故所引起的易燃油液泄漏所造成的火灾。

对于所有飞机发动机安装，不管发动机的数量和相对位置如何，都应设计包含隔离油液和油气的隔离屏，借助此隔离屏将发动机的附件段和压缩机段或包含很多易燃油液管路和附件的舱的所在段与温度超过 370℃的任何发动机表面相隔离。此类隔离屏的作用在于防止易燃油液和油气与发动机的热段相接触。如果不可能隔离温度超过 370℃的发动机表面，应将附件置于较远位置并且与发动机舱隔离。为尽量降低易燃油液点燃的可能性，应将易燃油液系统部件与正常工作或意外事故中可能产生电弧的电气设备相隔离。

隔离屏的设计也适用于氧气系统和设备。将氧气管路和储氧箱与输送易燃油液和油气的管路和液箱相隔离，以减小泄漏的氧气促使火情加剧的机会。隔离设计也可用于防爆电气设备，此设计应该用于位于潜在易燃油液泄漏区内的电气设备。

4. 分离

分离设计通常与本节所列的一种或几种其他设计一起使用。分离涉及系统、设备及管路（含有上述险情）相互之间的物理关系，以及它们与具有对它们造成火灾风险的故障模式的其他飞机部件之间的关系。一种分离设计是在导管及设备所处位置使泄漏油液通过重力、气流或管路内部压力的作用而与火源接触的可能性降至最低。例如，所有易燃油液管路最好铺设在电气设备和电气导管的下面。易燃油液管路不得经过空气入口管或压力通风管铺设，并且电线不得经过排漏管铺设。燃油管不应穿过人员舱或货舱铺设。在燃油导管必须穿过人员舱或货舱时，管路中的管接头数目应保持最少，接头处应设有护罩及排漏设施。不应将燃油泄漏源（诸如管接头）置于可以点燃燃油的物品和设备附近，或置于可以点燃燃油的环境下。燃油箱不应置于发动机舱、载人舱及货舱内，也应避免将燃油箱设置在发动机舱的上部。如果燃油箱必须位于发动机舱的上部，则应采取措施，防止燃油箱泄漏物流入发动机舱或排气系统。不允许将设备、部件或管路置于火区内，除非需要其在火区内工作或执行功能。分离设计也应该用于行李舱或储存室的照明，应正确设置这些照明灯的位置或对这些灯采取防护措施，以防止这些舱内物品被点燃。应采取绝热层使设备的高温表面与易燃材料隔离。

5. 通风

通风通常与冷却和排漏以及本节所列一种或几种其他设计一起使用。通风利用气流来阻止易燃物、腐蚀性气体及易爆气体-空气混合物在飞机舱室内的聚集。此设计广泛适用于飞机中可能出现易燃油液和油气泄漏的所有舱内。在所有的预期飞行和地面条件下，通风设施应适于将所有危险性油气排至机外的安全部位。在确定通风设施的尺寸及位置时，应考虑因正常或意外损坏而造成的油液和油气泄漏。在任何地面或飞行条件下，不允许通风系统气流逆向流动或处于无气流流动的状态。在所有条件下，通风措施都应提供单向流动气流，确保从飞机中排出的油气在任何使用条件下都不会接触发动机排气尾流（发动机通风除外），或机轮刹车等高温区域，以及冲击到飞机上或重新进入飞机。通风系统的空气入口位置不应为结冰所堵塞，如果结冰达到使气流受到不利影响的程度，应在入口处设置合适的防水措施。在由油液或油气隔离屏分隔而成的各舱内，需要为每个舱提供单独的空气入口，并确保在这些舱之间无空气交换。来自其他通风系统的气流如果不会混入因泄漏而产生的易燃油液、腐蚀性气体，且气流温度不高于 93℃，可以排放至火区。需要注意的是，在设计中应确保任何火区舱的所用通风气流都能排放到机外，并且不排入任何其他通风系统。

6. 冷却

冷却设计通常与通风及本节所列的一种或几种其他设计一起使用。冷却设计用于飞机内可能存在热源和火源的所有舱和其他区域。冷却措施应有足够的能力来确保在任何使用条件下机舱内的温度都不会超过机舱内已确立的所有温度上限，这包括所安装设备的温度、任何附属设备温度、支撑结构温度及舱体温度。冷却设计主要应用在发动机舱和动力舱区域，电子电气设备舱也是要考虑冷却设计的区域。在确定冷却设施的尺寸和位置时，应考虑到由正常或意外损坏而引起的热表面。冷却空气入口应设置在易燃油液和油气、腐蚀性油液和油气及发动机排气不可能进入系统之处；不应从发动机进气道引取冷却空气，来自风扇涵道的空气可用于冷却发动机部件。

与通风措施相似，在所有地面和飞行条件下，冷却措施提供单向流动气流。在任何地面或飞行条件下都不允许系统气流逆向流动，或处于无气流流动状态。在设计中，确保从飞机中随同冷却气流一起排出的易燃油气或腐蚀性油气在任何使用条件下都不会接触发动机排气尾流或机轮刹车、冲击到飞机上或重新进入飞机并造成不安全状态。但有一个例外是发动机冷却空气可能必须接触排气尾流。在设计中还应确保用于冷却任何火区舱或装在滑油散热器、发动机、变流机、电动机等设备的舱或 APU 舱的气流都能排放到机外，并且不会进入其他任何冷却系统。

对于飞机空中飞行、地面使用及发动机停车后的所有时间周期，重要的是确定可能暴露于热表面位置的每项零部件（发动机、设备、结构等）的最大允许环境温度。零部件的温度应符合制造厂商对发动机设备等的温度极限，应设计成在不使用地面辅助冷却设备的情况下，满足发动机停车后温度极限。

7. 排漏

排漏措施的用途在于消除易燃物或腐蚀性油液的泄漏物堆积增厚，并且将有助于阻止易燃物、腐蚀性油液聚集在飞机各舱内。通常与通风设计及本节所列的一项或几项其他设计一起使用。此设计可适用于飞机内可能出现油液泄漏危险的所有舱。排漏设施应有能力在所有预期的飞行和地面条件下将所有危险的油液泄漏排放到飞机外部的安全位置。例如，需要排漏的部位有发动机舱（特别是附件段）、辅助动力装置、囊式软油箱舱、油箱周围的干舱空间，以及带封严罩的燃油、滑油和液压油管路和设备、钣金件的凹坑及其他类似位置。

在确定排漏设施的尺寸及位置时，应考虑因正常或意外损坏而造成的泄漏，应在发动机吊挂、隔框设置足够数量的排漏孔，以允许泄漏物正常流动并聚集到低洼点，能从机身、发动机短舱、机翼或吊挂的底部排出。排漏孔所处位置应确保在任何地面或飞行条件下，都能使泄漏油液自由地排出，并且不会回到已排漏舱或其他任何舱。可能需要向后开口的通气孔，以确保不会产生空气回流并且不使已排出的油液或其油气流回到舱内。所有排漏孔应设置在飞行中会产生抽汲力的位置。应确保排漏设施的安装在所有使用条件下都不使排放物与潜在火源（诸如 APU 排气、发动机排气气流或机轮刹车）相接触，或冲击到飞机上或进入飞机内。设计中推荐排漏孔或排漏管的最小内径为 9.5mm，较小的尺寸有可能被堵塞。当整个舱室使用一个排漏孔时，排漏孔尺寸应相应增大。例如，当整个发动机附件段排漏系统使用一个排漏孔时，排漏孔的尺寸应与所有泄漏物（包括设备故障所引起的泄漏物）的量相适应。在此情况下建议最小流通面积约为 $13cm^2$。

任何油液或油气回流可能引起火灾或可能损坏任何相互连接的零部件时，不允许使排漏管相互连接，不得使燃油排漏口与部件密封排漏口或与排放滑油、液压油、水-酒精等的电气附件的排漏管相互连通。但是，如果能够表明不存在从一个排漏口到另一个的回流，每一具体类型油液的排漏管可以连接于机外某点处；如果管路尺寸适于确保按上所述正确排漏，这些排漏口可以相互连接。

8. 电气搭铁和雷电防护

电气搭铁和雷电防护通常与本节所列的一种或多种其他设计一起使用。电气搭铁和雷电防护设计已广泛应用于燃油系统，消除可能由电气设备、电线、静电或雷电引起的火源。关于电气搭铁和雷电防护应符合相关技术标准与规范的要求。

9. 坠机后火灾预防设计

对坠机后火灾进行预防是飞机防火灭火设计中需要考虑的另一个重要问题。统计数据表明，在一般性可幸存坠机事件中，发生火灾后的人员伤亡率大大高于发生火灾前的。在坠机条件下，机载燃油是最大的火灾危险源。火源包括发动机热部件、金属撞击时产生的火花放电、电气部件及电路损坏时产生的火花，如图 1-13 所示。一般而言，坠机事件中必须考虑的火源为电源、热表面、摩擦火花或火焰。燃油的高挥发特性可迅速引起火灾，快速蔓延，使伤亡率增大。预防燃油燃烧可以由下列几种方法来完成：消除火源、燃油包容、改变燃油特性。控制形成火灾的三个基本要素，可实现防火，举例如下。

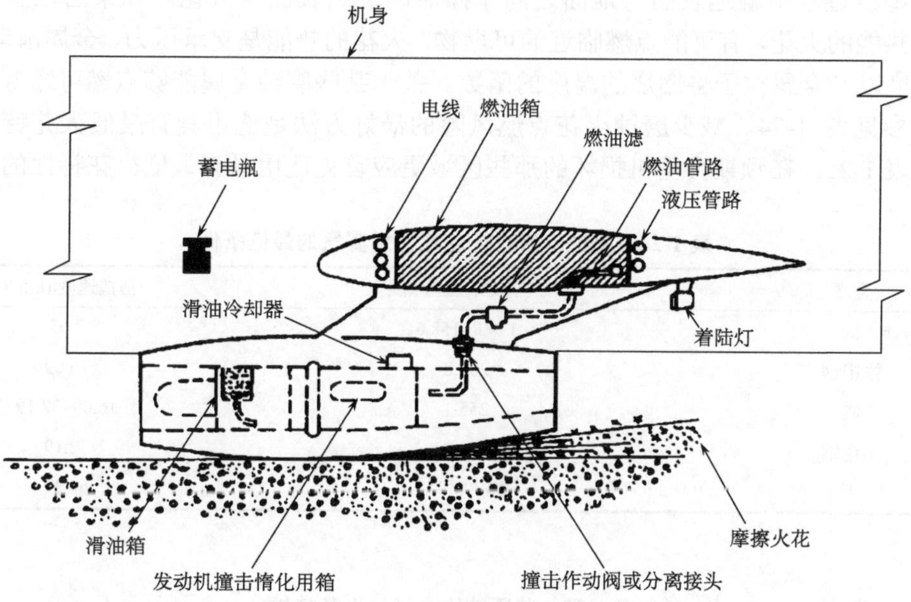


图 1-13　坠机火灾险情区域

（1）燃油包容

飞机燃油包容设计是降低火灾伤亡率的最有效方法。为消除机上人员受坠机火灾伤害的可能性或不允许油箱轻易受损，采用燃油包容性设计时，应对油箱布局、形状、材料、接头及附件加以考虑。例如，可采用“分离”设计指导中所述的有关设计，诸如不在载人舱内或货舱内设置油箱。

应重视易燃油液部件及管路的设计，不应使输送易燃油液的部件和附件处于在坠机环境下与地面接触的位置。易燃油液管路的铺设应受到飞机结构的防护，避免将燃油或液压管路布置在机翼前缘区。在坠机时可能损坏的区域应使用带有足够松弛长度的软管。在高度危险的区域应考虑设计自封接头或撞击作动的切断阀。在油箱至发动机的供油管路上应设有切断阀并应考虑其位置及使用功能。如果切断阀随同吊舱、吊挂或燃油箱一起撕离，将失去包容性，此时切断阀可由驾驶舱手动或电动控制。

（2）替代燃油

使用在坠机环境下可快速凝冻的燃油，以防止坠机后燃油喷溅而引发火灾。

（3）抑制火源

抑制火源可从热表面、摩擦火花、电气火源三个方面来考虑。

① 热表面。设计中不应使着陆灯的位置暴露于直接坠机撞击区域。已经验证，在着陆灯灯泡破裂后，灼热的白炽灯丝能在 0. 75～1.50s 期间内点燃燃油。由使用模拟燃油进行的坠机试验表明，在撞击后 0.20s 前燃油即发生喷溅，因此在坠机适航性设计时应充分注意此类火源。

② 摩擦火花。在飞机坠机着陆期间可能触地的区域，应选用低摩擦火花特性的金属。在坠机过程中触地表面与地面之间摩擦而产生热表面及火花。如果磨蚀金属产生足够高热能的火花，有可能点燃临近的可燃物。火花的热能是支承压力、金属滑动速度、金属硬度以及金属粒子将燃烧的温度的函数。关于某些磨蚀金属能够点燃可燃雾气的最低条件参见表 1-24。减少磨蚀火花点燃风险的最好方法是选用具有最低火花特性的材料，见表 1-25。在预期会坠机损坏的那些区域更应首先选用具有最低火花特性的材料。

**表 1-24　磨蚀金属粒子点燃可燃雾气的最低条件**

| 金属 | 最小支承压力/kPa | 拖拽速度/(km/h) |
|---|---|---|
| 钛 | 144.8~158.6 | 8.05 |
| 铬钼钢 | 206.8 | 16.09 |
| 镁 | 255.1 | 16.09~32.19 |
| 不锈钢 | 344.7 | 32.19 |
| 铝 | 1003.9 | 64.37 |

**表 1-25　普通结构金属的火花特性**

| 金属 | 火花特性 | 点燃能力 |
|---|---|---|
| 铝 | 无 | 最小 |
| 钢 | 淡橙色线 | 可能 |
| 钛 | 明亮 | 一定 |

③ 电气火源。点燃需要的最低电能很小，是一个效率极高的火源。例如在理想的状态下，点燃某些可燃物仅需要 0.15mJ 的能量。因此，在电气设计中，应采用快速使电气

火源（诸如蓄电瓶、发电机及变流器）解除激励的方法，动作时间不应超过 0.20s。应使系统设计成所有非基本汇流条不激励，仅使维持最小数量的灯、通信及坠机防火灭火系统工作而必需的应急直流电路保持激励。此外，还应将下列设备置于预期的撞击区域之外：蓄电瓶、电线束、变流器、发电机和交流发电机、永磁发电机、雷达反射体及有关电子设备。

#### 1.4.3.4 火灾探测系统

1. 探测系统布局

对于所有火区及无控制的能量释放或易燃物质的释放可能导致火灾、过热或爆炸而危及飞机或机载人员的其他区域，都应配备合适的火警探测系统。虽然良好的设计实践已将所有合理的预防火灾的技术用于飞机系统的设计中，但是通常不可能完全阻止火灾的发生。在这些情况下，需要设计探测系统，用于探测火灾险情，向机组人员报警，启动自动灭火设施。

在进行火灾危险源分析时，确定飞机上可能出现火灾险情的区域，根据易燃物和火源存在的情况，辨识出这些危险区域的火灾特性，例如，在给定部位所考虑的火灾风险可能是超温、火灾、爆炸（在限定空间内燃烧引起压力升高）、烟雾或易燃油气泄漏等。探测系统必须能探测到具体的险情。给定区域是否需要探测系统取决于在该区域火灾的三个基本要素同时无控制地存在的概率。例如，在所有发动机安装中都需要探测系统，因为当发动机运转时，火灾的三要素总是存在。经验表明，在飞机轮舱、附件驱动舱、电子设备舱、货舱、引气导管周围也可能出现火灾，需要设计探测系统。

在设计中，分析动力装置舱以外的某个区域是否需要探测系统，是一项困难的工作。对探测系统的需求取决于险情出现足够高的概率，并且不能用其他方法消除或控制。为了避免由于探测系统保护区域不充分而改型设计，必须保证在设计阶段提供合适的保护区域。

对各个火区应提供独立的探测系统。如果在几个火区中会出现同样的应急情况，且要求采用同样的应急措施，则可共用一套探测系统。探测系统不得和若失效会影响其正常工作的其他系统相结合。

2. 探测系统性能

对于不同的飞机区域，火灾探测系统性能要求及被探测的险情类型可能是不同的。根据火灾的特性及部位的差异，有针对性地设计火警探测器的灵敏度、探测范围及响应时间。

例如，对于动力装置及附件安装，利用感温传感器进行火警和过热探测。当 150mm 长度受热时，对于 1100℃，系统有 5s 的响应。此类系统的优点是能探测和区分火灾与过热状态。当舱内设计成包含火警和过热时，5s 响应对于这些危险是合适的。所要求的探测时间取决于允许的火灾规模及持续时间。

探测IR（红外）或UV（紫外线）辐射的探测系统能够提供250mm或更大距离的体积探测范围，响应时间为1s或更少（以毫秒计）。这些系统能用来探测火焰和正在形成的爆炸，但不能探测过热状态。对于大多数火灾状态，250mm距离处在1s内探测25mm直径盘的火灾是足够的。如果存在需要快速探测火灾和过热的双重危险，则需设置两套系统。

烟雾探测用于货舱、电子设备舱等部位。

3. 探测系统故障

长期维修性损伤或磨损及撕裂，以及突发的灾难性事故（如发动机涡轮盘损坏）能够引起探测系统故障而不能探测到火灾险情。当关键性探测系统失效，不能探测到预期火灾危险时，系统应有一套自动系统向机组人员指示故障。所有探测系统应具有手动试验措施，以便机组人员确定系统工作是否正常。

火警探测系统执行功能的能力对于整架飞机及全体机载人员的安全而言是重要的，因此驾驶员或某些机组人员必须有能力在任务开始以及在任何时间（如果认为必须）确定探测系统是否能执行其预定功能。在某些情况下，能否探测险情可能成为驾驶员或机组人员必需的信息。在此情况下，应提供故障自动指示器。

4. 探测系统输出

探测系统应能够提供警告信号输出，警告输出应与机组人员警告系统及火灾危险控制系统的接口相匹配。每一个探测系统应与相应的机组人员警告装置连接。应根据检验和分析来确定已向机组人员提供火警探测信号，并分析确定此输出是否适合于作为相应的机组警告系统的输入和任何自动控制系统的所需输入，以确保其形成并维持所需的系统接口。应验证系统为各独立火警发出的需要采取应急程序的警告输出不会复合为一个通用警告输出信号。

5. 假报警

飞机上的所有险情探测系统必须提供可靠的险情探测，以便使机组人员能够快速执行必要的应急程序。假报警能够导致机组人员在执行必要应急程序时产生迟疑、付出代价推迟或中止飞行任务。因此，正常出现的或随机出现的非险情状态不应引起报警。

火灾探测系统的设计和安装应能够确保在正常或预期的环境条件下不会产生假报警。应防止在异常飞行条件下因传感线曲折或机械损伤、断路，不接地导体的连续或间断接地，传感线接头处积聚含盐分的湿气而增加线路阻值等故障而发生假报警。探测系统的设计、安装应维持最低的假报警率。一般而言，现代带辅助动力装置的四发动机飞机的假报警率为每1000个系统，工作1h，出现0.1 次假报警。

如果在初始设计阶段就十分注意细节设计，例如传感器、电连接件、互连导线的数量、安装位置、安装间隙等，会非常有利于降低假报警率。

确定探测系统是否不存在假报警问题的最好方法是使具体探测系统在最严酷条件下

进行工作的同时，在飞机上进行扩大范围的服役试验。进行原型机试验或全尺寸研制试验可能是可行的。如果飞机试验是难以实现的，应在飞机上能够出现的可能引起系统报警的最严酷条件下进行一系列实验室试验。已在类似安装中使用 5 年或更长时间的类似系统可用作良好的类比对象。

6. 报警设定点

在设计中应确定各探测系统的报警设定点。火灾危险探测系统报警阈值的选择是基于潜在火灾危险临界状态下探测系统灵敏度和假报警率之间平衡的折中选择。通常，在对系统灵敏度或响应时间不造成严重影响的情况下应尽可能高地设计报警阈值。

过热探测系统的报警温度值应比整套传感线（或其他类型传感器）处的最高工作环境温度高出 65~120℃。对于根据分析温度增长速率而工作的系统，能发出超温报警信号所要求的温度增长速率应至少比发动机正常启动和加速时所出现的最大温度增长速率高一倍。作为响应极限，系统应调节到在发动机舱内温度低于 260℃时不发出火警信号。对于系统报警阈值，当加在传感线任一段 10cm 长度上时，应不超过 540℃；对于过热探测，可以采用低于 260℃的报警温度。

报警阈值设计的基本原理在于尽可能消除由于比预期的正常温度及高温环境要高的温度而引起的假报警，或消除由于来自动力装置安装的热燃气或热空气的非危险状态微量泄漏而造成的假报警。同样的基本原理能够用于其他类型探测系统（诸如 IR、UV、烟雾或油气探测系统），以确保正常和非危险状态不会引起系统报警。经验表明，飞机火警探测系统不确当的报警阈值，可能是飞机上假报警的主要根据。

7. 解除警报

初次火警报警后，对机组人员而言，火灾不再存在的信息也是必不可少的。火灾危险消失后应尽可能快地解除警报，通知机组人员火灾危险不再存在，表明已采取的控制程序的有效性，以及是否需要采取其他措施。

根据使用探测技术的差异，要求不同的解除警报时间。解除警报时间一般规定为 30s。感温系统冷却所需时间是热质量和温差的函数。远红外、紫外线和其他类型系统解除警报时间可以更短。

8. 自动重复报警

火灾探测系统应具有重复报警能力，在解除警报以后，系统应能自动复位，以便对再次出现的火灾危险进行报警。如果系统复位次数有限，应规定最低复位次数，一般为 3 次。如果暴露于火焰后允许探测系统降低探测性能，则应明确规定自动重复报警的能力。

#### 1.4.3.5 火灾危险控制设计

正如前文所论述，即使在飞机设计中已采用了所有合理的火灾预防性技术和探测技术，也总是不可能完全阻止火灾出现。一般而言，如果在飞机上存在某些区域，其内同时存在火灾的三个基本要素，且单个故障将导致火灾（潜在火灾区域）发生，那么这些区域将需要设计控制火灾的防护措施。可能需要将此种控制扩展到邻近区域或舱室，以确保有效的防护。

飞机给定部位是否需要设置火灾控制系统取决于该部位火灾的三个基本要素同时无控制存在的概率。在进行相应的系统设计时，应使用分析和检验的方法来确定所有必要部位已配备火灾控制措施。火灾危险控制设计中一般包含易燃油液控制、终止通风、电气火源控制、隔火屏、火灾损坏防御、烟雾及其他有害气体控制、过热控制、灭火、显示器和操作装置和控制系统完整性等措施，下面分别对这些措施进行简介。

1. 易燃油液控制

在飞机上规定的火灾受控制区域中，需要采取措施终止易燃油液进入这些区域内，并尽可能限制可能进入这些区域的易燃油液量，以防止易燃油液量达到足以使这些区域内形成火灾或扩大火灾规模及范围。实现易燃油液控制的一般措施是使用电动和手动的切断阀，通过切断易燃油液的供给来限制火灾、火灾规模和持续时间。

以前飞机通常已设计成满足下列准则：应对防火切断阀的位置予以专门考虑。例如，对于吊挂固定发动机，防火切断阀应固定在吊挂的上端部；对于机身或机翼固定的发动机，防火切断阀应尽可能靠近发动机舱，但不得设置在舱内。某些安装可能需要使用油箱切断阀和防火切断阀，以使断裂时可能漏出油箱内燃油的未受防护导管的长度减至最小。电动阀在飞行过程中不会由于短路、漏电压、电源故障或正常机械力的影响而改变安装位置。对于排漏管和仅限于在火区内系统或设备中使用的闭环油液系统中的管路（如整体驱动发电机滑油冷却系统管路）都不需要设置切断阀。

应正确设计燃油防火切断阀及其电线的位置。在发动机破损或起落架损坏的情况下，切断阀不应受损坏。切断阀的优选位置为火区之外。如果阀门位于火区内，其必须能承受1100℃火焰，历时5min，以允许阀门在火灾下可以短时间工作；阀门在火灾持续期间能够保持关闭功能，而无内部或外部泄漏；位于火区内的切断阀控制器必须满足与切断阀相同的耐火性能要求。

对于具有一体化或发动机固定滑油箱的涡轮发动机，不需要再设计发动机滑油和液压切断装置。这些发动机滑油和液压系统通常设计成不具备切断阀，因为切断阀的意外动作可能导致飞机动力完全丧失并且需要付出严重的代价进行维修。另一方面这些系统的设计已经使得火灾风险大幅度降低。

2. 终止通风

通风切断是减少现有火灾风险的重要手段。在规定的火灾受控制区域，采取终止通风或冷却气流的方法，使所在火灾区域终止气流流动，从而控制火灾规模及其危害的严重程度。某些设计中使用冷却空气进气门来实现短舱或发动机舱的隔离。在火灾应急情况下，进气门随防火墙切断阀的动作而关闭。通风切断装置和控制器应该在火区之外，如必须在火区内安装，则它们必须能承受1100℃火焰，历时15min 而不损坏。

然而随着灭火剂浓度分析仪的问世，几乎可以取消发动机短舱通风切断的要求。使用灭火剂浓度分析仪，能够确定在空气流动条件下发动机短舱内的灭火剂浓度。当然，还有其他一些舱可能从通风切断中获益，对于每个具体的舱，应分别确定是否需要使用此通风切断来控制火灾。

3. 电气火源控制

在规定的火灾受控制区域，设计中应采取使所有电气火源解除激励的措施，防止电气火源引发火灾或成为再引火源。例如，通常在发动机舱火灾的情况下，使发电机停转并切断输入短舱的电源。

在以前，当火警应急控制器动作时，通过停止发电机运转以及断开输往受影响舱或短舱的电源，便可实现电源的切断。因为发生电气故障后，发电机和电源受热或烧坏而产生的电弧和火花，可能成为火源或再点燃火源。一般借助停止发电机运转来消除这些火源。电气火源切断装置的优选位置为火区外面。如果切断装置和控制器位于火区内部，它们必须能承受1100℃火焰，历时5min而无损坏。

4. 隔火屏

在规定的火灾受控制区域，可以采取隔火屏以控制火焰在这些舱之间以及与邻近舱之间的蔓延，并用以控制区域内的过热。隔火屏具有防止火灾蔓延的功能，所用材料必须是防火的，能承受1100℃火焰，历时15min而无损坏。在设计中，隔火屏的厚度取决于选定的材料以及防火分隔部位的特点。隔火屏的连接件及穿过隔火屏的所有管路、导管、电线、控制器等的通路，都应是防火的。

隔火屏可以由防火墙、防火罩及绝热垫组成，并可包含部分飞机蒙皮和结构。防火墙和防火罩通常应由不锈钢、铁或具有等效防火能力的其他材料制成。绝热垫由各种合适的绝热材料制成并带有金属箔制成的底板或包皮。在MIL-I-8776中包含有关绝热垫的准则，其推荐的绝热垫的最小箔厚为0.16mm。为了阻止绝热垫因压差造成膨胀，在不易暴露在燃油区域的金属箔冷侧面上设置小通气孔。在带有薄金属箔绝热垫的冷侧面设有一个衬网，用于防止损坏的绝热垫掉下绝热材料。绝热垫使用的束紧方法应不会因所防护部件径向膨胀而使绝热垫的厚度减小。对于引气管绝热垫的位置应考虑其能确保绝热垫的完整性，而不会因泄漏或引气管的断裂而受到损伤。

在设计中，应避免在隔火屏上设置工艺口盖或接头。因为隔火屏可能由于受热而发生严重翘曲，从而隔火屏上的工艺口盖或接头容易出现缝隙。应避免采用承受结构载荷的隔火屏，以免在火焰未烧穿之前隔火屏由于丧失强度而过早被破坏。用在靠近隔火屏防护一侧的材料，在火区内因火灾的热传导或热辐射的作用下，不应突然迸发火焰。

5. 火灾损坏防御

对于飞机内凡已确定的火灾、爆炸或过热险情可能出现的区域，应对其内输送易燃油液的部件、装置或系统进行火灾损坏防御设计，使得其在规定的时间周期内不因出现故障而释放出易燃油液，避免向已经存在的火灾添加其他危险性油液或助燃剂，从而加剧火灾的发展。

6. 烟雾及其他有害气体控制

所有载人舱内应提供烟雾及其他有害气体的控制措施，以防止机组人员和乘客免遭这些舱内产生的或外部进入这些舱内的烟雾和其他有害气体的伤害。

燃烧产生的烟雾、灭火剂和灭火后的产物，以及类似有毒有害气体的存在都会危及机组人员和乘客的健康。应提供设备，以能够从机组人员舱和乘客舱内排出烟雾、灭火剂及其他任何有害气体。每一次灭火剂喷射到客舱、货舱或行李舱之后，不管有无烟雾和有害气体，应开启机组人员舱和乘客舱的通风措施。客舱通风系统应有足够的能力提供足够量的新鲜空气，以便对载人舱进行快速吹扫。为防止火灾复燃，在有些无人员的区域（诸如盥洗室、衣帽间）内的通风速率不应太快。同时，应设计有可切断机组人员舱和乘客舱之间气流的设施，并应考虑为机组人员提供防烟面罩和护目镜。

7. 过热控制

过热险情，诸如来自发动机、APU 的高温引气或高温气体泄漏，可能引起飞机和各分系统严重损坏，使飞机因为不能探测过热引气状态而发生过多次严重事故，并造成飞机损坏和机组人员伤亡。如果可能出现这些险情，必须有方法来终止超温状态或防护过热状态带来的危害。某些较老的飞机装有过高温度的引气系统，且不带过热警告系统，以及不能在泄漏情况下切断引气。在现代飞机设计中，如确定给定区域内出现过热状态时，必须具有合适的控制设施。这些控制设施能够在引气泄漏情况下，迅速切断引气源，或在热燃气从发动机泄漏时，能使发动机停车。

8. 灭火

（1）发动机舱灭火

在所有发动机舱，当采用其他方法不能控制和包容发动机舱内的火灾危险时，需要在舱内设置灭火系统。灭火系统提供的舱内灭火剂浓度，应能足以使舱内损坏减至最小，并能够在阻止火焰蔓延到其他舱区的时间内，扑灭可能发生的火灾。发动机舱灭火的内容可参见本书第 2 章的介绍。

（2）载人舱灭火

当载人舱内的物品和设施使用易燃材料时，或者含有能参与火灾或爆炸的物质的管路或设备时，则可将载人舱考虑为火区。此火区定义应考虑机组人员执行正常任务所需的其他物质和供应品，如纸张等。如允许吸烟，机组人员的吸烟被认为是可能的火源。应根据这些物品、设备或舱的尺寸等参数，设计灭火设施适用于控制可能出现的火灾险情。控制设施可以是固定式灭火系统或手提式灭火瓶或两者的组合。

舱的尺寸是确定灭火设施的重要决定因素。对每种类型的灭火系统作如下考虑：

① 对于固定式灭火系统，应限制载人舱内最大灭火剂浓度以保证人员的安全。通常

的固定式灭火系统使用 Halon 1301，体积浓度为 6%，持续时间取决于灾情。

② 手提式灭火瓶应符合现有的规范。

（3）其他非载人舱灭火

在除发动机舱外的燃油舱的无油空间、电子设备舱、电源舱、辅助动力装置舱等，发生火灾危险后，不能用其他方法来控制和包容火灾时，应有灭火措施控制和终止所有这些舱的火灾危险。灭火系统释放后，每个舱内的灭火剂浓度应能足以使舱内损坏减至最小，能够在火焰蔓延到其他舱区的时间内扑灭火灾。为防止复燃，灭火剂浓度应在舱内维持一段时间。对于这些系统，应使氧气浓度的量级在扑灭具体火灾所必需的持续时间内降低到 10%或更低。

（4）地面灭火

对于某些规定的火灾受控制区域，应考虑设置地面灭火的设计。这些设计需要与地面标准消防灭火剂喷射系统兼容。例如，弹簧锁内推门盖和鱼鳞板已成功地为动力装置地面灭火提供灭火剂喷射路径。在某些情况下，当需防护区域的位置已使地面灭火设计成为不可能时，则不设置地面灭火设施。

## 1.4.4 防火系统特性

防火系统的正常工作是保障飞行安全的重要因素，本节将介绍防火系统应具备的系统特性。

### 1.4.4.1 系统材料

飞机防火系统所使用的材料应满足预定设计功能，所用的新材料均必须进行充分的试验以证明符合使用要求，材料选择和腐蚀控制要求也应满足规范和技术标准的规定。

### 1.4.4.2 火灾条件下的工作性能

飞机防火系统在遇到任何可能的险情时，特别是火灾或过热有关的险情时，不应降低系统执行预定功能的能力。这里指的防火系统系统应包括动作部件（如探测器、灭火剂喷射装置）、连接电缆以及可能暴露于险情中的所有必要部件。

如果飞机防火系统缺乏抵御险情的能力，就会威胁到飞机的安全。例如，国外某型号飞机发动机舱火警探测系统在轮舱部分的电线不防火，轮舱区域火灾引起发动机舱火警探测系统假报警，导致如果发动机舱确实发生火灾，系统则不可能探测。相关的报告也表明该飞机发动机舱防火墙外面的燃油切断阀电线也因发动机舱火灾而损坏，从而丧失切断燃油的能力。

一般在设计中，应标识在执行功能的位置处或在其安装途径中可能出现的所有潜在险情，并且应由试验来验证系统暴露于这些险情时及后续的工作能力。防火系统和部件，应根据系统和部件的位置、系统设计的特点，设计成防火的或耐火的。如前文中的定义，防火的是指在火区内可能出现的最严重火灾状态及火灾持续时间内，材料或零件应能执行其预定功能，能承受1100℃火焰，历时15min；耐火的是指在特定部位可能出现的热或其他条件下，材料或零件应能执行其预定功能，能承受1100℃火焰，历时5min 。

### 1.4.4.3 防火系统的环境条件

飞机飞行安全性和准备使用状态的要求都使得防火系统必须能够承受预期的工作环境条件或者能在此环境条件下工作。

一般而言，环境条件对各部件的工作可靠性影响最大。防火系统环境试验的目的在于考核防火系统各部件（设备）在规定使用条件下工作的可靠性。因此要求环境试验项目选择合理，试验方法应正确反映防火系统各部件（设备）预期的工作环境，对试验方法的规定应准确、明确、合理。对于部件，应进行环境试验以评估部件的关键特性。环境试验的典型方法有 GJB150《军用装备实验室环境试验方法》、HB 6167《民用飞机机载设备环境条件和试验方法》等，表1-26给出一些环境条件。

表 1-26 防火灭火系统部件及元件的全面环境试验方法

| 项目 | 相关技术标准 | |
|---|---|---|
| 加速度 | HB 6167. 16 | GJB 150. 15 |
| 声振 | HB 6167. 15 | GJB 150. 17 |
| 砂尘 | HB 6167. 10 | GJB 150. 12 |
| 爆炸 | HB 6167.7 | GJB 150. 13 |
| 霉菌 | HB 6167. 11 | GJB 150.10 |
| 湿热 | HB 6167.4 | GJB 150.9 |
| 防水 | HB 6167.8 | GJB 150.8 |
| 盐雾 | HB 6167. 12 | GJB 150. 11 |
| 冲击 | HB 6167.5 | GJB 150. 18 |
| 太阳辐射（阳光） | GJB 150.7 | GJB 150.7 |
| 温度-湿度-高度 | HB 6167.2 | GJB 150.6 |
| 温度变化 | HB 6167.3 | GJB 150.5 |
| 振动 | HB 6167.6 | GJB 150.16 |

影响环境条件的主要因素有：飞机的类型、用途、技术要求、部件的类型和特性及安装部位的环境（包括大气、热、电磁、噪声、振动、温度等因素）。最不利的环境因素是温度和振动。环境条件应真实、准确、综合全面权衡，环境试验应根据部件（设备）的实际使用情况，在试验项目上有所取舍，在试验方法上应准确反映其实际工作环境。GJB 150、HB 6167所提供的通用环境试验方法，只要认定是适用的，应优先采用。可能还需要其他试验方法来评定腐蚀、燃油和滑油浸渍、电磁和无线电干扰、分解和检验造成的影响，超出规定的特殊要求需要另行制定试验方法。

### 1.4.4.4 系统可靠性、维修性、安全性、适航性

1. 可靠性

飞机防火系统的可靠性应满足飞机系统的总可靠性要求。飞机防火系统的平均故障间隔时间（MTBF）应满足飞机的设计指标。飞机总体防火要求的规模和复杂程度直接影响到防火系统的可靠性。设计师应对系统的可靠性指标进行正确分配，把飞机型号规范规定的要求，进一步分配到防火系统主要的设备和分系统。

防火系统及其部件的可靠性性受多种因素影响，这些因素包括设计、材料选择、制造工艺、安装环境、分系统或机载设备的接口、使用与维护保养等。因此，在设计时必须尽可能预计出所有故障模式并予以分析、解决。

具体而言，飞机防火系统可靠性设计可参照如下述步骤进行：

（1）型号初步设计阶段

① 制定系统可靠性大纲。可靠性大纲是开展可靠性设计的纲领性文件，大纲最终目的是改善系统工作的完好状态，提高任务成功性和完好性，减少对维护人力和后勤保障要求，提供管理信息和提供费用效率。

② 可靠性指标的确定。根据实际情况，分析飞机的工作状况，通过初步评估，预计到可能的增长，由订购方和承制方商定，初步确定平均故障间隔飞行小时（MFHBF）或平均故障间隔时间（MTBF）。作为初步要求，一般 MTBF 可采用 500~1000h。

③ 可靠性指标的预计和分配。对新机设计而言，此项工作是可靠性量化设计的关键之一，可靠性目标值要分配到每个设备上。

（2）详细设计阶段

① 进一步论证可靠性指标。随着详细设计工作的深化，对可靠性指标的量值进行反复论证。

② 反复进行可靠性预计和分配。可靠性预计和分配包括基本可靠性和任务可靠性。

③ 反复进行故障模式、影响及危害性分析（FMECA）。可靠性是用故障出现的频率予以度量的。对飞机防火系统可靠性的分析、评价和改进都离不开故障信息。建立故障报告、分析与纠正措施系统（FRACAS）、保证故障信息的正确性和完整性是防火系统可靠性分析、评价和改进的基础。

2. 维修性

防火系统的维修性要求应与飞机维修性总体要求兼容。系统每飞行小时的维护人时（MMH/FH）应不大于设计指标。作为初步要求，一般系统的 MMH/FH 可定为 0.1~0.2。

在各设计阶段中，设计师都应反复对防火系统进行维修性设计与分析，具体包括以下工作内容：

（1）建立维修性模型

建立防火系统维修性模型，以便对系统的维护进行分析、预计和评定。

（2）进行维修性分配

进行防火系统维修性分配，将系统级（高层次）的维修性定量要求分配给各低层次的部件。

（3）进行维修性预计

进行防火系统的维修性预计，评估系统、分系统或设备的维修性，并确定所提出的设计在要求的保障条件下，能否满足维修性要求。

### 3. 安全性

为确保飞机飞行安全，必须对飞机防火系统安全性进行验证。安全性准则对评定首次飞行的准备状态和验证潜在的故障是必需的。飞机防火系统的安全性要求应与飞机安全性总体要求兼容。飞机安全性大纲要求包括安全性定性、定量要求，试验项目要求和基本工作项目要求。在飞机首飞前，应达到下列防火系统安全评定准则要求：

① 确定所有的设备已通过适当的试验考核或根据经验予以证实其安全性；

② 证实分系统安全工作已通过分析和相应的试验予以确认；

③ 证实分系统的正常和应急工作状态已通过试验予以批准；

④ 证实已明确所有分系统的使用限度；

⑤ 证实已在飞行手册中说明了相应的正常和应急操作方式；

⑥ 证实设备安装符合已制定的标准。

### 4. 适航性

飞机防火系统适航性应满足飞机型号规范规定的适航标准的要求。适航标准是最低安全标准。飞机防火系统的设计要求应覆盖适航标准的要求，应通过适航符合性审查来验证飞机防火系统的适航性要求。在飞机防火系统设计中，《中国民用航空规章》（CCAR）中的很多内容可供选用，例如：

CCAR-23 正常类、实用类、特技类飞机适航标准：适用于 9 座以下，最大审定起飞重量为 5650kg 以下的正常类、实用类和特技类飞机，以及 19 座以下、最大审定起飞重量为 8620kg 以下的通用类飞机。

CCAR-25 运输类飞机适航标准：适用于运输类飞机。

CCAR-27 一般类旋翼航空器适航标准：适用于最大起飞重量 2720kg 以下的普通类旋翼机。

CCAR-29 运输类旋翼机适航标准：适用于运输类旋翼机。

符合性审查是检查飞机防火系统是否符合设计要求并处于安全的状态。它主要检查系统的布局、功能和安装以及设备位置及固定是否合适、维护是否方便、系统是否经过试验。符合性审查可以从以下 10 种方法中选取：叙述性说明、设计技术资料、分析计算、安全性分析、实验室试验和台架试验、飞机地面试验、飞行试验、检查和测量、模拟试验和合格证明文件。

### 1.4.4.5 接口特性

飞机防火系统设计、防火系统、设备及部件与飞机的其余设计、系统、设备及部件之间的正常接口，是确保飞行安全所必需的。在飞机研制阶段应规定接口设计的界限，在系统设计报告和相应的协调文件中予以确定，以使飞机在装配和试验期间可能提出的设计更改减至最小。

防火系统的所有电气部件，应使用已批准的电源。防火系统电源应确保在飞机运行的整个周期内正常供电，其供电品质和容量应与系统和设备的工作要求相适应。需用电源的防火系统在任何使用阶段都应具有单独的电路。任何单个电源故障不应使关键防火系统不能工作。需用电源的防火系统的工作，不应干扰其他电气系统的正常工作。

使用用来控制火灾危险的油液控制装置，不应降低燃油系统的性能。若该油液控制装置可与燃油系统相类似的装置相共用，则该共用装置应能满足防火的要求。同样，发动机舱的防火也不应降低或影响发动机的性能。

防火系统的工作显示装置、操作装置以及完整性保障措施的设置，应符合飞机机组人员工作台的设计要求。防火系统应设计成易于维护，并且应包括必要的地面试验装置。所提供的维护及地面试验装置应满足此类飞机的有关要求。

## 本章参考文献


[1] 杜红兵, 解佳妮. 飞行中烟火事件特征及预防. 消防科学与技术, 2012, 31(12): 1352-1355.

[2] 王敏芹, 郭博智. 民用飞机事故/事故征候统计与分析手册. 北京: 航空工业出版社, 2015.

[3] 范维澄, 刘乃安. 火灾安全科学——一个新兴交叉的工程科学领域. 中国工程科学, 2001, 3(1): 6-14.

[4] Bein D P. History of fire suppression in aircraft//Gann R G. Advanced Technology for Fire Suppression in Aircraft, NIST, 2007.

[5] 凤四海, 李枣, 贺元骅. 基于灰色关联法的飞机火灾事故统计分析与启示. 安全与环境工程, 2017, 24(3): 138-143.

[6] 刘选民, 李凡. 国外现代战斗机飞行事故. 北京: 航空工业出版社, 2011.

[7] 刘选民, 李凡. 大中型运输机飞行事故. 北京: 航空工业出版社, 2012.

[8] 公安部消防局组织编写. 消防安全技术实务. 北京: 机械工业出版社, 2016.

[9] 《飞机设计手册》总编委会. 飞机设计手册. 第 13 册, 动力装置系统设计. 北京: 航空工业出版社, 2000.

[10] 田小川, 严慧. 美国海军舰载机安全作业与事故救援手册. 哈尔滨: 哈尔滨工程大学出版社, 2015.

[11] 杨亮. 灭火剂与其标准化. 北京: 科学技术文献出版社, 2015.

[12] 胡宏武. Halon 1 211 和 1301[J]. 有机氟工业, 1991(3): 21-27.

[13] 胡博. 哈龙替代灭火剂在民用飞机手提式灭火瓶中的应用研究. 科技视界, 2015(28): 105-105.

[14] 郭子东, 罗云庆, 王平. 灭火剂. 化学工业出版社, 2015.

[15] GB/T20702—2006. 气体灭火剂性能测试方法.

[16] HB 7253—1995. 飞机防火灭火系统通用规范.

# 2 飞机动力装置舱防火技术

飞机发动机舱遍布复杂的管路，并且舱内整体区域温度相对较高，因此飞机发动机舱是引起飞机着火的重要危险部位。在飞机发动机舱中发生的火灾主要是泄漏的燃料遇到高温后引起的，此类火灾的强度大、发生位置复杂、灭火后有潜在复燃的危险，会造成舱室内现有的灭火系统失效，引起严重的后果[1]。飞机动力装置着火会对飞行安全造成严重威胁，若火焰窜出发动机短舱，可能蔓延至机翼油箱，造成机毁人亡的重大事故。国内外类似的发动机着火事故时有发生且后果严重。

根据第 1 章中对火灾发生位置的分析，动力舱发生火灾的数量要远高于飞机的其他位置。根据美国海军飞机事故的统计结果，在非作战飞行中的火灾，即安全相关的火灾主要发生在发动机舱内，如图 2-1 所示[2]，可见动力舱火灾发生的数量明显高于其他位置的火灾。美国海军（USN）进行的分析也发现了类似的结果：非作战飞行中的火灾（即安全相关的火灾）主要发生在发动机舱内。表 2-1 给出了美国军用飞机中遇到的部分火灾，可以看出其大部分与发动机短舱相关。这需要研究人员进一步研究发动机舱的火灾特点。

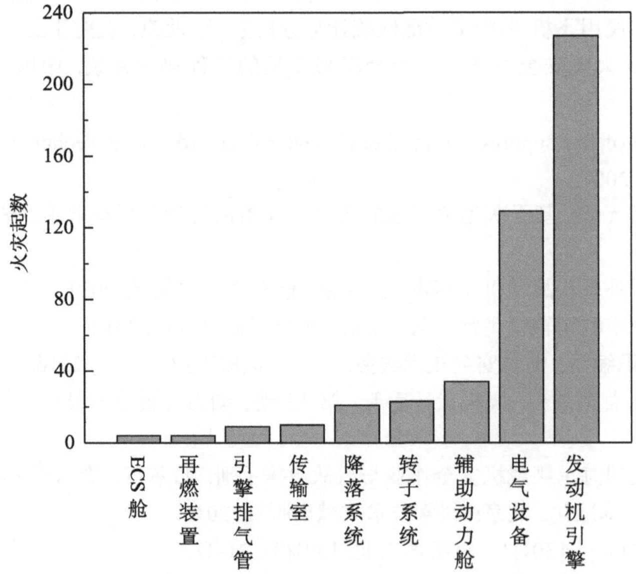


图 2-1　1977~1993 年间美国海军飞机非作战火灾的主要着火位置

表 2-1 美国军用飞机火灾类型列表

| 服役 | 火灾类型 | 位置 | 燃料 | 抑制时间 | 固定系统（F）或手持（H） |
|---|---|---|---|---|---|
| 美国陆军 | 燃油喷雾 | 发动机短舱 | JP-4 或 JP-5 | 数秒 | F |
| 美国陆军 | 堆积火 | APU 排气口 | JP-4 或 JP-5 | 数秒 | F |
| 美国陆军 | 涡轮喷气火 | 直升机发动机短舱 | JP-4 或 JP-5 | ≈5s | F，H |
| 三军服役 | 爆炸 | 干舱 | JP-8，液压油 | ≈10ms | F |
| 三军服役 | 涡轮喷气火 | 发动机短舱 | JP-4，JP-8 | ≈5s | F |
| 美国空军 | 电气 | 隔间 | 塑料 | < 30s | H |
| 美国空军 | 壁面火 | 货舱 | 纸张，塑料，化学品 | ≈5min | F（H） |
| 美国海军 | 燃油喷雾 | 发动机 | JP-4，JP-5，JP-8，液压油 | 数秒 | F |
| 美国海军 | 燃油喷雾 | 工作人员舱 | JP-4，JP-5，JP-8，液压油 | <30s | H |
| 美国海军 | 电气 | 工作人员舱 | 绝缘材料，塑料 | <30s | H |
| 美国海军 | 涡轮喷气火 | 发动机短舱 | JP-4，JP-5，JP-8，液压油 | 10~20s | F |
| 美国海军 | 快速发展 | 干舱 | JP-4，JP-5，JP-8，液压油 | ≈50ms | F |

飞机设计和制造厂商也非常重视动力装置火灾的预防，例如，波音公司通过以下方式增强飞机动力装置的防火性能：降低点火发生概率、使用分隔和隔离、将易燃流体输送管线远离电线线路和热气动管道、使用不易燃的结构材料、设置防火墙、飞机内设置火灾探测和灭火设备、设有可燃液体进出火区的切断装置、使用排液和通风来最大限度地减少易燃液体和蒸气的积聚等。随着我国航空工业的发展，对飞机动力装置防火能力的要求日益提高，因此对飞机动力装置火灾防火技术开展深入研究是非常必要的[3-5]。

本章 2.1 节将介绍飞机动力装置舱的火灾特点，在本书中，动力装置舱主要是指飞机发动机短舱和辅助动力装置舱；2.2 节将简述飞机动力装置舱被动防火系统技术，主要内容有火区、防火墙、可燃液体及其输送组件、发动机舱其他结构，以及飞机辅助动力舱被动防火技术；2.3 节将通过火灾探测系统和灭火系统来讲述飞机动力装置舱的主动防火技术；最后在 2.4 节中将介绍三种灭火剂浓度测量技术，及其在发动机舱灭火系统设计中的应用。

# 2.1 飞机动力装置舱

## 2.1.1 发动机短舱

发动机舱是飞机上容纳发动机的结构舱室。这些舱室可能集成到机身，也可能安装在飞机机翼的外部。发动机本身物理结构很复杂，包含大量肋骨、用于燃料和排气的管道、电气线束和外部安装的辅助组件（如图 2-2 所示）。将发动机整合到飞机机舱中大大增加了发动机的几何复杂性，因为与发动机直接接触的舱室和系统也必须包含在机舱内；另外，飞机运行过程中机舱内存在的动态环境也增加了装置的复杂性。发动机表面温度可能超过 538℃，因此需要通风气流通过短舱，以确保发动机和附属组件的性能不会降低。根据飞机类型和飞行情况，美国国防部规定，一架战斗机的飞行动作过程中，发动机短舱的空气质量流量范围约为低于 0.23kg/s（0.5lbs/s）至超过 14kg/s（30lbs/s）。考虑综合效应，发动机短舱变成了几何复杂、环境动荡、发生火灾后燃烧现象能够持续进行的舱室。此外，短舱内的组件和发动机组件本身提供了潜在的火焰稳定器、再循环区域和潜在的停滞区域。

图 2-2 发动机舱内部结构

图 2-3 给出了一种典型的短舱灭火系统，系统包括一个或多个灭火剂瓶，位于短舱外部，连接到一个定向控制装置，该装置与分配管道相连接，可将灭火剂引导到短舱内。该系统也可以将灭火剂传送给 APU 舱室。飞行员可在驾驶舱内控制灭火剂的排放，灭火系统开启时，一个电信号激活电爆管驱动装置，破坏灭火瓶上的爆裂膜片，实现灭火剂释放。这些系统通常设计成可以为每个受保护舱室内提供至少持续 0.5s 的指定灭火剂浓度水平的灭火剂，例如对于 Halon 1301 体积百分比为 6%。

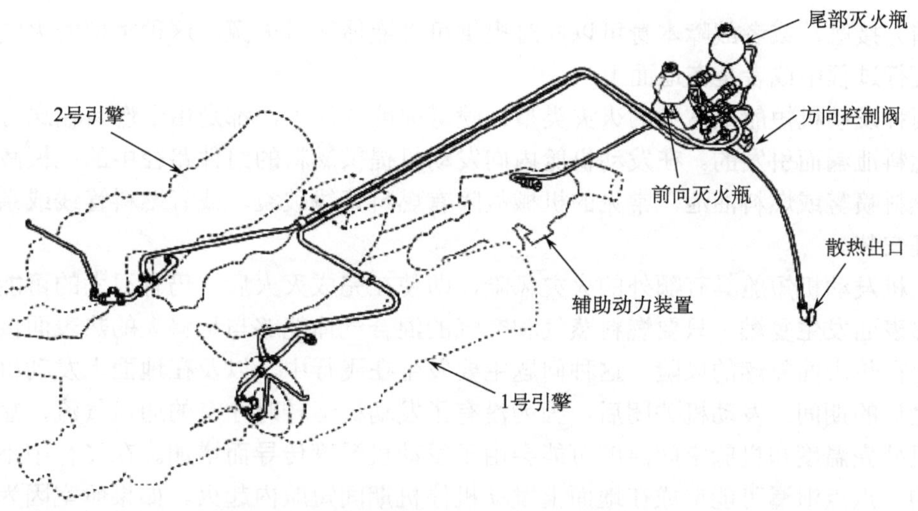


图 2-3　飞机动力装置灭火系统布置原理图

### 2.1.2　其他动力装置舱室

除了发动机舱，飞机还可能包含其他类型的动力装置舱室，并且设有灭火系统。其他动力装置舱室的灭火系统可以是专用的或是与飞机上的另一个灭火系统共用的。此类最常见的舱室是包含辅助动力单元（APU）舱①。在某些飞机上，这个舱室也可以称为辅助动力装置（APP）或燃气轮机压缩机（GTC）舱室。这些单元可能是小型涡轮机或其他发电设备，但通常比普通喷气发动机推进系统要小。当发动机驱动的发电机不工作或外电源不可用时，这些单元开始提供电力。它们也可以用于在飞行中发动机引擎关闭的情况下向所有或部分子系统提供应急电力。这些单元能够独立于正常飞机发动机系统起作用和产生电力。在地面上，APU 输出的电能用于驱动一个发动机引擎的启动装置。

有些飞机包含附属舱或二次能源系统（SPS），或者对于旋翼飞机，包含变速箱舱室。这些舱室可能包含 APU 或者其他设备，在地面发动机启动和飞机操作期间使用，如喷气燃料启动器（JFS）或机身安装辅助驱动器（AMAD）。像发动机短舱一样，这些舱室中每一个都可能具有通风气流以确保恰当的组件性能。与飞机发动机相似，这些动力装置，比如 APU 各组件都是潜在的引火源，对于灭火剂的分配，动力装置在飞机舱内集成后，会呈现出一定的几何复杂性，进而影响灭火效果。

### 2.1.3　动力装置舱火灾

#### 1. 安全相关火灾

由于部件故障导致的飞机起火会被认为是与安全相关的火灾。故障可能是由于设计不当、疲劳或维护错误失误等原因造成，导致可燃液体与一个一直存在的引火源（如发

① 前文译为“辅助动力装置”，此处为与 APP 舱区分，按 APU 英文 auxiliary power unit 写为“辅助动力单元”。

动机箱）接触，或者故障本身可以同时提供可燃液体和引火源。这种类型的火灾发生在飞机飞行过程中或者是在地面上。

两种发动机短舱最常见的火灾类型，喷雾火或油池火，都是由于燃料输送方式故障造成燃料泄漏而引发的。在发动机舱内向发动机提供燃料的组件路径中的机械故障可能产生燃料喷雾或燃料油池，常见的机械故障有燃料管线破裂，或者燃料管线或系统组件未正确安装。

飞机发动机短舱具有额外的火灾风险，即使在完成灭火后，仍有很大的可能在发动机的热表面发生复燃。只要燃料蒸气和空气的混合气体能够与足够大的热表面接触，就一直存在热表面复燃的风险。这种问题主要发生在飞行中，以及在地面上发动机运行或关闭之后的期间。发动机关闭后，因为没有了发动机运转时才有的通风气流，短时间内发动机外壳温度和机舱空间温度可能会由于发动机温度传导而增加。在飞行中不会导致火灾的一点点泄漏可能造成在地面上发动机停机期间短舱内起火。如果舱室因为可燃液体变得潮湿，或者液体形成油池，则所产生的地面火灾事件会造成更大的危害。

2. 空中火灾

如果飞机只有一台发动机，飞机上的发动机火灾可能会导致飞机灾难性的失事和死亡事故。即使有多台发动机情况下，在火灾对飞机造成损害之前，没有探测到火灾或没有采取防火措施，也可能导致飞机失去升力或推力，飞机将不能执行安全着陆；或者即使在向飞行员提供火灾警告后立即启动发动机舱防火系统，无法抑制火灾，随后仍然会造成灾难性的损坏或者安全着陆失败。

接到火灾报警后，飞行员将受影响的舱室隔离，切断输送到该舱室的燃料，准备防火系统，确认火灾报警持续存在，并有一些次要迹象表明有火灾状况，然后将灭火剂释放到该舱室。在 TDP 期间，美国国防部对火灾事故和事故数据进行了大量审查，以评估美国海军飞机上采用的 Halon 1 301 防火系统的有效性。结果显示，55％固定翼和 35%旋翼飞机火灾事件发生在飞行过程中。另外一个重要的发现是，飞行过程中固定翼飞机短舱哈龙防火系统的有效性是 76％，而旋翼飞机只有 47％。需要注意，这些百分比结果是每一种飞机类型的总体数字。不论怎样，他们推断出固定翼和旋翼飞机设计的不同性质以及这些飞机的飞行任务会从操作安全的角度产生不同的火灾风险。

3. 地面火灾

美国国防部安全中心通常会根据是否在飞行中发生事故对航空事故数据进行分类，如果不在飞行中，那么是否存在飞行意图？或者事故是否发生在地面，是否有飞行意图？属于有飞行意图的类别的火灾事故通常发生在地面上。例如，在起飞前旋翼开始工作期间发生的旋翼飞机发动机短舱火灾。此外，在舰船甲板上发生的飞机火灾也认为是地面火灾。

美军飞机在舰船甲板上发生过短舱火灾以及内部发动机火灾。在发动机启动或关闭期间可能会发生内部发动机火灾，这可能是由于操作程序不当、部件故障或者是恶劣的环境条件（如海上大风）引起的。在未正确启动或恶劣环境的情况下，发动机在启动过程中没有正常点火，过量的燃料会进入发动机燃烧室。这些燃料可能吹进涡轮机和排气管，随后被点燃。在机械故障的情况下，燃油管路可能会破裂，压力和排液阀可能失效，或者发动机轴承失效。燃料能够积聚在燃烧室、涡轮机或排气管中，然后可能被点燃。这种内部火通常称为尾气火。

根据上一节的统计数据可以知道，65%的旋翼飞机火灾发生在地面上，而对于固定翼飞机为 45%，而且对于每一种飞机类型的短舱哈龙灭火系统的总效能相似：固定翼飞机为 65%，旋翼飞机为 64%。APU 舱火灾主要发生在地面上，而且其发生频率远远小于发动机短舱火灾。

## 2.2 被动防火系统

在设计飞机的防火系统时，波音公司使用分离、隔离和控制的原则（http://www.boeing. com/commercial/aeromagazine/articles/2010_q4/3/）。这些原则包括分离用于产生火焰的三个要素（即燃料、引火源和氧气），将潜在的火灾危险源分散到飞机的其他部分，并控制火灾。为了实现这种分离、隔离和控制，波音公司使用被动和主动系统。被动系统包括使用不燃或自熄材料、隔离、分离、通风和排液以及接合和接地。主动系统包括火灾和过热检测系统、灭火系统、温度检测等。本章在介绍动力装置防火系统时，也按照被动和主动系统分类分别对各部分内容进行讲述。本节主要介绍飞机动力装置被动防火系统。

被动防火一般是指飞机结构材料满足防火要求、减少安装着火危险性的措施以及为了防止火灾蔓延所采取的隔离、分离、通风、冷却和排漏等防火措施，称为被动防火系统是为了和火灾探测系统、灭火系统相区别。

在本节中，将从被动防火系统中火区、防火墙、发动机舱内的可燃液体及其输送组件、发动机舱其他结构几个方面分别介绍，最后再集中讲述飞机辅助动力装置部分的被动防火相关内容。

### 2.2.1 火区

#### 2.2.1.1 火区[6-8]

在适航标准中，火区也被称为“指定火区”。在飞机防火系统设计初期，首先应确定火区。火区是指因为引火源和可燃液体的同时存在而必须实施高度安全防范的区域[6]。

火区也可以理解为只要有单个故障就能导致潜在着火的区域。这些区域包括无法分离或消除潜在火源及易燃油液、油气部件的区域，以及由于接近燃烧区域、高温表面、高温燃气泄漏或其他不可阻挡的火源而不能绝对保证不着火的区域。

火区一般包括：发动机动力部分、发动机附件部分、发动机动力部分和附件部分之间没有隔开的整个动力装置舱（不计活塞发动机本体）、辅助动力装置舱、燃油燃烧加温器和其他燃烧设备及其安装部分、涡轮发动机的压气机和附件部分、包含输送可燃液体或气体管路或组件的涡轮发动机安装的燃烧室、涡轮和尾喷管部分。

因为火区的上述特点，不仅需要采用被动防火技术还需要采用主动防火技术。火区内对相关材料耐火性能、探测、隔离和灭火在内的所必需的防范措施都有明确的要求。下面将分别阐述。

例如，波音飞机上的发动机和吊架结构之间设有隔舱，每个隔舱都由基本结构和辅助表面隔离开来。根据潜在的易燃流体和引火源的存在，每个发动机舱内的各隔舱被分为火区、易燃液体泄漏区或干舱。只有包含引火源和易燃液体泄漏的可能性的舱室才被列为火区。例如，发动机的压气机、燃烧器和涡轮机部分周围的发动机壳体。在故障条件下，齿轮箱及其附件也被认为是潜在的引火源，会导致温度超过可能存在于舱内的流体的点火温度。与发动机火区相邻的区域，如发动机风扇室、吊架等，均由防火墙隔离开来。APU 舱被划分为一个火区，它采用防火墙与飞机的其他部分隔绝。

一般认为涡轮发动机的压气机和附件部分是指定火区。早期的涡轮发动机只有一个单独的压气机机匣，认为其自身就是一个引火源。当时的适航规章专门定义了涡轮发动机的压气机、附件及涡轮部分为火区。后来随着发动机设计技术的发展，第一级压气机被分离出来（风扇部分），涵道比也增大了。凉的风扇机匣自身并不是一个引火源。为此，1993 年 FAA 认为涡轮风扇发动机的风扇舱可考虑作为可燃液体渗漏区，而不是一个指定火区，前提是附件齿轮箱不布置在此区域内，且能够表明在发动机正常运行和可预见的故障状态期间，此区域内不会有引火源存在。

#### 2.2.1.2 火区的排液和通风

为了使可能发生在火区内的可燃液体泄漏和蒸发被控制在安全的范围内，在火区内要设置可燃液体的排放和舱内的通风。

指定火区的每个部位必须能完全排放积存的油液，使容有可燃液体的任何组件失效或故障而引起的危险减至最小。排放措施应满足下列要求：当需要排放时，在预期液体会存在的各种情况下，必须是有效的；排放措施必须布置成使放出的液体不会增加着火危险。

每一指定的火区必须通风，以防可能出现的可燃蒸气发生聚积。通风口不得设置在其他火区的可燃液体、蒸气或火焰会进入的部位。每一通风措施必须布置成使排出的蒸气不会增加着火危险。

在有些情况下，舱内的强迫风源会影响灭火剂的灭火效果。因此在设计中要求除短舱的发动机动力部分和燃烧加温器的通风管道外，必须有措施使机组能切断通向任何火区的强迫风源。即发生火情时，如果灭火系统是以通过该火区的最大空气流量设计的，其灭火剂和喷射率足以灭火，则不必切断火区的强迫风源，否则必须有切断措施。

1. 排放口的设计

火区的排液和通风可以使容有可燃液体的任何组件失效或故障引起的危险减至最小，可以提高防火系统的安全性，但因此排液和通风排出的液体或蒸气不能增加着火危险。一般而言，排放口的设计应注意如下要点：

① 排放口的布置应使飞机在地面时，可燃液体不会排到机身上。

② 排液管不应布置在以下情况可能触及跑道的地方：过早抬前轮、最大着陆油量着陆或起落架未放出时着陆。

③ 排放口应布置在那些在飞行中被排出的液体可能重新进入机身的区域的下游。为了防止液体沿着飞机外部流动，排液管应伸出到边界层以外，因此，排液管的理想位置是布置在边界层薄的地方。排放口上游的排液管上安装涡流发生器，可促进液体消散和减少对机身的危险的冲击。

④ 排放口应被指定和/或布置得满足闪电防护的要求。

2. 通风措施的设计

通过在包含可燃液体源的区域设置通风措施，使得泄漏发生时，油气混合气处于贫油状态，以此减少点燃的可能性。在可能的泄漏类型和区域构型的情况下，通风措施应能满足保持贫油混合物的要求。飞机上不同火区的条件有很大差异，这会影响通风措施的设计。例如，发动机舱内可能有能形成驻点区域的突起和使泄漏的可燃液体迅速蒸发的热表面；而飞机上的其他区域，如机翼前缘和后缘，或 APU 舱，则可能具有很少的突起，其表面的温度也更低。

在设计中，需要在假设可燃液体已从区域内的泄漏源泄漏出来的前提下，对每个区域进行分析，设计通风措施使混合物能够保持贫油状态，进而降低火灾风险。由分析计算确定的通风率，应经过飞行试验结果的验证。

### 2.2.2 防火墙

在飞机防火系统设计中，应确保任何火区内的着火不会对飞机构成危害。防火墙是达到此目的的重要安全措施，其主要功能是当火区内着火时，把着火限制于发动机短舱内，防止火焰穿入邻近的机身或机翼部分，以减少着火造成的危险。此外，防火墙还能阻止废气和热气穿过防火墙进入到机组和乘客座舱里去。

适航条款要求每台发动机、辅助动力装置、燃油燃烧加温器、其他在飞行中需要使用的燃烧设备以及涡轮发动机的燃烧室、涡轮和尾喷管部分，均必须用防火墙、防火罩或其他等效设施与飞机的其他部分隔离。这要求隔离发动机（包括涡轮发动机的燃烧室、涡轮和尾喷管部分）、APU 的燃烧加温器及燃烧装置。其他的高温装置也需要用防火墙隔离，因为局部高温区域（在正常操作期间或故障模式中发生）能损坏其内部部件或引起周围物质的自燃。整个 APU 必须用防火墙、防火罩或其他等效设施与飞机的其他部分隔离。

发动机舱内的防火墙可以分为以下两种：如果作为防火墙的金属材料制作的短舱罩体和隔板能够在火焰的冲击下保持设计要求的功能，则为结构防火墙；如果作为防火墙的温度限制材料制作的短舱罩体和隔板，需要护罩保护防止火焰的直接冲击，则为被保护的防火墙。防火墙暴露与火区中的附属结构或支撑结构（如铰链和锁扣等）也分为直接暴露的和护罩保护的两种。

结构防火墙由于直接暴露在火焰的冲击之中，需要选取钢、钛合金等高温材料，同时设计成在载荷的作用下能够保证防火墙的完成性，不会引起火焰的烧穿。例如，短舱进气道后隔板作为风扇舱火区的前边界，一般直接暴露在火焰的冲击中，为结构防火墙。后隔板结构的设计通常采用钛合金材料，按照在火区的高温工作环境下，保证飞行载荷的作用下有足够的安全裕度来设计。

对于采用温度限制材料的短舱罩体和隔板，需要设计护罩保护以防止火焰的直接冲击。这种防火墙保护层，通常为非结构件，仅仅用于满足防火保护的功能要求。可以按照 AC20-135 的建议，通过材料和厚度的选择，来满足防火的要求。例如，不锈钢板，厚度 0.015in；防腐蚀保护的低碳钢板，厚度 0.018in；钛合金板，厚度 0.016in；蒙乃尔铜镍合金板，厚度 0.018in；钢或者铜基合金的防火墙接头/紧固件。

例如，为了满足民用飞机噪声控制的要求，短舱进气道的内壁板通常采用了消声处理的复合材料蜂窝结构，不能承受高温环境。内壁板位于风扇舱的部分作为风扇舱火区内边界的一部分，必须采用防火护罩将其保护起来。可以设计厚度 0.016in 的钛合金防火护罩，将暴露在火区中的消声内壁板复合材料蜂窝结构保护起来。

对于采用温度限制材料的短舱罩体和隔板，也可采用隔热毯（thermal blankets）来进行隔离保护。隔热毯通常采用陶瓷纤维作为隔离材料，用面板将陶瓷纤维压缩成一定的密度和厚度来满足要求。隔热毯一般用于表面形状比较复杂的防火墙的隔离保护。例如，短舱核心罩体作为包裹核心舱火区的防火墙边界，通常整个采用隔热毯包起来进行隔离保护。热侧面板和冷侧面板将陶瓷纤维压缩成一定的厚度和密度来隔离火焰和满足强度要求。按照核心舱运行环境条件，热侧面板可以选择不锈钢箔片材料，考虑到损伤容限要求，下罩体的面板厚度通常比上罩体要厚。隔热毯的冷侧面板通常采用复合材料面板。隔热毯的安装通常采用不锈钢的支架，用蒙乃尔材料的紧固件固定。

综上所述，防火墙和防火罩的性能有如下要求：

首先，防火墙和防火罩应是“防火”的。根据根据 FAA 咨询通报 AC20-135 对防火的要求：试验的材料或结构至少经受 15min 的 1100±65℃（即 2000±150℉）火焰仍能完成其设计目的的性能。而对“耐火”只要求试验的材料或结构至少经受 5min 的 1100±65℃（即 2000±150℉）火焰仍能完成其设计目的的性能。

其次，其构造必须能防止危险量的空气、液体或火焰从该隔舱进入飞机的其他部分；而且其构造必须使每一开孔都用紧配合的防火套圈、衬套或防火墙接头进行封严。

最后，防火墙必须防腐蚀。

对防火墙的设计，要特别着重于燃油和滑油管路、整流罩和引气管及防火墙的其他贯穿点，对载有可燃液体的管路和接头需要仔细考虑。另外要求特殊考虑的其他设计是防火墙隔板间的对接密封、发动机舱门、舱门密封及排液，或通气管与舱门的连接界面。为了保证整个防火墙的性能，对这些密封件的专门的着火试验是必要的。

## 2.2.3 发动机舱内的可燃液体及及其输送组件

### 2.2.3.1 输送可燃液体的组件

为防止可燃液体管路、部件及可燃液体箱被烧穿及随后可燃液体的渗漏，也就是说要防止可燃液体进入发动机或APU的着火中助燃，要求在易受发动机着火影响的区域内输送可燃液体的每一导管、接头和其他组件，以及在指定火区内输送或容纳可燃液体的每一组件，均必须是耐火的，但是指定火区内的可燃液体箱和支架必须是防火的或用防火罩防护，如果任何非防火零件被火烧坏后不会引起可燃液体渗漏或溅出则除外。上述组件必须加防护罩或安置得能防止点燃漏出的可燃液体。活塞发动机上容量小于 23.7L 的整体滑油池不必是防火的，也不必用防火罩防护。

但是在指定火区内，如果暴露在火中或者被火损坏时会出现导致火焰蔓延到飞机的其他区域，或引起对重要设施或设备的无意工作，或者失去工作的能力时，则包括输送管在内的所有组件都必须是防火的。

也就是说对于指定火区内的所有零部件：第一，如果确认零部件暴露在火中或着火损坏将导致着火蔓延到飞机的其他区域，或引起基本的服务系统和设备不可预见的工作或不能操作后果的，则零部件的设计必须符合防火要求；第二，如果确认零部件虽然暴露在火中或着火损坏不会导致着火蔓延到飞机的其他区域，或引起基本的服务系统和设备不可预见的工作或不能操作后果的，则零部件设计只需达到耐火的水平。

对耐火的零部件要求能经受住 1100±65℃（2000±150℉）下至少 5min 的火焰条件，同时仍具有能执行其预期功能的能力。对防火的零部件要求能经受住 1100±65℃（2000±150℉）下至少 15min 的火焰条件，同时仍具有能执行其设计目的的能力。

### 2.2.3.2 可燃液体

为了使火区内着火对位于火区外的可燃液体油箱的危害降至最小，要求燃油、可燃液体或蒸气的油箱、容器或收集器，与发动机、发动机舱及其他指定火区有效隔离开，从而在正常或紧急运行中，阻止从火区到燃油、可燃液体及蒸气油箱、容器或收集器的危险的传热。

除上一节所规定的整体滑油池外，作为装有可燃液体或气体的系统一部分的油箱或容器，不得安置在指定火区内，除非所装的液体、系统的设计、油箱所采用的材料、切断装置以及所有的连接件、导管和控制装置所提供的安全度，与油箱或容器安置在该火区外的安全度相同。每个油箱或容器与每一防火墙或用于隔开指定火区的防火罩之间，必须有不小于 13mm（1/2in）的间隙。位于可能渗漏的可燃液体系统组件近旁的吸收性材料，必须加以包覆或处理，以防吸收危险量的液体。以上要求是为了防止油箱或容器受热爆炸或吸收危险量的液体。

在设计中可通过燃油、滑油和液压系统安装图以及系统描述说明符合要求。

当燃油或可燃液体部件必须安置在发动机舱或其他指定火区，其设计应提供了与可燃液体源安置在火区外相同的安全水平，可通过计算/分析表明其具有与安置在火区外相同的安全度。如果在可能渗漏的可燃液体系统组件近旁有吸收性材料，可通过计算/分析表明其通过包覆或处理，可以防止吸收危险量的液体。

对于油箱或容器与每一防火墙或用于隔开指定火区的防火罩之间不小于 13mm（1/2in）的间隙，应考虑地面和飞行状态下的差异，再进行设计。例如，在地面时有 1/2in 的间隙，但是在一些正常和紧急的飞行状态下的危急时刻（飞行中发动机着火），1/2in 的间隙减少到了 1/4in，那么，设计（静态）构型应该至少为 1/2in 加上 1/4in 等于 3/4in 的静态间隙，以保证满足要求。

#### 2.2.3.3 切断措施

为以安全、有效的措施来切断流经发动机或 APU 指定火区的危险量的可燃液体，每台发动机安装的火区、辅助动力装置舱火区、燃油燃烧加温器火区等，必须有措施用来切断燃油、滑油、除冰液以及其他可燃液体，或者防止危险量的上述液体流入或流过任何指定火区，或在其中流动。当任何一台发动机的燃油切断阀关闭时，不得中断对其余发动机的供油。任何切断动作不得影响其他设备（诸如螺旋桨顺桨装置）以后的应急使用。

可燃液体的切断装置和控制装置必须是防火的，或者必须安置和防护得使火区内的任何着火不会影响其工作。发动机燃油 / 滑油供油及液压供油 / 回油管路：如果切断阀布置在火区内，则要求是防火的；作为措施的部件，如电线或线缆，也要求满足防火的要求。例如，位于发动机舱或其他指定火区的切断阀的电和机械式控制装置（钢索、电缆、驱动连杆等）要求是防火的，它们应该在 1100℃温度下试验 15min。15min 结束时，控制装置应能完成其预定的功能而没有失效或故障。火焰应完全包容控制装置、终端接头和来自一个方向的连接，这些部分作为一个单元。操纵杆或钢索是试验部位时，典型区段全部要进行评价。在大多数试验中，约有 200mm（8in）典型区段就够了，它包括终端连接和接头。对于试验的钢索操纵，应模拟正常的安装载荷。以压缩作用操作零部件的操纵杆，火焰应施加于杆的中间部位，此处操纵杆的压缩作用将最可能引起材料的失效。可燃液体切断阀控制装置应在每种安装中作防火试验，除非钢索或操纵杆是纯受拉操纵，并且由钢和其他防火的材料制成。

切断装置关闭后，不得有危险量的可燃液体排入任何指定火区。必须有措施防止切断装置被误动，并能使机组在飞行中重新打开已关闭的切断装置。油箱和发动机之间的每个切断阀的安装位置必须使动力装置或发动机安装的结构破损不会影响该阀工作。每个切断阀必须具有释放聚积过大压力的措施，如果系统中另有释压措施则除外。

但下列情况不要求有切断措施：

① 与发动机组成一体的导管、接头和组件；

② 涡轮发动机安装的滑油系统（如果其处于指定火区内的所有组件，包括滑油箱，都是防火的，或位于不易受发动机着火影响的区域）。

有些飞机曾装有燃油热回油管路，使燃油从发动机回到飞机燃油油箱。管路的故障能够导致无法控制的燃油泄漏进入发动机火区。制造商被要求引入单向阀来阻止燃油从燃油箱回流到发动机火区，并要求将单向阀的维护检查写入维修大纲以解决可能的潜在故障问题。

## 2.2.4 发动机舱其他结构

### 2.2.4.1 防火墙后面的短舱区域和包含可燃液体导管的发动机吊舱连接结构

为了保证包含有可燃液体输送管路和部件的发动机火区内及周围的区域能够防止着火的发生和蔓延，进而消除在指定火区内失火时将会造成的额外危害，每个直接位于防火墙后面的短舱区域和包含可燃液体导管的发动机吊舱连接结构的每一部分，必须满足严格的防火要求（具体而言，可参考运输类飞机适航标准 CCAR-25 中的第 25.1103（b）条、第 25.1165（d）和（e）条、第 25.1183 条、第 25.1185（c）条、第 25.1187 条、第 25.1189 条以及第 25.1195~25.1203 条中的每项要求，包括指定火区的有关要求）。如果在该区域内装有可收放起落架，则只需要在起落架收上时表明满足上述的要求。

防火墙后面的短舱区域一般装有燃油和滑油系统的导管和附件，以及电缆、灭火瓶等。这个区域在指定火区着火情况下，要承受高温的影响，因此应按不低于指定火区的要求设计。但是，发动机吊舱的连接结构不必具有火灾探测或灭火措施，如果在该区域内装有收放起落架，则只需要在起落架收上时表明满足要求。

在设计中，可以将防火墙后的附件和导管采用耐火材料制造，并与防火墙保持一定的距离。并说明防火墙上所有开口都采取了封严措施，失火后火焰不会由此穿过。如果具有类似的动力装置构型的飞机的服役经验，可以采用比较分析说明设计的符合性。

防火墙后面的短舱区域的防火性能是否满足要求可通过发动机舱着火模拟试验来验证。验证试验采用真实的发动机舱及防火墙，防火墙后备系统也按真实情况安装（包括它们的工作状态）。在防火墙前用专门的燃烧器冲着防火墙喷射火焰，使防火墙温度达 1100℃（2000℉），持续 15min。试验中各系统模拟飞机的实际工作情况工作，如燃油系统按正常工作流量和压力供油，防火切断开关进行正常的开、关操纵等。试验时对防火墙后的几个典型位置进行温度测量。试验后对各附件及导管、电缆等进行外观和功能检查，不应发生危险的损坏。对于继承性较多的结构，可以用材料、元件和部件试验来代替模拟实验。

### 2.2.4.2 发动机附件部分的隔板

确保活塞发动机动力部分和排气系统着火不会对飞机构成危害，要求活塞发动机动力部分和排气系统的所有部分必须用满足防火墙要求的隔板与发动机附件部分隔离。防火墙是防火安全的重要措施，其主要功能是当发动机着火时，防止火焰穿入邻近的机身或机翼部分，以减少着火造成的危险。

在设计中，发动机动力部分和排气系统的所有部分用满足防火墙要求的隔板与发动机附件部分隔离，防火墙上所用的材料符合防火要求，其封严措施应是有效的。

#### 2.2.4.3 发动机罩和短舱蒙皮

发动机整流罩必须满足火区排液和通风要求。在发动机动力部分和发动机附件部分之间有隔板的飞机上，一旦动力装置的发动机动力部分着火，经受火焰的附件部分整流罩的各部分应是防火的，且必须满足对防火墙性能的要求。与此同时，由于靠近排气系统零件或受排气冲击而经受高温的整流罩的各部分也必须是防火的。在发动机动力部分或附件部分着火时经受火焰的区域应使用防火蒙皮。

从整机的角度看，每架飞机的设计和构造应使在任何火区内出现的着火不能通过开口或烧穿外蒙皮而进入，其他任何火区或会增加危险的区域。

### 2.2.5 飞机辅助动力装置被动防火技术

前文主要对飞机发动机舱的被动防火技术进行了介绍，由于 APU 舱的被动防火技术相对较少，此部分将集中讲述。

在飞机防火系统设计中，辅助动力装置火区内必须是防火的[7]。辅助动力装置部分必须用防火墙、防火罩或其他等效设施与飞机的其他部分进行防火分隔。

每台辅助动力装置的进气系统进气道，在辅助动力装置舱之前的一段充分的距离上，必须是防火的，用以防止由于热燃气回流，避免热燃气烧穿辅助动力装置进气道，而进入飞机的任何其他隔舱和区域。用于构造辅助动力装置进气增压腔和进气系统进气道其他部分的材料，必须能承受可能出现的最大热环境。每台辅助动力装置的进气系统进气道的结构材料应不会吸收或积存达到危险数量的易燃液体，因为在喘振或回流情况下这些材料上附着的易燃液体可能被点燃。

辅助动力装置的排气系统必须保证废气的安全排出，不得引起火灾，不得使任何座舱中的空气被一氧化碳污染。为了进行试验，可使用可接受的一氧化碳探测方法，来证明座舱中不存在一氧化碳。辅助动力装置排气时不可使任何通气管或放油管内的易燃液体有着火危险，排气不可以排到引起闪光、严重影响驾驶员夜间视界的地方，所有排气系统部件都必须通风，以防止某些部位温度过高。各排气管罩必须通风和绝热，以避免在正常使用时温度过高引起排气管罩外的任何易燃液体或蒸气着火。

辅助动力装置舱内凡可能受到热废气冲击的或受到排气系统零件高温影响的每个部件都必须防火。所有排气系统部件与位于辅助动力装置舱以外的相邻飞机零部件之间，需要用防火隔板隔开。

辅助动力装置表面温度高到足以点燃易燃液体或蒸气的每个排气系统部件时，其安置或屏蔽必须满足以下要求：任何易燃液体或蒸气传输系统的渗漏都不会由于液体或蒸气接触到排气系统（包括排气系统的屏蔽）的任何部位上而引起火灾。

在辅助动力装置中，每个使用易燃液体仪表的安装和布置，必须使液体的逸出不会造成危险。辅助动力装置仪表使用的软管必须是经批准的或必须证明是适合于该特定使用情况的。高温环境会对其产生不良影响的软管，不可使用在工作中或发动机停车后将出现高温的那些部位。辅助动力装置舱内的导管设计和安装，必须允许出现合理程度的变形和拉伸而不漏油。在受辅助动力装置着火影响的任何区域内，输送易燃液体的导管、接头和其他部件必须是耐火的。

## 2.3 主动防火系统

### 2.3.1 火灾探测系统

#### 2.3.1.1 系统要求

在每个指定火区和在涡轮发动机安装的燃烧室、涡轮和尾喷管部分内，均必须有经批准的、快速动作的火灾或过热探测器。其数量和位置要保证能迅速探测这些区域内的火灾。火灾探测系统的构造和安装应符合下列要求：

① 能承受运行中可能遇到的振动、惯性和其他载荷；

② 装有警告装置，一旦指定火区的传感器或有关导线在某一处断开时，能向机组报警，如果该系统在断开后仍能作为满足要求的探测系统继续工作则除外；

③ 装有警告装置，一旦指定火区内的传感器或有关导线短路时，能向机组报警，如果该系统在短路后仍能作为满足要求的探测系统继续工作则除外。

系统中的火灾或过热探测器不得受到可能出现的任何油、水、其他液体或气体的影响，且必须有手段使机组在飞行中能检查每个火灾或过热探测器电路的功能。火区内每个火灾或过热探测系统的部件必须是耐火的。

任何火区的火灾或过热探测系统的部件不得穿过另一火区，但具备下列条件之一者除外：

① 能够防止由于所穿过的火区着火而发生假火警的可能性；

② 所涉及的火区是由同一探测器和灭火系统同时进行防护的。

火灾探测系统的构造，必须使得当其处于安装形态时，不会超过探测器有关技术标准规定的报警动作时间。

火区内每个火灾或过热探测系统的电气线路互联系统（EWIS）必须符合运输类飞机适航标准 CCAR-25 第 25.1731 条的相关要求。

1. 探测系统功能

火灾和过热探测系统应备以下功能：

① 在探测区域内一旦出现着火或过热情况，能立即指示火灾或过热，并指出着火或过热所在位置；

② 在着火或过热期间保持持续报警；

③ 当着火扑灭或过热消失时，报警信号应能够立即消失，系统复位；

④ 火焰复燃或再次出现过热时，系统能重新工作。

火灾和过热探测系统的设计，应使系统在任何飞行或地面状态下出现假报警和不报警的概率减至最低。火灾和过热探测系统的结构应坚固，维修操作简便，系统暴露在燃油、滑油、污物、水、清洁剂、极限温度、着火、振动、盐雾空气、霉菌和高空下不受影响。探测器组件应重量轻、体积小而紧凑，对安装位置有很强的适应性。

2. 探测系统报警信号

火灾和过热探测系统在不同区域设置的探测器应各自接通一个单独的报警信号灯，该灯设置在负责作应急处理的空勤人员正面视线内，并应指出火灾或过热的位置。如果这些信号灯不在驾驶舱其他人员的正面视线内，则应在这些空勤人员正面视线内设置主警告灯。当任何一个报警信号灯报警时，主警告灯应同时报警。当过热探测器和火灾探测器同时采用时，警告信号应有明显区别，如过热系统采用橙色灯，火灾系统采用红色灯；火灾系统采用常明灯，过热采用闪光灯等。如需要，在报警信号灯报警同时，应伴有声响（或语音）报警信号。

3. 探测系统耐火要求

安装在指定火区内和邻近的火灾和过热探测系统的部件应为耐火设计，即应可耐1100℃火焰，历时至少5min而不失效。

4. 探测系统路线

任何火区的火灾和过热探测系统线路和部件，不应穿过或邻近其他火区，除非它们对其他火区着火或过热造成的假警报是有防护功能的，或可变为不工作的。这个要求对于用同样报警系统和灭火系统共同防护的各区域并不能适用。

5. 多发动机安装

不应依靠单一的火灾和过热探测系统对两台或两台以上发动机的火区同时进行探测。由于单一的探测系统无法对各火区之间进行识别，如果这样设计，当某一火区内一旦出现着火或过热，就得迫使同时关闭多台发动机。

6. 探测系统布置

不同飞机发动机舱的火灾探测器区域略有不同，一般在飞机发动机的下列位置安装有火灾探测器[9]：风扇机匣与整流罩之间的环形区域、压气机机匣区域、围绕燃烧室的涡轮机匣区域（核心区域）、发动机附件齿轮箱区域和发动机吊架区域。

在设计中，热敏式火灾和过热探测器传感组件的位置应尽可能靠近诸如燃油箱这样的易燃源和诸如发电机这样的引火源，这些易燃源和引火源的接近之处的火灾风险较高。

传感组件还应安装在通风空气离开机舱的位置，以便温度的探测能在最小的长度或传感组件数量最少的情况下进行。

辐射探测器的位置应能保证机舱内任何位置的火焰都能被感应到。在设计中，应考虑探测器安装位置的视野，还应考虑到反射火焰和直接火焰一样被感应的现象。

探测器不应直接设置在靠近燃烧段，或可能出现足够高的温度使系统在报警前就失去探测能力的区域，但安置的位置必须能感应可能的高温。

7. 探测系统安装

探测系统的正确安装是保证系统正常工作的重要条件。在安装设计中，连续型传感组件的最小弯曲半径应严格保持不小于规定值。安装支架应尽可能短，支架之间的间隔应能防止振动的破坏。在高压比排气系统区域内安装的传感器，应安装间隔紧密的支架等专门措施以防止振动带来的传感器损坏。

探测系统应设计成维修人员易于接近，且有些系统部件应尽量设计成在维修时不需要分解和移动的。探测系统在防火墙处的接头，在 1100℃火焰历时 5 min 及振动条件下，应保持完整且不会被火焰穿透。探测器系统采用的接头性能应不易受环境因素的影响。潜在火区内或附近安装的电线或电气部件，在振动条件下应能在 1100℃火焰，历时 5min 而不损坏。

火灾和过热探测系统通常是由探测装置、控制装置和显示装置三部分组成（https://www.faa.gov/regulations_policies/handbooks_manuals/aircraft/amt_airframe_handbook/media/ama_Ch17.pdf）。下面将分别对其进行介绍。

### 2.3.1.2 探测装置

火灾探测系统的传感器应能在火灾时发出信号，常用的三种传感器系统是热开关、热电偶和连续环路。

1. 热开关系统

热开关系统可以使用多个传感器或探测装置。许多老式飞机仍然运行有某种类型的热开关系统或热电偶系统。热开关系统是由飞行器电力系统激励的一个或多个灯和控制光的操作的热开关组成。这些热开关是在一定温度下能够完成电路的热敏单元。他们彼此并联连接，但与指示灯串联。如图 2-4，如果电路的任何一个部分的温度升高到设定值以上，则热开关闭合，完成光路以指示火灾或过热状态。在一些安装中，所有的热检测器都连接到一个指示灯上；在有些应用中，每个指示灯可能仅与一个热开关相连。

热开关系统的一些指示灯是测试灯，通过按下它来检查灯泡以检查辅助测试电路。图 2-4 所示的电路包括一个测试继电器，在所示位置的继电器接点上，从开关到光的电流有两个可能的路径。这是一个额外的安全功能。激活测试继电器完成串联电路并检查所有接线和灯泡。图 2-4 所示的电路中还包括一个调光继电器。通过对调光继电器通电，电路被改变为与灯串联的电阻器。在一些安装中，几个电路通过调光继电器连接，所有警告灯可能会同时变暗。

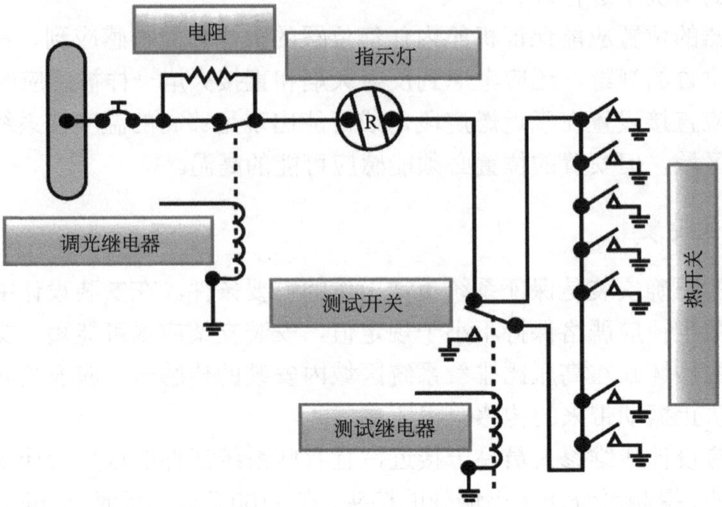


图 2-4 热开关火灾探测电路

2. 热电偶系统

热电偶系统与热开关系统完全不同。热电偶探测升温速率，当发动机缓慢过热或发生短路时，不会发出警告。该系统由继电器盒、警示灯和热电偶组成。这些单元的接线系统可以分为以下电路：探测电路、报警电路、测试电路。

这些电路如图 2-5 所示。继电器箱包含两个继电器：灵敏度继电器和从继电器，以及热测试单元。根据飞机上潜在的防火区域的数量，这样一个装置可以包含 1~8 个相同的电路。

热电偶由两种不同的金属构成，如铬铁和康铜。这些金属接合并暴露于热量的点称为热接合点；还有一个参考接头，封闭在两个绝缘块之间的空气空间中。金属铠装围绕热电偶以提供机械保护，而不会阻碍空气自由流动到热连接处。如果温度快速升高，则由于参考接头和热接头之间的温差，热电偶产生电压。如果两个接头以相同的速率加热，则不会产生电压。在发动机舱内，发动机运转温度正常，逐渐升高；因为它是渐进的，两个接头以相同的速率加热，不会给出警告信号。然而，如果有火灾，热接头比参考接头发热更快。随后的电压使得电流在探测电路内流动。任何时候电流大于 4mA，灵敏度继电器关闭。这完成了从飞机电力系统到从继电器的线圈的电路。然后从继电器关闭，并闭合到警告灯的电路，给出视觉火灾警告。单个探测电路中使用的热电偶总数取决于防火区域的大小和总电路电阻（通常不超过 5Ω）。

如图 2-5 所示，电路有两个电阻。连接在从继电器端子上的电阻吸收线圈的自感应电压，以防止灵敏度继电器两端的电弧。灵敏度继电器的触点非常脆弱，如果允许放电，它们会被烧坏。当灵敏度继电器打开时，从继电器的电路中断，并且其线圈周围的磁场塌陷。然后，线圈通过自感应获得电压，但是由于电阻跨过线圈端子，因此电压会产生电流，从而消除灵敏度继电器触点处的电弧。

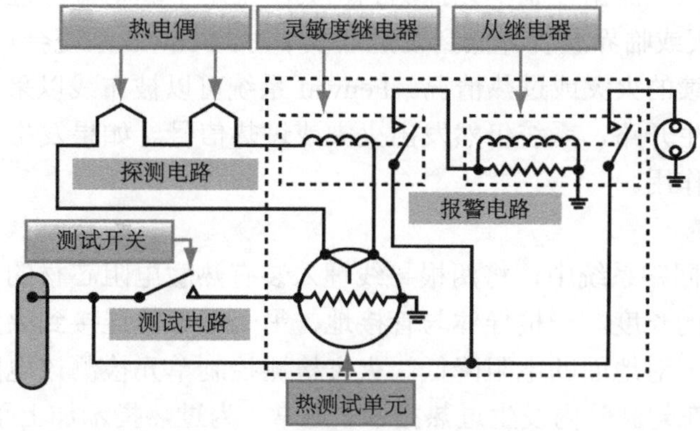


图 2-5 热电偶火灾报警电路

3. 连续环路系统

运输机几乎全部使用连续热敏元件用于动力装置和轮舱的防火保护。这些系统具有卓越的检测性能和覆盖范围，并且在现代涡扇发动机的恶劣环境中具有久经考验的坚固耐用性。

连续环路检测器或探测系统比任何点型温度检测器更能完全覆盖火灾危险区域。两种广泛使用的连续回路系统是热敏电阻式探测器，如 Kidde 和 Fenwal 系统，以及气压检测器，如 Lingberg 系统（Lindberg 系统也被称为 Systron-Donner，最近也被称为 Meggitt Safety Systems）。

（1）Fenwal 系统

Fenwal 系统使用装有热敏共晶盐和镍丝中心导体的细长镍铬铁合金（Inconel）管，如图 2-6 所示。这些探测元件的长度与控制单元串联连接，元件可以具有相同或变化的

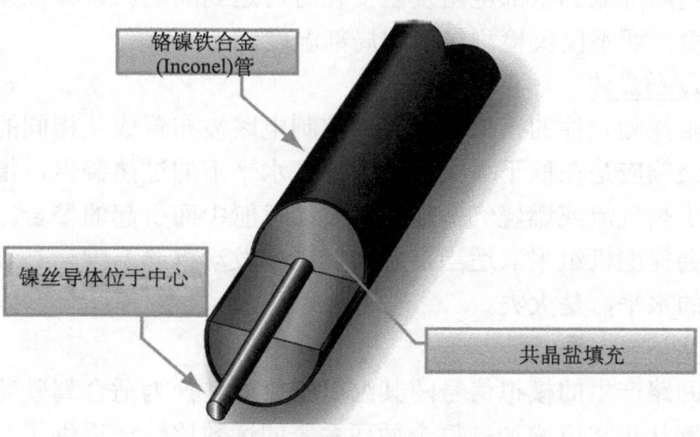


图 2-6 Fenwal 传感器

长度和相同或不同的温度设置。控制单元在探测元件上施加小电压，当沿着元件长度的任何点发生过热状态时，探测元件内的共晶盐的电阻急剧下降，导致电流在外护套和中心导体之间流动。该电流由控制单元探测到，其产生用于驱动输出继电器并激活报警的信号。当火已经熄灭或临界温度降低到设定点以下时，Fenwal 系统会自动返回待机警报，准备检测到任何后续的火灾或过热情况。Fenwal 系统可以被布线以采用回路电路。在这种情况下，如果发生开路，系统仍然发出火灾或过热信号。如果发生多个开路，只有断路之间的部分不起作用。

（2）Kidde 系统

在 Kidde 连续回路系统中，将两根导线埋入装有热敏电阻芯材的铬镍铁合金管中。两个电导体穿过芯的长度。一根导体与管接地，另一根导体连接到火灾探测控制单元。随着芯的温度升高，对地面的电阻降低。火灾检测控制单元检测该电阻。如果电阻降低到过热设定点，则在驾驶舱内发生过热指示。通常，为过热指示加上了 10s 的时间延迟。如果电阻降低到火灾设定点，则会发生火灾。当火灾或过热状况消失时，核心材料的电阻增长到复位点，驾驶舱指示消失。通过电阻变化率可以区分电气短路或火灾。与火灾相比，电气短路引起的电阻下降得更快。在某些飞机上，除了火灾和过热检测外，Kidde 连续回路系统还可以为飞机飞行监控系统（AIMS）的飞机状况监控功能提供机舱温度数据。下面将分别介绍该系统的各部件。

*传感器*

传感器的电阻随着加热而反向变化；随着传感器温度的升高，其电阻降低。每个传感器由嵌入热敏电阻材料中的两根线组成，该导线被包裹在铬镍铁合金管中，以在高温下具有高强度。传感器两端的电连接器是陶瓷绝缘的。铬镍铁合金管被覆盖在穿孔的不锈钢管中，并且每隔一段距离由特氟龙浸渍的石棉衬套支撑。护罩保护传感器免受由于振动，飞机结构磨损和维护活动造成的损坏的破坏。

传感器的电阻也与其长度成反比，长度的增量可以看成是并行的电阻。传感器的电阻值是被加热长度的函数。如果传感器只是局部被加热，这时只有被加热的温度更高才能使传感器的总电阻降低到全部电阻发生变化时可达到的值。该特性允许在整个安装长度内整合所有温度，而不仅仅检测最高的局部温度。

*组合火灾和过热警告*

来自热敏电阻探测元件的模拟信号允许控制电路被布置成从相同的探测元件回路给出两级响应。一级响应是在低于火灾警告的温度水平下的过热警告，指示发动机舱温度升高，例如，由于热气流或燃烧气体泄漏到发动机舱中而引起的警告。它也可能是火灾的早期警告，并会提醒机组采取适当措施，以减少发动机舱温度。二级响应处于高于泄漏的热气可达到的水平，是火灾。

*温度趋势指示*

由感温元件回路产生的模拟信号随其温度变化而转换为适合驾驶舱显示的信号，以指示发动机舱温度从正常值增加。每个循环系统的读数比较还提供了对火灾探测系统状况的检查，因为两个回路通常应该是一样的。

*系统测试*

可以通过启动飞行驾驶舱中的测试开关来测试连续回路火灾探测系统的完整性，该测试开关将探测元件回路的一端从其监控电路切换到内置到控制单元中的测试电路，该测试电路模拟探测元件由于火灾导致的电阻变化。如图 2-7，如果探测元件回路不间断，则由控制单元检测到的电阻是模拟火灾的电阻，并且报警被激活。该测试除了验证探测元件回路的连续性之外，还可以对控制单元的功能进行验证。因为探测元件的热性能在元件的使用寿命内保持不变（加热时不发生不可逆变化），所以只要该元件连接到控制单元即可正常工作。

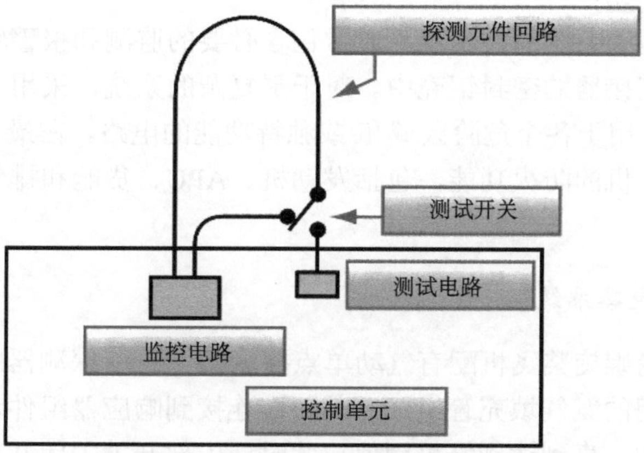


图 2-7　连续回路火灾探测系统测试电路

*故障指示*

在短路监控电路检测到探测元件回路短路时，在控制单元中提供输出故障信号，该故障信号激活故障指示器。这是运输类飞机的要求，因为这样一个短路将禁用火灾探测系统。

*双回路系统*

双回路系统是两个完整的基本火灾探测系统，其输出信号连接，以便两者都必须发出信号才能产生火灾警告。这种设计称为 AND 逻辑，可大大提高可靠性，防止虚假警告。如果在预检完整性测试中发现两个循环中的一个不起作用，则驾驶舱选择开关将断开该回路，并允许单独的另一个回路的信号激活火灾警告。由于单个操作回路满足所有火灾探测器的要求，因此飞机可以将维护延迟到更方便的时间。然而，如果两个回路中的一个在飞行中不起作用，并且随后发生火灾，则火情信号回路将激活驾驶舱故障信号，警告机组人员选择单回路操作以确认是否可能发生火灾。

*自动自查询*

双回路系统在驾驶舱出现故障指示时自动执行飞行机组所需的回路切换和决策功能，称为自动自查询。自动自查询消除了故障指示，并确保在双回路系统的至少一个环路工作时，火灾发生时立即出现火灾报警。如果控制电路从单回路信号发出火灾报警，系统将自动测试另一回路的功能。询问和决策以毫秒为单位进行，因此如果实际存在火灾，不会发生延迟。

*安装*

对于希望将传感元件安装在发动机上和飞机结构上的那些设备，支撑管安装元件解决了需要足够的元件支撑点的问题，并且极大地方便了传感器的拆卸、重新安装和系统维护。大多数现代化设备使用安装探测元件的支撑管概念，以提高可维护性，并提高可靠性。感应元件通过紧密间隔的夹具和套管连接到不锈钢管上，在其中得到支撑、固定和夹紧，并防止过度弯曲。支撑管安装元件可以配备单个或双重探测元件。

*火灾探测控制单元*

用于最简单类型的系统的控制单元通常包含必要的监测和报警输出电路，其容纳在装有安装支架和电连接器的密封铝壳中。对于更复杂的系统，采用了包含可拆卸控制卡的控制模块，其具有用于各个危险区域和/或独特功能的电路。在最先进的应用中，检测系统电路控制所有飞机的防火功能，包括发动机、APU、货舱和排气系统的火灾探测和灭火。

4. 压力式传感应答系统

一些较小的涡轮螺旋桨飞机配有气动单点探测器。这些探测器的设计是基于气体定律。传感元件由封闭的氦气填充管组成，其一端连接到响应器组件。当元件被加热时，管内的气体压力增加，直到达到警报阈值。此时，内部开关关闭并向驾驶舱报警。传感器包括连续故障监控功能。这种类型的传感器设计为单传感器检测系统，不需要控制单元。

（1）气动连续回路系统

气动连续回路系统用于运输型飞机的发动机火灾探测，具有与 Kidde 系统相同的功能，然而，它们的工作原理是不同的。它们通常用于双回路设计，以提高系统的可靠性。气动检测器具有两种检测功能。它响应于总体平均温度阈值和由撞击火焰或热气体引起的局部离散温度升高。平均和分离温度均为出厂设定，不可现场调节。

（2）平均功能

火灾/过热检测器是个充满氦气的固定体积装置。探测器内的氦气压力与温度成比例地增加，并操作一个关闭电气触点的压力膜片，启动报警电路。响应器组件内的压力隔膜用作电气报警触点的一侧，是检测器中唯一可移动的部件。报警开关预设在平均温度。平均温度设定的典型温度范围为93~454℃。

（3）分离功能

火灾/过热检测器的传感器管还包含一个充氢核心材料，只要将小部分传感器管加热到预设的分离温度或更高温度，大量的氢气就从检测器核心释放出来。核心除气会增加检测器内部的压力并启动报警开关。平均和分离功能都是可逆的。当传感器管被冷却时，平均气体压力降低，分离的氢气返回到芯材料。内部压力的降低允许报警开关返回其正常位置，打开电气报警电路。

#### 2.3.1.3 控制装置

火灾和过热探测系统的控制装置用来监控和处理探测器回路产生的信号。控制装置包括有探测器控制电路、正确报警的逻辑识别电路、试验电路、报警组件控制电路等。控制装置将输入信号进行处理后，向显示装置输出信号，使相应的报警信号灯或声响装置进行工作报警。

探测器控制电路是控制装置和探测器之间的一段电路，用来传输探测器发出的报警信号。正确报警的逻辑识别电路，一般是控制装置的内部电路，用来判断探测器传来的报警信号是否正确，如果是正确报警信号则向显示装置发出报警信号，如果是假报警则向显示装置发出故障信号。试验电路用以测试探测系统的完整性，在每个报警信号灯附近应设置试验开关，接通试验开关应当可以引起相应的报警信号或向信号灯供电以测试系统的工作状态和传感线线路的连续性。报警组件控制电路是控制装置和显示装置之间的一段电路，用来传递输入到显示装置的报警信号。有关控制装置的详细设计和电路设计，应与飞机电气系统协调设计。

例如，在一个典型的飞机火灾探测系统中，一个控制模块监视多达四个气动探测器的两个环路，每个环路并联连接。控制模块直接响应报警状态，并持续监控每个回路的接线和完整性。常开报警开关在过热或起火情况下关闭，导致相应端子之间短路。在正常工作期间，通过常闭整流开关在端子之间维持一个电阻值。传感器气体压力的损失打开完整性开关，从而在故障检测器的端子之间产生开路。除了压力启动的报警开关外，检测器还有一个第二完整性开关，在所有温度降至–54℃（–65℉）的情况下，通过平均气体压力保持闭合。如果检测器发生泄漏，则气体压力的损失将允许完整性开关打开并且指示缺乏检测器的完整性。系统在测试期间不工作。

#### 2.3.1.4 显示装置

火灾和过热探测系统的显示装置用来向机组人员提供各探测区域火灾和过热报警信号及探测系统故障信号。

在显示装置附近通常布置有操作开关，一般包括试验开关和灭火控制开关。报警显示装置通常有报警信号灯、警铃、耳机声响设备。当探测系统探测到火灾时，空勤舱内应显示一个文字说明式的火灾信号，文字应是醒目的红色“火警”两字，且至少 10mm 高。显示信号应符合飞机空勤舱信号装置的有关规定并应设置在易于驾驶员直接观察到的位置。当采用信号灯作为火灾指示时，每一个信号应包括两个指示灯，且指示灯应符合有关标准图样的要求。

在飞机上由不是驾驶员的机组成员负责执行失火应急处置的情况下，火灾信号应设置在该机组成员能直接观察到的位置，并将主警告信号也提供给驾驶员。在火灾探测系统中，报警信号灯不应是昏暗弱光。在具有过热报警并且需要采取与火灾应急处置不同方法的情况下，报警系统应有明显的过热信号指示，且易于火灾信号相区分。该信号应当与飞机空勤舱信号装置中适用的报警信号要求相一致。

当具有几处（多于一处）火灾信号时，每一个信号应当指示发生火灾的具体区域，每一个信号应当依照飞机空勤舱信号装置的要求来标识。当机组成员的应急处置方法根据所涉及的区域而有所不同时，火灾信号应能够区分开同一动力装置舱内的不同区域的火灾。显示发动机失火的报警信号标记不应用于与失火无关的信号，以免引起对真实应急情况的误判断。

#### 2.3.1.5 空客 A320 系列飞机发动机舱过热和火灾探测系统[10]

下面简单介绍空客 A320 系列飞机发动机舱过热和火灾探测系统，供读者参考并熟悉飞机动力舱火灾探测系统的设计。

1. 概述

启动 A320 系列飞机火灾测系统的用途是监控发动机舱、APU 舱、电子设备舱、货舱与行李舱，以及盥洗室区域可能发生的火灾、烟雾和过热，并发出相应告警信息至机组，由机组判断后做出决定如何采取应急措施。火灾探测分为过热探测、火灾探测和烟雾探测，其中过热和火灾探测又根据设置区域分为发动机舱和 APU 舱；烟雾探测根据设置区域分为电子设备舱、货舱与行李舱、盥洗室。本节主要介绍空客 A320 系列飞机的发动机过热和火灾探测系统。

2. 发动机舱过热和火灾探测系统组成

每个发动机舱过热和火灾探测系统包含：两条平行安装且完全相同的火灾探测环路（LOOPA、LOOPB）、一个火灾探测单元、发动机舱火灾控制面板。

3. 发动机舱过热和火灾探测系统工作原理

空客 A320 系列飞机发动机舱火灾和过热探测系统用来检测发动机舱区域过热的空气管路，易燃的燃油和液压油泄漏导致的火灾或者过热事件。当温度达到发动机监控区域的阈值后，探测环路通过火灾探测单元触发火警。每个发动机舱火灾探测系统由两套相对独立的安装在火灾区域的探测环路和一个火灾探测单元组成。

每套火灾探测环路包含并联连接的三个探测器（吊架、风扇机匣和核心机）。吊架探测器安装于吊架前安装座上，风扇机匣探测器安装在接近附件齿轮箱的风扇舱内，核心机探测器安装在核心舱后部的不锈钢支架上。传感元件用带有特氟龙衬套的快松开卡子安装。

探测系统的电气模块 450VT 安装在风扇机匣上部，该模块构建了两套探测环路的电气独立性，以及环路内吊架探测器、风扇机匣探测器和核心机探测器之间的电气并联关系。

火灾探测单元处理从火灾探测环路接收的信号，包含两个独立的通道 A 和 B。两个通道正常情况下一起工作，通过一个 AND 逻辑进行火灾探测。每个通道有自身的电源。每个通道独立接收相应的探测环路的阻值变化，并与内部的逻辑数据进行比较，从而判断是否发生火灾。

4. 火灾和过热探测器工作原理

每个火灾和过热探测器有传感元件和响应器组件两部分。

温度探测传感元件是外径为1.6mm，厚度为0.46mm的金属管。它包含两部分：

① 螺旋缠绕的充氢的钛核心元件。这部分由特殊属性的惰性材料制成，它能够在高温时释放气体，低温时吸收气体。这个过程可以反复进行。

② 传感元件外部管壁和核心元件之间的缝隙间注有氦气。氦气的起始压力设定为每个传感元件的预设置温度阈值，传感元件的一端被密封焊接到响应器上。

响应器组件直径 25.4mm，材质为不锈钢。其一端密封焊接到传感元件，一端连接到飞机电路。响应器内有一个容腔连接到两个压力电门：一个 ALARM 电门和一个 MONITOR 电门。MONITOR 电门通过传感元件内的初始压力设定探测器的温度阈值。ALARM 电门探测器有两个感应功能，可以反映整体平均温度过热或由于火焰或炽热气体造成的局部高温，这两种情况都会导致ALARM电门闭合，触发报警。另一种情况是当传感元件外部破损导致管道内压力下降时，MONITOR 电门断开，触发故障信号。

正常情况下，金属管内的压力使响应器 MONITOR 电门膜片内凹，ALARM 电门膜片外凸，火灾警报电路断开。火灾探测环路探测到整个环路上的平均温度变化，当温度上升时，氦气膨胀使感应器 ALARM 电门膜片内凹，火灾电路闭合，从而给火灾探测单元送出警报信号。火灾探测环路发生局部瞬时过热时，环路内的充氢芯材在高温作用下大量释放氢气，使环路内的压力上升，感应器内 ALARM 电门膜片内凹，触发警报信号。火灾探测环路破损或断裂时，环路内压力下降，响应器 MONITOR 电门膜片外凸，响应器电路断开，从而给火灾探测单元送出故障信号。

5. 火灾探测单元工作原理

火灾探测单元包含两个独立的环路 A 和 B，每个环路有三个比较器：火灾比较器、污染比较器、完整性比较器。每个比较器持续地接收和分析探测环路的阻值信号变化。

如果以下任一种状况发生，火灾探测单元产生火灾信号：

① 环路 A 和环路 B 均探测到火灾；

② 环路 A 故障，环路 B 探测到火灾；

③ 环路 B 故障，环路 A 探测到火灾；

④ 环路 A 和 B 在 5s 内由于火焰灼烧而故障。

如果探测到以下任一种情况发生，火灾探测单元生成探测环路故障信号：

① 电气故障（电源失去，插头没有连接）；

② 探测环路的一个故障；

③ 单一环路探测到火灾大于 16s，而其他环路正常。

以上内容仅是对空客 A320 系列飞机发动机过热和火灾探测系统组成及工作原理做出的简单介绍，希望对理解动力装置火灾探测系统会有所帮助。

#### 2.3.1.6 火灾探测系统维护

火灾探测器传感元件位于飞机发动机周围的许多频繁活动的区域[11]，它们的位置以及它们较小的尺寸增加了在维护期间损坏传感元件的概率。在飞机火灾探测系统的使用中，日常维护工作是非常重要的。本节中介绍的如下内容是示例性的维护要点，供读者参考学习，但不应用于替换适用的制造商说明。

对于连续回路系统，应着重检查如下系统部件：

① 检查由板、罩板或发动机部件之间的挤压或挤压造成的破裂或断裂部分。

② 检查由于元件在整流罩、附件或结构件上摩擦造成的磨损。

③ 检查是否存在可能会使点检测器端子短路的安全线部件或其他金属颗粒。

④ 检查安装夹具上的橡胶垫圈的状况。橡胶垫圈可能会暴露于油中而软化，或由过热导致硬化。

⑤ 检查传感元件上是否有凹痕和扭结。元件直径、可接受的凹痕和扭结的程度以及管道轮廓的平滑度由制造商规定。不要试图矫正任何可接受的凹痕或扭结，因为应力可能会导致管路故障。

⑥ 应检查传感元件末端的螺母是否密封和是否使用安全线。松动的螺母应该被拧紧到制造商的说明书中指定的值。一些类型的传感元件连接接头需要使用铜挤压垫圈，每次连接断开时都应该更换这些垫圈。

⑦ 如果使用屏蔽柔性引线，则应检查外部编织物是否磨损。

⑧ 应仔细检查感应元件的布线和夹紧装置。较长的不支撑部分会发生可能导致断裂的过度振动。直线上的夹具之间的距离通常为 8~10in，这些距离由制造商规定。在端部连接器处，第一支撑夹通常位于距离端部连接器配件约 4~6in 处。在大多数情况下，在弯曲开始之前，所有连接器都保持 1in 的直线距离，通常会设置 3in 的最佳弯曲半径。

⑨ 整流罩支架和传感元件之间的干涉可能导致摩擦。这种干涉可能会导致传感元件的磨损和短路。

⑩ 垫圈应安装在感应元件上，以便两端都夹在夹具上。护环的裂开端应该面向最近弯道的外侧。夹子和垫圈应紧贴该元件。

以下是发动机舱火灾探测系统遇到的最常见的问题及建议的解决步骤：

① 间歇性报警通常由检测器系统接线间歇性短路引起。这种短路可能是由于如下原因引起的：松散的线缆偶尔触及附近的端子，磨损的线缆与结构件相接触，以及传感元件长时间摩擦结构构件造成绝缘体破坏。间歇性故障通常可以通过移动线缆来确定短路位置。

② 没有发动机火灾或过热情况时，可能会发生火警和警告灯报警。通过从控制单元断开发动机检测回路连接，可以最容易地定位这种错误报警。如果发动机检测回路断开时，假警报停止，故障处于断开的检测回路中，应检查由于传感元件弯曲与发动机高温区域相接触的区域。如果没有找到弯曲的元件，则可以通过在整个环路上将连接元件连续隔离来定位短路部分。

③ 传感元件的扭曲和弯曲会导致内部导线间断地与外管短路。可以通过用欧姆表检查传感元件，同时点击可疑区域中的元件以产生短路，从而定位故障。

④ 检测系统中的潮湿很少造成火灾报警。但是，如果潮湿确实引起报警，警告会持续到污染物去除或汽化，并且回路的电阻恢复到正常值。

⑤ 当测试开关启动时未能获得报警信号可能是由于测试开关或控制单元有故障，电源不足，操作指示灯、传感元件或连接线路上的开口引起的。当测试开关不能提供警报时，可以通过打开回路并测量电阻来确定两线传感回路的连续性。在单线连续环路系统中，中心导体应接地。

## 2.3.2 灭火系统

### 2.3.2.1 灭火系统的配置和灭火性能要求

1. 灭火系统配置

在动力装置灭火系统设计中，必须为每个指定火区设计灭火系统，但是对于包含输送可燃液体或气体管路或组件的涡轮发动机安装的燃烧室、涡轮及尾喷管部分，如果表明其着火是可控制的，则这些部分除外。

2. 灭火性能

灭火系统、灭火剂剂量、喷射速率和喷射分布必须足以灭火。必须通过真实的或模拟的飞行试验来表明，在飞行中临界的气流条件下，每一指定火区内灭火剂的喷射，可提供能熄灭该火区内的着火并能使复燃的概率减至最小的灭火剂密集度。飞行中的临界气流条件是指最大速度平飞、进近、起飞、低速或巡航飞行。在飞行高度600~1500m之间以最大速度平飞是确定灭火系统性能最常用的气流条件。灭火并防止复燃的最低灭火剂密集度可参考FAA发布的AC20-100《测量动力装置舱灭火剂密集度通用指南》中的要求，该内容将在后文详细介绍。

辅助动力装置、燃油燃烧加温器以及其他燃烧设备可以使用单独的“一次喷射”式灭火系统。对于每个其他的指定火区，必须提供两次喷射，每次喷射要有足够的灭火剂密集度。每次喷射必须能喷到任何主要发动机安装的位置。

短舱的灭火系统必须能够同时对被防护短舱的每一火区进行防护。

3. 灭火系统材料

为保持灭火系统的完整性并确保灭火系统在火区内不会受到腐蚀、化学反应或着火的影响，对灭火系统材料有如下要求：任何灭火系统的材料不得与任何灭火剂起化学反应以致产生危害，发动机舱内的每个灭火系统部件必须是防火的。在潜在火区或附近的所有灭火系统部分，都应采用不锈钢或相当于防火墙防火性能的其他材料。

飞机灭火系统包括灭火瓶、附件、导管和密封件等，所采用的材料不得与灭火剂起化学反应以致产生危害。化学反应会引起零部件损坏、灭火剂性能降低，甚至丧失灭火效能或者产生有毒的化学物质，危及人身健康。发动机舱内每个灭火系统部件必须是防火的，否则在着火时则会因系统失效而不能实现灭火。

在设计中需要通过分析灭火剂的性能，说明使用的灭火系统的全部材料（包括金属和非金属，但与灭火剂不可能接触的材料除外）不会与灭火剂起化学反应，灭火剂对金属的腐蚀性和非金属的溶胀度均较小。发动机舱内的每个灭火系统部件都要通过安装图分析，表明其是防火的。

（1）发动机灭火

发动机灭火系统包括灭火剂高压瓶、分配管、喷嘴和飞行甲板控制和显示。包含 Halon 1301 和互连管道的两个灭火剂瓶安装在可以服务两个发动机的位置。

在某些型号的飞机上，瓶子安装在左右前缘；在其他型号的飞机上，它们安装在机身或支柱或挂架中。每个发动机防火区需要由两个独立的灭火剂瓶保护，每个灭火剂都能够在该区域内灭火。在这种型号的飞机上，两个灭火剂瓶和相关管道安装在机翼每侧的前缘。

（2）APU 灭火

位于后部机身的 APU 灭火系统是一个单射系统，用于扑灭 APU 舱内的火灾。该系统包括灭火剂瓶、分配管、排放喷嘴和必要的飞行甲板控制和显示。灭火剂瓶位于 APU 防火墙的前侧。单个排放管路将药剂引导到位于 APU 隔室中的喷嘴。

APU 灭火剂瓶设计与发动机相似，然而，APU 瓶子只具有单个排出口而非两个，并且设计压力、灭火剂量和安全泄压阀打开压力都不相同。一些 APU 设备可以选择第二台 APU 灭火瓶用于自动灭火，也可使用发动机瓶代替标准 APU 瓶。发动机和 APU 的灭火系统均由驾驶舱控制。所有飞机灭火系统的控制模块位于驾驶舱内。747 飞机的这个控制模块显示了所有四个发动机、APU 和货舱的控制。如果检测到发动机的火灾状况，各个火灾手柄会亮起红色。将火灾手柄拉出，灭火系统会做好释放灭火剂的准备，并关闭发动机，同时还关闭了配置到该发动机燃油系统、气动系统、液压系统和与该发动机相关联的电气系统。此时旋转火灾手柄会将灭火剂释放到发动机舱内。

灭火系统的控制系统不应通过任何潜在火区。当有充分理由必须将控制系统的任一部分安装在潜在火区之内时，它应能在 1100℃火焰下，至少持续工作 5min。灭火系统可以由电气或机械控制。

灭火系统的电气部件和电路应尽可能简单和可靠，当安置在火区时，在耐受 1100℃火焰下，应至少能工作 15min。这些电路一旦连接到飞机电气系统中去，应确保任何其他电气部件失效都不会影响系统的工作。对所有电气部件诸如灭火瓶、电磁开关、定向阀等，应提供直接接地，以保证其电气电路的完整性。

应尽量避免使用继电器，当必须使用时，应采用两个独立的继电器，当其中一个继电器损坏时不会造成系统失效。带单一继电器的单个电路仅适用于地面使用的防护设备。

当释放触发装置是电气控制（电爆管或电磁开关）时，应提供与电路断路器外分离的两条独立电路上的两套这种装置。电气控制系统应设计成由于释放电爆管的电路意外接地，不会造成系统的其他电路失效。务必确定电源不受灭火控制顺序的影响。

4. 火灾开关（手柄）

发动机和 APU 火灾开关通常安装在飞行甲板上的中央顶板或中控台上。当发动机起动开关被激活时，发生以下情况：由于燃油控制关闭，发动机与飞机系统隔离，并且灭火系统被激活，发动机停止工作。一些飞机使用需要拉动和转动的火灾手柄来激活系统，而其他飞机则使用带防护罩的推式开关。为了防止意外激活消防开关，只有在检测到火灾时，才会释放火灾开关的锁定装置。如果火灾探测系统发生故障，飞行机组人员可以手动释放该锁定装置。

#### 2.3.2.2 灭火剂

1. 灭火剂性能要求

飞机动力装置灭火系统使用的灭火剂必须满足下列要求：

能够熄灭在灭火系统保护的区域内任何液体或其他可燃材料燃烧时的火焰。灭火剂要求能够熄灭燃油、滑油和液压油等液体燃烧时的火焰，也能熄灭橡胶、塑料、织物和导线等可燃材料燃烧时的火焰。

对于储存灭火剂的舱内可能出现的整个温度范围，均具有热稳定性。不同的灭火剂有不同的热稳定性。在安装灭火瓶的环境温度范围内，不允许因灭火剂的热稳定性不好而降低灭火效能。

如果使用任何有毒的灭火剂，必须采取措施防止有害密集度的灭火液或其蒸气（飞机正常运行中渗漏的，或者在地面或飞行中灭火瓶喷射释放的）进入任何载人舱（即使灭火系统中可能存在缺陷）。

灭火剂向火区喷射时，不应使发动机或飞机的金属件腐蚀，亦不得影响附件和零件工作。当大气温度为–55℃时，灭火瓶内的灭火剂无须使用专门的加温装置加温，也能射出和喷散。

2. 动力装置舱灭火剂的演变

由于各种原因，飞机动力装置舱的防火要求和实施不断演变，其中主要发生变化的是动力装置设计和灭火剂的使用。例如，CAA 在 1943 年发布的使用甲基溴（Halon 1001）和二氧化碳的动力装置灭火系统设计指南与舱内的质量气流和径向气缸发动机装置的气缸数有关。对于高气流的潜在防火区域，药剂量应为 2s 内通过该区域的 20%的质量气流。可以使用喷雾嘴或穿孔管对灭火剂进行大致均匀的分配，穿过保护区横截面“片状喷雾”与气流相垂直。这些系统称为传统分配系统。B-36 和 XR60-1 飞机的发动机舱防火系统采用了 Halon 1001。部分首次配置用于发动机舱保护的固定二氧化碳灭火系统的飞机包括 C-46、C-47、B-17、B-26 和 B-45 型飞机。

二战期间，德国海军考虑到 Halon 1001 的毒性问题，赞助 I. G. Farbonindustrie 研发其替代物，从而使得氯溴甲烷（CB 或 Halon 1011）在 1939~1940 年期间得以发展。Halon 1011 被确定为与 Halon 1001 效果相同，但是毒性较小。1942 年，当时的 Junkers/Dessau 为德国空军进行了测试，集中开发一种使用 Dachlaurin（D-L）的发动机灭火系统，这是一种含 65% Halon 1011 和 35%二氧化碳的混合物。1945 年初，德国空军认可了 D-L 系统的原理，并命令将其安装在所有德国军用飞机上，但尚未确定先后顺序。计划将 D-L 系统安装在 Messerschmitt ME 262 上，这是第一架配置喷气动力的战斗机。鉴于该命令发布的时间，在二战结束之前，D-L 可能不会广泛使用。二战之后，美国对 Halon 1011 进行了广泛地评估，1950 年之前，美国空军要求在新飞机中使用 Halon 1011 系统替代二氧化碳系统，并随后颁布了该系统的规范。随着喷气推进变得越来越广泛，关于 Halon 1011 在动力装置灭火系统中使用的设计指导提供了舱室气流和自由体积的参数。然而，传统的分布系统方法仍然用于基于 Halon 1011 的灭火系统。一些已知使用 Halon 1011 对动力装置灭火的飞机包括 C-97、C-119F、C-123、C-130 和 B-57 飞机。

在 CAA 进行的测试过程中，在拍摄期间观察到，传统分布系统以最大强度释放持续时间为 1s（为传统灭火系统制订的认证要求是，在整个舱室的所有测量位置达到要求浓度水平至少保持 2s）。在相同的测试中，比较了传统系统与开放系统的灭火性能，后者也被称为高速释放（HRD）系统。高速释放（HRD）系统提出了一种简化的分配方法，其中穿孔分配线由几根开口管替代，这样灭火剂将以更高的速率释放。不需要依靠管道来分散灭火剂，而是通过灭火剂释放射流和机舱质量空气流动的湍流混合来实现分散。CAA 的进一步测试表明，HRD 设计需要较少的卤化物灭火剂来抑制机舱火灾，简化了分布系统设计。之后 Wright 空气开发中心（WADC）进行的测试得出结论，灭火系统的效能将随着灭火剂释放速度的增加而提高，对于所评估的灭火剂（Halon 1011、Halon 1301 和二溴二氟甲烷或 Halon 1202），以体积百分比形式的“临界饱和值”，出现在 15m/s（50ft/s）和 30m/s（100ft/s）之间。

在 Purdue 研究基金会（PRF）进行的测试中，发现已确定优于 Halon 104 和 Halon 1001 手提便携式灭火器的 Halon 1301 也非常适用于动力装置 HRD 系统。在进行 Halon 1301 设计指导的 CAA 测试期间，要求最小释放持续时间 0.5s，释放持续时间为 0.5~0.9s。第二次世界大战结束后收集到的技术情报表明，日本帝国海军的发动机舱二氧化碳灭火系统的设计策略要求在 1s 内释放。根据以下年度发布的报告和规格说明书，可以推测出 HRD 系统要求 0.5s 持续时间的演变时间表：

1948 年：如第 1 章所述，美国陆军委托 PRF 寻找一种高效、低毒性的灭火剂。通过可燃极限测试，Halon 1301 惰化浓度确定为 6%（体积浓度）。该测试与发动机舱灭火无关。

1953 年：CAA 进行了火灾测试，以确定二氧化碳和 Halon 1001、Halon 1011 和 Halon 1202 在不同气流条件下所需的最低使用量。Statham 实验室基于美国空军开发的实验气体分析仪，开始为美国空军制造 GA-1 气体分析仪用于测量灭火剂浓度。该装置随后在整个航空防火领域以 Statham 分析仪而闻名。

1955 年：CAA 使用 Halon 1011 进行了火灾和灭火剂浓度测试，提出了一条建议，即 Halon 1011 系统在 1s 内需至少提供 15%的体积浓度。

1956 年：CAA 使用二氧化碳和 Halon 1001、Halon 1011、Halon 1202 和 Halon 1301 进行了 HRD 系统的火灾测试，公布了灭火剂使用量的设计公式。在使用 Halon 成功灭火的试验中，释放持续时间在 0.5s 和 0.9s 之间变化。对于二氧化碳，持续时间则在 1.25s 和 1.35s 之间变化。

1958 年：CAA 使用 Halon 1011、Halon 1202 以及少部分 Halon 1301 对 Northrop F-89 天蝎座进行了传统和 HRD 系统的火灾测试。这项工作包括使用 Halon 1011 评估释放持续时间和分布的特殊测试。

1959 年：WADC 的火灾和浓度测量测试（使用当时的 Statham 实验室浓度分析仪）对 Halon 1301 进行了总结，以体积百分比计，灭火需要大约 5.8%的“临界饱和度”。在这之后的一年里，公布要求 Halon 1301 的最低相对浓度为 15%，其规定适用于受影响区域的所有部分，并在正常巡航条件下在该区域的每个部分至少持续 0.5s。该相对值对应于 Statham 测量装置指示的 Halon 1301 体积浓度为 6%。年末，发布了 HRD 飞机防火系统 MIL-E-22285 的安装和试验的军用规范，规范包括以前公布的 Halon 1301 灭火剂量设计公式。

1960 年：重新发布了 HRD 飞机灭火系统的安装和试验的军用规范，将浓度要求从 15%相对浓度修正为 6%体积浓度。

HRD 设计公式是基于单活塞式发动机动力装置和一台喷气动力装置的测试得出的，自首次发布以来，应用于确定美军上基于 Halon 1301 的系统规格，本质上一直没有改变。与传统 Halon 1011 系统的设计指导一样，HRD 系统设计指导也与舱室气流和自由体积相关。此外，CAA 报告综述表明，在发布 MIL-E-22285 之前使用 Halon 1301 进行的测试次数有限。给出设计公式的 CAA 报告表明，只提供了很少的 Halon 1301 数据，但是它的重量基本等同于 Halon 1001 和 Halon 1202。鉴于 CAA 发布的 HRD 设计公式对于 Halon 1001、Halon 1202 和 Halon 1301 是完全相同的，所以对于 Halon 1301 的情况，在当时有可能只是定性地给出设计指导。对于 0.5s 的持续释放时间要求也可能是属实的，因为 CAA 在发布 MIL-E-22285 之前进行的释放持续时间测试是使用 Halon 1011 和 Halon 1202 进行的。

如表 2-2 所示，Halon 1301 是目前为止美军飞机最广泛应用的动力装置（发动机舱和 APU 舱）Halon 灭火剂。尽管表 2-2 并不一定全面，但它表示了美军对 Halon 1301 的使用规模。分配系统主要是 HRD 设计。作为参考，表格还列出了现今使用的其他灭火剂，但不包括自蒙特利尔议定书以来，安装在美军飞机上的哈龙替代物灭火剂。

**表 2-2 美军飞机上的灭火剂**

| Halon 1011 ($CH_2ClBr$) | Halon 1202 ($CF_2Br_2$) | Halon 1211 ($CF_2ClBr$) | Halon 1301 ($CF_3Br$) | 氮气 ($N_2$) | 氧化铝（$Al_2O_3$） |
|---|---|---|---|---|---|
| USAF:<br>C-130 | USAF:<br>C-5, C-141 | USAF:<br>C-130J | USAF:<br>MH-53, HH-60<br>A/OA-10, B-2 | USAF-LN2<br>（气隙和干舱）：<br>C-5 | USAF<br>（干舱）：<br>CV-22 |

续表

| Halon 1011（$CH_2ClBr$） | Halon 1202（$CF_2Br_2$） | Halon 1211（$CF_2ClBr$） | Halon 1301（$CF_3Br$） | 氮气（$N_2$） | 氧化铝（$Al_2O_3$） |
|---|---|---|---|---|---|
| USN:<br>DC-130A<br>LC-130F/R<br>TC-130G | 注：Halon 1202 是 USAF 和 USN C-130 飞机上 Halon 1011 的替代品，但 C / KC-130J 飞机除外 | USN:<br>KC-130J | B-1B（机翼上的整流罩）<br>C-5（货物、航空电子设备和中心翼）<br>C-9, KC-10, C-12<br>C-17, C-20, C-22B<br>C-32A, C-40<br>C-135, VC-25A<br>C-141, E-3A<br>E-4A, E-8C<br>F-16（气隙）<br>F-15, F-117<br>T-34A, T-39, T-43<br><br>USN:<br>AH/UH-1, SH-2<br>HH/SH/UH-3<br>CH/HH-46CH/MH-53<br>HH/SH-60<br>C-2A, C-9<br>C-12, C-20<br>E-2C, E-6A<br>EA-6B, F-14<br>F/A-18C/D<br>P-3, S-3<br>T-39, T-44A<br>C-130（不包括含有 Halon 1011 、Halon 1202 或 Halon 1211 的 C-130s）<br><br>US Army:<br>AH-64, CH/MH-47<br>EH/MH/UH-60<br>C-7, C/RC-12, C-20 | USAF–OBIGGS NEA（气隙）：<br>F-22<br>C-17<br><br>USN-OBIGGS NEA（气隙）：<br>V-22<br>AH-1Z<br>UH-1Y<br><br>US Army–OBIGGS NEA（气隙）：<br>AH-64<br>MH-47E<br>MH-60 | USN（干舱）：<br>MV-22<br>AH-1W/Z<br>UH-1N/Y |

注：USAF 指美国空军；USN 指美国海军；US Army 指美国陆军

### 2.3.2.3 灭火剂用量

切断流入防火区的易燃物后，必须控制灭火系统并灭火，控制可能的再次点燃。对于碳氢-空气火灾，推荐的灭火剂为 Halon 1301（$CF_3Br$）。为了控制碳氢-空气火灾，以使受影响舱的损坏保持最小，应阻止火情传播到其他舱，并防止再点燃，推荐的 Halon 1301 最低浓度为 6%（体积浓度），持续时间至少为 0.5s。这些推荐基于正常巡航状态，并对于其他飞行状态或非正常着火状态可能需要调整，灭火剂释放时间量级为 1s。对不同的灭火剂，该时间可能是不同的，但是目的是在意识到着火后，在尽可能短的时间内提供必需的灭火剂浓度。

用量作为设计指导，可使用下列公式来确定喷射到每台发动机的最小灭火剂量（重量）：

① 对于低空气流量 “粗糙”短舱内部，下列公式提供 $W$ 值，取其中大者：

$$W=0.8V$$

$$W=0.32V+0.25W_a$$

② 对于大空气流量 “粗糙”短舱内部：

$$W=3（0.32V+0.25W_a）$$

③ 对于具有大空气流量的深框架短舱内部：

$$W=2.56V+0.56W_a$$

式中，$W$ 为灭火剂量，kg；$W_a$ 为正常巡航状态下每秒通过此区的空气流量，kg/s；$V$ 为区域净容积（区域总容积减去主要设备占据的容积），$m^3$。

> **注：**
>
> 低空气流量指巡航状态下每秒 0.45kg 或小于 0.45kg 的空气流量；
>
> 大空气流量指巡航状态下每秒大于 0.45kg 的空气流量；
>
> 光滑短舱指舱内无突出的环形肋；
>
> “粗糙”短舱指舱内突出的环形肋低于 150mm；
>
> 深框架短舱指舱内突出的环形肋为 150mm 或 150mm 以上，或者短舱构形具有深 150mm 或 150mm 以上（按横截面测量）的孔穴。
>
> 对于不处在短舱内的潜在火区，可按①情况计算。

凡使用长喷射管路之处，可增大在公式中获得的 $W$ 值，以补偿因喷射管粘连而损失的灭火剂。

现代飞机发动机安装所用灭火系统通常采用卤代烷灭火剂，因为它效率较高，并且有助于减轻系统重量。有关卤代烷灭火剂的物理性能如表 2-3 所示。目前使用两种类型的系统，即常规系统和高喷射率（HRD）系统（如表 2-4 所示），除了灭火剂分配方法外，其余均非常相似。HRD 系统利用开口喷嘴，并高速喷射灭火剂，使其在舱内弥散。通常高汽化压力灭火剂（如 Halon 1211、Halon 1301）最适合于 HRD。相反，常规系统利用多孔管路分配灭火剂，必然有限流损失，并且系统总重通常较大。低汽化压力灭火剂（诸如 Halon 1011）最适合于后一种场合。中等挥发程度的灭火剂（Halon 1202）已成功地用于这两种类型的系统。新研制的飞机均采用了 HRD 系统。对于高性能飞机（马赫数 $M>2.5$），可能采用 Halon 2402 灭火剂。

美国对于各种类型卤代烷灭火剂有很丰富的使用经验，1964~1972 年内对意外事故和易发事故的评估表明，这些灭火系统安装的有效性大于 90%。

**表 2-3 卤代烷灭火剂的物理特性**

| 化学名称 | 溴氯甲烷 | 二溴二氟甲烷 | 溴氯二氟甲烷 | 三氟一溴甲烷 | 二溴四氟乙烷 |
|---|---|---|---|---|---|
| 卤代烷灭火剂代号（哈龙代号） | 1011 | 1202 | 1211 | 1301 | 2402 |
| 化学式 | $CH_2BrCl$ | $CF_2Br_2$ | $CBrClF_2$ | $CF_3Br$ | $(CF_2Br)_2$ |
| 相对分子量 | 129.4 | 209.8 | 165.4 | 148.9 | 259.8 |
| 沸点（在大气压力下）/℃（℉） | 67.0（153.0） | 22.8（73.0） | –4.0（24.8） | –57.9（–72.0） | 47.4（117.3） |
| 冻点/℃（℉） | –88.9（–125.4） | –141.5（–223.0） | –160.5（–257.5） | - 174.4（–282.0） | –110.5（–166.8） |
| 临界温度/℉ | 567.0 | 390.0 | 309.0 | 153.5 | 418.0 |
| 临界压力（绝对）/（$lb/in^2$） | 953 | 593 | 595 | 574 | 500 |
| 临界密度/（lb/gal（液态））（$g/cm^3$） | 5.75（0.69） | 6.96（0.836） | 5.94（0.713） | 6.2（0.745） | 6.58（0.790） |
| 21℃（70℉）密度/（lb/gal（液态））（$g/cm^3$） | 16.1（1.93） | 19.0（2.28） | 15.25（1.83） | 13.1（1.57） | 18.0（2.16） |
| 54℃（130℉）密度/（lb/gal（液态））（$g/cm^3$） | 15.4（1.85） | 17.9（2.15） | 14.15（1.69） | 10.4（1.25） | 17.1（2.05） |
| 汽化热 /（cal/g）（Btu/lb） | 56.4（101.5） | 28.3（50.9） | 32.0（57.6） | 28.2（50.8） | 25.0（45.0） |
| 54℃（130℉）汽化压力（表压）/（$lb/in^2$） | 0 | 25 | 75 | 435 | 4 |
| –54℃（–60℉）汽化压力（表压）/（$lb/in^2$） | 0 | 0 | 0 | 2.5 | 0 |

**表 2-4 飞机灭火系统的类型**

| 系统类型 | 飞机 | 灭火剂 | 灭火剂用量公式① | 短舱净容积/L（$ft^3$） | 每次喷射灭火剂重量/kg（lb） | 总系统重量/kg（lb） | 分配要求符合性 |
|---|---|---|---|---|---|---|---|
| 高喷射速率 | DC-9<br>C-141<br>C5-A | $CF_3Br$<br>$CF_3Br$<br>$CF_3Br$ | $W= 0.05V$<br>或 $W=0.02V+0.25W_a$<br>（取其中大者） | 3679（130）②<br>3255（115）<br>3934（139） | 3. 81（8.4）<br>3 .81（7 .0）<br>3.41（7.5） | 16.84（37.1）<br>32.69（72）<br>39.59（87.2） | 灭火剂浓度分析 |
| 常规 | C-130<br>B-57<br>C-97 | $CH_2BrCl$<br>$CH_2BrCl$<br>$CH_2BrCl$ | （设计指导）<br>$0.56W_a+0.16V$ | 1726（61）<br>1189（42）<br>3396（120） | 6.13（13.5）<br>6.13（13. 5）<br>14. 98（33.0） | 27.24（60）<br>23.61（52）<br>54.48（120） | 摄影 |

① $V$=区域净容积；$W_a$=空气流量（正常巡航）

② 包括 APU 和两台发动机

#### 2.3.2.4 灭火瓶

1. 灭火瓶的功能

动力装置灭火系统灭火瓶应符合如下要求：

飞机上的灭火瓶充填灭火剂后为保证喷射速率必须充高压气体，为了防止温度升高引起灭火瓶爆炸，装有释压装置。释压排放口必须考虑排出的灭火剂不会损伤飞机，也不会被冰或其他外来物堵塞。

每个灭火瓶必须设有指示措施，指示该灭火瓶已经喷射或其充填压力低于正常工作所需的最小规定值。即当灭火瓶由于超压、泄漏或驾驶员命令已经喷射时，提供座舱指示。灭火瓶上要有压力表，用来定期检查灭火瓶内的压力，以发现灭火瓶已经喷射或因渗漏使压力低于保证正常工作的最小规定值。

在预定运行条件下，必须保持每个灭火瓶的温度，以防出现下列情况：

① 容器中压力下降到低于提供足够喷射速率所需的值；

② 容器中压力上升到足以引起过早喷射。

如果采用爆炸帽来喷射灭火剂，则每个灭火瓶必须安装得使温度条件不致产生爆炸帽工作性能危险的恶化。灭火瓶的安装位置必须保证在预定的运行条件下灭火瓶的温度不会造成压力低于保证喷射速率的规定值或引起过早喷射。

2. 灭火瓶的组成

（1）灭火剂瓶

灭火剂瓶（HRD 瓶）储存液态卤化灭火剂和加压气体（通常为氮气）。它们通常由不锈钢制造，也可采用钛之类的新型替代材料。灭火剂瓶也需要满足多种性能指标要求。大多数飞机灭火剂瓶设计为球形以保证最轻的重量。然而，由于空间限制，也可使用圆柱形。每个容器都装有一个温度/压力敏感的安全膜片，防止容器压力在暴露于过高的温度下超过容器测试压力（图 2-8）。

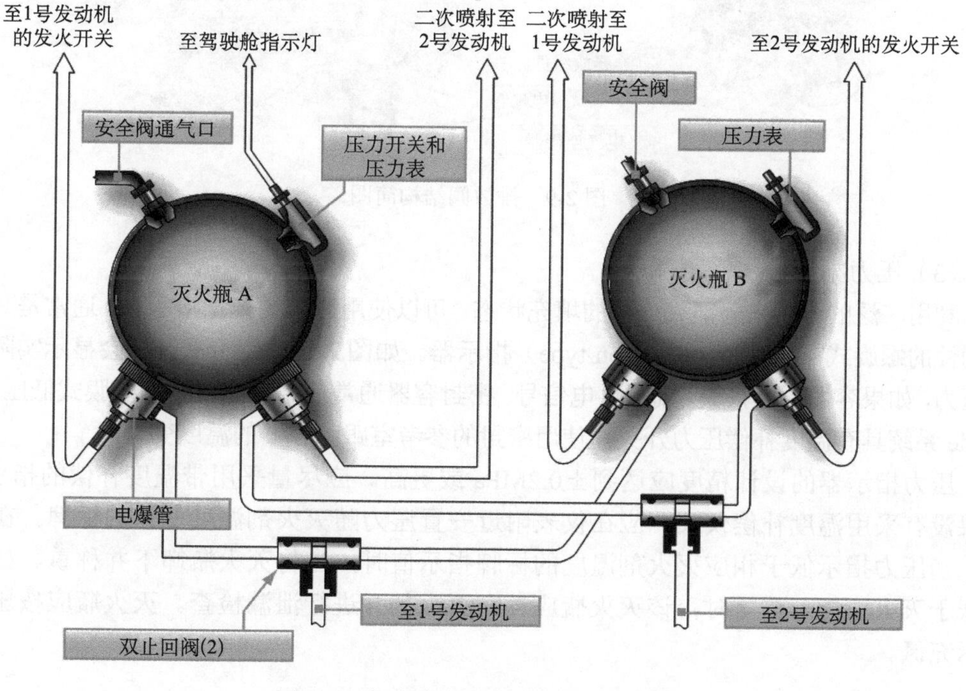


图 2-8　高速灭火系统灭火瓶工作原理

灭火剂瓶不能置于火区内。在最大环境温度时，容器周围的温度不能使灭火剂造成无意的释放；最小环境温度不能低于具有适当释放速率的最小温度。如果容器安装在它防护区域附近，而该区域一旦着火会引起超温使灭火剂释放到该区域，这样的情况是可接受的。在安装、拆卸、检查时，容器应是可接近的，灭火器的放置应使其压力表在检查时易于观察。

（2）排放阀

排放阀安装在灭火瓶上。在排放阀组件的出口处安装有电爆管和易碎盘式阀，也可使用具有电磁操作或手动操作的座阀的特殊组件。一般使用两种释放方式：标准释放型使用由爆炸能量驱动的塞子破裂分段膜片；对于高温或密封单元，使用直接爆炸性冲击型卡盘，其应用破碎冲击以破裂预应力耐腐蚀钢隔膜。大多数灭火剂瓶使用传统的金属密封垫片，便于灭火剂释放后进行维修。

在灭火瓶释放间内的电爆管应防止由于着火热流造成不应有的释放，从而破坏灭火系统指定的功能。任何电爆管应是电气连接器的组成部分或者必须有措施防止电爆管不致漏装。排放阀结构简图参见图 2-9。

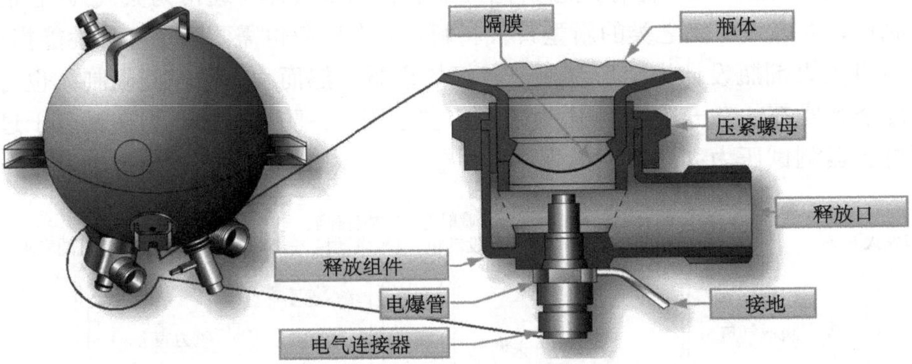


图 2-9　排放阀结构简图

（3）压力指示

利用广泛的诊断来验证灭火剂的填充状态。可以使用简单的视觉指示表，通常是具有抗振动性的螺旋式布尔登型（Bourdon-type）指示器。如图 2-10，组合式开关会显示实际的容器压力，如果容器压力损失，则提供电信号。密封容器通常使用地面检查型隔膜式低压开关。Kidde 系统具有温度补偿压力开关，使用密封的参考室跟踪容器的温度变化。

压力指示器的设计精度应达到±0.2MPa 或更高。应尽量采用带温度补偿的指示器。如果没有采用温度补偿仪表，应在仪表附近安置压力随灭火剂温度变化的标牌。在维修时，当压力指示低于相应灭火剂温度的标牌指示值时，应将灭火瓶卸下并称重。如其重量低于灭火瓶指示重量时，该灭火瓶应补充灭火剂并进行泄漏检查。灭火瓶应按压力表指示充氮。

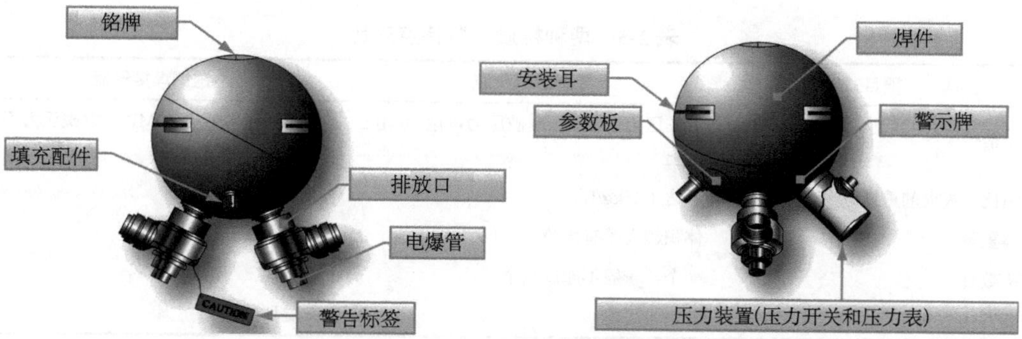


图 2-10 高速灭火系统灭火瓶

（4）安全泄压装置

各灭火瓶应装备带易破盘形薄膜或易熔合金塞的安全泄压装置，以释放灭火瓶内可能出现的过高压力，盘的爆破压力应等于最高环境温度加 28℃，但不小于 99℃下的灭火瓶压力；易熔合金塞释放温度应是最高环境温度加 28℃，但不小于 99℃。

（5）双向止回阀

在双喷射系统中需要双向止回阀（如图 2-8），以防止备用灭火剂瓶 B 中的灭火剂流到前一个主灭火剂瓶 A 中。

（6）灭火剂喷射指示标识

灭火剂释放指示功能提供灭火系统上灭火剂瓶释放灭火剂时的即时视觉显示可以配备两种指示：过热热释放指示和工作释放指示。两种类型都适用于飞机和蒙皮安装。如果灭火瓶压力表可达、易于检查，这种释放指示就无必要。

① 过热热释放指示。释放指示连接到灭火瓶泄压装置，当灭火瓶内灭火剂内由于过热排放后会弹出一个用于指示的红色圆盘。释放出来的灭火剂可以通过红色圆盘碎裂的开口排出。这样飞机和维修人员就可以在下一次飞行之前更换灭火瓶。

② 工作释放指示。如果机组人员激活灭火系统，则会从飞机机身蒙皮上弹出黄色的圆盘，提示维修人员灭火系统曾被机组使用，灭火瓶需要在下次飞机起飞前更换。

#### 2.3.2.5 固定式灭火瓶设计举例

目前应用于飞机动力舱灭火的固定式灭火瓶主要有三类，离合器式、爆破膜片式和锁机头式，尤其是前两种，应用非常广泛。其中离合器式灭火瓶主要应用于俄制飞机上，爆破膜片式灭火瓶则主要应用在欧美飞机上。

相应地，为三类灭火瓶配套的气瓶按材质可分为两类，复合材料缠绕（碳纤维或玻璃纤维缠绕不锈钢内胆）气瓶和不锈钢焊接气瓶，为球形或圆柱形，其特点对比如表 2-5 示。可以看出，复合材料气瓶耐压值更高，因此可以充填的灭火剂相对较多，但是由于工艺所限，气瓶只有一到两个接头，安装固定也只能采用背包带缠绕的形式，而不锈钢气瓶则不受此限制。

表 2-5 两种材质气瓶特点对比

| 项目 | 复合材料气瓶 | 不锈钢焊接气瓶 |
|---|---|---|
| 耐压值 | 工作压力 15MPa，爆破压力可达 50MPa 以上 | 工作压力通常低于 10MPa，爆破压力不超过 30MPa |
| 充填比（灭火剂重量/容积） | 可达 1.25kg/L | 一般不超过 0.8kg/L |
| 瓶体重量 | 体积越大越有优势 | 体积越小越有优势 |
| 接头数目 | 一个，一般不超过两个 | 不限 |
| 安装方式 | 背包带固定 | 安装支耳固定 |

由于两种气瓶的上述特点，一般来说，离合器式灭火瓶选用复合材料气瓶，爆破膜片式和锁机头式灭火瓶采用不锈钢焊接气瓶。

1. 离合器式灭火瓶

（1）动作原理

当输入电压信号后，灭火器导火管 2 中安装的电爆管被引爆，高压气体经过栓头壳体 15 孔和锁壳 14 钻孔，进入离合器 11 下面，离合器 11 向上移动并松开弹性夹锁 7（如图 2-11 所示）。在加压氮气压力的作用下，阀门部件利用活塞杆的上部打开弹性夹锁，阀门部件向上移动并打开灭火器喷射机构，灭火剂在加压氮气压力的作用下，通过栓头壳体管路接口喷射出来。

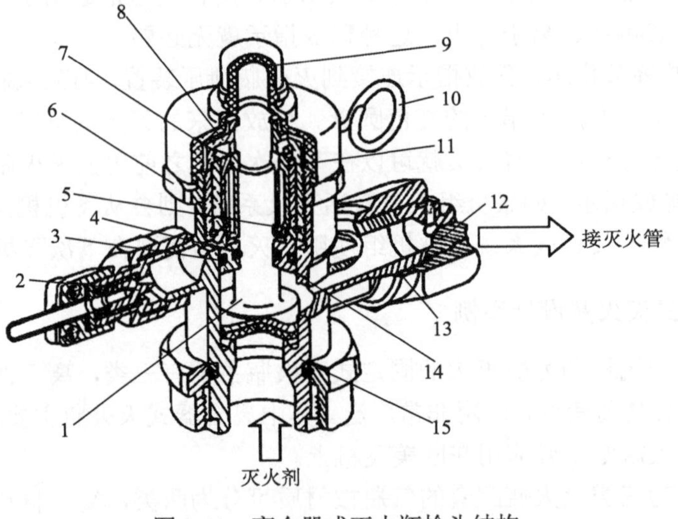


图 2-11 离合器式灭火瓶栓头结构

1-活门；2-导火管；3-密封圈；4-密封圈；5-止动环；6-锁紧螺母；7-弹性夹锁；8-止动盖；9-橡胶小帽；10-保险销；11-离合器；12-螺塞；13-螺帽；14-锁壳；15-栓头壳体

（2）结构特点

① 虹吸管。受灭火剂重力作用，瓶内呈现下液上气的状态，由于结构的原因，喷射

机构必须处于气瓶的上部，因此需使用一根虹吸管，依靠压力将液态灭火剂释放。

② 背包带。由于气瓶除了接口处之外没有支撑结构，因此离合器式灭火瓶采用背包带的形式在机上固定（如图 2-12 所示）。为保证喷射效率，灭火瓶转接接头和中心线连接与飞机的 $Y$ 轴不宜大于 20°。

③ 转接接头。前面提到，复合材料气瓶一般只有一个接口与灭火瓶喷射结构相连，为了能同时连接多路灭火管路，离合器式灭火瓶采用转接接头来实现多路喷射性能。转接接头主体为正方体，六个面中，一面与气瓶相连，一面与压力表相连，一面与充填口/安全膜片相连，因此最多可转接三路灭火管路。如果需要连接更多的灭火管路，还可以在转接接头上端再连接一个转接接头，这样可实现最多七路灭火管路的连接。注意：为了安装虹吸管，转接接头顶端必须开孔；如果不需连接别的机构可使用螺塞密封。

2. *爆破膜片式灭火瓶*

（1）动作原理

当出现火情时，产品中的电爆管（安装在堵头处）接受直流电信号后引爆，高压气流瞬间将膜片炸破，产品中的灭火剂在氮气压力的作用下通过炸破的膜片、透过滤网被送到灭火管路中，实施灭火（如图 2-13 所示）。

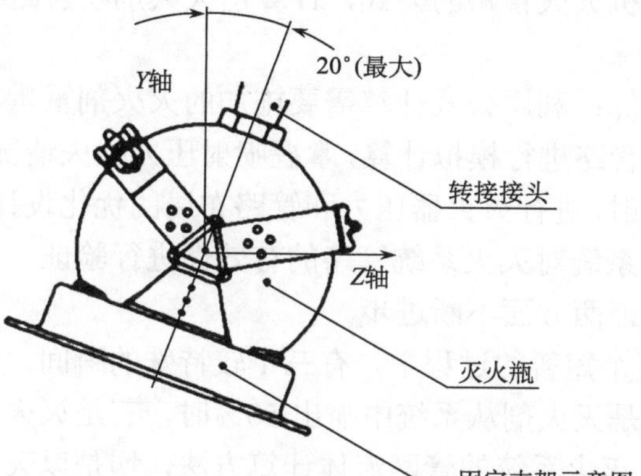


图 2-12　背包带及固定支架安装示意图

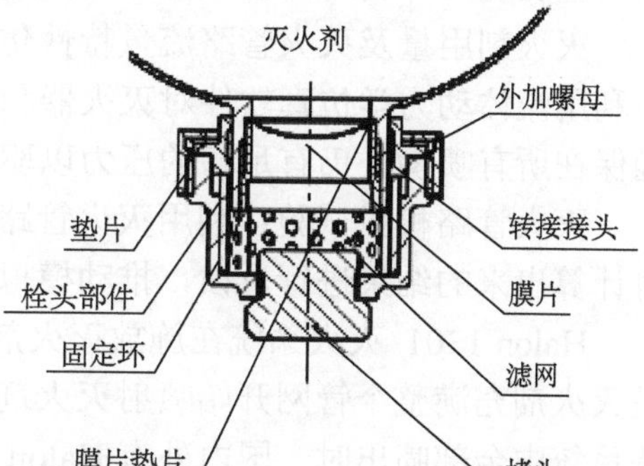


图 2-13　喷射原理示意图

（2）结构特点

① 安装支耳。一般来说，气瓶通过焊接在瓶身上的安装支耳与机上固定点通过螺帽连接固定。安装支耳及其与瓶体连接处应具备足够的机械强度以支撑灭火瓶全部重量，在机载环境中保证结构完好。

② 电爆管。爆破膜片式灭火瓶中电爆管负责灭火动作的施行，因此爆炸当量的设计尤其重要，既要保证将膜片炸开足够的面积，又要保证灭火瓶其他部件不受到爆炸冲击的影响。为了提高系统可靠性，电爆管内部多采用两路引爆电路的双余度设计。

③ 开口位置。虽然不锈钢焊接气瓶上可以相对随意地开口，但是由于机上多采用硬

性连接，安装支耳和开口相对的空间位置必须相当精确地设计和加工，才能保证顺利安装。离合器式灭火瓶则不存在这个问题，因为背包带固定式位置相对灵活，而且栓头在安装时可 360° 旋转，与灭火管路连接的灵活性相对较高。

#### 2.3.2.6 灭火管路

国标与航标对灭火管网的计算有相关规定，可以根据经验公式来计算灭火剂用量及管路压力损失。但仅仅依靠计算公式来设计飞机灭火管网是不够的，还需利用软件进行仿真模拟，以及在灭火管路试验台上进行试验，才能得到准确的管网特性参数，从而进行灭火剂用量和管网布局的设计和验证。

固定式灭火系统管网流量特性的计算包括两个方面，灭火剂用量的计算和管网的计算。灭火器喷出的灭火剂总量由三部分组成：灭火器和管路中的残留量、管路泄漏量及有效施加量。根据发动机舱和通舱的几何特征与气流特性，可以计算出需要的最小灭火剂重量。灭火管路的压力损失和灭火剂残留量也能根据经验公式计算，然而对于管路泄漏的灭火剂量则无法计算，只能取保险系数（例如考虑灭火剂总量的 5%为泄漏量）来考虑这一部分的影响。

管路当量长度的计算和测量：根据现有公式和灭火器内部与管路的尺寸及相关参数，通过对现有公式的修正和改进，得出适合飞机灭火管路的公式，计算出灭火剂喷射路径的当量长度，并利用试验系统进行测量。

灭火剂用量及灭火管路流量特性仿真计算：利用公式计算需要施加的灭火剂重量，并利用流体动力学仿真软件对灭火器和灭火管路进行模拟计算，掌握喷射压力损失情况，确保在所有喷嘴处仍有足够的压力以驱动喷射，进行灭火器压力和管路布局的优化设计。

灭火管路模拟试验：利用灭火管路试验系统对灭火系统管路的有效性进行验证，并对计算出来的结果进行反馈，推动模拟和验证两方面不断进步。

Halon 1301 灭火系统在施放灭火剂的整个短暂的过程中，有三个较特殊的瞬间，一是灭火剂充满整个管网开始喷射灭火剂，二是灭火剂从系统中喷出 50%时，三是灭火剂从系统中全部喷出时。国内外有 Halon 1301 灭火系统的管网流体计算方法，均是以灭火剂施放过程中这三个特殊瞬间时的工作状态为基础建立起来的，形成了所谓初期工作状态计算法、中期工作状态计算法和终期工作状态计算法。GB50163—1992 规定管网流体计算应以中期容器压力和该压力下的瞬时质量流量为基础进行，也就是规定了管网流体计算应采用中期工作状态计算法。

#### 2.3.2.7 灭火瓶维护

灭火器系统的定期维护通常包括灭火器瓶（容器）的检查和维修、电爆管和排放阀的拆卸和重新安装、泄漏排放管的测试以及电气布线连续性测试。以下内容包含一些最典型的维护步骤，供读者参考。

1. 灭火剂瓶压力检查

定期检查灭火剂瓶，以确定压力在规定的最小和最大限度之间。压力与环境温度的变化也必须在规定的限度内。

2. 电爆管

灭火器电爆管的使用寿命由制造商的日期戳计算，通常在电爆管的表面上。制造商推荐的电爆管使用寿命通常为几年。为了确定电爆管的剩余使用寿命，通常需要将电引线和排放管路从插塞主体上拆下，然后可从灭火器容器中取出电爆管。

3. 排放阀

必须小心更换电爆管和排放阀。大多数新的灭火瓶都装有其拆卸的电爆管和排放阀。在安装在飞机上之前，电爆管必须正确组装在排放阀和连接到容器的阀门上，通常是通过拧紧密封垫圈的旋转螺母。

如果由于任何原因将电爆管从排放阀中取出，则不应将其用于另一个排放阀组件，因为接触点突出的距离可随每个单元而变化。因此，如果将具有较长接触点的已使用的插头安装在具有较短接触点的排放阀中，则可能存在问题。

### 2.3.2.8 发动机舱灭火系统设计

1. 总体要求

按照运输类飞机适航标准 CCAR-25 要求，发动机舱必须设定灭火系统，系统中灭火剂的剂量、喷射速率及喷射分布必须足以灭火。同时必须通过真实的或模拟的飞行试验来表明，在飞行中临界的气流条件下，指定火区内喷射的灭火剂浓度，应能熄灭该火区内的着火并使复燃的概率减至最小。辅助动力装置、燃油燃烧加温器以及其他燃烧设备可以使用单独的“一次喷射”式灭火系统。对于每个其他的指定火区，必须提供两次喷射，每次喷射要有足够的灭火剂浓度。

同时根据 GJB3275 及 MIL-E-22285 中的要求，发动机舱灭火系统应提供至少 6%体积浓度（22%重量浓度）的 Halon 1301 灭火剂，同时在正常巡航状态下，灭火剂浓度应能够维持 0.5s。

2. 灭火剂重量计算

为满足上述规范对灭火系统性能的要求，需对灭火剂用量进行计算，并根据计算结果选取最经济、高效的灭火瓶。

灭火剂重量按照 GJB 3275—1998《飞机灭火系统安装和试验要求》的规定进行计算。GJB 3275—1998 规定了三种情况下的发动机舱灭火剂重量计算公式，以使用涡桨发动机的运输机为例，发动机空气流量较大，属于高速气流系统，因此选用内部粗糙（凹凸不平）并有高速气流流动的发动机舱计算公式：

$$W=3（0.32V+0.25W_a）$$

式中，$V$ 为发动机舱的净容积，$m^3$；$W_a$ 为正常巡航状态下通过该区的空气流量，kg/s；再考虑到灭火剂用量在灭火系统中的损失，增加计算用量的 10%～15%，计算出灭火剂用量 $W$。

**注：**使用不恰当的 $W_a$ 数据进行计算会造成灭火剂和灭火瓶体积的无谓增加，从而增加整个系统重量，降低系统性重比。

3. 灭火喷嘴

为满足上述规范对灭火系统性能的要求，还需对灭火喷嘴喷射流量进行计算，并根据计算结果选取最高效的灭火喷嘴。

4. 发动机舱灭火管路内径计算

管路内径的计算主要考虑两个方面的因素，一是满足喷射流量的要求，二是满足最小设计重量的要求。目前飞机灭火管路的内径多为 $\phi$12mm、$\phi$16mm 和 $\phi$18mm 三种规格；为减少灭火系统重量，经过双止回阀后的管路可进行变径设计，变径设计参照 HB 4-7—2002 扩口式变径直通管接头；管径选取需考虑灭火喷嘴总面积对流量的影响。

5. 双止回阀

为了实现发动机舱灭火系统二次灭火功能，通过双止回阀将 2 个灭火瓶与灭火管路联通，具体如图 2- 8 所示。

6. 系统方案

灭火瓶安装于机身，灭火剂通过灭火管路（包括软管、硬管、连接件、安装卡箍、双止回阀）输送到发动机舱，系统设计具有二次灭火能力，具体实现方法如图 2-8 所示。

左、右发动机舱共用 2 个固定式灭火器，每个灭火器有 2 组喷射机构。灭火器 A 的 1 组和灭火器 B 的 1 组用于左发动机舱的灭火；灭火器 A 的 2 组和灭火器 B 的 2 组用于右发动机舱的灭火；当左发动机舱着火时，先启动灭火器 A 的 1 组进行灭火抑制，当在规定的时间后着火未得到有效抑制，则再启动灭火器 B 的 1 组进行灭火抑制。右发动机舱亦是如此；当灭火瓶压力降低或者灭火剂释放后，控制器向航电系统发送灭火瓶低压信号。

7. 系统功能

（1）灭火功能

固定式灭火瓶利用电爆管爆炸产生的冲击力打开爆裂膜片，将密封在瓶体内的高压气体快速释放，高压气体推动瓶体内的灭火剂沿灭火管路到达发动机舱，通过灭火喷嘴释放出来，实现对发动机舱的灭火，原理如图 2-8 所示。

（2）二次灭火功能

利用发动机舱固定式灭火瓶具有 2 个释放口的功能，将 2 台固定式灭火瓶并联，如图 2-8 所示。当完成灭火瓶 A 的启动后，通过 T 型单向阀完成对灭火剂流动方向的控制，实现发动机舱的一次灭火；若火灾探测器未消警，处于持续报警状态，则启动二次灭火。灭火瓶 B 内的灭火剂在 T 型单向阀的指引下，喷向同一灭火区域，实现二次灭火功能。

（3）低压报警功能

固定式灭火瓶配备温度压力复合传感器，能够输出温度压力实时信号，通过控制装置有效监测灭火瓶内压力水平，并在灭火剂压力低于正常水平时发出报警信号。

（4）过压释放功能

固定式灭火瓶集成有安全释放阀，在灭火瓶内气体压力高出安全设定阈值时，安全释放阀打开（即安全释放膜片破裂），将瓶内的高压气体和灭火剂输送到飞机外部，确保飞机的安全。

（5）灭火剂反复充填功能

固定式灭火瓶集成有灭火剂充填口，可以保证在灭火瓶泄压后能够再次充填。

（6）防差错功能

固定式灭火瓶 2 个释放口分别安装不同的电爆管。两个电爆管具有不同的插头、插座和尾附件，确保产品的防差错功能。

#### 2.3.2.9 波音 777 动力装置灭火系统

1. 灭火瓶

波音 777 飞机有两个装有氮气加压哈龙灭火剂的灭火瓶。飞行驾驶舱内的发动机火灾开关被拉动并旋转以释放哈龙灭火剂。每个灭火瓶内的灭火剂都可以排放到右侧或左侧的发动机。当灭火瓶压力低时，发动机指示和机组报警系统（EICAS）信息、状态信息以及指示灯都会进行显示。两个发动机的灭火瓶位于前货舱右侧壁的后面，货舱后部（如图 2-14 所示）。

两个发动机灭火瓶是相同的，参见图 2-15。

瓶子含有用氮气加压的哈龙灭火剂。如果瓶子内的压力过高，则安全阀和填充口打开，瓶子不会爆炸。排放组件有一个爆炸性爆管。来自灭火电路的电流引起爆管。这将通过排放口释放哈龙。当瓶压降低时，压力开关提供驾驶舱指示。开关监控瓶内的压力，通常打开。当压力因泄漏或瓶子放电而降低时，开关闭合指示电路。

电爆管安装在灭火瓶底部的排放组件中。一个防火容器有两个电爆管，每个发动机一个。爆管是一种电动爆炸装置。当爆管被激活时，它通过可破坏的盘驱动一个塞子，并且瓶内的氮气压力将哈龙通过排放口推动。当火灾开关被拉动并且转到 DISCH 1 或 DISCH 2 位置时，点火器起火，如图 2-16。

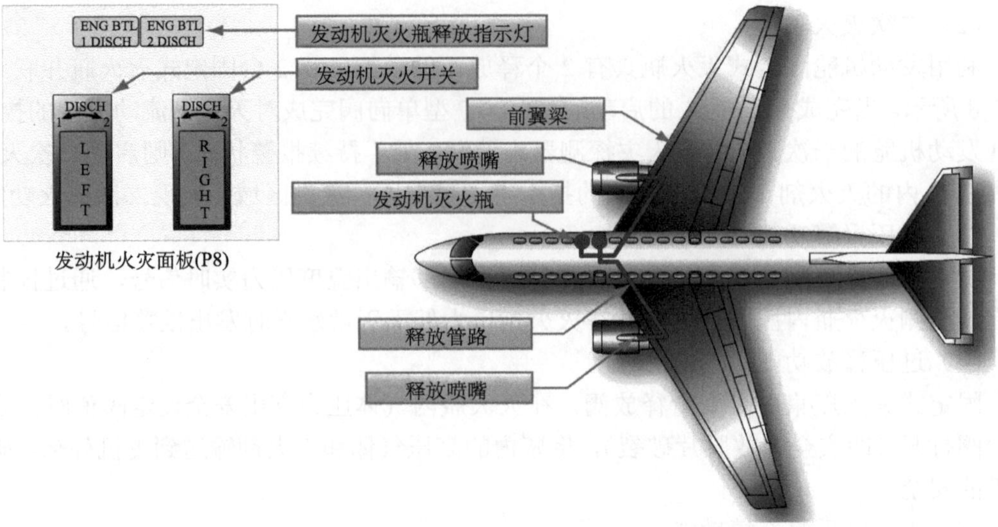


图 2-14　波音 777 飞机发动机舱灭火瓶位置

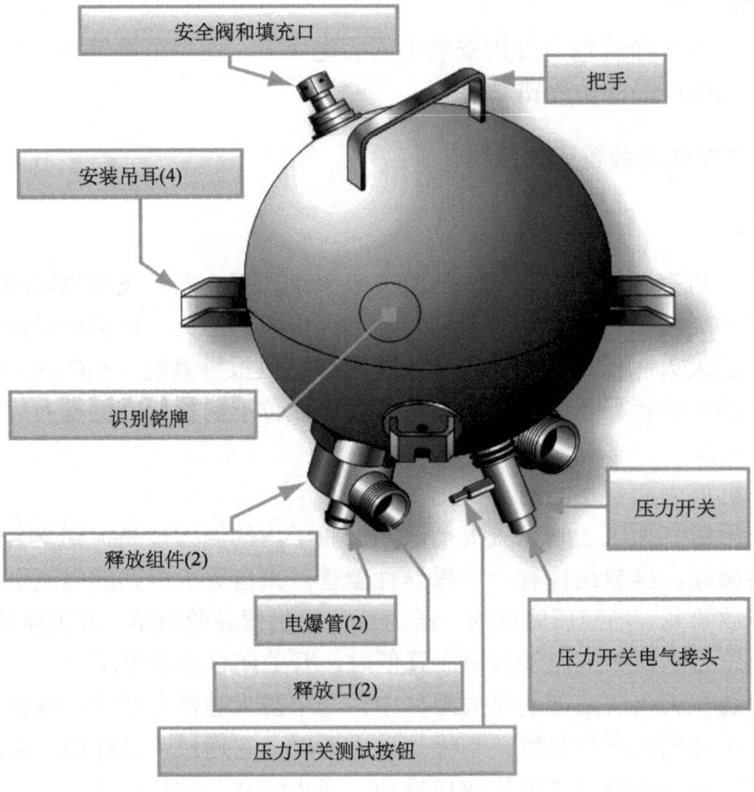


图 2-15　灭火瓶

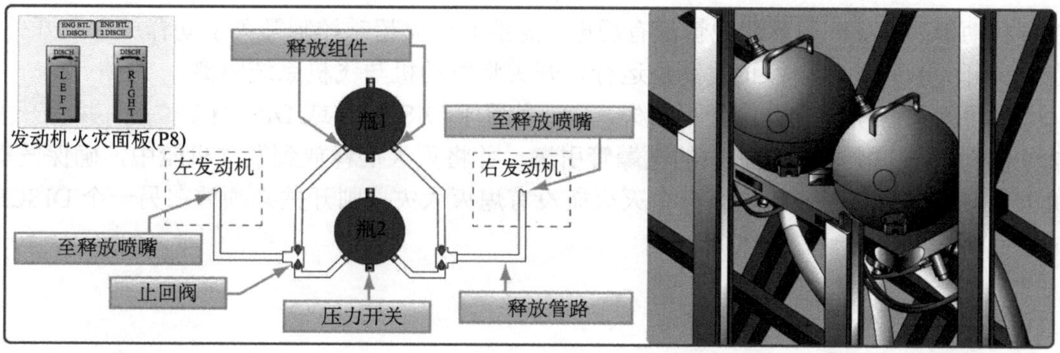


图 2-16　灭火瓶位置

### 2. 发动机火灾开关

发动机防火板位于驾驶舱内。发动机防火板每个发动机都有一个火灾开关，每个灭火瓶都有一个释放指示灯。

发动机火灾开关有四个功能：发出发动机火灾指示、停止发动机、将发动机与飞机系统隔离、控制发动机灭火系统。

火灾开关组件包含一个螺线管，用于锁定火灾开关，使飞行机组不能意外拉扯。如果发动机发生火灾，则警告灯亮起，电磁阀通电以释放开关。当螺线管通电时，可以拉动火灾开关。

当火灾探测系统发生故障或螺线管有故障，飞行机组人员想扑灭发动机火灾时，必须手动按下火灾超越控制开关。火灾超越控制开关允许在螺线管未通电时拉动火灾开关。当火灾开关被拉动时，开关触点操作停止发动机并将其与飞机系统的电路隔离。拉动开关时，可以将其向左或向右旋转至灭火剂释放位置。开关的释放位置有机械限位装置。旋转开关可闭合灭火系统电路，进而操作灭火瓶释放。

当火灾开关被拉动时，有如下动作响应将相关飞机系统与发动机隔离：

① 关闭燃油柱塞阀；

② 发动机燃油计量单元（FMU）切断电磁阀；

③ 关闭发动机液压泵截止阀；

④ 减压发动机驱动液压泵阀；

⑤ 关闭压力调节器和截止阀；

⑥ 从推力反向器隔离阀消除电力；

⑦ 发电机区域跳闸；

⑧ 备用发电机区域跳闸。

### 3. 发动机火灾下的操作

如果发动机发生火灾，发动机火灾探测系统会在飞行驾驶舱内发出火灾信号。发动机火灾警报灯亮起，以确定用于灭火的火灾开关。火灾开关中的螺线管通电并释放开关，以便拉动消防开关。如果螺线管没有通电，需推动火灾超越控制开关手动释放火灾开关。当火灾开关被拉动时会停止发动机运行，开关将发动机与飞机系统隔离。

如果开关拉动时火灾信号不消失，将开关置于 DISCH 1 或 DISCH 2 位置，并将开关按住停止 1s。这会将灭火瓶中的电爆管引爆，并将灭火剂释放到发动机舱中，确保发动机灭火瓶释放灯亮起。如果第一个灭火瓶没有熄灭火灾，则开关必须放在另一个 DISCH 位置，这将释放另一个灭火瓶。

4. APU 防火系统

APU 防火系统在设计上与发动机防火系统相似，但有一些差异。APU 经常在飞行甲板上没有人员操作。APU 防火系统可以在发动机不运行的情况下以无人值守的方式在地面上运行。如果 APU 在无人值守模式下发生火灾，灭火瓶将自动释放。当至少一台发动机正在运行时，APU 在待机模式下运行。如果在此模式下有 APU 发生火灾，机组人员将手动释放灭火瓶。火灾开关位于货舱火灾/发动机控制面板上，APU 关停面板位于飞机前部的起落架上。

如果发生 APU 火灾，APU 火灾探测系统发出火灾信号并自动停止 APU。APU 火灾警告灯亮起，以确定正确的火灾开关用于扑灭火灾。火灾开关中的螺线管释放开关，使其可以拉起。如果 APU 正在运行，则当火灾开关被拉动时停止，并将 APU 与飞机系统隔离开来。如果火灾信号不会随着开关切换而消失，需将开关拨到左或右 DISCH 位置。将开关置于放电停止位置 1s。这会引起灭火瓶开启，并将灭火剂释放到 APU 舱内。然后确认 APU 灭火瓶的释放指示灯是否亮起。

## 2.4 灭火剂浓度测试技术

飞机防火系统是针对机舱内发生火灾初期，对火源进行有效的探测、灭火及指示控制的系统。防火系统中的灭火子系统包括发动机灭火管路、辅助动力装置灭火管路、货舱灭火管路及盥洗室自动灭火装置等[12]。当探测器检测到机舱内发生火灾时，灭火子系统将气体灭火剂喷射到机舱空间内，进行火灾抑制。灭火剂喷射后为达到良好的灭火效果，其在空间分布的体积分数及持续时间需要满足相关规范的要求。

CCAR-25 第 25.1195 条规定：必须通过试验演示，在飞行中临界的气流条件下，灭火剂的数量和持续喷射时间都足以扑灭任何可能发生的火灾。GJB3275—1998 飞机灭火系统安装和试验要求规定 Halon 1301 灭火剂在触发喷射后，其响应时间及浓度要满足以下要求：作用区所有部分中形成的灭火剂体积分数至少为 6%，灭火剂浓度在作用区的所有部分中持续时间应不小于 0.5s。为了检测飞机灭火管路是否满足上述标准的规定，需要使用灭火剂浓度测试设备对机舱内的气体灭火剂浓度进行测试。由于我国对飞机防火系统的研究起步较晚，国内的实验设备和验证技术几乎处于空白，国内飞机进行灭火系统验证实验使用的灭火剂浓度测试设备依赖于租用国外设备[13]。

综上所述，气体灭火剂浓度测试设备在飞机发动机舱、干舱等灭火系统设计及性能评价方面具有重要作用，进行灭火剂浓度测试方法及设备研制的工作对于降低测试成本、促进飞机灭火系统自主研发具有重要意义。本节将介绍基于压差原理、热线/热膜原理、红外吸收原理的灭火剂浓度测试技术，并在本节的最后给出使用压差原理灭火剂浓度测试设计进行飞机发动机舱灭火剂用量优化的一个实例。

### 2.4.1 基于压差原理的灭火剂浓度测试技术

动力装置舱内灭火剂浓度分布的探测分析是飞机灭火系统有效性验证必不可少的一环，当前已知通过 FAA 认证用于 Halon 1301 灭火剂浓度探测的设备有两种，包括早期美国空军赞助研发的 Statham analyzer 系列，以及后期发展的 Halonyzer 系列。这两种灭火剂浓度探测设备都是基于压差原理开发的。本节将对基于压差原理的灭火剂浓度测试技术进行介绍。

#### 2.4.1.1 探测设备的发展

飞机灭火系统有效性验证的必要需求和灭火浓度探测设备的最早发展可追溯到 1946 年美国空军的一项报告和 1952 年 Yanikoski 发表专利，文中详细地描述了探测设备的基本组成和原理[14]，图 2-17 为早期灭火剂探测设备的结构图（来源：Yanikoski 专利）。该报道和专利是现用浓度探测设备的雏形，为后续灭火剂探测设备的发展提供非常重要的理论基础。

下面分别介绍图 2-17 中各部分的意义。

1——恒温控制开关（thermostatic switch），作用：恒温控制。

2——加热圈（heater winding），作用：保证内部部件始终维持在一个恒定的温度值。

3——隔热部件（insulation），作用：降低设备内部与外界的热交换。

4——蓄热器（heat reservoir），作用：防止温度波动。

5——进口部件（inlet fitting），作用：防止设备内部与外部部件（如过滤器、干燥器、饱和器、化学吸收器等前期准备设备）的直接相连。

6——热交换器（heat exchanger），最好采用多孔金属（使用这种材质采样气的温度改变可达到 200℉），但是也可以使用多孔陶瓷、玻璃或者其他材料，作用：高效加热通过它的采样气。

7——保持器（retainer），由任何导热的材料制成，最好是锥形孔，多孔金属 6 固定在里面。

8——细小填充材料（individual pieces）。

9——保持器（retainer），当中填充有 8。

10、11——栓塞（plug），作用：可以通过采样气，留住固体 8。

12——垫片（gasket），作用：密封，而且在 4 和 7 之间确保传热的高效。

13——限制器（restriction），是由多孔金属材料制成，它的横截面上有很多流动通道。因为很多原因，多孔金属是最好的，当然还可以用多孔陶瓷、玻璃或者其他材料。

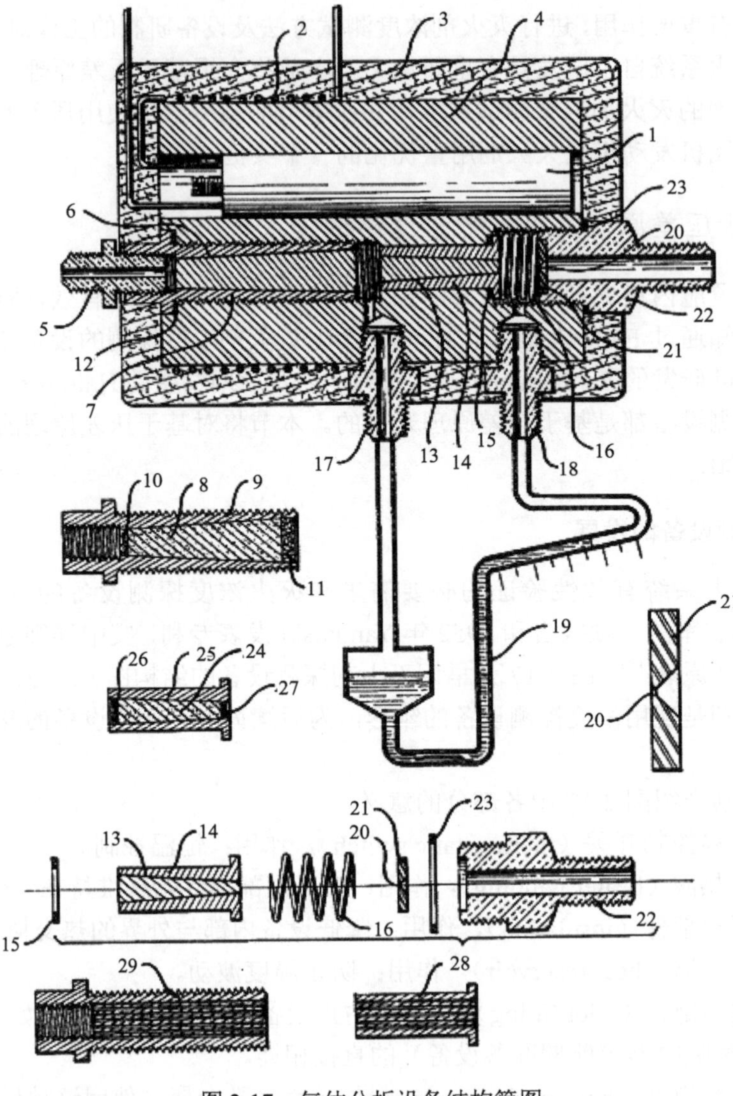


图 2-17　气体分析设备结构简图

14——保持器（retainer）。

15——垫片（gasket）。

16——弹簧（spring），作用：14 紧紧地抵住垫片 15，通过 16，最好是易于拆卸，这样可以在 4 中替换保持器。

17、18——提供连接可测量 13 中压力降的任何合适设备的连接方法。

19——压力计（manometer）。

20——孔口（orifice）。

21——孔板（orifice plate）；在 20 通过采样气的大小，实际上与采样气产生的绝对压力无关（阻塞流效应），孔口下方流体的绝对压力不超过孔口上方绝对压力的 1.5 倍。

22——出口部件（outlet fitting），作用：一方面固定孔板 21，另一方面绝热可以连接后端的泵设备。

23——垫片（gasket），作用：防止 22 处漏气。

24——颗粒物质（particle of material）。

25——保持器（retainer）。

26、27——栓塞（plug）。

28——限制器（restriction），内部为单一或者多毛细管孔道结构，在这种情况中，包含有金属塞。

29——热交换器（heat exchanger）由导热材料做成，内部为单一或者多孔道结构。

第一代灭火剂浓度探测设备为 Statham analyzer Model GA-1，图 2-18 为 Model GA-1 结构物图，1953 年 New 和 Middlesworth 对其进行了大量评估实验[15]，实验内容包括：

① 二氧化碳、溴甲烷、溴氯甲烷探测校准；

② 对 B-45 发动机的二氧化碳灭火系统进行了大量的评估；

③ 飞行实验验证。

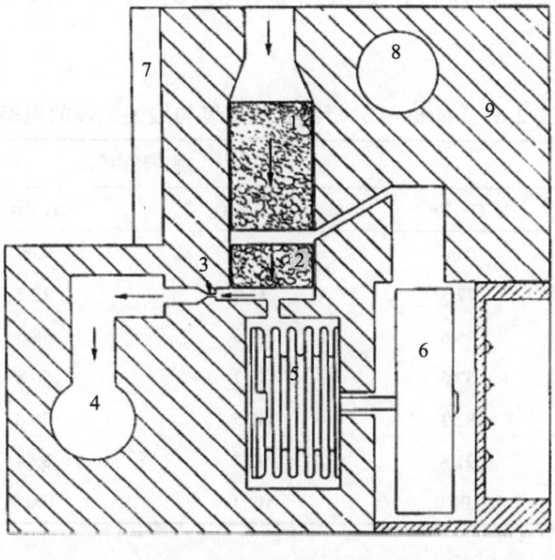


图 2-18　Statham analyzer Model GA-1 结构图

1-温度调节多孔结构；2-压降多孔结构；3-孔板；4-真空歧管；5-压敏波纹管；6-STATAAM 应变计；7-加热元件；8-恒温装置；9-金属装配总成

通过他们的工作可以看出，Model GA-1 共有 2 个分析单元，每个单元有 9 个探测通道，可实现对 18 个采样点处灭火剂浓度的实时探测。通过对二氧化碳探测实验中发现，设备对 100%二氧化碳浓度变化的响应时间为 0.1s（T95），而且当使用 1.8m 的采样管时，响应时间会增加到 0.25s，设备测量误差不超过±3%FS。他们还研究了压力和湿度的影响，研究发现除非在极端环境下，否则不需要考虑这两种因素的影响。遗憾的是作者并没有提及实验中探测设备的操作温度。研究中假定设备对浓度的改变是线性的，通过下面的公式确定：

$$\%\text{Agent} = 100\frac{\Delta P_{\text{air}} - \Delta P_{\text{mix}}}{\Delta P_{\text{air}} - \Delta P_{\text{agent}}} \tag{2-1}$$

式中，$\Delta P$ 为压降，下标 air、agent 和 mix 分别表示空气、纯灭火剂以及不知浓度的混合物。但是在研究中发现实验值与理论值有一定的偏差。其中在 25%~75%浓度范围内，二氧化碳的偏差小于 5%。

1959 年，Hough 对 Statham analyzer 的响应进行了更细致的分析工作[16]。分析仪器与 New 和 Middlesworth 所使用的系统不同，系统更改为 12 路通道，且操作温度为 116℃。不同于前面的研究，他认为灭火剂的响应并非是线性的，通过代入已知的气体性质（动力黏度、比热比、相对分子质量）他计算了 $CF_3Br$、$CF_2Br_2$、$CH_2BrCl$、$CO_2$ 气体的 $\Delta P_{agent} / \Delta P_{air}$，结果显示在表 2-6 中，并分析了灭火剂实际浓度为 10%、20%、40%、60%、80%时线性假设引入的误差，结果如表 2-7。通过对实验结果的分析发现使用方程（2-1）获得的浓度值与实际值有很大的区别，有的偏差甚至超过了 100%，而造成这种偏差，主要是动力黏度和比热比引入的。根据分析结果作者给出了不同气体的浓度转换表，将线性方程求得的相对浓度乘以转换系数所获得的修正后的浓度与实际值之间的偏差不超过 1%。

**表 2-6　Statham 分析仪实际浓度与线性假设的偏差**

| 灭火剂摩尔浓度/% | 理论预测值 | | | |
|---|---|---|---|---|
| | $CF_3Br$ | $CF_2Br_2$ | $CH_2BrCl$ | $CO_2$ |
| 0.00 | 0.00 | 0.00 | 0.00 | 0.00 |
| 10.0 | 27.3 | 31.9 | 22.5 | 14.8 |
| 20.0 | 45.6 | 50.0 | 38.3 | 23.6 |
| 40.0 | 67.5 | 70.7 | 60.8 | 45.8 |
| 60.0 | 82.3 | 83.5 | 76.8 | 65.7 |
| 80.0 | 91.8 | 92.7 | 89.4 | 83.4 |
| 100.0 | 100.0 | 100.0 | 100.0 | 0.319 |

**表 2-7　不同灭火剂下 Statham Analyzer 的 $\Delta P_{agent} / \Delta P_{air}$**

| 灭火剂 | 预测值[15]（New 和 Middlesworth） | 实验值[15]（New 和 Middlesworth） | 预测值[16]（Hough） | 实验值[17]（Demaree 和 Dierdorf） |
|---|---|---|---|---|
| $CO_2$ | 0.64 | 0.73 | 0.729 | 0.717 |
| $CH_2BrCl$ | 0.375 | 0.51 | 0.400 | 0.395 |
| $CH_3Br$ | 0.316 | 0.40 | | 0.466 |
| $CF_3Br$ | | | 0.403 | 0.401 |
| $CFBr_2$ | | | 0.328 | 0.319 |

同年，Demaree 和 Dierdorf 对 Statham analyzer Model GA-2A 的操作提供了详细的安装操作程序，包括飞行实验测试指导[17]。Model GA-2A 设备工作原理与先前设备相同，实物图如图 2-19。相对于早期设备，该设备采用 6.4mm 内径的采样管，为了避免设备的阻塞，采样管的末端添加了过滤器。同 Hough 一样，方程（2-1）用于计算相对浓度，之后再用修正曲线进行修正，从表 2-7 中可以看出与 Hough 相比，他们之间的结果是类似的。

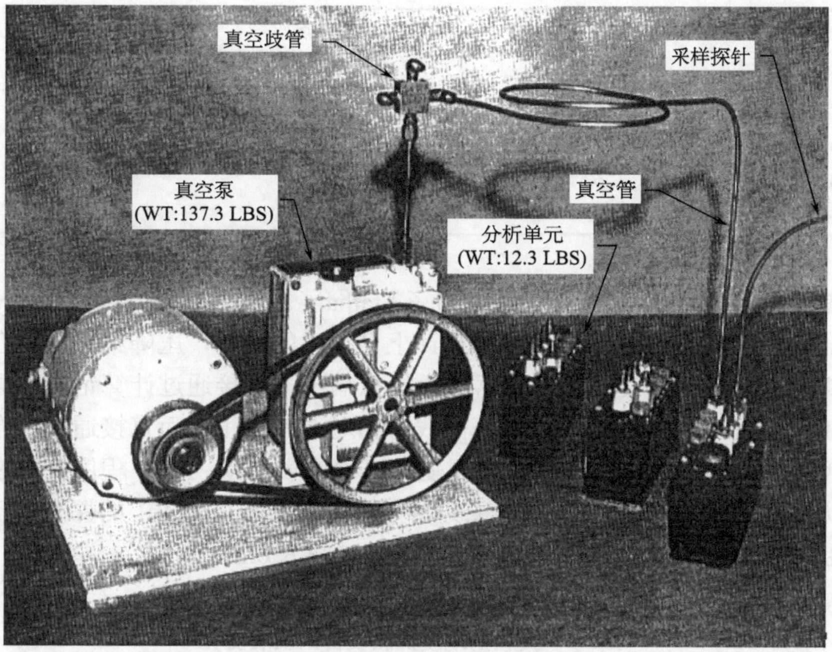


图 2-19　Model GA-2A 实物图

Demaree 和 Dierdorf 还给出了重要的浓度转换曲线，通过该曲线可以将浓度转换成体积或者质量浓度。通过对灭火系统的研究，他们提出飞机舱灭火标准：12 个采样点处灭火剂浓度同时维持在高于最低灭火浓度的时间不少于 0.5s。

1970 年 Chamberlain 介绍了飞机灭火系统有效性验证实验中 Statham analyzer Model GA-2A 的安装和测试程序，这份报告是 AC20-100（1977 年）的前期报告[18]。作者提供了设备的一些信息，并讨论一些前面实验的发现，实验处理分析方法与 Demaree 和 Dierdorf 一样。不同于前述研究，该报告中研究了不同采样管长对延迟时间的影响。研究发现延迟时间与管长大致呈正比，随着管长的增加而增加，对于 9.1m 的管长，延迟时间为 4.4s，这个结果表明管道的流速大约是 2.1m/s。

1959~1968 年，FAA 无偿为需要做飞机灭火剂浓度系统评估的组织机构提供灭火剂浓度探测设备和专业操作人员，进行了大量的飞机灭火系统有效性验证实验，对垂直起降飞机、短距离起降飞机、直升机、大型运输类飞机、军用飞机、涡轮喷气式飞机、涡轮螺旋桨飞机以及活塞式飞机的灭火系统进行了评估实验。通过该评估项目，FAA 获得了大量的实验数据，这为建立灭火剂浓度探测设备的安装和使用准则提供了重要依据。这段时间之后，FAA 不再进行评估实验，而是转交于收取一定费用的私人公司。1977 年 AC20-100 发布，作为建议性的材料，总结了之前的研究，给出了详细的飞机灭火剂浓度探测实验规范，并给出了飞机灭火系统的最低灭火浓度，如表 2-8 中所示。

**表 2-8　灭火剂的最低灭火浓度**

| 灭火剂 | 质量浓度/% | 体积浓度/% | 相对浓度/% |
|---|---|---|---|
| $CO_2$ | 49 | 37 | 40 |
| $CH_3Br$ | 30 | 11 | 15 |
| $CH_2BrCl$ | 36 | 11 | 25 |
| $CF_2Br_2$ | 26.5 | 5 | 15 |
| $CF_3Br$ | 22 | 6 | 15 |

随后 Pacific Scientific 重新设计和制造了 Statham analyzer，也就是 Halonyzer，其与 Statham analyzer 工作原理相同，但是在设计上又很大的不同，压降结构从多孔塞更换为一系列毛细管，而且不再使用记录仪器作为模拟输出，直接通过计算记录数据，采样速率为 100Hz。除此之外，不再通过修正曲线对相对湿度修正，而直接通过拟合公式来计算实际浓度。灭火剂浓度探测设备的发展变化可参阅表 2-9。FAA 程序建议使用体积浓度评估灭火剂。探测器的设备文件表明该系统只适用于 Halon 1301 的探测验证，且探测器对 100% 空气变化到 100% Halon 1301 的响应时间为 0.25s。

**表 2-9　灭火剂浓度探测设备的发展变化**

| 发明人或所有者 | 美国空军 | New 和 Middlesworth | Hough | Demaree 和 Dierdorf | Chamberlain | William Meserve 和 Duane |
|---|---|---|---|---|---|---|
| 型号 | 专利 | Model GA-1 | Model GA-2A | Model GA-2A | Model GA-2A | Halonyzer |
| 年份 | 1947 | 1953 | 1959 | 1959 | 1970 | 1995 |
| 操作温度 | 37.8 | 未知 | 116℃ | 121.1℃ | 121.1℃ | 121.1℃ |
| 探测通道 | | 18 路 | 12 路 | 12 路 | 12 路 | 12 路 |
| 响应时间 | | 0.1s（$CO_2$,T95） | | | | 0.25s（$CF_3Br$,T95） |
| 探测气体类型 | $C_6H_{14}$<br>$C_4H_{10}O$<br>$CCl_2F_2$<br>$CH_3Br$<br>$C_2H_2$<br>$CO_2$<br>空气<br>$H_2$<br>He | $CO_2$<br>$CH_3Br$<br>$CH_2BrCl$ | $CF_3Br$<br>$CF_2Br_2$<br>$CH_2BrCl$<br>$CO_2$ | $CF_3Br$<br>$CF_2Br_2$<br>$CF_3Br$<br>$CH_2BrCl$<br>$CO_2$ | | $CF_3Br$ |
| 是否可飞行实验 | 否 | 是 | 是 | 是 | 是 | 是 |

#### 2.4.1.2 设备工作原理

灭火剂浓度探测设备根据不同气体流经分析仪后所产生的压降不同所研制。真空泵将采样气体从采样点通过采样管运输到分析仪当中，分析仪内部恒温，输运的气体在到达分析仪之前，会经过换热器使气体温度达到与分析仪温度一致。气体在分析仪内流动时，首先通过压降单元，经过这个单元后，由于气体性质会产生一定的压降，并且压降满足如下方程：

$$\Delta P_{\text{agent}} = C\mu Q_V$$

式中，$\Delta P_{\text{agent}}$为通过压降单元的压降，$C$为常数，$Q_V$为气体的体积流率。该压力降就是需要采集的信号，随后气体通过音速喷嘴由真空泵排出。当温度为恒定时，通过喷嘴的流量满足如下方程：

$$Q_V = C_2\sqrt{\frac{1}{M}}\sqrt{k\left(\frac{2}{k+1}\right)^{\frac{k+1}{k-1}}}$$

式中，$C_2$为常数。

注意到$\mu$、$M$、$k$为气体性质，可以表示为气体浓度的方程，合并上述两方程，并将气体性质相关项用$G(x)$表示，那么压降可以表示为

$$\Delta P_{\text{agent}} = CG(x)$$

#### 2.4.1.3 探测设备组成

Halonyzer-2 灭火剂浓度探测设备结构如图 2-20 所示，尺寸如表 2-10 所示。它由 1 个处理器、1 个真空泵以及 3 台四通道的分析仪组成。处理机用于灭火瓶释放开关的控制，以及采集并处理 3 台分析仪测得的实验数据，分析仪一端连接真空泵，为其提供足够的真空度，保证浓度探测的准确性，另一端连接采样管，将采样点处的气体通过采样管传输到分析仪内。

其主要性能指标[19]如下：

测量的气体：Halon 1211、Halon 1301、Halon 1202 以及 $CO_2$ 在空气中的浓度

浓度范围：0~100%

采集速率：（10ms~1s）/次

采样通道：12 路

海拔高度：0~3048m

工作温度：7.2~37.8℃

工作相对湿度：25%~75%

被测气体温度范围：–17.8~73.8℃

被测气体相对湿度：10%~90%

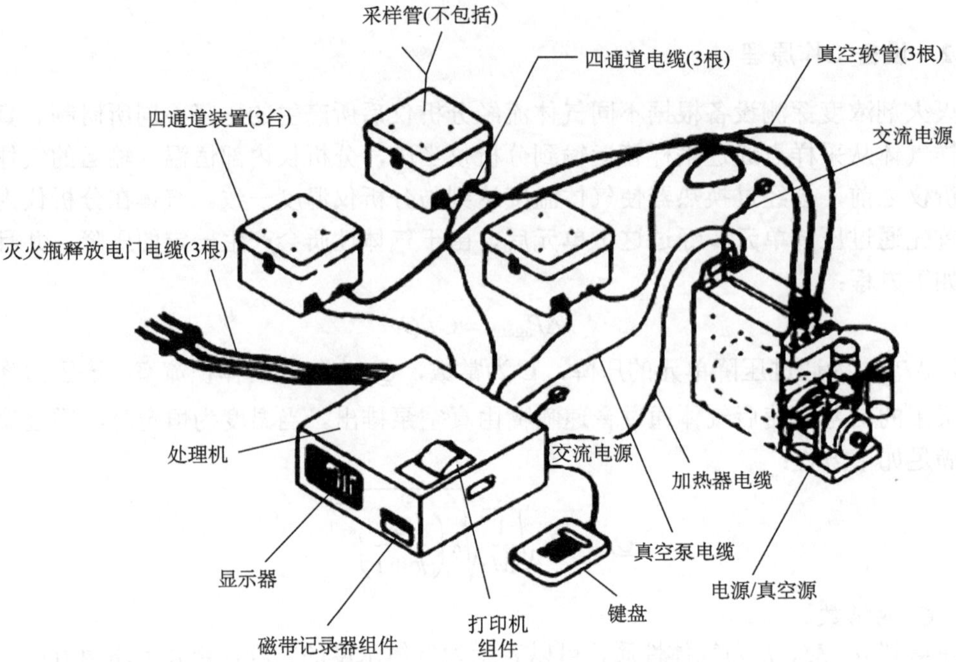


图 2-20　Halonyzer-2 灭火剂浓度探测设备示意图

**表 2-10　灭火剂浓度分析仪的组成与尺寸**

| 名称 | 数量 | 外形尺寸/mm | 单件重量/kg |
|---|---|---|---|
| 四通道装置 | 3 | 254×254×110 | 8.2 |
| 处理机/键盘 | 1 | 处理机：508×457×254<br>键盘：140×89×38 | 0.45 |
| 电源、真空泵 | 1 | 533×457×254 | 36.8 |
| 采样管 | 12 | — | — |
| 真空管组件 | 3 | $l$=6080 | >2.95 |
| 四通道装置电缆 | 1 | $l$=6080 | >2.95 |
| 加热器电缆 | 1 | $l$=3040 | >0.68 |
| 真空泵电缆 | 1 | $l$=3040 | >0.68 |
| 释放开关电缆 | 1 | $l$=6080 | 3.08 |

### 2.4.1.4　设备安装[20]

1. 采样点位置

灭火剂采样位置的合理布置对实验测试非常重要。灭火剂浓度探测设备采用 12 路探测，在浓度探测中应当合理考虑并选择采样区域，以获得最佳的实验数据。

采样位置不需要在发动机舱中对称或均匀分布。采样点应当位于存在油料和引火源的区域、会阻碍灭火剂分布的发动机组件区、会稀释灭火剂浓度的空气流动区、热空气管附近区域以及发动机舱中位置较低区域，这些区域容易聚集易燃物。

初步调查灭火剂浓度的总体分布时，可以采用较长和较短两种方法中的任意一种，再根据全局的调查结果确定进一步探测的位置，或者灭火剂喷嘴是否需要调整位置。

较长发动机舱探头布置方式如图 2-21，将 12 路探测通道沿发动机平均分配到 4 个圆环位置，每一圆环中布置三个探头，探头之间间隔 120°，后一圆环与前一圆环相比，探头位置沿发动机轴向旋转 60°。较短发动机舱探头布置方式如图 2-22，将 12 路探测通道沿发动机平均分配到 3 个圆环位置，每一圆环中布置四个探头，探头之间间隔 90°，后一圆环与前一圆环相比，探头位置沿发动机轴向旋转 45°。

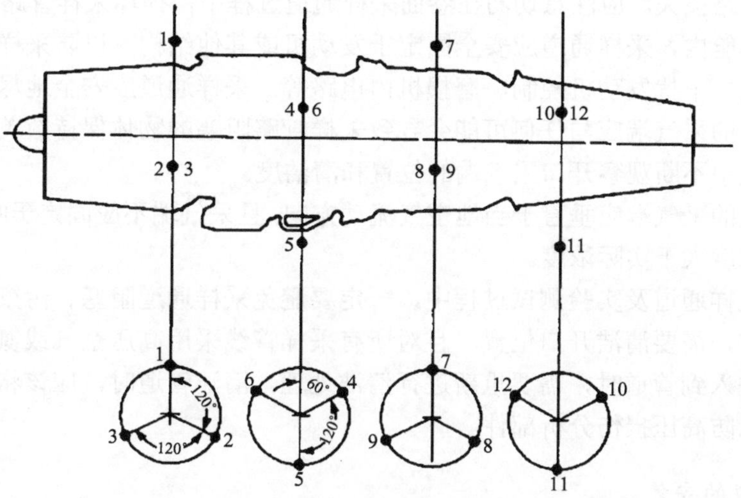

图 2-21　较长发动机舱探头位置布置方式

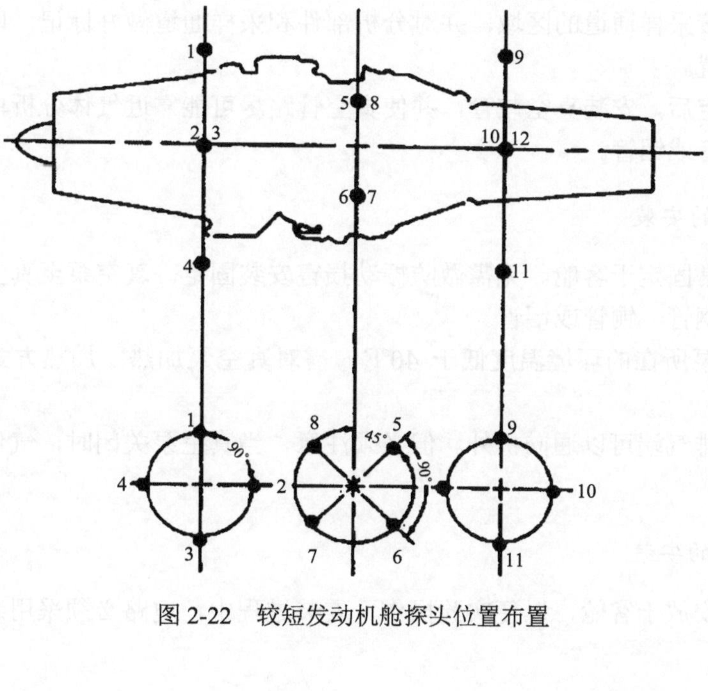

图 2-22　较短发动机舱探头位置布置

对于上述两种布置方法，探头可从任意圆环、任意角度开始布置。而且，可以通过偏离圆环的位置（或者角度）以及改变径向距离，实现在不打乱整体布局的情况下对火灾危险区域（或者浓度干扰的区域）的探测。

2. 采样管道

12 路采样通道的长度必须保持一致，以确保从采样点到分析仪气体流动的延迟时间相同。首先确定最长采样通道的长度，据此确定其他通道长度。采样通道过长则应当卷起放置在不干扰气流和浓度分布的区域，最好置于探测区域外。卷曲放置时需保证足够直径以降低管路损失。应注意切勿在卷曲采样通道过程中，损坏采样管路。

在发动机舱内，采样通道应安全固定于发动机或其他结构，以防采样通道滑移导致采集数据错误、干扰发动机控制、磨损机内电路等。采样通道应安全地尽可能靠近自由端。采样通道的采气端应与任何可能会导致采样管路阻塞的物体保持数英寸距离。应在整个实验过程中不断观察开口采气端的位置和清洁度。

采样通道的采气端应垂直于当地空气流动方向，且采气端不应固定于喷嘴附近位置，以防所测得浓度大于实际浓度。

在安装采样通道及实验测试过程中，一定要避免采样通道阻塞、污染。采样通道连接分析部件前，需要清洁开口位置，且对所有采样管线采用高压空气或氮气清洁。当可能有污染物进入到管道时，需要重新进行清洁处理。清洁管道时，应该将采样管从分析仪中取下，以防高压损伤分析部件。

3. 分析仪的安装

分析仪必须安全固定，以防止震动对传感器组件造成损伤。分析仪应放置于发动机舱外面方便连接采样通道的区域，并对分析部件和采样通道做好标记，以便根据标记区分舱内探测位置。

分析仪固定后，安装真空歧管，并使真空管路尽可能靠近气体分析单元。真空管路应采用无缝铜管或铝管。

4. 真空泵的安装

真空泵通常固定于客舱。无需做防振动损害安装固定。真空泵至真空歧管的连接管路可采用不锈钢管、铜管或铝管。

如果真空泵所在的环境温度低于 40℉，需对真空泵加热。加热方式可采用热吹风系统。

真空泵的排气端可以通向机外。但必须注意，当真空泵关闭时，气体不会从排气端倒流回设备内。

5. 处理机的安装

处理机应安放于客舱，以便实验操作。安装过程中，电路必须采用装配式（设备配有电路图）。为了实现灭火剂喷射的同步，工作状态指示器通过继电器与飞机灭火剂释放开关连接。

#### 2.4.1.5 操作步骤[20]

灭火剂浓度设备安装到飞机上后，首先应依据设备说明书进行完整的地面测试实验。操作过程中必须将灭火剂分析部件恒定在特定工作温度，若使用预加热采样管，加热开关应在采样分析部件达到工作温度后开启，由于预加热采样管具有较小的热质量，几分钟内即可达到操作温度。探测设备达到操作温度和真空泵开启后，对设备进行调零。随后在灭火剂浓度探测设备的工作状态下，对每一路进行检查，以确保采样分析正常运行。检查可采用下述方法，用一小型二氧化碳灭火器将二氧化碳到释放到一塑料袋中，然后将装有二氧化碳的塑料袋放置到采样通道气体入口端，从而实现对各个采样通道的检查。这种方法可以避免因气体扩散而对其他通道检查造成干扰。

① 灭火剂释放控制也应该在浓度探测实验前检查。首先将灭火瓶释放阀与灭火剂释放开关断开，随后激活灭火剂释放开关，如果工作正常那么在处理机中可以看到相应指示。

② 实验测试进行的飞行条件根据实验要求决定。

③ 浓度测试实验通常是在起飞时或正常的巡航状态下进行。一些情况下，可进行地面实验，通过向发动机中引入合适的气流来模拟航空状态。如果地面实验可行，将节省大量时间和费用。

④ 飞行状况下的灭火剂浓度测试，需要在飞机离开地面前将灭火剂浓度探测设备加热至工作温度，否则探测设备的预热将会延长航行时间。飞机达到实验要求海拔后，必须对设备情况进行最后一步的核查，此时处理机打开，真空泵间歇工作。

⑤ 浓度测试实验中，应设定应急火灾关闭程序。在灭火剂喷射开关激活之前至少20s时，打开处理机开始记录实验数据。在灭火剂释放前大约20s时，打开真空泵。灭火剂释放后，设备应该保持运行大约30s。在此期间，同时记录环境的温度、压力和湿度。根据上述操作步骤，在每次实际浓度测试前，对100%的纯空气标定。

### 2.4.2 基于红外吸收的灭火剂浓度测试技术

#### 2.4.2.1 研究背景[21]

在实际应用中，为了满足验证试验的需求，Halon 1301灭火剂及其替代物的浓度测量设备的响应时间应达到毫秒级别[9]。例如，在弹片击穿飞机油箱而引发的燃油泄漏场景中，为了避免燃油燃烧爆炸产生更大的危害，灭火剂应能在30ms内快速充满干舱内部空间。目前，Statham和Halonyzer两种灭火剂浓度测试设备的响应时间均大于200ms，显然，这两种设备无法满足干舱中灭火剂释放时的浓度测试需求。因此研制出一种响应时间更短的Halon及其替代灭火剂浓度测试设备，对于飞机灭火系统的性能测试实验及改进有重要意义。为满足这一需求，研究人员基于红外吸收原理，对气体灭火剂浓度测试方法进行一系列新的研究。红外吸收法气体浓度测量的原理为：当红外光束照射某物质时，其分子将吸收部分光能并将其转化为振动和转动能量。其中，分子的振动频率与分子的结构特性有关。物质对红外光的吸收是有选择性的，当红外光的频率等于分子振动频率时才会被物质吸收。单原子分子及对称分子没有偶极矩，不具有红外吸收性，非对称双原子和多原子分子气体在红外波段均具有特征吸收峰。物质对红外光的吸收遵循朗伯-比尔定律：一束平行单色光垂直通过均匀非散射气体，在通过一定厚度的气体后，由于气体分子吸收了一部分光能，透射光的强度就要减弱，而且气体的浓度和厚度越大，气体对光强的吸收作用越显著。根据朗伯-比尔定律，通过测量入射光强、出射光强就可以测得目标气体的浓度。目前，基于红外吸收法的气体灭火剂浓度测试设备主要有FEAS、DIRRACS I 及 DIRRACS II 三种。下面，将对这三种设备的原理及构造进行分别介绍。

1. 灭火剂浓度探测器（FEAS）

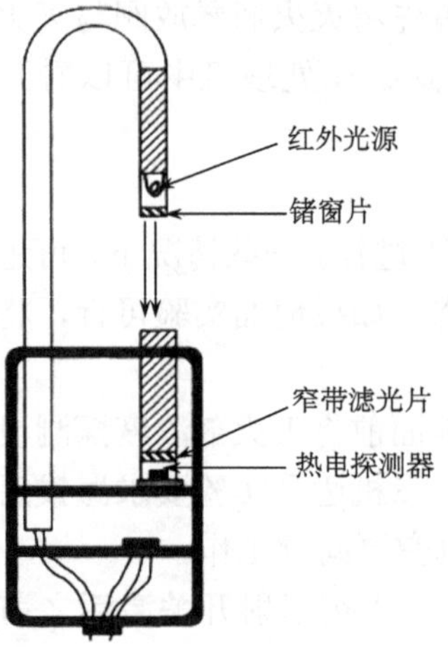

图 2-23　FEAS 灭火剂浓度探测器结构图

1992 年，Brown 和 De Stefano 成功研制出一种基于红外吸收法的灭火剂浓度探测器 FEAS（fire extinguishing agent sensor），该设备结构图如图 2-23 所示，由红外光源、锗窗片、探测通道、红外窄带滤光片、热释电探测器及放大器组成。其中，窄带滤光片的中心波长为 8.2μm，透过率为 73%，该设备满足对含 C—F 键的气体灭火剂的测试需求；光源由交流电源供电，探测器和放大器由±15V 直流电源供电。由于使用了热释电探测器，FEAS 探测器只对接收到红外光的变化产生响应，因此具有不受外界光线影响、无需机械斩波片等优点。

为了测试表征 FEAS 性能，使用 3 支 FEAS 灭火剂浓度探测器在空间喷射 HFC-227ea 气体灭火剂后进行了浓度测试。实验中 FEAS 出现了较大的噪声且有输出值饱和等现象。FEAS 设备的结构简单，可用于气体灭火剂浓度的定量测试，但该探测器的响应时间及测量精度无法满足在飞机干舱的实验需求，FEAS 探测器的性能有待进一步的提高与改进。

2. 第一代差分红外快速灭火剂测试设备（DIRRACS I）

FEAS 灭火剂浓度探测器并不提供灭火剂浓度测试时响应时间级别达到数毫秒的需求，针对上述不足，研究者在设备设计中加入了斩波器。斩波器对测试设备的性能提高主要有以下几方面：①只需在某一频率下进行标定；②可通过增大斩波频率来提高探测器输出信噪比；③探测器无需具有平滑的频率响应。为了使得探测器在 1000Hz 的频率下也能具有较好的信噪比，需要增加探测器中光源的体积、红外窄带滤光片的带宽及红外探测器的体积。根据上述改进要素，研究者研制出了第一代差分红外快速灭火剂测试设备 DIRRACS I（differential infrared rapid agent concentration sensor I）。

DIRRACSI 灭火剂浓度测试设备的结构图如图 2-24 所示，主要由线圈式红外光源、ZnSe 窗片、ZnS 窗片、窄带滤光片、斩波器和红外探测器组成。由线圈式红外光源发射的红外光经过 ZnS 窗片，进入探测气室；被待测气体吸收后从另一侧的 ZnSe 窗片射入探测箱内；斩波器对红外光进行调制，最终由红外探测器接收；红外光源内安装有冷却管线，可以通入氮气进行保护；设备选用了 $LiTaO_3$ 热释电薄膜探测器，并在探测窗口处安装有光收集器，将红外光汇聚到探测窗口上。

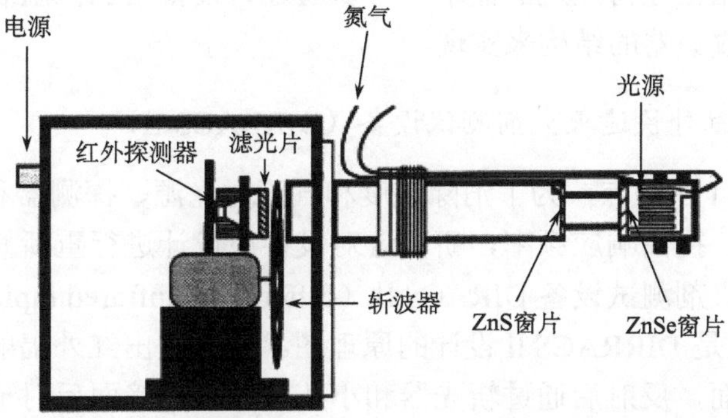


图 2-24　DIRRACS I 灭火剂浓度探测器结构图

设备选用开放式测量，吸收光程的长度约为 2.8cm，可对流经气室的 Halon 1301、HFC-125、HFC-227ea、FC-218 及 $CF_3I$ 等含 C—F 键的气体灭火剂浓度进行测量。该设备的探测管路部分可以从外部深入飞机发动机舱或干舱内约 15cm 进行测试。DIRRACS I 输出信号经过 100 倍放大、滤波后由数字示波器进行采集；采集信号传输至计算机，数据分析软件将采集的信号转化为灭火剂浓度输出并显示。DIRRACS I 最显著的性能改进是其具有高速的数据采集功能，最高可以以 1kHz 的采样频率对测量点处的灭火剂平均浓度进行监测，在该频率下设备的信噪比可达到 100 以上。

赖特-帕特森（Wright-Patterson）空军基地于 1994 年 6 月将两台 DIRRACS I 灭火剂浓度测试设备在模拟干舱内用于 Halon 1301 灭火剂浓度测试实验。实验对模拟舱内 10 个采样点处的灭火剂浓度进行了监测。实验结果表明，DIRRACS I 可以满足干舱及发动机舱内灭火剂浓度测试实验对测量设备的需求。NIST 使用 DIRRACS I 对湍流喷雾燃烧器喷射出的 HFC-125 混合气进行浓度测试，由于喷射气流流速变化对探测结果的影响，DIRRACS I 对 2 个测量点处的灭火剂浓度测量误差高达 33%和 90%。虽然测量的绝对误差相差较大，但对灭火剂释放过程中产生的 240ms 的浓度波动检测效果很好。另外，实验中两点处相对误差分别为 12%和 34%。结果表明 DIRRACS I 在测试过程中表现出较高的信噪比和采样频率，但仍存在较大的测量偏差，有待改进。

FEAS 和 DIRRACS I 均证明了基于红外法的灭火剂浓度测量设备使用黑体红外光源及热释电红外探测器时，其响应时间可达到毫秒级别。FEAS 探测器输出信号与采样频率有关，而且信噪比较低，使用平坦频率响应曲线对 FEAS 进行修正可应用于灭火剂浓度的定量分析。DIRRACS I 与 FEAS 相比，使用了功率更强的红外光源、更大的探测器面积以及更宽的红外滤光片带宽。光学斩波器的使用可以将设备的响应时间降低到数毫秒。DIRRACS I 在标定过程中表现出的平均精度不大于 12%FS，在实际应用中的平均精度不大于 40%FS，另外待测气体的流速对测量精度也会产生较大的影响，设备可用于流速不超过 30m/s 的混合气体的浓度探测。DIRRACS I，有以下两个方面需要改进：①消除或减弱待测气体流速对测量结果的影响，在待测气体体积分数为 30%~100%的范围内，气体高速流动对 DIRRACS I 输出信号产生的误差可达 50%；②减小采样气室的体积，提高空间分辨率。根据上述待改进的需求，可以通过给设备增加恒温装置、使用更高透过率的窗片及优化光收集器的结构来实现。

3. 第二代差分红外快速灭火剂测试设备（DIRRACS II）

针对 DITTACS I 的缺点，为了消除温度和气流对光源、探测器和其他元件的影响，提高信号的信噪比、提高响应频率，研究者对设备原设计进行重新修改，研制出了第二代差分红外快速灭火剂测试设备 DIRACS Ⅱ（differential infrared rapid agent concentration sensor Ⅱ）。图 2-25 是 DIRRACS Ⅱ 设计的原理图。光源发出红外辐射光，发散的光线照射到一个椭圆的镜面，反射后通过斩光器和小孔，经抛物镜面反射形成平行光束，入射光束通过潜望镜装置，经两块 90° 的反射镜后由椭球面反射镜聚焦，经过带通滤波器，最终达到 HgCdTe 探测器上的光敏窗口。DIRRACS II 的关键设计改进有：①使用了潜望镜结构的气室装置，可以有效减少 DIRRACS I 在 10~20m/s 流速时测量的高噪声水平。潜望镜装置也可以将样品腔与其他仪器隔离开，保证测试部分的气流对流和温度变化不会影响到光源及探测器。②使用标准不锈钢真空组件来构建潜望镜系统，降低了系统的振动，该结构与泵吸式光室相比更稳固。③减少吸收光路长度为之前的 1/2，增加仪器可实际测量的最大的摩尔分数（从 0.2 增加到 0.5）。④红外光经过准直后再聚焦到圆孔上，然后通过斩光片，使用快速相应的红外 HgCdTe 探测器可将斩光片的频率调快到 4000Hz。之前的设计使用发散光束、响应较慢的探测器，调制频率被局限到 400Hz。使用了在所

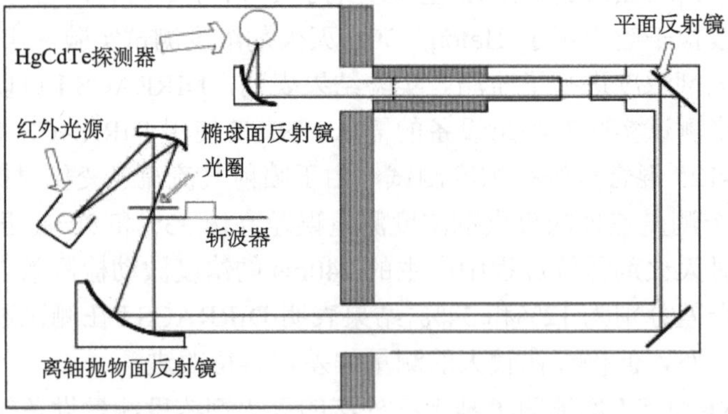


图 2-25　DIRRACS II 灭火剂浓度探测器结构图

需波长范围内的较高亮度的光源，提供了一个更加稳定的信号输出。10 倍的响应频率的提升使响应时间性能得到 10 倍的提高。新型半导体探测器提供远高于任何背景信号的无关辐射来源的频率的方波输出。探测器一次注入液氮冷却即可在 2h 内稳定运行。⑤红外光源放置于机箱内部，减少了由于高速气流流动影响光源温度及振动带来的影响。⑥使用椭圆和抛物线型的反射镜，产生直径为 8mm 的平行光路，最终聚焦在探测器上。背景红外辐射对达到探测器上的红外光的影响甚小（<1%），改进之前来自外墙的黑体辐射的影响达到 50%。

除了在硬件设计上的改进，设备的数据采集与分析部分也进行了改进。DIRRACS I 中数据采集板的采样频率最大为 20kHz，而 DIRRACS II 所使用的数据采集板的采集频率可以调节，最大速度为 250000 样本/s。通常，在给定的存储空间内，可以在一段很长的时间以 128 000 样本/s 的速度采集。数据采集初始化可由内部或外部触发器触发。旧的数据分析方法采用数据后处理方法，至少需要 1h；新的软件采用采集与分析相结合的方法，同时使用高速计算机和新的数据采集板，软件可以在数据采集后 20s 内进行分析并显示结果。软件使用快速傅里叶变换 FFT 方法进行初步过滤，可以去除直流偏移、零漂以及 50/60Hz 的工频噪声。软件使用数字锁相放大器对信号进行滤波放大。

Aberdeen 实验中心在 Bradley 装甲运兵车中使用 DIRRACS II 进行了 11 种灭火剂的释放试验，用于测试在稳定的灭火剂浓度下温度和空气流动对浓度测量结果的影响。在此次实际测量中，DIRRACS II 有以下特点：①响应时间：仪器在灭火剂释放 4ms 内响应，并在少于 10ms 的持续时间内捕获不同测试的结果。②动态范围：仪器测量的 HFC-125 体积分数为 1%~25%，预期精度为 0.005。③多用途：通过替换成与待测气体灭火剂吸收峰相近的滤光片，可以测量任何带有 C—F 键的灭火剂。④稳定性：设备有便携式机箱，可以承受由灭火剂释放产生的振动。通过对 DIRRACS II 加装保护外壳来遮挡潜望镜及其他暴露在外面的设备免受火场中腐蚀性气体如 HF 对其产生的腐蚀、破坏作用，可有效地用于真实火场环境灭火剂浓度的测量实验。

与有多年使用经验的压差原理及热线/热膜原理的灭火剂浓度测试技术相比，红外吸收法灭火剂浓度测试设备的研究还刚刚起步，在诸如光路结构设计、信号处理、设备性能表征及环境影响等方面的研究有待深入研究。与传统的灭火剂浓度测试设备相比，红外吸收法灭火剂浓度测试设备具有快速响应、高测量精度及选择性好等显著优点，能够满足实际应用的需求。目前，DIRRACS II 灭火剂浓度测试设备的研究工作仅围绕 HFC-125 气体灭火剂展开，并且尚未考虑气体温度、湿度等因素变化对测试结果的影响。下面将以 DIRRACS II 灭火剂浓度测试设备为基础，通过理论与实验相结合的方法，对 Halon 1301 气体灭火剂的浓度进行测量。

#### 2.4.2.2 测试方法理论分析

1. 分子红外吸收光谱原理

任何物质的分子都是由原子通过化学键组成的，由于分子内部结构千差万别，其运动状态比原子更加复杂，分子中的原子和化学键都处于不断运动中，主要有两种运动状态：一种是分子中各个原子核在其平衡位置附近的振动，另一种是分子本身绕特定对称轴的转动。分子内部的运动状态决定了分子所带有的能量，并直接影响分子对电磁辐射的吸收与发射。若忽略分子内部各运动状态间的相互影响，则分子内部运动总能量 $E$ 可视为电子能级能量 $E_e$、原子振动能量 $E_v$ 和分子转动能量 $E_r$ 的和。由于分子内部所有能量都是量子化的，当分子在能级之间发生跃迁时，将吸收或发射特定频率的电磁辐射。实际情况中，分子内电子跃迁势必会引起原子间振动状态的改变，而振动状态的变化又将引起转动惯量的增加或减少，从而引起转动状态的变化。因此分子内三种运动状态相互影响，其光谱交错叠加，形成一条光谱带，即分子的带状光谱。

当分子被光线照射时，分子将吸收特定频率的能量，引起能级之间的跃迁。三种运动状态对应的能级跃迁所需的能量不同，激发时所需的电磁波波长也不同。分子光谱据此可分为三个区间段。

① 紫外及可见光区。分子中电子能级跃迁产生的能量差通常在 1～20eV，由电子跃迁产生的吸收光谱主要位于紫外光及可见光区。

② 远红外及亚毫米波区。分子中转动能量差通常小于 0.05eV。分子内电子能级能量和振动能量无变化，仅转动能量发生改变时，其吸收光谱位于 25～1000μm 的远红外及亚毫米波区。

③ 近红外及中红外区。分子中电子能量不变，振动和转动能量发生改变时，将形成分子的振动-转动光谱。分子的振动能量差通常在 0.05～1eV，其基频振动-转动光谱位于 2.5～25μm 的中红外区；而振动的泛频组合频带可能出现在 0.75～2.5μm 的近红外区。

由于上述各能级跃迁所需能量因物质结构而不同，对光的吸收也各有差异，因而可利用这一特性对不同物质进行鉴定分析。绝大多数的化合物（除氮原子这类单原子分子及同核分子外），在红外光谱区都有吸收谱带。凡是具有不同分子结构的两个化合物（光学异构体除外），其红外光谱也不尽相同。红外光谱分析也因其具有特征性强、测定快速、非入侵性、试样用量少、分析灵敏度较高等特点，因此在诸多领域得到了广泛应用。

### 2. 朗伯-比尔定律

朗伯-比尔定律（Lambert-Beer Law）是光吸收的基本定律，根据此定律，当红外光束照射某物质时，其分子将吸收部分特定频率的光能并将其转化为原子振动和分子转动能量。分子的振动、转动频率与分子的结构特性有关，红外光束与分子作用的过程中，辐射只能在振动、转动频率所对应的波长处被吸收，即分子对红外辐射的吸收具有选择性。非对称双原子和多原子分子气体在红外波段均具有特征吸收峰。当红外光通过被测气体时，气体分子吸收光能量，其吸收关系遵循朗伯-比尔定律：一束单色光照射于气体表面，在通过一定厚度气体后，由于气体分子吸收了一部分光能，透过光的强度就要减弱。吸收气体的浓度愈大，气体的吸收光程越大，则光强的减弱越显著。其关系为

$$\lg\frac{I_t}{I_0}=-Kcl \tag{2-2}$$

式中，$I_0$ 为入射光的强度，$I_t$ 为透射光的强度，$K$ 为摩尔吸收系数[L/（mol·cm），$l$ 为吸收介质厚度（cm），$c$ 为气体浓度（mol/L）。由式（2-2）可得

$$c = -\lg\frac{I_t}{I_0} / Kl \tag{2-3}$$

如果已知待测气体的摩尔吸收系数 $K$ 和吸收介质厚度 $l$，就可以通过检测入射光强 $I_0$ 和出射光强 $I_t$ 测得气体的浓度。

3. Halon 1301 气体吸收峰的选择

使用红外吸收法对 Halon 1301 气体灭火剂体积分数进行测试时，首先需要确定该气体在红外波段所具有的明显吸收峰。使用傅里叶变换红外光谱仪测试目标气体样品得到透过率或吸光度随波数或波长变化的红外吸收光谱图，所用测试设备为美国热电仪器公司生产的 Nicolet 8700 傅里叶变换红外光谱仪，光谱范围可达 7800～350cm$^{-1}$（1.429～28.500μm），最高分辨率为 0.09cm$^{-1}$，波数精度 0.01cm$^{-1}$，扫描速度 0.0016～8.8617cm/s，该设备的信噪比较高、重现性好、扫描速度快等，可以满足测试要求。

红外吸收光谱的本质是红外光束与气体分子内部原子振动及分子转动形成共振的结果。当气体分子受到连续波长的红外光照射时，气体分子吸收某些特定频率红外光的能量，使得对应波段的透射光强度减弱，从而形成一系列的红外吸收光谱。同一种气体分子对不同波长的红外光辐射的吸收程度不同，若将不同波长的红外光通过待测气体，逐一测量各波长对应的吸收程度并记录。将数据记录于横轴为波长，纵轴为透过率的坐标系中，可得该气体的红外吸收光谱图。

Halon 1301 的红外吸收光谱图由中国科学技术大学理化实验中心测量得到，如图 2-26。测试中将 Halon 1301-氮气混合气（体积分数为 5%）通入 Nicolet 8700 傅里叶变换红外光谱仪中，扫描波长范围为 1.429～24.99μm，在温度为 25℃、压力为 101.325kPa 的环境下进行测量。根据测试结果及文献[22]记载可知，Halon 1301 在红外波段具有四个最强的特征吸收峰，分别位于 8.310μm、8.921μm、9.225μm 及 13.123μm 波长处。

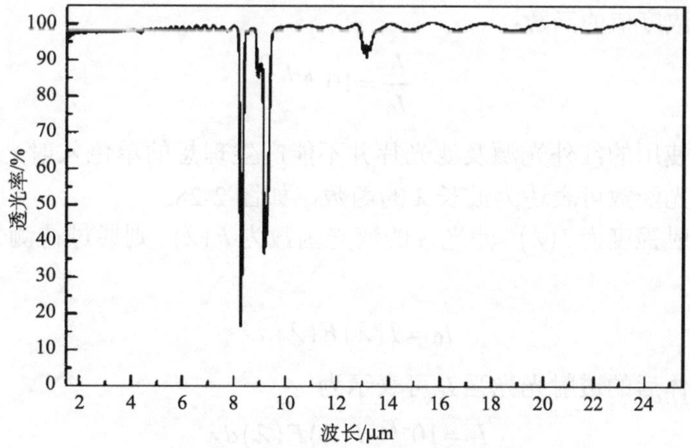


图 2-26　Halon 1301 红外吸收光谱图

灭火剂在舱内喷射后与舱内空气、水蒸气形成混合气体。空气中的 $CO_2$、水蒸气对红外光具有吸收作用。为避免实际测试中以上气体对 Halon 1301 浓度的影响、精确测定 Halon 1301 的浓度，杂质气体的红外吸收峰所在波长不应与 Halon 1301 的吸收峰所在波长重叠。图 2-27 为 $CO_2$、水蒸气及 Halon 1301 的红外吸收光谱图。

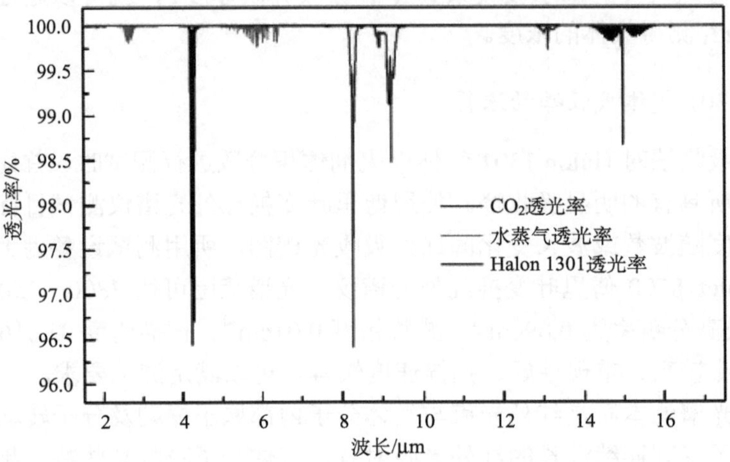


图 2-27　$CO_2$、水蒸气及 Halon 1301 的红外吸收光谱图

图 2-27 表明 $CO_2$ 的红外吸收峰主要分布于 4.23μm 及 15.00μm 附近，$H_2O$ 的红外吸收峰主要分布于 2～5μm 附近，均不与 Halon 1301 的吸收峰重叠。由以上分析可知，Halon 1301 的四个红外吸收峰均适合和对其浓度进行检测。但由于 8.310μm 为 C—F 键基频吸收带，对红外光能量的吸收幅度最大，因此本检测方法选择了 Halon 1301 位于中红外区域波长 $\lambda$=8.310μm 处的吸收峰作为目标谱线进行浓度探测。

4. 气体灭火剂浓度检测理论公式

根据朗伯-比尔定律式（2-2）可知，当入射光线为单色光时，透射光与入射光的比值可表述为气体浓度值的函数：

$$\frac{I_t}{I_0}=10^{-Kcl} \tag{2-4}$$

实际情况中使用的红外光源及滤光片并不能产生理想的单色入射光，光源的辐射强度及滤光片的滤光函数可表述为波长 $\lambda$ 的函数，如图 2-28。

设光源的辐射强度为 $I(\lambda)$，滤光片的滤光函数为 $F(\lambda)$，则通过待测气前入射光 $I_0$ 可表示为

$$I_0=I(\lambda)F(\lambda)d\lambda \tag{2-5}$$

通过待测气体后的透射光光强 $I_t$ 可表示为

$$I_t=10^{-Kcl}I(\lambda)F(\lambda)d\lambda \tag{2-6}$$

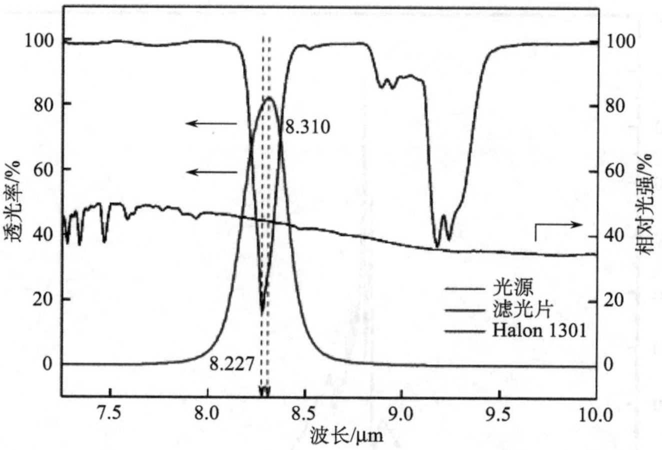


图 2-28　光源相对光强、滤光片透光率及 Halon 1301 透光率对比

在一定波长范围内，透射光与入射光的比值式（2-4）可表述为各自表达式在该波长范围内的积分之比，即

$$\frac{I_t}{I_0}=\frac{\int_{\lambda_1}^{\lambda_2}10^{-Kcl}I(\lambda)F(\lambda)d\lambda}{\int_{\lambda_1}^{\lambda_2}I(\lambda)F(\lambda)d\lambda} \tag{2-7}$$

式中，$\lambda_1$ 、$\lambda_2$ 为所选波长范围的首尾值。

理论计算中光源的辐射强度 $I(\lambda)$、滤光片的滤光函数 $F(\lambda)$ 由红外傅里叶分析仪测量获得；Halon 1301 摩尔吸收系数 $K(\lambda)$ 值可从西北太平洋国家实验室（PNNL）的红外光谱数据库中计算获得。PNNL 数据库提供了浓度为 1ppm 的 Halon 1301 在温度为 25.00~0.02℃，压强为 760±5Torr，光程为 19.96cm 时气体吸光度与波长的对应关系。根据式（2-2）可得

$$K=-\lg\frac{I_t}{I_0}/cl \tag{2-8}$$

吸光度 $A$ 为

$$A=-\lg\frac{I_t}{I_0} \tag{2-9}$$

将式（2-9）代入式（2-8），得

$$K=\frac{A}{cl} \tag{2-10}$$

由于吸光度 $A$ 为波长的函数，即 $A=A(\lambda)$ 。则根据式（2-10）可得摩尔吸收系数 $K(\lambda)$ 的值，如图 2-29 所示。

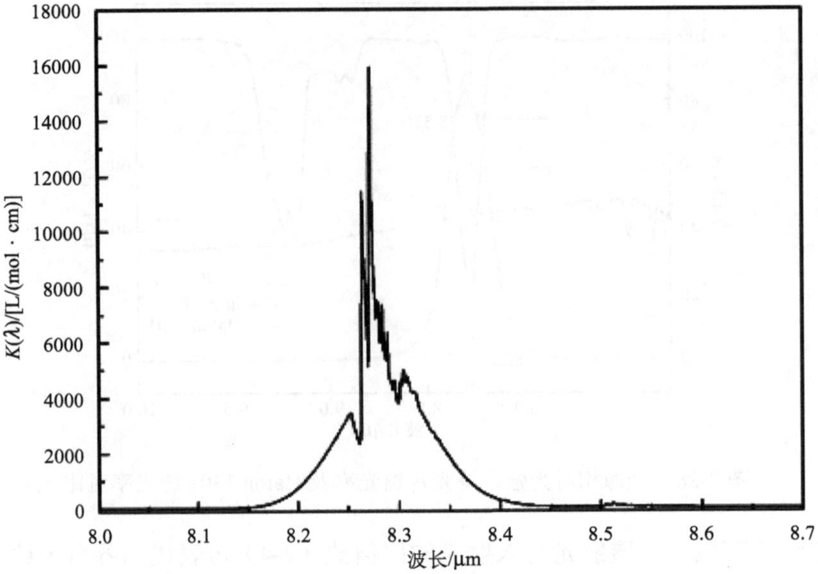


图 2-29 Halon 1301 摩尔吸收系数 $K(\lambda)$的值

根据公式（2-7）计算获得不同浓度 Halon 1301 对应输出-输入光强比，如图 2-30 所示。

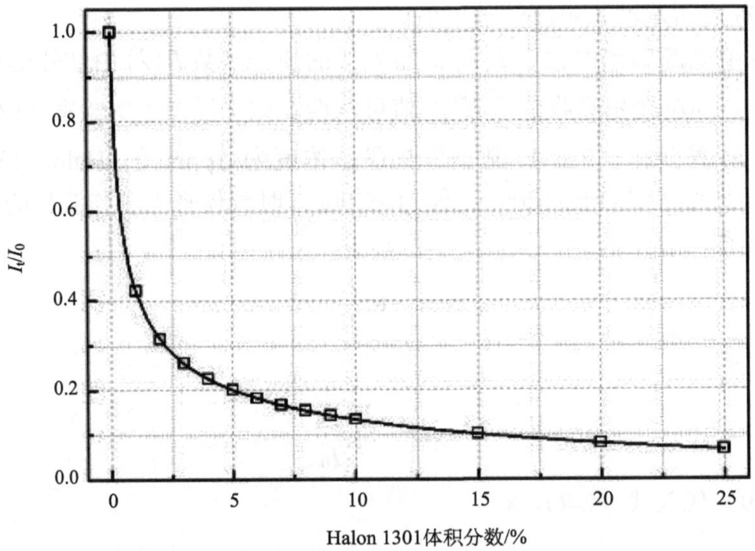


图 2-30 输出-输入光强与 Halon 1301 体积分数理论计算的对应关系

上述分析中对 14 个 Halon 1301 浓度值所对应的输出-输入光强比进行计算，其浓度分别为 0、1%、2%、3%、4%、5%、6%、7%、8%、9%、10%、15%、20%和 25%。计算过程中所选波长范围为 8.0~8.7μm，使用梯形近似法则进行积分计算。由图 2-30 中可知，随着 Halon 1301 体积分数的增加，输出-输入光强比减少，光强比与体积分数存在一一对应关系，因此 Halon 1301 体积分数可通过测量输出-输入光强比反演计算得到。

5. 输出信号分析方法

在实际测量中，红外探测器输出的信号往往会混有噪声等干扰信号，对测量设备的灵敏度、准确性和重复性有较大影响。其中，元件中散粒噪声、热噪声形成的白噪声和低频噪声会明显影响到对微弱信号放大和传递。这些噪声难以用屏蔽措施消除，为了减少噪声对探测器输出信号的影响，采用斩波器-锁相放大器对信号进行调制与解调。斩波器-锁相放大器采用相互关联接收技术，使得仪器抑制噪声的性能提高了几个数量级。图 2-31 为斩波器-锁相放大器的工作原理图。

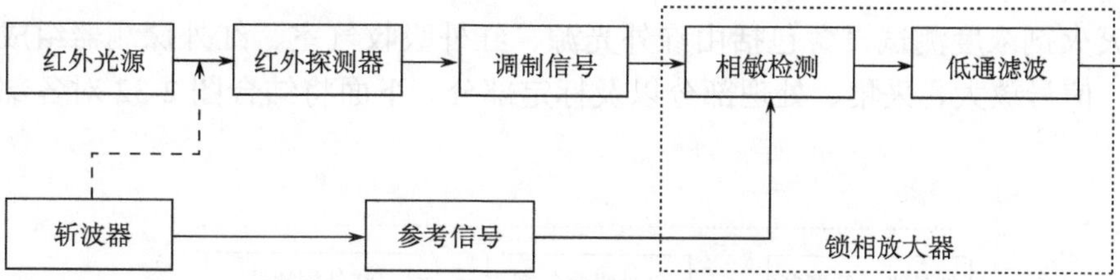


图 2-31 斩波器-锁相放大器的工作原理

红外光束经斩波器调制形成交变的近似方波的红外光，探测器将调制红外光转化为调制信号 $V_{sig}\sin(\omega_r t+\theta_{sig})$，同时斩波器生成相同频率的参考信号 $V_L\sin(\omega_L t+\theta_{ref})$。其中 $V_{sig}$、$V_L$ 分别为调制信号和参考信号的幅值，$\omega_r$、$\omega_L$ 为对应信号的频率，$\theta_{sig}$、$\theta_{ref}$ 为对应相位，$t$ 为时间。锁相放大器对调制信号和参考信号进行相敏检测（乘法运算）得

$$\begin{aligned}V_{psd}&=V_{sig}V_L\sin(\omega_r t+\theta_{sig})\sin(\omega_L t+\theta_{ref})\\&=\frac{1}{2}V_{sig}V_L\cos\left[(\omega_r-\omega_L)t+\theta_{sig}-\theta_{ref}\right]-\frac{1}{2}V_{sig}V_L\cos\left[(\omega_r+\omega_L)t+\theta_{sig}+\theta_{ref}\right]\end{aligned} \tag{2-11}$$

相敏检测输出值 $V_{psd}$ 为两个交流信号，其中一个信号的频率为（$\omega_r-\omega_L$），另一个信号的频率为（$\omega_r+\omega_L$）。相敏检测输出信号通过一个低通滤波器后，交流信号将被滤除，而调制信号中与参考信号频率相同（即 $\omega_r=\omega_L$）的部分将以直流信号的形式输出：

$$V_{psd}=\frac{1}{2}V_{sig}V_L\cos(\theta_{sig}-\theta_{ref}) \tag{2-12}$$

锁相放大器最终输出信号为与调制信号幅值成比例的直流信号。本设备中将使用锁相放大运算后的信号作为设备输出，并将该输出值与 Halon 1301 体积分数对应，绘制标定曲线。

### 2.4.2.3 红外吸收灭火剂浓度测试设备

根据前文对红外吸收灭火剂浓度测试方法的研究可知，Halon 1301 气体分子在中红

外波段具有特征吸收峰，根据这一特性可利用红外吸收法根据朗伯-比尔定律对其浓度进行测量。依据上述原理，对气体灭火剂浓度测试设备的设计研制及其标定进行介绍。测试设备由光学系统、数据采集系统及标定系统组成，本节内容将从元件选型、结构设计、功能实现等方面对各系统进行详细介绍。

红外吸收灭火剂浓度测试设备总体设计原理图如图 2-32 所示。红外光源发射的发散光经准直、调制后射入充满待测混合气体的红外吸收气室；波长 8.310μm 附近的红外光被 Halon 1301 气体分子吸收，因此该波段的光强将减弱；射出的红外光被红外探测器接收，被转换成电压信号；输出的电压信号经前置放大器和锁相放大器放大后，由数据采集卡进行采集，并输入计算机进行计算。在实际的实验测量前，应首先使用标准混合气对灭火剂浓度测试设备进行标定，绘制标定曲线，实验时根据标定曲线，可由测量值反演得到待测气体中 Halon 1301 体积分数。

气体灭火剂浓度测试设备包括由红外光源、红外吸收气室、红外探测器组成的光学测量部分，信号放大、采集、处理部分以及标定部分。下面将结合图 2-32 对各部分进行详细介绍。

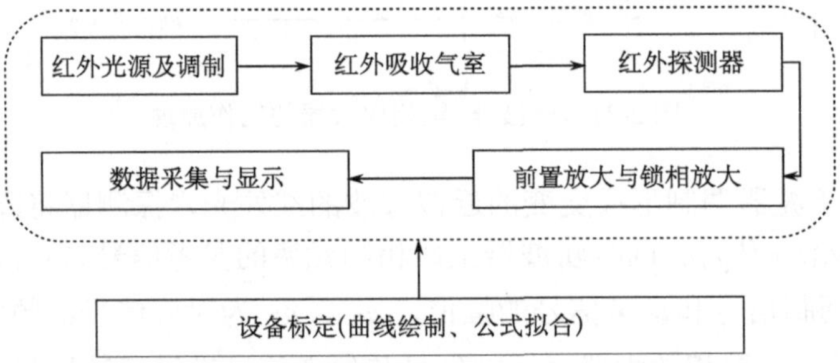


图 2-32　基于红外吸收原理的灭火剂浓度测试设备总体设计原理

1. 光学系统设计

（1）红外辐射光源

红外气体传感器中的红外光源应满足以下特点：①辐射的光谱成分稳定，②辐射能量主要集中于待测气体特征吸收波段范围内，③红外光通过气室时，光线平行于气室中心轴。红外气体传感器中常用的红外辐射光源主要有热辐射红外光源、气体放电红外光源、发光二极管和激光红外光源等。

Halon 1301 的特征吸收谱线位于 8.0~8.7μm 范围内，常见的发光二极管和激光器一般位于近红外波段，难以满足本实验要求，因此实验中选用碳化硅红外光源，能够产生覆盖待测气体灭火剂特定吸收峰的稳定的红外光。碳化硅棒通电加热时，能够产生波长范围为 5.5~16.72μm 的宽谱红外光，并且该光源在 7.5~10.0μm 范围内输出红外光的相对光强较为稳定，适合本系统的测量需求。光源输出相对光强分布如图 2-33 所示。

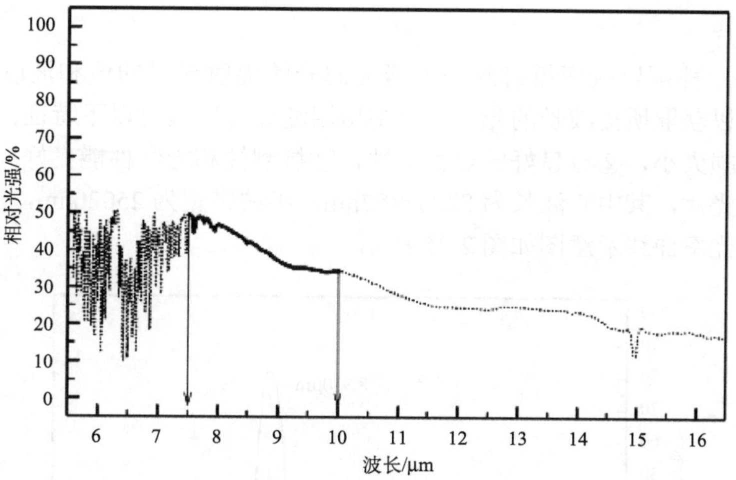


图 2-33 光源输出相对光强分布

（2）红外探测器

红外探测器将通过测量气室被待测气体吸收后的出射光辐射，并转换为电信号输出，是红外气体检测设备中的核心元件。常用的红外探测器有薄膜电容探测器和红外半导体探测器，半导体探测器具有结构简单、制造容易、体积小、成本较低、寿命长、响应迅速等优点，而且可以采用更高的调制频率，使前置放大器制作更容易。红外半导体探测器与窄带滤光片配合使用，大大增强测量的可靠性和选择性。

选用碲镉汞红外半导体探测器，该探测器的探测范围为 2~26μm，并且对 2~13.3μm 波长范围的红外光具有最强的敏感性。因此可满足对 Halon 1301 位于 8.0~8.7μm 波长范围内的红外光吸收强度的探测。该红外探测器将辐射强度转化为直流电压信号，通过辐射-电压关系图计算，可计算出探测器所接收红外光辐射强度的大小。红外探测器响应曲线如图 2-34 所示。

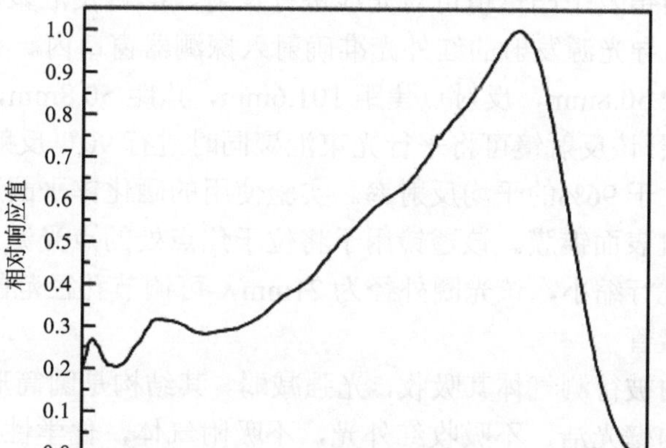


图 2-34 红外探测器响应曲线

（3）滤光片

滤光片是一种可以改变投射到探测器上的光的辐射通量的值和波段范围的光学元件，利用它可以获取所需波长的光。实验中所用滤光片应具有以下特征：①对所要通过的波段，光能损失小，②有良好的热稳定性，③抗潮性和力学性能良好。实验中所选用中红外窄带滤光片，其中心波长为8280±82nm，半波带宽为25020nm，透光率≥80%。该滤光片的透光率曲线示意图如图2-35所示。

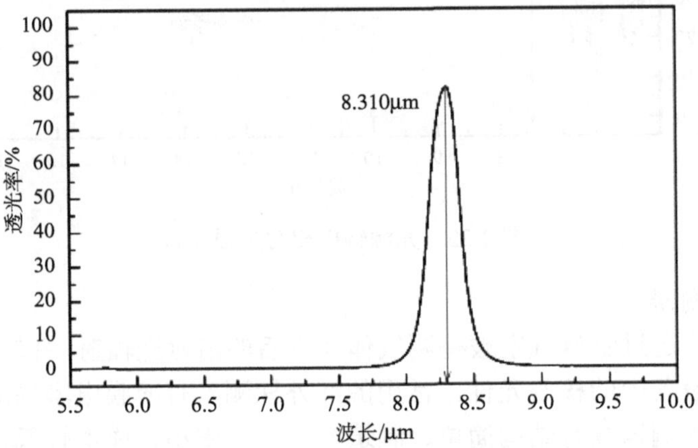


图2-35　滤光片透光率曲线示意图

（4）斩波器

光学斩波器用于将直流光信号调制成为有固定频率的交变光信号，同时输出调制频率给锁相放大器。斩波器通过控制器来调节斩波频率，控制器上的频率控制旋钮可以改变斩波器转动电机的转速，从而带动斩波片旋转，对光路进行调制。

（5）反射镜、透镜及光圈

离轴抛物面反射镜及平凸透镜可对光线进行反射、准直及汇聚，光圈用于缩小平行光束的直径，从而引导光源发射的红外光准确射入探测器窗口内。实验使用90°离轴抛物面反射镜，其直径50.8mm，反射点焦距101.6mm，焦距50.8mm，离轴角90°，反射镜表面为镀金反射层。该反射镜可将平行光束汇聚同时进行90°反射，且在800nm~20μm的宽带范围上具有大于96%的平均反射率。实验使用的硒化锌平凸透镜直径为25.4mm，焦距为 50mm，并且表面镀膜。该透镜用于将位于焦点处的点光源进行准直。实验中利用光圈对光束直径进行缩小，该光圈外径为21mm，可调节孔径范围为0~12mm。

（6）气室及连接管

红外光在气室内被待测气体其吸收，光强减弱。其结构是圆筒形，两端用窗片密封。气室的结构特点是内壁光洁，不吸收红外光，不吸附气体，化学性能稳定。其两端的密封窗片应选择透光波长理想窗口材料，同时其机械强度应能保持密封，不容易破裂，耐潮湿，表面光洁度能长期保持，对接处介质有化学稳定性，能经受温度变化。本实验中气室为带有 2 个与进出气连接管相连的支管的铝合金圆筒形结构，两端使用氟化钡窗片密封。气室长 25mm，内径为 15mm，外表面发黑处理气室。连接管使用内径 8mm、外径 10mm 的硅胶软管。

灭火剂浓度测试设备中光路设计原理图如图 2-36 所示。红外光源出射口为 32°角的圆锥形结构，红外光发射点为圆锥顶部，发出均匀的发散光。平凸透镜焦点与光源发射点重合，轴线与光源出射口圆锥结构轴线重合，发散的红外光经过平凸透镜后，形成平行光束。平行光经光圈约束，光束截面为直径 10mm 的圆。斩波器将光束调制成频率为 250Hz 的交变光。红外气室安装于斩波器后，待测气体通过支管进入气室，调制后的红外光通过气室一侧的氟化钡窗片射入气室，与待测气体发生作用后，经另一侧窗片射出。90° 离轴抛物面反射镜可将平行光汇聚成一点。从红外气室射出的光束垂直于基底底部射向反射镜，其反射光在其交点处汇聚。带滤光片的红外探测器探测窗口安装于离轴抛物面反射镜焦点处，并确保红外光束垂直照射于探测窗口。

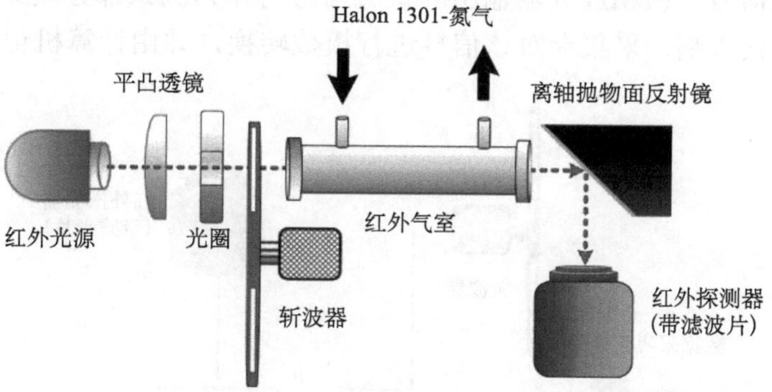


图 2-36　光路结构设计原理图

2. 信号处理与数据采集系统设计

2.4.2.2 节中对灭火剂浓度探测设备所使用的信号处理与数据采集原理介绍，本节根据上述原理，对设备中所用的前置放大器、锁相放大器及数据采集卡进行选型、连接与调试。红外探测器将信号传输给前置放大器，交变电压信号将被进行 1000 倍的放大。

微弱光信号探测中，通常采用锁相放大器联合的方法。锁相放大器的特点如下：极高的放大倍数，与前置放大器配合使用，其总增益可达 1011，可对极微弱的信号进行检测；输入交流信号，输出直流信号，直流输出电压与输入信号峰的峰值成正比；噪声大于信号数千倍仍可进行正常检测，具有极强的抗噪声性能。锁相放大器接收斩波器的参考信号及探测器的测量信号，通过相敏检波原理，将检测并输出探测器输出原始信号中具有特定频率的信号。本设备中使用的 Stanford SR830 型双相 DSP 锁相放大器，使用了数字信号处理(DSP)技术，可检测的频率达到 0.001~102.4Hz 的范围，动态范围达 100dB，并使用 GPIB 和 RS232 接口进行外部通信。

数据采集卡用于采集传感器输出的电量信号，并输送到上位机中进行分析、处理。本实验中选用的 PXI-3354 型隔离多功能数据采集卡具有隔离功能，提供 16 路模拟电压输入，内置 18 位 ADC，单通道采样速率最高 1.25MS/s。PSMDU-3841 转接模块与数据采集卡相连，用于传输传感器输出电压信号。

测试设备中信号处理与数据采集系统设计原理如图 2-37 所示。红外探测器将接收到的红外光辐射强度按比例转化为电压输出。探测器输出端与前置放大器的输入端连接，前置放大器将探测器输出的交变电压信号进行 1000 倍放大处理。经过放大后的电压信号作为待处理信号，与锁相放大器的输入端相连；斩波器输出的方波信号则作为参考信号接入锁相放大器。锁相放大器对上述两信号进行锁相滤波、放大，产生与待处理信号峰峰值成比例的直流电压信号输出。

实验中斩波器将红外光束调制成为 250Hz 的交变信号，同时输出相同频率、幅值为 5V 的方波参考信号。红外探测器接收到红外光束的照射，其辐射量转化为对应电压值输出。锁相放大器对上述两信号进行相敏滤波、放大后，输出与探测器输出交变信号峰峰值成比例的直流信号。锁相放大器输出的直流信号将作为测试部分最终输出信号，进入数据采集卡模拟输入端。采集卡对该信号进行模数转换，并由计算机记录。

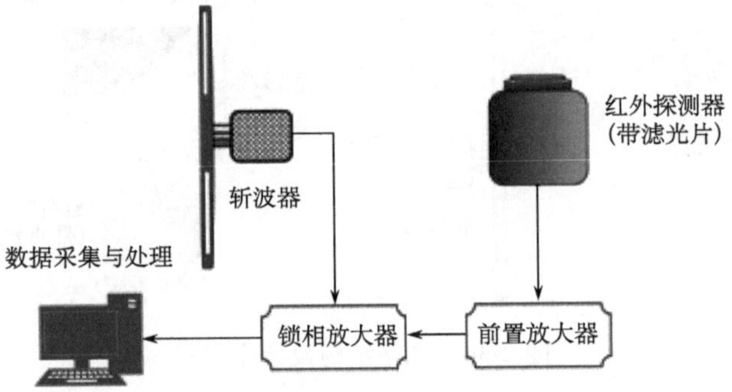


图 2-37　信号处理与数据采集系统设计原理图

### 3. 测试设备标定

红外吸收气体灭火剂浓度测试设备标定步骤如下：①将设备安放于常温常压（25℃，101.325kPa）的环境中，启动并调试测试设备，预热待系统稳定输出数据。②将混合气室出气口与测试设备进气口连接，调节气体流量控制器，使混合气体进行配比。③待设备输出电压稳定后，记录各浓度下 5 个对应电压输出，并取其平均值作为该浓度下设备的输出值。④记录体积分数为 0 的 Halon 1301 气体（氮气体积分数 100%）通过测试设备时，设备输出电压，其平均值记为 $V_0$；记录体积分数为 $V_P$ 的 Halon 1301 混合气通过测试设备时的输出电压，其平均值记为 $V_t$；计算各该浓度下电压比 $V_t/V_0$。⑤绘制电压比（$V_t/V_0$）-体积分数（$V_P$）的关系图，进行曲线拟合，并得出拟合公式，作为该设备的标定曲线（公式）。

在温度 $T$=25.0℃、气压 $P$=101.3kPa 下，测得各浓度下电压比值，绘制电压比（$V_t/V_0$）-体积分数（$V_P$）的关系图，如图 2-38。测试设备输出电压比随着 Halon 1301 浓度的增大而呈非线性关系减小，体积分数从 0 变化到 25%时，电压比降低约 0.6。随着体积分数的增加，电压比的变化趋势逐渐变缓。该曲线与气体灭火剂浓度检测理论分析中获得的输出–输入光强比对应关系图（图 2-30）的变化趋势一致。

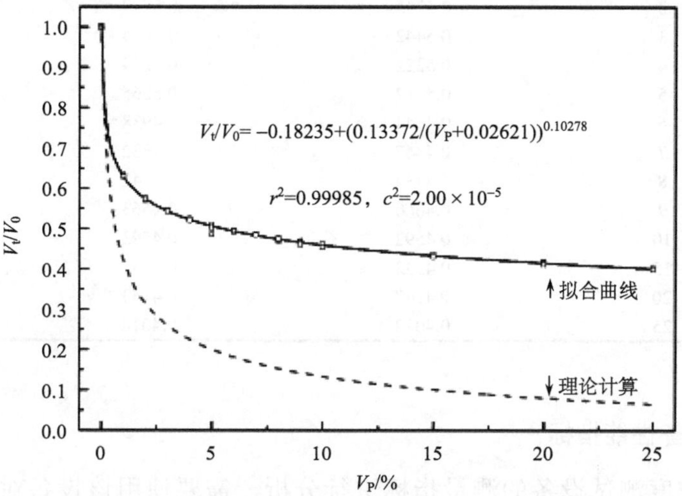


图 2-38　电压比（$V_t/V_0$）与体积分数（$V_P$）的关系

下面将对标定实验中获得的电压比–体积分数数据进行曲线拟合。根据 Johnsson 等人的研究结果，可使用如下方程对本实验的数据点进行拟合：

$$\frac{V_t}{V_0}=A+\left(\frac{B}{V_P+C}\right)^D$$

式中，$V_t/V_0$ 为探测器输出电压比，$V_P$ 为混合气体中 Halon 1301 的体积分数，$A$、$B$、$C$、$D$ 分别为拟合参数。使用上式对实验数据点进行拟合，拟合曲线如图 2-38，其拟合误差为 $R^2$=0.99985，$c^2$=2.00×10$^{-6}$。其中 $R^2$ 为调整相关系数平方值，$c^2$ 为衰减卡方值。根据上述分析，最终得到灭火剂浓度测试设备的标定方程为

$$\frac{V_t}{V_0}=-0.18235+\left(\frac{0.13372}{V_P+0.02621}\right)^{0.10276}$$

由上式得 Halon 1301 体积分数 $V_P$ 与输出电压比的关系为

$$V_P=0.13375\left(\frac{V_t}{V_0}+0.18235\right)^{-\frac{1}{0.10276}}-0.02621$$

表 2-11 列出不同体积分数 Halon 1301 混合气体输出电压比的测量值、拟合值及两者之间的误差[(拟合值–测量值)/测量值]。由表 2-11 可知，拟合值与测试值之间的误差小于 0.25%。因此，实际测试中，可根据上式将探测器输出电压值计算得到所测混合气体的体积分数。

表 2-11 测量值、拟合值及其误差

| 序号 | 体积分数/% | 测试值 | 拟合值 | 误差 |
|---|---|---|---|---|
| 1 | 0 | 1.0000 | 0.9999 | –0.01 |
| 2 | 1 | 0.6307 | 0.6287 | –0.32 |
| 3 | 2 | 0.5735 | 0.5739 | 0.08 |
| 4 | 3 | 0.5442 | 0.5434 | –0.15 |
| 5 | 4 | 0.5222 | 0.5224 | 0.04 |
| 6 | 5 | 0.5017 | 0.5065 | 0.96 |
| 7 | 6 | 0.4944 | 0.4938 | –0.12 |
| 8 | 7 | 0.4847 | 0.4832 | –0.30 |
| 9 | 8 | 0.4734 | 0.4742 | 0.17 |
| 10 | 9 | 0.4660 | 0.4663 | 0.07 |
| 11 | 10 | 0.4592 | 0.4593 | 0.03 |
| 12 | 15 | 0.4332 | 0.4332 | 0.00 |
| 13 | 20 | 0.4147 | 0.4153 | 0.15 |
| 14 | 25 | 0.4012 | 0.4018 | 0.14 |

#### 2.4.2.4 测试设备性能指标

对灭火剂浓度测试设备的测量指标进行分析，需要使用该设备对一组已知 Halon 1301 体积分数的混合气进行测量，并对所测示数与其真实值的差别进行计算。测试实验中选择 14 组已知浓度的 Halon 1301-氮气混合气进行实验。使用配气装置配比 Halon 1301 体积分数分别为 0、1%、2%、3%、4%、5%、6%、7%、8%、9%、10%、15%、20%和 25%的待测混合气，使混合气以 4000cm$^3$/min 的流速通过红外气室。测试设备检测并输出所测得的该混合气体中 Halon 1301 的体积分数。为保证本测试数据真实可靠，实验中使用 GCA-1R 高精度配气装置产生不同浓度的 Halon 1301-氮气混合气。为直观表示测量值与真实值的相关程度，我们以混合气体实际值作为横坐标，以测量值为纵坐标绘制测量值-实际值图，如图 2-39。

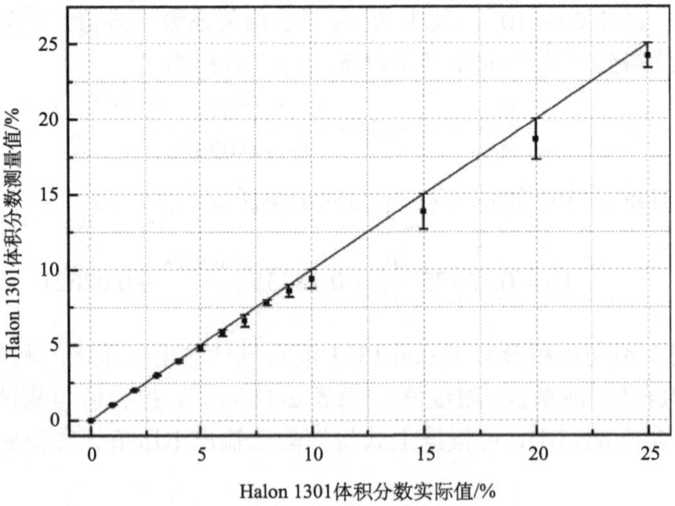


图 2-39 混合气体测量值-实际值

1. 误差

测量误差是指对一个量进行测量后，所得到的测量结果与被测量的真值之间的差异，即误差=测量值–真实值。按照误差的表示形式，可分为绝对误差和相对误差。

（1）绝对误差

绝对误差表示测量值偏离真值的程度。绝对误差的表示形式为

$$\delta_x = x - x_0$$

式中，$\delta_x$ 表示误差；$x$ 表示测量值；$x_0$ 表示真值。根据上式计算各次测量值的绝对误差，见表 2-12，绘制绝对误差分布图，如图 2-40 所示。

**表 2-12　混合气体测量值、绝对误差、相对误差及满量程误差表**

| 实际值/% | 测量值/% | 绝对误差 | 相对误差/% | 满量程误差/% | 实际值/% | 测量值/% | 绝对误差 | 相对误差/% | 满量程误差/% |
|---|---|---|---|---|---|---|---|---|---|
| 0.00 | 0.00 | 0.00 | — | 0 | 7.00 | 6.59 | –0.41 | 5.81 | –1.64 |
| 1.00 | 1.01 | 0.01 | 1.37 | 0.04 | 8.00 | 7.80 | –0.20 | 2.46 | –0.8 |
| 2.00 | 1.98 | –0.02 | 1.24 | –0.08 | 9.00 | 8.68 | –0.41 | 4.52 | –1.64 |
| 3.00 | 2.97 | –0.03 | 1.00 | –0.12 | 10.00 | 9.38 | –0.62 | 6.23 | –2.48 |
| 4.00 | 3.91 | –0.09 | 2.33 | –0.36 | 15.00 | 13.84 | –1.16 | 7.76 | –4.64 |
| 5.00 | 4.79 | –0.21 | 4.16 | –0.84 | 20.00 | 18.65 | –1.35 | 6.76 | –5.4 |
| 6.00 | 5.78 | –0.22 | 3.68 | –0.88 | 25.00 | 24.19 | –0.81 | 3.24 | –3.24 |

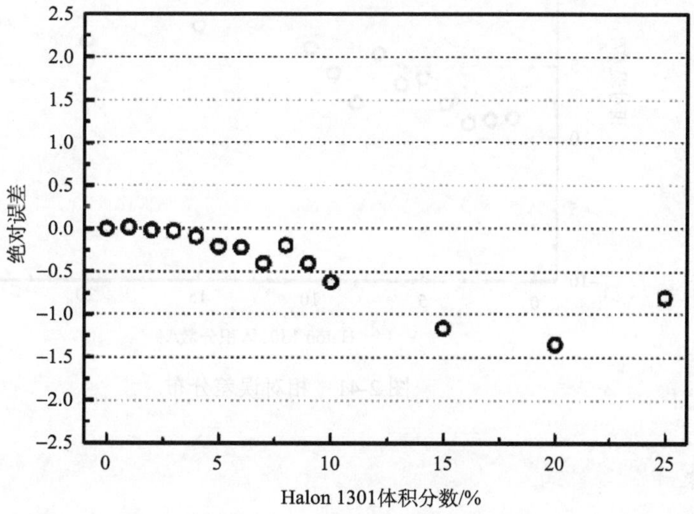


图 2-40　绝对误差分布

（2）相对误差

绝对误差虽然可以表示设备的精确度，但并不能给出设备精确度的完整概念。比如在绝对误差数值相等的情况下，设备精度可能存在很大差别。为了解决绝对误差的上述不足，引入相对误差的概念。相对误差是绝对误差与被测量的真值之比，为一个无单位的数，用百分比表示，即

$$E=\frac{\delta_x}{x_0}\times 100\%$$

式中，$E$ 表示相对误差；$x_0$ 表示真值。根据上式计算各次测量值的相对误差（见表 2-12）绘制相对误差分布图（如图 2-41）。由表 2-12 及图 2-41 可知，随着 Halon 1301 体积分数不断增加，绝对误差和相对误差均随之增加。在 0~6%体积分数范围内，其绝对误差值最大达到–0.22，相对误差最大值达到 4.16%；当测量 7%~25%体积分数的气体时，其绝对误差值最大达到–1.35，相对误差最大值达到 7.76%。形成误差的原有主要是：①标定曲线误差。标定曲线呈 L 型，随着体积分数的增加，曲线斜率逐渐减小。探测器输出电压比的微小波动将引起对应体积分数大幅的变动。②配气系统误差。配气系统中气体流量控制器自身带有系统误差，同时，混合气室中 Halon 1301 和氮气是否均匀混合、混合气体出气流量是否恒定，都会对测量产生影响。③温度、湿度影响。混合气体温度、湿度变化也会影响测量结果，产生误差。

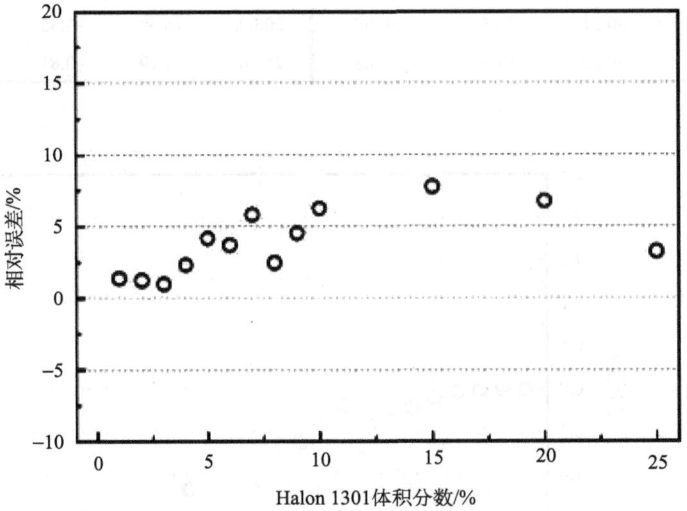


图 2-41　相对误差分布

2. 分辨率

分辨率是指测试设备对所测物理量的最小可靠分辨能力。配气系统配置混合气体的体积分数分辨率为 0.1424%（体积分数≤14.24%）、0.7120%（体积分数大于 14.27%）。为测量灭火剂浓度测试设备的分辨率，使用配气设备配置体积分数分别为 0、0.15%、0.30%

的 Halon 1301-氮气混合气。将三种浓度的混合气分别通入测试设备中，得到设备的测量读数分别为：1.0000、0.7928、0.7289。所以，其最小能检测的 Halon 1301 气体体积分数为 0.15%，最大测量范围为 0~25%。测试设备斩波频率为 250Hz，时间分辨率为 4ms。此外，混合气体进入测试设备时，流经的气体连接管长度约为 $L_1$=50cm，内径为 $d_1$=0.8cm。混合气体充满气体连接管的体积为

$$V_1 = \pi \times \frac{d_1}{2} \times L_1$$

计算得 $V_1$=25.125cm$^3$。红外气室长度约为 $L_2$=2.5cm，内径为 $d_2$=1.5cm，混合气体的流速约 $c$=4000cm$^3$/min。混合气体充满气体连接管的体积为

$$V_2 = \pi \times \frac{d_2}{2} \times L_2$$

计算得 $V_2$=4.416cm$^3$。混合气体的流速约 $c$=4000cm$^3$/min，则外界混合气体进入探测气室进行测量需经过的时间为

$$t = \frac{V_1 + V_2}{c}$$

计算得 $t$=0.45s。由此可知，本设备在实际测量时将产生 0.45s 的延时，因此在使用时需要对测试开始时间进行校对。该延时与设备气路尺寸及气流速率有关，因此可通过适当减少进气管路长度、减少红外气室体积及增加真空泵抽气速率来降低延时时间。

3. 满量程精度

测量仪器的精度是指仪器测量值的可能范围，即估计误差范围。误差按照类型可分为与测量值成比例的误差和与测量值大小无关的固定误差。满量程精度所指的就是这种仅用固定误差表示的指标。根据定义，满量程精度的计算式为：满量程精度=测量最大绝对误差÷满量程×100%，计算得满量程精度见表 2-12。由表 2-12 的数据，可得该浓度测试设备的满量程精度不大于±5.4%FS。

4. 重复性实验

重复性实验是指使用相同的方法、同一实验材料在相同的条件下获得一系列结果之间的一致程度。使用红外吸收灭火剂浓度测试设备进行重复性实验，用于检测本测试设备的稳定性与可重复性。针对本设备的重复性实验设计如下：在 25℃、101.3kPa 的环境下，5 次向测试设备的气室中通入相同浓度的 Halon 1301 气体，每次测试完毕获得数据后，为了减少上次实验测量的干扰，需要使用氮气将气室吹洗干净，再进行下一次测试。实验中选择使用 Halon 1301 样品的浓度值分别为 1.5%、4.5%、7.5%、10%、15%、25%。重复性实验获得数据见表 2-13。由表 2-13 可知，将相同浓度的 Halon 1301 气体充入气室中，获得的测量值稳定性较好。低浓度范围（0~10%）的测量偏差值远低于高浓度范围（11%~25%）。

表 2-13 重复性实验测试数据表

| 实际值/% | 各次测量值/% | | | | | 各次测量最大偏差/% |
|---|---|---|---|---|---|---|
| | 1 | 2 | 3 | 4 | 5 | |
| 1.5 | 1.57 | 1.46 | 1.61 | 1.48 | 1.50 | 0.11 |
| 4.5 | 4.53 | 4.57 | 4.47 | 4.38 | 4.47 | –0.12 |
| 7.5 | 7.32 | 7.66 | 6.71 | 6.92 | 7.19 | –0.79 |
| 10.0 | 9.77 | 9.24 | 9.73 | 9.16 | 9.64 | –0.84 |
| 15.0 | 13.00 | 13.71 | 14.22 | 15.09 | 14.17 | –2.00 |
| 25.0 | 25.18 | 23.95 | 24.07 | 25.28 | 24.08 | –1.05 |

本节内容通过对红外吸收灭火剂浓度测试设备进行测量分析，并对实际使用中可能出现的待测气体参数变化对测试的影响进行分析。首先，对其误差、分辨率、满量程精度及重复性进行了测算。本设备可用于对体积分数为 0~25%的 Halon 1301 混合气体的体积分数进行测试。设备测量绝对误差不大于±1.5%，相对误差不大于 10%。并且随着 Halon 1301 体积分数不断增加，绝对误差和相对误差均随之增加。在 0~6%体积分数范围内，其绝对误差值最大达到–0.22，相对误差最大值达到 4.16%；当测量 7%~25%体积分数的气体时，其绝对误差值最大达到–1.35，相对误差最大值达到 7.76%。设备分辨率不大于，响应时间小于 0.45s，满量程精度不大于±5.4%FS，并且具有良好的重复性。

### 2.4.3 基于热线/热膜原理的灭火剂浓度测试技术简介

热线/热膜法灭火剂浓度测试设备是基于以下原理进行设计的[9]：向金属线/膜通入恒定电流，金属线/膜由于电流作用产生热量，形成具有一定温度的热线/热膜。热线/热膜温度通常高于环境温度，待测气体以恒定流速经过热线/热膜，由于气体具有导热性，热线/热膜的部分热量将被流动的气体带走，从而导致其温度降低。热线/热膜温度变化会对其电阻率产生影响，进而导致其电阻值发生变化；由于通过热线/热膜的电流恒定，其两端的电压也随之发生变化。而混合气体的导热性能与气体种类及各组分含量有关。当不同配比的混合气体通过热线/热膜时，测量热线/热膜两端的电压值并绘制标定曲线。则在对未知浓度混合气体测试时，可对热线/热膜输出电压进行测量，并通过计算得到其浓度值。

Libby 和 Way[23, 24]、McQuaid 和 Wright[25]及 Aihara 等[26]最先使用热线/热膜法进行气体浓度探测。他们将热线风速仪进行改造，并重新标定，使其能够应用于气体成分定量分析。由于标定过程是在恒温环境中进行，并未对温度变化对输出结果的影响进行修正，该设备在每次使用前需要重新标定。Adler[27]在前人的研究基础上，在热线气体浓度测量探针进气口加装气体恒温装置及限流孔，用于保持进气温度及流量恒定。Adler 指出，由于热线具有很高的灵敏度及响应速率，热线气体浓度测量探针可对二元气体混合物的组分进行快速、准确测量。Blackshear[28]等将热膜气体浓度测量探针中热膜与限流孔的距离及与采样探针入口的距离缩短，提高了响应速率。Perry[29]通过实验，估算热线/热膜气体浓度测量探针的响应频率可达 10kHz。Ariha[26]、Ahmed 和 So[30]通过进一步实验指出热线/热膜气体浓度测量探针对环境中气体流速及静态压强的变化不敏感，对环境中的甘油-水混合蒸气的响应也不敏感。

图 2-42 为 Ahmed 和 So[30]设计的热膜气体浓度测量探针的结构图。其中，热膜直径为 50μm，限流孔孔径 130μm，热膜位于限流孔后端 12.7mm。Ahmed 和 So 将该探针用于测量圆柱形燃烧器内部氦气的浓度。

图 2-43 为 1979 年美国热电系统公司（Thermo-Systems Inc.）生产的 Model 1440 型吸气式热膜气体浓度测量探针的结构图。与之前 Ahmed 等的设计不同，该探针将热膜安装与限流孔前端，待测气体将首先通过热膜，然后进入限流孔。Jones 和 Wilson[31]通过实验对 Model 1440 吸气式热膜气体浓度测量探针的性能进行研究。研究表明，该探针可对恒温恒压环境中待测气体浓度变化做出灵敏的响应，同时，通过对浓度计算公式进行温度修正，该探针也可在温度变化的环境中实现气体浓度探测。Jones 等使用该探针对氩气、氦气及二者的混合物进行浓度测试实验，结果表明，该热膜气体浓度测量探针在测量气体浓度时精度约为 1%。Birch 等[32]对 Model 1440 型吸气式热膜气体浓度测量探针的响应频率进行研究，测其响应频率约为 500Hz。

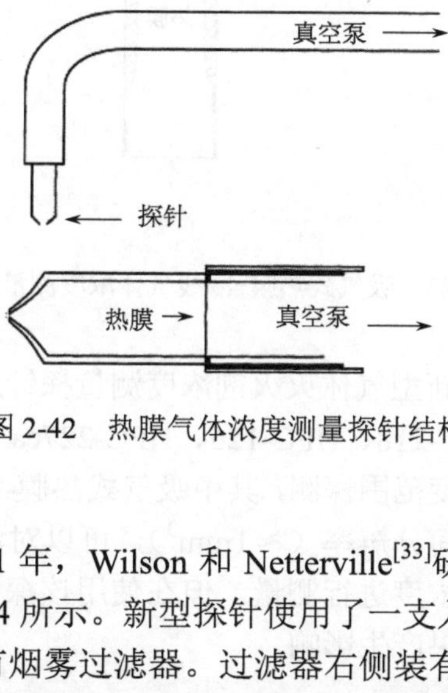


图 2-42 热膜气体浓度测量探针结构

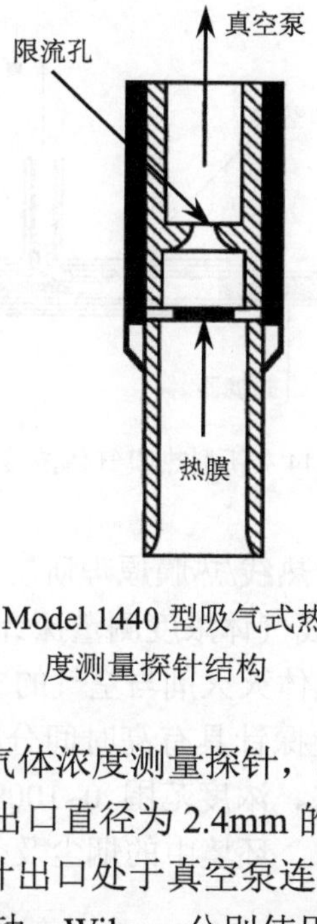


图 2-43 Model 1440 型吸气式热膜气体浓度测量探针结构

1981 年，Wilson 和 Netterville[33]研制了一款新型热膜气体浓度测量探针，其结构图如图 2-44 所示。新型探针使用了一支入口直径为 1.7mm，出口直径为 2.4mm 的金属管，管内装有烟雾过滤器。过滤器右侧装有热膜、限流孔，探针出口处于真空泵连接。新型探针气路结构为 L 型，可以有效减少探针内部气体流速波动。Wilson 分别使用氦气-空气、CFC-12（$CF_2Cl_2$）空气对探针进行标定，定气体的浓度区间为 0~1%。使用该探针对氦气、CFC-12 进行浓度测试实验，得探针对氦气的最小探测浓度为 0.01%，响应时间为 500μs。之后，Birch 等将热膜气体浓度测量探针用于对氦气、甲烷、乙烯、氩气及 CFC-12 的浓度探测，并对探针进行全浓度范围（0~100%）标定。

通常，Halon 1301 及其替代灭火剂从钢瓶中释放会由液态瞬间转化为气态。灭火剂汽化时会导致环境温度迅速下降，并伴随压力的变化。在使用热线/热膜气体浓度测量探针对灭火剂浓度进行测试时，环境温度的大幅变化将对其准确性产生影响。为了对探针因温度变化产生的影响进行修正，Pitts[34]等提出在应对测量探针热膜处的气体温度进行测量，并且响应频率应达到 1kHz。常见的温度测量元件如热电偶、热电阻无法满足如此快的响应时间，Pitts 认为应使用响应速度较快的冷线进行温度测量（通过检测量冷线电阻率的变化来计算气流温度）。根据 Pitts 的观点，美国热电系统公司研制出吸气式热膜-冷线气体浓度测量探针，如图 2-45。该探针可用于 Halon 1301 灭火剂及 FC-218（$C_3F_8$）、HFC-125（$C_2HF_5$）、HFC-227ea（$C_3HF_7$）三种哈龙替代灭火剂的浓度测试。使用该探针对 Halon 1301 进行浓度探测，其精度为 6%。热膜-冷线气体浓度测量探针应用于开放空间及飞机干舱模拟舱内 Halon 1301 浓度的测量。

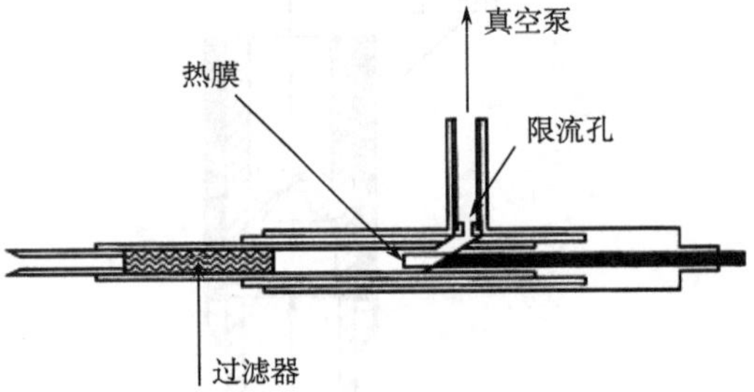


图 2-44　新型热膜气体浓度测量探针

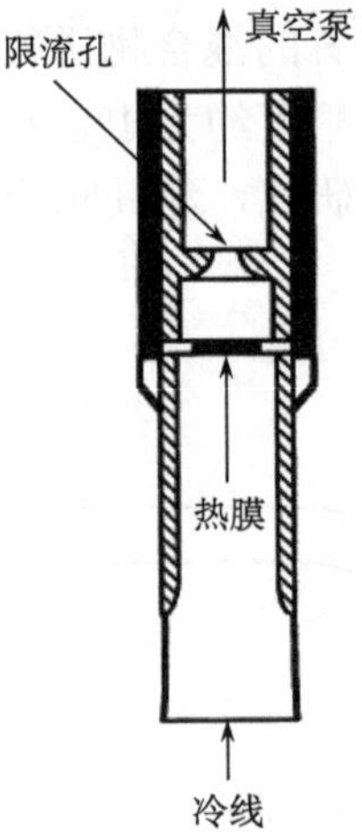


图 2-45　吸气式热膜-冷线气体浓度测量探针结构

基于热线/热膜原理研制的 Model 1440 型、新型气体灭火剂浓度测量探针及吸气式热膜-冷线气体浓度测量探针可对 Halon 1301、FC-218、HFC-125、HFC-227ea（$C_3HF_7$）等四种气体灭火剂与空气的二元混合气进行全浓度范围探测，其中吸气式热膜-冷线气体浓度测量探针具有高时间分辨率（≈1ms）和空间分辨率（≈1mm$^3$），可以对温度范围–65~40℃、浓度范围 0~100%的上述气体灭火剂浓度进行测量。但在使用该探针进行实际测量时，环境中的烟尘及杂质气体会对测量结果产生影响。

### 2.4.4　飞机发动机舱灭火剂用量试验验证与优化研究

火灾严重地威胁着飞机的安全飞行，可靠的飞机防火系统能够及时地发现起火并快速、有效地扑灭火灾，而灭火剂的用量将直接影响到飞机防火系统的灭火可靠性，进而影响到飞机的安全性[35]。发生火灾时，如果灭火剂用量过少，无法及时地扑灭火灾；如果灭火剂用量过多，将会增加飞机重量，以及耗油率，造成资源的极大浪费，而且还会加剧破坏臭氧层、造成温室效应，这是因为飞机目前最常用的灭火剂为 Halon 1301，该类物质会在紫外线作用下分解释放出高活性自由基，与臭氧发生连锁反应，不断破坏臭氧层。在研制出灭火性能优越的新型灭火剂前，确定飞机防火系统灭火剂的最佳用量可以在确保飞行安全性的前提下尽可能减少对环境的破坏，这对于灭火系统的自主设计及改进是极为重要的。

一般情况下，飞机防火系统灭火剂的用量是根据灭火区域容积、通风等因素，运用相关理论公式计算得到的。但由于理论公式的理想化及通用性，而不同型号飞机的实际情况有很大的差别，所以通过公式计算得到的设计浓度缺乏可靠性。

通过实验手段确定飞机防火系统灭火剂的最佳用量对飞机防火系统的设计以及性能改进有着十分重要的意义。本节以某型飞机发动机舱的防火系统为例，进行了灭火剂用量的计算并通过实验进行了验证；并根据实验结果，在留有足够裕量的前提下对飞机灭火剂的设计用量进行了优化改进；减轻了灭火剂重量后再次进行实验验证。实验结果表明，适当地减少灭火剂用量后依然能有效地保证灭火效果。

### 2.4.4.1 灭火剂用量计算

根据国家军用标准 GJB 3275—98《飞机灭火系统安装和试验要求》，灭火剂用量的计算公式如下：

$$W = 2.56V + 0.56W_a$$

式中，$W$ 为灭火剂的重量，kg；$V$ 为灭火区域的净容积，$m^3$（该区的总容积减去重要设备项目占去的容积）；$W_a$ 为在正常巡航状态下通过该区的空气流量，kg/s。

某型飞机发动机舱内的净容积约为 $2.2m^3$，空气流量为 1.25kg/s，将数据代入上式即可计算得到所需充填的灭火剂理论重量值：

$$W = 2.56 \times 2.2 + 0.56 \times 1.25\text{kg} = 6.33\text{kg}$$

### 2.4.4.2 灭火有效性验证试验

1. 基本原理

当使用 Halon 1301 灭火剂时，灭火有效性根据国家军用标准 GJB3275-98 来判断，“喷射后灭火剂在其作用区的所有部分中形成的灭火剂体积浓度至少为 6%，且在正常巡航状态下，该灭火剂的浓度在其作用区的所有部分中持续的时间应不少于 0.5s”。

本节使用基于压差检测原理的气体灭火剂浓度测试系统，其核心部件为压差式气体灭火剂浓度传感模块。在发动机的模拟实验舱内布置了 12 个浓度测量点，分别位于 4 个垂直于发动机轴线的测试面上，每个测试面上有 3 个测试点并呈 120° 均匀分布，下一测试面上测试点相对于上一测试面旋转 60° 分布（如图 2-46 所示）。该测试系统可以同时对 12 个测试点处的多种气体灭火剂浓度进行实时监测。

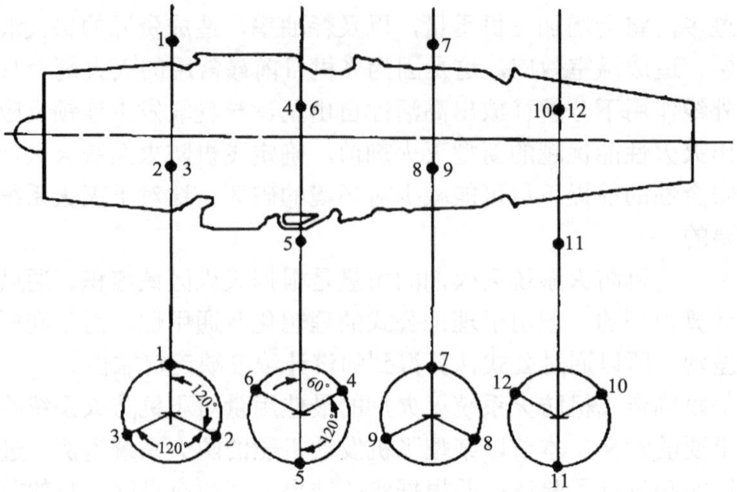


图 2-46　灭火剂浓度测试点分布

2. 试验准备

根据某型飞机发动机舱构型，设计并制作了试验模拟舱和气流模拟系统（见图 2-47 和图 2-48）。

图 2-47　试验舱外观

图 2-48　气流模拟系统

根据灭火剂用量理论公式计算的结果，在气瓶容积为 8L 的灭火器内充填了 6.4kg 的 Halon 1301 灭火剂，充填比为 0.8kg/L，充填压力为 4.2±0.1MPa。

该套灭火剂浓度测试仪器由中国科学技术大学火灾科学国家重点实验室研制，测量精度不低于±0.5%，分辨率为 0.01%，设有 12 路测量通道，测量体积浓度范围为 0～20%，响应时间≤100ms，采样频率最高可以达到 20Hz。

发出爆信号后，电爆管被引爆，灭火器迅速地释放处瓶内的灭火剂，灭火剂通过灭火管路后由管路末端的喷嘴喷射到试验舱内，灭火剂浓度测试系统将采集舱内的 12 点处的浓度数据。试验环境温度约为 20±3℃。

3. 试验结果

试验模拟舱内监测到的 12 个测试点处的灭火剂浓度变化如图 2-49 所示，其中纵坐标为灭火剂的体积百分浓度，横坐标为采样次数，实验采样频率设为 20Hz。

通过试验数据可知（如图 2-49），在测量过程中灭火剂浓度最大值为 18%，全部 12 个测试点都满足了灭火剂浓度达到 6%以上且持续时间达到了 5.75s。试验结果表明，此次试验的灭火剂的用量，可以满足 GJB3275—98 中“灭火剂体积浓度至少为 6%，且持续的时间应不少于 0.5s”的要求，且可以进行减重优化。

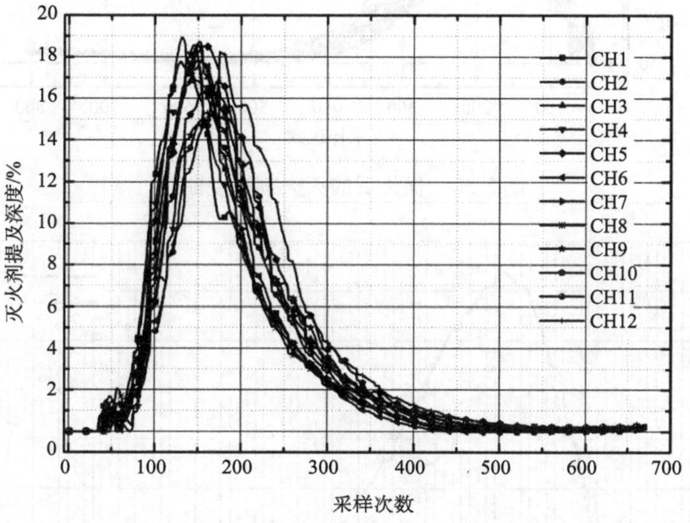


图 2-49 优化前的灭火剂浓度曲线

4. 减重设计及验证

试验结果显示灭火剂用量的可调裕度较大，因此对灭火剂进行了减重优化试验。改用容积 7L 的气瓶，充填 5.55kg 的 Halon 1301 灭火剂，灭火器充填比 0.8kg/L，充填压力仍为 4.2±0.1MPa 保持不变。重复了上述试验，验证结果见图 2-50。通过数据分析，可以看出灭火剂浓度最高能达到 15.5%，12 个测试点处的灭火剂浓度全部达到 6%以上的持续时间可以达到 4.5s，这一结果能够满足 GJB3275—98 的要求。

为了更好地比较两次试验的结果，又将两次试验数据进行处理，取每个采样时刻 12 个测试点数据的平均值为该时刻的参考值，将两次实验的参考值放在同一坐标系中进行了比较（见图 2-51）。通过分析可以看出，减少灭火剂用量降降低灭火剂的浓度，同时也会减小浓度 6%以上的持续时间，但是减重后的测试结果仍然可以满足 GJB3275—98 的要求，且留有较大的裕度。

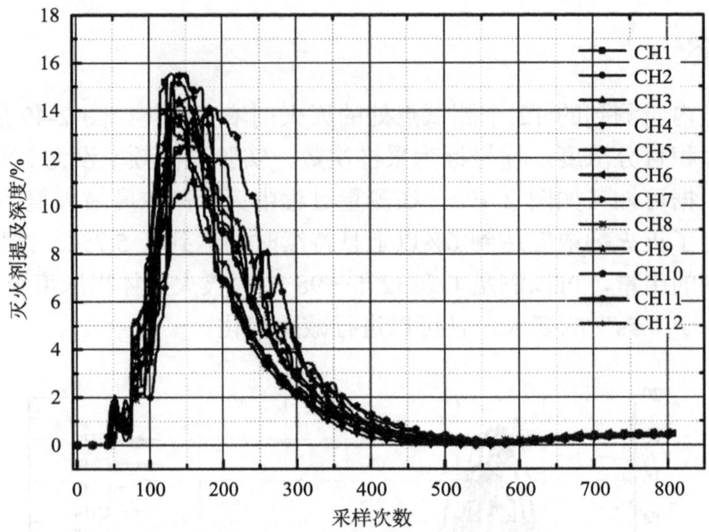


图 2-50　优化后的灭火剂浓度曲线

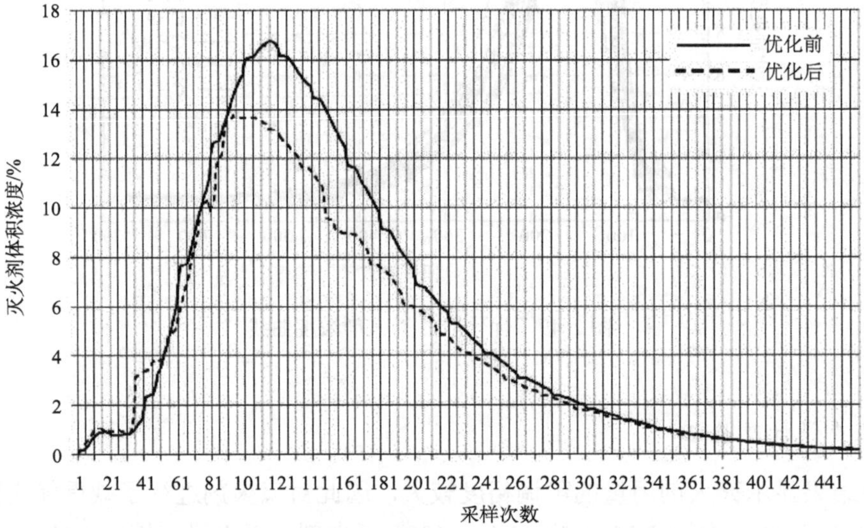


图 2-51　优化前后的灭火剂浓度曲线对比

通过分析优化后的数据可知，灭火剂用量仍有进一步减重的空间。由于设备工作环境要求的限制，目前仅能进行地面常温下的测量，而实际飞行状态下温度、气压与地面环境有很大不同，这些参数也会对灭火剂浓度有影响[3],符合实际工作条件的优化设计，还需要更先进、可靠的实验条件的支撑，因此目前为保证灭火效果的可靠性，灭火系统设计时一般不会进行大幅度的调整、优化。

本节以某型飞机发动机舱灭火系统为研究对象，在国军标设计要求的基础上，通过试验验证的方法分析规范要求灭火剂用量下的灭火效果，并根据灭火剂浓度测试结果进行灭火剂用量的优化试验试验结果表明适当减少灭火剂用量后（灭火剂重量从 6.4kg 降低至 5.55kg，）依然能充分地保证灭火效果，这一改进可以有效地减轻机载灭火系统的重量。

## 本章参考文献


[1] 韩琨. 发动机舱燃烧场数值模拟研究. 软件导刊, 2011, 10(11): 138-140.

[2] Bein D P. History of fire suppression in aircraft//Gann R G. Advanced Technology for Fire Suppression in Aircraft. NIST, 2007.

[3] 胡博，银未宏. 民用飞机发动机舱灭火剂雾化数值模拟. 航空科学技术, 2011(4): 30-33.

[4] 胡寅寅，蒋祖武. 飞机发动机短舱防火墙结构和密封设计要求. 科技视界, 2016(11): 281-281.

[5] 杨燕，寇延清，杨成茂. 飞机发动机短舱结构防火设计与试验验证. 航空科学技术, 2014(6): 58-61.

[6] 白杰. 运输类飞机适航要求解读. 第 4 卷，动力装置. 北京：航空工业出版社, 2013.

[7] 《飞机设计手册》总编委会. 飞机设计手册. 第 13 册，动力装置系统设计. 北京：航空工业出版社, 2006.

[8] CCAR-25-R4. 中国民用航空规章. 第 25 部，运输类飞机适航标准.

[9] 宋静波. 飞机构造基础. 北京：航空工业出版社, 2011.

[10] 刘铭. A320 系列飞机发动机过热和火警探测系统简析. 黑龙江科技信息, 2015(33).

[11] US Department of Transportation. Aviation maintenance technician handbook-powerplant. 2. Washington D C: CreateSpace Independent Publishing Platform. 2012: 9-1-9-20.

[12] 王志超. 民用飞机防火系统研究. 民用飞机设计与研究, 2011(3): 11-13.

[13] 李丽. 飞机发动机舱灭火剂浓度测量// 航空试验测试技术峰会. 南昌, 2008: 151-154.

[14] Yanikoski F F. Gas analysis apparatus: US, US2586899. 1952.

[15] New J D, Middlesworth C M. Aircraft fire extinguishment, Part III-An instrument for evaluating extinguishing systems. CAA TDR, 1953, 206.

[16] Gann R G. Fire suppression system performance of alternative agents in aircraft engine and dry bay labaotry simulations. 2. NIST, 1995: 463.

[17] Demaree J E, Dierdorf P R. Aircraft installation and operation of an extinguishing-agent concentration recorder. Atlantic City: National Aviation Facilities Experimental Center, 1959.

[18] Chamberlain G. Criteria for aircraft installation and utilization of an extinguishing agent concentration recorder. National Aviation Facilities Experimental Center Atlantic City NJ, 1970.

[19] 毛军锋，张升旗. HALONYZER—II 型气体分析仪简介. 西飞科技, 1994(1): 46-47.

[20] Ferrarese J A. General guidelines for measuring fire-extinguishing agent concentrations in powerplant compartments. Washington D C: US Department of Transportation, 1977.

[21] 胡洋. 基于红外吸收的哈龙 1301 气体灭火剂浓度测试原理与技术研究. 合肥：中国科学技术大学, 2016.

[22] McGee P R, Cleveland F F, Miller S I. Infrared spectral data and tentative assignments for $CF_3Br$ and $CF_3I$. The Journal of Chemical Physics. 1952, 20(6): 1044-1044.

[23] Libby P A, Way J. Hot-wire probes for measuring velocity and concentration in helium-air mixtures. AIAA Journal, 1970, 8(5): 976-978.

[24] Libby P A, Way J. Application of hot-wire anemometry and digital techniques to measurements in a turbulent helium jet. AIAA Journal, 1971, 9(8): 1567-1573.

[25] McQuaid J, Wright W. The response of a hot-wire anemometer in flows of gas mixtures. International Journal of Heat and Mass Transfer, 1973, 16(4): 819-828.

[26] Aihara Y, Koyama H, Morishita E. Effects of an air stream on turbulent diffusion of a helium jet from a small nozzle. The Physics of Fluids, 1974, 17(4): 665-673.
[27] Adler D. A hot wire technique for continuous measurement in unsteady concentration fields of binary gaseous mixtures. Journal of Physics E: Scientific Instruments, 1972, 5(2): 163.
[28] Blackshear Jr P L. Rapid-response heat flux probe for high temperature gases. Ars Journal, 1971, 32(11):1709-1715.
[29] Perry A E. The time response of an aspirating probe in gas sampling. Journal of Physics E: Scientific Instruments, 1977, 10(9): 898.
[30] Ahmed S A, So R M C. Concentration distributions in a model combustor. Experiments in fluids, 1986, 4(2): 107-113.
[31] Jones B G, Wilson R J. Gas concentration measurements with a temperature compensated aspirating probe//5th Biennial Symposium on Turbulence. 1979: 205-210.
[32] Birch A D, Brown D R, Dodson M G, et al. The turbulent concentration field of a methane jet. Journal of Fluid Mechanics, 1978, 88(3): 431-449.
[33] Wilson D J, Netterville D D J. A fast-response, heated-element concentration detector for wind-tunnel applications. Journal of Wind Engineering and Industrial Aerodynamics, 1981, 7(1): 55-64.
[34] Pitts W, Yang J, Gmurczyk G, et al. Fluid dynamics of agent discharge//Evaluation of Alternative In-Flight Fire Suppressants for Full-Scale Testing in Simulated Aircraft Engine Nacelles and Dry Bays. US Department of Commerce Washington, DC, 1994.
[35] 景宏令，陈龙，匡勇．飞机发动机舱灭火剂用量试验验证与优化研究．火灾科学，2016，25(4): 204-207.

# 3 飞机货舱和行李舱防火技术

飞机货舱和行李舱内堆有大量的种类复杂的货物，有些如锂离子电池为含能货物，一定程度上增加了舱内火灾危险性，本章首先从货舱和行李舱火灾的特点入手，简要分析货舱与行李舱火灾的特殊性；然后对当前国内外适航部门和研究机构制定的相关标准和咨询通告进行归纳分析并适当解读；接着从探测系统和灭火系统两个方面对货舱和行李舱防火系统的构成和工作原理进行深入介绍，结合作者和国内外同行的相关工作，对货舱和行李舱探测和灭火领域的新技术、新思路进行总结，为货舱和行李舱防火系统的设计提供参考；分析当前货舱火灾探测系统主要问题——误报的方法途径，介绍两种新型的探测器设计思路，简要介绍计算机模拟在烟雾探测器设计中的应用；灭火系统相对结构简单，但其中的某些元件如滤湿调节器（DMU）发挥着至关重要的作用，这些元件的国产化对我国飞机防火事业的发展有着重要的推动作用，因此我们对 DMU 的研制过程进行介绍，以期对更多元件的国产化提供思路；最后归纳当前哈龙替代灭火剂在货舱内应用的测试方法，为国内哈龙替代物的测试标准制定和应用提供参考。

## 3.1 货舱和行李舱火灾

国际航空运输协会（IATA）的年度汇报显示[1]，截止到 2014 年，全球所有民用航空公司共计拥有飞机超过两万五千架，开设各类航线超过五万条，年输送旅客人次达到三十三亿人次，航空运输货物总重近五千万吨，总价值超六万亿美元；截止到 2016 年，全球全年共输送旅客三十八亿人次，运输货四总重 5490 万吨。1914 年，首架商用飞机正式投入使用，随着经济的发展，航空运输的旅客和货物逐年增加。中国民航总局（CAAC）的报告显示，中国民航年载有约 3.9 亿名乘客和 591 万吨货运，客运交通在 2013 年增加了 10.1%，货运量比 2013 年增加了 5.3%[2]。基于上述报告数据可以了解到，航空业的运输能力不断提高，随着经济全球化的不断加深，给全世界每个国家都带来了巨大的社会经济效益，同时也在时刻改变着人们的出行和经营方式。与此同时，大型运输机的研发也在时刻进行，波音公司作为全球飞机制造商执牛耳者，已经研发生产出了货运容量为 1840m$^3$ 的波音 747 LCF，超过了当前所有货运飞机的最大装载量。中国在研制大型运输机方面虽然起步较晚，但进步很快，2013 年我们自主研发的大型军用货运飞机运-20 顺利通过了第一次适航测试，在持续一个小时的飞行中运行良好[3]。在民机方面，位于上海的中国商用飞机有限责任公司承担研制了 C919 和 ARJ21 型民用运输机。不断增长的运输需求和节能环保趋势使得大型飞机的制造成为近年来很多国家和公司关注的热点。

随着新型大飞机货物装载量的提高，旅客需求的不断变化和物流行业的不断发展，飞机货舱内存放的货物种类变得越来越复杂，另一方面，锂离子电池的大规模使用使得货物内存在了潜在的点火能，这些都会给飞机上人员的生命财产带来很多的火灾隐患。根据飞机火灾事故的统计结果，飞机一旦发生火灾非常容易造成巨大的人员伤亡和财产损失。由于座舱内各种材料均经过耐火能力测试，最大的火灾隐患就来自于飞机货舱内存在的大量可燃物，因此确保货舱的火灾安全成了飞机设计单位和航空公司必须予以重视的问题。

### 3.1.1 货舱和行李舱火灾案例

2013 年 4 月 22 日，一架空客 A330-300 客机迫降落在曼谷西南方 120 海里处，原因是飞机货舱起火。机长在收到飞机货舱火灾探测系统给出的火灾报警信号后，立刻启动了货舱内灭火系统，及时控制住了火势的蔓延。飞机 20 分钟后成功在曼谷机场降落。当飞机货舱门被打开时，大量的火灾有毒有害烟气溢出，如图 3-1 所示。由于新鲜空气的进入，货舱内的货物发生复燃，地面消防人员经过 2 小时的扑救才控制住了火势。虽然在这起火灾中没有人员伤亡，飞机自身严重损毁，需要巨额的资金进行修复。

图 3-1 空客 A330-300 后货舱火灾[4]

无独有偶，2010 年 9 月 3 日，一架波音 747-400 货运飞机在从迪拜起飞后不久就坠毁，原因正是飞机上货舱内发生了火灾。经过调查，火灾的原因是货舱内存放的大量锂离子电池由于环境的改变或其他因素发生了热失控，释放出大量的热量引燃了货舱内的其他货物。值得注意的是，由于电池和其他货物盖有防水布且封闭较为严密，在火灾发生的初期烟气没有被货舱内的探测器及时探测到，也就没有及时启动货舱内的灭火系统，造成了火势的扩大，当机组人员在驾驶舱内收到火警告警信号时，为时已晚。事故发生后该飞机上所有的人员都不幸遇难，所有货物尽数被焚毁。图 3-2 为飞机发生火灾后坠落的残骸。

飞机货舱火灾的后果是非常严重的，根据以色列飞机工业集团 Berlowitz 的报道，1976～1996 年，民用航空运输中共有 3 起飞机货舱火灾是致命的，共造成 573 人死亡。为降低飞机货舱火灾带来的危险，美国联邦航空管理局（FAA）规定飞机货舱火灾探测

图 3-2 波音 747-400 货运飞机火灾后残骸[5]

器必须在发生火灾后 1min 内报警[6]，因此应用于飞机货舱的火灾探测器需要有非常高的灵敏度。

### 3.1.2 货舱和行李舱火灾特点

飞机货舱和行李舱特殊的环境（压力和几何结构）对舱内火灾的各项参数均有着重大影响。综合来看飞机货舱和行李舱的火灾特点有如下三个：①几何结构特殊，其是一个扁平的侧壁为弧形的密闭腔室；②火源位置多种多样，由于货舱内部一般会堆积大量货物，着火点的位置复杂多变；③货舱内部压力随着飞行高度改变而变化，巡航时舱内压力要远低于在水平面的压力。结合当前飞机货舱内的感烟探测器安装位置（货舱和行李舱顶棚），货舱火灾的特殊性对顶棚射流区的火灾烟气特征与一般火灾显著不同，进而对探测器报警阈值的设置、探测器数目和安装位置的确定有着重大影响。此外，舱内的低压环境对火灾的发展和烟气的输运同样具有影响作用。最后，飞机货舱中货物数量和种类都千变万化，发生火灾的位置也会引起烟气特性的变化。

综上所述，为了研究货舱和行李舱内的火灾特点以及各个参数对火灾发生发展的影响，本书以一个 1:1 尺寸的波音 737-700 前货舱为基础，针对火源位置和低气压环境对烟气运动和顶棚射流的影响进行了研究[7]。

实验的主体是一个具有弧形壁面的扁平柱体货舱（如图 3-3），壁面为 8mm 不锈钢板。腔室内部尺寸为长 467cm、高 112cm、底部宽 122cm、顶部宽 300cm，与波音 737-700 前货舱尺寸相同。前后壁面装有抗高压矩形门，门上面开有矩形钢化玻璃观察窗。左右弧形侧壁上也设有两个矩形钢化玻璃观察窗，便于实验人员直观观察内部实验情况。实验舱内压力由真空泵及其配套控制系统调节。在进行低气压环境火灾实验前，先启动压力控制系统，真空泵以设定的速率将腔室抽成设定的低压环境。整个实验过程中，压力控制系统会使舱体内部维持在设定压力，上下浮动不超过 3%。压力调节范围为 70~100kPa，与真实飞机巡航时货舱内压力和未起飞时海平面压力相对应。通风系统可以控制在实验过程中以恒定的气流向舱体内部送风，且其可调节的最大值为腔体换气 4 次每分钟。照明系统用于实验前期准备阶段中设备的安装和调试。监视系统可以显示出舱体内部实时压力。

（a）侧视图　　（b）前视图

（c）测量装置　　（d）实验过程

图 3-3　飞机货舱环境模拟实验舱

#### 3.1.2.1　货舱和行李舱火灾火源位置

基于上述货舱实验装置，首先研究火源位置对火灾参量的影响。为便于定量分析，可以将飞机货舱内起火位置根据壁面对火灾的影响情况分成三种：①货舱地面中央附近；②靠近货舱某一侧壁面；③货物堆积后形成的较高表面，如图 3-4 所示。

根据前人的研究结果，当火源靠近壁面时，火羽流对空气的卷吸速率与火源位于空间中央时不同，壁面的限制改变了火焰的形态，火焰高度和烟气的生成量及运动情况也会受到影响。而一般飞机的货舱结构狭长，这种特殊的密闭形状在火源位置发生改变时，顶棚射流区的烟气输运特征也会有所变化。假如着火点为堆积在货舱内的货物上表面，则其相对位置较高，火焰极有可能会直接与顶棚接触并沿着顶棚向四周扩展，此时烟气在竖直方向上的流动距离就会变短，进而引起顶棚射流区域烟气特征的变化。对于大尺寸的开放空间，其顶棚射流区温度分布和烟气运动速率经过多年研究已有一些经验公式可供使用，在大型建筑内火灾探测系统的设计中起到关键作用[8-10]。然而，对于飞机货舱这种狭长密闭空间，烟气流动情况研究缺乏，顶棚射流区的温度分布研究也相对较少。

而前人的经验公式可否应用到这一特殊场景，需要进行进一步的验证。此外，火源位置发生变化时，如靠近一侧壁面或水平位置抬升，顶棚射流区火灾烟气特征也需要进行研究，以为探测系统的设计提供参考。

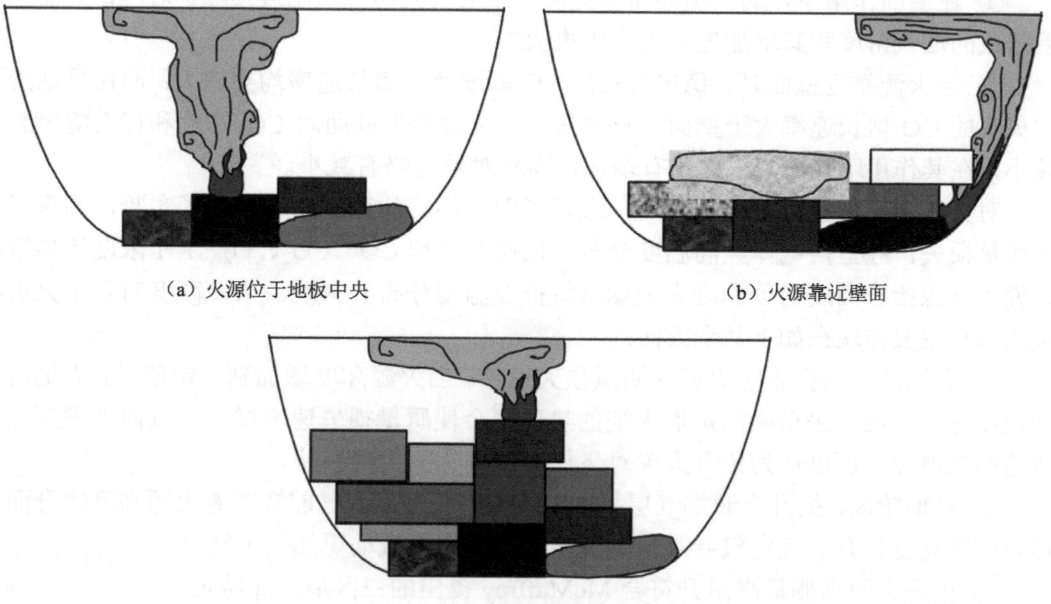

（a）火源位于地板中央　（b）火源靠近壁面　（c）火源位置抬升

图 3-4　三种火源位置示意图

通过对不同火源水平位置（舱体中央和靠近侧壁）的实验结果进行分析，火源的水平位置对顶棚射流区温度和烟气流动具有不同程度的影响。具体可以归纳为以下几个方面：

① 火源的质量损失速率在靠近侧壁面的情况下会有所增加，主要影响因素是腔室内的热反馈机制，氧气受限不明显。在火灾发生的早期阶段，整个货舱内的气体平均温度增长速率，中央火要高于壁面火和墙角火；随后进入燃烧稳定阶段，中央火的舱内气体平均温度峰值要低于另外两种。虽然火源靠近侧壁时会增加氧气的消耗，影响火源的质量损失速率，但主要的影响因素仍然是舱内的热反馈。

② 火源在侧壁附近时，顶棚温升峰值比中央火有所增加。基于镜像理论，对其系数进行修正，基于 Heskestad 火羽流公式可以得到适用于飞机货舱的顶棚最高温升预测公式：

$$\Delta T_{\max} = 30.5\frac{\dot{Q}_c^{2/3}}{\left(H - Z_0\right)^{5/3}} \tag{3-1}$$

此公式与 Heskestad 模型形式上一致，系数相对较大。

③ 根据实验结果，火源在舱内的水平位置几乎不会对顶棚温度的衰减造成影响，但壁面火和墙角火同一顶棚位置的温度高于中央火。对 Heskestad 和 Delichatsios 模型的系

数进行修正，修正后其预测值相对于 Alpert、Heskestad 和 Delichatsios 和指数模型与实验测量结果更为接近。对 Alpert 和修正的 Heskestad 和 Delichatsios 模型在早期的适用性进行了验证，随着火灾的发展，模型预测值与实验值逐渐接近。

④ 在壁面作用下，烟气层界面会提高，即烟气流动更加贴近顶棚。对应，壁面火和墙角火的烟气密度和其增加速率大于中央火。

⑤ 当火源靠近壁面时，稳定阶段的 CO 浓度及其增长速率均会增大；而在早期阶段中央火的 CO 增长速率大于壁面火和墙角火。火源靠近壁面对 $CO_2$ 浓度和相对湿度影响较小，在其作用下，$CO_2$ 浓度略有增加，而相对湿度略有减小。

对火源水平位置进行分析之后，选择了四个不同的火源高度进行了实验，测量了火源质量损失，腔室内气体竖向温度分布，顶棚温度和 CO、$CO_2$、$O_2$、RH 浓度等参数，研究了火源抬升高度对顶棚处火灾烟气特征及温度分布的影响。火源高度对各个火灾参量的影响主要体现在如下几个方面：

① 火焰的行为会影响火源的质量损失速率。当火源高度增加到一定值时，火焰与货仓顶棚持续接触，来自横向扩展火焰的热反馈会使质量损失速率增加。进而考虑到热释放速率的增加，可以认为抬升火灾对飞机货舱具有更大的威胁。

② 早期阶段，抬升火源烟气层界面基本维持不变，烟气前锋随着火源高度抬升而上移。火源高度抬升会使空气卷吸范围变窄，促使烟气流动更加贴顶棚。

③ 抬升火源顶棚最高温升符合 McMaffrey 提出的三区域分布特征。

④ 火源高度增加后会改变顶棚温度衰减速率。建立适用于抬升火源的顶棚温度衰减规律的指数模型如下：

$$\frac{\Delta T_{\max,r}}{\Delta T_{\max,0}} = \exp\left[-\left(3.88\frac{h}{H}+1.03\right)\cdot\frac{r}{H}\right] \tag{3-2}$$

式中，$\frac{h}{H}$ 为归一化火源抬升高度，$r$ 表示该温升为距离火源中心半径为 $r$ 处的值。

⑤ 随着火源高度抬升，腔室顶棚下方的 CO、$CO_2$ 浓度增加，$O_2$ 浓度减少。前 60s 内，抬升火源相对湿度会增加，因此采用湿度传感器的探测器需改变其算法，以期不损失探测器的灵敏度。

综合来看，壁面的作用会使火源质量损失速率和舱内的气体平均温升增加，但是到达峰值的时间会有所延迟，同时壁面还会提高顶棚温升峰值，而水平位置对顶棚温度的衰减影响较小。当火源高度抬升时，火焰与顶棚的接触会大大增加质量损失速率，同时影响顶棚温度的衰减规律。在前 60s 内相对湿度的增加会影响采用湿度传感器的火灾探测器响应情况。

#### 3.1.2.2 低气压环境

低气压环境是飞机货舱的另一个特殊点，当飞机从地面起飞至巡航高度过程中，飞机货舱内压力会从 101kPa 降低至约 70kPa。前人研究[11]表明这样的低压环境会使得火灾烟雾探测器响应时间有所增加，有时还会造成烟雾探测器不能报警。此外，随着压力的降低在舱内会形成水雾，很多情况下水雾会造成烟雾探测器误报[12]。因此，探讨低气压环境对顶棚射流区火灾烟气特征的影响具有实际应用意义。但是，目前研究侧重于低气压环境对火焰特征的影响，针对低压影响下顶棚射流规律的研究开展较少。

本书在飞机货舱环境模拟实验舱内开展了中央火低压实验，实验压力分为 100kPa、90kPa、80kPa、70kPa 四种，涵盖了飞机从地面起飞到巡航高度的多种情况，研究了压力对质量损失速率、腔室内气体竖向温度分布、顶棚温度分布、烟气密度和气体浓度等火灾参数的影响，对低压下顶棚最高温升和顶棚温度衰减规律进行了重点分析，将压力因素耦合进其预测公式中。主要结论包括以下几点：

① 验证了前人对火源质量损失速率与压力关系的描述，两者呈指数关系，即 $\dot{m}\propto A\cdot P^{\chi}$，指数系数范围为 0~1。随着环境压力的降低，舱内气体平均温度有所升高，氧气消耗增加，由此可知火源质量损失速率主要受限于氧气浓度。

② 顶棚最高温升随着压力的降低而增加。引入卷吸系数比 $C_\alpha$，建立了适用于低压情况下的顶棚最高温升预测公式：

$$\frac{\Delta T_{\max}}{\Delta T_\infty}=11.05\left(C_\alpha^2 P\right)^{-2/3}\left(\frac{R}{c_p M\sqrt{g}}\right)^{2/3}\dot{Q}_c^{2/3}\left(H-Z_0\right)^{-5/3} \tag{3-3}$$

式中，$P$ 为环境压力，$R$ 为摩尔气体常数；$c_p$ 是比热容；$M$ 是气体的摩尔质量；$H$ 是火源至顶棚的高度；$\dot{Q}_c$ 是对流热释放速率，约占火源热释放速率的 70%；$Z_0$ 是虚点源，表达式为

$$Z_0=0.083\dot{Q}^{215}-1.02D$$

其中，$D$ 是火源直径；$\dot{Q}$ 是火源热释放速率。

③ 在低压情况下顶棚温度衰减的更快。在 Heskestad 和 Delichatsios 以及 Alpert 模型基础上，引入卷吸系数比 $C_\alpha$，修正了顶棚温度衰减关系式：

$$\frac{\Delta T_{\max,r}}{\Delta T'_{\max,0}}=\left(1.342+0.901\frac{r}{C_\alpha^2 H}\right)^{-\frac{4}{3}},0.5\leqslant r/H\leqslant 2.0 \tag{3-4}$$

$$\frac{\Delta T_{\max,r}}{\Delta T_{\max,0}}=0.318\left(\frac{r}{C_\alpha^2 H}\right)^{-\frac{2}{3}},0.5\leqslant r/H\leqslant 2.0 \tag{3-5}$$

其中，公式（3-4）是基于 Heskestad 和 Delichatsios 模型的顶棚温度预测公式，其精确度高于式（3-5）所示的 Alpert 模型。

④ 低压环境下，烟气流动更加贴近顶棚，烟气层界面和烟气前锋升高。烟气密度与压力呈指数关系，$K\propto P^{\chi_2}$，指数系数约为 0.946。

⑤ CO 浓度最大值随压力升高而降低，与氧气的浓度变化趋势相符合；且 CO 增长速率与压力呈负指数关系，符合 Heskestad 理论分析。$CO_2$ 增长速率和相对湿度减少量随着压力降低而略有减少。

### 3.1.2.3 火源位置与低气压环境耦合作用

为了研究火源位置与低气压条件耦合作用下的飞机货舱火灾参量变化，我们在货舱环境模拟实验舱内开展了壁面火和墙角火低压实验，研究分析了火源水平位置与压力共同作用下质量损失速率、腔室内气体竖向温度分布、顶棚温度分布、烟气密度和气体浓度等火灾参数的变化规律，建立了顶棚最高温升和顶棚温度衰减规律的预测公式。

火源在货舱内的水平位置与压力耦合作用下火灾参量的变化主要体现在以下几个方面：

① 墙角火实验结果显示当火源靠近壁面时，压力相同的条件下质量损失速率更高，且其与压力呈指数关系 $\dot{m} \propto A \cdot P^{\chi}$ ，指数系数在 0~1 范围内。低压下中央火氧气消耗量是最大的。

② 壁面限制和低压作用均会促使顶棚最高温升增加。壁面对火羽流卷吸的限制和低气压条件均会使舱内气体平均温度升高，热反馈作用增强。在引入卷吸系数比 $C_\alpha$ 基础上，再引入镜像理论修正系数 $\beta$，建立了低压环境中不同火源位置下顶棚最高温升预测公式：

$$\frac{\Delta T_{\max}}{\Delta T_\infty} = 11.05\left(C_\alpha^2 P\right)^{-2/3}\left(\frac{R}{c_p M\sqrt{g}}\right)^{2/3}\left(\beta \dot{Q}_c\right)^{2/3}\left(H - Z_0\right)^{-5/3} \tag{3-6}$$

③ 火源位置对顶棚温度衰减规律影响较小，而低压下壁面火和墙角火顶棚温度衰减依然比常压情况更快。低压实验中，基于 Heskestad 和 Delichatsios 以及 Alpert 模型，引入卷吸系数比 $C_\alpha$，建立的顶棚温度衰减关系式依然适用于壁面火和墙角火：

$$\frac{\Delta T_{\max,r}}{\Delta T_{\max,0}} = 0.318\left(\frac{r}{C_\alpha^2 H}\right)^{-\frac{2}{3}}, 0.5 \leqslant r/H \leqslant 4.0 \tag{3-7}$$

$$\frac{\Delta T_{\max,r}}{\Delta T_{\max,0}} = \left(1.342 + 0.901\frac{r}{C_\alpha^2 H}\right)^{-\frac{4}{3}}, 0.5 \leqslant r/H \leqslant 4.0 \tag{3-8}$$

其中，$r$ 为顶棚任意一点距离火源中心的水平距离，且基于 Heskestad 和 Delichatsios 模型的顶棚温度预测公式（3-7）精确度高于 Alpert 模型公式（3-8）。

④ 侧壁的限制和低压作用会使烟气更加贴近顶棚蔓延，进而对烟气层界面和烟气前锋高度具有一定抬升作用。壁面作用下，烟气密度增加，且其与压力依然符合指数关系，$K \propto P^{\chi_2}$ ，指数系数约为 0.946。

⑤ 在侧壁和低压的共同作用下，CO 浓度峰值大大增加；壁面火和墙角火 CO 增长速率与压力依然呈负指数关系。由于共同作用，中央火 $CO_2$ 浓度峰值和其增长速率最大。壁面作用对相对湿度影响较小，而低压下相对湿度减少量减小。

### 3.1.2.4 低气压条件对火灾烟颗粒的影响

市面上采用的光电感烟火灾探测器一般都是基于烟颗粒的吸收和散射特性，而烟颗粒的粒径分布和微观几何外形结构对于粒子的光学散射和吸收特性非常重要。如果压力的降低会对烟颗粒的结构和数目浓度造成影响，则当前飞机上应用的火灾感烟探测技术必须针对这种影响进行相应的改进。

对烟颗粒形貌和光学特征的检测最好采用非接触的方法，因为直接采用设备收集烟颗粒可能会引起粒子的选择性丢失、团聚，以及粒子中挥发性化学物的挥发，而非接触式的光学测量方法不会干扰粒子样本，具有明显的优势。当前采用的绝大部分光学测量方法是基于烟颗粒对光的散射作用，对烟颗粒的形状和成分非常敏感。因此，为了应用光学测量方法，有必要了解烟气颗粒的光学特性。

本节我们采用碳支持膜和场发射扫描式电子显微镜（SEM）结合的方法，分析了气压对于烟气的微观几何特征的影响。快速粒子分析仪 DMS5000 用来测量粒子的粒径分布和粒子数浓度。主要的测量参数包括主粒子粒径、每个分形凝聚体里主粒子个数、分形维数和回转半径等。

针对不同的火灾类型，我们选择了正庚烷明火、混合航空煤油明火、纸张和棉绳阴燃火三种火源类型，选择了 100~40kPa 七种不同的环境压力对烟颗粒的特征进行研究。通过对各个特征参数的分析，气压对烟颗粒的特征影响情况如下：

① 正庚烷明火的主粒子粒径、每个烟颗粒中含有的主粒子个数、回转半径随着气压的降低而减小。分形维数范围 1.58~1.71，前置因子范围 4.10~6.63，并且都和气压没有明显关系。

② 不同气压下的阴燃火烟颗粒粒径取决于燃料种类，且和低气压没有明显关系。综合来看，不同的低压环境会对明火烟颗粒的形成造成较明显影响而对阴燃火烟颗粒没有明显影响。烟粒子的形状和结构会对粒子的散射特性造成影响。在飞机货舱中，气压低于 1 个大气压，航空探测方面的专家应该关注低气压对于烟粒子形貌结构的影响，以便保证基于烟颗粒散射特性的烟雾探测设备能够在低压下工作正常。

③ 对于正庚烷明火来说，烟颗粒的几何平均粒径和中位数粒径都随着气压的升高而增大。烟颗粒几何平均粒径和气压之间可用二阶多项式拟合，相关系数为 0.99。

④ 烟颗粒的数目浓度随着气压的降低明显减小。数目浓度和气压存在线性关系，相关系数为 0.92。气压对烟粒子的数目浓度和尺度分布造成的改变，可能影响烟粒子的光学特性，进而对不同气压或者不同海拔的烟雾探测技术和遥感技术造成影响。

## 3.2 被动防火系统

### 3.2.1 货舱等级分类

《中国民用航空规章》第 25 部（CCAR-25）参考 FAA 的货舱分级标准，将货舱和行李舱分为 5 个等级。

A 级货舱或行李舱指的是具备下列条件的舱[13]：

① 机组成员在其工作位置上能容易地发现着火；

② 在飞行中容易接近舱内每个部位。

CCAR-25 中对 A 级货舱的灭火系统做出了相关规定，在 A 级货舱内必须有一个易于接近的手提式灭火瓶可供使用。按照第 25.855（a）（a-1）条，不要求 A 级货舱或行李舱必须具有与飞机结构分开的衬垫，所以说 A 级货舱应离座舱较近，其环境条件较为优越。

B 级货舱或行李舱指的是具备下列条件的舱：

① 有足够的通路使机组成员在飞行中能携带手提灭火瓶有效地到达舱内任何部位；

② 当利用通道时，没有危险量的烟、火焰或灭火剂进入任何有机组或旅客的舱；

③ 有经批准的、独立的烟雾探测或火警探测器系统，可在驾驶员或飞行工程师工作位置处给出警告。

B 级货舱或行李舱的条件不如 A 级，其防火要求就比 A 级严格，按照第 25.851（a）（4）条要求，在每个 B 级货舱内，必须有一个易于接近的手提式灭火瓶可供使用。按照第 25.855（a）（a-1）条要求，B 级货舱或行李舱必须具有与飞机结构分开的村垫。另外，对于 B 级货舱，空勤人员在工作位置上看不到货舱的着火，但具有灭火出入口，要求有一个火警探测系统。“经批准的”是指该设备已取得了适航当局认可的合格证明文件或其他的等效证件。“独立的”是指该设备使用目的的专一性。

C 级货舱或行李舱是指不符合 A 级和 B 级要求的舱，但是这类舱应具备下列条件：

① 有经批准的、独立的烟雾探测或火警探测器系统，可在驾驶员或飞行工程师工作位置处给出警告；

② 有从驾驶舱处可操纵的、经批准的固定式灭火或抑制系统；

③ 有措施阻止危险量的烟、火焰或灭火剂进入任何有机组或旅客的舱；

④ 有控制舱内通风和抽风的措施，使所有灭火剂能抑制舱内任何可能的着火。

C 级货舱或行李舱是不符合 A 级和 B 级要求的舱。对于 C 级货舱，空勤人员看不到货舱的货物，而且没有灭火出入口。它应具有经批准的、独立的火警探测系统与机组人员可操纵的固定式灭火系统，并有措施防止烟雾、火焰或灭火剂进入客舱，能控制舱内通风和抽风等。

D 级货舱或行李舱指具备下列条件的舱：

① 舱内发生火情能被完全隔离而不致危及飞机或机上人员的安全；

② 有措施阻止危险量的烟、火焰或其他有毒气体进入任何有机组成员或旅客的舱；

③ 舱内的通风和抽风受到控制，使舱内可能发生的任何火情不会蔓延至超过安全的限度；

④ 考虑舱内的热对附近飞机关键零件的影响。对于容积等于或小于 $14m^3$ 的舱，空气流量应不小于 $42m^3/h$。

对于 D 级货舱或行李舱，空勤人员看不见货舱，也无灭火出入口，但是通过使用耐火耐热材料，使火焰和热量保持在舱中，而且货舱隔舱和舱门的密封足以遏制燃烧。所以它要求对舱内着火能完全隔离，防止烟雾、火焰等进入客舱，对舱内的通风和抽风进行控制，并要考虑到舱内热量对附近飞机关键零件的影响，同时规定了舱的容积不得超过 $28.3m^3$。

E 级货舱或行李舱指仅用于装货的飞机上的货舱：

①〔备用〕

② 有经批准的、独立的烟雾探测或火警探测器系统，可在驾驶员或飞行工程师工作位置处给出警告；

③ 有措施切断进入货舱的或货舱内的通风气流，这些措施的操纵器件是机组舱内的飞行机组可以接近的；

④ 有措施阻止危险量的烟、火焰或有毒气体进入驾驶舱；

⑤ 在任何装货情况下，所要求的机组应急出口是可以接近的。

B 类、C 类和 E 类货舱或行李舱具有提供主动防火的烟雾探测系统。这些系统旨在在火灾早期阴燃阶段向飞行机组提供听觉和视觉指示。在老式飞机上，监管机构没有量化检测火灾的时间，该时代的烟雾检测系统通常达到 5min 的检测时间。使用较新的技术，烟雾探测系统可以在更短的时间内提供指示。所有较新的飞机火灾探测系统都可以在 1min 内检测到火灾。在所有情况下，烟雾探测系统可以在明显低于飞机结构完整性可能受到不利影响的温度下发现火灾。

*总体规定*

根据 CCAR-25 的规定，每一个货舱和行李舱都必须满足以下的要求[13]：

① 必须满足第 25.857 条等级要求中的一种，即需要满足上述五个货舱等级中的一个；

② 第 25.857 条定义的 B 级至 E 级货舱或行李舱必须有同飞机结构分开的衬垫（但衬垫可与结构连接）；

③ C 级货舱或行李舱的天花板和侧壁的衬垫必须满足 25 部附录 F 第Ⅲ部分规定的试验或其他经批准的等效试验方法的要求；

④ 构成货舱或行李舱的所有其他材料必须满足 25 部附录 F 第 I 部分或其他经批准的等效试验方法规定的适用试验准则；

⑤ 任何舱内不得含有其损坏或故障将影响安全运行的任何操纵机构、管路、设备或附件，除非这些项目具有满足下列要求的保护措施：

• 舱内货物的移动不会损伤这些项目，

• 这些项目的破裂或故障不会引起着火危险；

⑥ 必须有防止货物或行李干扰舱内防火设施功能的措施；

⑦ 舱内热源必须屏蔽和隔绝，防止引燃货物；

⑧ 必须进行飞行试验以表明符合第 25.857 条中涉及下列方面的规定：

• 舱的可达性，

• 阻止危险量的烟或灭火剂进入机组舱或客舱，

• C 级舱内灭火剂的消散；

⑨ 进行上述试验时必须表明，在灭火过程中或灭火后，任何货舱内的烟雾探测器或火警探测器不会由于任何另一货舱内的着火而产生误动作，除非灭火系统同时向每个货舱喷射灭火剂；

⑩ 货舱或行李舱的电气线路互联系统部件必须符合第 25.1721 条的要求。

在货舱和行李舱内应设置防护设施，具体的规定如下：

① 在火情易于判明，且飞行中易接近情况下，应为每个行李舱或货舱设置一个手提式灭火瓶。

② 如果在飞行中有足够的通路接近行李舱或货船，而火情不易发觉，则应为每个舱设置一套独立的烟雾或火警探测系统，并为每个舱设置易于使用的手提式灭火瓶。

在行李舱及货舱的通路打开时，应防止危险量的烟雾、火焰或灭火剂进入驾驶舱和旅客舱。舱内应衬以铝材或具有等效耐火能力的材料所制成的衬垫。

③ 如果火情不易判明，并在飞行中又不能接近，应为每个行李舱和货舱设置单独的烟雾或火警探测系统，并设置一套机内固定式灭火系统，有措施防止有危险量的烟雾、火焰或灭火剂进入驾驶舱或旅客舱。应控制行李舱及货舱内的通风及抽风，以便有效灭火。行李舱及货舱内应衬以铝材或具有等效耐火能力的材料所制成的衬垫。

④ 如果不致危及飞机或机上人员的安全，而火情完全能被隔离控制，则不需要探测系统或灭火系统。但是应有措施防止有危险量的火焰、烟雾、有毒气体进入驾驶舱或旅客舱。应控制行李舱及货舱内的通风及抽风，流经每个舱的通风及抽风量不应超过 $3m^3/h$。该舱的装饰层应用铝材或具有等效耐火能力的材料所制成。

⑤ 对于专门用来运货的飞机应该按照下列措施进行防火：应设置单独的烟雾或火警探测系统；设置切断流入舱内气流的装置，不应有危险量的烟雾、火焰或灭火剂进入飞行人员区域；舱内应衬以铝材或等效耐火能力的材料所制成的衬垫。

### 3.2.2 货舱和行李舱材料

货舱和行李舱应全部衬以耐火材料（铝合金或具有等效的隔火能力的其他材料）衬垫，并应考虑到舱内的衬垫对飞机邻近的部件影响。衬垫是被动防火组件。货物衬板的主要目的是防止在货舱被火灾控制系统控制之前，起始于货舱的火焰蔓延到飞机的其他部分。

在 C 类货舱中，包括所有乘客飞机的下层货舱和大多数货机的下部货舱，货舱侧壁和天花板衬板装置必须经过火灾试验，以确定阻燃性。测试要求必须至少测试三个样品，在施加 927℃（1700℉）火焰源后 5min 内，任何样品都不得有火焰穿透。所有其他材料必须能够自熄灭。许多波音认证的货机 E 类货舱也包含由符合 C 类隔层衬板要求的相同材料制成的货物衬垫。具体来说，对于不同部位不同功能的舱内材料，需要进行不同的燃烧测试，以确保其阻燃性能[14]。

对于货舱衬垫来说，B、C、D 和 E 级货舱的地板需要进行 45° 倾斜燃烧试验。对于合格的材料来说，无论是火焰直接灼烧时还是火焰移开时，材料均不得发生火焰穿透的现象；对于火焰移开后的自熄灭时间，要求不大于 15s，对于三个样品的平均阴燃时间，不得超过 10s。

对于货舱所采用的隔热材料和隔音材料，以及用于保护货物的隔热毯及防护罩等，需要进行 12s 的点火垂直燃烧试验，在试验时材料必须能够自熄灭且平均烧焦长度不得超过 203mm；当火焰移开后，材料平均继续燃烧时间不得超过 15s，如果有熔融物质从材料上滴落，滴落的物质燃烧时间不得超过 5s。

对货舱内的电缆和电线来说，它们的绝缘层需要进行 60°倾斜燃烧试验，在试验时材料必须能够自熄灭且平均烧焦长度不得超过 76mm；当火焰移开后，材料平均继续燃烧时间不得超过 30s，如果有熔融物质从材料上滴落，滴落的物质燃烧时间不得超过 3s。

货舱的天花板和侧壁的衬垫必须进行抗火焰烧穿性试验，施加火焰后 5min 内，任何试样均不得被烧穿，且在水平试样上表面上方 102mm 处测得的峰值温度不得超过 203℃。如果货舱内设置座椅，应按 HB 7265—1996 进行座椅垫可燃性试验。

### 3.2.3 通风以及烟气蔓延的控制

在着火情况下切断空气通风可使灭火剂滞留比较长的一段时间，因此对所有类型的行李舱及货舱，均需设置切断通风空气装置。舱的密闭以及通风切断应设计成水平巡航飞行 2h 之后灭火剂至少维持 25%浓度（相对浓度）。舱的密闭性应达到飞机在最大下降速率以及必要的泄漏量条件下，座舱压差不超过设计值。

波音公司采用双管齐下的方法隔离烟气和有毒气体，使其不会进入驾驶舱或其他被占用的舱室。

首先，相对于在 C 级或 E 级舱室灭火期间可能含有烟雾或有毒气体的相邻隔间，驾驶舱和乘客舱应保持稍高的压力。

在 E 级货舱中，设置一个空调组件来保持低速气流。这种气流向驾驶舱提供空气，并通过电气设备冷却系统和通过空气返回路径离开进入向前的下部脸颊区域。除了充当压力源之外，进入驾驶舱的新鲜空气还用于扫除可能进入舱室的痕量烟雾。驾驶舱内的烟雾是自我清除的，并且防止了危险的积聚。

控制进入和离开被占领区域（包括驾驶舱）的空气通道，以确保产生的压力差能有效防止烟雾进入舱室。此外，还使用其他方法，例如密封舱壁、货物上的刚性货物屏障等，以最小化烟雾渗透。

第二，个别货舱具有衬垫和障碍物，旨在尽量减少从被隔离区进入被占用区域的烟雾泄漏量。在不同的飞机上，这些隔间封闭和密封采取不同的形式，但衬垫和其他烟幕的完整性在建立和维持飞机的防火能力方面很重要。

组件测试和认证测试。为确保防火、烟雾探测和灭火系统指定的所有组件均符合波音规定的要求，需要对烟雾探测和灭火系统进行认证和飞行测试。此外，还需要进行烟雾穿透试验，以证明货舱设计和防火系统指标符合波音和法规要求。

我国当前的适航条款仅从飞机结构安全设计角度要求“有措施阻止危险量的烟、火焰或灭火剂进入任何有机组或旅客的舱”，对通过何种试验方法验证货舱设计满足适航条款的符合性要求，目前尚无研究，国内也没有任何有关货舱烟雾穿透试验的标准可参考。

下面以某型飞机的适航取证试飞为例，对货舱烟雾穿透试验采用的试飞测试技术、试验方法进行归纳总结[15]。

某型飞机具有一个C级货舱且货舱位置在客舱地板下方，货舱和客舱均设有增压措施且客舱压力稍高于货舱，目的是防止货舱发生火灾时有烟气通过两个舱室之间的连接处进入客舱和驾驶舱。然而，假如客舱地板或货舱顶棚在使用过程中密封效果降低，烟气就有可能通过这些缝隙进入客舱。此外，一些影响到客舱和货舱气流的操作如空调开关、货舱通风等也会对烟气的蔓延产生影响。

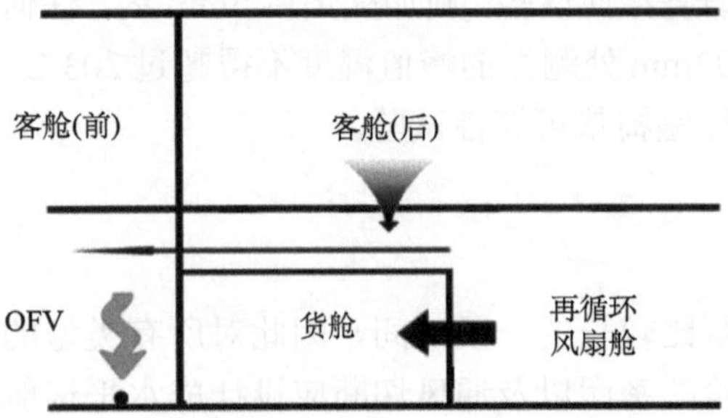


图 3-5 某型飞机内部气体流动示意图[15]

经过简化，该型号飞机的客舱通风口位于顶部，然后气流从地板格栅排出，经过活门进入外界。货舱的通风是从再循环系统引气，经过货舱关断活门进入货舱，气流最后排放到货舱前侧的三角区域，一旦货舱内发生火灾，可以通过关闭货舱、关断活门对烟气进行控制，具体的气流路径如图 3-5 所示。

通过烟雾发生器、摄像头和试验靶标以及视频监控记录系统和机载测试系统可以系统地对货舱的烟气蔓延进行监测。烟雾发生器可以使用FAA认证的产品，不仅可以产生烟雾以模拟货舱内的火灾，还可以在不产生任何有毒有腐蚀性或对人体有害烟气的情况下保证整个试验过程中货舱内充满烟雾。此外，烟雾发生器应能够在烟雾发展到危险情况时被立即关闭。

在进行飞行试验时，将烟雾发生器放置在货舱地板上，水平位置需要考虑实际情况，应放置于货舱最临界的位置，即最可能引起烟雾从货舱穿透进入到客舱的位置。烟雾发生器的控制端置于客舱内，以便于操作。结合实际，该型飞机应将烟雾发生器放置于图 3-6 中位置 1 和位置 2，分别是货舱门附近和货舱前端壁板位置。

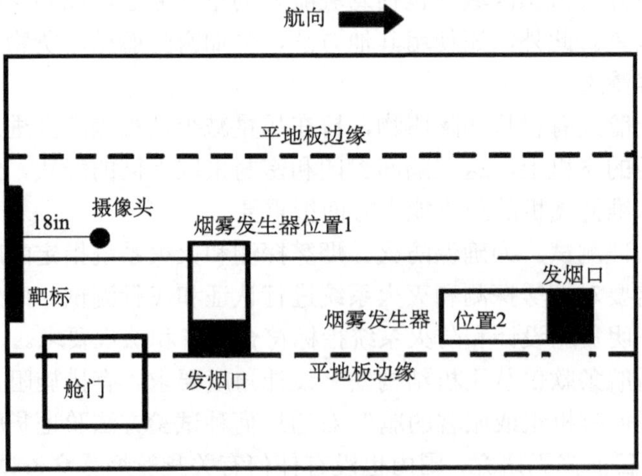


图 3-6 烟雾发生器位置示意图[15]

在进行试验时，首先应判断货舱内的烟雾是否充满，采用摄像头和试验标靶通过实时图像进行判断。首先将标靶固定在货舱后端板上，将摄像头固定在货舱地板上，距离标靶 18in（如图 3-7），当试验人员在客舱内观测到标靶图像消失时，即摄像头拍摄的标靶图像完全被烟雾遮盖时（如图 3-8），即可以认为货舱内充满了烟雾[16]。

图 3-7 摄像头与试验标靶安装图[15]

图 3-8 从左到右分别为产生烟雾前、产生烟雾中和充满烟雾[15]

由于该型号飞机货舱在飞行中无法进入，因此需在货舱内安装视频监控记录系统，以便于实时监控烟雾发生器的工作情况，同时在客舱和驾驶舱安装了视频记录系统，实时观测客舱和驾驶舱内是否有烟雾出现。此外，在整个试验过程中，需要采用机载测试采集系统对飞行状态相关的参数、货舱通风参数和客舱空调系统相关参数进行采集，记录飞行高度、飞行速度、货舱通风构型和空调系统工作状态等参数。

货舱烟雾穿透试验应在巡航和下降飞行状态下进行，还应考虑正常的客舱通风空气流量和在飞机可派遣的客舱通风流量等条件。该型号飞机货舱的通风是从客舱地板左、右格栅引入的，空调系统的工作模式不同导致客舱和货舱内的空气流量和通风量不同。单制冷组件工作时客舱内空气流量低于双制冷组件状态，单制冷组件状态下货舱烟雾穿透情况较为严酷。此外，该机型客舱和货舱均为增压舱且货舱压力稍低于客舱压力，当客舱压力和货舱压力之差最大时烟雾最容易穿透进入客舱。

在货舱烟雾探测系统探测到烟雾后不小于 30s 开始实施飞机飞行手册规定的着火及烟雾应急程序。飞机和相关系统保持出厂构型，选择一台烟雾发生器在空载货舱产生烟雾，在地面和飞行状态下进行货舱烟雾穿透试验。地面试验要保证选择的烟雾发生器能够产生足够的烟雾量以节省飞行试验架次。飞行试验可模拟飞行中出现着火时可能采用的应急程序（如应急下降、 进场和着陆等）的可行性。

当在地面进行试验时，首先确保空调系统为双制冷组件状态，然后打开货舱通风，关闭货舱、驾驶舱和客舱舱门。在货舱内打开烟雾发生器，待货舱烟雾探测系统探测向驾驶舱发出告警信息 30s 后立即执行飞机飞行手册规定的货舱冒烟程序，客舱的试验人员继续监控烟雾发生器产生烟雾，使货舱充满烟雾并保持充满烟雾状态 15min。整个试验过程中，局方代表在客舱、驾驶舱目视检查是否有烟雾从货舱穿透进入客舱、驾驶舱。试验结束后，打开货舱舱门，打开空调系统排烟。

地面试验满足设计要求后进行飞行试验。飞行试验在以下状态下验证：①座舱增压，飞行高度 39000ft，双制冷组件工作，在货舱充满烟雾后继续平飞至少 15min；②座舱增压，飞行高度 31000ft，单制冷组件工作，在货舱充满烟雾后继续平飞至少 15min；③座舱增压，单制冷组件工作，在货舱充满烟雾后从 31000ft 高度快速下降至 10000ft。在上述三个飞行状态下，观察是否有烟雾从货舱穿透进入客舱、驾驶舱。

试验过程中，试验人员在客舱和驾驶舱左、 右侧壁板处，在地板与座椅扶手高度之间，用手电筒沿飞机航向和逆向照射，观察是否有烟雾穿透进入客舱、驾驶舱。在该型号飞机试验中，货舱产生烟雾 23s 后飞行机组和告警系统上出现货舱烟雾告警信息，产生烟雾 30s 后关闭了货舱通风和再循环风扇，使货舱充满烟雾并保持 15min。在整个试验过程中，通过目视检查，没有烟雾从货舱穿透进入其他舱室，试验中采集的视频画面也未见其他舱室出现烟雾。

## 3.3 火灾探测系统

### 3.3.1 系统功能与组成

根据飞机货舱火灾的案例我们可以了解到，在货舱内发生火灾的初期就发出告警信号并启动内部的灭火系统是控制货舱火灾的最有效的方法，不仅可以抑制火势的发展，也可以保障其他舱室的安全。对于绝大多数的飞机货舱而言，在飞行过程中机上人员无法进入，也无法通过其他方式查看货舱内的实际情况，因此准确、及时的火灾探测就变得至关重要。

根据 CCAR-25 第 25.855 条和第 25.857 条的要求，对于每一个通过试航部门审定的飞机货舱探测系统，必须同时满足 4 个条件：

首先无论在货舱内的任何位置发生火灾，探测系统需要在 1min 内向飞行机组给出目视指示。这一时间要求稍微长于动力舱内的时间要求，主要是由于货舱的体积要远大于动力舱，且货舱内没有明火，起火的可能性要小于动力舱，且即使发生火灾在1min内发展不会过于迅速。

第二点是探测系统应能够在远低于有可能使飞机结构完整性显著降低的温度下就探测到火警。这一规定要求探测系统要合理地设定探测报警温度，以保障在飞机的主体结构受到破坏之前就能够探明火灾。

第三点是能够允许飞行机组在飞行过程中检查每一个火警探测器线路是否正常。这一点在很多系统都有要求，不仅可以方便探测系统的维护，更为重要的是可以确保货舱火警探测系统在飞机飞行过程中始终处于正常的可用状态。

最后应能够表明探测系统在所有经过批准的运行形态和条件下均可以正常工作[13]。这一条中的“运行形态和条件”指的是飞机运行时所具有的构型、飞行剖面、装载方案等。

在对货舱进行设计时，应把火警探测时间、探测温度、线路的可检查性及运行的形态和条件作为选择货舱火警探测器、确定其应用的数目与安装位置的依据。火警探测器的数目和安装位置必须保证能迅速探测货舱区域内的任何可能出现的火情。

美国联邦航空局对火警探测器的试验用电路作了如下规定：

① 这种试验方法应用来向空勤人员保证在所有火警探测元件均工作时，如果在探测器所控制的区域内发生火警，探测器就会产生一个信号，这种试验方法的设计不一定要使火警探测器传感元件本身能和火警相一致（这通常是一项单独的地面维护工作）。

② 这种试验应能发现探测元件外部的火警探测系统中任何可能的故障或损坏，以免干扰或阻止火警信号的发生。电气系统的断开和短路，指示灯、警铃、开关或继电器的不工作都是这种试验能发现的故障的示例。

为了表明探测系统满足上述条件要求，应通过图纸、技术条件、设计说明书等说明装有火警探测器的货舱满足条例的规定。对于火警探测器线路的检查及在所有批准运行形态和条件下均为有效的要求，须通过飞行试验予以证实。

下面对货舱火警探测系统的组件进行介绍，从功能上来看，货舱火警探测系统的主要功能有两个，一个是探测飞机货舱和行李舱内的可能发生的火灾，第二个是向机组人员发出火警信号。

探测功能是基于探测器来实现的，当前飞机货舱内的火灾探测器以烟雾探测器为主，根据其原理可以分为光电型和离子型两种[17]。自从安装了感烟探测器后，其作用非常明显，几乎从未发生火灾漏报的情况，大大提高了货舱的火灾安全性。飞机火灾的发生情况从1959年的15起/百万飞行小时迅速降低至2000年的2起/百万飞行小时。

几乎所有货舱烟雾探测器都是基于光电传感。烟雾颗粒干扰检测器内的光束，导致光散射到光敏二极管上，这增加了光电二极管的电流输出并产生报警。烟雾探测器可以按烟雾进入烟室的方式来分类：穿透式或开放式（图3-9）。

吸气式探测器，也称为主动式烟雾探测器，通过连续监测从货舱吸入的空气样品中是否存在烟雾来判断是否有火灾状况。抽样检测系统由分布式的采样管网络组成（见图3-10），位于货舱顶部的各个采样口将各个位置的空气输送到位于货舱外部的烟雾探测器中。

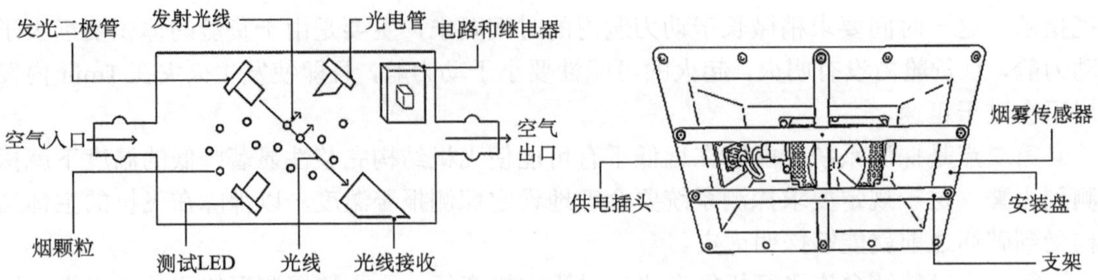


(a) 穿透式烟雾探测器　　(b) 开放式烟雾探测器

图 3-9　两类烟雾探测器

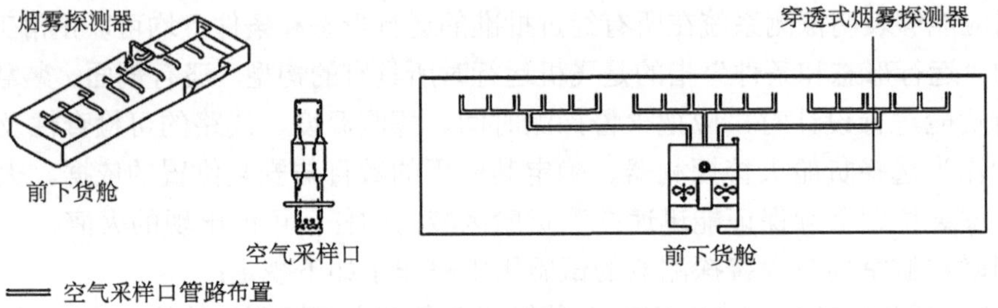


图 3-10　吸气式货舱烟雾探测系统

开放式探测器，也称为无源烟雾探测器，安装在隔间内，通常在天花板内，并直接暴露于烟雾中。此外，还有一些方法允许机组人员对每个火灾探测器电路进行飞行中系统测试，以确保功能正常。必须在所有批准运行的形态和条件下显示检测系统的有效性。

所有波音飞机的货舱都配有多个烟雾探测器。例如，MD-11 货舱有 18 个区域烟雾探测器，14 个沿着舱室顶部中心线轴向分布，4 个位于货舱的前部区域（见图 3-11）。来自任何烟雾探测器的烟雾信号将在驾驶舱面板上触发火灾报警。这是一个“单循环”系统，因为任何一个检测器都可以消除火灾报警。

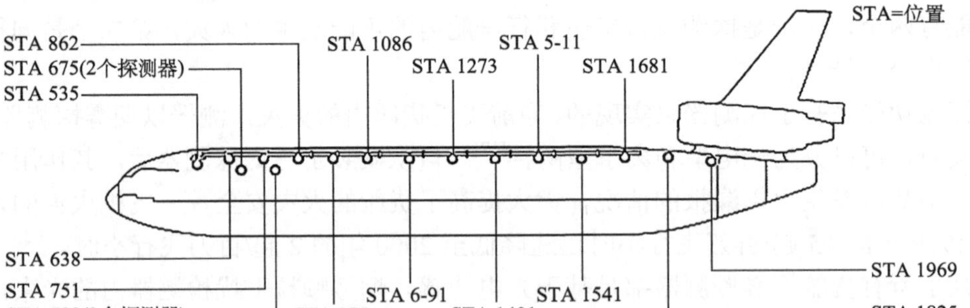


图 3-11　货舱烟雾探测器分布（共 18 个）

每个货舱中的烟雾检测系统也可以设计为双回路（两个单回路）配置。烟雾探测器由与每个单回路相关联的一个或多个检测器组成。在双回路系统中，需要两个独立的烟雾信号，以在驾驶舱上产生火灾报警。大多数波音飞机都使用双回路配置进行货物烟雾探测系统设计。对于双回路和单回路系统，通过主设备清单上提供的指导，可以在烟雾探测器不工作时进行调度。

当探测器在货舱内发现烟雾时，就需要探测系统的第二个功能——告警，来为驾驶舱内的机组人员提供视觉和听觉警告（见图 3-12）。两个红色的主警示灯位于眩光盾上，一个在飞行员前面，一个在前副手前面。此外，在具有发动机指示和机组警报系统（EICAS）的飞机上，消息 FI CAR CARMO FWD 或 FIRE CARGO AFT 显示在主面板上的上部 EICAS 显示屏上，以识别受影响的下部隔间。在没有 EICAS 系统的所有飞机上，带有火灾的货舱的个别红灯将亮起（例如，FWD CARGO FIRE 或 AFT CARGO FIRE）。

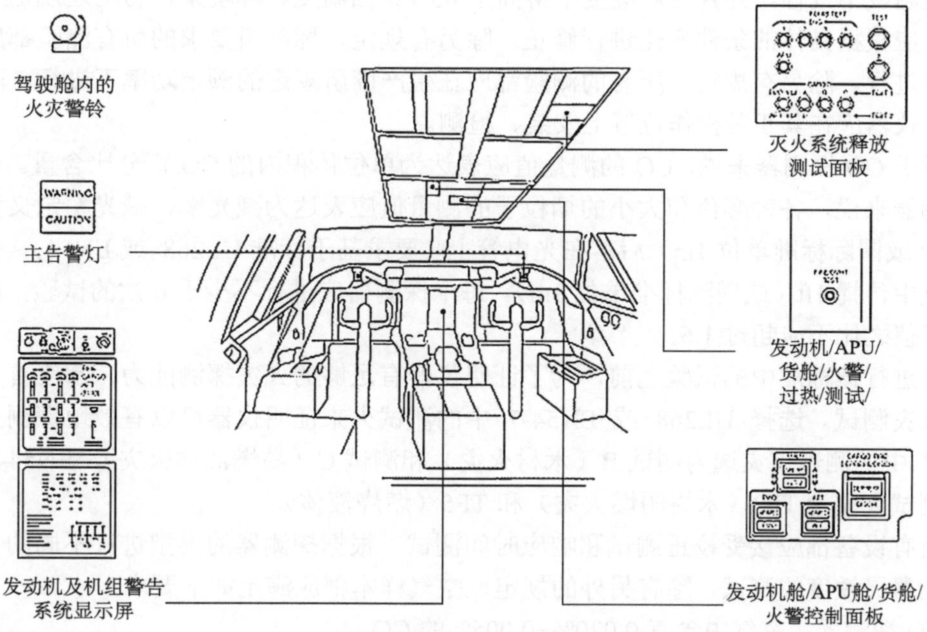


图 3-12　典型的驾驶舱控制台指示和控制布局

对于波音 747-400F 的主驾驶舱，消息 FIRE MN DK FWD、FIRE MN DK MID 或 FIRE MN DK AFT 将显示在 EICAS 上，以识别主货舱内的受影响区域。如果在主货舱的多个区域内检测到烟雾，则显示 EICAS 警告消息 FIRE MAIN DECK。声音与火焰警告、灯光和信息一起发出。

## 3.3.2　飞机货舱火灾探测系统相关规定

AS8036: *Cargo Compartment Fire Detection Instruments* 规定了感烟探测器防误报的最低性能标准试验，并且参考了 DO-160G 的最新修订版，对 CO 报警装置、烟雾报警器等产品的性能标准进行了规定[18]。CO 探测器为 I 类设备，烟雾探测器为 II、IV 和 V 类设备，第三类设备已经被删除。下面对该标准条款进行详细介绍。

首先对飞机火灾探测器的材料、工艺等进行了规定。生产探测器所用的材料应首先通过检测，以确保其用来制造飞机仪器仪表是合适并可靠的，生产工艺符合高级飞机仪表生产要求。在飞机飞行过程中无法正常调控的控制装置，应按照制造商的说明书进行安装，远离机组成员。仪器通过相同的制造商零件或型号范围来确定是否可以互换。当飞机运行时，仪器应该能够测试完整性。仪器名称、制造商产品型号、制造商的序号或生产日期、制造商名称或商标、型号、报警范围、额定值（电子类、真空泵等等）和规格编号（SAE 或 TSO）应明确、永久地标记在仪器或其附件上。探测器报警方法应为听觉或视觉报警，并且设计为可调节的仪器，所有的校准方法都应能防篡改。

进而对标准测试条件下的最低性能要求进行了规定。试验在 76cmHg 的压强和 25℃的环境温度下进行，并且相对湿度不得高于 85%。当温度、环境条件与上述规定明显不同时，应根据具体的条件变化进行修正。除另有规定，标准所要求的所有测验都应在该条件下进行。除另有规定，所有的测验都应在生产商所规定的额定功率下进行。除另有规定，仪器应在其正常操作位置上安装、检测。

对于 CO 探测器来说，CO 的测量值应表达为单位体积内的 CO 百分比含量。对于烟雾探测器来说，各种颜色和大小的烟粒子的测量值应表达为减光率，减光率定义为光经过 1ft（或国际标准单位 1m）后落在光电管上（要求基于标准 UL268 或 EN54），在干净的空气中传播 1ft（或国际标准单位 1m）。每个探测器应进行不少于 6 次的试验，最高值和最低值之比不应超过 1.6。

在进行该标准中的试验之前，为了证明仪器有足够的火灾探测能力，都应首先经过工业火灾测试。选择 UL268 或 EN54-7 中的测试火来证明仪器可以有效地探测火灾。UL268 中的测试火灾选为测试 B（木材火灾）和测试 C（易燃液体火灾），EN54-7 中选择的测试火灾为 TF2（木材阴燃火灾）和 TF5（燃烧液体）。

所有设备都应接受校正测试和响应时间测试，根据探测器的类型进行不同的试验。对探测器灵敏度的测试，除有另外的规定，空气样本都应满足如下要求：

CO 探测器：空气中含有 0.020%±0.005%的 CO。

烟雾探测器：含烟空气，或 UL268 或 EN54 中描述的替代物，透光率为 60%~99.5%，光经过 1ft，相当于一个在 0.02~2.22db/ft（0.071~7.279db/m）之间的消光模块。仪器的警报范围和设置将确定试验所用实际传输的百分比（在 60%~99.5%）。所有仪器从烟气或规定的替代物产生开始到发出警报，时间不得超过 30s。

吸气式探测器的采样循环速率应满足在 1min 内完成所有采样点的采样。每个采样点的驻留时间应至少是采样器的模型探测器响应时间的两倍。响应时间不大于 30s。通过取样导管的空气流应保持连续。此外，当出现烟雾报警信号时，应开启报警信号指示烟雾或气体的产生地点，并且一直持续到警报解除。在清除报警信号 30s 后应恢复正常的循环状态。

存在压差的探测器应能够在低于额定压力 25%到高出额定压力 25%的压力区间内连续运行，且在该区间内响应时间均应符合要求。

10h 内，若烟雾浓度高于响应阈值的 25%，发生警报后，系统不应恢复至“无烟”

信号状态。若烟雾浓度在 15min 内降低至原始响应阈值的 50%，则可以恢复“无烟”信号状态。

对于每一个探测器和组件的绝缘性，应通过如下的方法进行检验：

绝缘电阻在直流 200V 下测量 5s，要求连接系统内所有的零部件（除电器外壳接地），此时金属外壳电阻不得少于 5MΩ。若绕阻、电阻、电容之间出现电位差，则该电路不应用于绝缘电阻的测量，因为这个测试只是为了确定绝缘性能。

此外，还应该进行超压测试，电路之间的和电路与金属外壳之间的测试电压不应对仪器造成任何损坏。测试电压应该是带有 5 倍于最大电路间电压有效值或 200V 的正弦电压。测试电压由 0 均匀增至测试值，在这个值保持 5s 后再均匀减至 0。这些测试是为了保证电路中电气元件能保持电气隔离，因此当电路中的绕组、电阻、电容出现电势时不应再进行测试。低于 15V 的电路不进行超压测试。

若无特殊说明，适用于测定环境条件下性能的测试流程是由美国航空无线电技术委员会提出的，DO-160G《机载设备环境条件和试验程序》。若性能试验需要在探测器适应测试环境之后再进行，则可以先将探测器暴露在多个测试环境中一段时间，然后再进行试验。试验的程序必须按照 DO-160G 进行。指定或引用的试验方法旨在确定火灾探测器在正常和极端环境条件下的探测性都可以满足要求；设备类别由生产方指定。可以使用经批准的可得到等价结果的测试方法代替上述测试程序。如果认为设备有必要经过测试以证明符合要求，在遵循制造商的建议的情况下应尽可能多的测试所有设备。测试开始后，不应再做进一步的仪器调整。发出错误的报警信号后，应停止仪器的测试。

当按照制造商的建议进行安装时，仪器应在环境温度范围内工作。仪器应符合 DO-160G 的第 4 章规定，测试类别应由制造商定义。

当进行 DO-160G 的第 4 章的海拔测试时，在合适的情况下，仪器应采用电动或机械操作方式。当进行 DO-160G 的第 4 章的减压和超压测试时，在合适的情况下，仪器应采用电动或机械操作方式，且不发生误报。

按照制造商的建议进行安装时，设备应在最高和最低工作温度范围内正常运行。设备遵循 DO-160G 第 5 章规定，有关类别由制造商定义。

按照制造商的建议进行安装时，设备应在预期应用中的湿度范围内运行。设备遵循 DO-160G 第 6 章规定，有关类别由制造商定义。

按照制造商的建议进行安装时，设备应在预期应用中适当的冲击级别运行。设备遵循 DO-160G 第 7 章规定，有关类别由制造商定义。

按照制造商的建议进行安装时，设备应在预期应用中适当的振动级别运行。设备遵循 DO-160G 第 8 章规定，有关类别由制造商定义。

有防爆性要求的设备应遵循 DO-160G 第 9 章规定。有防水性要求的设备应遵循 DO-160G 第 10 章规定。

探测器的材料应能够承受预期应用中可能出现的液体。设备遵循 DO-160G 第 11 章规定，有关类别由制造商定义。当按照 DO-160G 第 12 章测试后，防尘或防砂的仪器，应满足适当的设备性能标准。

探测器的材料，在有利于真菌繁殖的条件下不应受到不利影响。设备应当符合DO-160G 第 13 章要求。耐盐雾的仪器，应依照 DO-160G 第 14 章的要求进行试验。同时，设备应通过 DO-160G 第 15~25 章的所有测试。

为保证材料耐火性，设备应满足 14 CFR 第 25 部分附录 F 的要求。满足 DO-160G 第 26 章的要求也可视为符合规定。

在误报方面，符合这个标准的 I、II、IV、V 类仪器，在飞机货舱、厨房、电子设备室和类似区域中，遇到下列情况时应正常工作不发生错误报警：

仪器处正常风速不应引起报警；

测试灰尘应满足标准或同等精细水平；

仪器处的一般尘埃和仪器内正常积累的尘埃不应引起报警。

（1）灰尘试验

当接触到在类似图 3-13 所描述的测验仪器中被雾化的灰尘时，仪器一定不能发生误报。

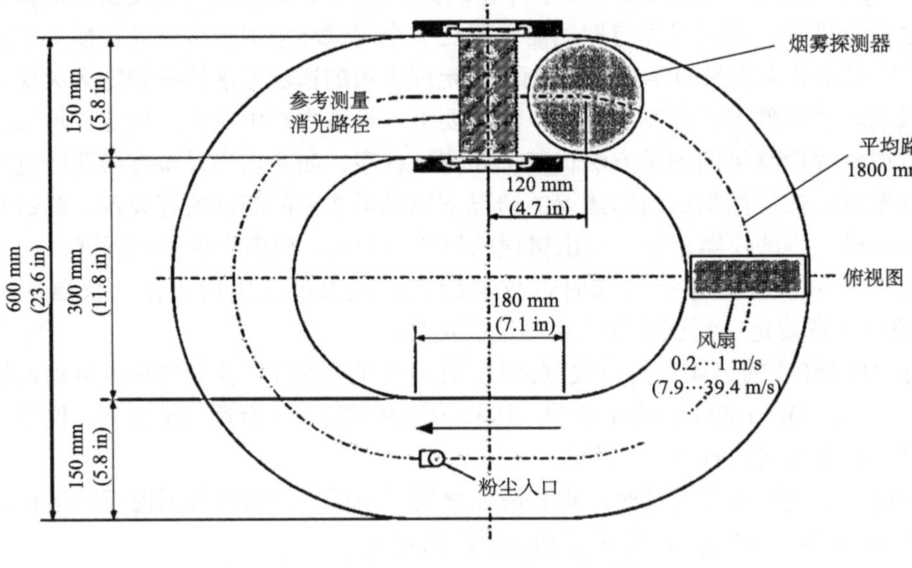


图 3-13　试验装置原理图

灰尘测试进行 2 次，以不同的速率增加灰尘的浓度：

- 大约(0.4%/ft)/min[(1.31%/m)/min]的增长速度；
- 大约(3.4%/ft)/min[(10.72%/m)/min]的增长速度。

由测量装置得到杀虫剂的最小测试浓度为 7%/ft（21.2%/m）。平均测试浓度至少应保持 1min 左右。实验中使用如 Callington 等一次性加压杀虫剂喷雾来产生气溶胶。

对于校准到最小报警烟雾浓度 *X*（*X*≤5%/ft（15.5%/m））的探测器，接触而不发生报警的最小烟雾浓度为 7%/ft。

对于校准到最小报警烟雾浓度 *Y*（*Y*＞5%/ft（15.5%/m））的探测器，接触而不发生报警的最小烟雾浓度为 *Y*±2%/ft（6.4%/m））。重复三次，所有测验都应通过。

① 实验装置原理如图 3-13。

② 仪器尺寸如图 3-13。

③ 横截面近似于 6in×6in（150mm×150mm）。管道壁内部直径约为 12in（300mm），管道壁外部直径约为 24in（600mm）。左右半圆之间的线性距离约为 7in（180mm）.

④ 仪器由不锈钢制造，所有金属部件都应接地防止静电，避免管道壁堆积灰尘。

⑤ 设备内的为遮蔽参考测量设置的窗口应有金属涂层来防止静电。

⑥ 为了防止灰尘产生，可以使用 Palas RBG1000 或与类似的气溶胶发生器。

⑦ 设备应使用一个合适的风扇使气溶胶气流可以 98ft/min（0.5m/s）的流速运动，由热线式风速计或类似仪器测量。

⑧ 设备应提供一个尽量靠近被测仪器的黑化参考测量装置，推荐设备：Obscuration Meter Lorenz AML 或者辐射波长在 890±10nm 范围内的类似设备。

（2）杀虫剂试验

杀虫剂气溶胶出现在探测器处时不应引起报警。如图 3-14 和图 3-15 所示。

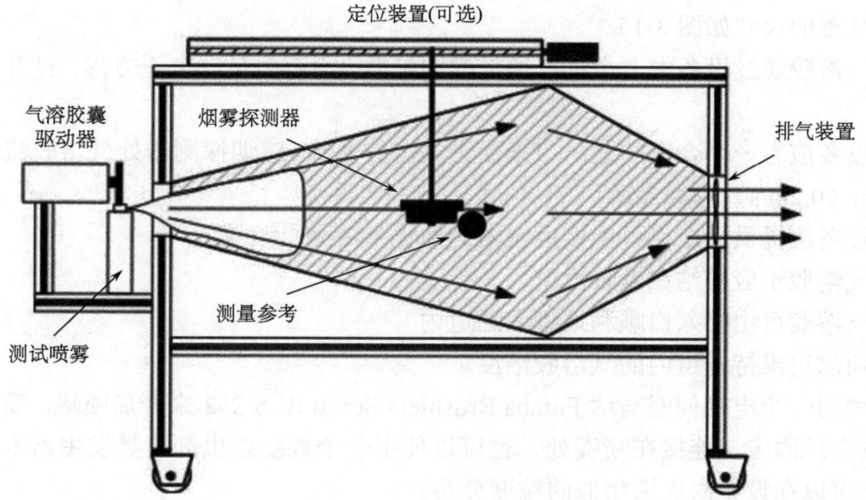


图 3-14 测试装置原理图

此试验应进行两次，以不同的速率增加杀虫剂的浓度：

• 大约(0.4%/ft)/min[(1.31%/m)/min]的增长速度；

• 大约(3.4%/ft)/min[(10.72%/m)/min]的增长速度。

由参考测量装置得到杀虫剂的最小测试浓度为 7%/ft（21.2%/m）。平均测试浓度至少应保持 1min 左右。实验中使用如 Callington 等一次性加压杀虫剂喷雾来产生气溶胶。

对于校准到最小报警烟雾浓度 $X$（$X \leqslant 5\%/ft$（15.5%/m））的探测器，接触而不发生报警的最小测试杀虫剂浓度为 7%/ft。

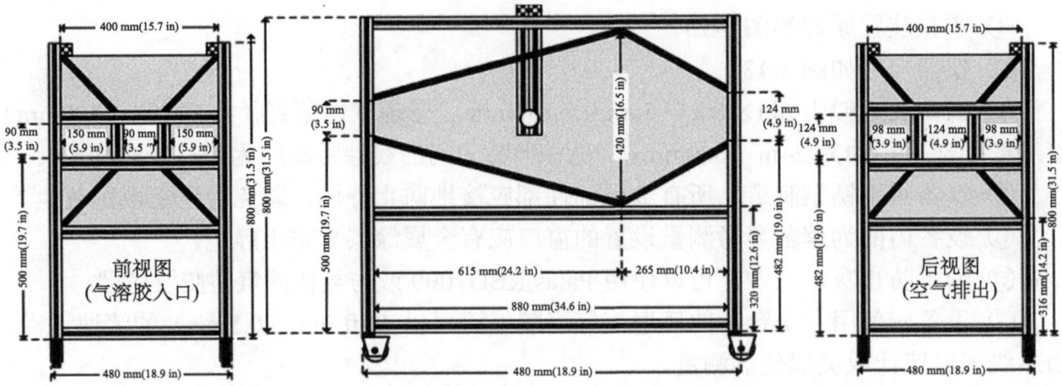


图 3-15　测试装置尺寸

对于校准到最小报警烟雾浓度 *Y*（*Y*>5%/ft（15.5%/m））的探测器，接触而不发生报警的最小测试杀虫剂浓度为 *Y*±2%/ft（6.4%/m）。试验应重复三次，所有测试都应通过。

① 测试装置的原理如图 3-14。

② 装置的尺寸如图 3-15。

③ 气溶胶通过设备中一个锥形通道横向扩散。横截面是一个正方形，打开的角度不小于 30°。

④ 设备应有一个合适的通风口来促进气溶胶流动。感烟探测器处气溶胶流动速度为 39.4ft/min（0.2m/s）较为合适。

⑤ 设备应提供一个尽可能接近仪器的黑化参考测量装置。

⑥ 气溶胶不应凝结在设备内壁。

⑦ 气溶胶可由喷入口顺利地进入通道内

⑧ 喷罐可维持通道内的气溶胶浓度。

⑨ 使用一个电控伺服马达 Futaba Brushless Servo BLS 252 来开启喷罐。喷罐的驱动器应该安全地固定、连接在喷嘴处，也可以使用一个数控杀虫剂喷雾发生器来替代，但都应保证可以在设备内提供相似的粒度分布。

⑩ 喷洒间隔时间应根据所需的平均参考不透光度来进行调节。

（3）环境光试验

环境光作用于探测器处时不应引起报警。探测器应用大小为 13.8in（350mm）的立方体形光源进行测试，立方体的内部表面镶有高光泽度的铝箔，5 个 32W 的直径约 12.3in（312mm）圆形荧光灯固定安装在底面和侧表面。实验装置安装在内表面的顶部，所有的灯被开启时，不应出现误报情况。另一个测试应该是 EN54-7 中 5.7 节的眩光测试。

（4）环境温度、压力和湿度联合试验

当设备在下列的试验程序下运行时，不应产生误报：

① 将环境设定为温暖/潮湿。测试开始后，相对湿度以 6%每分钟的速率升至 95%；温度以 5℃每分钟的速率升至 50℃。

② 维持温暖/潮湿环境。维持温度 50℃，常压，相对湿度 95%共 30min。

③ 转为温度较低的高海拔环境。测试开始后，将温度以每分钟 5℃的速率降为 0℃；将湿度以 6%每分钟的速度降至环境相对湿度。将测试场地的压强变为 15000ft 海拔的压强。

④ 冷浸。0℃，15000ft 海拔压强，不受控湿度条件下 1h。

⑤ 根据需要重复上述①~④步骤 2 遍。

⑥ 恢复至初始环境。

备注：根据设备能力，温度、湿度和压强应尽可能保持一致上升。为了使水雾气溶胶的产生也具有一致性，应在进气口过滤掉大于 3~5μm 的微粒。

### 3.3.3 探测器抗干扰性能

烟雾探测器的大量安装带来了一个很严重的问题，根据 Blake[19]的报告，每一百次火灾报警只有 1 次是真正发生了火灾。图 3-16 为 1990~2011 年的火灾起数中真实火灾信号和虚假火灾信号的统计，显然当前的飞机货舱火灾探测器误报率是非常高的，产生误报的大多数是由于干扰信号的存在。误报的后果是非常严重的，一般而言，只要机组人员接到火灾报警，飞机必须立即迫降至最近的机场，同时启动货舱内的灭火系统喷射灭火剂。待飞机降落后救援人员需要立即疏散乘客并检查着火舱室的情况，这一系列的程序和操作都会带来巨大的经济损失。此外，极高的误报率会使机组人员怀疑火灾探测系统的准确性，一旦机组人员因误报太多忽视了一个真实的火灾信号，将带来灾难性的

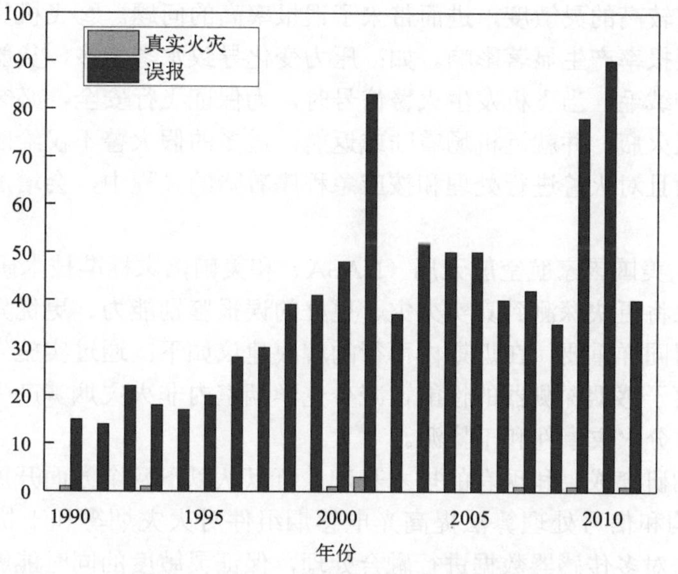


图 3-16 1990~2011 年真实火灾和虚假火灾起数

（数据来自波音数据库、NASA ASRS 和 FAA SDR）

后果。综上所述，随着航空运输业中乘客不断增多，货物运输更加频繁，货舱和行李舱的火灾安全问题已经成为亟待解决的难题，而误报率居高不下是首要问题，提高探测器的抗干扰能力是解决误报的关键所在。但由于飞机货舱内的使用环境较为复杂，干扰源较多，导致货舱探测器误报率一直居高不下。美国 FAA 技术中心 David Blake 等对在美国注册的飞机假火警记录统计[19]：1995~1999 年，平均每 200 次火警信号只有 1 次是真的；航线飞行员协会 Shaw[20]指出在 1999 年美国和加拿大包括正式和非正式火警报告记录一共有 1089 起，其中虚假火警 102 起，占到了 9.4%；2005 年 8 月澳大利亚一架空客 A330-300 因货舱感烟火灾探测器发生假警报，导致飞机在日本大阪机场紧急着陆，航班延误；2002 年中国民航总局安全办公室发布的消息表明：1995~2001 年中国民航飞行过程中发生货舱火警信号一共 43 次，全部都是假火警信号。

所以飞机货舱假火警已经严重干扰了飞机的正常飞行，如果机组处置不当，假火警会诱发飞行事故，对机上人员安全构成严重生命威胁。具体来说飞机货舱火灾探测器误报会带来如下问题：①灭火剂一般为哈龙，会对环境造成污染；②窄体客机和宽体客机每次在备用机场降落会带来约 30 万和 50 万美元的经济损失；③由于机组人员的不冷静、误操作，以及备用机场设施等因素影响，会严重威胁飞行安全；④过高的误报率会引起机组人员对火灾探测系统不信任，真的火灾可能不会被及时处理，导致真正的火灾事故发生。因此，在保障飞机货舱火灾探测器灵敏度的同时降低误报率一直是困扰航空火灾探测技术发展的难题。

高误报率产生主要原因有以下两点：①根据 FAA 的规定，飞机货舱火灾探测器必须在火灾发生后 1min 内探测到火灾，并给机组乘员视觉警示。为了满足该要求，货舱火灾探测器需要具有较高的灵敏度，进而带来了误报率高的问题。②飞机货舱环境的复杂性会对火灾探测误报率产生显著影响。如：压力变化导致水雾增多，货舱内的灰尘颗粒、货物纤维和动物绒毛。当飞机发生火警信号时，为保证飞行安全，必须按真火警程序进行处置：释放灭火瓶，并就近机场着陆或返航。过多的假火警不仅给航空公司带来巨大的经济损失，而且对火警进行处理和按应急程序着陆的过程中，会增加恶性飞行事故发生的可能性。

根据 FAA、美国国家航空航天局（NASA）和美国国家标准技术研究院（NIST）的研究结果，如果将更快探测到真实火灾、更好的误报鉴别能力、更优异的可靠性等三个方面的指标看得同样重要，在近期内可行的解决建议如下：通过实施先进的信号处理算法提高光电或离子感烟探测器的性能，减少光学烟室内非火灾烟雾产生的伪火灾信号；使用多传感器区分火灾事件和干扰源。

根据前人的研究成果和现有的技术基础，可以从以下两个方面开展研究：①通过先进光学烟室结构和信号处理算法提高光电感烟组件对火灾烟雾和干扰源的识别能力；②使用智能算法对多传感器数据进行融合处理，保证灵敏度的同时能够区分火灾和干扰源。最后根据两者的技术成果综合提高飞机货舱火灾探测器的性能。

#### 3.3.3.1 双光路双波长激光感烟探测器设计举例

在众多的探测器抗干扰研究中研究人员发现，采用双光路双波长光源的激光感烟探测器可以有效降低误报率。本节介绍一种双光路双波长激光感烟探测器的设计和制造。首先从其原理入手，简要介绍光的散射在探测器设计中的应用。

光散射是指悬浮在空气中的微粒对照射光束产生作用，使之偏离原来传播方向，向四周发射的现象，其物理本质是光波电场与介质粒子相互作用的结果[21, 22]。飘浮在空气中的烟雾，会产生涨落现象，造成密度分布不均匀，在各个方向上都会产生散射光，散射光强大小与入射光的光强、波长、微粒的粒径尺寸、微观形貌，以及接收角度、范围等因素有关。

火灾烟雾是由大量不均匀的颗粒组成，其颗粒尺寸大都在几十纳米到几十微米之间[23]，其光散射类型属于 Mie 散射[24, 25]，利用米氏 Mie 散射理论可以很好地解释火灾与非火灾气溶胶颗粒不用的光学散射特性。尽管如今计算机行业发展迅速，由于 Mie 散射理论的复杂性，仍难以直接计算出 Mie 散射系数，这限制了对气溶胶颗粒散射特性的定量研究，造成探测器散射信号的强度缺少理论依据。疏学明等通过改进连分式算法[26]，计算了棉绳、檀香、榉木燃烧烟雾颗粒的相对光强比理论值，并采用 CCD 摄像机实验测量它们实际的散射强度情况，验证了理论计算的正确性，也定量说明了火灾与非火灾气溶胶颗粒光学散射的差异性，为探测器的算法程序提供理论依据。

气溶胶颗粒对相同波长光的散射情况在空间分布是不均衡的，基于理想球形粒子创立的光散射理论是按烟雾粒子的粒径与入射波长之比 $\alpha$，可以把烟雾粒子的散射情况分为三类：Rayleigh 散射（$\alpha \leqslant 0.1$）、Mie 散射（$0.1 \leqslant \alpha \leqslant 4$）、几何光学散射（$\alpha \geqslant 4$），分别描述不同粒径的粒子表面的不同散射角方向上散射光强的变化情况，这三类散射理论的散射光强分布情况如图 3-17 所示。由于粒径表面的光散射信号强度在各个方向上有明显的强弱，对同一散射点而不同方向上接收的散射信号，光电接收器将产生不同的响应，因此单一角度接收器的方位角度难以合理设定，不能充分表征气溶胶颗粒的散射特性。

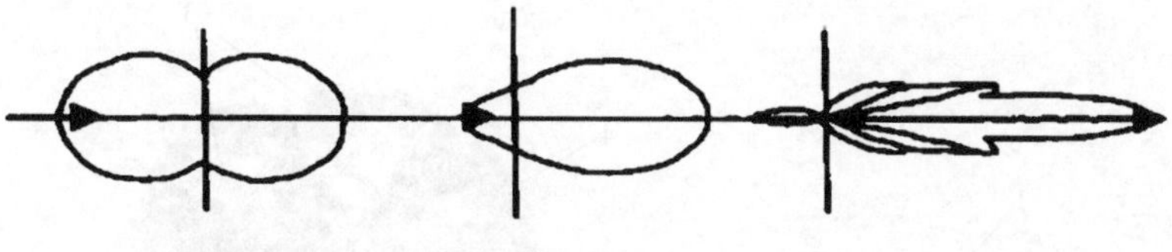

(a) Rayleigh散射　(b) Mie散射　(c) 几何光学散射

图 3-17　烟雾粒子的散射

Dohi 和 Nagashima[27]使用 Mie 理论计算了不同类型的火、粉尘和水蒸气在不同角度下的光散射信号，发现有焰火产生的烟雾气溶胶与阴燃或干扰气溶胶在每个散射角的烟雾信号比例是不相同的。也有研究者研制出了测量烟雾颗粒散射光的实验设备[28]，通过改变接收散射光的角度，测得各角度的光散射强度。疏学明等对火灾烟雾颗粒的光学散射特性进行了研究，发现不同种类烟雾散射光相对光强比互不相同，并且火灾烟雾与非火灾烟雾气溶胶差距较大，因此可以将散射光相对光强比作为区分不同烟颗粒的特性参量[26]。

散射角确定情况下，不同粒子对相同波长光束的散射情况的差异性可能并不明显，产生这种差异的原因只由粒子本身引起。已知的是许多非火灾气溶胶颗粒具有与火灾气溶胶颗粒类似的粒径尺寸、粒径分布等，比如杀虫剂、粉尘产生的干扰粒子。这样的话，这类粒子对同一波长光束的散射情况也近似，就难以只根据接收到的前向和后向散射信号进行区分。因此，为了反映不同粒子之间的显著差异性，前向散射光源与后向散射光源选择不同的波长，根据双波长抗干扰探测机理，对火灾与非火灾气溶胶颗粒进行区分。

孙悟等提出了双波长入射光照射区分非火灾颗粒方法[29]，应用 T 矩阵法，选择双波长入射光，对火灾烟颗粒、液滴颗粒与粉尘颗粒的光散射矩阵进行数值计算，对经过加权平均与归一化处理后的计算结果进行分析，最后发现火灾烟颗粒和非火灾烟颗粒的光散射矩阵存在显著差异，为双波长法抗干扰提供了理论依据，可以利用双波长法识别出干扰粒子，减少误报情况发生。

计算机模拟技术在火灾烟雾探测器的设计中发挥了重要的作用，从最初的几何结构设计到后期的光路优化都可以实现，下面简要介绍几种计算机软件在探测器设计中的应用。

AutoCAD 软件是由美国欧特克有限公司（Autodesk）出品的一款自动计算机辅助设计软件，可以用于绘制二维制图和基本三维设计，通过它无需懂得编程，即可自动制图，因此它在全球广泛使用，可以用于土木建筑，装饰装潢，工业制图，工程制图，电子工业，服装加工等多方面领域。

如图 3-18 所示，利用 AutoCAD 建立光学烟室结构的三维建模。光学烟室结构主要包括上盖、迷宫式遮光片、发光光道、接收光道、网纹和底座，将图中左右两部分扣合，即可形成一个能隔离一定环境光的光学烟室，也称作光学暗室。其作用主要有以下四个方面：

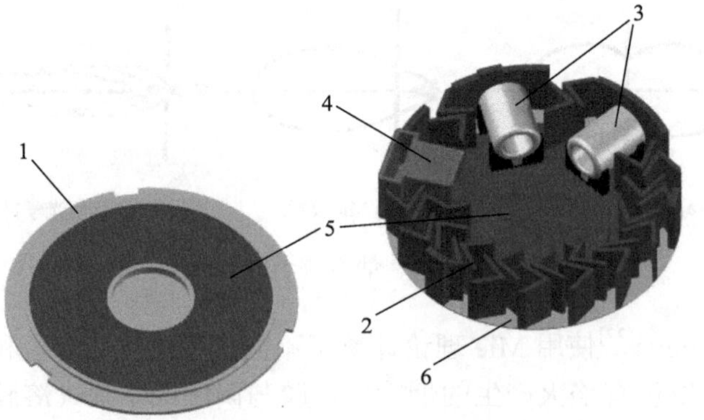


图 3-18　光学烟室三维模型

1-上盖；2-迷宫式遮光片；3-发光光道；4-接收光道；5-网纹；6-底座

利用上盖、迷宫式遮光片及其它保证光学烟室的光密封性，这些遮光零件形成一个光学密封空间，最大限度地降低环境光的影响。

提供便利的进烟通道和遮光片的折流设计，使烟雾尽可能长时间存留，同时减少外界气流的影响。

利用上盖、迷宫式遮光片构成一定的探测区域及散射角度，允许发光元件和受光元件将烟雾浓度转化为光电信号。

网纹面可以将入射光发散，避免因光线集中反射造成的背景信号。

探测器正常工作时，内部光源发射的大部分光线被光学烟室表面吸收或者进入外界环境中，只有极少量光线经反射被接收元件吸收并产生一定的背景信号，同时少量的外界环境光经过多次反射，通过光学烟室遮光隔片间的空隙，进入光学烟室也会产生一定的背景信号。

TracePro 是一套普遍用于照明系统、光学分析、辐射度分析及光度分析的光学模拟软件。它是第一套以 ACIS solid modeling kernel 为基本的光学软件，第一套结合真实固体模型、强大光学分析功能、资料转换能力强及易上手的使用界面的模拟软件。为了说明光学烟室结构设计的一定合理性，学习使用光学模拟软件 Tracepro7.03，对光学烟室结构的三维模型进行光学模拟，统计计算出背景信号理论值，根据模拟结果，在光学烟室合适位置增加遮光隔片以改进腔室结构。

（1）TracePro 对光线接收面吸收光线的统计计算原理

假设表面光源发射的光功率为 1W，出射光线数为$10^5$条，则每条光线的光功率为$10^{-5}$ W，光学烟室表面的反射率为 0.2，则光线经一次反射后，光功率下降为$10^{-5}\times 0.2$ W，经两次反射后，光功率下降为$10^{-5}\times 0.2^2$ W，以此类推，因此光线接收面吸收的总光功率可以表示为

$$P_r = \sum_{i=1}^{M} P_i \times N_i \tag{3-9}$$

式中，$P_i$为反射 $i$ 次光线的光功率，$N_i$为反射 $i$ 次的光线数，$M$ 为光线的最大反射次数，$P_r$为射到光电接收二极管的总光功率。

图 3-19（a）将 AutoCAD 建立的三维模型导入 TracePro 中，图中半透黑部分是光学烟室主体。

（2）模拟参考量

接收元件吸收光线的总光通量大小与探测器的背景信号成正比，因此可以将光通量是光学烟室结构改进效果的参考量，光接收面接收的总光通量越小，则说明探测器的背景信号就越小，改进效果就越好。

（3）参数设置

光学模型及光源等参数设置：

假设模型表面只发生镜面反射，模型表面反射率分别取 0.05、0.1、0.2、0.3、0.4、0.5，模拟六种表面反射率情况下，背景信号变化水平；

由于采用激光作为光源，可以认为光源发射的是平行光，将表面光源出射光线的场角分布设置为垂直此发光表面；

为使模拟结果更有一般统计意义，表面光源出射光线数设置为五十万条或以上，出射光线的总光通量为 5mW；

在接收元件处建立一个与实际光敏区域同尺寸的矩形平面作为光线接收面，对入射光线全部吸收。

模拟环境光时，选取照度 0.001lux（黑夜）和 1000lux（白天）两种情况。

（4）模拟结果

图 3-19（b）为模拟结束得到的光线接收面的入射光线分布图，图中亮点表示有光线入射到该处。

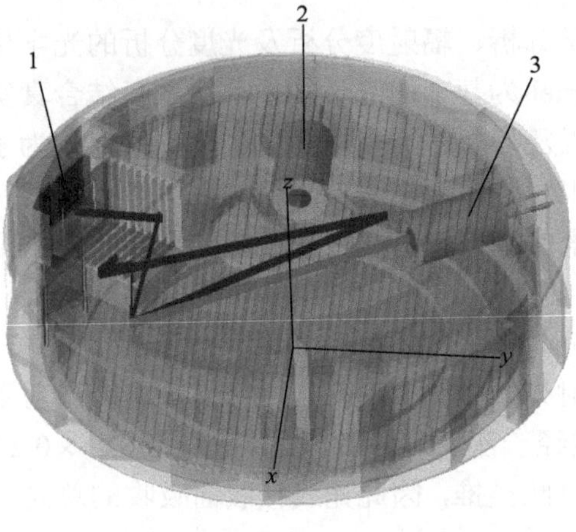


(a) 光学模拟

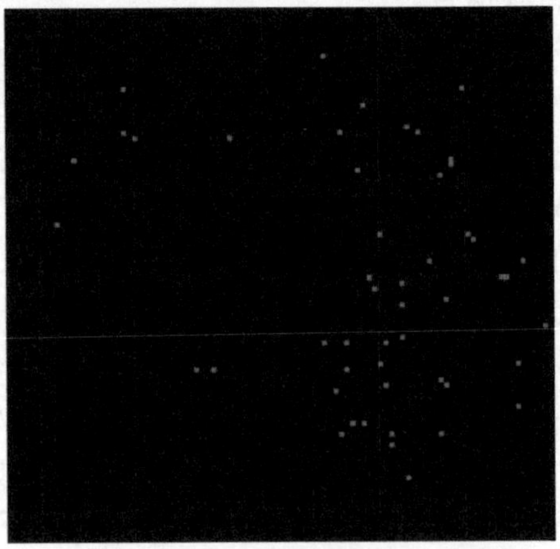

(b) 入射光线分布图

图 3-19　模拟情况

1-光接收元件模型；2，3-发光元件模型

根据 TracePro 对选定的光线接收面上入射光线的统计结果，了解光学烟室结构是否设计合理，如果光线接收面接收的入射光线较多，总光功率较大，则通过修改调整遮光隔片，使统计结果尽可能小。如图 3-20 右图，在原有光学烟室结构基础上，在编号 1 和 2 位置添加遮光隔片。图 3-21 和图 3-22 分别表示环境光照度 0.001lux（黑夜）和 1000lux（白天）两种情况下的模拟结果。可以看出，两种环境光照度下，改进后的光学烟室对应的光通量水平都有明显下降，随着光学烟室表面反射率的增加，与原有光学烟室相比，光通量增加趋势明显平缓。这表明，改进后的光学烟室结构理论上能够更有效屏蔽内部光源及外界环境光干扰，降低背景信号水平。

根据模拟结果对样机烟室进行了优化，研发了一种双光路双波长激光感烟探测器样机。主要的电路设计和原理实现如下所述：

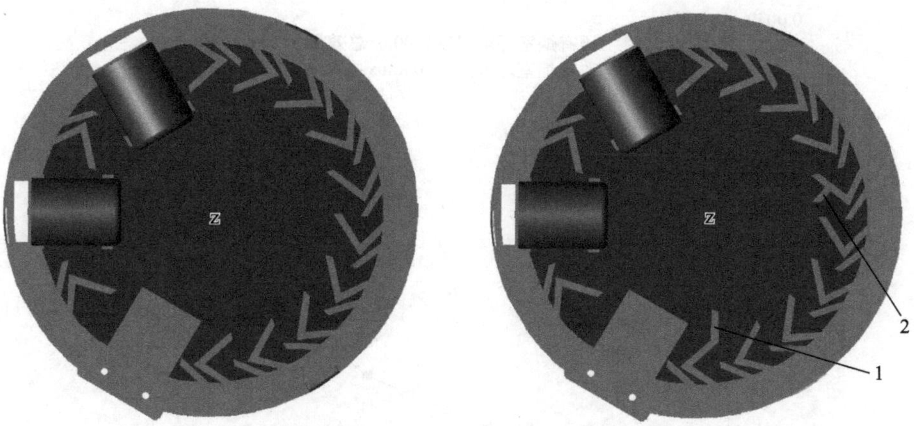


图 3-20 光学烟室结构改进前后对比

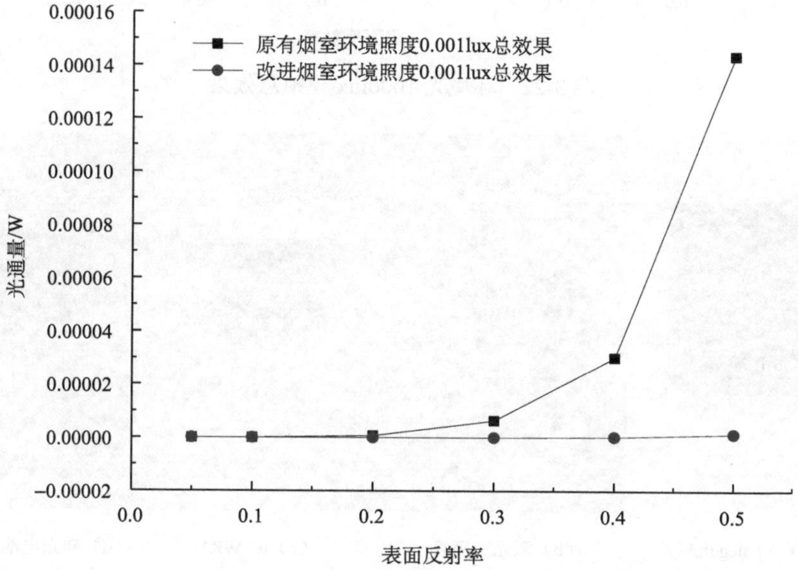


图 3-21 环境光 0.001lux 模拟总效果

（5）主要元器件

① 微处理器。本探测器原理样机采用 ATMEL（爱特梅尔公司）AVR®微处理器 ATmega8A，如图 3-23（a）所示。主要特性有：高性能、低功耗的 8 位 AVR®微处理器，主频 4MHz，工作电压 3V，供电电流正常模式 3.6mA，空闲模式 1.0mA，掉电模式 0.5μA；高级 RISC 结构：130 条指令、32 个 8 位通用工作寄存器、全静态工作、工作在 16MHz 时吞吐量高达 16MIPS、片内 2 周期乘法器；高耐久度非易失性存储器；速度等级：0~16MHz。

② 发光光源。探测器原理样机发光光源选择激光二极管，如图 3-23（b）所示，其中：

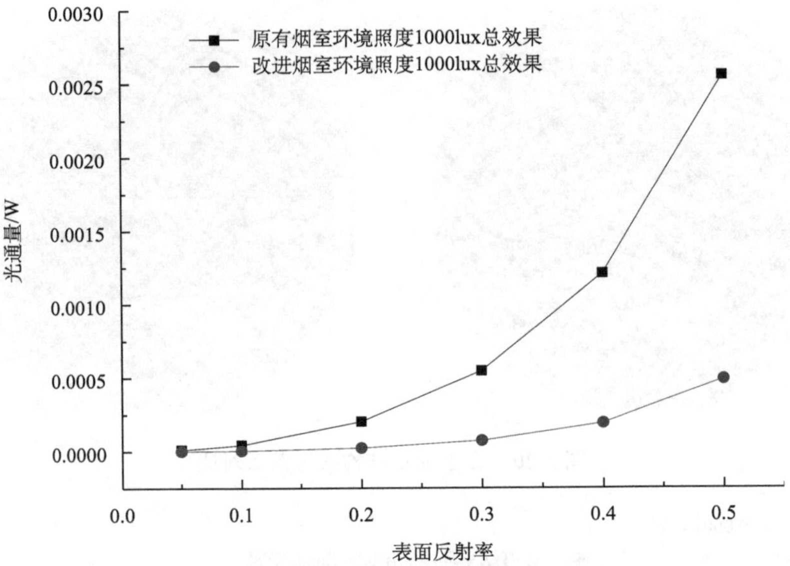


图 3-22　环境光 1000lux 模拟总效果

（a）ATmega8A　（b）激光二极管　（c）iC-WKN　（d）硅光电池 LXD66CE

图 3-23　主要元器件

• 红外光激光二极管　　型号 SSD6685005；工作波长 850±5nm；输出功率 5mW；工作电压 1.9V；封装形式：T018（直径 5.6mm）；监控电流 0.1～0.5mA，典型值 0.3mA；N 型脚位。

• 红光激光二极管　　型号 DL-3147-065；工作波长 650±5nm；输出功率 5mW；工作电压 2.2V；封装形式：T018（直径 5.6mm）；监控电流 0.1～0.4mA，典型值 0.2mA；N 型脚位。

③ 驱动芯片。激光二极管驱动芯片是德国艾息微电子技术有限公司（IC-HAUS GmbH）制造的 iC-WKN，如图 3-23（c）所示。驱动芯片 iC-WKN 的主要特性有：连续工作电流 300mA，供电电压 2.4~15 V；上电后 70 μs 内迅速软启动；两个反馈输入，支

持所有LD脚位类型（N/ P/ M CON）；支持的监控电流范围大，2.5μA~6.25mA。

④ 光敏元件。硅光电池是一种直接把光能转换成电能的半导体器件，结构简单，核心部分是一个大面积的PN结，受到光照时会产生较大的电动势和电流，主要特性有光谱响应范围广、良好的线性质、高灵敏度、稳定可靠、寿命长等。硅光电池作为新型的光电转换元件，应用领域非常广泛，例如：数码摄像、光通信、太阳能电池等。

本书使用深圳龙信达电子科技公司生产的硅光电池作为探测器的散射光接收元件，型号LXD66CE，如图3-23（d）所示，属于可见光到近红外型，主要参数有：波长响应范围320~1100nm；峰值波长800nm；响应时间11μs；光敏区域尺寸5.8mm×5.8mm。

⑤ 工作电路。探测器样机的工作电路主要包括：稳压电路、声光报警电路、信号采集及信号放大电路、驱动电路、单片机控制电路等部分组成，实现声光报警、故障自诊断、报警阈值设置等功能。

• 稳压电路　图3-24（a）是稳压电路原理图，实现电压稳定输出。图中上部分电路是对5V的数字电压进行稳压，输出3V的模拟电压，主要用于给放大电路供电。图中下部分电路是对输入的9V电源电压进行稳压，得到5V的数字电压，主要用于微处理器、激光二极管驱动芯片、声光报警电路等部分供电。

• 声光报警电路　图3-24（b）是声光报警电路原理图，实现报警功能。主要包括两个红色LED、两个黄色LED和一个蜂鸣器，分别由微处理器ATmega8A的PD4、PD5和PB0引脚控制。根据不同的探测信号响应情况，编写程序算法，可以实现不同的报警提示组合。

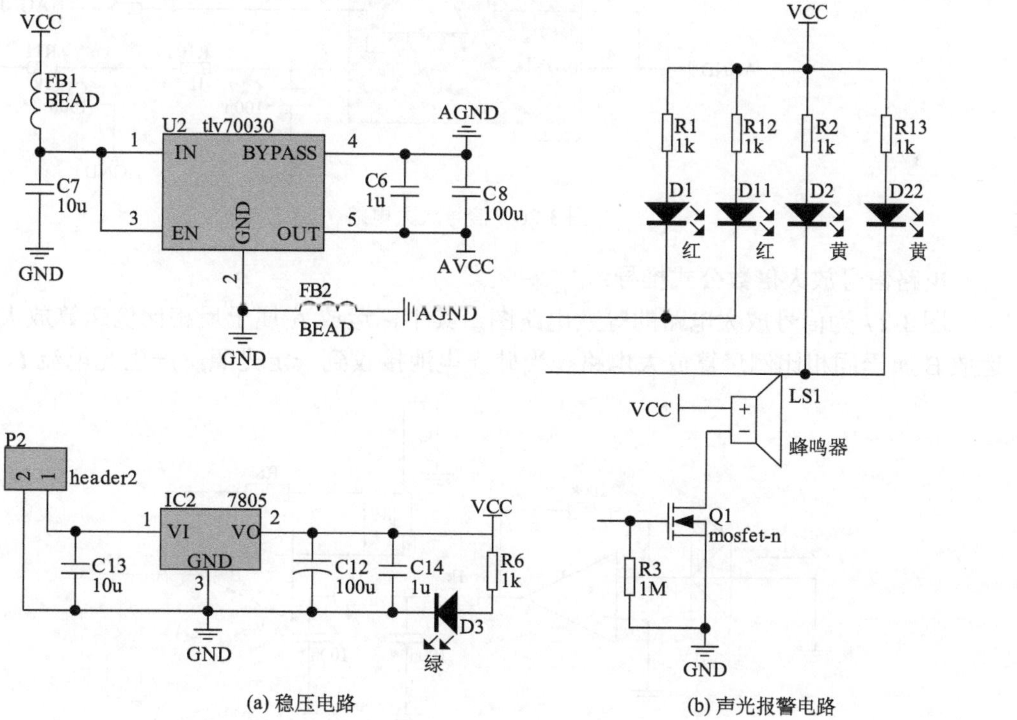


(a) 稳压电路　　(b) 声光报警电路

图3-24　电路原理

• 激光二极管驱动电路　　图 3-25 是激光二极管的驱动电路原理图，用于驱动激光二极管，由 ATmega8A 的 PB2 引脚控制，实现脉冲输出。

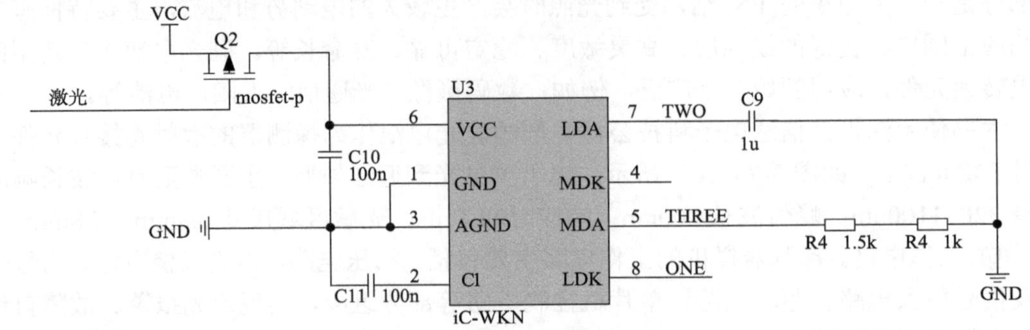


图 3-25　激光二极管驱动电路

• 信号放大电路　　图 3-26 是信号放大电路的原理图，完成对硅光电池产生信号的采集和放大，并将放大信号输入 ATmega8A 的 PC0 引脚。

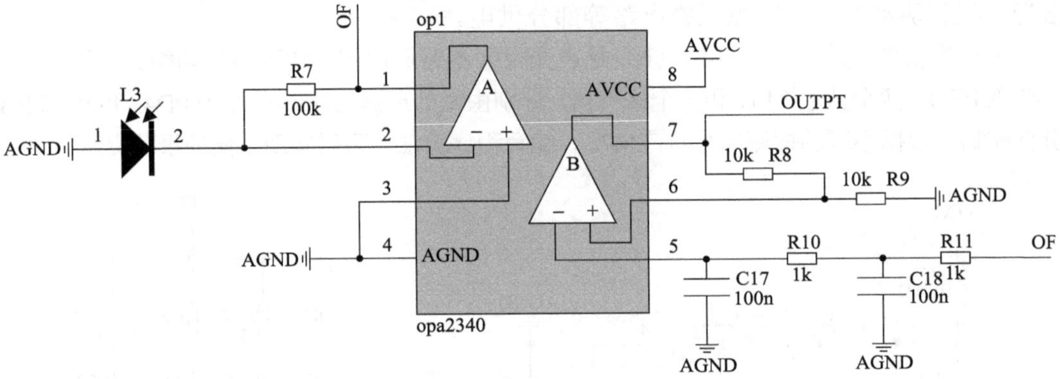


图 3-26　信号放大电路

电路信号放大倍数公式推导：

图 3-27 为信号放大电路的等效电路图，其中，运放 A 属于反相比例运算放大电路，运放 B 属于同相比例运算放大电路。当硅光电池接收到一定光照，产生光电流 *I*。

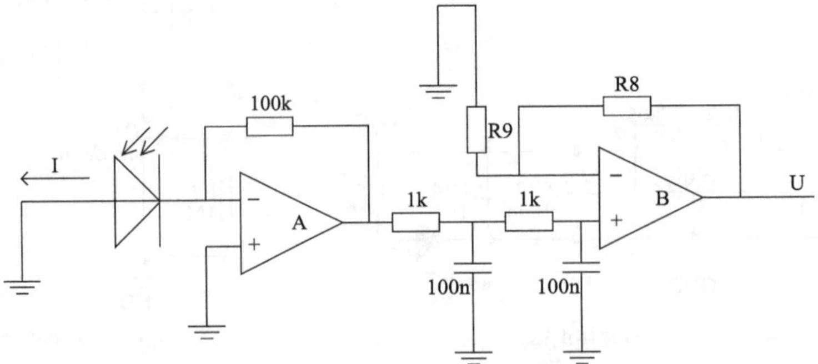


图 3-27　信号放大电路等效电路

对于运放A，因为

$$V_- = V_+ = 0 \tag{3-10}$$

$$I_- = I_+ = 0 \tag{3-11}$$

所以运放A输出电压

$$U_A = I \times 100k \tag{3-12}$$

对于运放B

$$V_- = V_+ = U_A \tag{3-13}$$

$$I_- = I_+ = 0 \tag{3-14}$$

所以

$$\frac{V_-}{\mathrm{R9}} = \frac{U - V_-}{\mathrm{R8}} \tag{3-15}$$

得到运放B输出电压

$$U = \frac{\mathrm{R8} + \mathrm{R9}}{\mathrm{R9}} \times I \times 100k \tag{3-16}$$

这即为经过信号放大电路输出的模拟信号，结合实际探测信号水平，R8和R9分别选择7.5MΩ和10kΩ，代入公式，得到

$$U = 751 \times I \times 100k \tag{3-17}$$

即运放B的放大倍数为751。

⑥ PCB设计与制作。Altium Designer是原Protel软件开发商Altium公司推出的一体化的电子产品开发系统，主要运行在Windows操作系统。这套软件通过把原理图设计、电路仿真、PCB绘制编辑、拓扑逻辑自动布线、信号完整性分析和设计输出等技术的完美融合，为设计者提供了全新的设计解决方案，使设计者可以轻松进行设计。通过学习电子设计软件Altium Designer 2013，完成本书探测器原理样机的电路部分设计。

⑦ PCB布局。在PCB设计中，布局是一个重要的环节，布局的同时需要确定电路板的大小。布局结果的好坏将直接影响布线的效果，合理的布局是PCB设计成功的第一步。布局过程主要考虑：PCB制作工艺要求；整体美观、疏密有序、排列整齐；元件是否方便更换及焊接；插件板插入设备是否方便；热敏元件或发热元件的放置位置；线路的干扰问题，比如去耦电容的放置位置；是否方便布线。

⑧ PCB布线。在PCB设计中，布线是完成产品设计的重要步骤，在整个PCB中，布线的设计过程要求最高、技巧最细、工作量最大。布线过程主要考虑以下几个方面：电源线和地线的处理；数字电路与模拟电路的共地处理；重要线路的布线，比如时钟、复位以及弱信号线等；设计规则检查。

⑨ PCB覆铜。PCB覆铜是指将PCB上闲置的空间作为基准面，然后用固体铜填充，这些铜区又称为灌铜。PCB覆铜的意义在于提高抗干扰能力；降低压降，提高电源效率。此外PCB覆铜与地线相连，减小环路面积。在覆铜规则设置中最关键是安全间距设置，覆铜的安全间距一般是布线的安全间距的两倍。

图 3-28 是利用 Altium Designer 对电路原理图进行布局布线后得到的 PCB 完成示意图。PCB 布局布线均手动完成，采用两层板设计，形状大小为直径 62mm 的圆，厚度 1.8mm。

⑩ PCB 打样。PCB 打样是指电路板在绘制完成后做样品以验证功能，因此也将图纸发给电路板制作厂商加工叫 PCB 打样。

PCB 生产流程如下：印刷电路板；制作内层线路；压合；钻孔；镀通孔一次铜；外层线路二次铜；防焊绿漆；文字印刷；接点加工；成型切割；终检包装。图 3-29 是由深圳嘉立创厂商根据 PCB 设计图纸制作出的电路板。

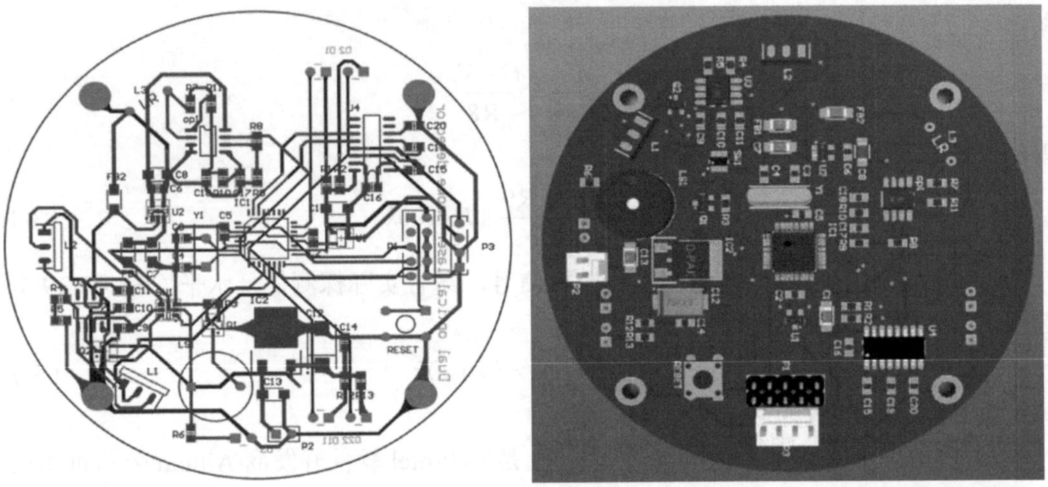

（a）PCB 布局布线　　（b）PCB 3D 模型

图 3-28　PCB 完成示意图

图 3-29　PCB 打样

⑪信号处理算法。两路发光光源各完成一次激光束发射为一个周期，通过 while 语句实现交替周期性发射激光束；

每路发光光源发射一次激光束，微处理器采集 8 个信号，采集间隔 5ms，取后 6 个信号作算术平均，作为输出信号；

利用 if 语句对信号进行逻辑判断，确定是否报警。使用软件 Programmers Notepad 编写程序代码。

⑫工作电路板。使用电烙铁锡焊各元器件，注意区分极性元件的正负极，完成后检查是否有虚焊、漏焊等问题。

⑬光学烟室。用黑漆将 3D 打印得到的光学烟室结构内外表面均匀喷黑，并放置在通风处风干，然后安装在电路板预留位置。

组装完成如图 3-30（a）所示，图 3-30（b）是安装外壳的示意图。

（a）组装完成图

（b）安装外壳

图 3-30　探测器样机

如图 3-31，探测器样机用 USBASP 下载器供电，通过 USBASP 下载器使用烧写器 progisp172 将信号处理算法程序代码下载到微处理器 ATmega8A 中，使其正常工作。串口连接器（RS232 插座）用 DB9 母头，通过 PC 串口延长线和电脑相连接，打开电脑上的串口调试软件，选择对应串口号，设置波特率为 2400，接收探测器输出的探测信号，信号输出范围 0~1023。

背景信号调试前，在无烟雾环境下工作测试，信号输出如图 3-32，横坐标轴为相对时间（原理样机采集信号计数），纵坐标为输出信号的大小，即背景信号，可见其前后向散射的背景信号都非常不稳定，在 50~450 波动。通过对样机的信号调试，发现主要有以下两点影响因素：

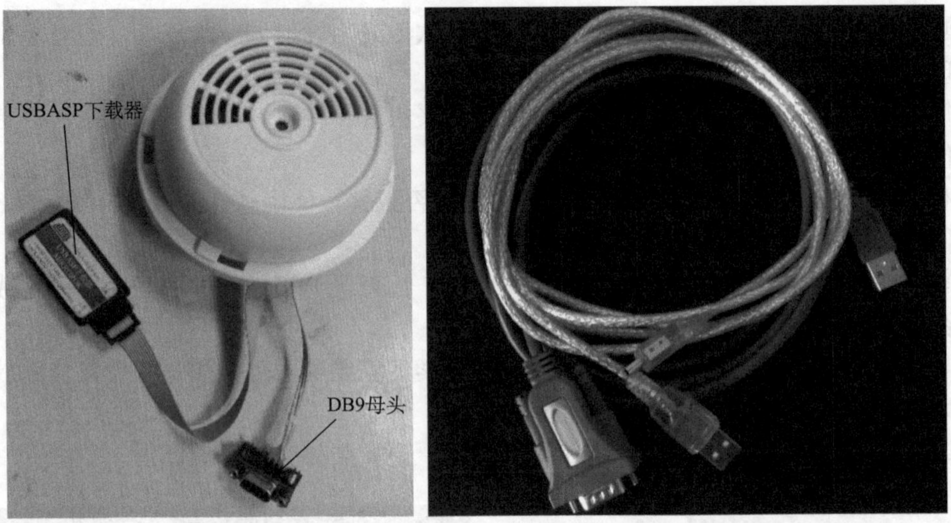


(a) 探测器样机　　(b) PC串口延长线和USBASP供电线

图 3-31　探测器及相关线路配件

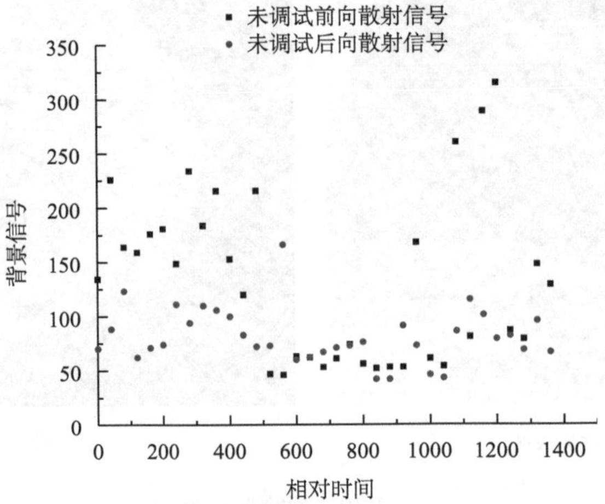


图 3-32　背景信号（未调试）

• 激光头铜套的影响　激光从发射管射出时，会有部分照在铜套出口的内壁上，并由此向四周反射，部分被硅光电池接收，造成较大背景信号，并且激光二极管每次脉冲的强度不同，使得输出信号非常不稳定。

• 光学烟室的结构　尽管在软件平台上做了光学模拟改进结构，实际情况下，由于光学烟室的表面处理并不像光学模拟那么理想，发生的是漫反射，对光的吸收率也不高，并且激光二极管脉冲强度高且不稳定，经过漫反射，少许会被硅光电池接收到造成不稳定的信号。

信号调试过程中发现，背景信号主要来自环境光、内部光源和电路底噪三个方面，可以采取以下方法有效降低或避免影响：

·环境光　主要采取的措施是利用光学设计软件对光学烟室的三维模型进行光学模拟，在适当位置增加迷宫式遮光隔片，阻隔环境光并允许烟雾粒子自由进入，另外，探测器的包装外壳也可以在一定程度上减少环境光的干扰。

·内部光源　主要改进方法是参照吸气式探测器采用的激光准直圆薄片，为激光出射口添加这种薄片，并结合信号输出数据在适当位置添加遮光隔片。

·电路底噪　经实验数据发现，将探测器的两个激光二极管发射口用电工胶布（可以阻隔蓝紫光及红外光）堵住，并置于纸箱（阻隔环境光）中，探测器依然能稳定输出一定大小的信号，因此认为这类信号是探测器固有的，由硅光电池的暗电流等因素造成，由于其大小非常稳定，可以通过程序算法进行优化，消除影响。

采取以上调试方法后，可以实现探测器信号稳定输出，如图 3-33，无干扰源情况下，信号只在 32~37 变动。

通过对探测器原理样机信号调试，实现信号稳定输出，便于后面开展探测性能与抗干扰性能实验研究。

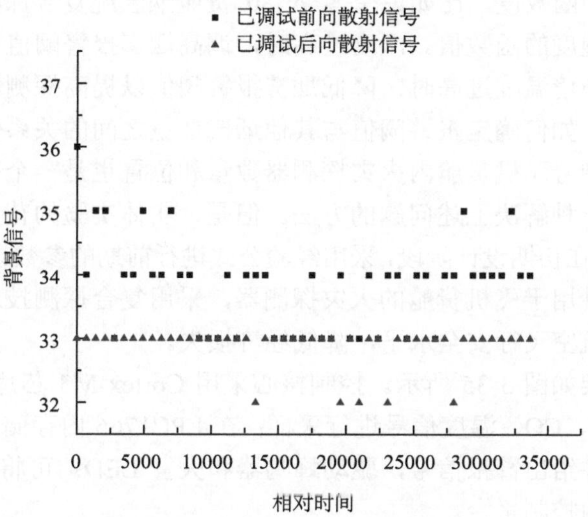


图 3-33　背景信号（已调试）

### 3.3.3.2　复合探测技术设计举例

近年来，多传感器的复合火灾探测器成为研究热点，期冀其能够应用在飞机上，通过采集多种火灾烟雾特征参量从而提高探测器抗干扰能力，进而消除误报，同时提高响应时间。如图 3-34（a）所示，空客 A380 货舱采用了一款多传感器复合火灾探测器。该复合探测在烟雾探测器的基础上融合了一路相对湿度（RH）传感器和两路温度传感器。我们采用两路温度传感器、一路 CO 传感器和激光烟雾探测研制出飞机货舱烟温气复合探测器。烟温气复合探测器外观和内部传感器分布如图 3-34（b）所示。

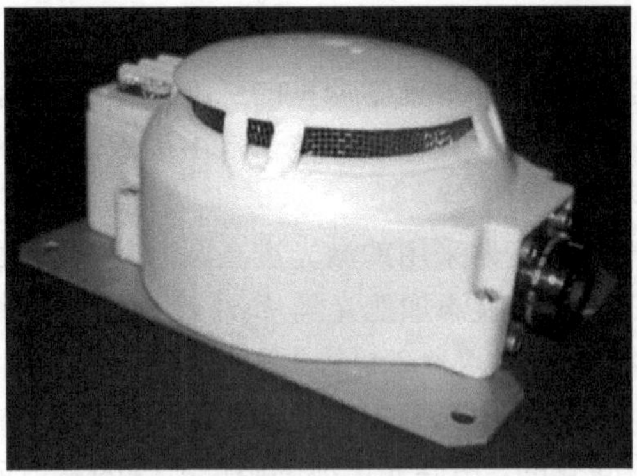

（a）空客 A380 货舱烟温湿度复合火灾探测器

（b）烟温气复合火灾探测器

图 3-34　飞机货舱多传感器复合火灾探测器[30]

飞机货舱现行使用的烟雾探测器的火灾判定方法是直接将采集到火灾烟雾特征参量与设定的报警阈值进行比较。对于复合火灾探测器，烟雾报警阈值则设定为其他传感器采集到的烟气参量的函数值，比如说空客 A380 货舱烟温湿复合探测器中烟雾报警阈值设定为关于温度和湿度的函数值。湿度过高时，调高烟雾报警阈值以排除水雾等干扰源造成的虚假信号；环境温度过高时，降低烟雾报警阈值以提高探测器响应能力。然而，对于设计人员来说，如何确定报警阈值与其他烟气参量之间的关系依然是一个难题。此外，如何确定指定型号飞机货舱内火灾探测器数量和位置也是一个关键点。在实际货舱中开展火灾实验是一种解决上述问题的方法。但是，实体实验的花费是巨大的。因此，对于设计人员来说，在初期设计阶段，采用经验公式进行前期的参数设定是非常有意义的。

本节介绍了一种用于飞机货舱的火灾探测器，采用复合探测技术减少货舱火警系统的误报率，以提高航空飞行安全水平，降低经济损失。

探测器整体构架如图 3-35 所示。控制核心采用 Cortex-M3 芯片，通过片上 12 位分辨率的 ADC 对烟雾、CO、温度信号进行采样；在 LPC1766 内存储算法，可根据所采信息判断火灾等级，并给出警报信号，驱动蜂鸣器和火警 LED；可将信息通过 CAN 总线传送至飞机驾驶舱内控制平台。

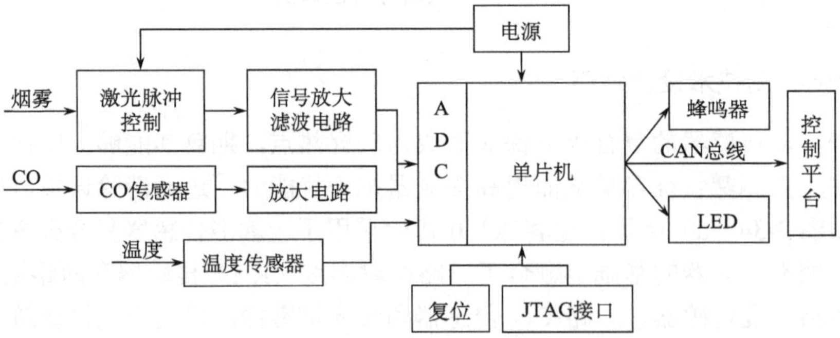


图 3-35　探测器整体结构示意图

1. 硬件设计

（1）微控制器电路设计

最初版本中微控制器 LPC1766 Cortex-M3 用于处理要求高度集成和低功耗的嵌入式应用，最小系统电路包括电源电路、时钟电路、复位电路。

电源电路设计如图 3-36 所示，+12V 电源由电源适配器连接到系统提供，然后+12V 电压经过 LM2596-5.0V 稳压器获得+5.0V 电压，+5.0V 电压再经过 RT9013-33PB 稳压器获得+3.3V 电压，同时，连接必要的电容电阻，改善电压的瞬态响应和稳定性。

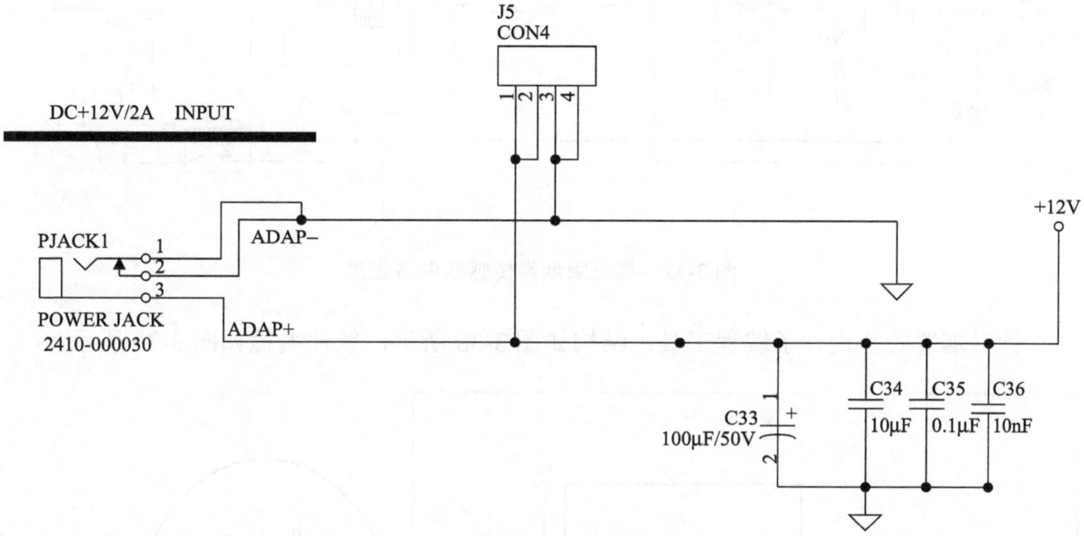


图 3-36 探测器电源电路

LPC1766 由两个时钟源提供系统时钟和 RTC 时钟，其中系统时钟采用 12MHz 晶振，RTC 时钟采用 32.768kHz 晶振，两旁选用合适电容。VBAT 端口外接纽扣电池，为 RTC 独立供电。复位电路为低电平复位，工作状态下 RST 脚为 3.3V 高电位，复位不起作用，当按键 SW1 被按下时，RST 脚与地电位相等，单片机复位。按键 SW1 松开时，C16 充电，RST 变为高电平，脱离复位状态。

LPC1766 Cortex-M3 微控制器的外设组件包含高达 512kB 的 Flash 存储器、64kB 的数据存储器、2 条 CAN 通道、8 通道的 12 位 ADC、10 位 DAC、4 个通用定时器、6 输出的通用 PWM、带独立电池供电的超低功耗 RTC 和多达 70 个的通用 I/O 管脚，可以有效减少外围的设计。

目前版本中微控制器选用功能与 LPC1766 一致的 STM32F103xC。

（2）烟雾传感器电路设计

选用 RE46C190 芯片，比起 RE46C165 芯片，具有以下优点：①电源电路简单：节省 12V 转 9V 降压转换芯片；②使用时间持久：工作电压 3V；③烟雾探测芯片参数值可进行在线编程：如 IRED 驱动的电流（50mA、100mA、150mA、200mA），IRED 的周期（100us、200us、300us、400us）；④灵敏度 32 级可调。烟雾传感器电路具体如图 3-37 所示。

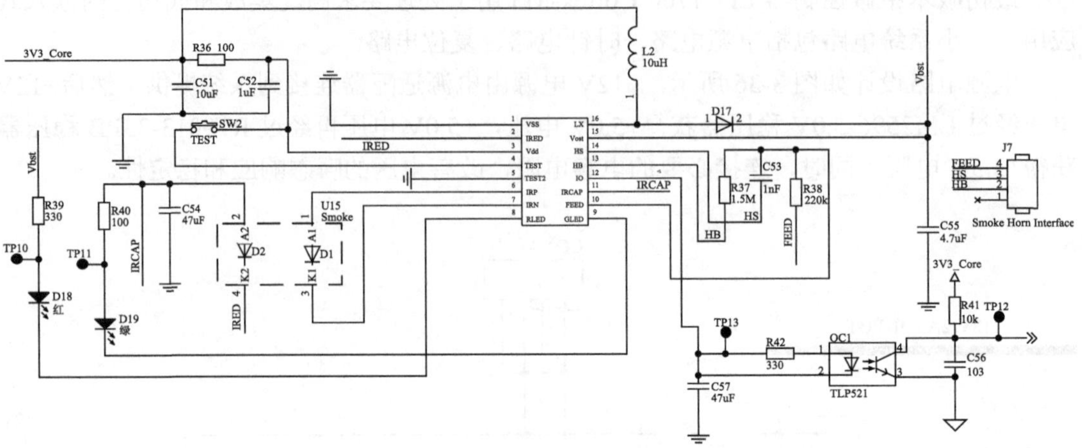


图 3-37　第三版烟雾传感器电路连接

针对烟雾芯片设计了编程工具，结构如图 3-38 所示，软件编程如图 3-39 所示。

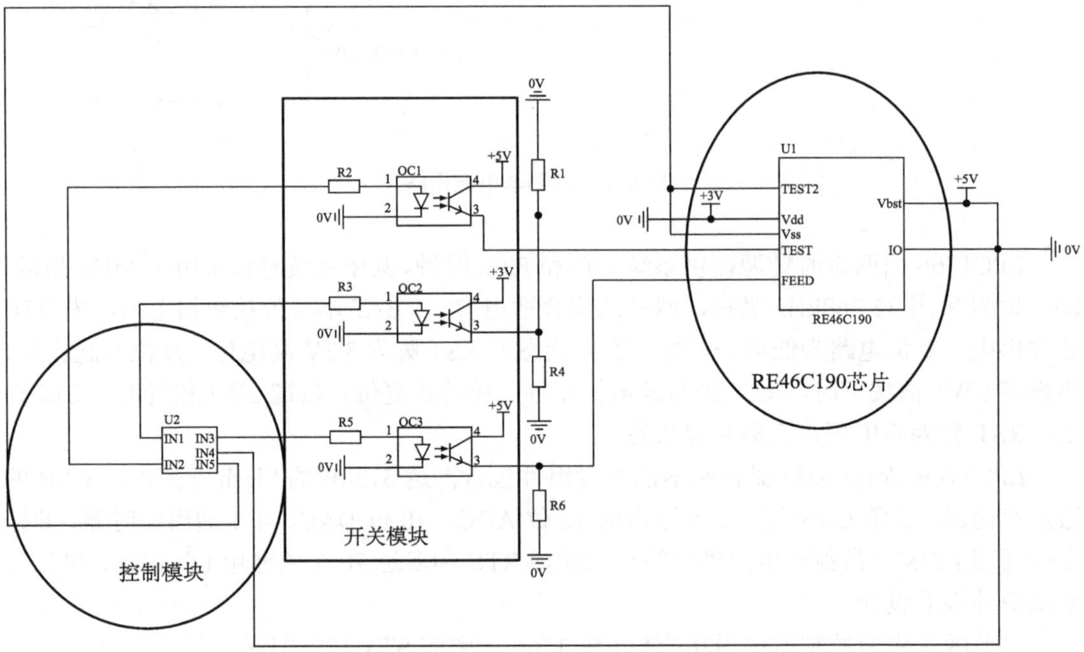


图 3-38　烟雾探测芯片调试工具构架图

```
//输入修改变量值
uint64_t DATATEST = 0x04230100000;                    //small 4230100000 middle 4231000000 high 4231f00000

void GPIOInit( void )
{
    LPC_PINCON->PINSEL3 &= ~((unsigned int)0x3 << 30);        /*IO P1.31为GPIO*/
    LPC_PINCON->PINSEL7 &= ~(0xf << 18);                      /* 将TEST TEST2 P3.25 P3.26初始化为GPIO功能    */
    LPC_PINCON->PINSEL9 &= ~(0x3 << 24);                      /* 将FEED P4.28 配置为GPIO功能       */
    LPC_PINCON->PINSEL4 &= ~(0x3 << 20);                      //key1 P2.10 *key2 P2.11
    LPC_GPIO1->FIODIR    |= IO;
    LPC_GPIO3->FIODIR    |= TEST;                             /* 将P3.25 P3.26方向设置为输出       */
    LPC_GPIO3->FIODIR    |= TEST2;
    LPC_GPIO2->FIODIR    &= ~KEY1;                          /* 将P2.10 方向设置为输入       */
//  LPC_GPIO2->FIODIR    &= ~KEY2;
    LPC_GPIO4->FIODIR    |= FEED;                             /* 将P4.28 配置为GPIO输出      */
    LPC_GPIO1->FIOCLR    |= IO;
    LPC_GPIO3->FIOCLR    |= TEST;
    LPC_GPIO3->FIOCLR    |= TEST2;                           /* 将输出口初始化输出低电平      */
    LPC_GPIO4->FIOCLR    |= FEED;

//   LED控制
     LPC_PINCON->PINSEL4 &= ~(0xf);                         /* 将P2.0 P2.1配置为GPIO功能       */
     LPC_GPIO2->FIODIR |= LED1;                                /* 将P2.0 配置为GPIO输出       */
     LPC_GPIO2->FIOSET |= LED1;
     LPC_GPIO2->FIODIR |= LED2;                                /* 将P2.1 配置为GPIO输出       */
     LPC_GPIO2->FIOCLR |= LED2;                                //P2.1 进入模式6 先置低
```

图 3-39 烟雾探测芯片调试程序

RE46C190 芯片的探测周期为 10s，当检测到 1 个有效样本时，发射周期加快变为 1s，连续检测到 3 个有效样本，给出报警信号，这些参数不能改变，从实验结果可以看出，使用该烟雾传感器虽然能够满足国家民用标准，但是响应时间远不能达到民航 1min 报警要求。因此，在后面版本的探测器中，我们采用激光烟雾探测。

探测器的激光感烟探测技术，包括激光驱动电路、激光二极管、光学烟室、硅光电池、信号处理电路、数据处理算法和报警单元组成。

激光感烟本身优越性：由于激光单色性好，相干性高，方向性强，尤其是可以方便地将激光汇集成一束很细的高能量光束，可以大大减小发光光源漫射到检测室内壁面引起对受光元件的干扰。配合合适的算法，从理论上可以区分空气尘埃、棉绒、昆虫等容易造成假火警信息和火灾烟颗粒信息。国外相关文献研究表明，利用激光做光源的感烟探测灵敏度可以达到普通光电感烟探测器的 10~50 倍，灵敏度可以达到减光率为 0.03%/ft。

稳定的激光驱动电路：对激光的使用，最关键的是驱动电路的选择，这是由于激光二极管为恒流驱动，较为脆弱，电流超过额定电流就会大大减少激光管寿命甚至直接烧坏，电流较小达不到其激发的最低所需电流值，电流不稳则会大大影响激光光源功率的稳定性。并且由于激光二极管发射能量高，温度极易随着使用时间的增长而升高，如果降温组件不得当，温度升高会导致电流和发射功率之间的关系发生变化，也会影响激光二极管发光效率。探测器的激光驱动电路采用性能优秀的 IC-WKN，该芯片为德国 IC-Haus 公司生产的激光驱动电路芯片，最大特点为激光功率控制极为精确，可以达到在 0~80℃精度 0.3%，在–40~125℃精度为 1%，并且自带过温度保护单元，避免激光二极管过热烧坏。

目前市面上气体激光器最为稳定可靠，可是价位一般在万元以上，不适用于火灾探测器，半导体二极管激光器由于效率高、体积小、重量轻且价格低的优点，被大量广泛的应用。目前市面上的半导体激光器成套价格从几百元到几千元不等。火灾烟颗粒散射对波长 800~1000nm 间的光前向散射效果好，因此该探测器结合经济型的原则，综合选用的台湾原产的激光二极管发光波长为 850nm，功率为 10mW。调焦采用嵌入激光铜管的方式，具有安装方便、保护激光管、调焦方便、散热性好、稳定性好的优点。

受光元件选用大面积硅光电池，能够提高对微弱散射光探测的灵敏度。并且为了增强对外界环境光的干扰，在硅光电池前端增加了 850nm 窄带滤光片，中心波长为 850±10nm，半带宽 30nm，峰值透射率>86%，截止深度<1%。实验数据表明，滤光片的作用大大增强了其对外界环境光变化的抗干扰能力。

受光元件信号处理电路采用的是标准的电流转电压电路，利用低失调电压、低偏置电流的运算放大器，配合 RC 滤波电路和激光脉冲信号，既能够实现电流转电压，又可以抵抗其他非激光脉冲频率的干扰信号的影响。在微处理器的 ADC 转换参考电源选用精密参考电源 REF3330，一定程度上减弱了电路其他部分对 ADC 转换的干扰。

感烟烟室主要分为三部分，如图 3-40 所示的烟室上壳、烟室下壳和光学镜面。烟室上壳和下壳内壁面都有褶皱处理，可以避免灰尘沉积造成漫散射，对受光元件造成干扰。光学镜面的作用为汇集散射的微弱光线，增大对微小烟颗粒探测的灵敏度。烟室上壳和下壳采用交错咬牙结构，是根据火羽流烟颗粒运动具有卷吸特性，能够较为轻松地进入其烟室，而空气中的尘埃则卷吸特性不明显，不容易进入到烟室内，从而增强了对灰尘等杂志的抗干扰能力。在烟室周围有钢网和铝片。烟室采用金属屏蔽的方式（烟室的顶部覆盖铝片、侧面为钢网、底面连接电路板覆铜层），具有抗外界电磁干扰能力。烟室侧面的钢网钢网（通风冲孔网）的孔径为六边形，既可以阻止粒径大于 0.35mm 的杂质进入烟室，又不会过于阻碍烟粒子进入烟室。

（3）温度传感器电路设计

温度信号通过单片机程控温度传感器 DS18B20 进行采集。DS18B20 主要特性如下：可实现对–55~ +125℃范围内的温度测量，并且测量温度的误差在±0.5℃，实际报警器的分辨率可单独设定，并且保存在 EEPROM 中，即使断电也能够保存；现场温度的测量值通过串行通信的方式传输，即单线总线的数字方式传输。温度传感器电路连接如图 3-41 所示。

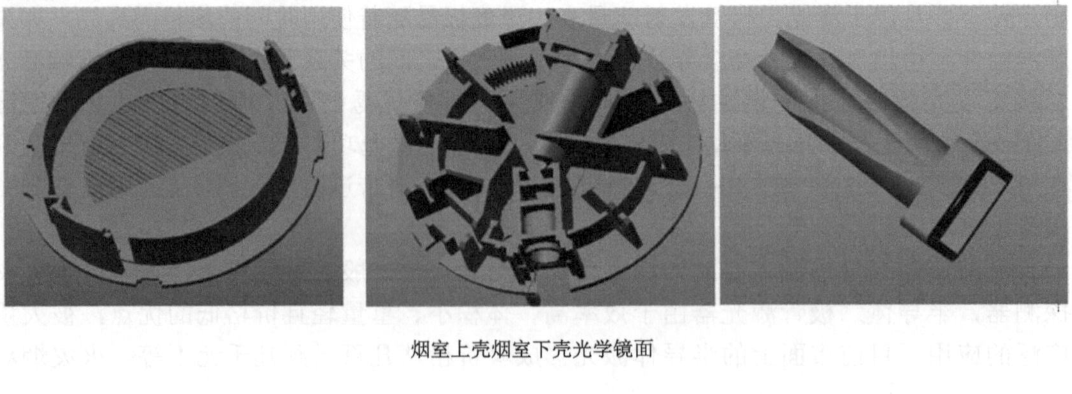

烟室上壳烟室下壳光学镜面

图 3-40 烟室的抗外界电磁干扰结构

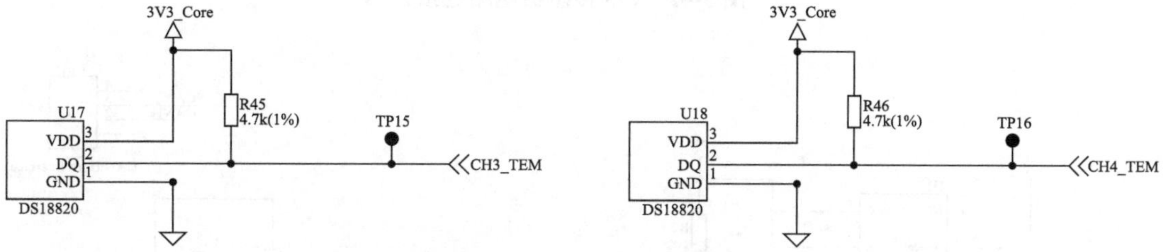


图 3-41 度传感器电路连接

18B20 的实验结果能够满足现有使用要求，但是在长期使用中发现其较容易损坏，因此，在第四版探测器中我们采用了响应更快、工作稳定的 Pt100。

Pt100 测温组件提出的算法不用计算乘法和指数运算，能够大大降低运算量，使得目前的微处理器轻松处理数据，完全能够实现高精度测温的要求。总体算法思路就是，首先将 Pt100 阻值按照 5℃一个进行计算存储，形成 5℃间隔的阻值区间，对应每一个温度的 Pt100 阻值 Rt，通过二分查表法，查出其所在的阻值区间，在阻值区间内进行线性插值运算，得到 Rt 对应的温度 Tem。算法具有简单高效，且最大限度地保证了高精度测温的要求。

（4）CO 传感器电路设计

报警器选用 TGS5042 电化学传感器（图 3-42）检测 CO，该传感器具有气体选择性好、抗气体干扰能力强、成本低、寿命长和使用简单电路即可对 CO 具有良好敏感性等特点。

（5）CAN 总线电路设计

LPC1766 中有 CAN 控制器（图 3-43），故只需增加驱动器，考虑电磁干扰，设计中使用光耦 6N137 或 HCPL-0600 电磁隔离芯片，对信号进行电磁隔离。驱动器目前有两种选择，82C250 通用性较高，TJA1050 高速 CAN 收发器，电磁抗干扰能力比 82C250 优越。

本产品中 CAN 收发器选用了 SN65HVD230，工作电压为 3.3V，节省了原有图纸中 5V 电源的设计。

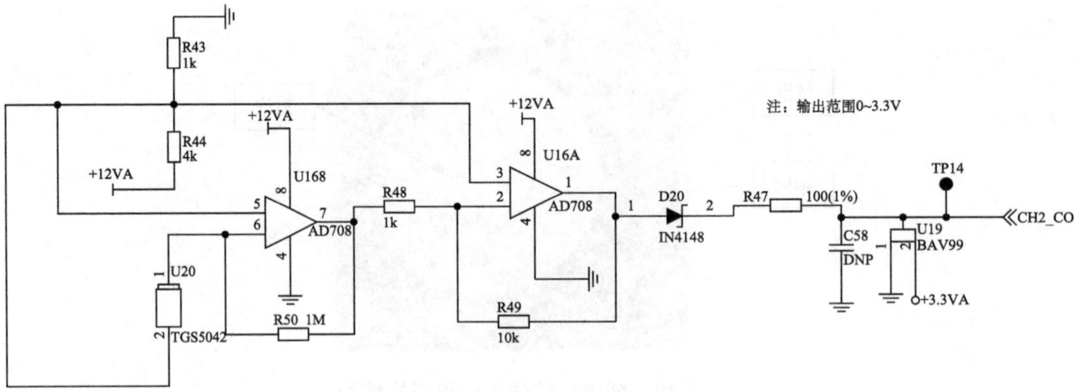


图 3-42　CO 传感器电路连接

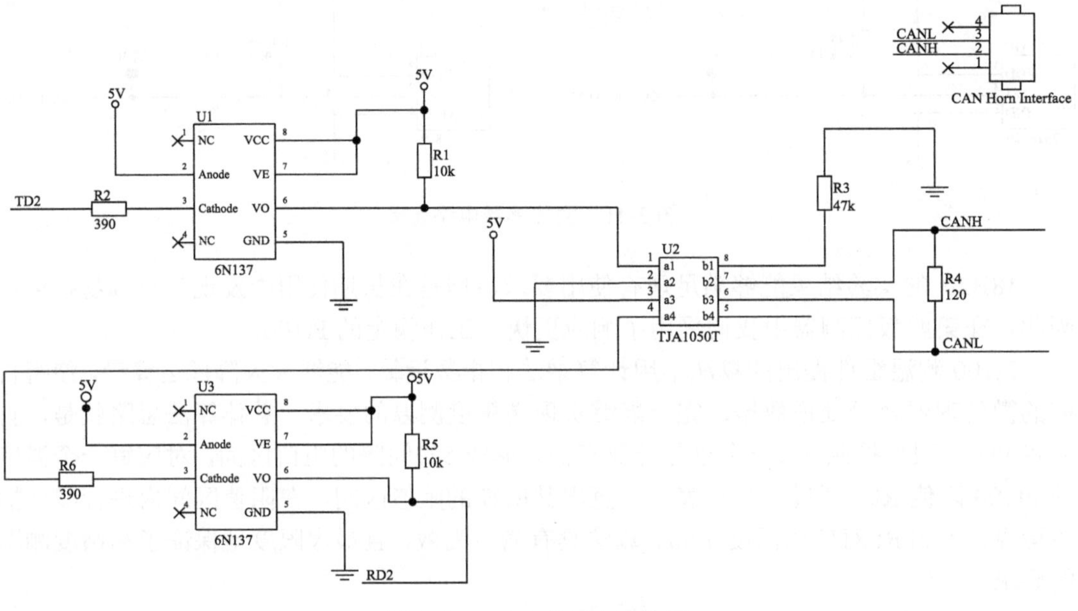


图 3-43　CAN 总线电路连接

## 2. 控制器制作

布置 PCB 板，焊接制作样机，如图 3-44 和图 3-45 所示。

对芯片 RE46C190 的烟雾参数进行设定。RE46C190 芯片的探测周期为 10s，探测电路工作 10ms，红外发射脉冲驱动积分时间 100~400μs 可调；当检测到 1 个有效样本时，发射周期加快变为 1s，连续检测到 3 个有效样本，给出报警信号。目前芯片主要参数为：积分时间 100μs、光电放大器增益因数 1、正常烟雾限制值 20。烟室如图 3-46 所示。

图 3-44　样机传感器布局

图 3-45　样机外观

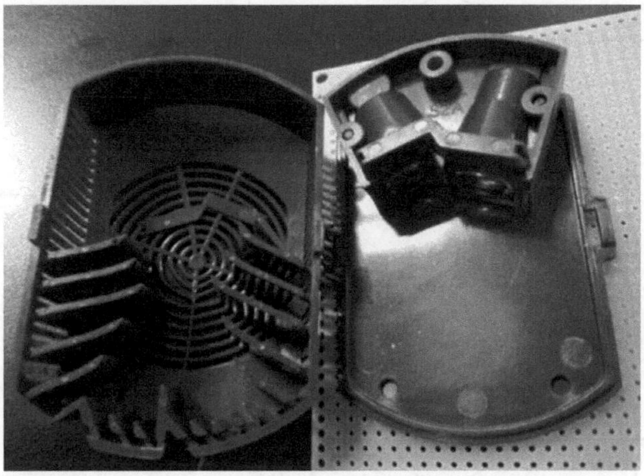

图 3-46　烟室结构

（1）探测器软件设计

现代飞机货舱火警探测大部分采用烟雾探测技术，即在货舱中安装多个烟雾探测器，并对探测器输出数据采用“与”或者“或”逻辑进行处理。这种单一参数探测及过于简单的火警信号处理，导致飞机货舱火警信号的误报率一直居高不下。为降低当前飞机货舱火警探测系统的误报率，探测器选用烟雾浓度、温度和 CO 浓度 3 种传感器对货舱环境状态进行监测，充分利用多源信息的冗余性和互补性，改进传感器输出信号的判决处理方法，从而增强飞机货舱火灾探测器的可靠性，从一定程度上解决当前飞机货舱火灾探测器的误报、漏报等缺陷。

（2）变阈值算法

火灾情况主要分以下四种情况：①烟雾传感器无信号，温度、CO 都正常，无火输出；②烟雾传感器无信号，温度偏高，CO 浓度升高，为酒精等低烟明火；③烟雾传感器有信号，温度变化不明显，CO 浓度显著升高，为阴燃火；④烟雾传感器有信号，温度升高，CO 浓度升高，为明火。几乎所有火灾初期都会产生 CO 气体，复合探测器将 CO 气体参量引入飞机货舱火灾探测可以大大提高探测器的性能，解决目前飞机货舱感烟火警探测器响应慢、误报率高的问题。

根据上述四种情况，结合国外飞机货舱火灾探测器先进算法，初步编写的算法如图 3-47 所示。$S$ 为烟雾传感器信号，其阈值根据温度和 CO 浓度进行计算调整，如：温度和 CO 无变化，此时环境可能存在干扰源，提高烟雾阈值；温度升高，CO 没有明显变化，此时可能是低烟明火，降低烟雾阈值；温度无变化，CO 浓度升高，此时可能为阴燃火，降低烟雾阈值。$T$、d$T$、[CO]、d[CO]分别瞬时温度、温度增长值、瞬时 CO 浓度值和 CO 浓度增长值，当同时满足判定时，可判断为低烟明火。当烟雾报警和温度报警中任一个满足，探测器给出报警信号，通过 CAN 总线传输到控制平台。

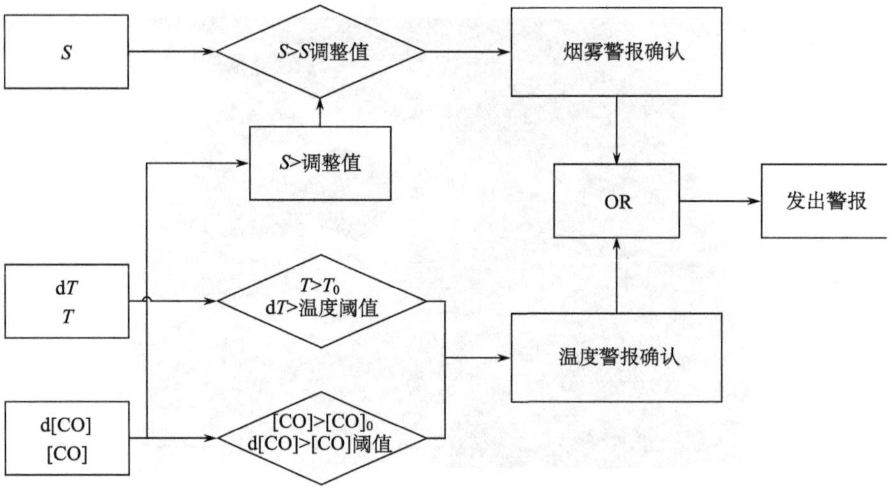


图 3-47 变阈值算法流程图

（3）变阈值算法编写

变阈值算法流程如图 3-48 所示。

$S_0$：当前烟雾检测值的长期平均值，反映探测器迷宫的污染程度。

$S$：当前烟雾检测值。

$\Delta S$：温度变化值 $S–S_0$。

$T_0$：当前温度检测值的长期平均值，反映货舱环境温度。

$T$：max($T_1$，$T_2$)两路温度当前输出的最大值。

$\Delta T$：温度变化值 $T–T_0$。

d$T$：瞬时温度增长速率 $\mathrm{d}T=\left(\dfrac{T_1+T_2}{2}-\dfrac{T_{1-4}+T_{2-4}}{2}\right)/4\times 60$，当前两路温度平均测得值减去 4s 前两路温度平均测得值，除以时间 4s，乘以每分钟 60s，得到每分温升速率。

$[CO]_0$：当前 CO 的长期平均值，反映货舱环境 CO 浓度。

[CO]：当前 CO 检测值。

Δ[CO]：[CO]变化值[CO]–$[CO]_0$。

其中，

$$S_0 = \left( \sum_{i=x-m_1}^{i=x} S_i \right) / m_1 \tag{3-18}$$

式中，$x$ 是当前的采样点，$m_1$ 是计算平均值的时间宽度。为节省空间，并不是每次采样都需要存储，一般每几小时计算一次平均值（设计为 2h）。$m_1$ 设为 10s。

$$T_0 = \left( \sum_{i=x-m_2}^{i=x} (T_{1i} + T_{2i}) / 2 \right) / m_2 \tag{3-19}$$

式中，$m_2$ 是计算平均值的时间宽度，比 $m_1$ 小，因为飞机环境在一天起飞、巡航和降落过程中变化较大，所以补偿应当有所加强。因为探测时间要求为 1min，为了削弱环境温度对测量值的影响，设计 60s 计算一次平均值。$m_2$ 设为 4s。

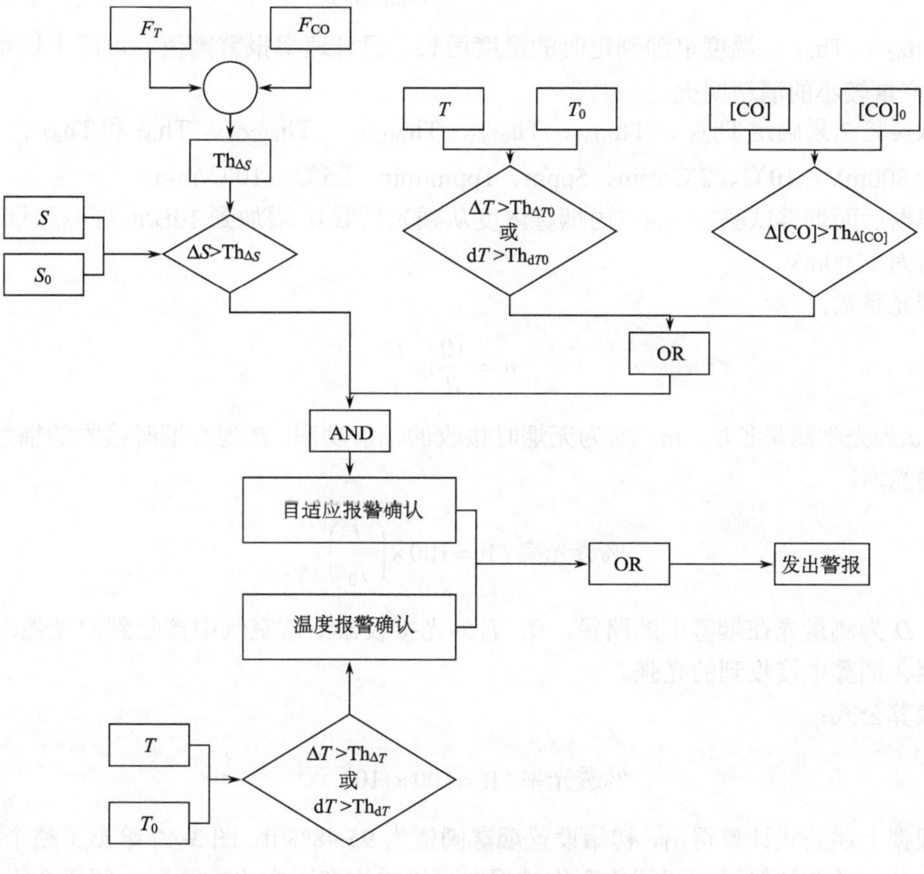


图 3-48　变阈值算法流程图

$$[CO]_0 = \left( \sum_{i=x-m_3}^{i=x} [CO]_i \right) / m_3 \tag{3-20}$$

式中，$m_3$ 是计算平均值的时间宽度。设计 60s 计算一次平均值。

$Th_{\Delta S}$：可变烟雾报警阈值。

$Th_{\Delta T_0}$、$Th_{dT_0}$、$Th_{\Delta[CO]}$、$Th_{d[CO]}$：分别为辅助烟雾报警的温度增长、温升速率、CO 增长、CO 增长速率的判定阈值，用来计算补偿函数 $F_T$ 和 $F_{CO}$。

$$Th_{\Delta S} = Th_S \times F_T \times F_{CO} \tag{3-21}$$

$$F_T = \frac{1}{\max\left(1, \frac{\Delta T}{Th_{\Delta T_0}}\right) \cdot \left\{1 + 2\left[\max\left(1, \frac{dT}{Th_{dT_0}}\right) - 1\right]^2\right\}} \tag{3-22}$$

$$F_{CO} = \frac{1}{\max\left(1, \frac{\Delta[CO]}{Th_{\Delta[CO]}}\right)} \tag{3-23}$$

$Th_{\Delta T}$、$Th_{dT}$：温度单独判定时的温度增长、温升速率报警阈值，可用于识别无烟、CO 生产量较小的酒精明火。

从实验结果确定 $Th_{\Delta S}$、$Th_{\Delta T_0}$、$Th_{dT_0}$、$Th_{\Delta[CO]}$、$Th_{d[CO]}$、$Th_{\Delta T}$ 和 $Th_{dT}$，设定值分别为 800mV、10℃、2℃/min、5ppm、1ppm/min、25℃、10℃/min。

根据后面烟雾试验，当烟室内烟雾浓度从减光系数 0 增加到 1dB/m 探测器烟雾电压值增值为 1200mV。

减光系数：

$$m = \frac{10}{d} \lg \frac{P_0}{P} \tag{3-24}$$

式中，$d$ 为光学测量长度，m；$P_0$ 为无烟时接收的辐射功率；$P$ 为有烟时接收的辐射功率。

透光率：

$$\%透光率 / ft = 100 \times \left(\frac{I}{I_0}\right)^{1/D} \tag{3-25}$$

式中，$D$ 为测量光在烟雾中的路径，ft；$I_0$ 为光接收器清洁空气中接收到的光强；$I$ 为光接收器在烟雾中接收到的光强。

换算公式：

$$\%透光率 / ft = 100 \times (10)^{-\frac{m}{32.8}} \tag{3-26}$$

根据上述公式计算得出，初始设置烟雾阈值为 95.48%/ft。图 3-49 给出了整个探测过程中，补偿函数计算过程和阈值变化过程。可以看出在真实火灾情况，阈值会提升至约 99.7%/ft。

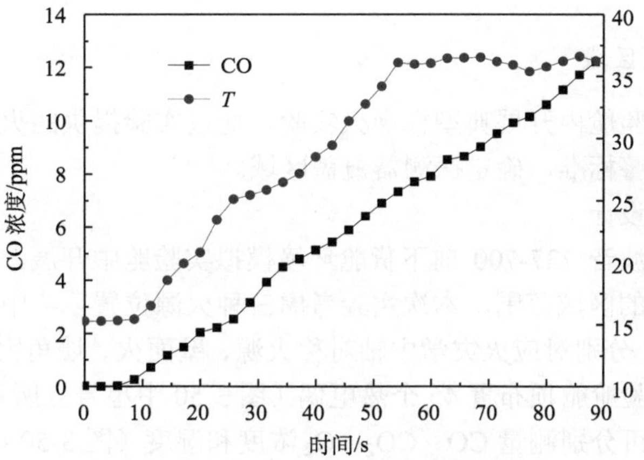


(a) 标准正庚烷火CO和温度变化趋势

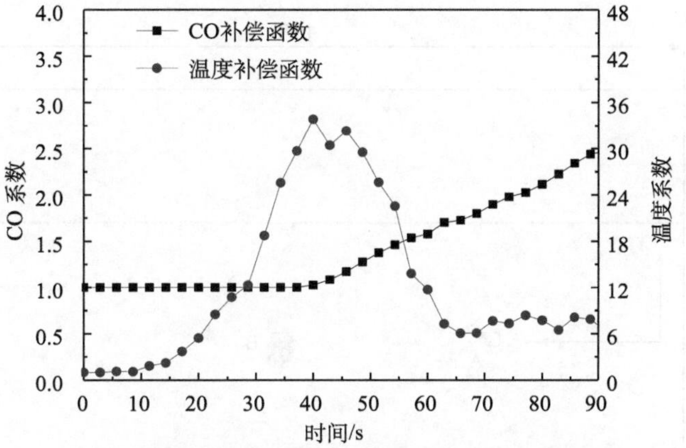


(b) 探测算法中实时的CO和温度补偿函数的系数

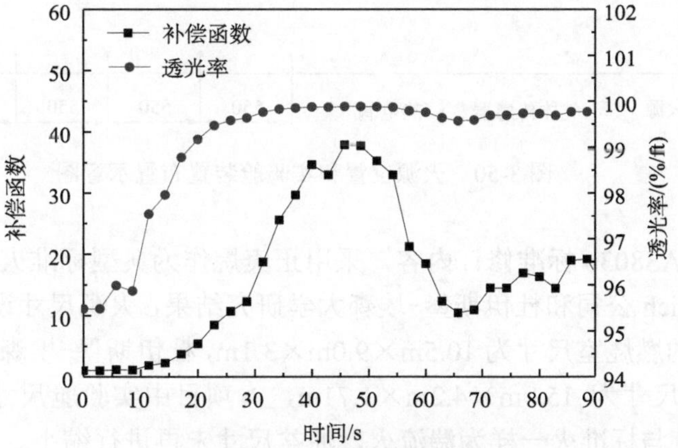


(c) 补偿函数与实时探测器阈值变化

图 3-49 探测过程中补偿函数和阈值

3. 探测器覆盖区域

在飞机货舱实验舱内开展典型标准火实验，通过实验提供的火灾参量变化数据，对比三复合探测器报警标准，确定探测器覆盖区域。

（1）实验内容设计

实验在全尺寸波音 737-700 前下货舱环境模拟实验舱中开展。为了全面细致地确定探测器可有效监测的区域范围，本次实验考虑三种火源位置——中心、墙壁、边角（图 3-50 中圆圈所示），分别对应火灾学中轴对称火源、壁面火、墙角火。为了获取不同位置火灾参量值，在实验舱舱顶布置 45 个热电偶（图 3-50 中星号点所示）；中间与左侧布置两组气体传感器，可分别测量 CO、$CO_2$、$O_2$浓度和湿度（图 3-50 中矩形所示）；右侧布置光密度计测量顶棚处烟雾浓度（图 3-50 中直线所示）。

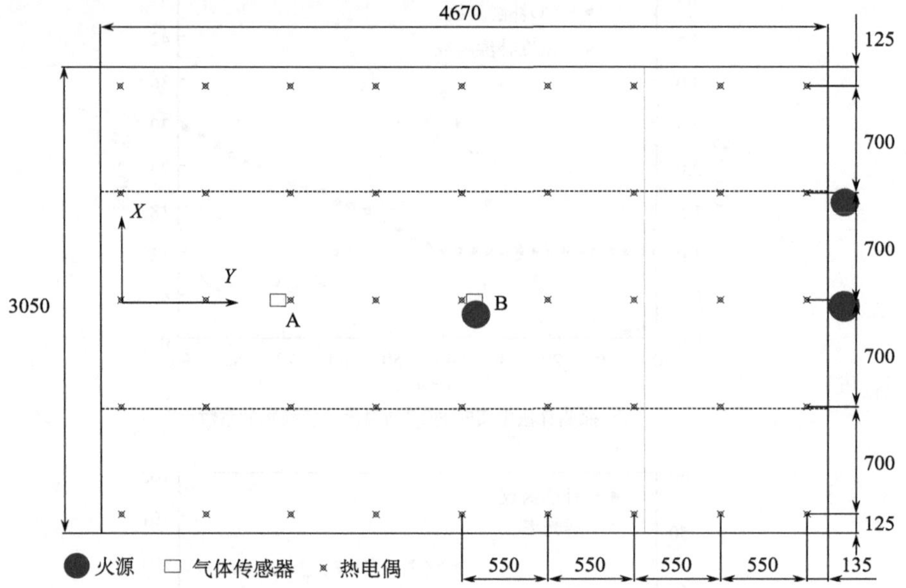


图 3-50　火源位置和实验舱装置布置示意图

根据 SAE AS8036 标准修订内容，采用正庚烷作为典型标准火燃料。根据欧洲标准 EN-54 和 Goodrich 公司和杜伊斯堡-埃森大学研究结果，火源尺寸设计如表 3-1 所示。欧洲标准 EN-54 的燃烧室尺寸为 10.5m×9.0m×3.1m，杜伊斯堡-埃森大学的研究对象空客 A340-500 货舱尺寸为 15.0m×4.2m×1.71m，本项目中实验舱尺寸为 4.67m×3.05m×1.1m，为了保持与标准火一样为湍流火，油盆尺寸未再进行缩小。

烟密度计位置根据火源位置进行调整。中央火时，烟密度放置在距离火源 1.5m 处；壁面火和墙角火时，烟密度放置在舱中央位置距离火源 2.335m 处。

**表 3-1　火源设计参数**

| 燃料 | EN-54 | | 杜伊斯堡-埃森大学 | | 本项目 | |
|---|---|---|---|---|---|---|
| | 质量/g | 油盆尺寸/cm | 质量/g | 油盆尺寸/cm | 质量/g | 油盆尺寸/cm |
| 正庚烷 | 650 | 33×33×5 | 120 | 12×12×2 | 60 | 12×12×2 |

（2）实验结果与分析

*中央火*

图 3-51 为中央火 30s 和 60s 时的纵向（*Y* 轴）和横向（*X* 轴）温度分布图。中心火实验时，初始环境温度为 17.1℃。EN54 感温探测器标准中报警阈值为温升速率 6.7~8.3℃/min，本项目探测器中温度判定的标准为连续 3 次采样为增长数值，且温升速率大于 7℃/min。从 60s 时纵横向温度分布可以判断出，当探测器处于火源中心位置，其有效监测半径为 1.4m。

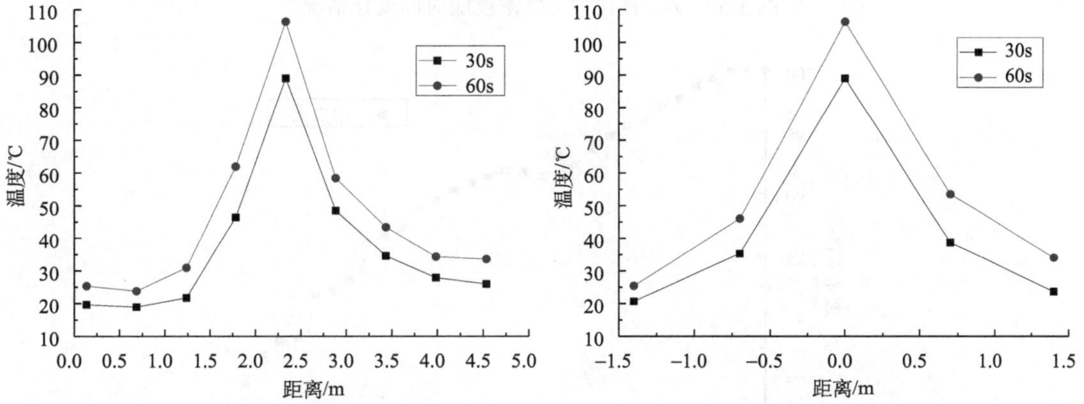


(a) 顶棚纵向中心线温度分布图　　(b) 顶棚横向中心线温度分布

图 3-51　中央火温度分布

图 3-52 为中央火 A 和 B 位置 CO 浓度随时间的变化情况，B 位置为火源正上方受火焰脉动影响较大，A 位置为货舱纵向 1/4 位置处。参考 GB15631—2008《特种火灾探测器》中 CO 探测器响应阈值的规定，本探测器中 CO 判定标准为 CO 浓度增长速率大于 6ppm/min。结合图 3-52 中 60s 的 CO 浓度数值，可以判断出有效监测半径至少超过 1/4 货舱纵向位置，即为 1.15m。

图 3-53 为距离中央火源 1.5m 处的烟密度计测量数值随时间变化情况。烟密度所测得值为电压值，经公式（3-25）计算，可得出图 3-53 所示数值。本探测器烟雾透光率阈值是根据温度和 CO 浓度进行综合判断后的一个变化量，但参考 AS 8036 对光电感烟探测器的要求，普通情况下阈值为 97%/ft。对照图 3-53 中 60s 时透光率的数值，可以得出探测器的有效监测半径大于 1.4m。

结合三个量的判定结果，当火源位于中央时，探测器有效监测半径至少为 1.15m，有效监测面积至少为 4.15m$^2$。

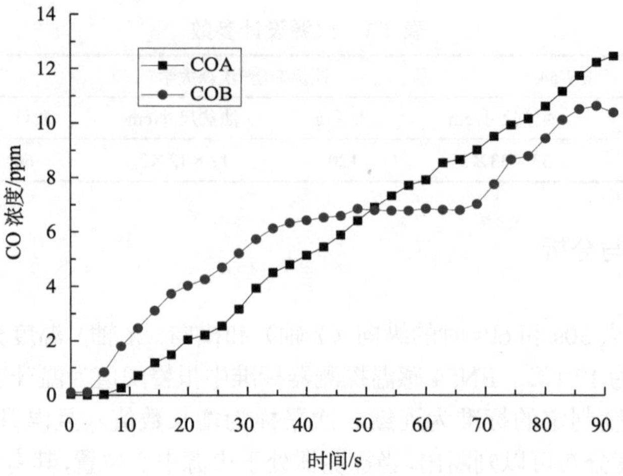


图 3-52　A、B 位置 CO 浓度随时间变化情况

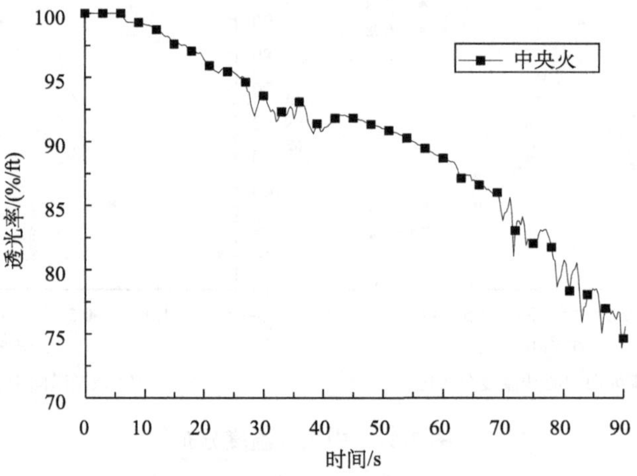


图 3-53　透光率随时间变化情况

*壁面火*

图 3-54（a）、（b）为壁面火 30s 和 60s 时的温度云图，图 3-54（c）、（d）为纵向（$Y$ 轴）和横向（$X$ 轴）的温度分布图。中心火实验时，初始环境温度为 16.7℃。EN54 感温探测器标准中报警阈值为温升速率 6.7~8.3℃/min，本项目探测器中温度判定的标准为连续 3 次采样为增长数值，且温升速率大于 7℃/min。从温度云图中可以看出温度呈现 $Y$ 轴对称分布，结合 60s 时纵横向温度分布可以判断出，当探测器处于火源对应位置，其 $Y$ 轴有效监测半径为 3.435m，$X$ 轴有效监测半径为 1.4m。

图 3-55 为壁面火 A 和 B 位置 CO 浓度随时间的变化情况，B 位置为货舱纵向 1/2 位置处，A 位置为货舱纵向 3/4 位置处。参考 GB15631—2008《特种火灾探测器》中 CO 探测器响应阈值的规定，本探测器中 CO 判定标准为 CO 浓度增长速率大于 6ppm/min。

结合图 3-55 中 60s 的 CO 浓度数值，可以判断出有效监测半径约为 1/2 货舱纵向位置，即为 2.335m。

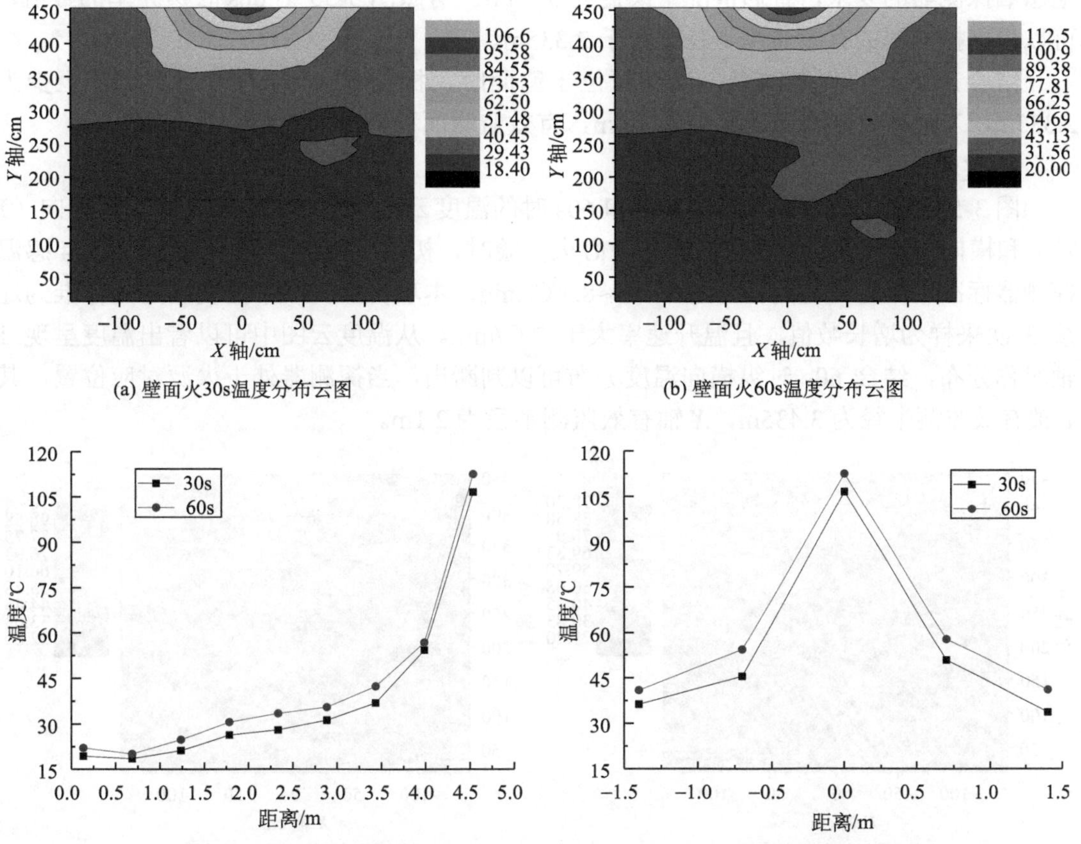

(a) 壁面火30s温度分布云图　(b) 壁面火60s温度分布云图

(c) 顶棚纵向中心线温度分布　(d) 顶棚横向中心线温度分布

图 3-54　壁面火温度分布情况

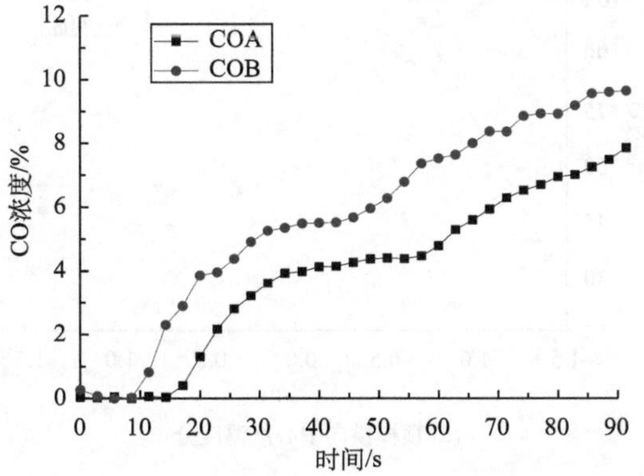

图 3-55　A、B 位置 CO 浓度随时间变化图

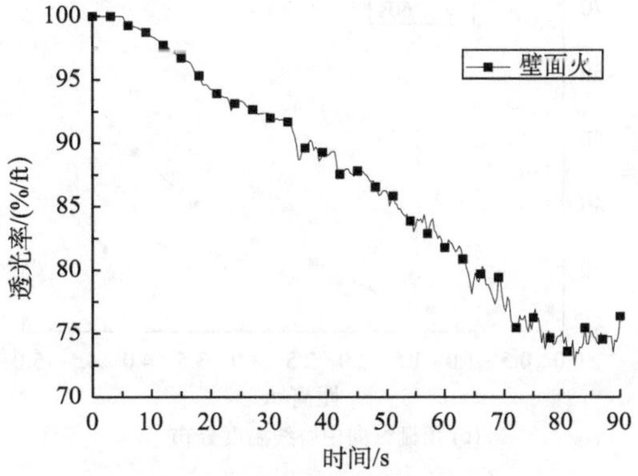

图 3-56　透光率随时间变化情况

图 3-56 为距离火源 2.335m 处的烟密度计测量数值随时间变化情况。本探测器烟雾透光率阈值是根据温度和 CO 浓度进行综合判断后的一个变化量，但参考 AS 8036 对光电感烟探测器的要求，普通情况下阈值为 97%/ft。对照图 3-56 中 60s 时透光率的数值，可以得出探测器的有效监测半径远大于 2.335m。

结合三个量的判定结果，当火源位于壁面时，探测器 *Y* 轴有效监测半径至少为 2.335m，*X* 轴有效监测半径至少为 1.4m，有效监测面积至少为 5.13m$^2$。

*墙角火*

图 3-57（a）、（b）为墙角火 30s 和 60s 时的温度云图，图 3-57（c）、（d）为纵向（*Y* 轴）和横向（*X* 轴）的温度分布图。中心火实验时，初始环境温度为 16.7℃。EN54 感温探测器标准中报警阈值为温升速率 6.7~8.3℃/min，本项目探测器中温度判定的标准为连续 3 次采样为增长数值，且温升速率大于 7℃/min。从温度云图中可以看出温度呈现 *Y* 轴对称分布，结合 60s 时纵横向温度分布可以判断出，当探测器处于火源对应位置，其 *Y* 轴有效监测半径为 3.435m，*X* 轴有效监测半径为 2.1m。

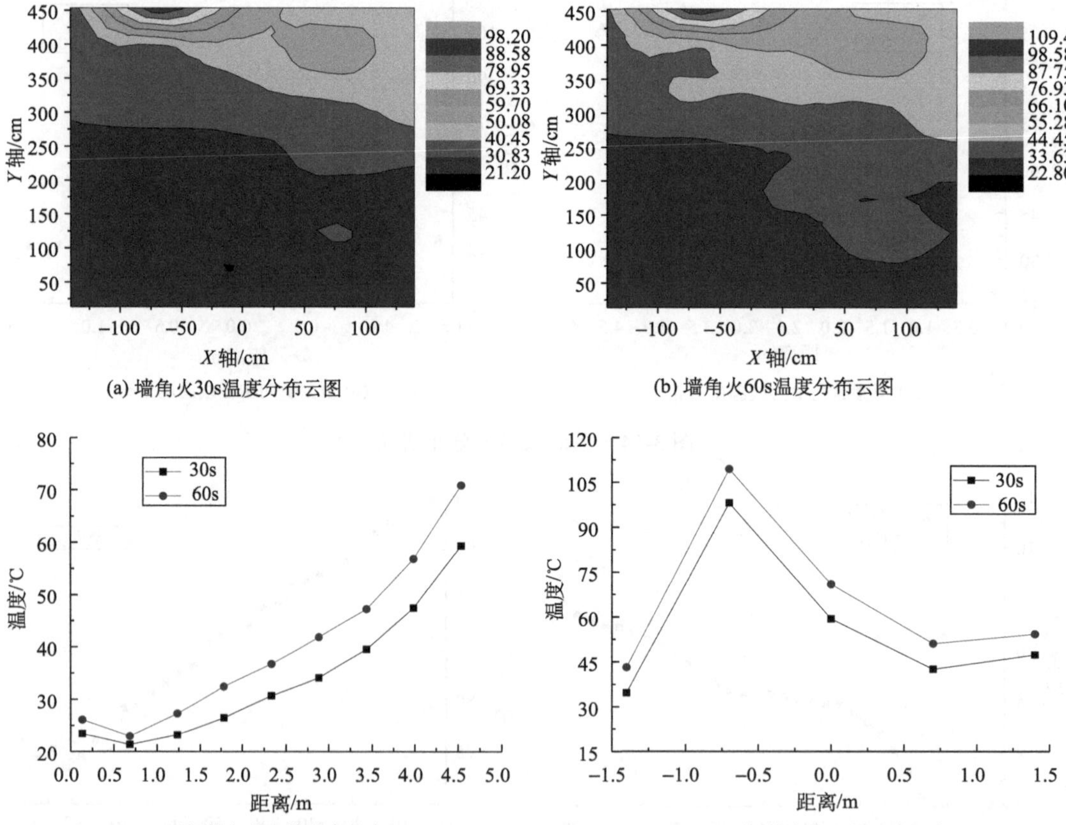

(a) 墙角火30s温度分布云图

(b) 墙角火60s温度分布云图

(c) 顶棚纵向中心线温度分布

(d) 顶棚横向中心线温度分布

图 3-57 墙角火温度分布情况

图 3-58 为墙角火 A 和 B 位置 CO 浓度随时间的变化情况，B 位置为货舱纵向 1/2 位置处，A 位置为货舱纵向 3/4 位置处。参考 GB15631—2008《特种火灾探测器》中 CO 探测器响应阈值的规定，本探测器中 CO 判定标准为 CO 浓度增长速率大于 6ppm/min。结合图 3-58 中 60s 的 CO 浓度数值，可以判断出有效监测半径约为 1/2 货舱纵向位置，即为 2.335m。

图 3-59 为距离火源 2.335m 处的烟密度计测量数值随时间变化情况。本探测器烟雾透光率阈值是根据温度和 CO 浓度进行综合判断后的一个变化量，但参考 AS 8036 对光电感烟探测器的要求，普通情况下阈值为 97%/ft。对照图 3-59 中 60s 时透光率的数值，可以得出探测器的有效监测半径远大于 2.335m。

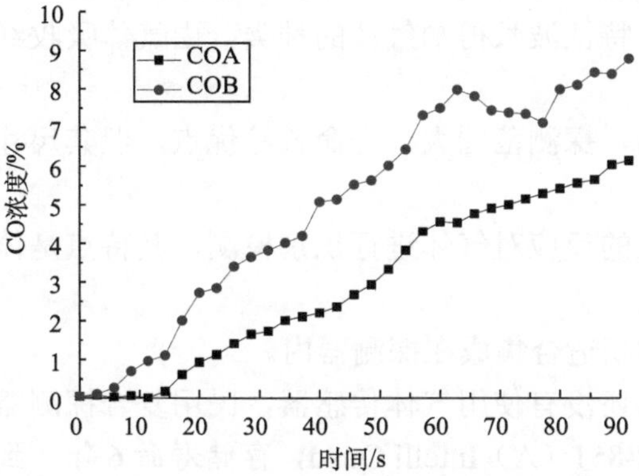


图 3-58 A、B 位置 CO 浓度随时间变化情况

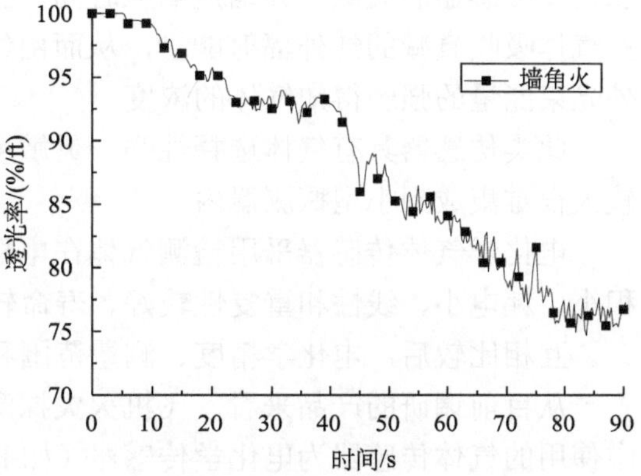


图 3-59 透光率随时间变化情况

结合三个量的判定结果，当火源位于壁面时，探测器 $Y$ 轴有效监测半径至少为 2.335m，$X$ 轴有效监测半径至少为 2.1m，有效监测面积至少为 3.85m$^2$。

（3）实验总结

综合上述三个火源位置情况下探测器有效监测面积的计算结果，为了满足 1min 报警的要求，在现有设定值的情况下，本探测器的有效监测面积最小为 3.85m$^2$。由于实验中测量装置布置间隔最大为 0.7m（过密布置对实验仪器和实验成本都有非常高的要求，很难达到），所以本实验报告中数值为保守估计数值。

（4）CO 传感器寿命调研

由于航空用探测器对仪器的使用寿命有一定要求，因此对市场上的 CO 传感器进行了简单调研，基本 CO 传感器可分为三类：半导体、电化学和红外吸收式气体传感器。

半导体气体传感器，是利用半导体气敏元件同气体接触，造成半导体性质发生变化，借此检测特定气体的成分或测量其浓度，大体上分为电阻式和非电阻式两种。电阻式半导体气体传感器是用氧化锡、氧化锌等金属氧化物材料制作的气敏元件，利用其阻值的变化来检测气体的浓度；非电阻型半导体传感器主要利用二极管的整流作用及场效应管特性等制作的气敏元件。

此类传感器具有体积小、造价低、灵敏度高、寿命长、维护简单的优点，但存在两个弱点：①稳定性差，零点输出随时间漂移严重；②对 CO 气体的选择性差，传感器易受其他气体干扰，造成输出值误差现象。这类传感器是目前市场上光谱型可燃气体报警器中使用的传感器。例如：TGS2442，CO 浓度测量不能满足初期火灾早期报警的要求。

红外吸收式气体传感器原理基于 Lambert-Beer 定律，即若对两个分子以上的气体照射红外光，则分子的动能发生变化，吸收特定波长光，这种特定波长光是由分子结构决定的，由该吸收频谱判别分子种类，由吸收的强弱可测得气体浓度。信号探测部分主要由发射器、探测室和接收器组成，在正常情况下，发射器发送检测气体对应特定吸收波长的脉冲红外光束，经过气体探测室照射到接收器的光敏元件上。探测室可做成吸收式以提高传感器的灵敏度并缩短响应时间。当检测气体进入探测室，接收器接收经由检测室气体吸收衰减的红外辐射能量，从而由红外特征波长得知气体的种类，由气体吸收红外光束能量的强弱得知气体的浓度。

此类传感器具有气体选择性强、灵敏度高、探测范围大、寿命长等优点，但其尺寸较大很难集成到小型探测器内。

电化学气体传感器采用检测气体在电极上的反应对气体进行识别检测，其特点是体积小、耗电小、线性和重复性较好、寿命较长。

互相比较后，电化学精度、测量范围和体积适合集成在探测器内。

从目前调研的产品来看，飞机火灾探测器还没有使用气体传感器，民用复合探测器中使用的气体传感器为电化学传感器（如 FSC-851（A）Intelli Quad，存储寿命 6 年，到期后不可替换，只作为感烟探测器使用）。项目研制探测器采用 TG5042 CO 传感器存储寿命 5 年，使用寿命 3 年，可在到期后替换。电路板设计中已经考虑使用插槽进行 CO 的安装，可以像电池一样方便的安装和取下。具体形态和位置如图 3-60 所示。

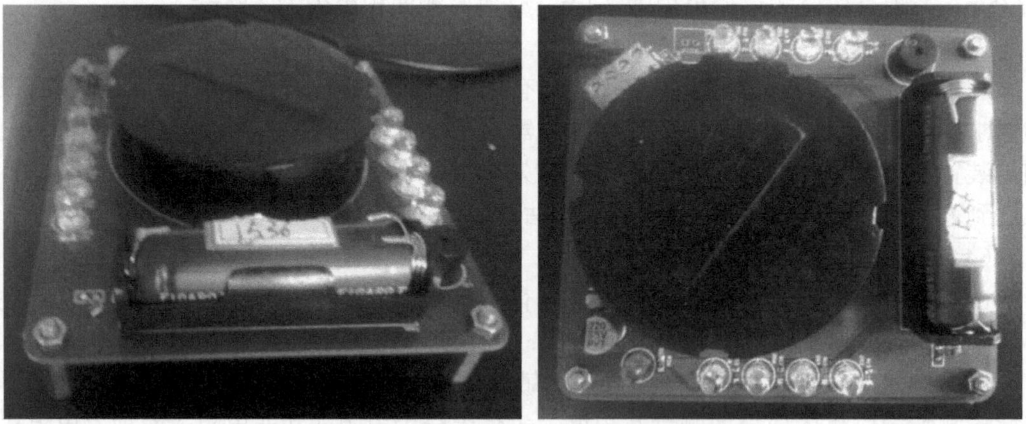

图 3-60　CO 传感器位置布置图

（5）探测器维护周期调研

探测器的维护是为了防止环境中灰尘、纤维或其他微小成分的累积对探测器的采集值造成影响，从而影响探测器性能，引发误报警。

研制的探测器本身并没有设定报警阈值（固定阈值），报警阈值是由烟雾浓度、两路温度和 CO 浓度相互耦合判断后计算得出的，内置处理芯片会根据探测值与储存值进行比较后来判断报警与否。处理芯片控制三类传感器以其设定的周期进行环境长期值的计算，以消除灰尘和污染对传感器探测的影响。因此，研制的探测器比起普通探测器可以延长维护周期。

中华人民共和国公安部《火灾自动报警系统施工及验收规范》（GB50166—92）的规定，探测器投入运行 2 年后，应每隔 3 年全部清洗一遍。

地铁探测器维护方面《广州地铁一号线防灾报警的设计要求》，地铁消防的专业人员采取的办法是按照消防规范的规定，坚持一年全部用烟枪测试一次和每个季度采取抽查形式进行测试，检查探测器的报警功能，如果测试的探测器出现不能报警或者是有延迟报警的探测器就进行更换。

目前调研中还没查到专门针对飞机探测维护的相关规范。综合考虑飞机货舱环境和探测器性能，研制探测器的维护周期至少要满足国家对火灾探测器的要求。即

① 每季度采用专用检测仪器分期分批试验探测器的动作及确认灯显示；

② 每年用专用检测仪器对所安装的探测器，应试验一次；

③ 火灾探测器投入运行 2 年后，应每隔 3 年全部清洗一遍，并作响应阈值及其他必要的功能试验，合格者方可继续使用，不合格者严禁重新安使用。

### 3.3.4 CFD 软件在火灾探测系统设计中的应用

仿真计算工具 FDS（fire dynamics simulator）是美国国家标准研究院 NIST（National Institute of Standards and Technology）建筑火灾研究实验室（Building and Fire Research Laboratory）开发的模拟火灾中流体运动的计算流体动力学软件。该软件采用数值方法求解受火灾浮力驱动的低马赫数流动的 NS 方程（黏性流体 Navier-Stokes），重点计算火灾中的烟气和热传递过程。FDS 附带一个火灾参量计算结果的视觉展示软件 Smokeview，可以动态地定性或定量展示出舱室内烟气流动、温度变化、火灾产物浓度等信息，可以为真实火灾场景的确定提供参考。

FDS 是计算流体动力学 CFD（computational fluid dynamics）的一种模型，模拟火的能量驱动流体流动。采用数值方法求解一组描述热驱动的低速流动的 Navier-Stokes 方程（黏性流体方程），重点是计算火灾中的烟气流动和热传递过程。该软件把设定空间分成多个小的三维矩形控制体或计算单元，计算每个单元内气体密度、速度、温度、压力和组分浓度用质量守恒、动量守恒和能量守恒的偏微分方程来近似有限差分，通过对同一网格使用有限体积技术来计算热辐射、流体流动中存在湍流现象，追踪预测火灾气体的产生和移动，并结合家具、墙壁、地板和顶棚的材料特性来计算火灾的增长和蔓延。FDS 处理湍流流动有两种方法，即大涡模拟（LES）方法和直接数值模拟（DNS）方法。模拟求解后可获得相关测量点处温度、CO 浓度、$CO_2$ 浓度、$O_2$ 浓度、能见度等一系列数据。

目前，该模型的一部分应用在烟气控制和水喷淋及探测器启动的研究，另一部分用在民用建筑或工业火灾的重现工作。随着软件技术的发展，模型算法的进一步完善，FDS提供了一种研究火灾动力和燃烧基础的工具，同时开始用于解决消防行业中实际的火灾问题。其模型中包括两大部分：第一部是求解微分方程的主程序，它所需要的火灾场景的参数，需要用户创建的文本文件提供；第二部分为 Smokeview，是一种动态场景显示程序，人们可用它直观地查看计算结果。2009 年初发布的 FDS5.3 植入了芬兰 VVT 的 EVACATION，FDS 源程序不断更新不断完善，目前较新的版本，可进行火灾过程和疏散过程的联合模拟。当前，FDS 的使用已经开始超出火灾研究实验室的范围，进入了工程建设领域，可以作为建筑性能化防火设计的辅助工具之一。

火灾过程的基本控制方程如下：

• 质量方程：

质量守恒方程通常以密度或组分浓度的形式给出，即

$$\frac{\partial \rho}{\partial t}+\nabla\cdot\rho\vec{u}=\dot{m}_b''' \tag{3-27}$$

或

$$\frac{\partial}{\partial t}(\rho Y_\alpha)+\nabla\cdot\rho Y_\alpha\vec{u}=\nabla\cdot\rho D_\alpha\nabla Y_\alpha+\dot{m}_{b,\alpha}''' \tag{3-28}$$

其中，

$$\dot{m}_b'''=\sum_\alpha \dot{m}_{b,\alpha}''' \tag{3-29}$$

• 动量方程：

$$\frac{\partial}{\partial t}(\rho\vec{u})+\nabla\cdot\rho\vec{u}\vec{u}+\nabla p=\rho\vec{g}+\vec{f}\rho+\nabla Y\tau_{i,j} \tag{3-30}$$

符号顶部箭头表示该量为矢量，如

$$\vec{u}=(u,v,w)'\text{；}\quad \nabla=\left(\frac{\partial}{\partial x},\frac{\partial}{\partial y},\frac{\partial}{\partial z}\right) \tag{3-31}$$

其中，$\vec{f}$ 为外部作用力；$\tau_{i,j}$ 是应力张量，定义为

$$\tau_{i,j}=\mu\left[2\overrightarrow{S_{i,j}}-\frac{2}{3\delta_{i,j}(\nabla\cdot\vec{u})}\right];\quad \delta_{i,j}=\begin{cases}1 & i=j\\ 0 & i\neq j\end{cases} \tag{3-32}$$

$$\overrightarrow{S_{i,j}}=\frac{1}{2}\left(\frac{\partial u_i}{\partial x_j}+\frac{\partial u_j}{\partial x_i}\right),i,j=1,2,3 \tag{3-33}$$

• 能量方程：

$$\frac{\partial}{\partial t}(\rho h_s)+\nabla\cdot\rho h_s\vec{u}=\frac{Dp}{Dt}-\nabla\cdot\dot{q}'' \tag{3-34}$$

其中，

$$h_s = \sum_{\alpha} h_{\alpha,s} Y_{\alpha};\quad h_{\alpha,s} = \int_{T_0}^{T} c_{p,\alpha}\left(T'\right)\mathrm{d}T' \tag{3-35}$$

$$\dot{q}'' = -k\nabla T - \sum_{\alpha} h_{\alpha,s} \rho D_{\alpha} \nabla Y_{\alpha} + q_r \tag{3-36}$$

随体导数

$$\mathrm{D}()/\mathrm{D}t = \partial()/\partial t + \vec{u}\cdot\nabla() \tag{3-37}$$

• 状态方程：

$$p = \frac{\rho RT}{\overline{W}} \tag{3-38}$$

采用 Navier-Stokes 方程的低马赫数近似，即不考虑声波的影响，则控制方程中的压力 $p$ 可以替换为平均压力（压力分解为平均压力与扰动压力之和）。

$$\overline{p_m}\left(z,t\right) = \rho TR \sum_{\alpha} Y_{\alpha} / W_{\alpha} \tag{3-39}$$

上述控制方程中，$D$ 为扩散系数，$g$ 为重力加速度，$k$ 为导热系数，$\dot{m}$ 为质量流率，$p$ 为压力，$t$ 为时间，$T$ 为温度，$u$ 为速度，$W$ 为摩尔质量，$Y$ 为组分浓度，$\rho$ 为密度，下标$\infty$为环境量，下标 s 为固体壁面属性，下标 $\alpha$ 表示组分 $\alpha$。

可以看到，平均压力只是时间和高度的函数，将其随体导数代入能量守恒方程可以消掉对比焓的求解。温度 $T$ 通过状态方程中的密度和平均压力获得。

无论什么样的 CFD 模型，对湍流的处理方法是其最重要的一个环节。在三个主要的处理湍流的方法中，FDS 只包含大涡模拟（LES）和直接数值模拟（DNS），不包含雷诺平均和纳维斯托克斯方程（RANS）。其基本思想是通过精确求解某个尺度以上所有湍流尺度的运动，从而能够捕捉到 RANS 方法所无能为力的许多非稳态，非平衡过程中出现的大尺度效应和拟序结构，同时又克服了直接数值模拟由于需要求解所有湍流尺度而带来的巨大计算开销的问题，因而被认为是最具有潜力的湍流数值模拟发展方向。

LES 的主要思想是大涡结构（又称逆序结构）受流场影响较大，小尺度涡则可以认为是各向同性的，因而可以将大涡计算与小涡计算分开处理，并用统一的模型计算小涡。在这个思想下，大涡模拟通过滤波处理，首先将小于某个尺度的旋涡从流场中过滤掉，只计算大涡，然后通过求解附加方程得到小涡的解。过滤尺度一般就取为网格尺度。显然这种方法比直接求解 RANS 方程和 DNS 方程效率更高，消耗系统资源更少，但却比湍流模式方法更精确。

大涡模拟主要用来模拟那些由于尺度过小而不能直接数值求解的黏性耗散项，其对计算网格尺度的选择有较为严格的要求。具体方法就是，对大尺度的湍流运动进行直接求解，而对小尺度的湍流运动则采用 Smagorinsky 亚网格模型进行模拟。Smagorinsky 亚网格模型对黏性系数、导热系数、扩散系数的模拟如下：

$$\mu_{\mathrm{LES}} = \rho\left(C_S\Delta\right)^2\left(2\overline{S_{i,j}}\cdot\overline{S_{i,j}} - 2/3\left(\nabla\cdot\overline{\vec{u}}\right)^2\right)^{1/2} \tag{3-40}$$

$$k_{\mathrm{LES}}=\frac{\mu_{\mathrm{LES}}C_p}{Pr_t};(\rho D)_{\mathrm{LES}}=\frac{\mu_{\mathrm{LES}}}{Sc_t} \tag{3-41}$$

其中，张量$\overrightarrow{S_{i,j}}$的定义见式（3-33）；湍流普朗特数$Pr_t$和湍流施密特数$Sc_t$在计算中设为定值，在火灾中一般取0.7。

计算机模拟建立货舱、后货舱的仿真模型，测量空间内烟雾变化情况，确定烟雾探测部位和探测器数量，为后续地面验证奠定理论基础，作为地面验证的试验依据。下面以模拟结果来简单评估CFD模型和FDS软件对货舱内烟气运动模拟的准确性。模拟的场景为波音707的前下货舱（如图3-61所示），火源位于地板中央，图3-62是40s时烟气的运动情况，图3-63是CO浓度的实验结果和模拟结果对比，图3-64是透光率的实验结果和模拟结果对比。

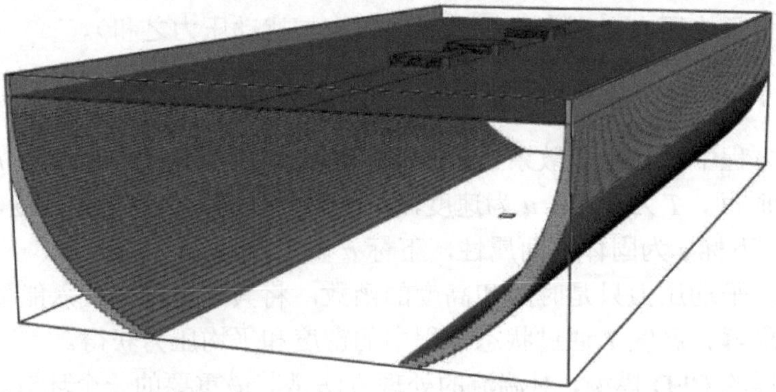

图3-61 波音707货舱的FDS模型

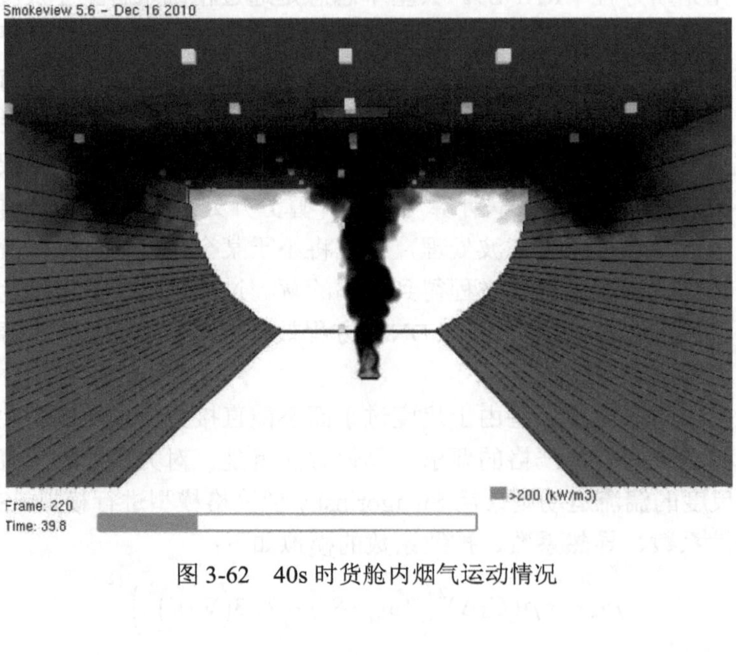


图3-62 40s时货舱内烟气运动情况

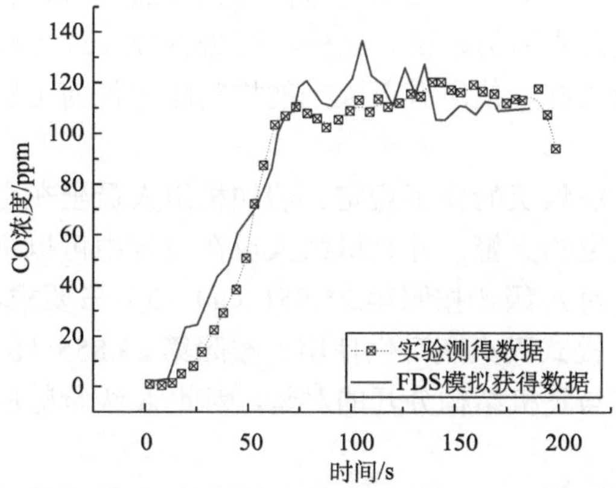


图3-63 FDS模拟所得CO浓度随时间变化曲线与实测数据对比

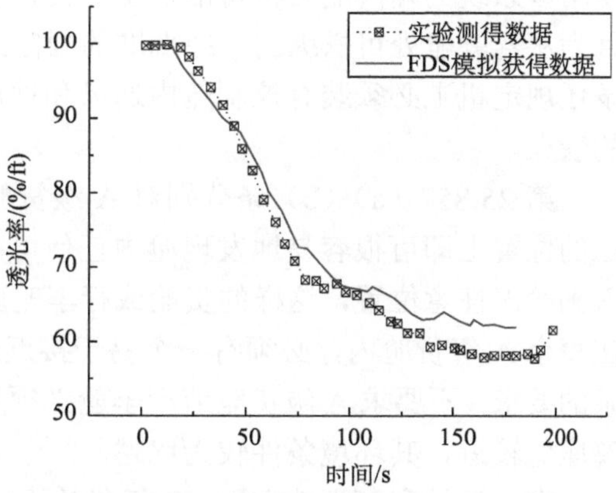


图 3-64 FDS 模拟所得透光率随时间变化曲线与实测数据对比

从图 3-63 和图 3-64 可以看出，FDS 模拟所得数据和实验测得数据吻合度较好，无论是 CO 浓度的变化趋势还是透光率的变化，都具有较高的一致性。关于舱内的温度分布，详细对比可以参见 Oztekin 等发表的论文[31]。

## 3.4 灭火系统

### 3.4.1 系统功能与组成

货舱和行李舱内的灭火系统主要可以分为固定式的灭火系统和手提式灭火器两种，手提式灭火瓶专门埔于扑灭驾驶舱、客舱、货舱及行李舱、厨房及厕所等部位发生的初起火灾，固定式灭火系统则设置在较关键的客、货舱屏蔽区，并根据火警探测器发出的信号自动灭火。手提式灭火器还可以根据灭火剂种类分为如下几种：二氧化碳灭火瓶用于扑灭导线、座舱装饰物等的初起火灾，水剂灭火瓶用于座舱和行李舱的灭火，干粉灭火瓶用于扑灭金属和电气设备的燃爆，哈龙灭火瓶用于扑灭座舱装饰、电子设备、可燃液体或结构内的燃爆。

CCAR-25 对飞机货舱灭火系统的要求主要体现在 D 分部的第 25.851 条、第 25.855 条和第 25.857 条。其中部分条款是设计要求，可以通过设计说明、分析和计算或者实验室和地面试验得出评定结论[13, 32]。

第 25.851（a）条主要规定了手提式灭火器的相关配置。对于 A 级或 B 级货舱或行李舱以及每个机组人员在飞行中可以到达的 E 级货舱或行李舱，均应设置至少一个易于接近取用的手提式灭火器。手提式灭火瓶必须经过批准是指该灭火瓶必须具有适航当局认可的合格证明文件。

第 25.851（b）（c）条主要对固定式灭火系统相关参数进行了规定，对固定式灭火系统的容量及系统的安装提出了要求。要求每个所要求的固定式灭火系统的容量，必须与使用该系统的隔离舱内很可能发生的任何火情相适应，并要考虑舱内容积及通风率，并且为从驾驶舱处可操纵的、经批准的固定式灭火或抑制系统。此外，第 25.857（c）（4）条还规定机上必须装有控制舱内通风和抽风的措施，使所有灭火剂能抑制舱内任何可能的着火。

第 25.857（a）（b）条分别对 A 级货舱和 B 级货舱作了规定。假如机组人员坐在自己的位置上即可很容易地发现舱内任何可能发生的火警，并且机组人员在飞行中可以进入到舱内任意位置，这样的货舱或行李舱应定为 A 级，按照第 25.851（a）（3）条要求，在每个 A 级货舱内，必须有一个易于接近的手提式灭火瓶可供使用。按照第 25.855（b）条的要求，不要求 A 级货舱或行李舱必须具有与飞机结构分开的对垫，因此 A 级货舱应离座舱较近，其环境条件较为优越。

在可达性和可视性方面，B 级货舱不如 A 级货舱，其防火要求也相应比 A 级货舱严格，按照第 25.851（a）（4）条要求，在每个 B 级货舱内，必须有一个易于接近的手提式灭火瓶可供使用；按照第 25.855（b）条的要求，B 级货舱或行李舱必须具有与飞机结构分开的村垫。此外，由于机组人员在正常工作位置上看不到货舱的情况，因此要求 B 级货舱配备一个火警探测系统。条款中“经批准的”是指该探测系统已取得了适航当局认可的合格证明文件或其他的等效证件，“独立的”是指该探测系统使用目的的专一性。

C 级货舱或行李舱是不符合 A 级和 B 级要求的舱。对于 C 级货舱，机组人员无法看到货舱内部情况，而且没有出入口可以供机组人员进入灭火。条款要求其应具有经批准的、独立的火警探测系统与机组人员可操纵的固定式灭火系统，并有措施防止烟雾、火焰或灭火剂进入客舱，能控制舱内通风和抽风等。

对于 C 级货舱，通过使用耐火耐热材料，使火灾始终被限制在舱内，而且货舱隔舱和舱门的密封足以遏制燃烧。所以它要求对舱内着火能完全隔离，防止烟雾、火焰等进入客舱，对舱内的通风和抽风进行控制，并要考虑到舱内热量对附近飞机关键零件的影响。

对于 A 级货舱与 B 级货舱，应通过图纸、技术条件、设计说明书等说明该货舱满足条例的要求，应对 B 级货舱的可达性进行演示。据资料介绍，FAA 认可如下演示程序[33]：

由机组人员携带灭火瓶、防护供氧装置及石棉套，看其能否迅速到达满载货舱的任何地方，行李舱的过道装满了常用的行李、手提箱等，达到了最高的限定高度，在靠近隔舱最远角落的地方装满了类似的行李。所有行李必须搬移过磅。所有货物网和其他固定绑扎的设备紧固到适当的位置上。该项试验要求的数据是测量机组人员离开飞行工程师的位置，带上防护供氧设备，从安放位置取下灭火瓶和石棉套所需的时间以厦缓行到货舱最远角落所需的时间。同时暴露出难以接近的行李或手提箱。由于条例并未规定接近 B 级货舱中最难接近的行李所允许的最长时间，故由 FAA 的代表根据该项试验所获得的数据对装载限制表是否合适进行评定（它影响到该货舱的可选性）。

对于第 25.857（b）（2）条“当利用通道时，没有危险量的烟、火焰或灭火剂进入任何有机组人员或旅客的舱”，仅须进行烟雾透过试验就可以说明问题。对于第 25.857（b）（3）条“有经批准的、独立的烟雾探测器或火警探测系统，可在驾驶员或飞行工程师处给出警告”，FAA 认可了如下所示的演示方法[33]：

以正常巡航状态，在座舱增压和非增压飞行期间完成试验。座舱增压飞行是在允许选择最大工作座舱压差的高度进行。非增压座舱飞行一般是在 2438m 高度上进行。在货舱里产生烟雾直到 FAA 观察员断定产生的烟雾量已达满意的程度为止。正在演示的探测系统必须从烟雾开始产生起的 5min 之内使驾驶舱内的警告系统接通。

如果希望使一个或几个探测器不工作，那么检测被试那一个探测器临近的探测器的电压，以确定是否在 5min 时间周期内出现多余的信号。

对于每种状态而言，应测出从烟雾产生开始直到驾驶舱内的烟雾探测器或火警探测系统告警为止的时间间隔，并由适航当局认可。本验证方法也适用于第 25.857（c）（1）条和第 25.857（e）（2）条。对于烟雾探测器或火警探测系统，应具有由适航当局颁发的合格证明文件或其他等效证件。

控制和抑制火灾（关闭听觉警告之后）的第一步是关闭货舱的通风。所有通风的货舱都设有可以在驾驶舱关闭气流的方法。随着气流关闭，波音公司设计的 C 级货舱消防系统根据飞机型号提供最低的 Halon 1301 浓度范围，维持一小时或更长时间，足以在飞机降落到最近的合适机场之前进行灭火。机组人员从驾驶舱内启动货舱灭火系统（见引擎/辅助动力装置/货舱防火控制面板），随后通常位于货舱旁边的灭火系统会释放哈龙灭火剂。

通常，货舱高速灭火系统首先启动，释放大量 Halon 1301，迅速达到灭火浓度，然后低速灭火系统在一段时间内持续释放 Halon 1301，旨在将货舱内灭火剂浓度维持在一个较低的水平，持续抑制火灾，以继续飞行或在最近的合适机场安全着陆，灭火系统基本结构如图 3-65 所示。

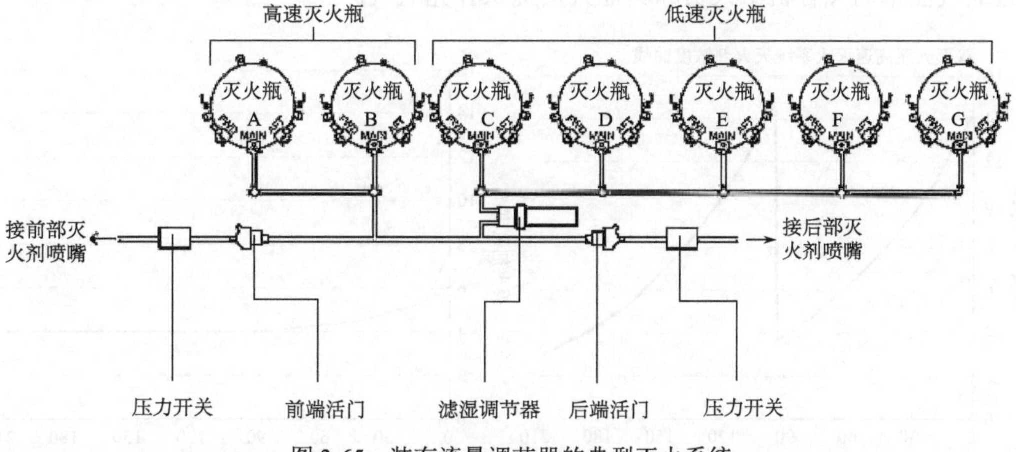


图 3-65 装有流量调节器的典型灭火系统

哈龙灭火剂可以释放到前方或后方货舱。在任何隔间内发生货物火灾的可能性非常低，两个货舱内同时发生两次火灾的可能性甚至更低。因此，不需要为每个隔间提供单独的灭火瓶，只需要安装一套灭火瓶为货舱提供灭火能力即可。

在所有型号中，一旦检测到火焰并释放出哈龙，剩余的飞行时间需要最低的哈龙浓度。在认证飞行试验期间通过测量隔室关键位置的抑制剂浓度来证明符合这些要求。

所有波音飞机货舱中安装的最开始动作的高速灭火系统采用接有分配管道的 Halon 1301 灭火瓶，以释放至相应的货舱天花板上的喷嘴处。这种高速灭火系统可以扑灭明火，并以 5%的 Halon 1301 体积浓度持续抑制火焰。该系统的大小是隔室体积，温度和舱室高度的函数，释放灭火剂后通常需要 1~2min 才能达到最大浓度。

第二次装有滤湿调节器的低速灭火系统的释放，与高速灭火系统同时启动或在指定的时间延迟之后启动，并提供稳态的哈龙灭火剂流速以在指定的持续时间内将舱内哈龙浓度保持在至少 3%以上。所需的流量是货舱泄漏率的函数，货舱泄漏率越高，哈龙流量补偿必须越高。货舱应设计为尽量减少火灾期间的泄漏，以最大限度地提高哈龙保持力并减少烟雾渗透。

用于维持最低所需灭火剂浓度的替代方法是采用高倍率高速灭火系统。最低浓度由来自高速灭火系统的灭火剂浓度衰减达到，当灭火剂浓度低于 3%时，后续的灭火瓶开始释放灭火剂使得浓度增加，并再次开始衰减。根据系统设计，安装额外的灭火瓶，以将浓度水平保持在 3%以上，直到飞机安全着陆，乘客和船员撤离。图 3-66 为一个典型的高/低速灭火系统启动后，舱内灭火剂浓度随时间变化曲线。当第一次灭火剂释放后飞机计时器开启，飞行机组人员在随后进行灭火剂释放的控制。在飞机飞行手册中规定了启动额外的高速灭火瓶的时间延迟，并且通常也被并入警报消息逻辑。

E 级货舱的灭火处置程序根据货舱的条件来进行设定，首先关闭到货舱的气流，（依机型不同）下降到 25000ft 以下。如果不可能立即在合适的机场着陆，则将飞机维持在大约 25000ft 的高度，以尽量降低火灾可以卷吸的氧气，当机舱高度超过 10000ft 时，可以通过氧气面罩向飞行机组人员和其他人员提供补充氧气。

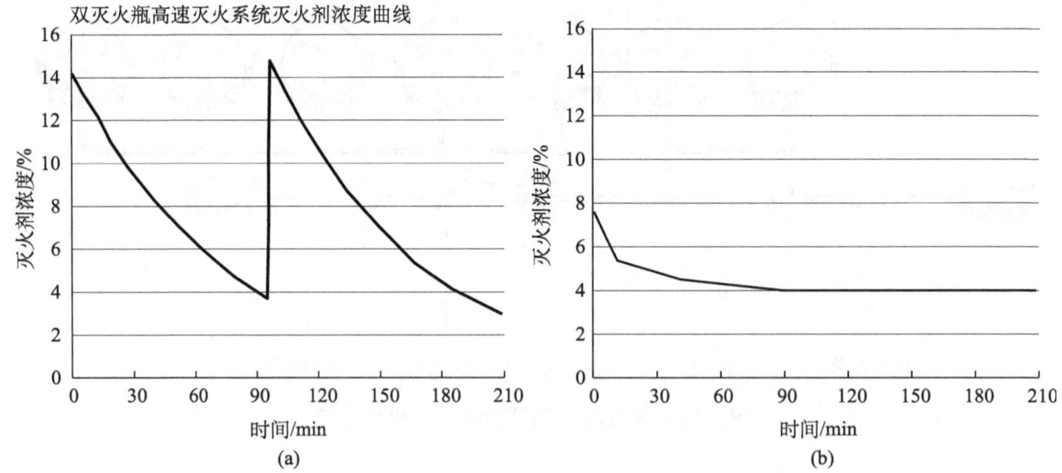


图 3-66 典型的高速（a）和低速（b）灭火系统释放的灭火剂浓度随时间变化曲线

### 3.4.2 低速灭火系统滤湿调节器研制

低速灭火系统用于稳定灭火后货舱内的哈龙灭火剂浓度，防止货舱内发生复燃现象，灭火剂浓度应维持在不低于3%的水平。滤湿调节器（dryer metering unit or filter regulator assembly）位于飞机货舱低速释放灭火瓶（LRD）出口端，主要用于过滤Halon 1301灭火剂中夹带的水分及固体微粒，以及稳定灭火剂的释放流量，保证灭火剂达到飞机货舱低速灭火要求。滤湿调节器主要由英国Kidde公司生产，国内尚没有此类产品，因此有必要研发具有自主知识产权的滤湿调节器。

滤湿调节器主要包括三个功能：①滤除灭火剂内的水分；②滤除灭火剂内的固体微粒；③稳定灭火剂的流量。其内部结构图如图3-67所示。下面将针对各个模块的研制工作进行详细介绍。

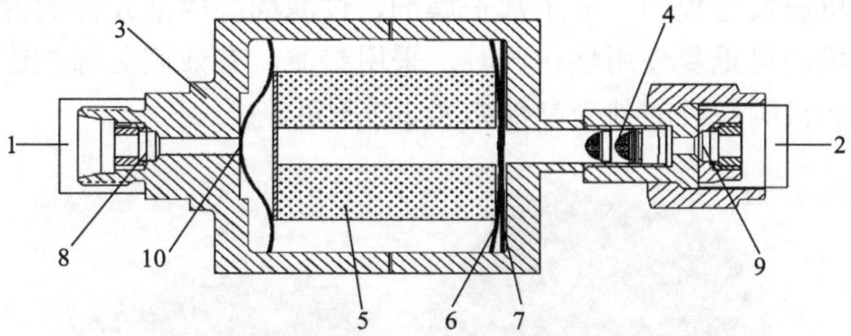


图3-67 滤湿调节器结构

1-DMU入口；2-DMU出口；3-外壳；4-节流阀；5-干燥剂；6-过滤棉；7-过滤网；8-入口爆裂膜片；9-出口爆裂膜片；10-弹簧片

#### 3.4.2.1 DMU外壳研究

DMU外壳采用铝合金材质，对滤湿调节器内部结构起到保护作用，要求具有良好的气密性和耐压性。

DMU国外样机外壳如图3-68所示，通过对外壳进行线切割，并分析其材质，测量参数，联系合肥本地某厂进行加工，加工成型后如图3-69所示。

图3-68 国外样机外壳

图 3-69　自制样机外壳

值得提出的是，国外样机的外壳为一体化结构，不可拆分，此结构保证了气密性，但同时大大降低了样机的重复使用率。基于样机试验需多次重复的考虑，自制样机外壳采用可拆分的结构处理方式。左右两部分采取螺纹进行连接（图 3-70）。螺纹连接的方式，一方面方便了样机研发过程中，分子筛干燥剂、过滤棉等内部元件的拆卸和更换，很大程度地提高了样机的可重复使用性；同时，采用垫圈，有效避免螺纹连接处漏气情况的发生。国外样机和自制样机的外壳参数如表 3-2 所示。

图 3-70　自制样机螺纹连接

**表 3-2　样机外壳参数对比**

| 性质对比 | 国外样机外壳 | 自制样机外壳 |
| --- | --- | --- |
| 材质 | 不锈钢 | 不锈钢 |
| 外壳厚度 | 2mm | 5mm |
| 螺纹型号 | 前端：M22*2 外螺纹<br>后端：M20*2 内螺纹 | 前端：M22*2 外螺纹<br>后端：M20*2 内螺纹 |
| 不同之处 | 外壳一体化 | 外壳可拆分 |

采用如图 3-71 所示的实验测试设备，测试 DMU 外壳的气密性及耐压性。经试验，DMU 外壳气密性良好，气瓶释放压力加至 5MPa 后仍无漏气情况出现；耐压性良好，气瓶释放压力加压至 5MPa，外壳未产生任何不良形变和反应。

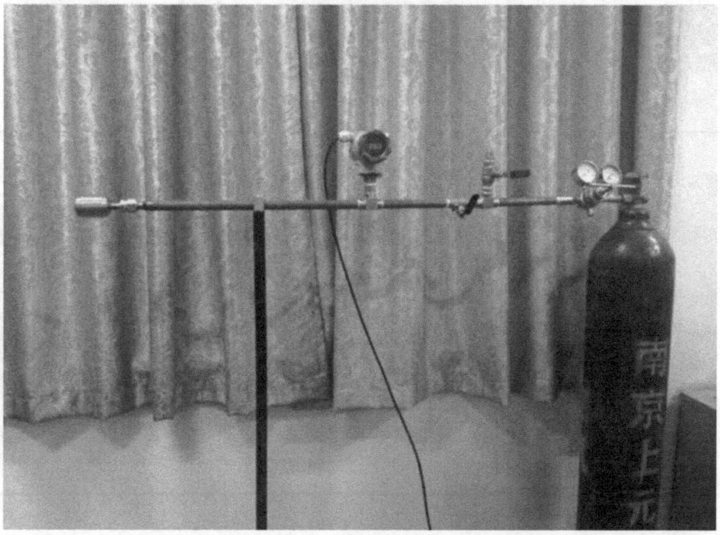


图 3-71 外壳测试试验设备

### 3.4.2.2 DMU 节流模块研究

DMU 节流模块位于 DMU 整体结构的尾端。主要实现对灭火剂流量的控制，通过控制孔径变化的结构设计，增大组件的流动阻力，控制灭火剂流速，实现 LRD 中灭火剂稳定持续的流动控制。

首先对 DMU 尾端节流模块进行线切割，拆分各组件如表 3-3 所示。

表 3-3 DMU 节流模块切割流程

| 切割步骤简述 | 切割后图片 |
| --- | --- |
| 首先将节流模块整体从 DMU 整体中切割下来，如右图所示 |  |

续表

| 切割步骤简述 | 切割后图片 |
| --- | --- |
| 将虚线框内的银色部件分为左右对称的两个部分进行剖切，得到右侧所示三部分。其中中间为节流的主要部件限流孔 | 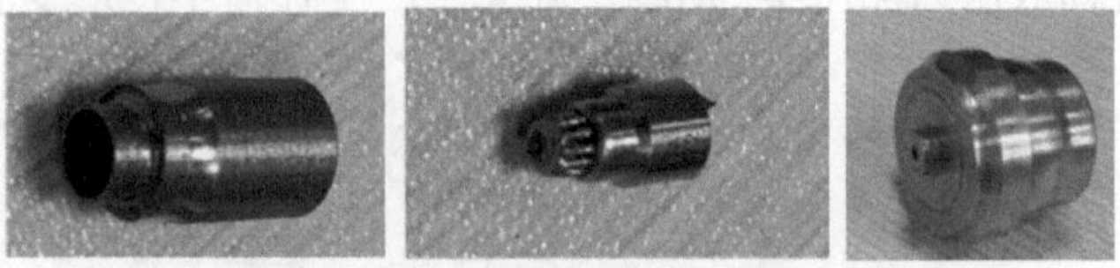 |
| 对限流孔进行线切割，切面如右图所示，主要由帽型结构 A1、A2 和车削件 B 组成 | 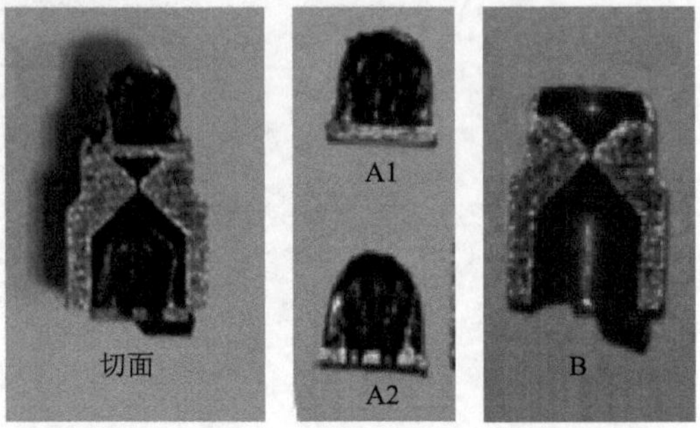 |

其次，对拆分后的机构进行 SEM 电镜扫描和分析。帽型结构 A1 表面分布有密集的孔径 100μm 的微孔，壁面压有 12 道槽，尾端有四个孔径 500μm 的孔。车削件 B 的中心孔径为 150μm。流体流动过程中，首先从 A1 壁面上的微孔进入，在 A1 的内部腔体汇聚，流体继续向前运动，到达 A1 尾部的四个限流孔，从这四个限流孔流出继续向前运动，汇聚到 B 结构内部。继而穿过 B 的中心孔，达到 A2 部分。重复穿过 A2 壁面上的微孔，再度在 A2 的内部腔体聚集，继而通过 A2 尾部的四个限流孔流出。完成流体在限流孔内部的节流。

1. 自制节流模块的加工

委托东莞高埗激之激光设备厂对节流模块进行加工制作。加工实物图如图 3-72 所示。

图 3-72 激光打孔节流模块成品

2. 自制节流模块的性能测试

(1) 空气喷射试验

*试验原理*

分别将研制出的三套 DMU 样机（参数如表 3-4 所示）和自制样机与空气瓶、流量计、压力变送器等测试设备组装完毕，并连接有数据采集系统，试验装置图如图 3-73 所示。应用此实验装置进行空气喷射，将流量计采集的流量值和压力变送器采集的压力值，运动“DMU 性能测试平台”软件进行数据采集，将所得的结果进行处理，得出“流量-压力”曲线。

**表 3-4 自制样机参数**

| 样机编号 | 规格 |
|---|---|
| 自制样机 1 | 车削件中心孔径 150μm |
| 自制样机 2 | 车削件中心孔径 150μm |
| 自制样机 3 | 车削件中心孔径 100μm |

*试验数据分析*

从图 3-74 中可以看出，自制样机 1 与国外 DMU 数据曲线几乎重合，实现对空气流量的控制功能；自制样机 2 与国外样机相比，相同压力时流量值偏大，流阻偏小；自制样机 3 与国外样机相比，相同压力时流量值偏小，流阻偏大。因此选择自制样机 1 进一步进行哈龙喷射试验。

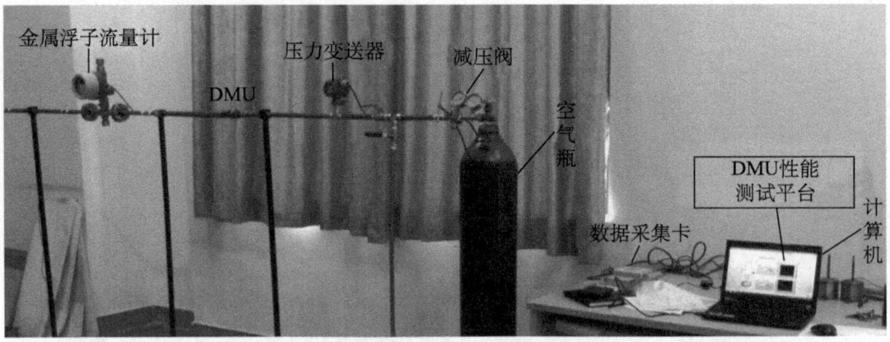


图 3-73　空气喷射试验装置

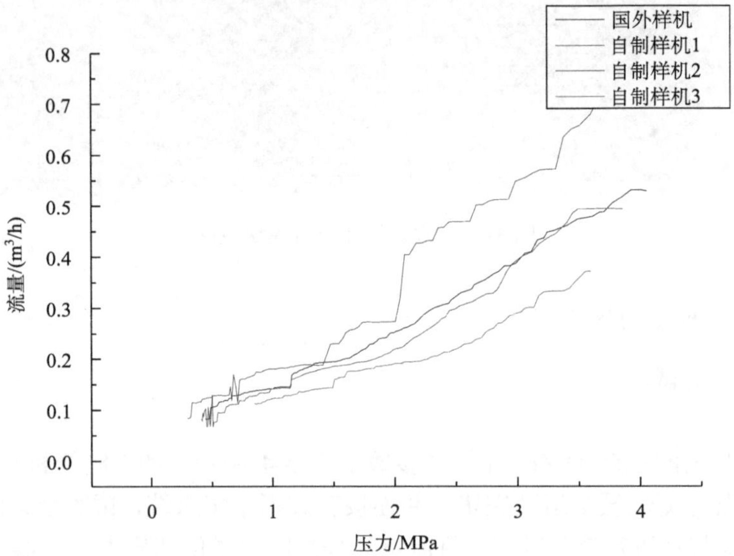


图 3-74　“流量-压力”空气喷射曲线

（2）哈龙喷射试验

*试验原理*

分别将 DMU 国外样机和自制样机 1 与哈龙瓶、数字天平、压力变送器等测试设备组装完毕，并连接有数据采集系统，试验装置图如图 3-75 所示。应用此实验装置进行哈龙喷射，将数字天平采集的质量值和压力变送器采集的压力值，进行数据采集，将所得的结果进行处理，得出“质量流量-压力”曲线。

*试验数据分析*

图 3-76、图 3-77 分别是喷射哈龙实验中通过国外样机和通过自制样机 1 的“流量-压力”曲线图，针对图像将从以下两方面进行分析。

① 在压力值为 2MPa 处，流量值出现突变现象分析：

工艺分析：根据飞机货舱哈龙灭火瓶的充装要求，试验中灭火瓶的充装压力为 2.5MPa。对比两图可以看出，哈龙的流量曲线明显分为了两个部分，在压力剩余 2MPa

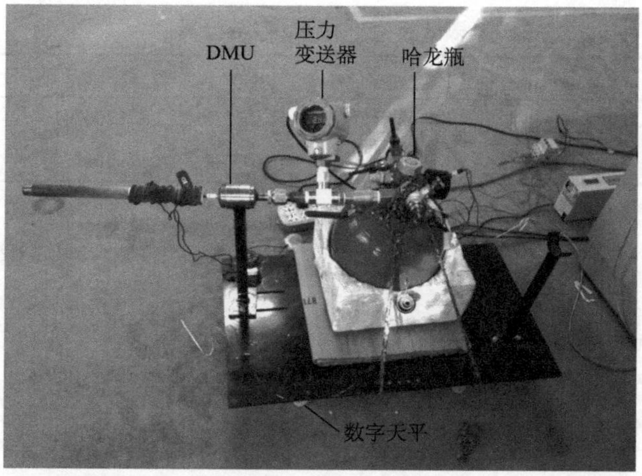


图 3-75 哈龙喷射试验装置

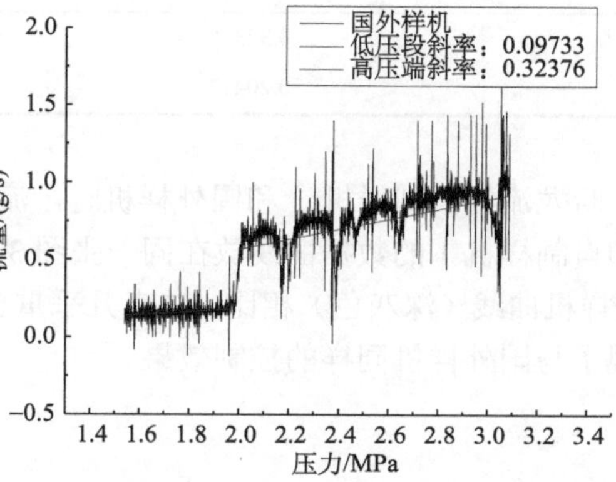


图 3-76 国外样机压力流量曲线

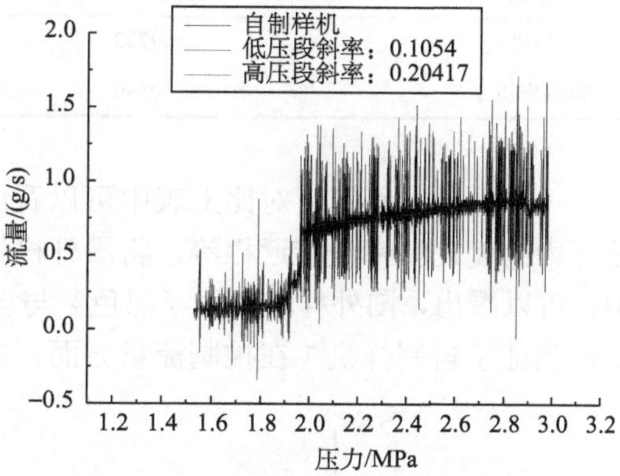


图 3-77 自制样机压力流量曲线

左右的时候，流量显著下降。原因如下：正常情况下，哈龙灭火瓶内部结构设有虹吸管，液态哈龙在高压注氮的作用下受到挤压，通过虹吸管喷出灭火瓶。当灭火瓶出口处压力高于 2MPa 时，由虹吸管流出的基本为液态哈龙，流量值较大；当火火瓶出口处压力低于 2MPa 时，随着瓶内液态哈龙量逐渐减少，哈龙液面的高度逐渐低于瓶内虹吸管高度，哈龙连同氮气同时排出，由于氮气质量较轻，导致从流量曲线上看，流量骤降。

理论分析：雷诺数 Re 不同的范围中，流体流动状态是不同的，下面将分别对低于 2MPa（低压段）和高于 2MPa（高压段）的雷诺数 Re 进行数值计算。

雷诺数计算公式如下所示：

$$\mathrm{Re} = \frac{v \cdot d \cdot \rho}{\mu} \tag{3-42}$$

式中，$V$ 为流体流速，m/s；$d$ 为管道内径，m；$\rho$ 为密度，kg/m$^3$；$\mu$ 为动力黏度，Pa · s。

根据“流量-压力”图，代入相关参数进行求解得到结果如表 3-5 所示。

表 3-5 流体流动参数计算

| 压力分区 | 流量范围/(g/s) | 流速范围/(m/s) | 雷诺数范围 | 流动状态 |
|---|---|---|---|---|
| 低压段（<2MPa） | 0.1~0.2 | $0.17\times10^{-3}$~$0.34\times10^{-3}$ | 370~741 | 层流 |
| 高压段（>2MPa） | 0.65~0.8 | $1.105\times10^{-3}$~$1.36\times10^{-3}$ | 2408~2964 | 层流与紊流的过渡区 |

由表 3-5 可知，低压段流体处于层流状态，流量值较小；高压段处于层流与紊流的过渡区，流量值较大。

② 流量曲线对比分析：

分别对“流量-压力”图中的曲线进行数据拟合，得到自制样机 1 和国外样机分别在高压段和低压段的斜率对比值如表 3-6 所示。

表 3-6 样机拟合曲线斜率值对比

| 样机 | 低压段（<2MPa）拟合曲线斜率值 | 高压段（>2MPa）拟合曲线斜率值 |
|---|---|---|
| 国外样机 | 0.09733 | 0.32376 |
| 自制样机 1 | 0.10540 | 0.20417 |

一方面，从斜率值对比上表中可以看出，哈龙流经自制样机 1 和国外样机时，流量随压力的变化斜率值接近相等。将国外样机和自制样机 1 的数据曲线放在同一张图 3-78 中，可以看出，国外样机曲线（黑色）与自制样机曲线（深灰色）相比，二者几乎重合，从而验证了自制样机 1 在控制流量方面，实现了与国外样机同样的控制效果。

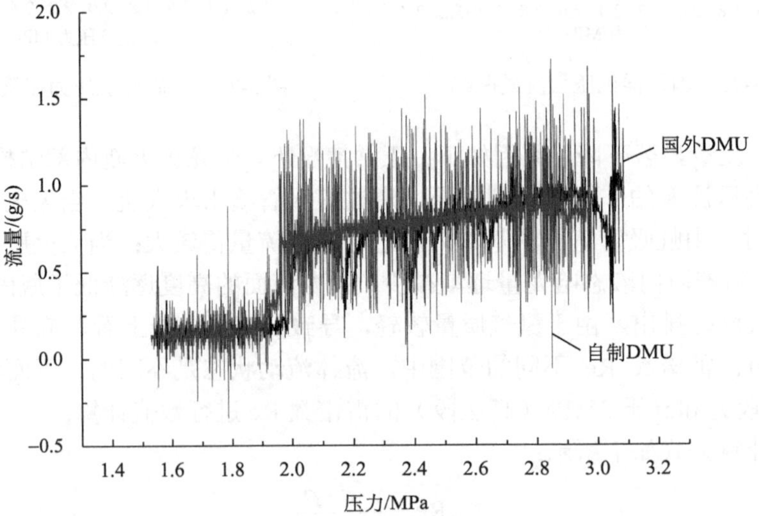


图 3-78 “质量流量-压力”哈龙喷射曲线

另一方面，仔细观察国外样机和自制样机的斜率值可以看出，相比之下，低压段的斜率值差值较小，高压段的斜率值差值较大。针对这一现象，解释如下：

高压阶段：国外样机中，由于干燥模块吸水饱和，导致试验过程中，DMU 干燥效果失效，夹杂有水分的哈龙流经 DMU 限流孔时，产生较大压降，从环境吸热，从而导致限流孔部位结冰，因此，流量值方面高压段出现比较大的数据波动，影响了流量数据的稳定性，从而导致国外样机高压段拟合曲线的斜率值较大；自制样机中，针对干燥部件的重新设计使得 DMU 的干燥功能得以实现，试验过程中无结冰现象，流量数据曲线稳定，因为斜率值相对较小。

低压阶段：流量始终在相对较小的范围内浮动，使得斜率值始终处于较小值，因而二者差值相差不大。

流阻定律计算：根据流阻定律有

$$I=\frac{KV}{L}\sqrt{\frac{H}{S}} \tag{3-43}$$

式中，$I$ 为流量，mL/min；$H$ 为压差，kPa；$K$ 为单位修正系数，查表为 28800；$S$ 为流体比重，取值 1.57；$V$ 为黏度修正系数，取值 1；$L$ 为流阻，Lohms。

下面将针对哈龙“流量-压力”测试的原始数据，进行单位变换，并拟合曲线，求得斜率后即可求得流阻值：

由前文分析可知，当低压段（＜2MPa）之后，喷射的流体为哈龙和氮气的混合物，导致计算应采用的物理参数不方便计算，因此仅采用高压段（＞2MPa）的数据进行计算。

压差 $H$ 的计算：

$$H=P_1-P_2 \tag{3-44}$$

$$P_2=\Delta H+P_0 \tag{3-45}$$

式中，$P_1$ 代表 DMU 前端压力，由压力变送器进行采集；$P_2$ 代表 DMU 后端压力；$\Delta H$ 代表管段压差；$P_0$ 代表大气压，如图 3-79 所示。

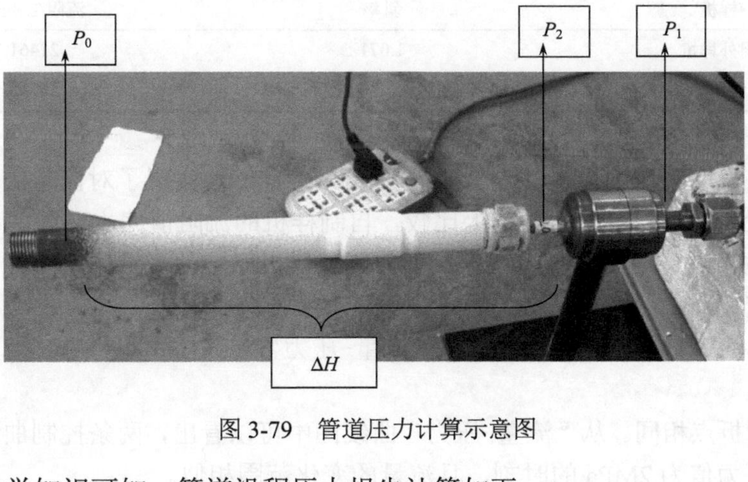


图 3-79　管道压力计算示意图

由流体力学知识可知，管道沿程压力损失计算如下：

$$\Delta H=\gamma\cdot\frac{l}{d}\cdot\rho\cdot\frac{v^2}{2} \tag{3-46}$$

式中，$\gamma$ 为沿程阻力系数，查莫迪图可得 0.04275；$l$ 为管道长度，0.35m；$d$ 为管道内径，0.022m；$\rho$ 为哈龙密度，1575kg/m$^3$；$v$ 为流速，$1.105\times10^{-3}\sim1.36\times10^{-3}$m/s。

将上述参数代入求得，压差 $\Delta H$ 值范围 $0.8\sim1\times10^{-3}\sim1\times10^{-3}$Pa，因此与尾端大气压 $P_0$=0.1MPa 相比，$\Delta H$ 可以忽略不计，记为 0。因此，

$$H=P_1-P_0 \tag{3-47}$$

经过以上运算，对国外样机和自制样机 1 喷射哈龙的数据进行处理，得到“流量-压差”曲线，并对曲线进行拟合求导，结果如图 3-80 和图 3-81 所示：

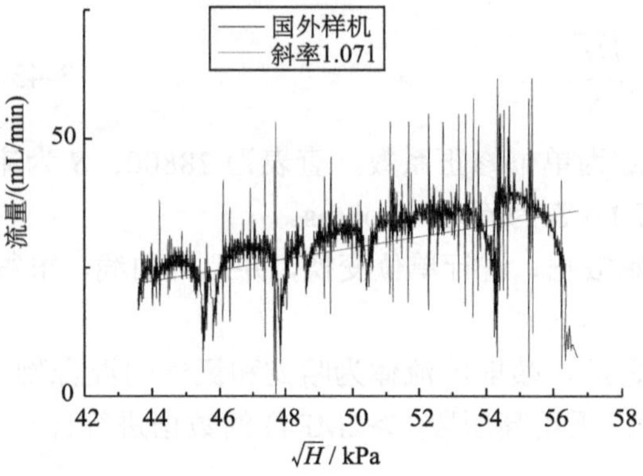


图 3-80　国外样机流量压差

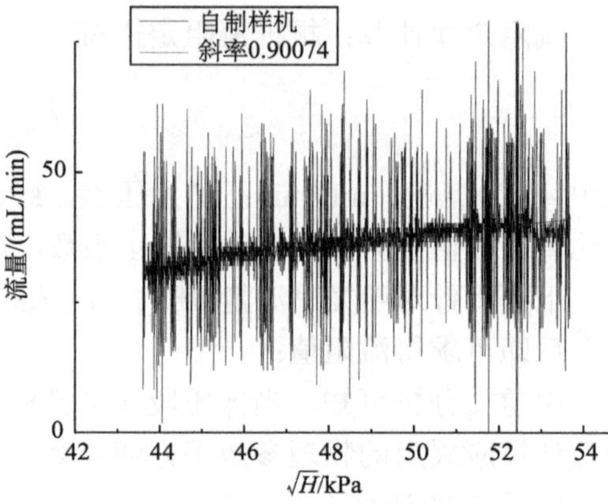


图 3-81　自制样机 1 流量压差

由斜率值反推得流阻值如表 3-7 所示。

**表 3-7　样机流阻值对比**

| 样机 | 斜率 | 流阻/Lohms |
|---|---|---|
| 国外样机 | 1.071 | 21461 |
| 自制样机 1 | 0.90074 | 25518 |

以上结果表明，自制样机 1 与国外样机相比，良好地实现了对流量的控制效果，与国外样机接近相同，但单单从数值上比较，自制样机的流阻值偏大一些。

综上所述，自制样机 1 基本可以实现与国外样机相同的流量调节功能，二者具有以下两个相同点：

• 对流体的流量控制功能相同。从“流量-压力”曲线图中可以看出，两条控制曲线几乎重合。

• 流量转折点相同。从“流量-压力”曲线图中可以看出，两条控制曲线的流量转折点均出现在压力值为 2MPa 的时刻，且流量的变化范围相似。

同时自制样机 1 与国外样机相比，具有以下两点不同：

• 自制样机的流量控制功能更为稳定，流量曲线波动小，呈现出稳定连续的变化趋

势；国外样机受结冰影响，流量曲线的波动值较大。

• 虽然两条流量控制曲线几乎重合，但相同压力条件下，自制样机 1 的流量值略偏小，计算求得的流阻值略偏大。

3. 节流阀标准件

国外样机上所采用的节流阀编号为 JETA 1872 200H。委托北京东方锦泰科技技术有限公司，代购美国 Lee 公司的节流阀标准件。型号为 JETA 1872 200H 和 JETA 1872 700D 的节流阀各三只，节流阀实物如图 3-82 所示，为实现节流阀标准件与 DMU 前端壳体的连接。其中型号为 JETA 1872 200H 的节流阀是根据 105 厂提供的 MA700 飞机货舱参数计算得出的，参数如所示。

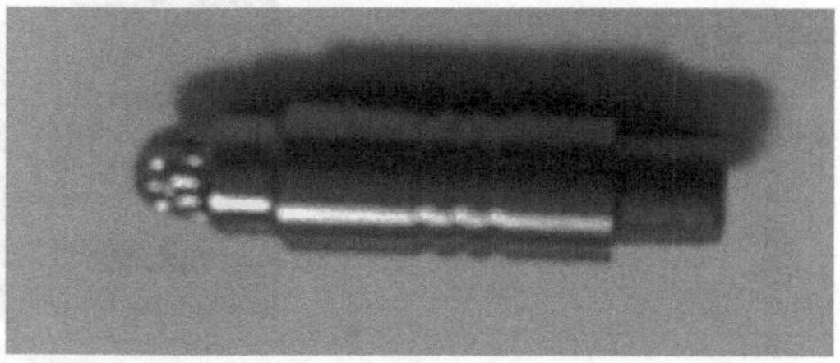

图 3-82　Lee 公司节流阀实物图

**表 3-8　流阻计算参数选取**

| Halon 1301 比重 | 哈龙黏度 | 温度 | 入口压力 | 出口压力 | 流速 |
|---|---|---|---|---|---|
| 1.583 | 液体黏度（25℃）：$1.59\times10^{-5}$Pa·s<br>气体黏度（25℃）：$1.63\times10^{-6}$Pa·s | 32℃ | 360psi | 260psi | 86mL/min |

4. 节流阀标准件的性能测试

将加工制作完毕的两套 DMU 样机（流阻 7000Lohms\20000Lohms）携带至天津中航机电进行哈龙喷射试验、泄漏率测试试验和高低温试验三项验收测试。

### 3.4.2.3　DMU 干燥模块研究

哈龙流经 LRD 中的 DMU 时，由于 DMU 的压降作用，哈龙在释放时会吸收周围环境大量的热量，如果哈龙内部夹杂有水分，将会导致限流孔或输送管路的凝结，从而阻塞灭火剂的释放。通过干燥模块的干燥作用，可有效去除灭火剂内的水分，防止管路结冰现象的发生。

1. 干燥模块分析及制作

对国外样机干燥模块（图 3-83）进行傅里叶红外光谱分析，光谱图如图 3-84 所示。经鉴定，该成分为 3A 分子筛干燥剂。由于国外样机剖开时，干燥模块已经失效，因此未能对其干燥特性数据进行测量。

委托大连吸附厂，加工制作分子筛模块，采用新型有机树脂黏合剂，吸水率测试结果为20%，成品实物图如图3-85所示。

图3-83　国外样机干燥模块

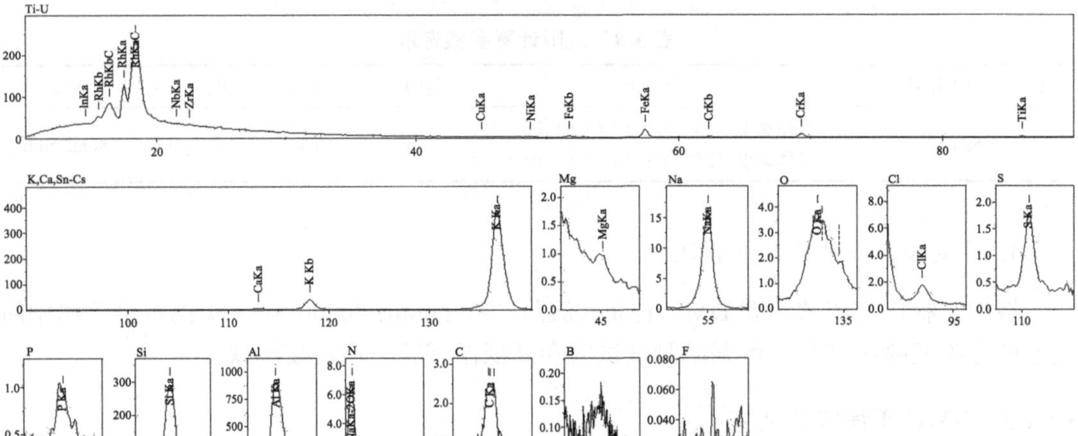


图3-84　国外样机干燥模块红外光谱图

2. 干燥模块性能测试

（1）国外样机干燥模块试验

国外样机由于破坏爆裂膜片与哈龙喷射试验时间间隔较长，因此内部干燥模块元件失效，失去吸水功能。将国外样机连接哈龙瓶进行喷射试验，出现两处结冰现象。

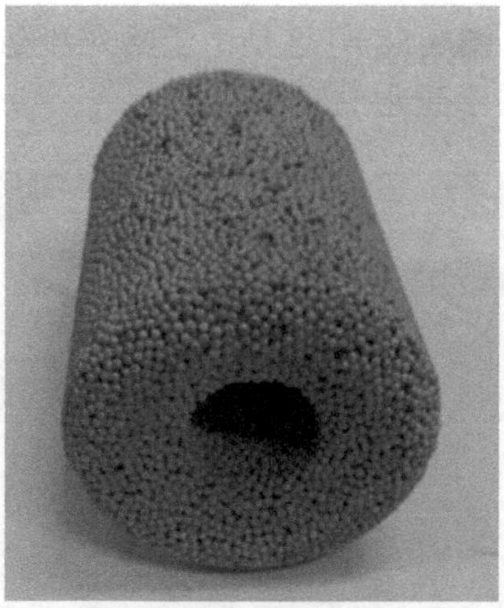

图 3-85 自制样机干燥模块

一处为由于干燥模块失效引起的 DMU 出口处结冰，如图 3-86 所示。分析哈龙喷射实验数据流量曲线图 3-87 可以看出，哈龙流量数据呈现不连续性，每间隔一段时间，流量变小，此时为 DMU 出口被堵，待使用加热带对 DMU 进行加热后，结冰现象缓解，流量重新增大。

图 3-86 DMU 出口处结冰现象

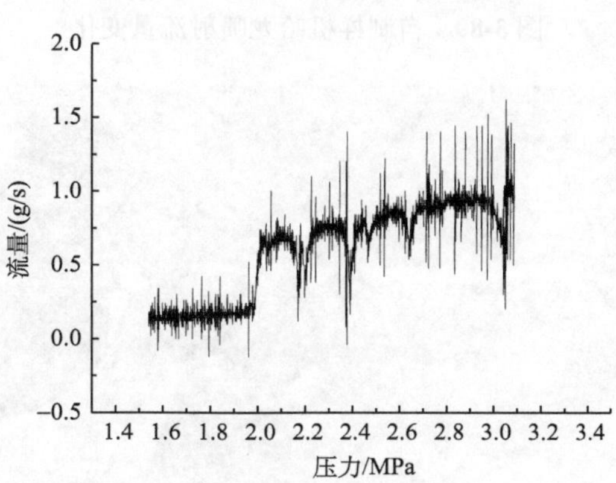


图 3-87 国外样机哈龙喷射流量变化

另一处为管道外壁结冰（图 3-88），这是由于哈龙流动至管道出口时，外部环境压力骤降导致哈龙吸热引起的，属于正常的实验现象。

图 3-88　管道外壁结冰现象

（2）自制样机干燥模块试验

将自制的干燥模块放入自制样机中，连接哈龙瓶进行喷射试验。经验证，未出现 DMU 出口结冰现象，流量数据呈现连续性稳定的变化趋势，如图 3-89 所示。出现正常的管道外壁结冰现象，如图 3-90 所示。

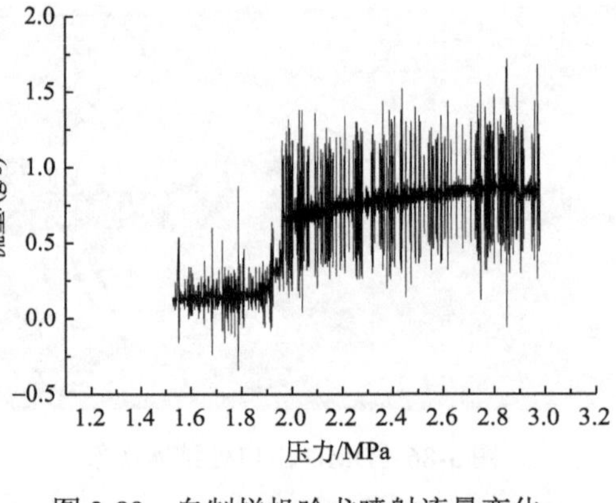


图 3-89　自制样机哈龙喷射流量变化

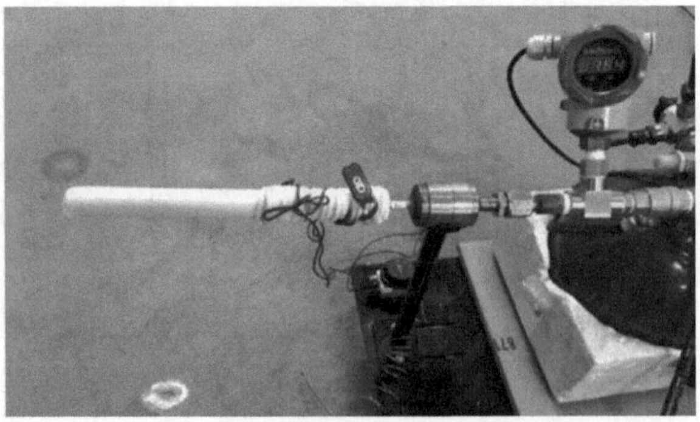

图 3-90　正常的管壁结冰现象

因此，自制干燥模块较好地实现了对哈龙灭火剂的干燥功能，有效消除了结冰现象的发生。

### 3.4.2.4 DMU 辅助配件的研制

1. 除杂模块

（1）过滤棉

哈龙灭火剂在释放时，通常采用爆破释放方式，爆破时产生的碎片一部分会跟随灭火剂向前运动，因此，除杂模块的功能在于过滤灭火剂中夹带的碎片等固体微粒。由于 DMU 后端限流孔部位最小孔径为 100μm，因此过滤部位的精度应达到 100μm 以上。除杂模块的主要部件为过滤棉，其红外光谱分析结果如图 3-91 所示，经鉴定，该模块的主要成分为 PET。

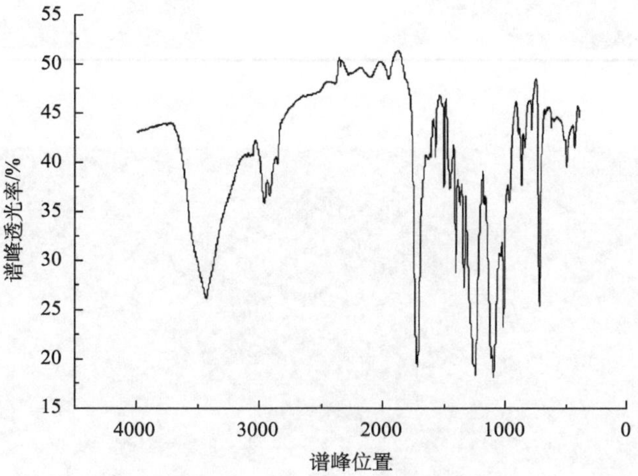


图 3-91　过滤棉红外光谱图

根据以上分析，购置了过滤精度为 30μm，过滤效率 90%的滤棉。经试验，自制滤棉的过滤效果良好，较好地过滤掉流体携带的杂质，未出现限流孔部位受堵等情况。国外样机和自制样机上的过滤棉实物图如表 3-9 所示。

（2）过滤网

过滤网位于过滤棉和 DMU 外壳内壁之间，表面均布有孔径 1.5mm 的小孔，如图 3-92 所示。一方面固定过滤棉结构，另一方面进一步实现过滤固体微粒杂质，防止杂质进入后端限流孔部位。

（3）爆裂膜片

爆裂膜片在无灭火剂释放时保证 DMU 与外界隔离，防止内部干燥部件吸水失效，同时防止外部杂质侵入 DMU 内部堵塞限流孔等，延长 DMU 的使用寿命。当灭火剂释放时，冲击力会击碎爆裂膜片进入 DMU 内部。经测试，国外样机上的爆裂膜片的爆破压力为 0.8MPa。根据以上参数要求，委托上海朗晏安全系统设备有限公司加工制作爆裂膜片及夹持夹具，生产厂商对爆破片样品进行了抽检，技术特性和试验参数如表 3-10 和表 3-11 所示。

**表 3-9　过滤棉实物对比**

| 国外样机的过滤棉 | 自制样机的过滤棉 |
| --- | --- |
|  |  |

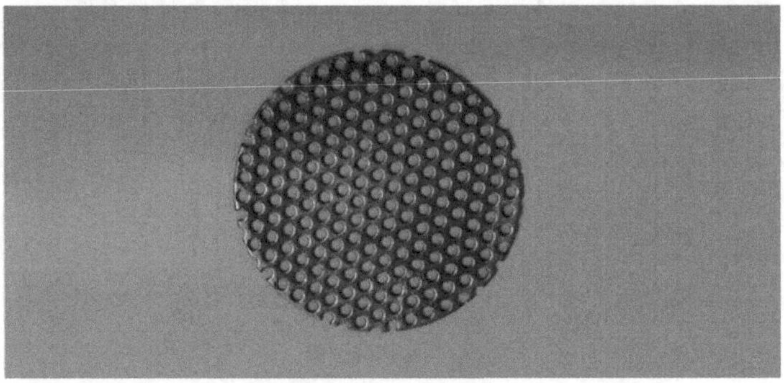

图 3-92　过滤网

**表 3-10　爆破片技术特性**

| 制作标准：GB567.1~3—2012 及技术协议 | | | |
| --- | --- | --- | --- |
| 设计爆破压力 | 0.75MPa | 设计爆破温度 | 常温 |
| 爆破允许误差 | ±5% | 爆破片材料牌号 | 1100 |
| 材质 | 铝 | 配用夹持器型号 | PJA-7-9.2 |
| 夹持器外径 | 9.2 | 夹持器高度 | 1.6 |

采用如图 3-93 爆破压力测试设备连接图所示的实验设备，对上海朗晏安全系统设备有限公司进行爆破压力测试，经测试，爆裂膜片的爆破压力值总体趋于 0.8 左右。试验结果如表 3-12 所示。

**表 3-11　抽检爆破片样品试验参数**

| 爆破片编号 | 实际爆破压力/MPa | 实际爆破温度/℃ | 升压时间/s | 爆破压力偏差/% |
|---|---|---|---|---|
| 1 | 0.75 | 17.2 | 94.5 | 0 |
| 8 | 0.753 | 17.2 | 73.5 | +0.4 |

抽检数：2；试验介质：空气

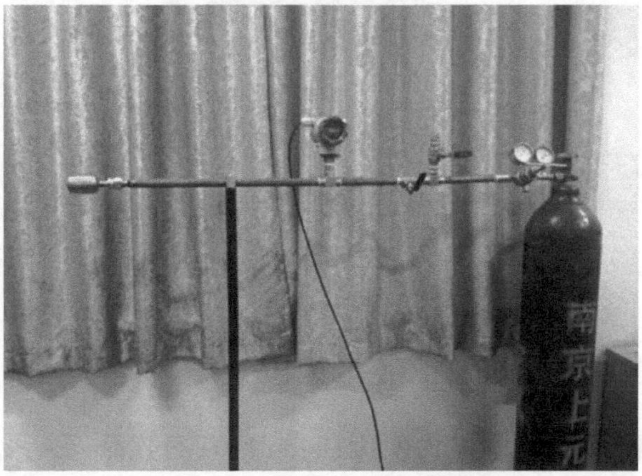


图 3-93　爆破压力测试设备连接

**表 3-12　爆裂膜片爆破压力测试**

| | 国外样机 | 空气喷射爆破 | 哈龙喷射爆破 1 | 哈龙喷射爆破 2 |
|---|---|---|---|---|
| 爆破压力/Mpa | 0.8 | 0.75 | 0.75 | 0.75 |
| 爆裂膜片 | 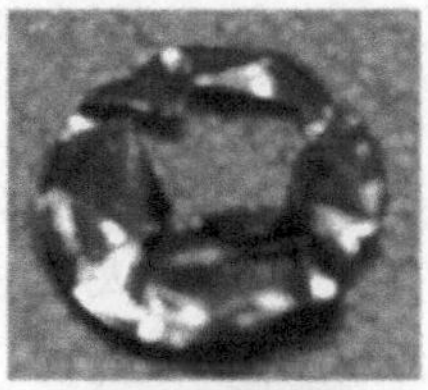<br> | <br>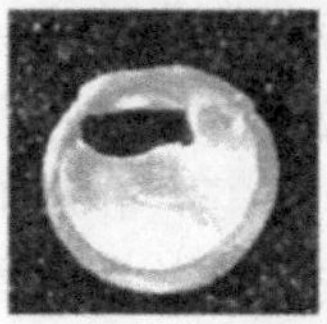 | <br> | <br> |
| 夹持图片 |  | | | |

（4）弹簧

弹簧（图 3-94）主要用于固定干燥模块，减缓飞机飞行过程中引起的震荡等，在设计弹簧时，应考虑弹簧具有足够的弹性。

图 3-94 弹簧

### 3.4.3 货舱/行李舱哈龙替代灭火技术试验方法[33]

本节内容主要规定了飞机货舱内使用 Halon 1301 替代品灭火系统所需满足的最低性能标准。本标准是基于国际航空消防系统工作组（前身为国际哈龙替代工作组）所完成的工作而改进的。本标准描述了用于证明 Halon 1301 替代品的灭火性能能否达到使用 Halon 1301 时灭火性能的测试方法。测试结果用于确定能够保障飞机货舱防火和防止油气爆炸时所需灭火剂的浓度。新型灭火剂合格证申请人应提供来自美国联邦航空管理局飞机认证办公室关于灭火剂最低浓度、密度等的认证。目前，美国联邦航空管理局运输飞机的董事会与联合航空局正在起草一份咨询通告，用于对飞机货舱灭火剂或灭火系统的认证。该标准（第二版）是对美国联邦航空管理局 DOT/TAA/AR-TN03/6《飞机机舱哈龙替代灭火系统最低性能标准》的更新。

新的飞机货仓灭火系统需要满足的四种不同的防火测试场景分别为：大容量火灾、集装箱火灾、易燃液体火灾（表面燃烧火）和气雾罐爆炸模拟。大容量火灾和集装箱火灾属于深层次的火灾场景，该场景使用松散地包裹碎纸屑的纸箱模拟可燃物。这两个测试的区别是：大容量火灾场景中箱子直接堆积在货舱内，而装有集装箱的火灾场景中箱子堆放在一个 LD-3 集装箱内。表面燃烧试验（B 类火）使用 0.5gal（1.89L）的喷气燃料。气雾罐爆炸模拟试验使用混合有丙烷、乙醇、和水的气溶胶模拟容器罐。当混合气体暴露于产生电火花的电极时，混合气体被引燃并发生爆炸。每个火灾场景至少进行 5 次实验。实验应在 2000ft$^3$ 的模拟飞机货舱中进行。

数据采集并分析后，将新型灭火剂的灭火性能与通用标准进行比较，并决定该灭火剂是否通过测试。峰值温度和时间-温度曲线面积积分均不能超过验收标准表中指定的值。

#### 3.4.3.1 介绍

美国联邦航空法规（CFR）和美国联合适航要求（JAR）对不同货舱等级下的灭火系统做出了规定。过去，航空工业内普遍认为Halon 1301全浸没式灭火系统是满足规定的最有效的灭火方法。1994年蒙特利尔协议规定禁止生产Halon 1301，因此当Halon 1301不能满足需求时，新型灭火系统将需要经认证后使用。本标准中描述的测试方法为美国联邦航空管理局（FAA）与美国联合航空局（JAA）对飞机货舱灭火系统认证的一部分。测试结果也应当满足如下标准中的要求。鼓励申请者与认证机构在进行实验前讨论监管机构所规定的流程。目前，联邦航空管理局联合航空局正在开发一个咨询通告，以解决使用哈龙替代品灭火系统的认证方法。

如果安装固定式灭火系统，必须满足下列要求：

① 每个固定模式灭火系统的安装必须做到：

• 是很可能进入载人舱的灭火剂不致危害乘员；

• 灭火剂的喷射不会引起结构损伤。

② 每个要求的固定式灭火系统的容量，必须与使用该系统的隔离舱内很可能发生的任何火情相适应。

必须进行飞行试验以表明符合第25.857条中涉及下列方面的规定：

① 舱的可达性；

② 阻止危险量的烟或灭火剂进入机组舱或客舱，和：

③ C级舱内灭火剂的消散。

• 进行上述试验时必须标明，在灭火过程中或灭火后，任何货舱内的烟雾探测器或火警探测器不会由于任何另一货舱内的着火而产生误动作，除非灭火系统同时向每个货舱喷射灭火剂。

C级货舱或行李舱是指不符合A级和B级要求的舱，但是这类舱应具备下列条件：

① 有经批准的、独立的烟雾探测或火灾探测系统，可在驾驶员或飞行工程师位置处给出警告。

② 有从驾驶舱处可操纵的、经批准的固定式灭火或抑制系统；

③ 有措施组织危险量的烟、火焰或灭火剂进入任何有机组或旅客的舱；

④ 有控制舱内通风和抽风的措施，使所有灭火剂能抑制舱内任何可能的着火。

除了上述规定，联邦航空局颁发了适航指令93-07-15，规定1996年11月2日起波音707、727、737、747及757系列飞机以及McDonnell Douglas DC-8，DC-9及DC-10系列飞机上的B级货舱的消防特征进行改进。满足该适航标准的三个选择之一是修改这些飞机上的B级货舱以满足C级货舱的要求。这一选择将要求安装灭火系统。

#### 3.4.3.2 范围

本节规定了飞机货舱哈龙替代灭火系统需满足的最低性能标准。本节描述了验证哈龙替代灭火系统的性能与目前所认证的Halon 1301灭火系统性能是否相同的试验方法。

#### 3.4.3.3 灭火剂选择指导

（1）环境

在美国使用的哈龙替代灭火剂必须经美国环境保护局、清洁空气法案、重要的新型替代品政策方案或其他国际政府审批程序批准。评价新型灭火剂时其最主要的环境特征是臭氧消耗潜能值（ODP）、全球变暖潜力值（GWP）和在大气中的寿命。所选择的灭火剂应满足国际法律和协议及当地法规规定的环境特征。本节提出了评估潜在哈龙替代品技术性能的方法。在选择新型灭火剂时，应注意具有 0 或接近 0 的 ODP 值、最低的实际 GWP 值以及在大气中最低的寿命的灭火剂可能在国际应用性及商业长远性方面存在问题。

（2）毒性

灭火剂的毒性可接受性取决于它是如何使用的。通常规定，灭火剂不能危害安装、维修灭火系统的工人的健康。无论何时，在旅客及工人存在的地方或灭火剂因泄露而扩散到的地方，灭火剂所达到的浓度不能对人体产生危害。灭火剂释放之后，灭火剂的积累效应、热分解产物和燃烧副产物不能危害人体健康。

14 CFR 25.851, 25.855 及 25.857 规定了舱内烟气、气体或灭火剂的危险量。本规范中不做赘述。

#### 3.4.3.4 测试设备

（1）测试室（飞机货舱）

火灾试验在模拟宽体飞机下层货舱内进行。货舱体积为 2000±100ft$^3$（56.6±2.8m$^3$），如图 3-95。货舱泄漏率为 50±5ft$^3$/min（1.4±0.14m$^3$/min）。货舱泄漏率的设计旨在模拟实际飞机货舱 U 型密封门处的空气泄露。在货舱内安装与货舱门边形状相同的穿孔管，并在测试条外放空这些管道。管道出口安装变速风机，将空气抽到货舱外。在直径为 4in 的钢管上每隔 5in（12.7cm）开一个直径为 1in 的圆孔即可满足试验要求。穿孔管安装在货舱内与大容量火灾，集装箱火灾燃烧箱所在位置相对的侧面。流入舱内的空气流应均匀分布。

（2）仪器

对整个货舱内的温度进行测量。22 号 K 型镍铬合金/镍基热电偶可有效测量火灾场景中的温度。货舱顶棚热电偶以 5in 的间隔均匀分布。其中一个热电偶安装在所有火灾场景中初始点火位置的正上方。顶棚热电偶的探头距离顶棚 1in（2.5cm）。至少一支热电偶安装在货舱侧壁，距顶棚 1ft 处，并位于引火源中心。侧壁热电偶安装在靠近火源位置的货舱壁处。对于大容量火灾和集装箱火灾，至少额外 2 支热电偶安装在装有点火器的纸盒内部及上部。安装这两支热电偶是为了监控和验证箱子的着火过程。但读数不作为接受标准的一部分。应注意防止这些热电偶与通电线圈的镍铬合金线接触。

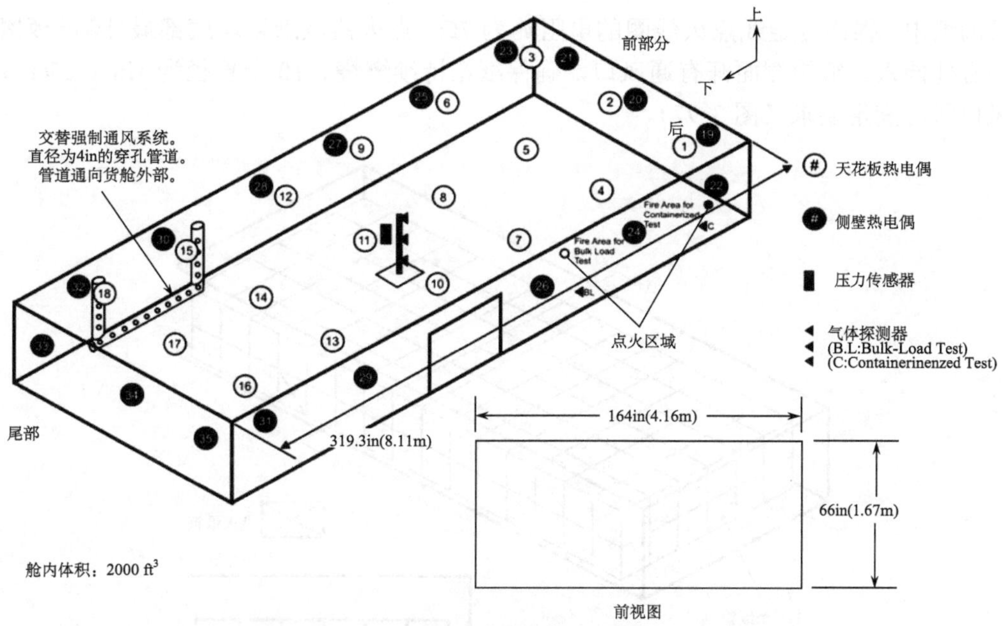


图 3-95 货舱组件和设备安装位置

在气雾罐爆炸模拟火灾场景中，需要安装带有实时显示器的连续气体（灭火剂）分析仪，当采用气雾罐爆炸摸拟（简易版）时，用于测量气体的体积浓度。连续气体分析仪也可以根据灭火系统设计用于大容量火灾场景和集装箱火灾场景。该气体分析仪的读数精度应不低于±5%。气体分析仪是用来测量气体灭火剂浓度的，温度和气体浓度数据的采样率至少为每秒 5 个数据点。

气雾罐爆炸模拟火灾场景测试时应使用压力传感器。该压力传感器的最大压力范围为 0~50psig，最低响应频率为 3000Hz。Omega®公司生产的多款压力传感器可满足试验要求。压力传感器安装于货舱顶棚的几何中心。压力传感器的数据采样率至少为每秒 3000 个数据点。

（3）火灾场景

飞机货舱灭火系统必须成功控制以下四个火灾场景中的火灾。每个火灾场景须重复 5 次试验且全部通过。

*大容量火灾*

该场景中的火灾载荷由单壁瓦楞纸板箱构成，其外形尺寸为 18in×18in×18in（45.7cm×45.7cm×45.7cm）。纸板单位面积的重量为 0.11lb/ft$^2$（0.5417kg/m$^2$）。箱子装满了总重量为 2.5lb（1.1kg）的松散的标准重量的办公纸条（无纸屑）。纸箱整体重 4.5±0.4lb（2±0.2kg）。纸箱处于标准环境条件中。纸箱盖夹在箱体中，不使用钉书钉或胶带固定。纸箱在货舱内两层堆放，其体积占货舱体积的 30%。对于体积为 2000ft$^2$（56.6m$^3$）的货舱，需要 178 个这样的纸箱（图 3-96）。纸箱紧密摆放，避免空气进入纸箱间的空隙。纸箱内使用通有 115Vac，长 7ft（2.1m）的镍铬合金线作为引火源。该镍铬合金线缠绕四次对折的纸巾。镍铬合金线点火线圈的电阻约为7Ω。点火器从纸箱垛底部最外侧一列纸箱的中心处伸入。纸箱侧面开有通风口，确保纸箱持续燃烧。10个直径为1in（2.5cm）的通风口即可满足要求（图3-97）。

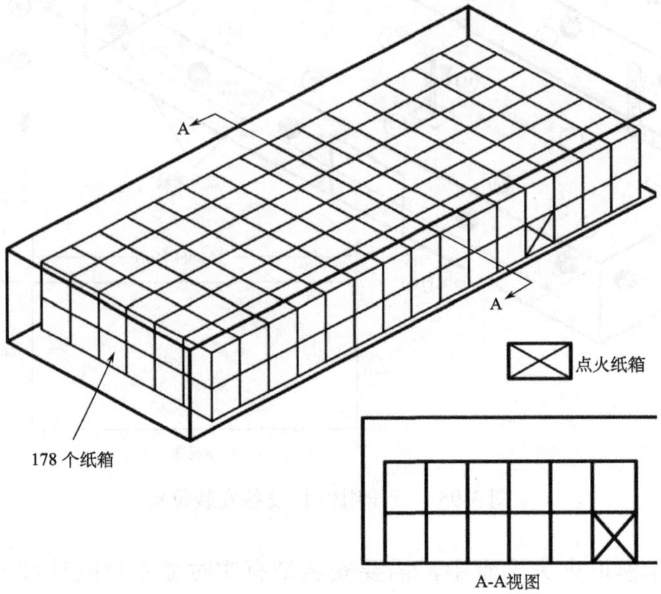


图3-96　大容量火灾纸箱布置

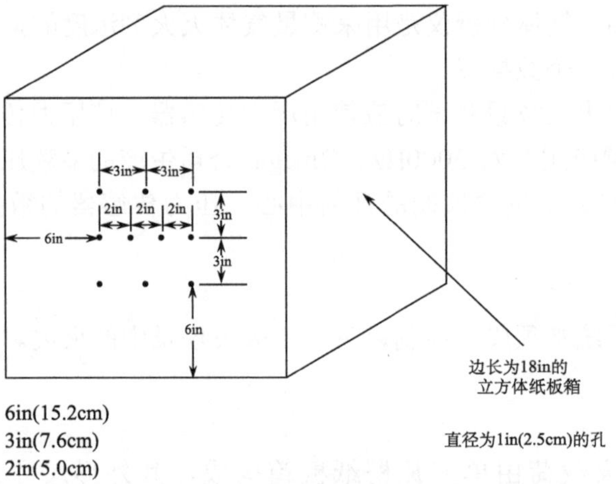


图3-97　点火纸箱示意图

*集装箱火灾*

该场景中的火灾载荷与大容量火灾场景中使用的单壁瓦楞纸板箱相同。纸箱堆放于LD-3型集装箱内，如图3-98，尺寸见图3-99。纸箱紧密摆放，避免空气进入纸箱间的空隙。集装箱箱体及顶部的材质为铝，前部为Lexan（聚碳酸酯）层，其他部分为钢结构。

集装箱前部 Lexan 中心处及侧壁的中心处开有矩形通风孔。通风孔的尺寸为 12in×(3±1/4)in（30.5cm×(7.6±0.6) cm）。点火器安装于最下一排靠近集装箱侧壁中心列的纸箱内。集装箱的通风孔与纸箱的通风孔相对。10 个直径为 1in（2.5cm）的通风口即可满足要求。另外两个空的 LD-3 集装箱放置在第一个集装箱旁（如图 3-100）。

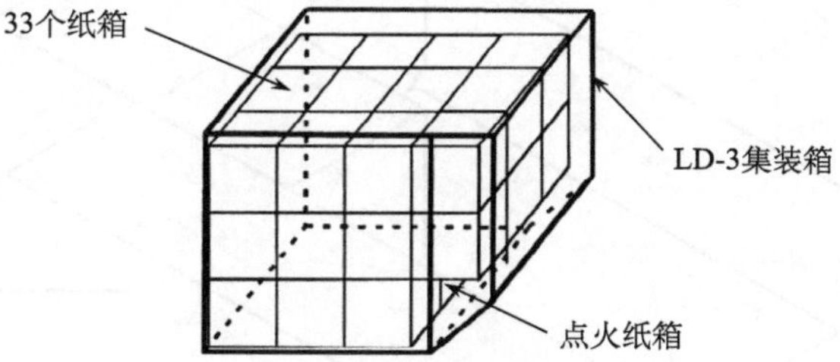


图 3-98　集装箱火灾纸箱布置

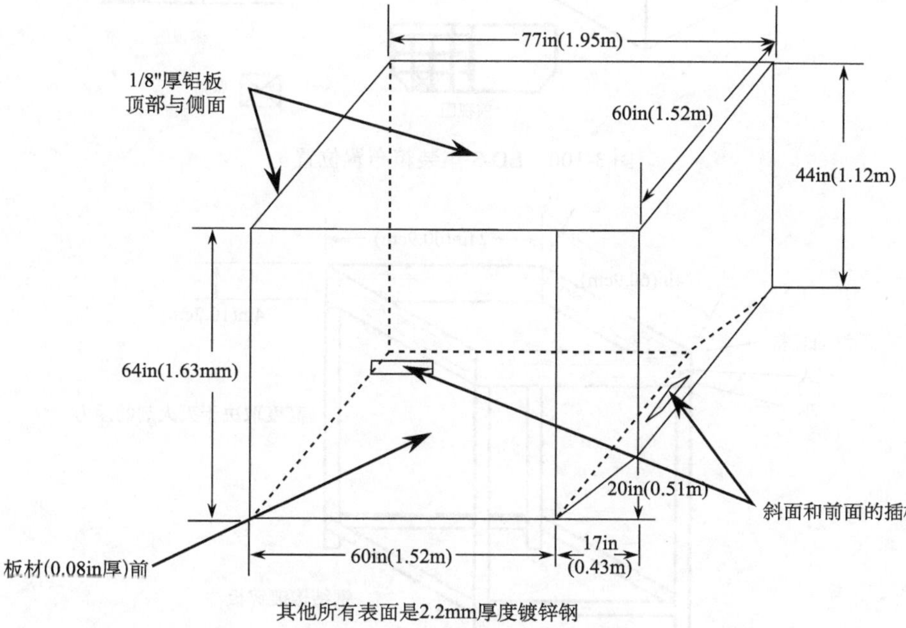


图 3-99　LD-3 型集装箱

*表面燃烧火灾*

该场景中的火灾载荷使用装有 0.5gal（1.9L）Jet A 燃料的方形油盘（图 3-101）。油盘使用材料为 1/8in（0.3cm）厚的钢板，尺寸为 24in×24in×4in（60.9cm×60.9cm×10.2cm）。加入约 13oz（385mL）的汽油以帮助点燃燃料。油盘中加入 2.5gal（9.5L）水，用于冷却油盘，减少油盘变形。该尺寸的油盘可以满足燃料正常燃烧 4min。油盘应安装在货舱内灭火系统最难探测到的位置。当使用标准气压（14.7 psia（101.3kPa））及温度（59.0℉（15℃））下密度大于空气的灭火剂进行灭火时，油盘安置在货舱顶棚下 12in 处。

当使用密度等于空气的灭火剂进行灭火时，油盘安置于货舱高度一半处。无论使用何种灭火剂，油盘安装于实验中距离灭火剂排放口水平距离最远处。

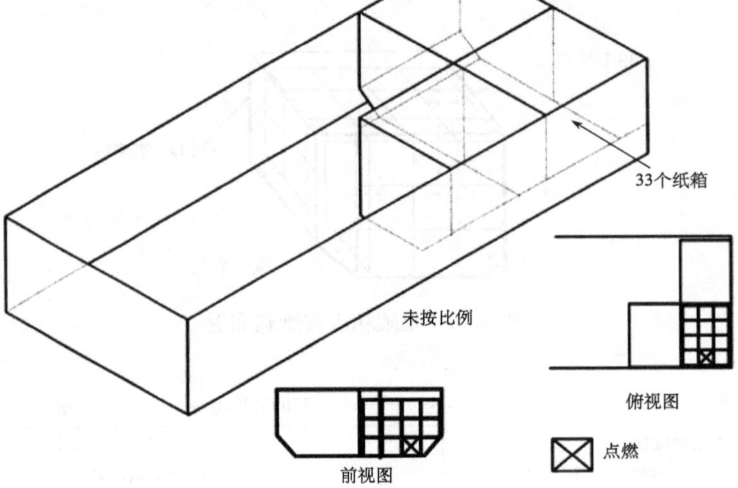


图 3-100　LD-3 集装箱布置位置

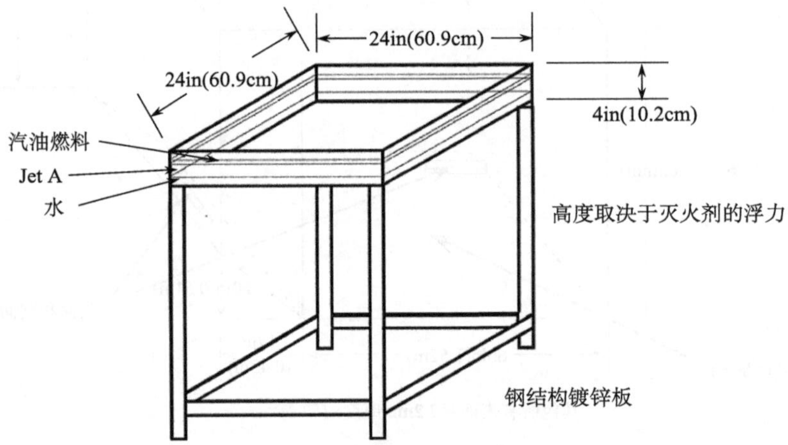


图 3-101　表面燃烧火的油盘示意图

*气雾罐爆炸模拟*

该场景旨在研究飞机货舱发生火灾时，气雾罐爆炸产生的危害。本测试使用一种经过改良的大容量火灾试验场景确定气雾罐模拟器的启动时间。基于气雾罐火灾试验，美国联邦航空管理局的威廉·J·休斯技术中心研制了气雾罐模拟器（图 3-102）。该气雾罐中的丙烷和乙醇的混合物流经火花电极点燃后，通过大截面阀门释放。本条款所述的测试可由气雾罐爆炸模拟（简易版）替代。比如，简易版测试可用于气体灭火剂测试，以及用于不具备其他测试功能（如在火灾试验中需换热冷却）的灭火系统。

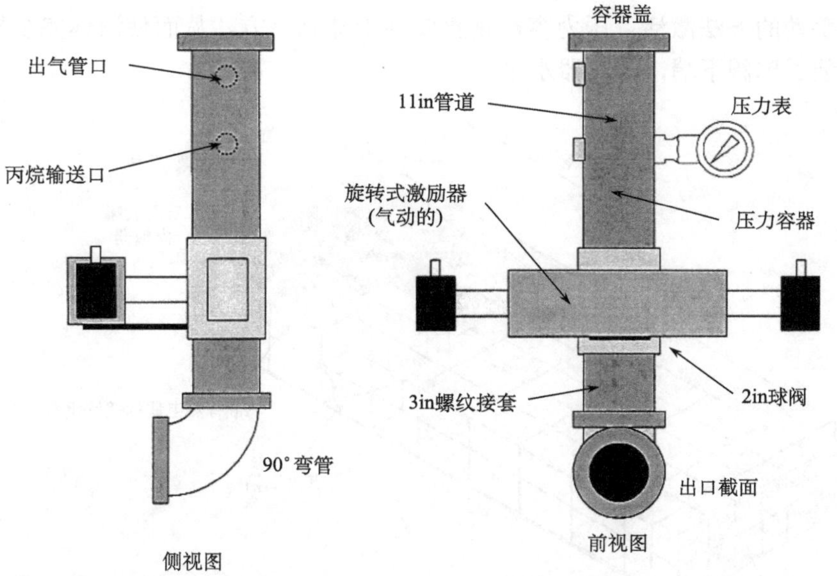


图 3-102　用于模拟气雾罐爆炸的装置

货舱内安装瓦楞板纸箱，镀锌钢管，和气雾罐爆炸模拟器。纸箱外形尺寸为 18in×18in×18in（45.7cm×45.7cm×45.7cm）。纸板单位面积的重量为 0.11lb/ft$^2$（0.5417kg/m$^2$）。箱子装满了总重量为 2.5lb（1.1kg）的松散的标准重量的办公纸条（无纸屑）。纸箱整体重 4.5±0.4lb（2±0.2kg）。纸箱盖夹在箱体中，不使用钉书钉或胶带固定。纸箱在货舱内两层堆放，其体积占货舱体积的 10%。对于体积为 2000ft$^3$（56.6m$^3$）的货舱，需要 58 个这样的纸箱。纸箱紧密摆放，避免空气进入纸箱间的空隙。纸箱按图 3-103 所示方式摆放。3 支镀锌钢管分别插入 3 个位于点火盒的纸箱内，每支钢管外表面安装一支热电偶。规定的 80 支钢管长 8.25in（20.96cm），外径 1.75in（4.45cm）。3 支镀锌钢管的作用是固定热电偶，而非用于加热气雾罐。纸箱内使用通有 115V 交流电压，长 7ft（2.1m）的镍铬合金线作为引火源。该镍铬合金线缠绕四次对折的纸巾。镍铬合金线点火线圈的电阻约为 7Ω。点火器从纸箱垛底部最外侧一列纸箱的中心处伸入。纸箱侧面开有通风口，确保纸箱持续燃烧。10 个直径为 1in（2.5cm）的通风口即可满足要求。

气雾罐模拟器安置于货舱中心线上，（确保灭火剂不会冲击到模拟器或电极上），距离安有点火器及管道的纸箱垛至少 5ft（1.52m）。该装置同样可以安装于货舱外部，将其排放口伸入货舱内，避免装置受热损坏，但点火器与模拟器排放口的相对位置应保持一致。模拟器的火花电极安装于模拟器排放口前 3ft 处，距地面至少 2ft。该模拟器具有用于存储烃推进剂的圆柱形压力容器。压力容器能够承受至少 300psi（2068.5kPa）的压力。该压力容器带有一个用于快速释放推进剂的球阀，能承受至少 300psi（2068.5kPa）的压力。球阀的端口直径为 1.5in（3.8cm）（注：球阀通常是根据所连接管道的直径而分类，不一定是按球口的尺寸而分类）。球阀从全闭位置到全开位置旋转时间小于 0.1s，从而形成气雾云。球阀开闭时间会显著影响气雾云的大小，进而影响其爆发力。球阀可通过气动、液动或手动的方法激活。压力容器垂直安装于球阀上方，从而使液体完全排出。释放口垂直安装于球阀下端，与容器水平。

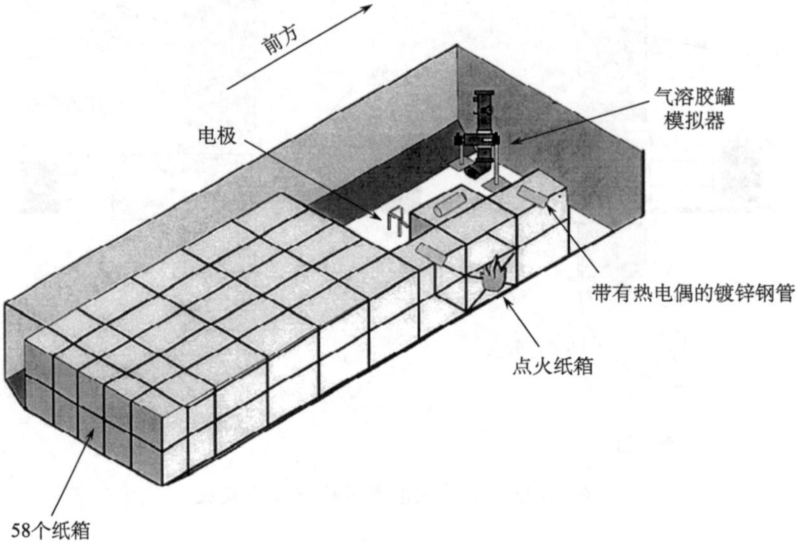


图 3-103 气雾罐爆炸场景布置图

下面列出了气雾罐模拟器的主要组成部分。

① 压力容器：钢制，直径 2in（5.1cm），长 11in（27.9cm），标准 80 管道焊接，或一端密封。

② 球阀：2in（5.1cm）球阀，使用能承受乙醇和丙烷的材料铸造。DynaQuip 不锈钢球阀可满足试验需求。

③ 球阀启动器：气动旋转启动器可以快速将球阀从封闭旋转到全面打开。Speedaire90° 启动器，孔径为 2in（5.1cm）可满足试验需求。

④ 推进剂加热器：该系统用于加热压力容器中的压力推进剂混合气。系统包括指向压力容器的热风枪，热绕线，或其他适宜的元件。

⑤ 压力表：压力表安装于模拟压力容器上，用于测量内部压力。测量压力范围为 ±5psi（±34.5kPa）。

⑥ 混合推进剂：混合推进剂有 20%液态丙烷（3.2oz（0.09kg）），60%乙醇（变性酒精，9.6oz（0.27kg））和 20%水（3.2oz（0.09kg））组成。混合推进剂总重量为 16oz。

⑦ 火花点火器：直流（DC）火花点火器用于点燃从压力容器排出的推进剂。火花点火器能产生超过 10000V 的电压，安置处距离排放口 36in（91.4cm）。火花点火器两个触点的间隙为 0.25in（0.64cm）。点火器应采用屏蔽保护措施，避免模拟器快速释放混合气时带来的冲击。斜坡状钣金弯曲件可起到保护作用。

气雾罐爆炸模拟器设置步骤如下。使用合适的天平称量空的气雾罐爆炸模拟器的重量，并将天平调零。向压力容器中加入 9.6oz（0.27kg）的乙醇（工业酒精）和 3.2oz（0.09kg）

水。将3.2oz（0.09kg）的液态丙烷加入压力容器。移除所有的传输管道并对装置进行最后的检查。将模拟器安装在货舱前壁处，并将排放口位置与点火器位置垂直。模拟器排放口与火花点火器安置于距底面2ft（60.9cm）处。火花点火器距出料口3ft。模拟器排放口安置于飞机货舱中心线上，距离纸箱垛5ft，并跨越货舱的宽度。另外，模拟器也可安置于货舱外部，并将排放口安装于货舱前壁。加热压力容器，使其内部压力达到240±5psi（1655±34.4kPa）。启动灭火系统和气雾罐爆炸模拟器。

气雾罐爆炸模拟（简易版）测试可用于气雾罐爆炸模拟所述的气体灭火剂。

气雾罐爆炸模拟（简易版）中，气雾罐爆炸模拟装置安装在空的标准货舱内（图3-104）。模拟器设备准备如前文所述。灭火剂开始释放时，测试开始。灭火剂释放2min后模拟器装置放点启动。启动时间取决于所测量的体积浓度，在最低保护浓度±0.1%之内。最低浓度测量点位于距底面2ft（60.9cm），靠近火花点火器的位置。灭火剂的浓度必须在测试过程中测量，计算剂浓度时不考虑泄漏率。气体取样探头距模拟器排放口36in（91.4cm），距离火花点火器18in（45.7cm）（右舷和左舷）。必须证明该系统能够提供足够的灭火剂，且至少保持最低惰性浓度。气雾罐爆炸模拟火灾场景应至少进行180min，或直到模拟器被启动。可选择两者较短的时间作为试验时间。

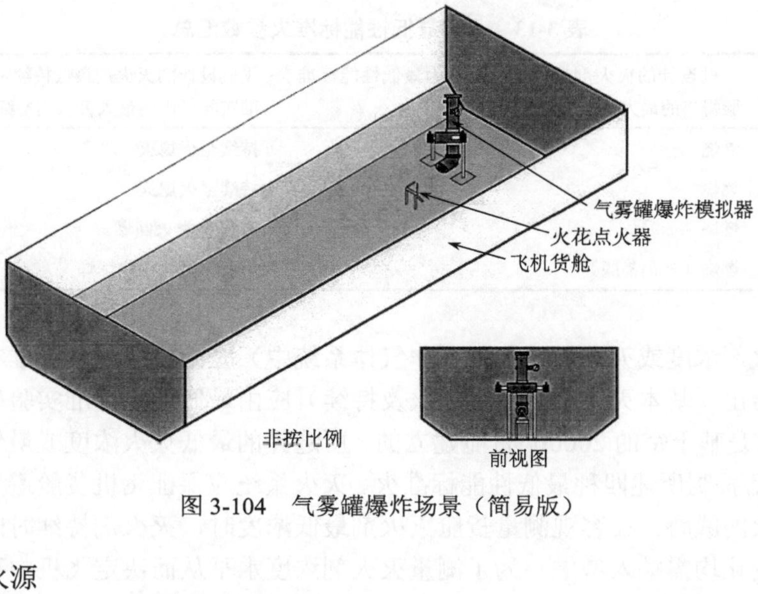


图3-104　气雾罐爆炸场景（简易版）

（4）引火源

实验中使用电热丝和电弧两种类型的引火源。

（5）电阻丝

使用通有115V交流电压，长7ft（2.1m）的镍铬合金线作为引火源。该镍铬合金线缠绕四次对折的纸巾。镍铬合金线点火线圈的电阻约为7Ω。点火器放置于被点燃纸盒的中心。

（6）电弧

试验中使用一套直流电弧点火器，用于表面燃烧测试中点燃燃料和气雾罐爆炸模拟试验中点燃推进剂混合物。该点火器连接到一个能够提供 10000V 23mA 的变压器输出端。可互换的点火变压器由 Franceformer 制造，型号为 37.9（LAHV）。气雾罐爆炸模拟试验中，该点火器放置于距放电点 36in（91.4cm）处。在表面燃烧火灾场景中，该点火器放置距燃料表面约 0.25in（6.35mm）处。在两电极之间的间隙为 0.25in（6.35mm）。

（7）灭火系统设计

安装于飞机货舱的灭火系统中一些方面应基于本标准中防火测试的结果。例如，这些测试结果可给出完全抑制标准货舱火灾及油气爆炸所需灭火剂浓度。该结果是基于定量测量而非根据舱内容积推断出的。只要有足够的试验数据支持的分析结果，结果可用于外推用于计算灭火剂持续时间及货舱载荷配置。需证明灭火剂持续时间大于等于本标准测试中给出的时间，同时需要考虑空货舱内灭火剂的泄漏率。应当指出，熄灭测试火焰的初始灭火剂浓度和控制火灾时的灭火剂浓度均需要测定，这两个值可能不同。测量所需的飞行试验中灭火剂浓度时不应使用探针算术平均法。同时，选择灭火剂时须考虑该灭火剂不会腐蚀飞机材料。

表 3-13 提供了飞机设计所需的最小防火保护标准，该标准适用于四种规定的火灾场景。

**表 3-13　几种最低性能标准火参数汇总**

| 最低性能标准火 | 飞机设计的灭火剂最低灭火浓度为最低性能标准实验得出的最大灭火剂灭火浓度 | 飞机设计的灭火剂最低持续浓度为最低性能标准实验得出的最大灭火剂持续浓度 |
|---|---|---|
| 大容量火灾 | 燃烧 | 持续至火熄灭 |
| 集装箱火灾 | 燃烧 | 持续至火熄灭 |
| 表面燃烧火灾 | 燃烧 | 避免 B 类火回燃 |
| 气雾罐爆炸模拟 | 燃烧（非简易版） | 避免碳氢化合物爆炸 |

最低灭火剂浓度或灭火系统配置（非气体系统中）应由最低性能标准实验中火灾防护系统性能给出。基本灭火剂浓度（灭火及持续）应由最低性能标准实验确定。如前所述，体积浓度是基于空的 2000ft$^3$ 货舱建立的。所选择的最低灭火浓度或最低灭火系统配置应可以熄灭/抑制所述四种最低性能标准火。灭火系统应保证飞机货舱避免任何一种最低性能标准火的威胁。在客观测量货舱灭火剂最低浓度时，灭火剂持续时间、货舱体积及泄漏率的变化均需纳入考虑。为了测量灭火剂浓度水平从而决定飞机中灭火剂的最低浓度，浓度测量应在非火在场景中进行，灭火剂释放与真实火灾场景中释放情况一致。这将消除燃烧副产物对气体灭火剂分析仪的影响。

（8）灭火系统启动

对于大容量火灾、集装箱火灾、易燃液体火灾（表面燃烧），灭火系统应在顶棚任何一点的温度大于等于 200℉（93.3℃）60s 后启动。

对于气雾罐爆炸模拟，灭火系统应在点火后顶棚任何一点的温度大于等于 200℉（93.3℃）60s 后启动。气雾罐爆炸模拟器在深入纸箱内镀锌钢管中热电偶示数达到 212℉

（100℃）5min 后启动。如果镀锌钢管内热电偶小于 212℉（100℃）或火灾完全熄灭，则不需要气雾罐爆炸模拟器。灭火系统不能直接影响气雾罐爆炸模拟器及电极的正常使用。

气雾罐爆炸模拟（简易版）的内容，请参阅“气雾罐爆炸模拟（简易版）”部分。

（9）测试时间

大容量火灾，集装箱火灾场景中，测试时间为自灭火系统启动后 30min 内。大容量火灾，集装箱火灾场景中第五次试验测试时间应至少 180min，并且保证试验中温度维持稳定或下降。如果灭火系统采用混合灭火剂，则大容量火灾，集装箱火灾场景应持续至少 180min。

表面燃烧火灾场景中，测试时间为自灭火系统启动后 5min 内。（注：由于 Jet A 燃料的消耗，表面燃烧火灾在 10min 内就会自行熄灭）

气雾罐爆炸模拟场景中，测试时间至少持续 180min，或直到气雾罐爆炸模拟器启动。

（10）验收标准

验收标准决定了灭火系统是否能通过最低性能标准测试。验收标准取决于三个因素：温度、时间温度曲线下的面积和是否发生爆炸。大容量火灾、集装箱火灾、表面燃烧火灾使用峰值温度和面积作为标准，而气雾罐爆炸模拟试验的标准为是否发生爆炸。表 3-14 为通过/不通过验收的标准值。图 3-105 为大容量火灾和集装箱火灾场景验收标准中的关键时间。

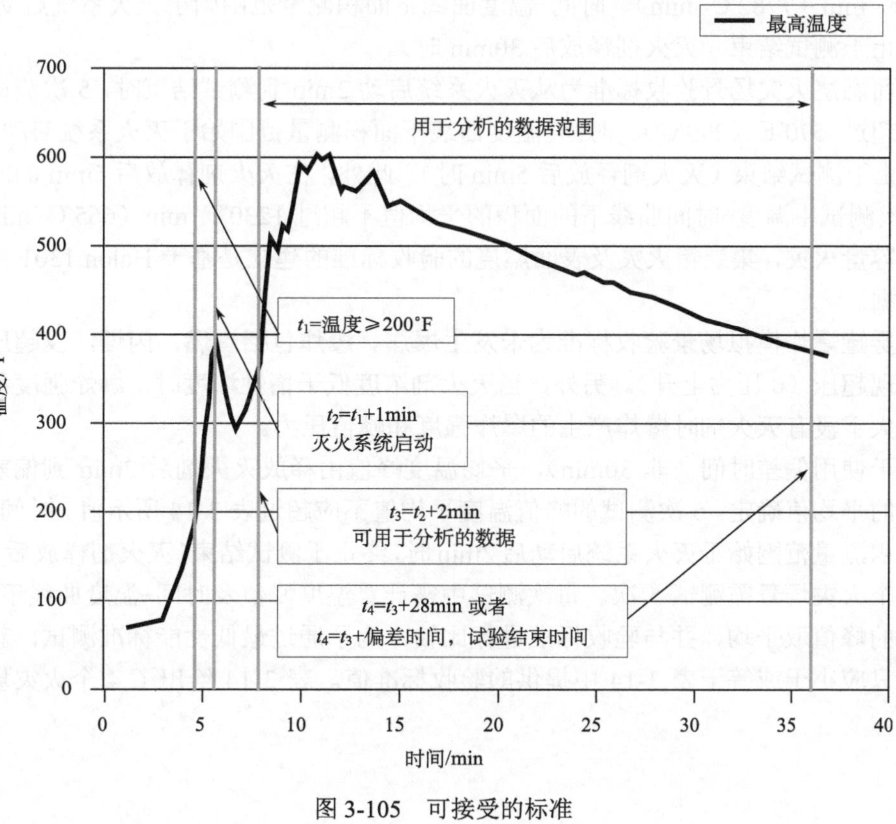


图 3-105　可接受的标准

表 3-14　验收标准

| 火灾场景 | 最高温度/℉（℃） | 最高压力/psi（kPa） | 最大温度时间曲线面积/℉·min（℃·min） | 备注 |
|---|---|---|---|---|
| 大容量火灾 | 720（382） | 不适用 | 9940（5504） | 使用灭火系统启动后 2～28min 的数据，如图 3-105 |
| 集装箱火灾 | 650（343） | 不适用 | 14040（7782） | 同上 |
| 表面燃烧火灾 | 570（299） | 不适用 | 1230（665） | 使用灭火系统启动后 2～5min 的数据，如图 3-105 |
| 气雾罐爆炸模拟 | 不适用 | 0.0 | 不适用 | 无爆炸发生且当灭火剂浓度低于惰性浓度时不应发生额外的爆炸 |

大容量火灾场景验收标准为从灭火系统启动 2min 到测试结束时，5 次测试的峰值温度不超过 720℉（382℃）。此外，5 次测试中温度-时间曲线下的面积的平均值不超过 9940℉· min（5504℃· min）。时间-温度曲线下面积测量范围始于灭火系统启动后 2min 时，终止于测试结束（灭火剂释放后 30min 时）。

集装箱火灾场景验收标准为从灭火系统启动 2min 到测试结束时，5 次测试的峰值温度不超过 650℉（343℃）。此外，5 次测试中温度-时间曲线下的面积的平均值不超过 14040℉· min（7782℃· min）。时间-温度曲线下面积测量范围始于灭火系统启动后 2min 时，终止于测试结束（灭火剂释放后 30min 时）。

表面燃烧火灾场景验收标准为从灭火系统启动 2min 到测试结束时，5 次测试的峰值温度不超过 570℉（299℃）。时间-温度曲线下面积测量范围始于灭火系统启动后 2min 时，终止于测试结束（灭火剂释放后 5min 时）。此外，在灭火剂释放后 5min 的间隔时间内，5 次测试中温度-时间曲线下的面积的平均值不超过 1230℉·min（665℃·min）。

大容量火灾，集装箱火灾及表面燃烧的验收标准的建立是基于 Halon 1301 灭火剂的实验数据。

气雾罐爆炸模拟场景验收标准为未发生爆炸。爆炸包括爆燃，闪烁，及超压等。即不应出现超压（0 压力上升）。另外，当灭火剂浓度低于惰性浓度时，爆炸强度和峰值压力不应大于没有灭火剂时爆炸产生的爆炸强度和峰值压力。

对于使用偏差时间（非 30min），平均温度峰值由释放灭火剂后 2min 到偏差时间采集数据的平均值确定。5 次测试的峰值温度平均值不应超过表 3-14 所示值。时间-温度曲线下面积测量范围始于灭火系统启动后 2min 时，终止于测试结束（灭火剂释放后 30min）。

每个火灾场景需测试 5 次。每次测试中需计算温度峰值及时间-温度曲线下面积。5 次测试的峰值取平均，并与验收标准进行比较。为了通过最低性能标准测试，新的灭火剂性能只应小于或等于表 3-14 中提供的验收标准值。表 3-14 给出了 4 个火灾场景的验收标准。

## 本章参考文献


[1] IATA. Annual Review 2017. http: //www. iata. org/media/annual-report-2017/index. html [2017-6-30]

[2] 中国公路网. 2014 年民航完成旅客运输量 3.9 亿人次. http: //www. chinahighway. com/news/2014/895468. php. [2017-7-30]

[3] 新浪军事. 中国国产运-20 平稳落地首飞圆满成功. http://mil.news.sina.com.cn/2013-01-26/1509713913. html. [2017-9-30]

[4] Hradecky S. Accident: Singapore A333 near Bangkok on Apr 22nd 2013, cargo fire. http: //avherald. com/h?article=4613943a. [2017-9-10]

[5] Ranter H. Report: UPS Boeing 747F uncontained cargo fire likely caused by lithium batteries. http: //news. aviation-safety. net/2013/07/25/report-ups-boeing-747f-uncontained-cargo-fire-likely-caused-by-lithium-batteries/. [2017-9-10]

[6] FAA. 14CFR. http: //www. law. cornell. edu/cfr/text/14/chapter-1. [2017-6-30]

[7] 王洁. 飞机货舱环境顶棚射流区火灾烟气特征及温度分布规律研究. 合肥: 中国科学技术大学, 2015.

[8] Alpert R L. Calculation of response time of ceiling-mounted fire detectors. Fire Technology, 1972, 8(3): 181-195.

[9] Heskestad G, Delichatsios M A. Update: The initial convective flow in fire. Fire Safety Journal, 1989, 15(6): 471-475.

[10] You H Z, Faeth G M. Ceiling heat transfer during fire plume and fire impingement. Fire & Materials, 1979, 3(3): 140-147.

[11] 王彦. 西藏低压环境受限空间顶棚射流区火灾烟雾信号规律与探测算法研究. 合肥: 中国科学技术大学, 2011.

[12] Cleary T, Grosshandler W. Survey of fire detection technologies and system evaluation/certification methodologies and their suitability for aircraft cargo compartments. Zeitschrift Für Neurologie, 1999, 205(2): 123-44.

[13] CCAR-25-R4. 中国民用航空规章. 第 25 部, 运输类飞机适航标准.

[14] 王哲. 飞机货舱防火设计要求研究. 航空标准化与质量, 2014, (5): 13-15, 34.

[15] 李丽, 王玉梅. 某民机货舱烟雾穿透试验研究. 工程与试验, 2015, (03): 41-43+61.

[16] Mikol E P, Dudley J C. Smoke detection, penetration, and evacuation tests and related flight manual emergency procedures. Science Reports of the Tohoku University Ser Geophysics, 2008, 14(1): 55-61.

[17] Girdhari A. Aircraft cargo compartment multisensor smoke detection algorithm development. Federal Aviation Administration. https: //www. fire. tc. faa. gov/pdf/07-58. pdf [2016-11-13]

[18] SAE AS 8036—2013. Cargo Compartment Fire Detection Instruments.

[19] Blake D. Aircraft cargo compartment smoke detector alarm incidents on us-regis-tered aircraft, 1974-1999. Federal Aviation Administration. http: //www. fire. tc. faa. gov/pdf/tn00-29. pdf [2017-7-17]

[20] Shaw J. A review of smoke and potential in-flight fire events in 1999// Proceedings of the 2000 Advances in Aviation Safety Conference, 2000.

[21] Beme B, Pecora R. Dynamic light scattering with applications to chemistry biology, and physics. New York: Wiley, 1976.

[22] 赵凯华, 钟锡华. 光学 (上册). 北京: 北京大学出版社, 1984.

[23] 范维澄. 火灾学简明教程. 合肥: 中国科学技术大学出版社, 1995.
[24] Hulst H C V D, Twersky V. Light scattering by small particles. New York: John Wiley, 1957.
[25] Hulst H C V D. Multiple light scattering : tables, formulas, and applications. New York: New York Academic Press, 1983, 2.
[26] 疏学明, 方俊, 邵荃, 等. 火灾烟雾颗粒的光学散射特性研究. 中国工程科学, 2005, 7(1): 45-49.
[27] Dohi M, Nagashima T. A flat shape scattering smoke detector with a function to discriminate the type of a fire//14th Int. Conf. Autom. Fire Detect. AUBE'09, Duisburg. Germang, 2009.
[28] Weinert D W, Mulholland G W. An apparatus for light scattering studies of smoke particles. AUBE'01, 12th International Conference on Automatic Fire Detection, 2001: 31-42.
[29] 孙悟，邓小玖，李耀东，等. 双波长抗干扰光电感烟探测机理. 物理学报，2013，62(3): 30201-030201.
[30] Chabanis G, Mangon P, Rivet S. Fire or smoke detector with high false alarm rejection performance: WO, US7760102. 2010.
[31] Oztekin E, Blake D, Lyon R. Flow induced by a small fire in an aircraft cargo compartment// Aiaa Aerospace Sciences Meeting Including the New Horizons Forum and Aerospace Exposition. 2013.
[32] 郑作棣. 运输类飞机适航标准技术咨询手册. 北京: 航空工业出版社, 1995.
[33] Reinhardt J W. Minimum Performance Standard for Aircraft Cargo Compartment Halon Replacement Fire Suppression Systems (2012 Update). http: //www. tc. faa. gov/its/worldpac/techrpt/tctn12-11. pdf [2017-9-1]

# 4 飞机客舱防火技术

客舱作为飞机在运行过程中旅客的主要活动区域，具有人员密度大、可燃材料多、相对比较拥挤等特点，已成为了火灾事故和造成人员伤害的易发区域。本章首先从客舱火灾特点入手，简要回顾飞机客舱的典型火灾案例，总结客舱火灾特点及危险性评价标准，分别从国外研究和国内研究两个角度总结客舱火灾的研究现状；接着从客舱材料防火性能要求和研究情况两个方面对客舱被动防火系统进行了解读，总结当前客舱设施研究和新材料、新工艺的发展现状；然后从探测系统和灭火系统两个方面对客舱防火系统的组成和原理进行深入介绍，重点介剖析飞机客舱防火关键部位“盥洗室”的探测与灭火系统，并以中国科学技术大学自主研发的“盥洗室自动灭火器”为例，详细介绍其研发过程，以期对该类飞机客舱用防火元件的国产化提供思路；此外，基于飞机客舱人员密度大等特点，介绍当前客舱人员疏散的设计要求、计算机模拟研究、影响因素等，指出客舱应急出口的相关防火要求；最后，对客舱火灾计算机模拟研究进行归纳总结，旨在揭示所涉及的火灾动力学的细节，总结客舱火灾蔓延规律，更有效地实现乘客疏散，降低客舱火灾的死亡危险。

## 4.1 客舱火灾简介

客舱指的是设有固定座位或铺位，专供旅客休息的舱室，是飞机中用于载运旅客的舱，如图 4-1 所示。世界四大主要客机生产商包括波音公司（总部在美国）、空中客车公司（总部在欧洲）、庞巴迪公司（总部在加拿大）、巴西航空工业公司（总部在巴西）。表 4-1 汇总了国内外几种典型客机的客舱座椅设置数量。客舱作为飞机结构的重要组成部分，是飞机在运行过程中旅客的主要活动区域，但由于此处人员密度大、相对比较拥挤、可

图 4-1　飞机客舱内景

表 4-1　不同类型飞机火灾事故统计

| 机型 | 每排座位数 | 座位个数 |
|---|---|---|
| 美国波音 747 | 11 | 400 |
| 欧洲空客 A380 | 下层 10，上层 8 | 550 |
| 俄罗斯图波列夫 TU154 | — | 164 |
| 中国商飞 ARJ21 | 5 | 90 |
| 中国商飞 C919 | 6 | 168 |

燃材料多等特点，成了火灾事故和造成人员伤害的易发区域。现代飞机携带的大量易燃燃料（如波音 747 飞机携带 214000J 易燃燃料，L-1011 飞机携带 105000J 易燃燃料），而且客舱是一个人口密集的场所，内衬为有机-合成材料（波音 747 飞机上载有 4200kg 此类物质），这可能是导致形成客舱火灾的一个主要原因[1]。

在对飞机客舱火灾的研究中，通常依据飞机的运行状况将客舱火灾分为两类：飞行中客舱火灾和失事后客舱火灾[2]。

飞行中客舱火灾是指飞机在运行过程中，由于各种因素引发的客舱起火燃烧，在飞行事故中是最严重的事故类型之一。飞行中客舱火灾演变为重大事故的时间很短，而且在火灾发展初期不易被察觉，因此，造成的危害也极其严重。2002 年，一架 MD-82 型客机飞往大连周水子国际机场，飞行途中由于人为纵火造成飞机坠毁在大连湾附近，机上 103 名乘客与 9 名机组人员全部遇难。事故分析结果表明，从机长报告客舱发生火灾至飞机坠毁仅为 4min。加拿大运输安全局调查了发生在 1967~1998 三十年间的 15 起运行中客舱火灾事故，研究结果表明，从发现火灾到飞机完全着陆的平均所需时间是 17min，即便飞机能够着陆，已经充分发展开的火势也会给人员疏散和营救造成极大困难。

失事后客舱火灾即飞机在发生事故后，坠毁在地面上时由于外部或内部原因而引发的客舱火灾。飞机失事后客舱火灾的伤亡人数最多，发生次数最多，危害性也最大。调查发现，大部分的失事后客舱火灾的发生首先是由外部燃油火灾引发的，通常由于燃油箱或燃油管道破裂，大量燃油泄漏到地面上，一旦遇到摩擦的金属或高热的发动机就会引发燃烧，随后外部火焰通过烧穿的机身或破裂的舱门、机身引燃客舱内部材料，形成能够和外部燃烧相互作用的客舱火灾。在失事后客舱火灾场景中，由于引火源位于客舱外侧靠近机翼处，属于机身中部，加之引燃的航空煤油会迅速将整个机身团团包围，这给机上人员的应急逃生造成极大的障碍，因此这一场景在针对飞机客舱火灾的研究中也格外受到重视。2013 年，韩亚航空 214 号航班在美国旧金山国际机场发生事故，飞机在降落过程中沿着跑道滑行碰到海堤，不可控停稳后便触发大火，造成机上多人受伤。美国交通运输局对此展开调查，结果显示飞机在降落过程中由于机尾首先着地，造成飞机偏离跑道，在偏离跑道一定距离后飞机停下，随后就燃起熊熊大火，待消防人员迅速赶来救援并将大火扑灭时，飞机早已被完全烧毁。

综上所述，危及生命的飞机客舱火灾可分为两种，即所谓的飞行中客舱火灾和失事后客舱火灾。在这里，我们主要关注运行中客舱火灾的场景。飞行中的火灾大多发生在无障碍区域，如厨房或盥洗室。在1964~1984年的20年间，据报有大约300起飞行中火灾，其中52起是致命的[3]。因此，做好客舱的火灾防护工作对机上人员和财产安全都非常重要。

### 4.1.1 客舱防火简介

当飞机客舱发现火灾时，机组人员应严格遵守航空公司批准的紧急程序以及制造商对飞行引导、飞机构造的管理，识别疑似的引火源并指导消防工作[4]。飞行过程中，客舱、盥洗室、厨房、行李货架上发生的火灾将会是机组人员需要面对的最严重的几种火灾情形。当客舱发生火灾时，受限空间内的热量、有毒烟雾、废气会使得机组人员和乘客很快感觉到不适，从而窒息或吸入有毒气体而导致死亡。一旦发生以下两种情形时，客舱内场面将会严重失控。一种是乘客的恐慌、猛冲至飞机的任意一端都可能会导致飞机失去平衡，使飞机难以控制；另一种是飞机系统可能会受到损坏，导致局面失控。客舱内的火灾通常会提前发现，并由机组人员使用机载消防设备来控制。对于引擎起火，最好尽快着陆，并对起火原因及其造成的损害进行详细的检查。此外，大多数北美和欧洲的航空公司禁止在飞机上吸烟。再加上防火材料的使用，减少了由香烟引起的座椅燃烧或纵火的可能性。然而，尽管如此，但仍有一小部分乘客在盥洗室里继续吸烟，带来火灾安全隐患。

**一般来讲，根据客舱内起火点的位置不同，客舱火灾通常分为以下6种类型[4]：**

① 厨房火灾：大多数飞行和地面的火灾、烟雾事件都与客舱厨房有关，并且涉及一些电气设备。放置在烤箱内的不合适的物品或食物由于过热或电气故障，可能会引发烤箱火灾。除了烤箱外，厨房里还有很多设备在没有水或水不充足的情况下，可能会引起火灾，例如咖啡机、热水器以及垃圾压缩机。

② 电气火灾：通过切断对设备的供电，可以迅速控制电气火灾。然而，烟雾或火灾的源头及其相关的电气系统，可能并不容易识别，也不容易被发现。

③ 盥洗室火灾：盥洗室火灾通常是由于把烟蒂放在废纸箱里而引起的，但是盥洗室内也有电气设备可能引起火灾（如马桶冲水、灯等）。

④ 垃圾容器的火灾：垃圾容器的火灾可能有很多不同的原因，如燃烧香烟，过热的热饮或热盘子。垃圾容器的火灾通常很容易被控制。

⑤ 行李架火灾：这些火灾的源头经常存在于乘客的手提行李中，例如个人含锂电池的电子设备。

⑥ 座椅火：由于飞机座椅材料的耐火性和易于识别，所以在飞行过程中在飞行座椅上发生火灾是比较少见的，但是提供给乘客座位的越来越复杂的娱乐系统和服务使座椅上发生火灾的可能性变大。

**为了有效地防控客舱火灾，客舱中通常配备如下常用的消防设备[4]：**

① 烟雾探测器：光学烟雾探测器安装在飞机的盥洗室里，通常也在货舱里。一般情况下，大量的烟雾导致能见度降低，将会激活探测器，但是香烟的烟雾通常并不能激活探测器。

② 便携式灭火器：便携式灭火器通常放置在驾驶舱和客舱内用以扑灭小火，因此，它们的灭火能力是有限的。便携式灭火器通常以 Halon 1211、水乙二醇或二氧化碳作为灭火剂。

③ 自动灭火系统：一些飞机在盥洗室的垃圾箱里设有自动灭火系统，货舱系统通常需要机组人员的深思熟虑才能决定是否释放灭火剂。

④ 消防应急斧：为更方便地进出飞机紧急通道和部分无法进入的区域（如侧墙、电气面板或天花板），需要提供消防应急斧。该应急斧的把手是绝缘的，以防止触电。

⑤ 防火手套：防火手套放在飞行甲板或客舱内，以保护使用者不受热量和火的攻击。它们也可以用来处理热的或尖锐的物体。此外，它们还可以在可移动的灭火器喷嘴处提供保护，防止灭火剂在释放的过程中在喷嘴处冷却。

⑥ 烟雾保护装置：客舱人员和飞行甲板人员有几种不同的防烟装置。呼吸保护装置通常被称为烟雾罩，它包含一个小型的氧发生器或气缸，可以为佩戴者提供 15~20min 的逃生时间。飞机客舱和一些飞行甲板上也会携带一些全面口罩及便携式氧气瓶，全面口罩主要用于灭火，因为它们提供了一个紧密的密封空间，可以阻止烟雾侵入，防止氧气泄漏。

⑦ 防火毯：一些机组人员备有防火毯，可以通过切断外界氧气供给来实现窒息火灾。

**当客舱发生火灾时，应该按照如下步骤开展消防工作：**

首先，需要根据燃烧的燃料识别火灾的类型。在飞机客舱中探测到火灾通常依赖客舱机组人员通过眼或鼻子去识别烟雾，由于机舱内会受到空气流动分布的影响，因此想要探测到起火点的位置是比较困难的。经验表明，一旦火灾起始于难以到达的地点，将会使得火灾难以扑灭或无法扑灭。瑞士航空 111 号航班“阁楼”上的一场大火[5]迅速蔓延，由于起火点位置特殊，机组人员未能将其扑灭。起火点位于客舱内天花板上方的区域内，没有办法将灭火剂喷射到火源处。无法抵达火源是一个非常严重的阻碍，极大地降低了成功扑灭火灾的可能性。只有当灭火剂抵达火源根部时，才能发挥最佳的灭火效果。在加拿大航空公司 797 航班上的厕所墙后曾发生火灾[6]，即便空乘人员已经观察到，随着火势在厕所墙后面上升，烟雾越来越多，但却无法接近起火点。在确定火灾或烟雾的类型、来源后，应立即与飞行人员进行积极的沟通，收集所有必要的消防设备，以使客舱内乘客树立逃离火场的信心。

**针对客舱内不同类型的火灾，应采取与之相对应的灭火方法，具体如下：**

① 固体火：如纸、木头、织物、塑料等燃料可以使用水乙二醇灭火剂将燃料窒息、浸透、冷却，最终熄灭。

② 液体火：像石油基液体这样的燃料最好采用诸如干粉、二氧化碳、泡沫、Halon 1211 等灭火剂扑灭，而非水基灭火器。

③ 气体火：气体火可采用二氧化碳、Halon 1211 或灭火毯之类进行扑灭。

④ 金属火：锂电池一旦燃烧是极其难以控制的，在先用 Halon 1211 冷却火焰后，只能用专门的凝胶剂来扑灭。

### 4.1.2 客舱典型火灾案例

本节对史上发生的较为严重的飞机客舱典型火灾案例进行了总结，下面将重点介绍其中几例较严重且较典型的客舱火灾案例。

⊙**第 1 例：1998 年 MD-11**

1998 年 9 月 2 日，瑞士航空公司 111 号航班上发生了一起严重的飞机起火事件。在飞行过程中，火源起始于驾驶舱上方，或者是发生在客舱前部的上方，然后飞机失去了控制。大火使客舱充满烟雾，最终导致 MD-11 飞机坠毁在加拿大新斯科舍省佩吉湾海岸附近的海洋中。机上所有 229 人死于这起火灾坠机事故。

⊙**第 2 例：1999/2000 年 Delta MD-88**

1999 年 9 月，Delta MD-88 起飞后不久就发生了火灾，在辛辛那提-北肯塔基国际机场紧急降落。空乘人员在闻到一股强烈的烟味之后，注意到侧壁板旁边的地板上有一道亮光，使用了至少一台 Halon 1211 灭火器之后有效降低了烟雾的强度。事后检查发现，放置在两侧区域一个备用静态端口加热器的电线束发生了短路，引发了火灾并蔓延到邻近的绝缘毯上，然后蔓延到其他几条毯子上，从而导致了一场大火。2000 年 1 月 3 日，另一架 Delta MD-88 型飞机也出现了一个静态端口加热器故障，导致机舱内形成烟雾迫使飞机进行了预防性降落。

⊙**第 3 例：2000 年 AirTran DC-9**

2000 年 8 月 8 日，由于驾驶舱里浓烟滚滚，一台 AirTran DC-9 紧急迫降在美国北卡罗来纳州格林斯伯勒机场。飞机降落后，机组人员撤离，几名乘客受轻伤。调查显示，飞机左侧尾部循环风扇的断路器发生了着火，火势蔓延到位于驾驶舱舱壁的主电路面板后面的一个金属丝束。而后火势加剧并蔓延到客舱上方，客舱上方处有大量其他的可燃材料。驾驶舱里充满了浓烟，增大了机组人员实施紧急迫降的难度。

⊙**第 4 例：2000 年 Greenland Air Boeing 757**

2000 年 11 月 15 日，在哥本哈根国际机场，一架 Greenland Air Boeing 757 客机被闪电击中，在几个区域内穿透了机身蒙皮，并在客舱天花板上方点燃了隔热毯。乘务员和乘客闻到了烟味。一个备用驾驶舱机组人员使用应急斧进入了客舱内舱顶区域，并使用一台 Halon 1211 灭火器熄灭了火，该灭火剂被排放到客舱上空区域。

⊙**第 5 例：2000 年 AirTran DC-9**

2000 年 11 月 29 日，另一架 AirTran DC-9 飞机在从美国佐治亚州亚特兰大起飞到俄亥俄州阿克隆-坎顿的航班上发生了一例飞行起火事件，火势起源于货舱的两侧区域外侧。在最初的爬升过程中，机组人员注意到断路器多次运行和几个指示灯的警示照明。机组人员宣布进入空中交通管制紧急状态，并要求返回机场。飞机安全着陆，并进入滑行道。在着陆点和滑行过程中，空乘人员向乘客发出烟雾紧急通知，并进行紧急疏散。之后对这架飞机的检查显示，前方乘客入口的左下机身和后舱以及主舱的地面区域受到严重的火灾损害。火源起于一根电线，火逐渐向上传播到客舱地板下方的区域，而客舱地板两侧区域的碎片、灰尘和线头促进了火势的传播，最终引燃了客舱地板，并烧毁了该区域的电线、管道和液压线路。

**⊙第 6 例：2000 年 MD-80**

2000 年一架美国航空公司的 MD-80 飞机在空中起火，迫使紧急降落华盛顿特区外的杜勒斯机场。雷电击中了天线，最终导致了客舱天花板上方的绝缘材料被引燃。一名乘务人员在闻到烟味后，在乘客的协助下在天花板上切开一个检修孔，并向火区释放了一台 Halon 1211 灭火器。大火被有效扑灭，但事后检查发现，在绝缘材料上发生了非常明显的火焰传播。

**⊙第 7 例：2006 年波音 737-800**

2006 年 12 月 15 日，一架由德克萨斯州的休斯敦飞往俄勒冈州的波特兰的波音 737-800 客机在预定航线上飞行。在客舱机组人员报告飞机起火后，这架飞机紧急降落到科罗拉多州的科罗拉多斯普林斯。这次火灾是由于在飞行过程中一名乘客使用的个人空气净化器爆炸所引起的。这架飞机因此受到了轻微的损坏，一名乘客受到了轻微烧伤，并有 6 人在吸入了火灾释放的大量烟雾后被送往当地医院。

引发火灾的设备被送往美国国家运输安全委员会 NTSB 进行分析。根据该设备销售手册可以发现，空气净化器产生强烈的静电离子风，在“呼吸区”中对漂浮的粒子进行充电。这些粒子被大量地排斥在穿戴者之外，为有毒的过敏源、烟雾、灰尘、病毒和细菌创造了一个几乎没有粒子的“禁区”。火灾和爆炸专家的报告中提到这个设备使用的可能是 3.6V 不可充电的锂电池，或者是一个装有充电器和可充电锂离子电池的套件。此外，该报告还给出了在此设备上发现的飞溅物的 EDS 分析数据，报告显示锰-二氧化锰是不可充电锂电池的主要组成部分。该报告指出，在 NTSB 公开听证会上，有关一级和二级锂电池的危害分析中，短路被列为是引发电池起火的最常见原因。短路可能是设计缺陷、制造缺陷或包装和处理不当造成的。对不可充电电池进行充电可能会导致内部短路，从而导致热失控和电池故障。一般来说，当电池热失控时通常会发生爆炸并把内部填充物排放到环境中，从而可能会导致在电池单元之外的区域发生火灾。

**⊙第 8 例：2007 年空客 A320**

2007 年 2 月 10 日，一架 Jetblue 空客 A320 按照预定的航线从纽约肯尼迪机场飞往拿骚（巴哈马）。在以最低控制速度攀爬通过 7000ft 的地方时，机组人员向飞行甲板报告发现了一个初期的舱顶行李箱火烟雾信号。同时，机组人员向储物柜喷射灭火剂，然后移走起火的箱包，并对其喷射灭火剂，机组人员将飞机控制在 7600ft 的高度上平稳飞行，并宣布进入紧急状态，优先返回肯尼迪机场，并在 6min 后就到达了肯尼迪机场。飞机在跑道上停留以确认没有持续性危险后，飞机滑行到登机口，乘客正常离开。

NTSB 进行了一项调查后，发现烟雾最初产生于放置在行李架上的一个摄像机袋子。检查发现这个袋子里面有一个摄像机和大量的电池，有松散放置的，也有包裹起来的，其中两个 14V 可充电锂离子电池包和一个 9V 锂电池有明显的燃烧痕迹。进一步调查发现，9V 锂电池中主要组分的闪点为 21℉，而与其放置在同一个设备袋里的其他电池（包括两个 14V 的锂离子电池包在内）并没有受到接触性保护，造成一款 14V 的电池组形成了严重的外部热损伤。研究表明，短路是引起电池起火的最常见原因，而且通常发生在与金属物体相接触的时候。调查表明，该飞机飞行中客舱起火的一个可能原因就是这只9V电池不明原因的破坏性故障。

有学者总结了1980~2015年间所涉及的飞机火灾典型事故案例[2]，并从中总结得出，导致飞机客舱发生火灾或轰燃的原因主要有以下几个方面，分别是坠机导致的客舱火灾、客舱内部出现火灾、冲出跑道导致的客舱火灾等，如表4-2所示。

① 坠机导致的客舱火灾。在统计的火灾案例中共发生37起坠机后发生的客舱火灾，占总飞机火灾起数的48%。导致飞机坠机的因素有很多，主要有发动机故障导致空中停车、遭遇恶劣天气、飞行员操作失误等。当飞机在空中发生事故后，机上元件会一个接一个失灵，从而使飞机处于无动力飞行状态，导致飞机不可控飞行撞地，火灾极有可能伴随此类事故的发生而发生。

② 客舱内部出现火灾。在统计的火灾案例中直接由于客舱内部起火引起火灾共发生7起，占总飞机火灾起数的1%。导致飞机客舱内部起火燃烧的因素有很多，主要有飞机电气线路短路或老化、人为纵火、货舱起火等。此类事故能够直接导致飞机客舱发生火灾，大部分很难在火灾初始阶段发现，一旦机上人员感到异常，火灾很可能已经发展到更危险的阶段，对飞机和机上人员造成的伤害也会很大。

③ 冲出跑道导致的客舱火灾。在统计的火灾案例中由于飞机冲出跑道而导致的客舱起火共发生28起，占总飞机火灾起数的36%。导致飞机起飞或降落过程中冲出跑道的因素有很多，主要有飞行员操作失误、遭遇恶劣天气（如暴雪、暴雨、浓雾等）等。冲出跑道的飞机极有可能撞上山崖道路或建筑物等障碍物，导致机体结构性损坏，此种事故类型也很有可能导致火灾的发生。

**表4-2 不同类型飞机客舱火灾事故统计[2]**

| 火灾类型 | 诱发因素 | 火灾事故起数 | 所占比例 |
|---|---|---|---|
| 坠机 | 天气 | 13 | 0.17 |
| | 机械故障 | 15 | 0.19 |
| | 操作失误 | 9 | 0.12 |
| 内部火灾 | 人为因素 | 3 | 0.04 |
| | 机电故障 | 2 | 0.03 |
| | 货舱起火 | 2 | 0.03 |
| 冲出跑道 | 天气 | 7 | 0.09 |
| | 操作失误 | 7 | 0.09 |
| | 其他 | 14 | 0.18 |
| 撞击 | — | 3 | 0.04 |

从表4-2对飞机火灾事故的分析可以发现，直接由火灾引发的事故很少，更多的导致客舱火灾事故的情况是由于其他事故所导致的，属于二次事故或次生灾害。王准等[2]

主要关注了事故灾害引发的飞机客舱火灾，并从中得出影响飞机客舱火灾发生的因素主要包括通风开口和火源功率两个方面。

① 通风开口。通过对典型飞机客舱火灾事故案例进行分析，不难发现客舱内空气中氧气是有限的，火灾从初期经过轰燃后到达相对稳定的充分发展期，由于氧气不断消耗殆尽，就使得客舱空间内氧气不足，进而过渡到通风控制燃烧时期。不同位置以及数量的机舱门处于开启或关闭状态，都会极大地影响舱内外的通风情况，因此，通风开口会对飞机客舱火灾发展蔓延产生较大影响，甚至于可以决定客舱轰燃是否发生。

② 火源功率。如果是在客舱内部直接引发出现的火灾，其火源功率相对较小，不容易被察觉到，那么初始状态的火源功率相对来说并不太重要，只要能够满足基本的燃烧就能够积累成巨大的火灾；如果客舱火灾是由于飞机外部的火灾间接引发时，其火源功率一般都会很大，这是由于机翼内部的燃油箱以及发动机都有可能在发生事故时，造成巨大的外部火灾，进而能够很快通过热辐射作用引发客舱大火。

### 4.1.3 客舱火灾特点及危险性评价标准

曾有学者[2]针对客舱火灾结构缺陷进行研究，并从中总结得出了客舱火灾的三大特点，分别是客舱内大量易燃有毒材料的存在导致火灾产生的烟气危害极大、现代大型宽体飞机客舱结构日趋复杂、客舱内的危险源增加了火灾危险性。下面将对客舱火灾的每个特点分别展开介绍。

（1）客舱内大量易燃有毒材料的存在导致火灾产生的烟气危害极大

复合材料凭借着其抗腐蚀性好、硬度大、重量相对较轻、易加工成型等优点[7]在民航飞机制造领域取得了越来越广泛的应用，尤其是在飞机客舱中复合材料的应用极广。一方面复合材料可以用作原料制作飞机客舱上的地毯、安全带、座椅垫、毛毯等，另一方面飞机上的结构性部件如侧壁板、地板、头顶储物柜等也都使用了大量的复合材料。就复合材料的成分而言，主要包括聚氯乙烯、聚酰胺、聚氨酯、羊毛等，这些材料都属于极其易燃的材料，而且燃烧时极易产生大量的高温有毒烟气，这些烟气中包括了许多种有毒或腐蚀性的气体，常见的有未燃燃气、二氧化碳、一氧化碳、氟化氢、氯化氢、氢氰酸等，此外还有通过卷吸作用而进入空气中的多种细小液滴、固体颗粒物等。

客舱中火灾烟气的存在会对机上人员的生命安全及逃生撤离产生非常大的影响。首先，高温烟气（一般在达到轰燃之后温度超过 600℃）远远超出了人体的承受限度；其次，烟气的遮光性极大阻碍了机上人员的逃生；最后，烟气的有毒、有害性使其即便是在极少量的情况下也会导致人员昏迷甚至死亡。美国民航局曾对客舱内燃烧产物进行测量并得出一系列的致死指标 $K_i$[8]，如表 4-3 所示，用于分析人员疏散逃生情况。

**表 4-3 有毒气体的 $K_i$[8]**

| 气体种类 | $K_i$/ppm·min |
|---|---|
| $CO_2$ | 750000 |

续表

| 气体种类 | $K_i$/ppm·min |
|---|---|
| CO | 24000 |
| HCl | 2400 |
| HF | 1140 |
| HCN | 480 |

（2）现代大型宽体飞机客舱结构日趋复杂

与其他相对封闭的移动受限空间不同的是，民用航空飞机客舱在飞机运行过程中，整个空间是严格密闭的舱室。飞机运行期间，客舱环境的通风换气主要依赖于位于客舱顶板的空气调节系统，过滤的空气气流会从顶板的通风开口处吹向客舱人员，下部气流会经由侧壁板内的空气调节格栅卷吸到客舱下层的货舱空间。客舱内一旦发生火灾，短时间内极易形成大量的烟气和热量，且都不容易迅速排出，热量迅速积聚从而致使客舱内的热循环系统失衡，加之客舱内环境温度也不断升高，与其他类型的封闭受限空间相比，客舱内轰燃发生的时间也会随之提前。此外，受限于飞机客舱内部空间的结构设计，在发生火灾事故时，可供人员逃生的机舱门位置和数量都具有非常大的不确定性，如果客舱受到烟气、温度和有毒气体的影响较大，就极有可能引起大量乘客堵塞在客舱舱门附近和人员疏散通道处，造成巨大的人员伤亡。

（3）客舱内的危险源增加了火灾危险性

危险源通常代表的是系统中现存的可能引起意外释放的危险物质、能量，或者是引发限制能量释放的约束方法损坏或者失去作用的一些安全隐患，一般情况下是由物品、人员、环境引起的[9]。在针对飞机客舱危险源的分析中得到，其第一类危险源主要有中央油箱、液压油箱、手提式灭火器、氧气瓶、氮气瓶以及 APU 电池等。

在飞机客舱危险源的研究中，王准[2]引入了安全系统工程中常用的能量意外释放理论[8]，用以分析客舱存在大量危险源时的致灾机理，如图 4-2 所示。可依据该“能量意外释放理论描述的事故连锁示意图”，在对客舱危险源进行分析和评价时，针对各个环节进行分析，从中找出薄弱的环节，继而有效地预防客舱火灾事故的发生。

为了有效地评价客舱火灾危险性，王准[2]提出了将温度和轰燃时间作为客舱火灾危险性的评价标准。首先，客舱内温度的变化趋势能够表征火势发展的规模以及火灾发展的阶段，反映出客舱火灾是否达到轰燃阶段；此外，过高的舱内温度会危及机上人员的生命，在对客舱火灾对人体的伤害进一步研究时，温度也是重要的伤害指标。其次，飞机客舱火灾的轰燃时间表征了客舱火灾从初期燃烧向充分发展燃烧的过渡阶段，轰燃直接决定了舱内环境是否适合机上人员生存以及是否还有逃生的可能性。对于客舱人员救援来讲，轰燃前，客舱火灾属于局部着火，火灾的规模小，火势较容易得到控制；轰燃后，整个客舱已经被大火包围，进入充分发展阶段，火势不易扑灭，直接造成巨大的人员伤亡和经济财产损失。因此，将温度和轰燃时间作为危险性评价指标有助于充分认识客舱火灾的发展蔓延规律。

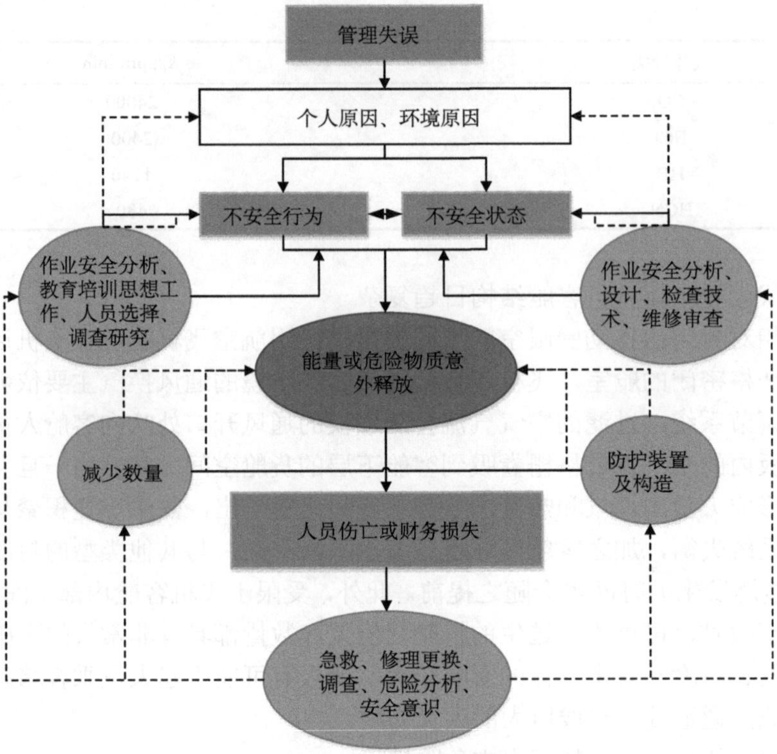


图 4-2　能量意外释放理论描述的事故连锁示意图[2]

### 4.1.4　客舱火灾研究现状

欧美航空发达国家对飞机客舱火灾的研究始于 20 世纪 60 年代[2]。美国民航局（Federal Aviation Administration，FAA）在 60 年代中期针对 DC-7 飞机机身检验客舱材料的燃烧特性。实验发现，客舱每个位置的大部分材料很容易燃烧，客舱材料一旦燃烧根本无法控制，同时还伴随有轰燃发生，火焰传播速度约为 21m/min。其中，在达到轰燃前，客舱内环境的温度和一氧化碳浓度都尚未达到人体承受的极限。美国国家航空航天局（National Aeronautics and Space Administration，NASA）利用波音 737 飞机机身检验了两种新型材料的耐火性能。实验结果表明，在相对较小的引火源情况下，两种新型耐火材料只发生热解而不能够燃烧，并且没有发生火焰传播，无轰燃现象的发生，证明了两种材料的耐火有效性。美国航空航天工业协会（Aerospace Industries Association，AIAA）尝试通过改进客舱材料的方法来提高人员在飞机失事中的生存概率，研究表明，客舱材料的热暴露程度与外部火焰侵入客舱的程度会对客舱内的火焰传播产生很大的影响。美国飞行员协会（Air Line Pilots Association, ALPA）曾采用高倍数泡沫填满整个客舱内部，以此来检验客舱发生火灾时是否能够延长人员的生存时间。

FAA 曾利用一架 C-97 运输机模拟失事后飞机火灾环境，实验中将燃油直接泼洒在机翼和机身两侧，其目的主要是为了检验直升机遭遇下降气流时的性能，以及地面消防装备的应急救援能力。实验所得出的重要结论是，相比于封闭的机身，靠近火焰燃烧区域的机身断裂处或舱门开口处的火灾危险性更大。1979 年的 FAA 报告[10]分析了全尺寸宽体机身客舱的火灾危险性，实验采用的火源为靠近机舱门的外部燃油，客舱内部未装饰任何材料，实验总共进行了 72 组，主要研究了不同环境风和火灾尺寸对飞机客舱火灾的影响。实验结果发现，由外部燃油火灾引起的客舱火灾会使客舱内部热量、烟气和有毒气体等产生分层现象，而环境风能够控制外部燃烧的热量、烟气和有毒气体等进入客舱的危害量。1985 年的 FAA 报告[11]介绍了通过进行全尺寸客舱火灾实验测试火灾条件下客舱内部不同蜂窝板结构对人员耐受极限的影响研究。该实验以 C-133 运输机机身作为客舱，以外部燃油作为火源。实验研究发现，当客舱布置了装饰防火层的座椅、地毯和面板时，发生轰燃的时间大约在 2min 左右，而将面板更换成低释热的酚醛/玻璃纤维板时，轰燃时间可推迟到 4min 左右。FAA 国家航空设备试验中心（National Aviation Facilities Experimental Center，NAFEC）以一架完整的 C-133 型运输机的客舱作为对象，开展了一系列全尺寸飞机客舱火灾燃烧实验[12]，并完全依据民用飞机客舱的装饰布置客舱，研究了在外部燃油池火作用下机身破裂后，通风开口与客舱内饰材料对机上人员生存概率的影响。通过开启或关闭机舱门的方式来控制通风开口，以客舱轰燃时间来界定机上人员的生存概率，实验结果表明，当开启距离火源最近的后机舱门时，客舱的轰燃时间大约为 210s。

Sarkos 等[13]开展了一系列的机身烧穿实验，发现玻璃纤维绝缘层可以有效防止客舱侧壁板热损伤，同时加热的机身促使相邻的材料发生热解，造成客舱内充满烟雾。Sarkos[14]还回顾了 2001~2010 十年间 FAA 在飞行中火灾方面的研究进展，从发生的一些致命事故和新材料新技术的应用两个方面进行说明，并涉及飞机隐蔽部位火灾研究、机身隔热/隔音材料耐烧穿性能研究、客舱危险性材料的研究、燃油箱可燃性研究、哈龙替代灭火剂的研究等多个方面。

与国外针对客舱实体火灾的研究相比，国内在此方面的研究起步较晚，现仍处于起步阶段，有关实体客舱火灾的相关研究资料较少。夏祖西等[15]分别从防火安全法规、高分子阻燃材料、安全检查以及客舱关键部位四个方面提出了提高飞机客舱防火的具体措施；张鹏飞和王旭[16]等针对飞行中飞机火灾和飞机在高速运动时碰撞火灾两类飞机火灾的风险及加害因素展开了分析，并研究了客舱中使用的可燃材料以及复合材料的火灾风险；王凯[17]根据飞机火灾的特点，有针对性地提出了飞机火灾的预防措施，并且提出了在飞机火灾发生后具体应该如何进行消防与应急救援。

## 4.2 被动防火系统

民用飞机客舱设备设施根据用途可分为客用设备设施和服务设备设施两种。客用设备设施包括旅客座位及周围的设备设施、盥洗室设备；服务用设备设施包括乘务员控制板、客舱照明、厨房设备、舱门及疏散设备等。由此可见，客舱内部件各种各样，主要包括客舱侧壁、天花板、旅客行李柜、灯具、应急设备、厨房、盥洗室、娱乐系统与通信呼叫系统等。为了更好地保障客舱内人员生命财产安全，提供更佳的机上环境，一方面需要针对客舱材料的防火性能制定严格的要求，另一方面学者们也正积极地为舱内设施研究发展新材料和新工艺。

## 4.2.1 客舱材料防火性能要求

### 4.2.1.1 适航要求

（1）内部设施

适航条款[18]要求无论飞机的客座量为多少，舱内材料（包括用于材料的涂层或饰面）必须满足 CCAR-25 第 25.853 条及附录 F 第 I 部分规定的适用试验准则或其他经批准的等效试验方法；客座量≥20 座的飞机的内饰部件，包括除透光片和窗户之外的内部天花板和壁板，除增加客舱安全性所需的透明板之外的隔板、厨房结构（包括储藏车、标准容器和中空壁板在未充满时的暴露表面）、除座椅下存放小物件（如杂志和地图）的储藏箱之外的大橱柜和客舱储藏箱，还必须满足 CCAR-25 第 25.853 条及附录 F 第 IV 和第 V 部分的试验要求或其他经批准的等效试验要求。

适航条款[18]禁止人员在厕所内吸烟，只有在为所有坐着的乘员在指定的吸烟区提供足够数量的可卸自容式烟灰盒时方能允许在机组舱或旅客舱内吸烟。与此同时，每扇厕所门的进入一侧上或其近旁必须在醒目位置处设置可卸自容式烟灰盒，但一只烟灰盒也可供几个厕所门使用，只要从上述每个厕所靠客舱的一侧能容易地看到该烟灰盒。此外，适航条款[18]还要求用于收集可燃废弃物的废物箱必须为全封闭式的，或者至少由耐火材料制成，能够包容在正常使用情况下其中可能发生的起火。

（2）隔热/隔音材料

适航条款[18]要求机身的隔热/隔音材料必须满足 CCAR-25 第 25.856 条及附录 F 第 VI 部分规定的火焰蔓延试验要求或其他经批准的等效试验要求。对于客座量≥20 座的飞机，安装在飞机机身下半部分的隔热/隔音材料（包括将该材料固定在机身处的手段）必须满足 FAR 25.856 部附录 F 第 VII 部分规定的抗火焰烧穿试验要求或其他经批准的等效试验要求。

### 4.2.1.2 装饰材料防火要求

对于飞机客舱装饰材料而言，所有装饰材料要求必须符合 CCAR-23 及其附录 F、CCAR-25 及其附录 F 和 HB5470—91 所规定的阻燃、烟雾及毒性指标要求；而且，地毯必须有防静电措施，其中在环境温度 21℃，相对湿度 20%的条件下，地毯所产生静电的安全电压指标应不大于 2500V。

对于飞机内部材料而言，其防火设计应满足以下几点要求。首先，植物性、动物性、合成性纤维的织物以及塑料不应在超过 121℃环境温度的区域使用；耐火能力低于铝合金的材料不应在超过 260℃环境温度的区域使用；用于地毯，地板，储存杂志、报纸等的储存设施的内含物，在设计时不应采用易被灯泡、火柴、香烟灰等所点燃的材料；在客舱内终止或途经客舱所铺设的管道应由铝或等效耐火能力的材料制成，并且具有足够防止导管破裂的能力。其次，在载人区域内应避免易燃流体导管的设置，对于液密和气密套管应封闭保护，并向机外排漏和机外互通（但是导管之间无接头又能很好地防止损坏的导管除外）。而且，飞机客舱内部应使用电气搭铁防护设计，以防止由于静电效应而引起着火和损坏，凡导线和易燃流体管路均必须装有防静电装置。此外，驾驶舱和旅客舱之间应有隔离气流的措施（见图 4-3）。为机组人员提供防烟面具和防烟眼镜，并在灭火之后提供排除驾驶舱和旅客舱内烟雾和灭火剂的措施。当客舱或行李舱每次喷射灭火剂，火熄灭后舱内应通风。对客舱通风系统要求具有足够的供给新鲜空气量的能力，足以快速吹净客舱。

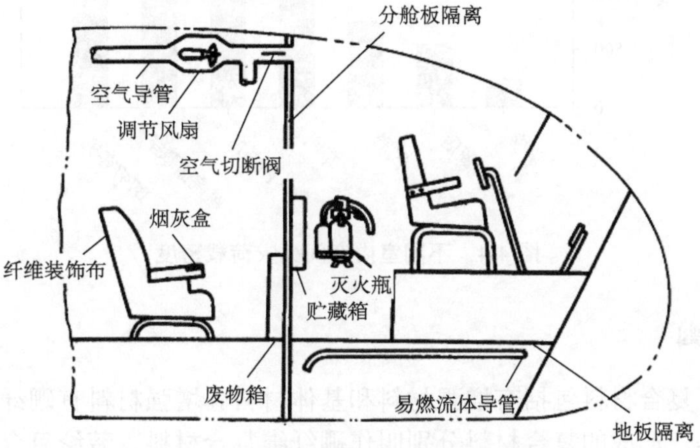


图 4-3　驾驶舱及客舱的隔离措施

#### 4.2.1.3　厨房防火要求

厨房结构中的所有材料应满足 CCAR-25 第 25.853 条[18]及附录 F、HB5470—91[19]、HB6577—92[20]的阻燃、烟雾密度、毒性气体含量等适火性要求，并符合作为隔板和框架的“阻燃材料”的性能，必须有适当的厚度，并且至少有同铝合金一样的耐热性。同时，要求餐车、废物车、垃圾箱、烤箱和排气管等器具可以阻挡火势蔓延到其他区域。

防火器具应按照 CCAR-25 第 25.853（d）条的要求进行设计，隔板上不应有通风装置，存放垃圾箱或垃圾车的存储间本身应能防火且不应布置电线、软管、设备或部件，将废物从废物槽输送到废物箱的过程中应防止废物溢漏。

### 4.2.2　客舱材料防火性能研究

酚醛玻璃纤维广泛应用于客舱的厨房、隔墙、地板等位置，在飞机客舱用聚合类材料中占到了 80%~90%。例如波音 747 飞机中客舱总面积约为 291m$^2$，其内部聚合类材料总重为 4200kg，所携带的燃油量至少为 21400L，假使 85%的装饰材料都是玻璃纤维，仅考虑携带的燃油和固定火灾荷载时，估算可求得波音 747 飞机客舱火灾荷载密度至少为 2926MJ/m²，这一数值远远超过了任何民用建筑室内的火灾荷载密度[2]，如图 4-4 所示。

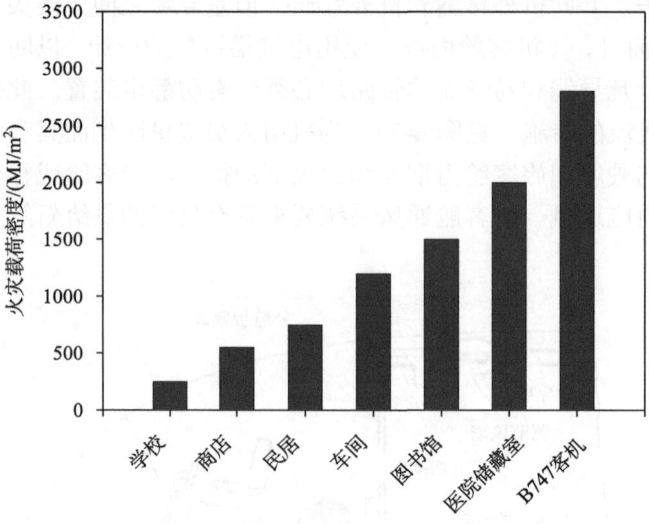


图 4-4　不同室内空间火灾荷载密度

#### 4.2.2.1　复合材料

通常来讲，复合材料包括有增强材料和基体材料。增强材料有硼纤维、芳纶、碳纤维、玻璃纤维等，形成的复合材料分别叫作硼纤维复合材料、芳纶复合材料、碳纤维复合材料和玻璃纤维复合材料。目前发展较成熟、飞机结构上应用最多的是树脂基碳纤维复合材料，其次是芳纶复合材料及某些混杂复合材料。金属基、陶瓷基和碳-碳复合材料均属高温复合材料，能耐受更高的温度，主要用于航天、航空发动机和某些特殊要求的工业上。先进复合材料通常具备比强度、比刚度高、可设计性强、良好的抗疲劳性能、便于大面积整体成形和制造形状复杂的零件、良好的尺寸稳定性、层间强度低等几个主要特点。

（1）增强纤维

在复合材料中增强纤维植于基体中，主要起到承载作用。典型的碳纤维和芳纶性能如表 4-4 所示。飞机结构用碳纤维通常主要由聚丙烯腈纤维经预氧化和碳化烧制而成。而芳纶是一种芳香族聚酰胺纤维，最早是由美国杜邦（Dupont）化学公司进行开发生产，其中 Kevlar-149 较 Kevlar-49 大大改善了吸湿性能。

（2）基体材料

在复合材料中，基体可将纤维聚集黏附在一起，实现增强纤维的支撑受力，同时起到保护作用，几种常用树脂的性能概况见表 4-5。其中，聚酰亚胺树脂可耐温高达 300~400℃，多用于高超声速飞机、航天飞机和发动机上，已实现商品化的有 PMR-15 和 PMR-II 等。

表 4-4　纤维性能

| 牌号 | 厂商 | 拉伸模量/GPa | 拉伸强度/MPa | 断裂伸长/% | 密度/（g/cm$^3$） |
|---|---|---|---|---|---|
| AS4 | Hercules | 231 | 3641 | 1.52 | 1.78 |
| AS6 | Hercules | 244 | 4255 | 1.66 | 1.87 |
| IM-6 | Hercules | 276 | 5140 | 1.66 | 1.80 |
| IM-7 | Hercules | 276 | 5347 | 1.8 | 1.8 |
| T300 | Torayca | 235 | 3530 | 1.5 | 1.76 |
| T400 | Torayca | 250 | 4500 | 1.8 | 1.80 |
| T700 | Torayca | 255 | 4512 | 1.8 | 1.80 |
| T800 | Torayca | 294 | 5590 | 1.9 | 1.80 |
| T1000 | Torayca | 294 | 7060 | 2.4 | 1.81 |
| K-49 | Dupont | 131 | 3620 | 2.5 | 1.44 |
| K-149 | Dupont | 176 | 2833 | 1.45 | 1.47 |

表 4-5　常用树脂体系性能比较

| 性能 | 工艺性能 | 力学性能 | 尺寸稳定性 | 耐温/℃ | 韧性 | 成本 |
|---|---|---|---|---|---|---|
| 聚酯 | 优 | 中 | 良 | 82 | 差 | 低 |
| 环氧 | 优 | 优 | 优 | 120 | 良 | 中 |
| 聚酰亚胺 | 差 | 良 | 优 | 315 | 差 | 高 |
| 酚醛 | 良 | 中 | 优 | 177 | 差 | 低 |
| 双马 | 优 | 优 | 优 | 177 | 良 | 中 |
| 热塑性树脂 | 良 | 良 | 优 | — | 优 | 高 |

热固性复合材料是由热固性树脂形成的复合材料；与之相反，热塑性复合材料是由热塑性树脂形成的复合材料。与热固性复合材料相比，热塑性复合材料改善了环境耐受能力，更加便于整体成形和再加工，同时韧性也得到了增强。但当前主要存在原材料成本高，工艺上尚有一定的困难等问题。

#### 4.2.2.2　高分子阻燃材料

1. 飞机上高分子材料的应用现状

高分子材料凭借其重量轻、耐化学腐蚀、易加工等诸多优点，在飞机客舱中取得了广泛的应用（图 4-5），飞机上诸如座椅垫、扶手盖、防滑垫、安全带、扣件、灯罩、标牌、电线、餐桌和地毯等都是由高分子材料构成的，常见的高分子材料主要有聚氨酯、聚碳酸酯、聚氯乙烯、苯乙烯-丁二烯-丙烯腈共聚物、聚酰胺、羊毛等。飞机上使用的非金属可燃材料有纺织品、地毯及铺层材料、用于椅套等的纺织物和用于内顶棚板、内壁板、隔板、隔热/隔音层的外表层等的以纺织物为基材的涂层装饰品。

图 4-5　飞机客舱内部实物图

尽管高分子材料显示了极大的优越性，但它们多是由碳元素和氢元素等组成，属于易燃材料，飞机中的高分子材料一旦发生燃烧，后果不堪设想。首先，在燃烧过程中会释放出大量的有毒气体和烟雾，燃烧时火焰传播速度快、热释放速率大，有时还将产生浓烟和有毒产物，若不对其进行阻燃处理，必将会对机上人员的安全造成极大的威胁；其次，飞机在高空中时，机舱处于密封状态，在氧气不足的条件下，可燃物燃烧时会生成大量的一氧化碳及烟尘，飞机的高密闭性使有毒气体和烟雾很难散发出去，机舱内的人员极易窒息或中毒身亡；此外，客机上乘客较多，具有人员密度大、通道狭窄、舱门少的特点，起火后舱门易发生变形而不易开启，疏散困难往往会造成大量人员伤亡。航行中飞机发生火灾后，人员基本无法逃生；飞机一旦坠毁，逃生的可能性将会变得更小。即便是在飞机场内着火，人员也难以迅速疏散到机外，造成严重的伤亡事故。

2. 飞机客舱用高分子材料阻燃研究进展[21]

目前对飞机客舱中的高分子材料进行阻燃改性的常用方法是采用添加型阻燃剂的方法，主要可分为以下 5 类。

① 飞机座椅垫作为与旅客直接接触的部分，其中重要的组成部分为软质聚氨酯泡沫，该组分具有质轻、柔软、透气、回弹性好、耐老化、隔音、保温等多种优良特性。

相对于常规的软质聚氨酯泡沫来说，含卤阻燃剂阻燃软质聚氨酯泡沫具有阻燃效果好、添加量少等优点。近 10 年来的研究发现，无卤阻燃软质聚氨酯泡沫使用的阻燃剂主要有含磷阻燃剂、含氮阻燃剂、无机阻燃剂、复合阻燃剂。调研产品研发情况可以看到，EASYREST 座垫软质聚氨酯泡沫塑料（由德国巴斯夫公司（BASF）所开发）的氧指数（LOI）可高达 30；国内的公安部四川消防科学研究所在实验室范围内所制得的阻燃软质聚氨酯泡沫的 LOI 可达 32。

② 阻燃聚碳酸酯是一种无臭、无毒、透明或微黄色的热塑性塑料，主要应用在飞机的灯罩、座舱玻璃、座舱盖和仪表板等处，具有优异的抗冲击能力、耐热性和良好的尺寸稳定性。在阻燃聚碳酸酯的研究方面，含磷阻燃剂凭借其高效低毒的优点应用最为广泛，其中最具代表性的就是磷酸三苯酯等，其他常见的阻燃剂还包括含硫阻燃剂、含硅

阻燃剂和含硼阻燃剂等。其中，尽管含硅阻燃剂价格相对较高，但其阻燃效率高，对环境无污染，因此将含硅阻燃剂应用在飞机上聚碳酸酯阻燃材料中是必然趋势。

③ 在聚氯乙烯中添加不同含量的增塑剂可以将其制成软质、硬质、半硬质的制品，在飞机客舱上主要用作扶手盖、餐桌等部件。通常用在聚氯乙烯中的阻燃剂有阻燃增塑剂、金属化合物、含硼阻燃剂和微胶囊红磷阻燃剂等，其中以金属化合物效果较好。

④ 20 世纪 40 年代开发的苯乙烯-丁二烯-丙烯腈共聚物是一种热塑性工程塑料，指的是丙烯腈、丁二烯、苯乙烯的三元共聚物，它具有良好的加工性能、较高抗冲击强度和化学稳定性。韩建竹等[22]详细研究了添加膨胀型阻燃剂的苯乙烯-丁二烯-丙烯腈共聚物，有效提高了该物质的阻燃性。

⑤ 飞机上的座椅装饰套、地毯等都是由羊毛纤维制成的。羊毛作为一种天然高分子材料，它的 LOI 通常在 24~25 之间，燃烧不会熔化或滴落。目前，对羊毛纤维进行阻燃处理的方法主要包括与阻燃纤维混纺、金属络合物处理、有机磷阻燃、氨基磺酸-尿素法等。

### 3. 阻燃测试技术

大飞机客舱内的高分子材料需通过相关阻燃性能测试才能达到适航要求，不同试验的具体要求如表 4-6 所示。

**表 4-6 各类燃烧试验要求[22]**

| 试验 | 试样尺寸/mm | 试验要求 | 适航要求 |
|---|---|---|---|
| 座椅垫燃烧试验 | 座垫： $457_{-3}^{0}\times 508_{-3}^{0}\times 102{+}_{-3}^{0}$<br>背垫：$457_{-3}^{0}\times 635_{-3}^{0}\times 51_{-3}^{0}$ | 任意 2 根热电偶温度≥954℃，其他几根热电偶温度≥982℃，7 根热电偶平均温度≥982℃，热流≥11.9W/cm² | 占总数 2/3 的烧焦长度≤432mm，平均烧焦长度≤432mm，平均失重≤10% |
| 舱内材料的烟密度试验 | （73±2）×（73±2） | 箱壁温度 35±2℃，外焰高度 6mm，内焰高度 3mm，热流密度 2.50±0.05W/cm²，点火时间 240s | 4min 内的平均最大比光密度值≤200 |
| 舱内材料热释放试验 | $150_{-2}^{0}\times 150_{-2}^{0}\times 45$ | 外焰高度 25mm，内焰高度 6mm，热流密度 3.50±0.05 W/cm²，点火时间 300s | 5min 内平均最大热释放速率≤65kW/m²，最初 2min 平均热释放量≤65kW·min/m² |
| 水平试验 | 76×305 | 外焰高度 38mm，内焰高度 25mm，火焰温度>843℃，点火时间 15s | 平均燃烧速率≤64mm/min 或≤102mm/min |
| 垂直试验 | 76×305 | 外焰高度 38mm，内焰高度 25mm，火焰温度>843℃，点火时间 12s 或 60s | 烧焦长度≤203mm（12s），烧焦长度≤152mm（60s） |
| 45° 试验 | 254×254 | 外焰高度 38mm，内焰高度 25mm，火焰温度>843℃，点火时间 30s | 续燃时间≤15s，阻燃时间≤10s，不应烧穿试样 |
| 60° 试验 | 长 762，下夹具与上面滑轮之间的试样跨度为 610 | 外焰高度 76.2mm，内焰高度 25mm，火焰温度>954℃，点火时间 30s | 续燃时间≤30s，平均滴落物燃烧时间≤3s，平均烧焦长度≤76mm |

4. 飞机客舱高分子材料阻燃性能研究存在的问题及建议

在对飞机客舱用高分子材料阻燃性能的研究及应用过程中，也存在着一些不足，值得学者们进一步进行思考和探究。

（1）阻燃测试环境条件的特殊性

飞机客舱的压力、温度、湿度等环境条件并非常温常压，当前的测试方法均是在常温常压下开展的，并没有考虑到客舱的特殊环境对高分子材料阻燃性能测定的影响。

① 客舱压力。飞机的主要增压区域包括驾驶舱、客舱和货舱，如图 4-6。起飞后飞机的座舱压力介于地面大气压力和飞机所在高度的大气压力之间，每种型号的飞机都会有自己的“座舱压力制度”，图 4-7 是波音 737 飞机的座舱压力制度图示。

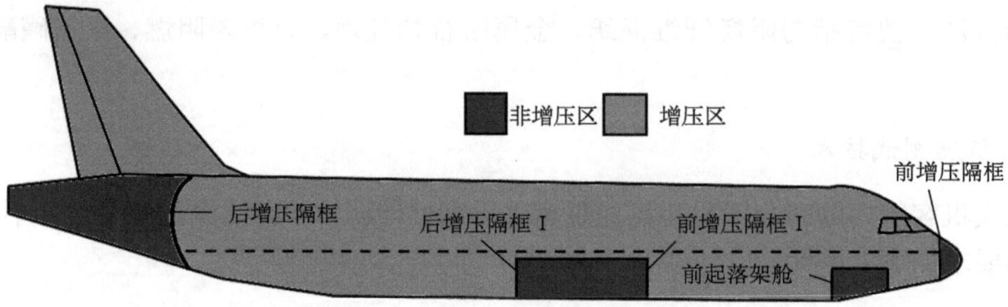


图 4-6　飞机的主要增压区域

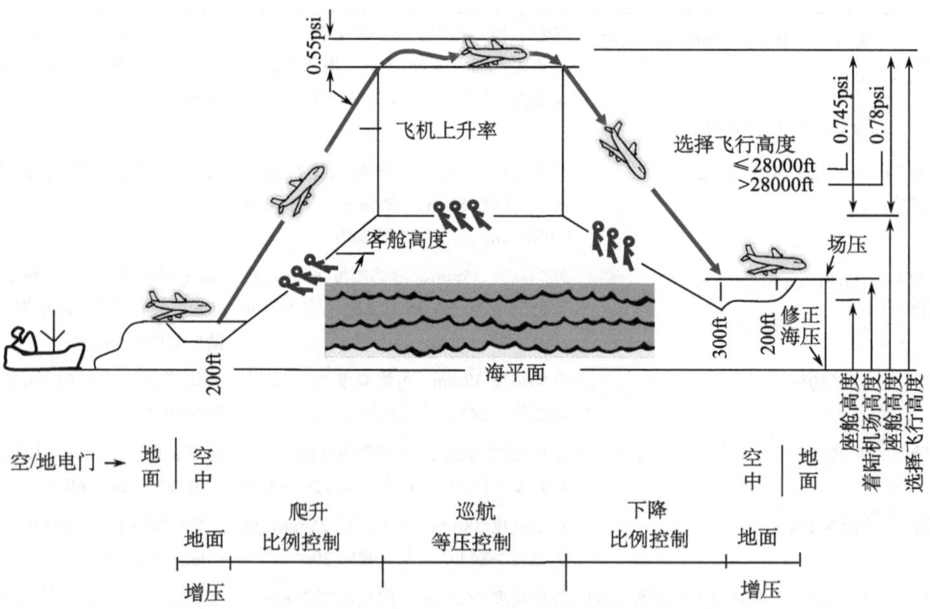


图 4-7　波音 737-700 飞机的座舱压力制度图示

座舱高度指的是座舱内部气压所对应的标准大气压力高度，代表现在时刻飞机座舱内气压等于多高海拔的气压。《ASHRAE Handbook》[23]中对座舱压力的规定：飞机飞行高度达到12000m时，座舱压力通常达到相当于2100m左右高度处（77.9kPa）的压力值，以保证在没有额外氧气供应的情况下维持乘客正常的生理机能。座舱和外界环境之间的压力差要低于60kPa。FAR/JAR 25.841规定：正常运行状态下，保证最大飞行高度处的客舱压力不高于2450m高度处的压力。

此外，一般飞机的“客舱高度”不超过3500m[24]，即61.64kPa，某些的客舱高度巡航时候在3000m左右，约相当于67.24kPa的压强。还有资料说，飞机一般需保持在飞机的最大飞行高度下，客舱内的压力水平必须保持同 2400m 高度时大气压力相同，即73.96kPa。海拔高度与压力的关系如表4-7所示，并满足公式（4-1）。

**表 4-7　海拔与平均大气压的对应值**

| 海拔/m | 气压/kPa | 海拔/m | 气压/kPa |
|---|---|---|---|
| 0 | 101.30 | 2100 | 77.90 |
| 100 | 100.10 | 2200 | 76.20 |
| 200 | 98.80 | 2300 | 75.08 |
| 300 | 97.60 | 2400 | 73.96 |
| 400 | 96.40 | 2500 | 72.84 |
| 500 | 95.20 | 2600 | 71.72 |
| 600 | 94.00 | 2700 | 70.60 |
| 700 | 92.80 | 2800 | 69.48 |
| 800 | 91.70 | 2900 | 68.36 |
| 900 | 90.50 | 3000 | 67.24 |
| 1000 | 89.40 | 3100 | 66.12 |
| 1100 | 88.30 | 3200 | 65.00 |
| 1200 | 87.20 | 3300 | 63.88 |
| 1300 | 86.10 | 3400 | 62.76 |
| 1400 | 85.00 | 3500 | 61.64 |
| 1500 | 84.00 | 3600 | 60.52 |
| 1600 | 82.90 | 3700 | 59.40 |
| 1700 | 81.90 | 3800 | 58.28 |
| 1800 | 80.90 | 3900 | 57.16 |
| 1900 | 79.70 | 4000 | 56.04 |
| 2000 | 78.90 | | |

$$Y = -0.011x + 100.8，r^2 = 0.998 \tag{4-1}$$

式中，$Y$为气压，kPa；$x$为海拔，m；$r^2$为相关性系数。

② 客舱温度。冬季、夏季客舱温度控制水平应符合表4-8的要求。

表 4-8 各现行标准中对环境温度的控制要求（单位：℃）[25]

| 季节 | JAR/FAR | CCAR | ASHRAE Handbook Aircraft | GB9673 | ASHRAE Handbook Buildings | GB18883 | GB50189 |
|---|---|---|---|---|---|---|---|
| 夏季 | — | — | 地面/巡航 25/24 | 24~28 | 23~26 | 22~28 | 25 |
| 冬季 | — | — | 地面/巡航 21/24 | 18~20 | 21~23 | 16~24 | 20 |

③ 客舱湿度。由于国产大客机是国内短途飞行，湿度不作过高要求，按现有调研结果，要求客舱内相对湿度≥5%[25]。商用飞机相对湿度 10%~20%[24]。

（2）无卤阻燃

目前在飞机上使用的某些高分子材料仍采用含卤阻燃剂，具有一定安全隐患。建议大飞机上需做阻燃处理的高分子材料都应采用无卤阻燃剂以提高阻燃性能。

（3）烟密度

有些高分子材料综合性能较好，但烟密度太大，这将会给人员逃生带来一定的威胁。例如 ABS，其烟密度很大且抑烟技术尚不完善，因此建议大飞机上不采用 ABS 等高烟密度的高分子材料。

## 4.3 火灾探测系统

### 4.3.1 客舱火灾探测

电离区域型、光电型、管道式三种类型的烟雾探测器经认证可用于飞机客舱盥洗室和船员休息室以及一些厨房、电视台、视频控制中心和商务中心。由于乘客和客舱乘务员具备识别烟雾的能力，主客舱空间不需要专门的烟雾探测系统。从图 4-8 中可以看到天花板安装的电离烟雾探测器（a）和光电烟雾探测器（b）的典型面板。

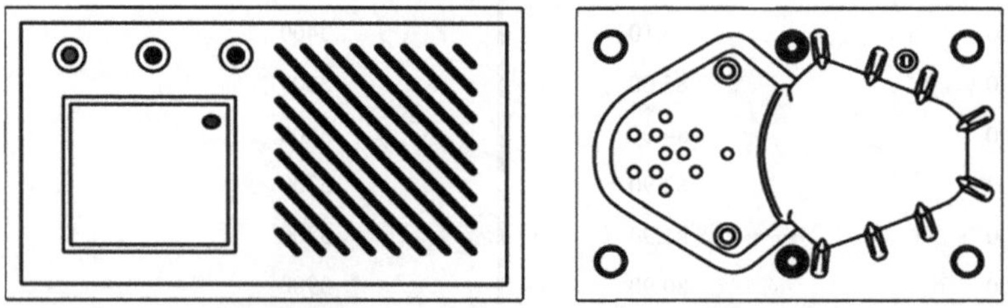

(a) 电离烟雾探测器　　(b) 光电烟雾探测器

图 4-8 天花板安装的烟雾探测器

电离烟雾探测器设计成可以检测在燃烧过程中产生的电离颗粒，这些电离颗粒在发生火灾时可以通过盥洗室或客舱的对流进行携带。电离烟雾探测器通常安装在受保护空间的天花板或上侧壁中。光电烟雾探测器通过散射光的反射来检测空气中烟颗粒的存在，依靠空气中的颗粒被对流地携带到感测室中，通过感测室传输指示灯的光。如果存在烟雾，它会将光反射到光电管上并触发警报。较新生产的飞机使用基于使用两个离散波长的先进烟雾传感器的光电检测器来确定烟雾的存在并区分烟雾和非烟雾气溶胶。这些也安装在受保护空间的天花板或上侧壁中。管道式探测器类似于光电烟雾探测器，但它们通常安装在受保护空间的壁面之后。

每个烟雾探测系统都有一个内置的电子测试能力开关，可以随时检查系统的电气和检测传感器的完整性。烟雾的检测将受到室内容积及轮廓、空气分布及燃烧颗粒数量的影响。航空公司进行了广泛的实验室和飞行测试，以确定传感器的最佳位置，使其能够在所有条件下最有效地检测烟雾。

在带有排气加热系统的往复式动力飞机，或装备有燃烧加热器的飞机上，为保证乘客和机组人员的安全，其客舱探测器多选用一氧化碳探测器[26]。张丹等[27]研究发现客舱天花板与机壳之间存在有隐藏区域，如图 4-9 所示，该区域的功能是为了提高客舱的防潮隔热/隔音的功能而专门设置的，隐蔽区域的内部遍布了大量电线，一旦导线老化极易造成火灾，但由于该区域发生火灾时位置较为隐蔽，起火初期阶段很难发现火源。因此，如何实现一氧化碳探测器的更早期火灾报警成了改进飞机客舱用一氧化碳探测器的当务之急。

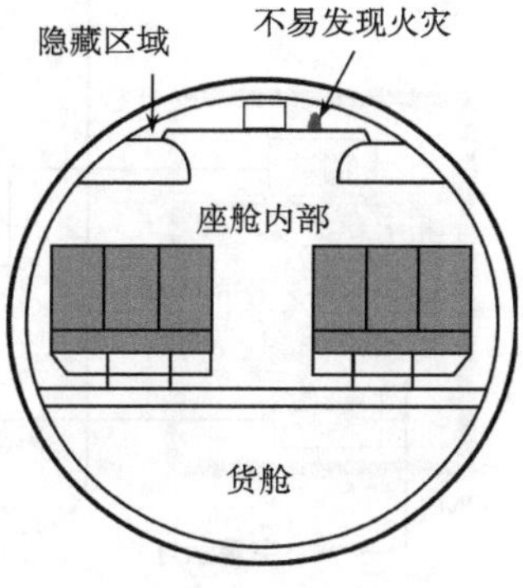

图 4-9　客舱隐蔽区域示意图[27]

### 4.3.2　盥洗室火灾探测

载客能力大于等于 20 人的飞机会要求配备有烟雾探测系统来检测盥洗室的烟雾情况[28]。烟雾信号会传输到驾驶舱发出光报警，或者在盥洗室、乘务员站发出声光报警，使乘务人员较容易察觉到火情。烟雾探测器安装在盥洗室的天花板上，如图 4-10 所示。

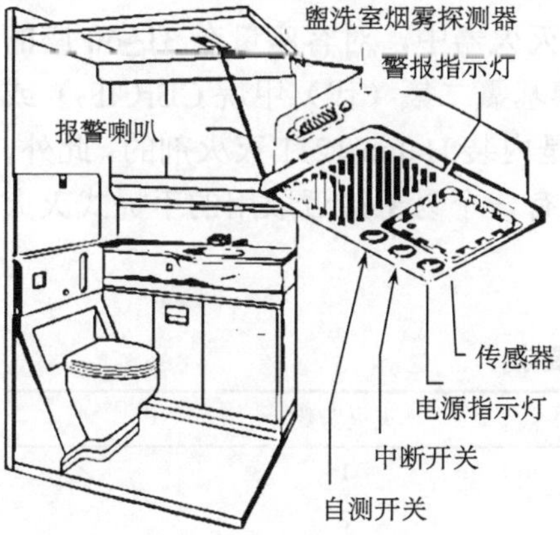

图 4-10　盥洗室烟雾探测[28]

基于图 4-11 可以看到，盥洗室烟雾探测器由 28V 左/右主直流总线供电。一旦烟雾探测器内部的感应腔存在烟雾，红色的警示 LED 灯就会亮起。定时电路可实现断续通地，警示喇叭和盥洗室电话灯间歇性运行，烟雾探测回路继电器接地，激励继电器为天花板电子单元（overhead electronics unit，OEU）在中央监控系统（central monitoring systems，CMS）提供一个接地信号。这一接口有以下标识：盥洗室主电话灯闪烁，客舱系统控制面板（cabin system control panel，CSCP）和客舱区域控制面板（cabin area control panel，CACP）弹出快显窗口，盥洗室电话鸣响。然后可以按下盥洗室电话的复位开关，或者烟雾探测器中断切换至取消烟雾警示的状态。如果盥洗室中仍残留有烟雾，红色的警示 LED 灯将会继续亮起。当烟雾消散后，所有的烟雾警示标识将会自动关闭。

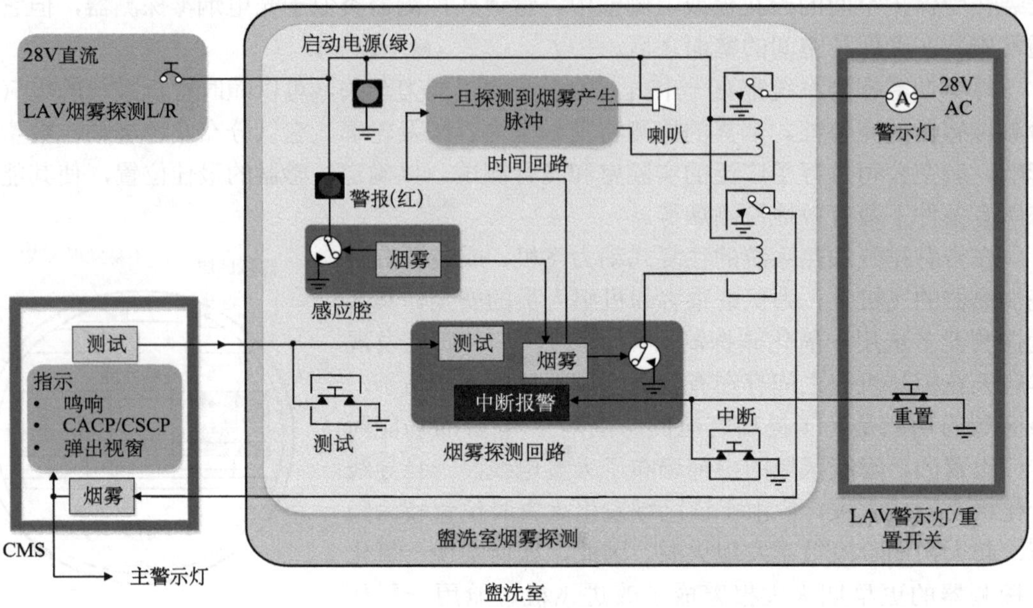


图 4-11　盥洗室烟雾探测器简图[28]

## 4.4 灭火系统

### 4.4.1 客舱手提式灭火瓶

适航条款[18]要求，客舱内必须有均匀分布、可方便取用的手提式灭火器，而且手提式灭火器必须满足下列数量要求。在舱内要求设置的灭火器中，对客座量在 31~60 座的飞机，必须至少有一个是内装 Halon 1211 灭火剂（溴基氯二氟（代）甲烷 $CBrClF_2$）或等效物的，对客座量≥61 座的飞机，必须至少有两个是内装 Halon 1211 灭火剂的。此外，位于客舱上面或下面的每个厨房内，必须至少放置或有一个易于接近取用的手提式灭火器。表 4-9 给出了客舱灭火器数量要求。

**表 4-9　客舱灭火器数量要求**

| 客座量 | 灭火器数 |
| --- | --- |
| 7~30 | 1 |
| 31~60 | 2 |
| 61~200 | 3 |
| 201~300 | 4 |

续表

| 客座量 | 灭火器数 |
|---|---|
| 301~400 | 5 |
| 401~500 | 6 |
| 501~600 | 7 |
| 601~700 | 8 |

## 4.4.2 盥洗室自动灭火器

每个盥洗室都要求配备有一台嵌入式的可自动释放的灭火器，用以扑灭垃圾桶内的火灾。盥洗室灭火器瓶体有两只喷嘴，内部填充有加压 Halon 1301 灭火剂或替代灭火介质。当垃圾桶内部温度达到约 170℉（76.7℃）时，密封在喷嘴处的易熔合金便会熔化，哈龙灭火剂喷射而出。判断灭火瓶是空还是满的通常采用的方法是测量瓶体的重量。盥洗室灭火器如图 4-12 所示。

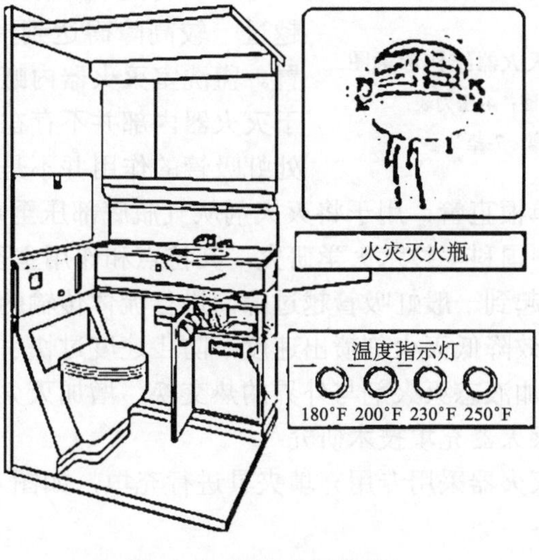


图 4-12 盥洗室灭火器

### 4.4.2.1 盥洗室数量及位置

针对一级舱，每 20 位乘客或更少一些设一个盥洗室，每增加 25~30 个座位增加一个，对较大余数也加一；针对经济级，每 50 位乘客或更少一些设一个盥洗室，每增加 50~55 个座位增加一个，对较大余数也加一。

在确定盥洗室位置时，应将以下因素纳入考虑范围。首先，每个舱室至少有一个盥洗室，避免穿过其他舱室使用盥洗室，避免穿过厨房工作区域使用盥洗室；其次，盥洗室应布置在乘坐舒适性差的地方，如尾吊涡扇发动机飞机客舱后部、涡桨飞机桨叶平面附近等，而且应考虑客舱布置的灵活性，能较容易地改变座椅布置；最后，希望每一个舱室有一个可供残疾人使用的盥洗室。

#### 4.4.2.2 盥洗室灭火器研发

飞机盥洗室灭火器主要由英国 FFE 公司和美国太平洋科技公司生产，目前国内中国科学技术大学对此展开了深入研究，并研发了飞机盥洗室自动灭火器。本节将对中国科学技术大学自主研发的盥洗室灭火器展开介绍。

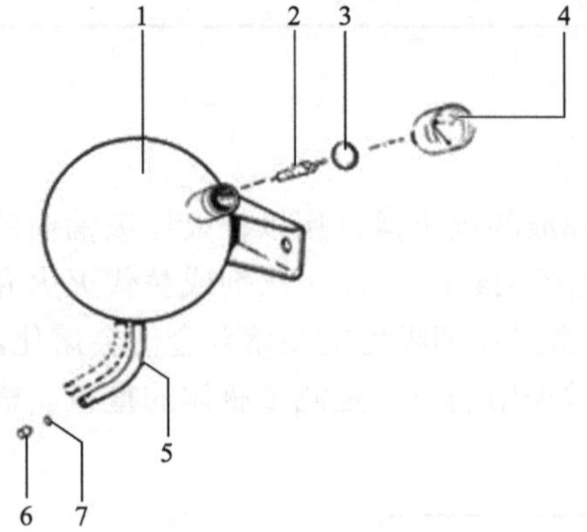


图 4-13 飞机盥洗室自动灭火器结构示意图
1-瓶体；2-气门芯；3-O 型圈；4-压力表；
5-喷管；6-易熔合金塞；7-垫片

（1）飞机盥洗室自动灭火器结构研究

飞机盥洗室自动灭火器简单结构如图 4-13 所示。瓶内充有高压 Halon 1301 灭火剂，通过气门芯进行密封，喷头处以 76℃易熔合金进行密封。实际使用中，将喷头插入到飞机盥洗室废物箱内，一旦有火灾发生，易熔合金喷头迅速熔化，哈龙灭火剂喷出，达到快速灭火的目的。

（2）虹吸管作用研究

虹吸管是利用液体重力和大气压力使液体越过一较高障碍达到较低目的地的最简单的装置。盥洗室灭火器内虹吸管如图 4-14 所示。由于灭火器内部并不存在需要越过的障碍，因此此处虹吸管的作用并不是其一般作用。一般手提式灭火器内的虹吸管为单根直管，用于将灭火剂从气瓶底部压至喷头，其结构与作用均与本灭火器不符。经过中国科学技术大学研究，其特点和作用主要有以下几点：

① 该结构并不是起到一般虹吸管越过障碍进行流体传输的作用；

② 该结构能够有效降低灭火剂喷出速度，防止速度过快引起火星飞溅；

③ 该结构能够增加液态灭火剂与外界的热交换，增加灭火剂喷出后的分布效果。

（3）飞机盥洗室灭火器充填技术研究

飞机盥洗室自动灭火器采用专用充填夹具进行充填，如图 4-15 所示。

图 4-14 FFE 公司飞机盥洗室灭火器虹吸管示意图

图 4-15 专用充填夹具



图 4-16 喷头结构示意图

（4）易熔合金喷嘴研究

喷嘴部位主要组成结构如图 4-16 所示，其中喷头为铜质，具有较高的导热系数。

（5）飞机盥洗室灭火器喷射实验研究

飞机盥洗室废物箱模拟火灾实验显示，根据 DOT/FAA/AR-96/122《飞机盥洗室废物箱自动灭火器最低性能标准》中的有关标准，中国科学技术大学制作了飞机盥洗室废物箱模型。根据其中的要求，对废物箱进行了燃烧实验，实验结果显示，在装入 0.815kg 废纸后，整个燃烧过程持续约 10min，分为两个阶段，前 6min 为阴燃，放出大量烟气，后 4min 转为明火燃烧，如图 4-17 所示。

图 4-17　飞机盥洗室废物箱火灾

气密性试验显示，中国科学技术大学研制的样机充入 2.0MPa 氮气后安装压力表，放入水中无气泡产生，前端易熔合金塞及后端压力表连接处密封性均良好。

高低温试验显示，中国科学技术大学研制的样机在低温 3h 处理后放入酒精中检验气密性，易熔合金塞密封性能良好；经过高温 3h 后，样机气密性良好，前端易熔合金塞未见明显形变。

动作温度试验显示，将中国科学技术大学研制的样机充入额定压力（2.0MPa）空气后放入高温箱，不断升温，经过两次喷射试验，喷射温度稳定在 77℃。

灭火效果试验显示，将 0.815kg 约 40%湿度浸湿 24h 的卫生纸放入废物箱模型，将中国科学技术大学研制的样机充入 0.170kg Halon 1301 灭火剂，点燃纸张 1min15s 后样机动作，喷射持续时间约为 7s。动作后经过 2min 观察并未发现复燃现象，后将燃烧剩余物摊开，未见阴燃现象，灭火成功。

总结来讲，中国科学技术大学研制的样机在气密性、动作温度及灭火效果方面均已基本达到使用要求。

### 4.4.3　不同灭火系统灭客舱火灾的有效性研究

#### 4.4.3.1　手持式灭火器灭客舱火灾

Marker 等[29]曾针对手持式灭火器对客舱天花板区域隐蔽火的灭火有效性展开了测试研究，主要涵盖了隐蔽区域材料易燃性研究及主动防火设计、宽体飞机客舱隐蔽火及测试、窄体飞机客舱隐蔽火及测试三个方面。

在针对隐蔽区域材料易燃性研究及主动防火设计的研究工作中，Marker 等[29]通过测试通风管道、导线、面板、夹具以及在隐藏和难以进入的区域内的其他硬件等材料的易燃性，将这些材料升级到与隔热/隔音材料同等水平的耐火材料等级，并通过测量手持式 Halon 1211 灭火器的灭火有效性来评估客舱的受保护水平[30]。其中全尺寸绝缘电缆在客舱顶部区域的布线如图 4-18 所示[31]。在客舱上空灭火系统中，一个主要的问题是是否容易抵达起火点[32, 33]，为了实现在隐蔽区域快速定位和扑灭火灾，Marker 等[29]提出将灭火器的喷嘴插入安装在面板端口，从而不需要人员强行进入隐蔽区域。

宽体飞机隐蔽区域测试是在波音 747SP 飞机客舱上进行的。为了建立一个现实的、安全的火灾场景，实验采用小型的蜡烛灯来测量火灾的范围和体积。蜡烛是以石蜡为基础的盘，密封在一层保护金属的裹布上，以防止蜡的溢出和点燃（图 4-19）。在 Marker 等[29]所开展的测试中，通过不同的方式释放一个 2.5lb 的 Halon 1211 灭火器来观察六支蜡烛的熄灭情况，实验结果如表 4-10 所示。Marker 等[29]在宽体飞机上进行的测试表明，将手持灭火器配合使用天花板上的释放口时，对客舱内隐蔽火灾的效果甚微。一个可能的原因是舱顶天花板上空间较大，而同时天花板安装的端口的效率是不可预测的。排放的少量灭火剂不足以安全保护这一庞大的空间，导致成功率较低。

图 4-18　客舱顶部区域电缆试验[31]

图 4-19　客舱顶部区域测试中所使用的蜡烛灯[29]

**表 4-10　波音 747SP 宽体机身客舱测试中熄灭的蜡烛数量[29]**

| 端口 / 蜡烛灯 | 天花板孔洞 | 有 5 个拓展口的原始设计 | 没有扩展口的 Grill 设计 | 没有扩展口的直通管设计 | 有 1 个扩展口的 Grill 设计 | 有 1 个扩展口的直通管设计 | 有 2 个扩展口、没有端头 |
|---|---|---|---|---|---|---|---|
| 6 支沿着顶点（轴向） | | 测试 1 | | | | | |
| | X | 0 | X | X | X | X | X |
| 6 支靠近顶点（垂直） | 测试 3 | 测试 2 | 测试 4 | 测试 5 | 测试 6 | 测试 7 | |
| | 6 | 1 | 5a | 5b | 5c | 6 | X |
| 6 支天花板顶部 | 测试 12 | | 测试 11 | 测试 10 | 测试 9 | 测试 8 | 测试 13 |
| | 0 | X | 3 | 3 | 4 | 6 | 4 |

a：没有熄灭有接动着排放口的蜡烛灯

b：没有熄灭距离排放口最远的蜡烛灯

C：没有熄灭从排放口开始又第四个蜡烛灯

X：没有进行测试

窄体飞机隐蔽区域测试是在波音 737-200 窄体飞机进行的[29]，与宽体飞机上天花板又高又大不同的是，窄体飞机的舱顶面板是可以向下旋转并打开，人员可以无限制地进入客舱的顶部区域。实验中[29]，将蜡烛灯挂在一个液压管道上，在点燃了所有 6 个蜡烛之后，立即重新布置好天花板上的面板。通过天花板上的端口将 2.5lb 的 Halon 1211 灭火器完全释放，经过短暂的 1min 的沉降期使灭火剂可以完全分散在舱顶的上空。然后，打开天花板上的面板，以检查蜡烛灯。所有测试都遵循以上这个过程，测试结果如表 4-11 所示。

**表 4-11　窄体飞机测试中熄灭的蜡烛灯数量**

| 端口 / 蜡烛灯 | 只安装配件 | 原装排放头 | Grill 设计的喷头 | 直通设计的喷头 | 天花板孔洞 |
|---|---|---|---|---|---|
| 6 支沿着顶点（轴向） | 测试 1 | 测试 2 | 测试 3 | 测试 4 | 测试 5 |
| | 2 | 4 | 3 | 1 | 6 |
| 6 支靠近顶点（垂直） | 测试 6 | 测试 7 | 测试 8 | 测试 9 | 测试 10 |
| | 2 | 4 | 2 | 1 | 6 |

总结来讲，Marker 等[29]的研究结果发现，小型手持灭火器应用在宽体飞机客舱上空暴露出了其在熄灭大型、广阔区域火灾的局限性，但在窄体飞机上进行的类似时对客舱顶部区域火灾的抑制效果显著增加，这是由窄体飞机的舱顶区域空间受限所导致；Marke 等的另一个重要发现是，如果可以降低或移除天花板的面板，可以直接进入到客舱顶部区域，那么就可以显著提高灭火效率。尽管在测试中所使用的窄体飞机的特殊锁定机制最初很难操作，但经过多次模拟试验后，操作将更为熟练。

#### 4.4.3.2　水喷淋系统灭火器灭客舱火灾

FAA 曾开展实验以评估飞机客舱机载水喷淋灭火系统，主要包括[34]：①研究如何有效防止碰撞后火灾；②衡量过去所发生事故的潜在危害；③研究意外排放水喷淋对飞行、乘客和服务维护的不利影响。FAA 的研究结果表明水喷淋系统用在飞机客舱是可行的。此外，还研究了如何优化水喷淋灭火系统以减轻机体增重带来的影响。

Hill 等[35]曾开展了一系列全面的火灾测试以评估飞机客舱机载式水喷淋系统抵抗撞击后火灾的有效性。测试对象选取了窄体和宽体两种机身，研究了在机身开口附近风力驱动作用下的外部燃料火灾（8ft×10ft 油盘的航空煤油）以及扑向完整机身的静态燃料火灾，使用有效剂量分数（FED）进行危害分析，结果表明除了最严重的火灾场景之外，水喷淋系统的存在可以为机上人员提供约 2~3min 的额外的逃生时间。此外，Hill 等[35]还提出了分区水喷淋系统的概念，在每个区域以 300℉为触发温度进行分区水喷淋系统设计，全尺寸测试结果表明，一个分区制的水喷淋系统可以比连续水喷淋系统多提供 10%水量的保护能力。

## 4.5 人员疏散

人员疏散时间受多种因素影响[36]，如紧急出口的设置、乘客特点和机组人员技能等。飞机客舱的人员疏散直接影响到乘客的生命安全，如何合理地对客舱进行防火设计，科学地评估其人员疏散能力是航空安全领域的重点研究方向之一。

### 4.5.1 人员疏散设计要求

针对应急撤离，适航条款[18]要求，每个有机组成员和旅客的区域，必须具有在起落架放下和收上时撞损着陆并考虑飞机可能着火时可以迅速撤离的应急措施。对客座量大于 44 座的飞机，其最大乘座量的乘员必须能在 90s 内在模拟的应急情况下从飞机撤离至地面，该乘座量包括申请合格审定的中国民用航空局有关营运规定所要求的机组成员人数在内。

对于在主舱下面设置服务舱（该舱在滑行和飞行期间可以有人、但在起飞与着陆期间不得有人）的飞机，采用下列三项规定：

首先，每个下层服务舱必须至少有两条应急撤离路线供该舱中的乘员在正常和应急照明条件下迅速撤至主舱：在该舱两端各一条，或两条相隔较远。这些路线的安排必须考虑失去活动能力者在别人帮助下撤离，使用撤离路线不得依赖任何有动力的装置，路线的设计必须尽量减少由于下列原因而发生堵塞的可能性：起火、机械故障或结构破损，或者有人挡住撤离路线或站在其顶部出口处。一旦飞机的主电源系统或舱室的主照明系统失效，每个下层服务舱的应急照明必须自动接通。

其次，在驾驶舱与每个下层服务舱之间，必须有双向通话设施，并且在失去正常的电源系统后仍可工作。

最后，必须有在正常与应急情况下都能听见的应急音响警报系统，使得驾驶舱内的机组成员和在每个与地板齐平的应急出口处的机组成员均能对下层服务舱中的乘员发出应急警报。

### 4.5.2 人员疏散的计算机模拟研究

#### 4.5.2.1 人员疏散模拟研究现状

曾有飞机制造商[37]对志愿者进行过“90s 规则”认证测试紧急疏散演习。而仿真方法可以使研究者便捷地模拟各种场景中的人员疏散，并根据需要调整参数，反复运算，从而更全面地获取人员疏散行为的规律；此外，其在费用和安全性两方面的优势同样显著，还可以有效地分析人员疏散过程，为确定合理的人员疏散路径提供依据[38]。

人员疏散问题的研究是随着人们安全意识的提高应运而生的。1950 年以来，国内外专家学者在人员疏散方面进行了大量的研究与探索，得到了很多有意义的成果[39]。在飞机人员疏散研究方面，国外学者不但进行了人员紧急疏散演习，还进行了大量的飞机人员疏散模拟研究。Sharma[40]采用 AvatarSim 软件进行模拟，研究了 90s 撤离过程中人们的集体行为、恐慌和压力等因素对疏散时间的影响。Galea[41]采用 air EXODUS 软件分析了飞机火灾人员疏散中的人行为。Chang[42]使用 air EXODUS 对紧急疏散情况下能满足“90s 规则”的最优客流方案进行了模拟研究。上述研究着重分析疏散中的人的行为及疏散路径对疏散时间的影响。1999 年，澳大利亚 Brnnan 调查了澳大利亚维多利亚州 1990~1995 年发生的 109 起火灾，获得了遇难者年龄和性别的构成比例，并研究了年龄和性别的构成比例对人员逃生的影响[43]。可以看到，根据建筑内人员疏散研究的报道，人员组成的差异性会对人员疏散时间造成很大影响，但目前在飞机人员疏散研究中没有该方面研究的成果见诸报道。与国外相比，国内学者对飞机人员疏散问题的研究基本上属于起步阶段。

#### 4.5.2.2 人员疏散模拟软件简介

（1）Pathfinder 软件[44]

Pathfinder 是由美国 Thunderhead Engineering 公司开发的一款人员疏散模拟软件。该软件由图形化用户界面模块、模拟计算模块、三维结果显示模块 3 部分组成。Pathfinder 模型以房间为主体，形成人员的可行走区域，通过门和楼梯将相同或不同楼层的房间连接，以人员到达出口为疏散目标。Pathfinder 模型中的人员根据以下数据进行定义：人员名称、行走速度、反应时间、使用出口、身体尺寸、颜色、坐标。在疏散初始时刻，Pathfinder 为每个人员生成疏散路径。疏散开始后，人员在沿疏散路径向出口疏散的过程中会对周围环境变化做出响应，从图 4-20 所示的 5 个转向向量中选择最理想方向修正路线。

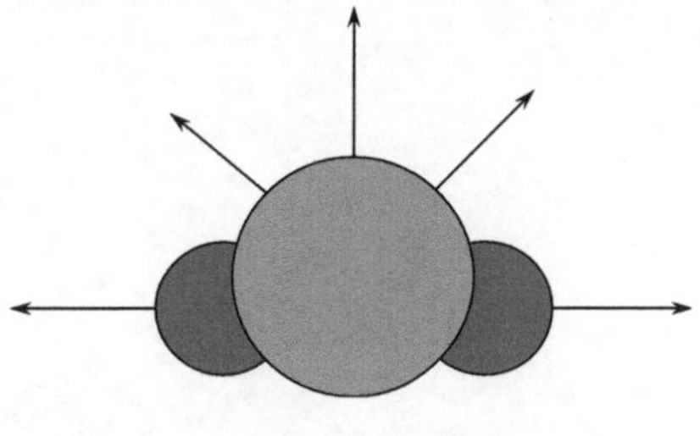

图 4-20 人员可选转向向量

Pathfinder 可以直接描绘疏散开始后各个时刻各个场所的人员分布，也可以分解构筑物区域，展示各个区域的人员逃生路径，还可以通过三维动画视觉效果展示灾难发生时的场景。同时，Pathfinder 运用计算机图形仿真和游戏角色领域的技术，对多个群体中每个个体运动都进行图形化的虚拟演练，从而实现准确确定每个个体在灾难发生时的最佳逃生路径和逃生时间。

（2）EXODUS 软件[45]

EXODUS 是由英国格林威治大学火灾安全工程研究室开发的一款人员疏散模拟软件，可计算模拟分析建筑物的硬件设施及其相关因素。EXODUS 软件包含多个子模型，如今模型家族包括应用于飞机的 air EXODUS、应用于建筑环境的 Building EXODUS、应用于海洋环境的 Martime EXODUS、应用于观察三维疏散模拟过程的 VR EXODUS 等。它能够在更短的时间内测试更多设计方案的疏散性能，摆脱了用人做试验所带来的高开销和潜在危险性。EXODUS 包括人员、运动、行为、毒性和危险子模型共五个主要子模型，这些影响和行为子模型联系起来，依次输入个人的运动。EXODUS 采用三个圆来代

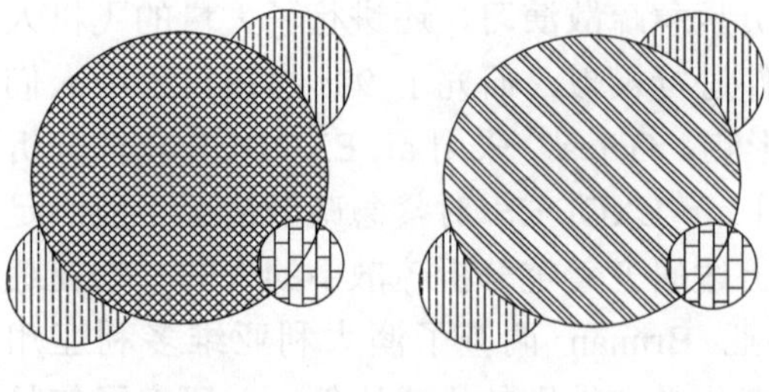

图 4-21　EXODUS 人群设定

表每一个人的平面面积，每一个被模拟的人由一个位于中间的不完全的圆圈和两个稍小的、与中间的圆重叠的圆圈所组成，它们排列在不完全的圆圈两侧，如图 4-21 所示。可通过输入人员的性别、年龄、速度和耐心，精确模拟实际的人员。

（3）Simulex 软件[46]

Simulex 是由苏格兰集成环境解决有限公司开发的，用来模拟大量人员在多层建筑物中的疏散，该软件只能模拟紧急情况下的人员疏散活动，不能模拟建筑物正常运作情况下的人流运动。Simulex 将一个多层建筑物定义为一系列通过楼梯相连接的二维楼层平面图。楼梯和楼层片面由“link”连接，在模型中将其位置放在出口的位置。模型中的人员可以通过“link”从楼层进入楼梯，反之亦然。同 EXODUS 类似，Simulex 采用三个圆来代表每一个人的平面面积，可以精确地模拟实际的人员。每一个被模拟的人由一个位于中间的不完全的圆圈和两个稍小的、与中间的圆重叠的圆圈所组成，如图 4-22 所示。但是，目前 Simulex 还没有尝试模拟能见度和毒性危害对人员可能产生的影响，尚无法真实反映火灾对于人群疏散的影响。

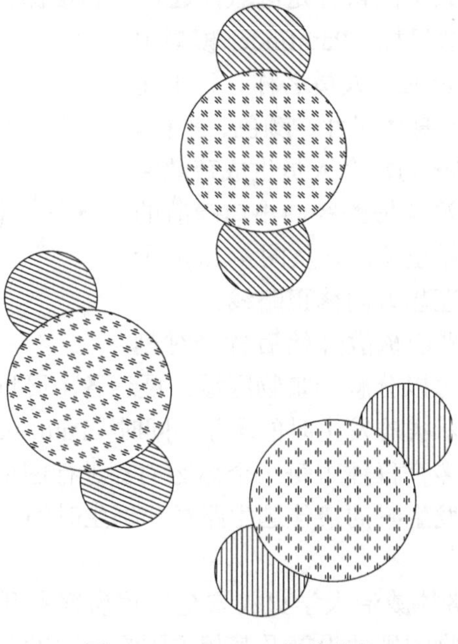

图 4-22　Simulex 人群设定

（4）STEPS 软件[47]

STEPS 是由 Mott MacDonald 设计的一个三维疏散软件，英文全称是 simulation of transient evacuation and pedestrian movements，中文全称是瞬态疏散和步行者移动模拟。该软件对疏散人数没有要求，可以模拟办公区、体育场馆、购物中心和地铁车站等人员密集区域在紧急情况下的快速疏散。基于人群的基本运动原理，STEPS 主要采用元胞自动机模型来模拟人员的疏散行为，对人群描述充分，能够根据实际情况做出正确的设定。在人群设定方面，STEPS 软件可以分配具有不同属性的人员，给予他们各自的耐心等级和适应性，也可以指定年龄、体型和性别，使得该软件具有很大的灵活性。

图 4-23 STEPS 人群设定

### 4.5.3 人员疏散的影响因素

统计数据显示，在商用飞机发生的多起死亡事故中，每 300 万里程中就有 1 次大范围伤亡[48]。事故记录还显示，大多数事故发生在起飞或降落过程中，这是飞行中最关键的阶段[49]。随着经济水平的日益发展和人们生活水平的不断提高，航空旅行预计将会逐渐增加。2005 年 7 月，国际民航组织调研发现，在 2005 年的前 10 年里，死亡事故和死亡人数一直在稳步下降；2005 年与这一趋势相悖，略高于前 10 年的年度平均水平。然而，尽管事故发生率很低，但飞机飞行里程的增加意味着事故的实际数量或频率可能会上升，而且，通常会引起媒体和公众关注的是事故的数量，而不是发生概率，因此航空工业必须努力提高其安全性能。

一般来说，飞机事故可以分为三种不同的类别。第一类事故是致命的，或者是不能生还的。这些都是影响力超出人类承受能力的事故，因此没有人能幸存下来。第二类包括其中一些机组人员和乘客生还的事故，这些事故在技术上被认为是可存活的。第三类事故是指所有机组人员和乘客都能存活的事故，这就是所谓的可存活的事故。NTSB 发现，1983~2000 年间发生事故的 121 家航空公司的总体生存率为 95.7%[50]。

为了确保尽可能多的乘客能存活下来，使他们能够成功逃离飞机机身，需要一套严格的防撞标准来规定飞机客舱设计的严密性，使乘客可以尽可能远离冲击力[51]。然而，一旦火灾进入到客舱，在火情恶化到人员无法支撑生命的程度之前，通常只有不到 2min 的时间。因此，实现客舱人员有效而迅速的疏散是非常重要的。

1970 年，Snow 和 Carroll[52]提出影响成功应急疏散的因素可以分为四组：结构、环境、生物行为、程序。所有这些因素都能影响在事故发生时应急撤离的速度和成功率，也是客舱人员应急疏散研究的主要对象。

① 结构变量与飞机客舱的物理布局有关，包括进入紧急出口的通道、这些出口的尺寸和位置、座位密度、通道的位置和宽度、走廊以及辅助机组人员的间隔。

1985 年，一架波音 737 客机在曼彻斯特起飞，机上有 131 名乘客和 6 名机组人员。在起飞过程中，左引擎持续存在一项故障——一个机翼燃料箱罩板被穿透，泄漏燃料迅速点燃。当飞机完全停下的时候，机舱里充满了黑色的刺鼻烟雾，这让乘客们迅速感到恐惧而惊恐。在呼叫撤离前，许多乘客试图沿着通道向前移动，乘客们在过道里拥挤、磕绊、跌倒，一团乱糟糟的状态向前移动。通向前端出口的通道只有 22.5in 宽，一些乘客为了避免拥堵，爬过了座椅靠背，从而使疏散情形变得更糟糕。

除了乘客的拥挤外，还存在一些障碍影响快速抵达出口。例如，机组人员曾在机舱前部操作运行第 I 类出口时遇到了困难[53]。其中，左边的滑动门必须手动操作，这扇门在飞机停了大约 10s 后才可以使用；右边的门卡在滑动的容器盖上，直到飞机停了 1min10s 后才打开。

② 疏散的环境因素是由特定的情况决定的，举例说明，环境因素包括烟雾、火或热、照明程度以及客舱外的天气。

飞机起火的烟雾很可能是含有有毒化学物质的混合物。Trimble[54]报告了一个 DC-9 由于飞行中发生的火灾而紧急着陆的案例。在下降的过程中，机舱里充满了黑色的刺鼻烟雾。乘客试图用客舱机组人员发放的衣服或毛巾捂住鼻子和嘴巴。当飞机着陆的时候，幸存者报告说他们眼前都看不到自己的手。那些从机翼出口撤离的幸存者后来表示，他们几乎没有勇气和清醒的头脑来分辨哪个是出口。因此，由有毒气体引起的认知和行为障碍会延迟幸存者逃跑撤离，从而加深人体与有害毒素的接触。随着事态的发展，这种由衰弱引起的疏散抑制行为将持续进行，从而使逃跑的可能性越来越低。

③ 生物行为因素与乘客自身有关，包括他们是否关注安全信息、他们的身体健康状况和年龄以及他们的动机。

乘客在紧急情况下的行为通常取决于他们对自己所处情况准备的充分程度。一旦出现紧急情况，乘客的准备工作将成为影响生存能力、疏散效率和受伤率的一个重要因素。在一项研究中，美国国家运输安全委员会调查了 1962~1984 年间发生的 21 起事故[55]，调查发现，在发生事故时，以下情形可以降低乘客受伤或死亡的风险：乘客注意到乘务员的口头安全通报和演示；乘客认真阅读安全卡，熟悉安全设备的位置和操作；在紧急情况下，乘客被很好给予激励，对采取正确的措施做好了充足的准备。

由于关注安全信息和乘客生存率之间存在的相关性，运营商向乘客简要介绍紧急应急程序是非常必要和有意义的。在英国，运营商必须向乘客提供紧急出口、安全带、供养设备、救生衣、地面道路照明系统以及在紧急情况下供乘客使用的任何其他设备的简要介绍和使用方法。同样，在美国，联邦航空条例要求乘客必须接受关于吸烟、紧急出口、安全带和漂浮设备的简要介绍。然而，研究一再表明，真正地让乘客参与到安全知识简介中去仍然是非常困难的，乘客常常并不是非常注意这些信息。

④ 程序因素是控制疏散情况的监管和操作规范，包括标准操作程序和机组人员的培训、经验和行为。

在一项研究中，Cranfield 大学的波音 737 客舱模拟器被用于调查客舱机组人员行为及指令对乘客疏散率的影响[56]。测试工作分为三种。第一种疏散工作中，机组人员可以为乘客提供自信、简洁、积极的疏散命令，并在适当的情况下使用肢体动作帮助乘客。第二种疏散工作中，机组人员礼貌地要求乘客撤离，并没有表现出强硬的行为或命令。第三种疏散工作中，机组人员先于乘客之前完成撤离，模拟了机组人员丧失引导工作能力的情况。研究结果表明，后两种疏散测试所获得的疏散率相似。相比之下，第一种测试中在机组人员较果断的指令之下，乘客的疏散率是最高的。这些发现证实了程序因素在确保有效疏散方面的重要性，同时也强调了乘务员角色在服务与安全性方面的重要性。

然而，这一发现可能是一把双刃剑。在紧急情况下，认为机组人员对乘客安全负有责任的乘客可能因此不太为自己的安全负责[56]。在紧急情况下，机组人员的职责和工作量限制了他们不可能向每一位乘客提供帮助。此外，一旦出现紧急情况，机组人员本身也可能丧失能力。因此，需要对机组人员进行严格训练并接受定期的反复训练，以提高他们在紧急情况下的应变能力，使其能够正确使用语音命令和肢体语言向乘客清楚地传达疏散指令。

## 4.5.4 客舱应急出口

在民用飞机的设计中，如何保证在紧急情况下，乘客可以在规定的时间内安全撤离飞机是一个必须考虑的问题，这就对应急出口的数量、类型、位置、布置等提出了一定的要求。应急出口的形式和数量决定了飞机的最大载客能力。应急出口的布置应均匀合理，充分考虑乘客的分布情况。另外，水上迫降的飞机，吃水线以上应有应急出口。

### 4.5.4.1 应急出口类型

应急出口的类型有多种，表 4-12 示出了各种类型应急出口的尺寸。

**表 4-12 各型应急出口尺寸（单位：mm（in））**

| 类型 | A | B | C | I | Ⅱ | Ⅲ | Ⅳ |
|---|---|---|---|---|---|---|---|
| 最小宽度 | 1067（42） | 813（32） | 762（30） | 610（24） | 508（20） | 508（20） | 433（19） |
| 最小高度 | 1829（72） | 1829（72） | 1220（48） | 1220（48） | 1118（44） | 915（36） | 661（26） |
| 最大圆角半径 | 356（14） | 271（10.6） | 254（10） | 204（8） | 170（6.7） | 170（6.7） | 161（6.3） |

### 4.5.4.2 应急出口数量及位置

中国民用航空规章对应急出口的数量做出了具体的要求，见表 4-13。当座位数超过 179，但不超过 299 时，应按表 4-13 的要求增加应急出口。当座位数超过 299 时，机身每侧的每个应急出口必须是 A 型、B 型、C 型或 I 型。增加一个符合中国民用航空规章要求的机腹型应急出口，允许增加 12 个座位，一个尾锥型应急出口，允许增加 25 个座位（表 4-14）。

**表 4-13　不同座位数所需应急出口数量**

| 座位数 | 机身每侧所需应急出口类型及数目 | | | |
|---|---|---|---|---|
| | I | II | III | IV |
| 1~10 | — | — | — | 1 |
| 11~19 | — | — | 1 | — |
| 20~39 | — | 1 | — | 1 |
| 40~59 | 1 | — | — | 1 |
| 60~79 | 1 | — | 1 | — |
| 80~109 | 1 | — | 2 | — |
| 110~139 | 2 | — | 1 | — |
| 140~179 | 2 | — | 2 | — |

注：表中座位数不包括机组成员数；在机身每侧可布置两个IV型应急出口来代替一个II型应急出口

**表 4-14　各型应急出口允许增加的座位数**

| 机身每侧增加应急出口类型 | 允许增加的座位数 |
|---|---|
| A 型 | 110 |
| B 型 | 75 |
| C 型 | 55 |
| I 型 | 45 |
| II 型 | 40 |
| III型 | 35 |
| IV型 | 9 |

中国民用航空规章还对各型应急出口位置及门槛高度做出了规定，如表 4-15 所示。对于水上迫降的飞机，若表 4-15 中的各型应急出口位于吃水线以下（上单翼飞机通常如此），则飞机上部至少应有两个尺寸不小于III型的应急出口。

**表 4-15　各型应急出口位置及门槛高度（单位：mm（in））**

| 类型和位置 | 最大门槛高度 | |
|---|---|---|
| | 客舱内部 | 客舱外部 |
| I 地板平面 | — | — |
| II 地板平面 | — | — |
| II 机翼上方 | 254（10） | 432（17） |
| III 机翼上方 | 508（20） | 686（27） |
| IV 机翼上方 | 737（29） | 915（36） |

#### 4.5.4.3 应急出口布置

中国民用航空规章要求应急出口在客舱长度方向的位置应均匀布置，并要求两相邻应急出口之间的距离应小于 18.3m（60ft）。在应急出口位置分析时，引入下列术语。

【客舱分区】通常指两相邻应急出口之间所构成的客舱段。

【应急出口撤离率】指在给定时间内（90s）从应急出口撤出的人数。

当最大载客能力在 179~299 之间时，各型应急出口的撤离率与表 4-14 中允许增加的座位数相同；当客座数≤179 时，非 I 型应急出口的撤离率与表 4-14 中允许增加的座位数相同，I 型应急出口的撤离率为最大载客能力减去其他非 I 型应急出口的撤离率，然后除以机身每侧 I 型应急出口的个数，即为 I 型应急出口的撤离率。例如，某飞机最大载客能力为 160，机身每侧需要两个 I 型应急出口和两个Ⅲ型应急出口，而这种应急出口的布置允许的最大载客能力为 179，所以 I 型应急出口的撤离率为

$$(179-2\times 35)/2=55 \tag{4-2}$$

【应急出口系数】该系数与撤离率有关，某型应急出口的撤离率除以Ⅲ型应急出口的撤离率，然后近似到较小的 1/4 上，即为该型应急出口的应急出口系数，见表 4-16。

表 4-16 各型应急出口系数

| 应急出口类型 | I | II | II | A |
| --- | --- | --- | --- | --- |
| 应急出口系数 | 1.25~1.5 | 1 | 1 | 3 |

【客舱长度】指最前面与最后面的应急出口中线之间的距离，如果在最前面的应急出口之前或最后的应急出口之后布置有四排或四排以上座椅，则客舱的起点或终点从最前或最后的座椅前缘算起。

【机身长度因子】客舱长度除以各个客舱分区应急出口系数之和。

【应急出口偏差】指理论计算的应急出口中心线与实际飞机上应急出口中心线的距离。在进行应急出口位置的分析时，要考虑下列两个方面：一是应急出口与客舱座椅的关系；二是应急出口在机身上的相对位置。

#### 4.5.4.4 应急出口无障碍通道宽度

在进行客舱布置时，靠近应急出口处座椅、厨房、盥洗室、衣帽间等的布置，均应考虑到无障碍通道宽度的要求。表 4-17 为各型应急出口无障碍通道最小宽度要求。为满足应急出口无障碍通道最小宽度要求，靠近应急出口处的座椅布置，可以采用加大排距，限制座椅靠背后倾，去掉一个座椅等措施。靠近应急出口处厨房、盥洗室、衣帽间等的布置，也应满足最小通道宽度的要求，并考虑帮助乘客撤离的乘务人员的活动区域。CCAR-25[18]规定此区域不小于 305mm×508mm（12in×20in）。

表 4-17　无障碍通道最小宽度（单位：mm（in））

| 应急出口类型 | A | B | C | Ⅰ | Ⅱ | Ⅲ |
|---|---|---|---|---|---|---|
| 最小宽度 | 915（36） | 915（36） | 915（36） | 915（36） | 508（20） | 458（18） |

#### 4.5.4.5　应急撤离试验

按中国民航条例 CCAR-25[18]的要求，必须通过实际演示或分析和试验相结合以证明最大客座量的乘员能在 90s 的时间内完成从飞机至地面的撤离。对于客座量大于 44 座的飞机，如果不能用分析和试验的方法来表明，那么必须通过实际演示来表明是否满足 CCAR-25 的要求。

（1）应急撤离实际演示

在进行实际演示之前，应准备一个试验计划，包括演示的时间和地点、试验装置的布局、飞机机组培训大纲等细节；此计划应尽早提交适航当局，以便及时对大纲进行评审并安排有关人员参加。

① 针对演示的旅客组成有一定的要求。首先，至少 30%必须是女性；其次，至少 5%必须是 60 岁以上的人，其中有按比例的女性；再次，至少 5%，但不超过 10% ，必须是 12 岁以下的儿童，在此年龄范围内按比例分配；最后，必须由旅客携带三个与真人大小一样的玩偶，以模拟 2 岁或不到 2 岁的孩童。表 4-18 所示的两组年龄-性别分布与上述规定可认为等效。

表 4-18　等效年龄-性别分布

| 组别 | 年龄（岁） | 占总百分比/% | 女性占比/% |
|---|---|---|---|
| （1） | 21~50 | 80 | 30 |
| | 51~59 | 15 | 40 |
| | 60 以上 | 5 | 30 |
| （2） | 18~50 | 75 | 30 |
| | 50~60 | 25 | 40 |

② 演示的主要要求有如下几条。

• 必须在黑夜或白天模拟黑夜的条件下进行；

• 飞机必须处于起落架放下的正常状态；

• 只可用飞机上应急照明的系统照明；

• 必须配备飞机计划运行中所需的全部应急设备；

• 每个外部舱门或出口，以及每个内部舱门或帘布都必须处于起飞时的状态；

• 空勤人员必须坐在起飞时通常规定的座位上，直至接到演示开始的信号为止，且空勤人员必须是按规定的空勤组成员；

• 乘员必须系紧座椅安全带和肩带；

• 演示开始前，必须将总平均量一半左右的随身携带的行李、毛毯、枕头和其他类似物品分放在过道和应急出口通道的若干地点，以造成较小的障碍条件；

• 不得事先向任何空勤人员或旅客指示演示中要使用的待定出口；

• 演示前不得对参与演示者进行训练、排演或描述演示情况，且参加演示者也不应在演示前的 6 个月内参加过类似的演示；

• 在试验开始之前，机组人员和乘员都不应听到或收到任何关于演示将要开始的示意，飞机上的人员得到的第一指示应是试验开始信号；

• 如果在要使用的出口布置了安全垫和其他装置，参加者应通过通道或其他方法进入飞机以防他们看到飞机的外部；

• 应告诉预期参加者演示的目的和预计的参加时间，也应向他们描述演示开始前后的任何逻辑过程，但不能透露试验的细节参数。

③ 当发生如下情况的一种或几种时，必须进行实际演示，而不能用分析来代替：

• 没有足够的试验数据进行分析；

• 出口的数量和形式与以前批准的不一致（即一种新的开口布置）且所要求的载客能力等于或接近所允许的极限，这里的“接近”指的是在最大允许值的 5%范围内，并不超过原先演示布置的 5%；

• 分析表明预期使用某个应急出口的乘客数量比此出口以前演示的多；

• 机组人员的职责比以前演示时的更复杂、更费力，即机组编制改变或服务人员的座位有较大变动，这样，以前演示时机组人员的作用便无效了；

• 旅客座椅布置比以前演示过的有变化并具有相同出口的布局（指出口的数量和形式）的飞机增加了 5%以上（无需是同样型号的飞机）。

（2）分析方法

使用分析的方法可以减少实际演示中所造成的人员受伤数量，并排除掉那些不能提供更多有价值的演示，但使用的分析必须以实验为依据并保证其分析结果的可靠性。为了更好地进行分析，下面给出了一些指导性原则。

① 用分析代替实际演示来证明飞机撤离能力的前提是要有充分的试验数据。分析应是实际演示结果的保守预测，所以分析中的假设也应是偏保守的。

② 要确定撤离分析所用的数据能否充分评估许多因素。

③ 为了防止将分析扩展到全新的飞机应急出口布置和载客能力，应与具有相同出口形式和数量飞机的实际演示进行比较分析。对载客能力减少、应急出口布置更改了的飞机应进行分析。所分析的飞机应与以前批准的类似飞机进行比较，并应考虑载客能力、旅客布置、通道、机组人员的位置、机组人员的职责、出口位置及出口分布变化等因素，应确定他们之间的任何差别对撤离能力的影响。

④ 对每个出口应评估机组人员到达应急撤离指定位置的时间、完全打开出口的时间、滑梯展开时间、撤离率、客舱内的座椅分布及机组大员旅客的能力。

## 4.6 客舱火灾计算机模拟

为了揭示客舱火灾所涉及的火灾动力学的细节，更有效地实现乘客疏散，降低死亡危险，有必要对可能的客舱火灾蔓延规律进行研究。目前，研究火灾发展蔓延规律的方法大致有三种：理论推导、实验测试和数值模拟。首先，理论推导得出的结论普遍适用性比较强，能够为实体实验测试和数值模拟的结果提供一定的理论支持。但是通常来讲，理论推导所采用的理论较为单一，不足以反应火灾演变过程中复杂的湍流流动、热传导和热辐射过程。其次，实体实验测试出的结果可信度强，不论是理论推导抑或是数值模拟所得到的结果只有在经过实体实验进行验证之后其结果才具有实用价值。但是，实体实验测试需要大量人力物力，花费昂贵且耗时长，当所研究的对象其影响因素较多时，就很难实现对所有工况都进行实验测试。与前两种方法相比，数学建模提供了一种更便宜和更普适的替代方案，该方法具有花费少、可无限制重复模拟、能够模拟各种工况条件下的火灾情景等特点，且容易得到火灾过程中火场的各种模拟数据。

### 4.6.1 客舱火灾模拟技术

在描述飞机客舱火灾方面，区域性模拟和场模拟均已推广使用[57]。区域建模方法代表了目前使用的最先进的技术，DACFIR 是可用于飞机火灾的最复杂的区域建模包[58]。场模拟方案虽然还处于起步阶段，但正在成为“受限火灾”建模新技术，它已经成为建筑火灾领域中更广泛接受的工具[59-61]。前人曾使用场模拟对飞机客舱火灾进行建模，但尝试局限于二维研究[62]。Galea 和 Markatos[1]对飞机客舱的火灾进行了三维模拟，但缺乏对飞机客舱几何形状的准确描述。

目前，在飞机客舱火灾发展蔓延规律的研究方面，应用的比较广泛的场模拟软件有 FLUENT、PONEICS、CFX 等通用模拟软件，以及 SMARTFIRE、FDS 等专用火灾模拟软件。其中，通用模拟软件 FLUENT、PONEICS 和 CFX 内部镶嵌有大量的火灾燃烧模型和湍流流动模型，在对流动传热方面的应用较多，但与专业的火灾模拟软件相比，此类软件对火灾发展蔓延规律的计算方面有缺陷，同时此类软件对相关参数的设置和模型的选择都在很大程度上依靠用户经验才能完成，模拟得出的结果往往与实体实验结果有较大的差距。专用软件 FDS 与 SMARTFIRE 都是基于相同的原理开发出来的火灾模拟工具，但二者相比之下，SMARTFIRE 软件的使用需要每年支付大量的年费，推广应用性不强，相反，FDS 模拟结果的有效性已被国内外众多学者验证，其应用范围涉及的领域极其广泛。

### 4.6.2 客舱火灾模拟研究现状

由于实体火灾试验会耗费大量的人力物力，实验周期相对较长，实验过程具有一定的危险性，有些实验现象（如坠机、爆炸等）具有不可控性，全世界只有少数几个国家有能力开展这种实验，各国火灾研究人员则另辟蹊径，依托现有的实体火灾实验数据，采用局部模拟或场模拟的方法，研究了飞机火灾的一些物性参数，工作量大大减轻，且能够模拟出实体火灾试验得不到的数据（如爆炸、人员伤亡情况）。

（1）国外研究概况

加拿大交通部采用 SMARTFIRE 软件模拟了 1998 年瑞士航空公司 111 航班导致 229 人死亡的空难事件[63]，模拟结果表明，采用 CFD 流体软件能够合理地重构失事客机客舱内部火灾与烟气蔓延的整个过程。

英国格林威治大学的防火安全工程学小组在 FAA 开展的 C-133 型客机实验数据的基础上，利用火灾模拟软件 SMARTFIRE 模拟了外部火灾引发的客舱轰燃[64]，该研究证明了采用模拟方法研究火灾轰燃时间的可行性。不同客舱内饰材料下机舱门启闭条件所引起的客舱轰燃时间如表 4-19。

**表 4-19　不同机舱门启闭条件下的客舱轰燃时间**

| 开启的机舱门 | 1、3 | 1、3、4 | 1、2、4 | 1、2、3、4 |
|---|---|---|---|---|
| 客舱轰燃时间/s | 187 | 193 | 不轰燃 | 不轰燃 |

注：机舱门 2 为后机舱门，与机舱门 1 相对；机舱门 3 为前机舱门，与火源同侧；机舱门 4 前机舱门，与机舱门 3 相对

在飞机客舱火灾模拟方面，Galea 和 Markatos [1]曾建立了客舱飞行中火灾情景的数学场模型，试图模拟真实形状的飞机客舱内湍流浮力流体和热传递，其模拟计算证明了预测飞机客舱内不扩散火灾行为的场模拟方法是可行的。火灾试验中，如果需要定量结果，则需要超过 20000 个单元的网格；如果使用 4200 个网格将只会形成定性的结果。Galea 等还发现飞机通风系统对燃烧机身温度分布有重大影响。在大多数商用客机中发现，系统从天花板通风口吹出冷空气，从地板通风口吸热空气，可以观察到地板附近的温度升高；在反向通风的情况下，地板附近的温度则会下降。Galea 等的研究结果证明了空气幕可以成功地降低地板附近的温度，使用这些排气方式可以有效控制客舱内部火蔓延的速度。

（2）国内研究概况

张积洪等[65]以波音 737-800 型飞机作为研究对象，采用数值计算 CFD 软件建模相结合的方式，模拟分析了客机失事后引发的燃油泄漏火灾，并最终得出了泄漏燃油池火各个燃烧阶段的总体火势以及火场环境中的热辐射强度。张青松等[66]提出了采用旋转矩形方块的方法来解决 FDS 火灾动力学模拟软件对飞机客舱圆弧形边界结构进行边界建模的局限性，并通过一系列的推导计算获得了拟合公式。仿真的结果表明，拟合公式在进行圆弧边界建模时具有一定的合理性。张青松等[67]利用火灾模拟软件 FDS 仿真模拟了飞机客舱与机舱门处 CO 的体积分数变化规律，为消防与应急救援提供依据。张青松[68]等同时利用 FDS 及 PyroSim 对飞机客舱发生火灾的条件下进行模拟，系统研究了开启或关闭机舱门的条件下，客舱内部的热烟气的蔓延规律、热烟气层温度变化、烟气的能见度三个指标。研究结果显示，合理的客舱火灾建模可以大致模拟出客舱内温度场分布以及热烟气层的蔓延规律。

## 本章参考文献


[1] Galea E R, Markatos N C. Modelling of aircraft cabin fires. Fire Safety Science, 1989, 2: 801-810.

[2] 王准. 飞机客舱火灾轰燃模拟研究. 广汉: 中国民用航空飞行学院, 2016.

[3] Galea E R, Markatos N C. A review of mathematical modelling of aircraft cabin fires. Applied Mathematical Modelling, 1987, 11(3): 162-176.

[4] SKYbrary. Passenger cabin fire. http: //www. skybrary. aero/index. php/Passenger_Cabin_Fire [2017-6-30]

[5] SKYbrary. MD11, en-route, Atlantic Ocean near Halifax Canada, 1998. http: //www. skybrary. aero/index. php/MD11, _en-route, _Atlantic_Ocean_near_Halifax_Canada, _1998 [2017-6-30]

[6] SKYbrary. DC93, en-route, Cincinnati OH USA, 1983. http: //www. skybrary. aero/index. php/DC93, _en-route, _Cincinnati_OH_USA, _1983 [2017-6-30]

[7] 张鹏飞, 王旭. 民航客机火灾风险浅析. 沈阳航空工业学院学报, 2010, 27(1): 77-80.

[8] Galea E R, Markatos N C. A review of mathematical modelling of aircraft cabin fires. Applied mathematical modelling, 1987, 11(3): 162-176.

[9] 罗云. 风险分析与安全评价. 北京: 化学工业出版社, 2004.

[10] Hill R G, Johnson G R, Sarkos C P. Postcrash fuel fire hazard measurements in a wide-body aircraft cabin. National Aviation Facilities Experimental Center Atlantic City NJ, 1979.

[11] Hill R G, Eklund T I, Sarkos C P. Aircraft Interior Panel Test Criteria Derived from Full-Scale Fire Tests. Federal Aviation Administration Technical Center Atlantic City NJ, 1985.

[12] Sarkos C P. Application of full-scale fire tests to characterize and improve the aircraft postcrash fire environment. Toxicology, 1996, 115(1): 79-87.

[13] Sarkos C P, Hill R G, Branch F S. Characteristics of transport aircraft fires measured by full-scale tests//AGARD Conference Proceedings No. 467. 1989, 11: 22-26.

[14] Sarkos C. Improvements in aircraft fire safety derived from FAA research over the last decade. Aircraft Structural Components, 2011.

[15] 夏祖西, 彭华乔, 苏正良, 等. 浅析飞机客舱防火. 消防科学与技术, 2009, 28(7): 498-501.

[16] 张鹏飞, 王旭. 民航客机火灾风险浅析. 沈阳航空工业学院学报, 2010, 27(1): 77-80.

[17] 王凯. 民航飞机火灾预防及扑救对策. 武警学院学报, 2007, 23(8): 14-16.

[18] CCAR-25-R4. 中国民用航空规章. 第 25 部, 运输类飞机适航标准.

[19] HB 5470—1991. 民用飞机舱内非金属材料燃烧性能要求.

[20] HB 6577—1992 民机机舱内部非金属材料: 烟密度试验方法.

[21] 夏祖西, 彭华乔, 苏正良, 等. 浅析飞机客舱防火. 消防科学与技术, 2009, 28(7): 498-501.

[22] 韩建竹, 夏英, 蹇锡高, 等. 膨胀型无卤阻燃 ABS 的制备及性能研究[J]. 工程塑料应用, 2007, 35(1): 8-11.

[23] ASHRAE Handbook：HVAC Applications.

[24] 杜璇, 周翔. 旅客运输机座舱空气品质及乘客热舒适调查研究. 人类工效学, 2014, 20(4): 49-53.

[25] 楼林, 李力涛. 民用飞机客舱空气品质评价体系研究. 科技信息, 2011 (22): I0369-I0370.

[26] Hole J L. System and method of carbon monoxide and fire detection and protection: US, US 20090005917. 2009.

[27] 张丹, 陆松, 李森, 等. 民用飞机火灾探测技术浅析. 消防科学与技术, 2014, 33(4): 423-426.

[28] FAA. Fire protection systems. https: //www. faa. gov/regulations_policies/handbooks_manuals/aircraft/

amt_airframe_handbook/media/ama_Ch17. pdf [2017-7-1]

[29] Marker T R, Suo-Anttila J, Gill W, et al. A preliminary examination of the effectiveness of hand-held extinguishers against hidden fires in the cabin overhead area of narrow-body and wide-body transport aircraft. New York: Office of Aviation Research and Development, Federal Aviation Administration, 2007.

[30] Marker T R. Development of improved flammability criteria for aircraft thermal acoustic insulation. FAA report DOT/FAA/AR-99/44, 2000.

[31] Cahill P. An evaluation of the flammability of aircraft wiring. FAA report DOT/FAA/AR-TNO4/32, 2004.

[32] Sarkos C. Improvements in aircraft fire safety derived foom FAA research over the last decade. Aircaft Strachtural Components, 2011.

[33] Cahill P. Flammability of aircraft insulation blankets subjected to electrical arc ignition sources. FAA report DOT/FAA/AR-TN00/20, 2000.

[34] Whitfield R T, Whitfield Q D, Steel J. Aircraft cabin fire suppression by means of an interior water spray system: an investigation carried out by safety (aircraft & vehicles) equipment limited with support from the. 1988.

[35] Hill R G, Marker T R, Sarkos C P. Evaluation and optimization of an on-board water spray fire suppression system in aircraft//Proceedings: Water Mist Fire Suppression Workshop, USA. 1993: 105-122.

[36] Miyoshi T, Nakayasu H. An emergency aircraft evacuation simulation considering passenger emotions. Computers & Industrial Engineering, 2012, 62: 746–754.

[37] Monajemi M. Evaluation and mitigation of aircraft slide evacuation injuries//Transportation Research Board of the National Academy, Washington. Washington: Airport cooperative research program, 2008

[38] Almeida J E, Rosseti R J F, Coelho A L. Crowd simulation modeling applied to emergency and evacuation simulations using multi-agent systems. Compllter Science, 2009.

[39] Gwynne S, Galea E R. View of the methodologies used in evacuation modeling. Fire and Materials, 1999, 23: 383–388.

[40] Sharma S. Multi-agent modeling and simulation of human behavior in aircraft evacuations. IEEE Transactions on Aerospace and Electronic Systems, 2008, 44(4): 1477-1487.

[41] Galea E R. Computer modeling of human behavior in aircraft fire accidents. Toxicology, 2008, 115: 63–78.

[42] Chang J. Study of optimal passenger flow pattern during emergency evacuation[D]. Maryland: Bowie State University, 2002.

[43] Brennan P. Victims and survivors in fatal residential building fires. Fire and Materials, 1999, 23: 305-310.

[44] 付阳阳，陆松，刘长城，等. 基于 Pathfinder 软件的飞机人员疏散模拟. 安全与环境学报，2015, 15(5): 189-194.

[45] Gwynne S, Galea E R, Lawrence P J, et al. Modelling occupant interaction with fire conditions using the buildingEXODUS evacuation model. Fire Safety Journal, 2001, 36(4): 327-357.

[46] Thompson P A, Marchant E W. Testing and application of the computer model 'SIMULEX'. Fire Safety Journal, 1995, 24(2): 149-166.

[47] Pelechano N, Malkawi A. Evacuation simulation models: Challenges in modeling high rise building evacuation with cellular automata approaches. Automation in construction, 2008, 17(4): 377-385.

[48] Marker T. Onboard cabin water spray system under various discharge configurations. 1991.

[49] Thomas L J, Caird-Daley A. Evacuation commands for optimal passenger management. Civil Aircraft, 2006.

[50] Matthews S. Safety and statistics: what the numbers tell us about aviation safety at the end of the 20th century. Bulletin of the History of Archaeology, 1997, 4(1): 193-222.
[51] NTSB. Survivability of accidents involving Part 121 US air carrier operations, 1983 through 2000. NTSB/SR-01/01, PB2001-917001. Washington DC. 2001.
[52] Snow C C, Carroll J J. Survival in emergency escape from passenger aircraft. Civil Aeromedical Inst Oklahoma City Okla, 1970.
[53] Masset-Boss E, Beaunis C, Carr M. Aircraft carbin wnfiguration: US, US20070278346. 2007.
[54] Trimble E J. The management of aircraft passenger survival in fire. Toxicology, 1996, 115(1–3): 41-61.
[55] Muir H, Marrison C, Evans A. Aircraft evacuations: preliminary investigation of the effect of non-toxic smoke and cabin configuration adjacent to the exit. CAA Paper 90013, Civil Aviation Authority. London, 1990.
[56] Muir H, Bottomley D, Hall J. Aircraft evacuations: competitive evacuations in conditions of non-toxic smoke. CAA Paper 92005, Civil Aviation Authority. London, 1992.
[57] NTSB. Airline passenger safety education: a review of methods used to present safety information. NTSB/SS-85/09, PB85-917014. Washington DC, 1985.
[58] Macarthur C D. Dayton aircraft cabin fire model, Version 3. Volume II. Program user's guide and appendices. Computer Program Documentation, 1982.
[59] Kumar S, Cox G. Mathematical modelling of fire in road tunnels- validation of jasmine. Publication of Transport & Road Research Laboratory, 1986.
[60] Markatos N C, Malin M R, Cox G. Mathematical modelling of buoyancy-induced smoke flow in enclosures. International Journal of Heat & Mass Transfer, 1982, 25(1): 63-75.
[61] Cox G, Kumar S. Mathematical model ling of fire in forced ventilated enclosures//18th DOE Nuclear Airborne Waste Management and Air Cleaning Conference. Baltimmore, 1985.
[62] Yang K T, Lloyd J R, Kanury A M, et al. Numerical calculations of turbulent buoyant flow in aircraft cabins. DOT/FAA/CT-82/61, 1983.
[63] Jia F, Patel M K, Galea E R, et al. CFD fire simulation of the Swissair Flight 111 in-flight fire–Part II: Fire spread analysis. The Aeronautical Journal, 2006, 110(1107): 303-314.
[64] Wang Z, Galea E R, Jia F. A computational study of the characteristics of aircraft post-crash fires//Proc Int Aircraft Fire & Cabin Safety Conf. 2007, 29.
[65] 张积洪，聂成楠，张金龙．失事客机燃油泄漏火灾的数值模拟．消防科学与技术，2013，32(11): 1206-1209.
[66] 张青松，戚瀚鹏，纪欢乐．基于 FDS 的飞机客舱火灾仿真环境设计．计算机工程与设计，2014，35(3): 995-998.
[67] 张青松，杨伟，纪欢乐，等．基于 CO 变化的飞机客舱火灾数值模拟．消防科学与技术，2014，33(1): 25-28.
[68] 张青松，纪欢乐，杨一楠．通风对飞机客舱火灾烟气影响模拟．消防科学与技术, 2012 (10).

# 5 飞机其他舱室防火技术与直升机防火系统简介

飞机轮舱和设备舱等舱室内设备多，火灾危险源种类多，火灾危险性大，而干舱容易受射弹袭击发生燃烧或爆炸，且干舱燃烧或爆炸容易引燃周围的燃油箱等设备导致二次损伤，严重影响飞机的飞行安全。本章首先从轮舱、干舱和设备舱等舱室的火灾危险性出发，在简要介绍轮舱、干舱和设备舱的结构特点的基础上，对飞机轮舱、干舱和设备舱等舱室的探测和灭火技术进行了详细介绍。固体推进式灭火技术作为一种 Halon 替代灭火技术，已经用于飞机干舱和弹舱，但推进剂的高燃温、不稳定燃烧等问题目前没有解决，针对推进剂存在的弊端，本章结合作者和国内外学者的相关工作，先开展新型的含能材料 5AT 的热稳定性和热解机理的研究；通过添加碳酸钙冷却剂来改善推进剂的燃烧性能；通过添加纳米过渡金属氧化物进一步改良推进剂的燃烧、热解特性，最终获得一种燃温低、燃速快、燃速压力指数低的新型 $5AT/Sr(NO_3)_2$ 固体推进剂。最后本章对直升机的火灾探测和固定灭火系统的组成和性能进行了阐述。

## 5.1 轮舱防火技术

### 5.1.1 轮舱火灾危险性

轮舱中最容易引发火灾的是飞机轮胎自燃和舱内的液压油泄漏燃烧，飞机轮胎的高抗冲击强度和低生热性能保证飞机起飞和降落时轮胎产生的静电荷均匀传至地面，但由于高温生热和剧烈磨损很容易产生轮胎胎面橡胶点状磨损、撕裂破损和胎面剥离，进而可能会引起火灾甚至机毁人亡的事故。如 1991 年 7 月 11 日，尼日利亚航空 2120 号班机从沙特阿拉伯阿卜杜勒-阿齐兹国王国际机场起飞后空中着火坠毁[1]（图 5-1），机毁人亡（261 人死亡），起火原因主要有以下四点：

① 飞机的二号轮胎的气压低于最低放行标准，因氮气没有提前备好，但为了不让航班延迟，飞机被放飞了。当飞机滑行时，没充满气的二号轮胎将负载转移到了同轮轴上的一号轮胎，造成一号轮胎过热和结构受损，一号和二号轮胎停止工作，机轮与跑道地面的摩擦产生足够的热量引发轮胎自燃；

② 由于在轮胎故障标准处理程序中没有包含因轮胎故障而中断起飞，所以机长决定继续起飞；

③ 飞机机轮处未装载火警或过热检测装置；

④ 起落架收回机舱后，正在燃烧的轮胎橡胶被拉到了液压和电力系统组件附近，造成液压和客舱增压系统的失效和飞机空中燃烧。

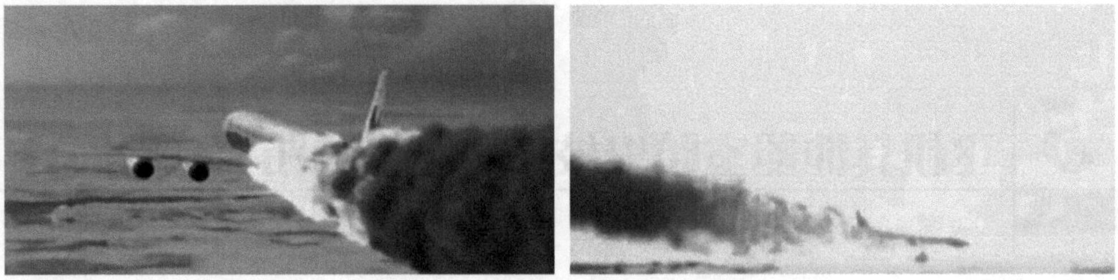

图 5-1　尼日利亚航空 2120 号班机坠毁

（来源：https://baike.so.com/doc/24259349-26347507.html）

## 5.1.2　轮舱简介

民用飞机轮舱位于机身下部，属于为非气密舱，其内除有起落架机轮（图 5-2）、刹车盘、整流罩等设备，还布置有大量的液压管路、飞控系统设备（飞行操纵关断活门、扰流板关断活门和液压马达等）、燃油系统设备（油箱增压泵和排水引射泵等）等系统的设备。

图 5-2　典型飞机起落架结构

（来源：https://baike.baidu.com/item/%E8%B5%B7%E8%90%BD%E6%9E%B6）

## 5.1.3　轮舱探测技术

### 5.1.3.1　过热探测系统设计依据

轮舱内有大量液压管路，存在可燃液体或蒸气，因此轮舱内最主要可燃物是液压油系统泄漏的液压油[2]，而轮舱内最主要热源是刹车盘，主要是因为主起落架机轮在滑跑过程中，轮胎与地面摩擦发热，这个热量在起落架收上过程中逐渐减弱至环境温度，而刹车盘在起落架收上过程中刹车制动时发热，因此一般在起落架轮毂刹车片中安装温度探测器。

根据《飞机设计手册》第 11 册第 4 章[3]规定，轮舱内易燃流体管路应安装牢固，影响飞行安全的关键部件应按照有关要求加以防护，需要时按飞机型号规范的要求在舱内设置过热探测器，过热探测器应符合火警探测系统设计的要求，主起落架舱过热探测如图 5-3 所示。

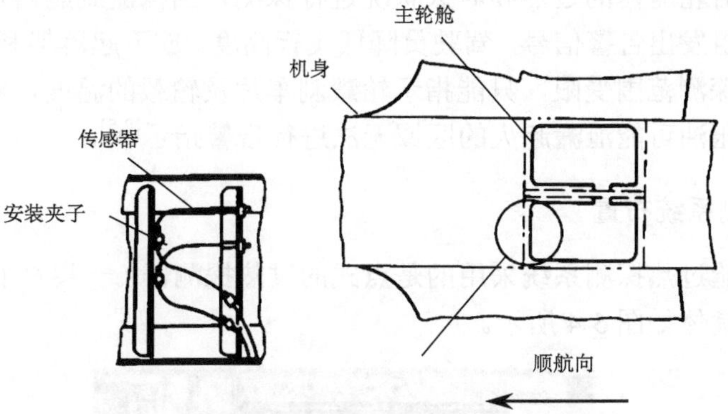


图 5-3 主起落架舱过热探测示意图[3]

根据 CCAR-25 第 25.863 条[4]的规定，可燃液体的防火：

① 凡可燃液体或蒸气可能因燃油系统渗漏而逸出的区域，必须有措施尽量减少燃油和蒸气点燃的概率以及万一点燃后的危险后果。

② 必须用分析或试验方法表明符合本条①的要求，同时必须考虑下列因素：

• 燃油渗漏的可能漏源和途径，以及探测渗漏的方法；

• 燃油的可燃特性，包括任何可燃材料或吸液材料的影响；

• 可能的引燃火源，包括电气故障，设备过热和防护装置失效；

• 可用于抑制燃烧或灭火的手段，如截止液体流动、关断设备、防火的包容物或使用灭火剂；

• 对于飞行安全是关键性的各种飞机部件的耐火耐热能力。

③如果要求飞行机组采取行动来预防或处置液体着火（例如关断设备或启动灭火瓶），则必须备有迅速动作的向机组报警的装置。

④凡可燃液体或蒸气有可能因燃油系统渗漏而逸出的区域，必须确定其部位和范围。

#### 5.1.3.2 过热探测系统组成

民用飞机轮舱配备有过热探测系统，轮舱过热探测系统要求符合 TSO-C11e 标准[2]，一般由结晶盐晶体型探测器组成的双环路探测元件对轮舱内主起落架轮胎附近温度进行过热探测，探测元件的阻值随温度的升高而减小，每个回路包括两个热敏电阻式探测器，两个回路的探测器电气上相互隔离、功能上互为冗余、物理上平行布置，探测器分别连接到控制器的两个独立的通道，由控制器进行持续监测，并对监测到的过热探测回路状态进行逻辑处理。当探测元件的阻值减小到设定值时，控制器通过飞机总线将过热告警信息发送给驾驶舱相应设备上，同时触发主告警开关。

#### 5.1.3.3 过热探测系统功能

为防止起落架轮胎由于温度过高发生爆破，保护舱内设备和结构损坏，飞机轮舱安装过热探测系统对轮舱内的过热和着火状况进行探测，当探测到舱内过热时，通过告警和指示系统向机组发出告警信号，驾驶员降低飞行高度，放下起落架利用高空气流灭火，但目前飞机温度探测范围受限，只能指示轮毂刹车片及轮毂的温度，对于轮舱内的温度场尤其是可燃液压油可能泄漏起火的区域无法进行告警指示[2,5]。

#### 5.1.3.4 过热探测系统布置

波音 787 轮舱过热探测系统采用的是点式的过热探测器（一共 6 个），布置在主起舱气密地板顶部，具体如图 5-4 所示。

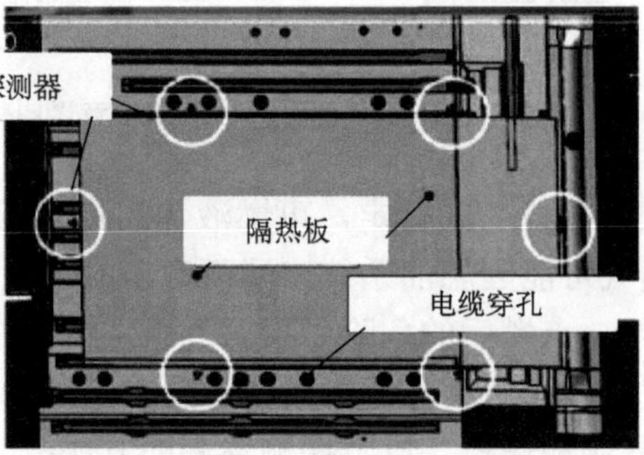


图 5-4 波音 787 轮舱过热探测器布置[2]

而波音 777 和 CRJ 飞机轮舱过热探测系统采用的是探测线，安装在主起舱顶部的气密地板上，具体如图 5-5 和图 5-6 所示。

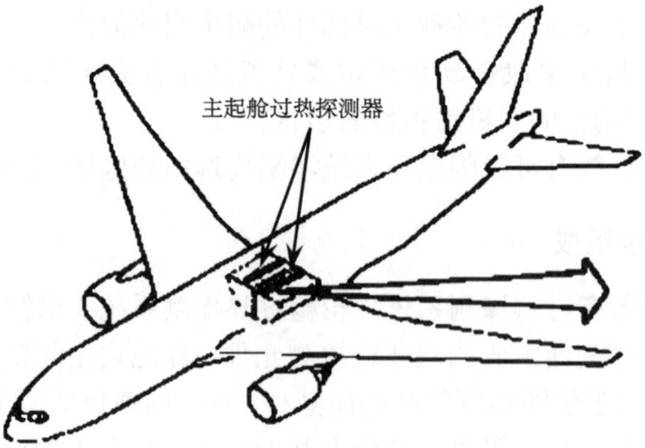


图 5-5 波音 777 轮舱过热探测器布置[2]

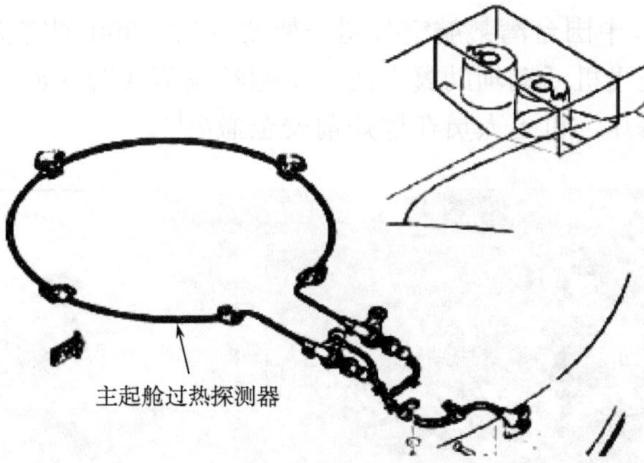


图 5-6 CRJ 机型轮舱过热探测器布置[2]@@

## 5.2 干舱防火技术

### 5.2.1 干舱火灾危险性

在飞机的各个系统中，飞机燃油系统的暴露面积通常占全机的 50%以上[6]，是飞机上最容易遭受金属碎片和射弹武器等其他外来物撞击或击穿的系统，在遭受击穿后燃油箱中含有的大量易燃的燃油会泄漏至附近的干舱，易引起干舱的燃烧和爆炸，而干舱的燃烧或爆炸通常会引起燃油箱的燃烧或爆炸、航电设备的损毁、干舱周围承力结构的毁伤等周围结构的二次损伤，因此飞机燃油箱附近干舱的燃烧和爆炸是导致飞机失效的主要原因之一。如 2000 年 7 月 25 日，法航的一架飞机从巴黎戴高乐机场起飞后坠毁，因在起飞中被跑道碎片击穿油箱而起火，最终坠毁[7]。

图 5-7 法国航空 4590 号班机空难[7]

2007 年 8 月 20 日，中国台湾某航空公司一架波音 737-800 型客机在日本那霸机场着陆后起火爆炸，原因是飞机活动辅助翼上的一个螺丝脱落（图 5-8），击穿燃油箱，然后导致燃油泄漏起火并爆炸，机上人员在爆炸前安全撤离[8]。

图 5-8　中国台湾某航空公司客机爆炸及脱落的螺丝[8]

对于军用飞机而言，干舱可能含有输送可燃液体的部件（例如燃料、液压油管路和液压油箱）以及潜在的引火源（例如排气管），作战环境使军用飞机遭受弹片击中的风险更大，分析越南冲突造成的飞机失事原因得出，一半是由于燃油起火和爆炸造成的，这其中一半是由于飞机干舱燃烧和爆炸造成的。燃料箱气隙周围的干舱区域，包含可燃的燃料-空气混合物，容易受到弹片损坏。从飞机生存能力的设计角度来看，燃料箱气隙和干舱是飞机主要的弹道易损地区，穿甲燃烧弹或烈性炸药可能会穿透燃料箱或其他含有可燃液体的部件，致使可燃液体释放到干舱，从穿透气隙的弹片释放出来的燃烧弹可能会点燃可燃液体，同时还会产生二次引火源，比如高温金属碎片，损坏飞机的其他系统。除此之外，过热的发电机，电路故障或接线引起的电弧等因素也可能导致干舱火灾。可见干舱的火灾危险性严重影响着飞机的飞行安全[9]。

### 5.2.2　干舱简介

飞机干舱是指位于飞机外表面蒙皮和内部结构之间的舱室或空腔，与燃料箱相邻，大部分空间是空的。如果干舱不是空的，其内部结构非常复杂，含有大量的燃油管路、液压油管路以及航电设备和线路等部件。干舱一般有四种类型：机翼前缘/后缘、机翼中间、机身燃油箱边界以及机身前后设备舱，飞机干舱位置如图 5-9 所示，分别位于机身

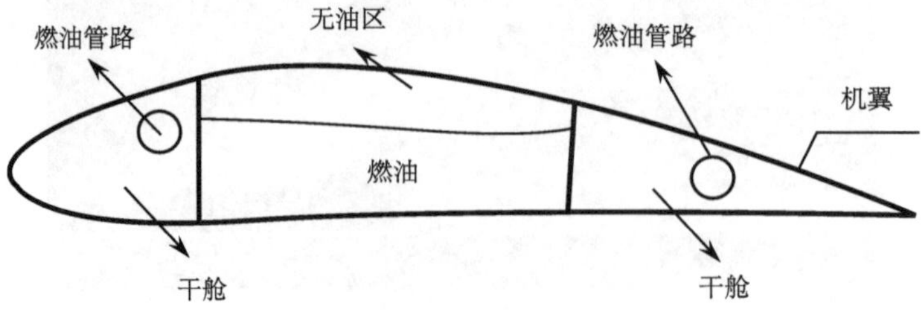


图 5-9　飞机干舱位置示意图

内部以及围绕燃油箱的机翼区域中，图 5-10 为靠近燃料箱的干舱内部结构，图 5-11 和图 5-12 分别为机翼干舱内部结构。

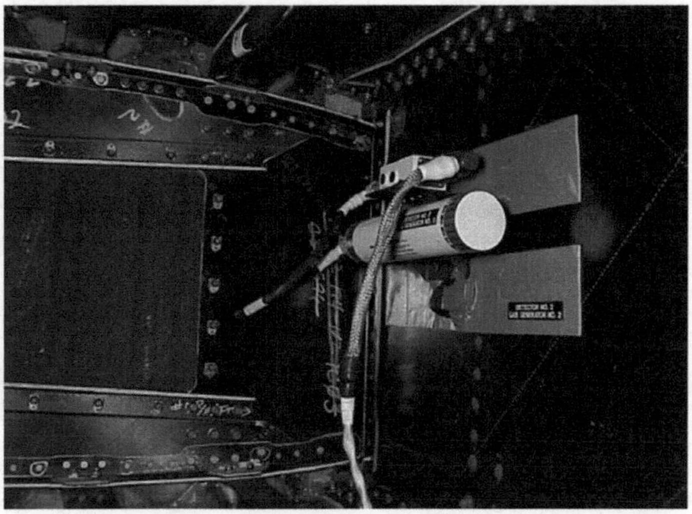

图 5-10　靠近燃油箱的干舱舱室，火灾探测器和灭火器安装在干舱内部

（来源：https://www.nist.gov/sites/default/files/documents/el/fire_research/Chapter-2.pdf）

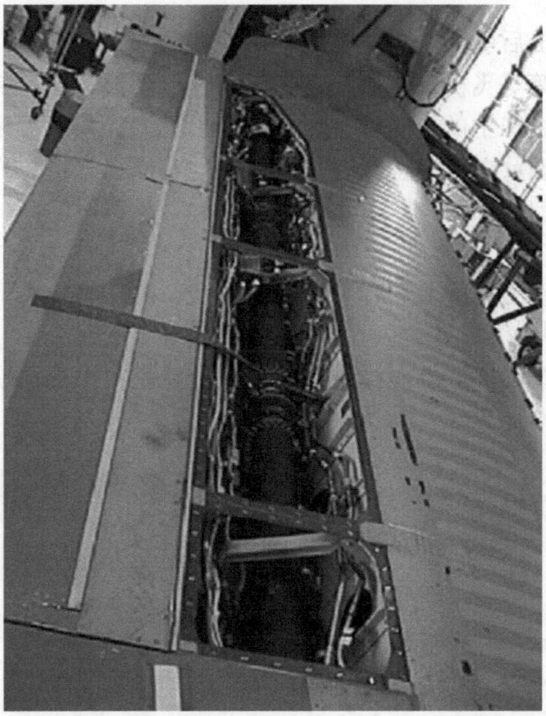

图 5-11　机翼干舱顶视图，包括驱动器、液压和电气系统组件

（来源：https://www.nist.gov/sites/default/files/documents/el/fire_research/Chapter-2.pdf）

图 5-12　机翼前端干舱，包括液压和电气系统组件

（来源：https://www.nist.gov/sites/default/files/documents/el/fire_research/Chapter-2.pdf）

### 5.2.3　干舱遭受射弹袭击后的引火源计算

干舱遭受射弹袭击后引火源主要有燃烧火花和碰撞火花两种。碰撞火花指的是穿甲燃烧弹和高爆弹碎片等与飞机蒙皮碰撞产生的火花；燃烧火花是穿甲燃烧弹或高爆燃烧弹等弹中燃烧材料燃烧产生的火花[10,11]。在进行引火源能量、温度和质量等计算时，应遵循质量守恒方程、能量守恒方程、动量守恒方程和原子守恒方程。

1. 穿甲燃烧弹形成燃烧火花的过程以及燃烧火花的质量、能量和温度计算

穿甲燃烧弹由杀伤力的弹头和弹托两部分组成，其中弹头由硬质弹芯、金属被甲和燃烧材料 3 部分组成[11]（图 5-13）。穿甲燃烧弹击穿飞机蒙皮后，只留下硬质弹芯和燃烧材料，金属被甲脱落，干舱燃烧模型中的引火源就是其中的燃烧材料。

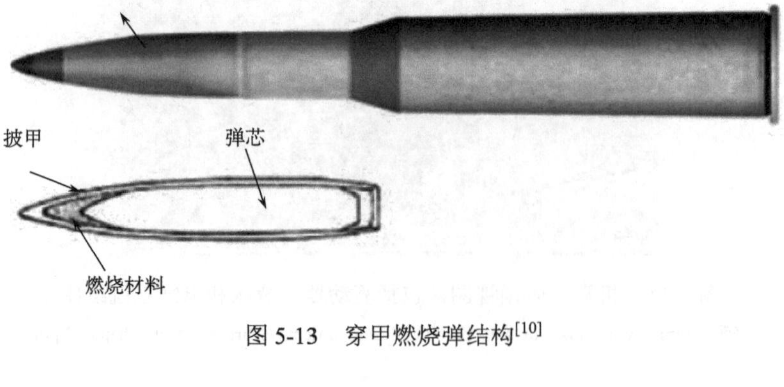


图 5-13　穿甲燃烧弹结构[10]

在穿甲燃烧弹内，燃烧材料既可以布置在硬质弹芯的前端，也可布置在硬质弹芯的尾部。穿甲燃烧弹在撞击飞机蒙皮的过程中，位于硬质弹芯头部的燃烧材料的燃烧是由于金属被甲在飞机蒙皮和硬质弹芯的挤压作用下变形压追位于两者之间的燃烧材料，产生高温使燃烧材料燃烧；而位于硬质弹芯尾部的燃烧材料的燃烧是由于惯性运动，硬质弹芯后部的部件挤压燃烧材料，产生高温使燃烧材料燃烧[12-14]，因此可以看出燃烧材料燃烧的过程是动能转换为内能的过程。根据文献[15]，穿甲燃烧弹在垂直穿过飞机蒙皮的过程中，穿孔蒙皮损失掉大约30%的动能，剩余大约70%的动能损失转换为燃烧材料的内能，因此有如下计算公式：

$$\Delta Q = 0.7 \cdot \Delta E = 0.35\left[m\left(V^2 - V_r^2\right) + m_4 V^2\right] \tag{5-1}$$

$$m = m_1 + m_2 + m_3 + m_4 \tag{5-2}$$

式中，$V$ 是穿甲燃烧弹撞击飞机蒙皮前的速度；$V_r$ 是穿甲燃烧弹穿透后的速度；$m_1$、$m_2$、$m_3$、$m_4$ 分别是硬质弹芯、金属镁、硝酸钡和金属被甲的质量。

JTCG/ME 穿透方程[16,17]可用于计算穿甲燃烧弹穿过飞机蒙皮后的速度 $V_r$，其具体计算公式为

$$V_r = \sqrt{(V^2 - V_{50}^2) \Big/ \left(1 + \frac{\rho AT}{W\cos\theta}\right)} \tag{5-3}$$

$$V_{50} = C\left(\frac{\rho TA}{W}\right)^{b_f} \sec\theta^h \left(\frac{\rho TA}{W_0}\right)^f \tag{5-4}$$

式中，$W$为射弹质量；$W_0$＝6.48g 为参考质量；$\theta$ 为射弹攻击方向与飞机蒙皮面元法线的夹角，当射弹垂直撞击飞机蒙皮时，$\theta$=0；$\rho$ 为射弹材料密度；$T$是飞机蒙皮厚度，$A$是射弹的暴露面积；$b_f$、$h$、$f$、$C$ 是弹道极限常数。

JTCG/ME 穿透方程主要针对有破裂弹壳的锐利钢芯射弹以较小偏航角撞击薄板以及钝头软质碎片撞击薄板的情况[16]，可以看出 JTCG/ME 穿透方程适合计算穿甲燃烧弹穿透飞机蒙皮后的残余质量。

穿甲燃烧弹中的燃烧材料通常为40%硝酸钡和60%镁粉/铝粉组成的混合物，其中硝酸钡为助燃物，镁粉 / 铝粉为可燃物[17]，其化学反应过程为

$$\mathrm{Mg} + \frac{1}{2}\mathrm{O_2} \rightarrow \mathrm{MgO} + J_1 \tag{5-5}$$

$$\mathrm{Al} + \frac{3}{4}\mathrm{O_2} \rightarrow \frac{1}{2}\mathrm{Al_2O_3} + J_2 \tag{5-6}$$

$$\mathrm{Ba}\left(\mathrm{NO_3}\right)_2 \rightarrow \mathrm{BaO} + 2\mathrm{NO_2} + \frac{1}{2}\mathrm{O_2} + J_3 \tag{5-7}$$

依据质量守恒、能量守恒和原子守恒原则可得穿甲燃烧弹在穿透飞机蒙皮后，引火源的质量、能量和温度分别为

$$m = m_2 + m_3 \tag{5-8}$$

$$Q = aJ_1 + bJ_2 + cJ_3 + \Delta Q \tag{5-9}$$

$$t = t_0 + \frac{Q}{c_2 m_2 + c_3 m_3} \tag{5-10}$$

式中，$a$、$b$、$c$ 分别为镁粉、铝粉和硝酸钡的物质的量；$\Delta Q$ 为穿甲燃烧弹动能损失转换的燃烧材料内能；$c_2$、$c_3$ 分别为金属镁（或铝）和硝酸钡的比热容；$t_0$ 为环境温度。

2. 高爆燃烧弹形成燃烧火花的过程以及燃烧火花的质量、能量和温度计算

高爆燃烧弹主要由起爆器、爆炸材料、燃烧材料、引信和弹壳组成，结构如图 5-14 所示。其中爆炸材料通常是 TNT 等炸药，燃烧材料通常是白磷等易燃物质。高爆燃烧弹在撞击飞机蒙皮时爆炸，破碎的弹壳形成众多的碎片，击穿飞机蒙皮，燃烧材料在空气中发生燃烧，形成引火源[17]，蒙皮被击穿后燃烧材料进入干舱内。要分析干舱燃烧和爆炸过程，需要知道破碎弹壳的尺寸、质量和速度。

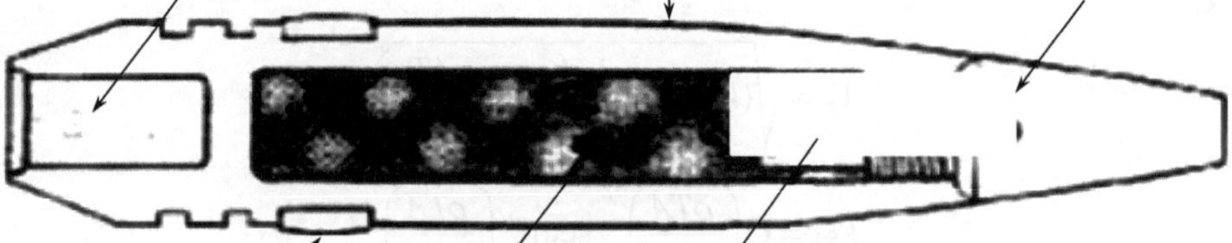

图 5-14　高爆燃烧弹结构[10]

假定每个碎片的质量和尺寸相同，碎片的数目估算如下：

$$n = \frac{M}{m_0} \tag{5-11}$$

式中，$m_0$ 和 $M$ 分别为碎片和弹壳的质量。

表 5-1 给出了典型爆炸材料的参数。

**表 5-1　爆炸材料物理属性**

| 爆炸材料 | 密度/(g/cm³) | 爆炸速度 $V_D$/(ft/s) | Gurney 常数 |
|---|---|---|---|
| TNT | 1.59 | 21800 | 7600 |
| RDX | 1.66 | 26800 | 9300 |

采用 Gurney 公式[17]来估算碎片初速 $V_0$ 和出射角：

$$V_0 = a\sqrt{2E}\left(\frac{\dfrac{C}{M}}{1+0.5\dfrac{C}{M}}\right)^{1/2} \tag{5-12}$$

$$\alpha_i = 90^\circ - \tan^{-1}\left(\frac{V_0 \cos u_i}{2V_D}\right) \tag{5-13}$$

式中，$C$ 和 $M$ 分别为高爆炸药和金属弹壳的重量；$a$ 为修正系数，其取值范围为 0.8~1；$\sqrt{2E}$ 为 Gurney 常数；$V_D$ 为爆炸材料的爆炸速度；$u_i = \frac{\pi}{2} - u_{ni} + u_{fi}$；$u_{fi}$ 为高爆弹轴线与起爆器到第 $i$ 枚碎片连线的夹角；$u_{ni}$ 为高爆弹轴线与第 $i$ 枚碎片处弹壳法线（指向外）的夹角。

飞机飞行速度为 $V_1$，假设高爆燃烧弹飞行方向为飞机蒙皮法线方向（图 5-15），则高爆燃烧弹爆炸后弹壳碎片的速度 $V_2$ 和与飞机蒙皮法线方向的夹角 $\theta$ 为

$$V_2 = a\sqrt{(V_0 \cos\alpha_i + V_1)^2 + (V_0 \sin\alpha_i)^2} \tag{5-14}$$

$$\theta = \tan^{-1}\left(\frac{V_0 \sin\alpha_i}{V_0 \cos\alpha_i + V_1}\right) \tag{5-15}$$

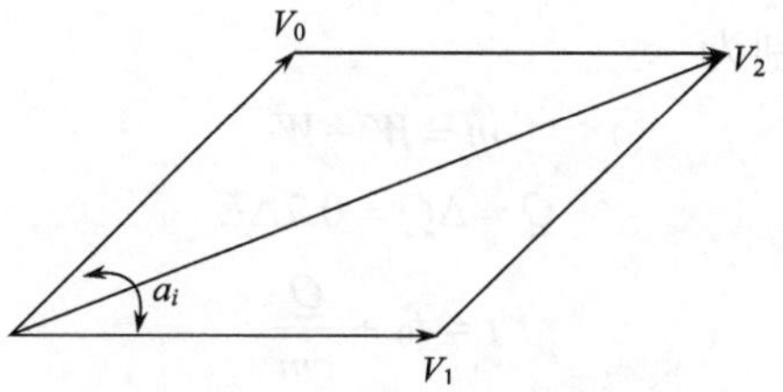


图 5-15 碎片速度[10]

采用 THOR 穿透方程中 $V_{50}$ 算法[16]计算分析碎片是否能够穿透飞机蒙皮，THOR 穿透方程中 $V_{50}$ 算法主要针对常规碎片撞击金属壁板的情况[17]。

$$V_{50} = 10^c [h(A_f^2)]^\alpha (W_f)^\beta (\sec\theta)^\gamma \tag{5-16}$$

在碎片的速度 $V_2$ 大于穿透极限速度 $V_{50}$ 的情况下，碎片将穿过飞机蒙皮，则碎片在穿过飞机蒙皮后的剩余速度为

$$V_r = V - 10^c [h(A_f^2)]^\alpha (W_f)^\beta (\sec\theta)^\gamma V^\lambda \tag{5-17}$$

白磷燃烧化学反应为

$$P_4 + 5O_2 = 2P_2O_5 + J \tag{5-18}$$

依据质量守恒、能量守恒和原子守恒原则可得高爆燃烧弹在穿透飞机蒙皮后，引火源的质量、能量和温度分别为

$$m = m_1 \tag{5-19}$$

$$Q = aJ \tag{5-20}$$

$$t = t_0 + \frac{Q}{cm} \tag{5-21}$$

3. 碰撞火花的形成过程以及碰撞火花的质量、能量和温度计算

形成碰撞火花的主要原因是：穿甲燃烧弹和高爆燃烧弹碎片等在击穿飞机蒙皮的过程中会与飞机蒙皮摩擦，飞溅出具有很高温度的金属颗粒，部分金属颗粒如铝、镁、钛等易发生氧化反应，反应后最高温度能达 3000℃[18]。

采用 THOR 穿透方程[16]来计算碎片穿过飞机蒙皮后的剩余速度（式（5-17））和质量：

$$W_r = W - 10^c [h(A_f^2)]^\alpha (W_f)^\beta (\sec\theta)^\gamma V^\lambda \tag{5-22}$$

假设威胁损失的质量全部变为金属颗粒；威胁在穿过飞机蒙皮的过程中，除去穿孔损失的 30%动能[15]，其余 70%动能损失全部转换为金属颗粒的内能。则金属颗粒的能量变化为

$$\Delta Q = 0.7 \cdot \Delta E = 0.35\left[m\left(V^2 - V_r^2\right)\right] \tag{5-23}$$

依据质量守恒、能量守恒和原子守恒原则可得金属碎片威胁击穿飞机蒙皮后，引火源的质量、能量和温度分别为

$$m = W - W_i \tag{5-24}$$

$$Q = \Delta Q = 0.7\Delta E \tag{5-25}$$

$$t = t_0 + \frac{Q}{cm} \tag{5-26}$$

### 5.2.4 干舱灭火技术

#### 5.2.4.1 干舱传统灭火技术

对于飞机干舱，有主动式和被动式两种灭火方法。

主动式干舱灭火系统必须能够在几百毫秒内灭火。在实际情况下，Halon 1301 灭火系统在军用飞机上防止干舱受到弹道导弹威胁的应用受限，没有一架美国国防部飞机有这样的干舱灭火系统，但 Halon 1301 灭火系统已用于英国 CH-47 Chinook 直升机干舱的灭火[19]。用于 CH-47 Chinook 直升机干舱灭火的灭火瓶使用了一种烟火装置，通过破坏瓶子上的安全隔板实现灭火剂释放，但是瓶子在接收到来自压力传感器的信号时才会自动激活，瓶子上的引爆器也会影响灭火剂的释放[20]，这些灭火瓶远比短舱灭火系统小，而且灭火剂释放时间在 10ms 左右（短舱灭火系统的典型释放时间为 1s）[6,21,22]。

被动式灭火技术一直是美国国防部飞机干舱的主要防火方法，已用的方法有通过安装阻燃材料抵制火焰，比如网状聚醚泡沫和硬质泡沫塑料，还有通过安装在邻近舱室的干粉隔板来抵制火焰，如果被弹道导弹撞破，就会释放一种粉末抑制剂以扑灭燃烧火焰[23]。

#### 5.2.4.2 干舱新型灭火技术（SPGG）

1. SPGG 的应用现状

美国下一代灭火技术研究中心（Next Generation Fire Suppression Technology Program，NGP）提出将固体推进剂气体发生器这种新型的替代哈龙灭火技术[24]，该技术通过推进剂燃烧产生惰性气体介质（氮气、水蒸气、二氧化碳等）来推动灭火介质前进，常用的灭火介质有七氟丙烷（HFC-227ea/$CF_3CHFCF_3$）、五氟乙烷（HFC-125/$C_2F_5H$）、碳酸钾（$K_2CO_3$）等。该设备具有以下优点，包括可生成大量的惰性气体、可按要求释放灭火介质、可使用液态灭火介质、可在使用前常压贮存等。一旦引燃点火单元，SPGG 灭火装置将被启动，内部的推进剂将会迅速燃烧（通常在数秒内），产生并释放大量的惰性气体[24]。

固体推进式气体发生器（solid propellant gas generators，SPGG）作为一种哈龙替代灭火技术，与传统的哈龙灭火技术最大的不同点在于，传统的哈龙灭火技术使用氮气作为驱动源来推动 Halon 1301 从灭火瓶中释放出来，而新型的 SPGG 灭火技术则依靠固体推进剂作为驱动源[25,26]。这一特性使得固体推进剂一方面可以抑制可燃物燃烧，另一方面可以作为驱动力来推动灭火介质前进[27-29]，其工作原理如图 5-16 所示。

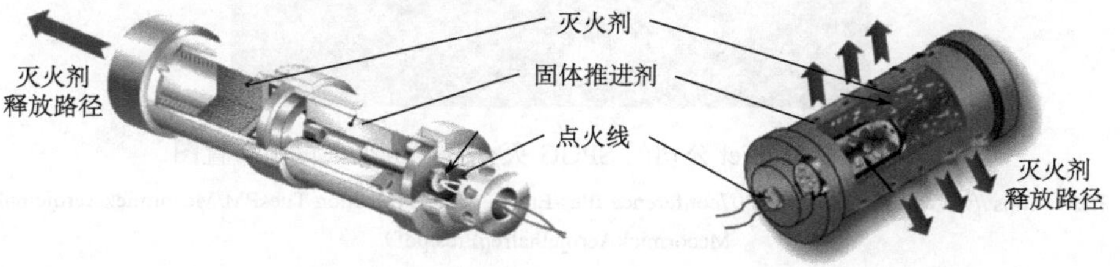


图 5-16 SPGG 中灭火剂的运动路径

（来源：https://www.nist.gov/sites/default/files/documents/el/fire_research/chapter-9.pdf）

固体推进剂通常包括还原剂（燃料）、氧化剂、黏合剂以及不同种类的添加剂。现阶段 SPGG 的研究中，常用的固体推进剂配方是以 5AT（$CH_3N_5$）作为燃料，硝酸锶（Sr(NO3)$_2$）作为氧化剂，两者一经触发，便可发生快速的氧化还原反应，具备快速释放气体、触发前易储存的良好特性[30]。

$$CH_3N_5(s) + 0.7\,Sr(NO_3)_2(s) \rightarrow 0.7\,SrO\,(s) + 3.2\,N_2(g) + CO_2(g) + 1.5\,H_2O\,(g) \tag{5-27}$$

20 世纪 90 年代，为预防设备故障或敌军袭击所可能引起的火灾事故，F/A-18 E/F 超级大黄蜂和 V-22 鱼鹰运输机决定采用一种无卤灭火技术。美国海军空战中心武器分部武器战斗力实验室（Weapons Survivability Lab of the Naval Air Warfare Center-Weapons Division，NAWCWD）试验验证了，就这两种型号军机干舱而言，SPGG 是一种有效的哈龙替代灭火系统[31, 32]。

1993~1996年间，由美国海军司令部（Naval Air Systems Command，NAVAIR）资助、Aerojet Redmond公司所开展的SPGG灭火系统的大规模火灾测试试验正式进行，试验验证了SPGG用于扑灭F/A-18 E/F超级大黄蜂和V-22鱼鹰运输机干舱多种火灾的灭火有效性。除了针对原始推进剂配方展开试验，还试验了添加有不同种化学活性剂的新型推进剂配方[33]。

美国航空喷气公司（Aerojet）推出了以固体推进剂为动力源的灭火设备，将该产品的样机安装在封闭舱室内进行灭火效能的测试，安装布置图如图5-17所示。测试结果显示，该样机能在50ms内完成灭火剂的喷洒，300~400ms内完成灭火抑爆工作[34]。此外，该试验还发现，推出1g的HFC-227ea需要0.1~0.125g的固体推进剂，推出1g的水性灭火剂需要0.25g推进剂，并给出了SPGG中推进剂与灭火剂的定量比。

图5-17 Aerojet公司的SPGG灭火器样机灭火试验布置图

（来源：https://www.fire.tc.faa.gov/2007conference/files/Engine_Fire_Protection/TuesPM/MccormickAerojethalrep/MccormickAerojethalrepPres.pdf）

除了在飞机干舱、弹舱领域发挥了良好的灭火效果外，国外学者也试图将SPGG用于汽车自动灭火、装甲车辆的灭火领域。基于SPGG优良的灭火效能，该装置的应用还将被进一步拓展。

国外发达国家早已开展SPGG灭火技术的研究，并已部分推入市场，国外的相关组织和研究机构早已组织力量攻克SPGG的技术壁垒。相比之下，我国在此方面的起步较晚，尚没有专家开展固体推挤式灭火装置的研究工作。坚瑞消防公司研发的热气溶胶灭火产品在通信基站、家庭消防等领域得到了应用，研发的产品净重800g，含药剂量90g，灭火有效距离3m，但灭火时间长达10s以上，与SPGG低于5s的快速灭火还相距甚远。中国航天科工二院206所研制了高层楼宇灭火导弹，其内部可填充干粉灭火剂，发射后到达指定目的地并释放灭火剂。经试验发现，两枚此类“灭火导弹”可以将室内烟火（$60m^3$）成功扑灭。

2. SPGG中固体推进剂在灭火领域中的发展

固体推进剂是一种含能复合材料，是由固体燃料、固体氧化物、添加剂（燃速催化剂、增塑剂、安定剂、固化剂等）组成的固体混合物[35,36]。纵观推进剂的发展历程，今后固体推进剂的发展将朝着“高能、洁净、安全”的方向发展[37,38]。首先，将继续探索新型的高能化合物，改善推进剂能量特性、燃烧特性等；其次，加强洁净型推进剂（无氯或少氯）的开发，以达到推进剂少毒或无毒的特殊用途要求；最后，提高固体推进剂安全性，降低成本，增大可靠性。

基于以上推进剂的发展方向，针对适用于 SPGG 灭火装置的推进剂配方开展了调研和研究。首先分析了不同燃料成分对推进剂的绝热火焰温度的影响。燃料的选择范围控制在具有氮-氮（N—N）键合分子结构的燃料。这是由于 N—N 键合具有两个显著的优点：N—N 分子键动力学不稳定，易与氧化剂迅速发生反应；同时，额外的氮原子可以大大提高产气成分中的氮气含量。然后，基于以上原则，选取了若干种高氮含能燃料进行对比分析，主要包括联四唑胍盐（GBT）、偶氮四唑二乙酸胍（GAZT）、三氨基胍硝酸盐（TAGN）、3,6-双（1-氢-1,2,3,4-四唑-5-氨基）-1,2,4,5-四嗪（BTATZ）、5-氨基四氮唑（5AT）[39]。首先通过热力学平衡计算来对比集中含能材料，燃料的负生成焓越多会导致排气产物的温度越低；燃料中高氮碳比和高氮氢比可以使得燃烧产物中 $N_2$ 成分比 $CO_2$、$H_2O$ 的比例要多。然后开展燃烧速度的实验测量，并建立了热力学模型。学者们[40]将不同的燃料与相同氧化剂按照化学计量进行混合燃烧时的排气温度进行测定，结果（表 5-2）表明，除了 GAZT（偶氮四唑二乙酸胍）/硝酸锶混合物之外，其余所有混合物组分的绝热燃烧温度都远远超过 2000K。

**表 5-2 高氮推进剂燃料与硝酸锶氧化剂按照化学计量比混合后的绝热温度**

| 燃料 | 分子式 | 生成焓/(J/g) | 密度/(g/cm³) | 绝热温度/K |
|---|---|---|---|---|
| 5AT | $CH_3N_5$ | 2450 | 1.65 | 2650 |
| BTATZ | $C_4H_4N_{14}$ | 3560 | 1.74 | 2750 |
| TAGN | $CH_9N_7O_3$ | –290 | 1.54 | 2680 |
| BT | $C_2H_2N_8$ | 3350 | 1.79 | 2750 |
| GBT | $C_3H_7N_{11}$ | 1540 | 1.57 | 2520 |
| GAZT | $C_4H_{12}N_{16}$ | –1110 | 1.66 | 1930 |
| GN | $CH_6N_4O_3$ | –3530 | 1.39 | 2250 |
| NQ | $CH_4N_4O_2$ | –880 | 1.73 | 2720 |

在以上所研究的燃料中，5-氨基四氮唑（5AT）是最易得的一种燃料，5AT 及其衍生物已被广泛应用在多种商业领域，如汽车安全气囊的制剂等。与 5AT 相比，其他的含能材料在商业可用性方面都非常受限。初步评估表明，就当前而言，5AT 是作为 SPGG 灭火技术中推进剂的最合适选择，而 3,6-双（1-氢-1,2,3,4-四唑-5-氨基）-1,2,4,5-四嗪（BTATZ）由于具有更高的含氮量，在将来的研究中可能成为一种亟待开发的材料。在前人关于 SPGG 的研究中，选取的推进剂中燃料的研究对象多为 5AT。近年来，5AT 作为新出现的含能材料，其一水合物是一种成熟易得的商业产品，该物质在推进剂领域显现出巨大的应用前景，已经成为一种极具潜力的新型的环境友好型绿色高能材料（green energetic materials，GEM）[41]。5AT 物性参数如表 5-3 所示[42]，含氮量高达 82.3%，生成焓为 208.7kJ/ mol，具有适当的机械感度和热敏感性[43]。基于 5AT 具有正的生成焓[44]、热稳定性、爆炸危险性等物理化学特性，该物质常与氧化剂（硝酸锶、硝酸钾、硝酸钠等）混合后配合使用，作为燃料应用于固体推进式灭火装置[27,45]、安全气囊[46,47]等工业领域。

**表 5-3　5AT 的物性参数**

| 物性参数 | 数值 |
|---|---|
| 分子式 | $CH_3N_5$ |
| 摩尔质量 | 85.07 |
| 密度 | $1650kg/m^3$ |
| 熔融/分解温度 | 200~206℃ |
| 标准摩尔生成焓 | 207.8kJ/mol |
| 燃烧热 | –246.2kcal/mol |
| pH | 3.2 |
| 溶解度（水） | 117g/100g 水（18℃） |
| 升华热 | 116kJ/mol |

为了评估氧化剂对推进剂绝热温度的影响，将四种氧化物与 5AT 按照化学计量比混合，分别计算得到了完全燃烧情况下的绝热温度（表 5-4）[48]。通过对比可以看出，$KClO_4$/5AT 的绝热温度最高；$KNO_3$/5AT 的绝热温度最低，但是由于钾盐对变压器、精密仪器、电气设备等具有较强的腐蚀性[49]，因此实用性差；$NH_4NO_3$/5AT 呈现出了较低的绝热温度，但是该成分热稳定性极差[50]，大大削弱了其在 SPGG 灭火装置中的适用性；$Sr(NO_3)_2$/5AT 的绝热温度处于中间水平，而且锶盐无腐蚀性。因此在前人针对 SPGG 推进剂开展的研究中，常选取 $Sr(NO_3)_2$ 作为固体推进剂中的氧化剂。综合来讲，5AT/$Sr(NO_3)_2$ 已被用作一种传统的 SPGG 灭火装置中的推进剂配方。

**表 5-4　不同氧化剂与 5AT 按照化学计量比混合后的绝热温度**

| 燃料 | 分子式 | 生成焓/(J/g) | 密度/$(g/cm^3)$ | 绝热温度/K |
|---|---|---|---|---|
| 硝酸锶 | $Sr(NO_3)_2$ | –4610 | 2.99 | 2650 |
| 硝酸钾 | $KNO_3$ | –4880 | 2.12 | 2150 |
| 高氯酸钾 | $KClO_4$ | –3210 | 2.52 | 2970 |
| 硝酸铵 | $NH_4NO_3$ | –4980 | 1.72 | 2390 |

固体推进式气体发生器作为一种灭火技术，尽管具有良好的惰性气体生成能力等优势，但是仍然存在几大缺陷严重限制了它在灭火领域的应用、发展和推广，主要表现在较高的反应温度、高压状态下不稳定的燃烧速率[51]。一方面，传统的固体推进剂配方（5AT/$Sr(NO_3)_2$）应用在 SPGG 中时会产生较高的排气温度（通常高于 1500K），这对于灭火效率来讲是非常不利的因素；另一方面，5AT/$Sr(NO_3)_2$ 推进剂燃烧具有较高的燃速

压力指数值[28]，说明其燃烧稳定性较差，燃烧过程中急速产生的大量气体介质在受限空间内释放时可能会导致瞬间超压，这对灭火器附近的材料的结构强度来说是非常大的安全隐患。这两大缺陷对 5AT/Sr$(NO_3)_2$ 推进剂在 SPGG 灭火技术中的应用是非常不利的。因此，学者们对于 SPGG 的研究集中在如何优化推进剂的燃烧特性方面，主要从以下方面开展研究：①通过筛选燃料、氧化剂、添加剂的种类、相对质量比等，降低推进剂燃烧过程的生成焓；②开发适用于 SPGG 灭火装置的冷却型、快速燃烧且稳定型推进剂配方。

截止到目前，为了优化推进剂的推进性能，学者们已尝试使用不同的添加剂，研究如何降低燃烧温度并提高燃烧稳定性。常用的添加剂可分为冷却剂和燃速调节剂两大类。冷却剂包括碳酸盐、氢氧化物、水合黏土等，当它们分散在推进剂混合物中时，会吸收热量并发生吸热分解，生成 $CO_2$、$H_2O$ 等惰性气体，在吸热和惰性气体的共同作用下降低燃烧温度，有利于更有效地灭火。燃速调节剂包括过渡氧化物、金属颗粒等，通过对推进剂发生催化反应改变燃烧机理，调节燃烧温度、燃烧速率。前人的研究发现多种化合物可以辅助推进剂达到较低的燃烧温度，并降低燃速压力指数的数值以达到更佳的燃烧稳定性[52-54]。

Grosshandler 等[55]提出了两种降低推进剂排气温度的方式，一种是将冷却剂掺杂在燃料-氧化剂的混合物中实现内冷却，另一种是在燃料-氧化剂的外部、燃烧器的出口处放置冷却剂实现外冷却。他针对 5AT/Sr$(NO3)_2$ 推进剂添加了质量比为 40%的几种冷却剂，对比冷却添加剂对推进剂绝热火焰温度的作用效果，结果如表 5-5 所示。但是研究同时发现，添加了冷却剂之后，降低排气温度的同时推进剂的燃烧速率也被大大降低，从而降低了推进剂驱动灭火剂的速率。该研究最终得出了燃速与燃温之间呈现出负线性关系。将 40%的碳酸镁添加到 5AT/Sr$(NO_3)_2$ 推进剂中以后绝热温度为 1450K，6.9MPa 时燃速为 12.7mm/s，燃速压力指数为 0.5。

**表 5-5　不同冷却剂对 5AT/Sr$(NO_3)_2$ 推进剂绝热温度的影响**

| 冷却剂 | 吸热反应 | 焓/(J/g) | 密度/(g/cm$^3$) | 绝热温度/K |
|---|---|---|---|---|
| $MgCO_3$ | 分解形成 MgO | 1390 | 3.05 | 1440 |
| $Al(OH)_3$ | 分解生成 $Al_2O_3$ | 970 | 2.42 | 1480 |
| $Cu(C_2O_4)\cdot 0.5H_2O$ | 分解生成 Cu | 83 | 2.21 | 1910 |
| $CaCO_3$ | 分解生成 CaO | 1780 | 2.71 | 1440 |
| $H_2O$ | 蒸发 | 2260 | 1.00 | 未测 |

在产氮配方的制作过程中，碳酸钠和碳酸氢钠常常用以抑制燃烧[56,57]。它们反应产生的碳酸盐产物不仅可以抑制燃烧温度，还可以降低热分解和燃烧的速率。

Holland 和 Wilson[58]提出将碳酸镁、氢氧化镁添加到气体发生剂配方中，但是也只是简单地测试了燃烧速率，并没有全面开展试验研究或深入分析。总体而言，目前仅有少量的专利报告涉及这种新型的 5AT/Sr$(NO_3)_2$ 推进剂的改性，而且改性效果不甚理想。

尽管学者们对于将新型的绿色含能材料（5AT/Sr$(NO_3)_2$）作为推进剂配方应用于固

体推进式气体发生器的研究仍然处于初始阶段，其他类型的传统型固体推进剂在此方面的类似研究早已开展。类似的研究包括高氯酸铵（分子式 $NH_4ClO_4$，简写为 AP）、叠氮化钠（分子式 $NaN_3$，简写为 SA）、硝酸铵（分子式 $NH_4NO_3$，简写为 AN）、二硝酰胺铵（分子式 $NH_4N(NO_2)_2$，简写为 ADN）、硝基甲烷（分子式 $CH_3NO_2$，简写为 NM）[59-67]。Puccio 等[68]将碳酸钙、二氧化硅、氟化锂添加到高氯酸铵类推进剂中，发现氟化锂的添加可以大大降低推进剂燃烧产物的温度，但是氟化锂的添加同样会导致糟糕的燃烧稳定性以及不理想的燃烧速率。同样地，在叠氮化钠推进剂成分中添加质量比 25%的二氧化硅（$SiO_2$）时，燃温将会降低 100℃，但同时会增大引燃推进剂的难度。

3. SPGG 的发展方向

SPGG 研发的目标是基于固体推进式气体发生器开发高效、环保的灭火装置，提高对推进剂和灭火添加剂灭火有效性的理解，具体将从以下方面进行研究[69]：

① 建立可用于正常有人场所的 SPGG 基准性能指标；

② 开发新技术以降低 SPGG 内部推进剂的燃烧温度，推荐采用的方式包括优化推进剂配方、添加化学添加剂（如自由基捕获剂和再燃抑制剂）；

③ 开发一种燃烧产物的冷却技术（如冷却床等）以减轻物理变形或配电线路故障等引发的问题，消除对人员的安全隐患；

④ 研究 SPGG 灭火装置驱动出的灭火剂行为，分析灭火剂释放后与火焰作用的氧置换行为、冷却效应和火焰应力的作用强度，以此来表征 SPGG 灭火技术的灭火机理；

⑤ 通过添加气体、液体灭火剂来优化 SPGG 灭火装置的灭火效果，确保其在低温操作环境下的适用性；

⑥ 测量推进剂配方在有无添加剂条件下的排气温度、燃烧速度和灭火效率；

⑦ 在小尺寸的试验结果和中尺寸的试验结果之间建立相关性；

⑧ 针对中尺寸试验中表现较好的灭火剂，将其拓展到大尺寸试验验证效果。

以上 8 点是 NGP 组织提出的 SPGG 灭火技术的发展方向，作者课题组重点研究对象是②和⑥，旨在通过优化固体推进剂配方、尝试不同添加剂的基础上，研究推进剂的燃速、燃温等参数，以使新型的固体推进剂配方更加适合应用于 SPGG 灭火装置，具体内容如下。

#### 5.2.4.3 固体推进剂热解动力学及燃烧特性研究

1. 5AT 的热解特性

研究推进剂、含能材料的燃烧，其中一个最主要的目的是发现在推进剂燃速中起到主导作用的化学反应过程[70]。四唑类衍生物的热解反应常潜在地决定了推进剂的燃速控制机理。首先，四唑类衍生物的固相热解反应常常是放热反应，会对燃速、汽化温度产生影响。其次，四唑类可能的分解路径比大部分的含能材料要少[71]。再次，5AT 阶梯式的热分解和较宽的热解温度范围将会减弱其燃烧行为。此外，5AT 的燃烧只能在高压条件下得以维持[72,73]，增大了研究 5AT 燃烧特性的难度。固相 5AT 的热解行为作为燃烧过程的前奏，掌握5AT的热解特性将会有助于理解5AT的燃烧过程，继而引发了学者针对5AT热解特性的研究和讨论。

粒径对常规含能材料的热解特性影响的研究已经开展得较为深入，但尚没有人研究粒径对新型的含能材料5AT的热解机理的影响。此外，尽管学者们已经开展了5AT热解机理及动力学方面的相关研究，但是有关5AT的APS、SSA对其热解特性的影响尚没有开展。因此对于理解5AT热解行为而言，开展APS和SSA对5AT热安全性、热解模型的影响分析是非常有必要的。

（1）样品制备及测试方法

*样品制备*

首先，将未处理的5AT样品与无水乙醇按照体积比1:3进行混合，放入卧式行星式离心球磨机中以150r/min的速率湿式球磨24h。随后将混合后的粉末置于真空干燥箱中8h以便蒸发掉多余的溶剂。然后将60目、80目、100目、200目四种规格的标准试验筛按照从高到低的顺序叠放在一起，四种试验筛分别对应的圆孔直径为250μm、180μm、150μm、75μm，在最底端的试验筛下部铺一层称量纸用于接住掉落下来的样品。将干燥后的样品置于最顶端的60目标准试验筛之后，持续不断地同时振动四只标准筛约30min以达到筛分效果。通过这种方式，粒径180~250m的样品将停留在80目标准筛中，粒径150~180μm的样品将停留在100目标准筛中，粒径75~150μm的样品将停留在200目标准筛中，粒径小于75μm的样品将掉落在底层的称量纸上。以上四种规格的5AT样品分别命名为5AT-250、5AT-180、5AT-150、5AT-75。最后，将粉体放置在25℃的烘箱（DHG101-00）中，一方面可防止样品吸潮，另一方面可保持样品温度均一。

*测试方法*

为对比分析四种粒径的5AT样品的热解行为，对四种样品进行了TG-DSC测试，将5AT样品放置在SDT-Q600设备的氧化铝坩埚中，控制四种升温速率5℃/min、10℃/min、15℃/min、20℃/min，温度范围控制在100~300℃，气体氛围为氮气（流动速率为100mL/min）。

为探究5AT在300℃之前的热解机理，采用热重质谱联用仪（型号TL-9000）研究热解过程的逸出气体产物，测试时以20℃/min升温速率连续升温至300℃。

采用SIRION200扫描电镜来研究四种样品的静态微观结构，然后利用图像处理软件Nano Measurer对测试结果进行处理，统计获取颗粒的粒径分布。

使用Tristar II 3020M比表面积分析仪，通过BET方法计算四种样品的比表面积，气体氛围为氮气，温度范围25~80℃。

（2）样品表征

*粒径分布*

四种不同粒径的5AT样品的扫描电镜图如图5-18所示。基于SEM图统计得到每种样品的费雷特（Feret）直径，粒径的分布情况如图5-19所示。可以看到，四种样品的粒径分布峰值分别为250μm、170μm、110μm、70μm，平均粒径分别为236.5μm、168.9μm、134.4μm、70.9μm。

图 5-18 SEM 扫描电镜图

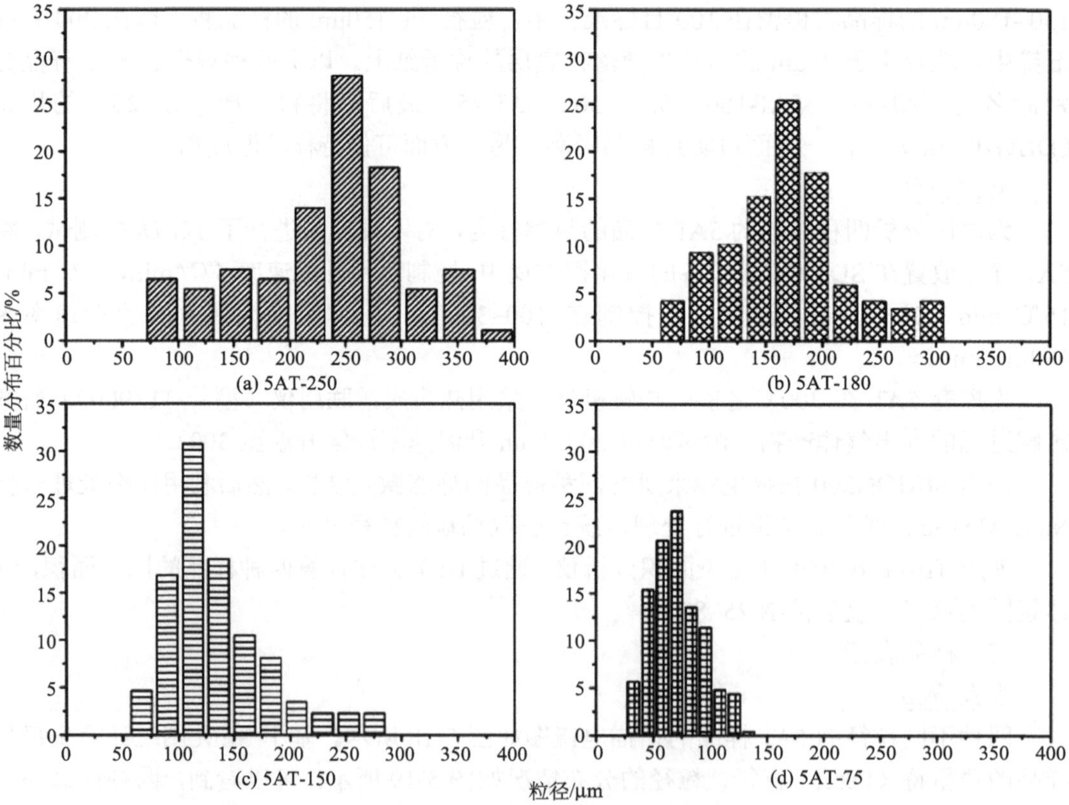


图 5-19 粒径分布

*比表面积测试*

四种样品的等温氮气吸附脱附曲线如图 5-20 所示，可以看到四种样品均呈现出了 V 型等温线，并且出现了 H3 型回滞环，这可能是由于推进剂颗粒形成了大的二级颗粒造成的[74]。对比四种样品的等温线可知，5AT 的粒径越大，回滞环现象越为明显。推测其原因这是由于样品颗粒粒径越大，其内部大的二级颗粒的数量越多所造成的。基于吸附脱附曲线，采用了 BET 法获得样品的比表面积，如表 5-6 所示。可以看到，5AT-250 的比表面积最小，5AT-75 的比表面积最大。粒径越小，比表面积越大，形成的表面能、传热传质速率、反应活性也将越高[75]。

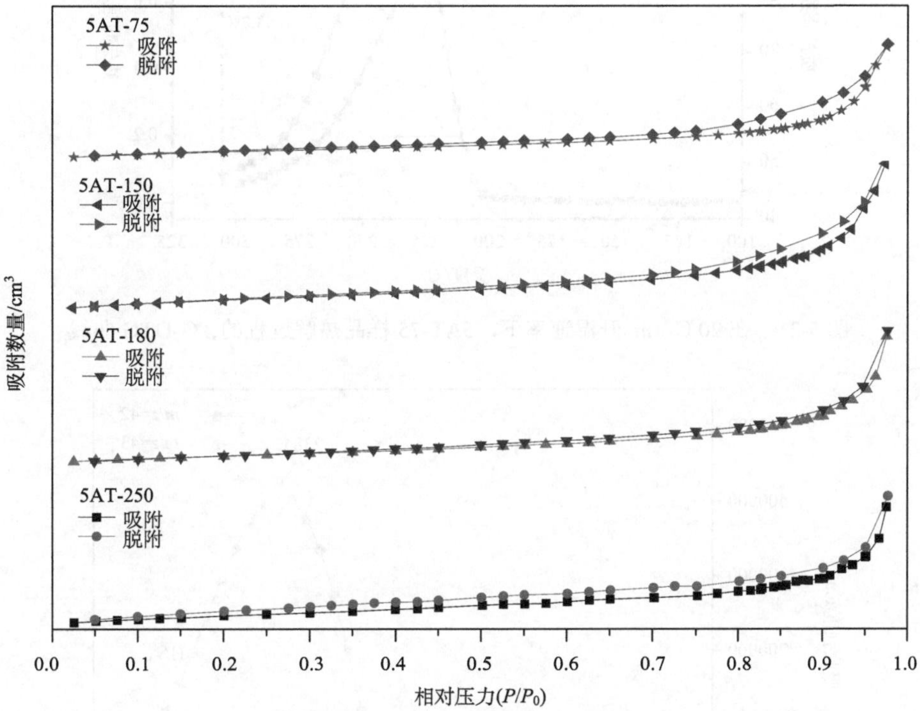


图 5-20 氮气吸附脱附曲线

**表 5-6 基于 BET 方法所得的比表面积**

| 样品编号 | 5AT-250 | 5AT-180 | 5AT-150 | 5AT-75 |
|---|---|---|---|---|
| 比表面积/($m^2$/g) | 0.878 ± 0.064 | 2.241 ± 0.169 | 4.098 ± 0.396 | 16.870 ± 1.140 |

（3）热解性能

*热解过程分析*

在 20℃/min 的升温速率下，5AT-75 样品在 100~300℃的温度范围内的热重质谱分析如图 5-21 和图 5-22 所示。在 TG-DTG 曲线中，可以观察到一个明显的热失重（53.7%），对应的 DTG 峰值温度为 238.8℃。在同样的温度点附近，质核比 $m/z$=4 和 $m/z$=43 的逸出气体均出现了较强的峰，分别代表 $NH_2CN$、$HN_3$ 的气体信号。该阶段处理会生成 $NH_2CN$、$HN_3$ 等逸出气体产物之外，参考前人关于 5AT 的热解机理研究[76]，还将会形成三聚氰胺的固相产物。

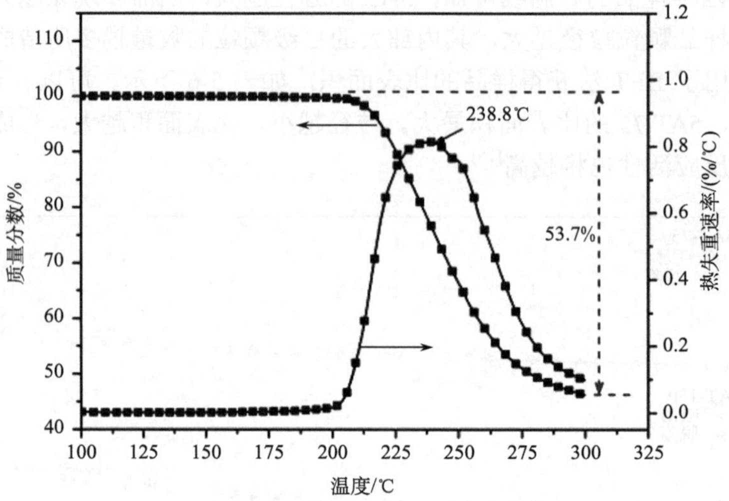


图 5-21　在 20℃/min 升温速率下，5AT-75 样品热解过程的 TG-DTG 曲线

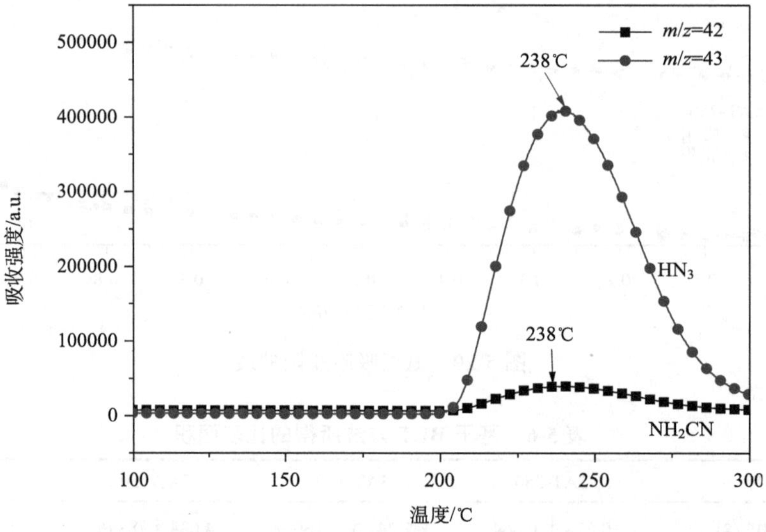


图 5-22　5AT-75 样品热解时质核比为 42、43 的逸出气体信号

四种粒径的 5AT 样品在四种升温速率下（5℃/min、10℃/min、15℃/min、20℃/min）的 DSC 曲线如图 5-23 所示。吸热过程的特征温度参数包括 DSC 曲线脱离基线的温度（起始分解温度）（$T_0$）、外推起始温度（$T_e$）、峰温（$T_p$），如表 5-7 所示。四种样品的热流曲线展现出相同的吸热趋势，伴随出现的吸热峰温值集中在 200~225℃的温度区间内，该

吸热峰是由 5AT 转化成三聚氰胺发生热解反应而形成的。随着粒径的不断减小，特征温度参数（$T_0$、$T_e$、$T_p$）逐渐降低。换句话说，粒径越小，5AT 的热解稳定性越差。

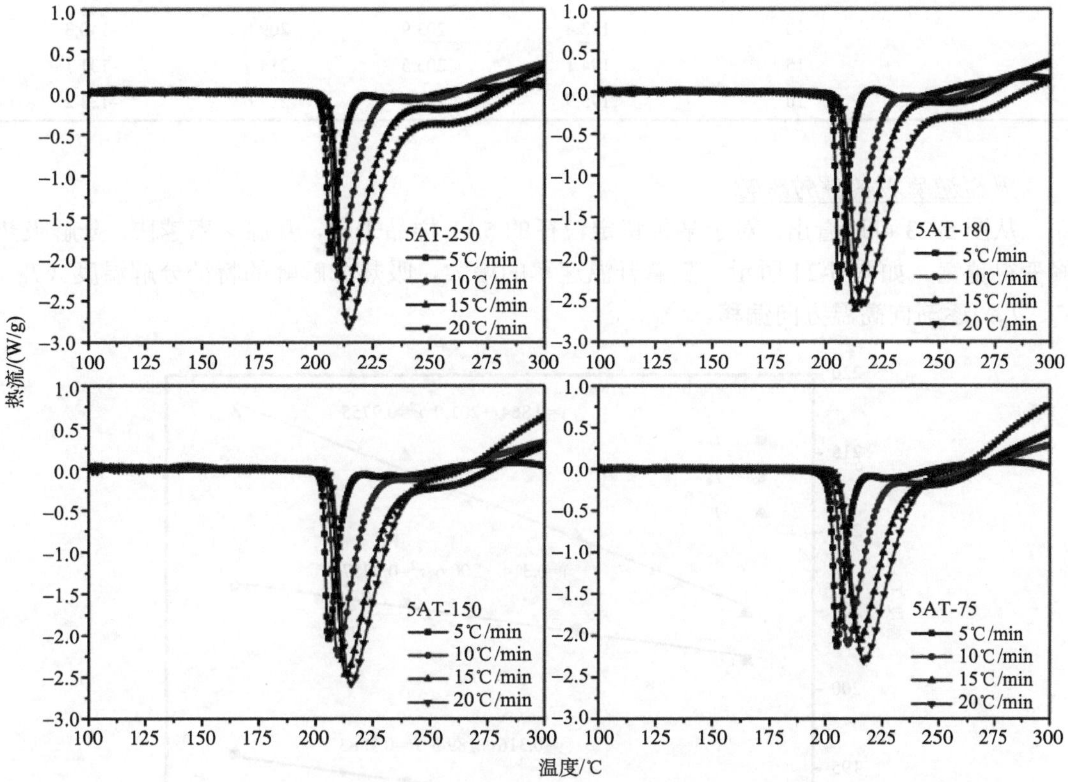


图 5-23 四种不同粒径的 5AT 样品的 DSC 曲线

**表 5-7 5AT 样品吸热过程的特征温度参数**

| 样品 | 升温速率/(℃/min) | $T_0$/℃ | $T_e$/℃ | $T_p$/℃ | $\Delta H$/(J/g) |
|---|---|---|---|---|---|
| 5AT-250 | 5 | 195.3 | 203.5 | 206.4 | −151.6 |
| | 10 | 199.3 | 205.9 | 209.9 | −140.3 |
| | 15 | 200.6 | 206.7 | 213.0 | −140.6 |
| | 20 | 202.2 | 207.5 | 214.6 | −137.8 |
| 5AT-180 | 5 | 194.7 | 203.0 | 205.6 | −164.3 |
| | 10 | 197.0 | 205.1 | 210.5 | −141.2 |
| | 15 | 198.2 | 207.0 | 212.7 | −143.1 |
| | 20 | 199.9 | 208.4 | 215.7 | −132.1 |
| 5AT-150 | 5 | 193.5 | 202.5 | 205.6 | −150.7 |
| | 10 | 195.3 | 204.8 | 209.7 | −149.3 |
| | 15 | 197.6 | 206.5 | 213.5 | −148.8 |
| | 20 | 198.2 | 207.6 | 215.7 | −137.2 |

续表

| 样品 | 升温速率/(℃/min) | $T_0$/℃ | $T_e$/℃ | $T_p$/℃ | $\Delta H$/(J/g) |
|---|---|---|---|---|---|
| 5AT-75 | 5 | 191.2 | 201.9 | 204.9 | –155.9 |
| | 10 | 192.4 | 203.9 | 209.8 | –140.3 |
| | 15 | 194.1 | 205.5 | 214.9 | –131.1 |
| | 20 | 195.9 | 206.6 | 217.6 | –133.2 |

*升温速率对热解的影响*

从图 5-23 可以看出，对于某种特定粒径的 5AT 样品来说，升温速率越快，分解吸热峰变得越宽。如图 5-24 所示，随着升温速率的增大，吸热分解峰的特征分解温度（$T_0$、$T_e$、$T_p$）逐渐向高温方向偏移。

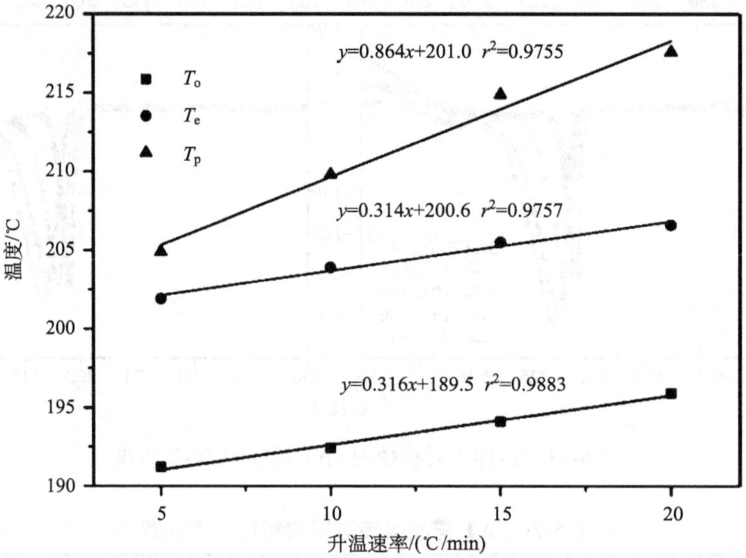


图 5-24　5AT-75 样品的吸热特征温度参数随升温速率的变化趋势

*热解动力学参数计算*

应用 Flynn-Wall-Ozawa（FWO）方法[77]计算 5AT 的活化能 $E_a$ 和指前因子 $A$ 等动力学参数。以 $\ln\beta$ 为纵坐标，以 $1/T_p$ 为横坐标对热解数据作图得到直线如图 5-25 所示，计算得动力学参数如表 5-8 所示，可以看到基于四种粒径 5AT 样品的热解数据，所作的 $\ln\beta$-$1/T_p$ 直线的相关性约在 0.99 附近，表明该样品在 100~300℃的温度区间内的热解机理变化不是很大[78,79]。

对比四种样品的动力学参数可知，5AT-250 的活化能最高，而 5AT-75 的最低。这表明，粒径越小，活化能将会越低，5AT 样品的热解反应将更加容易进行。

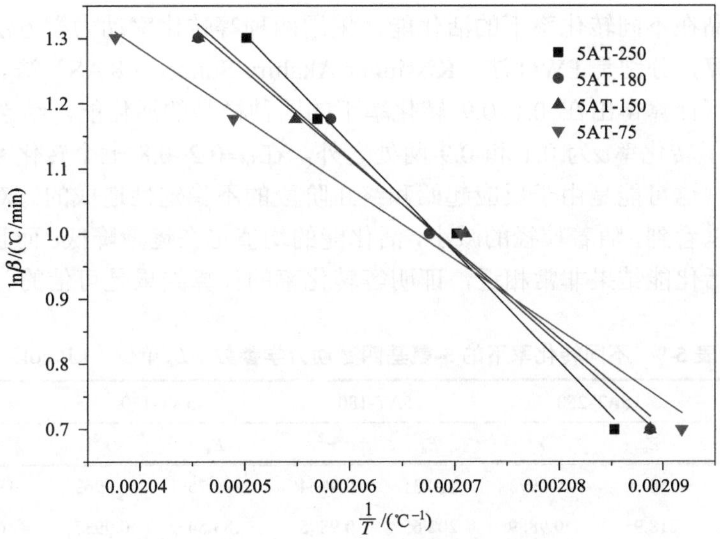


图 5-25 FWO 方法及算活化能曲线

**表 5-8 FWO 方法计算所得的动力学参数**

| 动力学参数 | 5AT-250 | 5AT-180 | 5AT-150 | 5AT-75 |
|---|---|---|---|---|
| $E_a$/(kJ/mol) | 305.89 | 260.11 | 249.27 | 196.81 |
| $\lg A$/(1/s) | 34.08 | 28.81 | 27.56 | 21.47 |
| $r^2$ | 0.9929 | 0.9915 | 0.9903 | 0.9854 |

*等转化率活化能*

以 5AT-75 为例，样品的转化率随时间的变化的关系如图 5-26 所示。

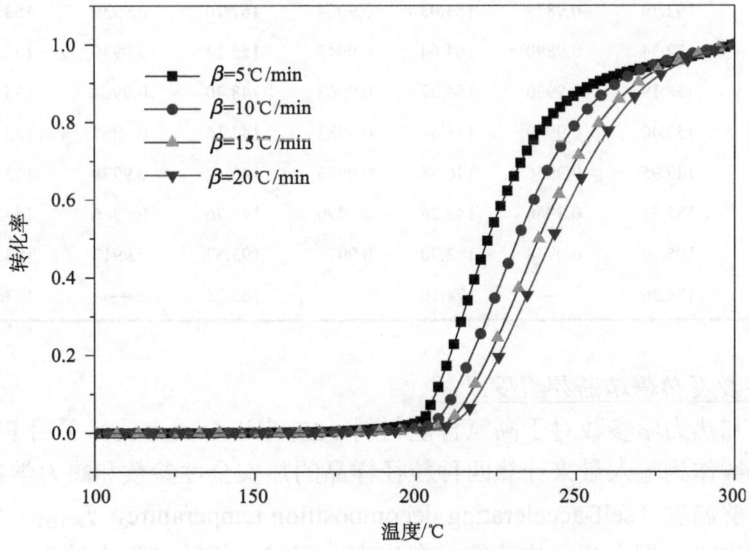


图 5-26 5AT-75 样品转化率随时间的变化曲线

为计算样品在不同转化率下的活化能，采用两种等转化率动力学方法对四种样品的活化能进行计算，分别是 FWO 法、Kissinger-Akahira-Sunose（KAS）法。基于以上两种动力学方法，可计算得出在 0.1~0.9 转化率下的四种样品的活化能，结果如表 5-9 和图 5-27 所示。除了转化率$\alpha$为 0.1 和 0.9 两处之外，在$\alpha$=0.2~0.8 七个转化率处的活化能值的连续性较好，这可能是由于反应起始和终止阶段的不稳定性造成的。对比两种动力学方法的均值可以看到，随着粒径的减小，活化能的均值也在逐渐降低。而且 FWO 和 KAS 法计算得出的活化能结果非常相近，证明等转化率的计算结果是可信的。

**表 5-9　不同转化率下的 5-氨基四氮动力学参数**（$E_a$单位：kJ/mol）

| 方法 | 转化率 | 5AT-250 | | 5AT-180 | | 5AT-150 | | 5AT-75 | |
|---|---|---|---|---|---|---|---|---|---|
| | | $E_a$ | $r^2$ | $E_a$ | $r^2$ | $E_a$ | $r^2$ | $E_a$ | $r^2$ |
| FWO 法 | 0.1 | 258.30 | 0.9973 | 230.31 | 0.9964 | 206.75 | 0.9963 | 187.58 | 0.9925 |
| | 0.2 | 218.95 | 0.9889 | 202.65 | 0.9895 | 183.54 | 0.9937 | 168.46 | 0.9943 |
| | 0.3 | 191.15 | 0.9851 | 181.89 | 0.9912 | 167.38 | 0.9944 | 153.43 | 0.9969 |
| | 0.4 | 171.79 | 0.9900 | 164.47 | 0.9948 | 155.45 | 0.9937 | 143.46 | 0.9982 |
| | 0.5 | 158.41 | 0.9937 | 154.65 | 0.9966 | 149.11 | 0.9966 | 137.10 | 0.9987 |
| | 0.6 | 153.00 | 0.9946 | 149.23 | 0.9985 | 143.26 | 0.9970 | 134.55 | 0.9990 |
| | 0.7 | 150.76 | 0.9961 | 147.56 | 0.9988 | 141.60 | 0.9981 | 135.07 | 0.9980 |
| | 0.8 | 152.19 | 0.9970 | 149.28 | 0.9991 | 146.88 | 0.9988 | 144.69 | 0.9923 |
| | 0.9 | 194.59 | 0.9943 | 182.23 | 0.9980 | 192.57 | 0.9925 | 183.17 | 0.9876 |
| | 均值 | 183.24 | — | 173.59 | — | 165.17 | — | 154.17 | — |
| KAS 法 | 0.1 | 263.55 | 0.9971 | 234.11 | 0.9962 | 209.33 | 0.9960 | 189.19 | 0.9918 |
| | 0.2 | 222.08 | 0.9880 | 204.95 | 0.9886 | 184.83 | 0.9931 | 168.98 | 0.9937 |
| | 0.3 | 192.79 | 0.9838 | 183.03 | 0.9904 | 167.76 | 0.9939 | 153.10 | 0.9966 |
| | 0.4 | 172.34 | 0.9890 | 164.64 | 0.9943 | 155.14 | 0.9930 | 142.54 | 0.9980 |
| | 0.5 | 158.19 | 0.9930 | 154.22 | 0.9962 | 148.40 | 0.9962 | 135.77 | 0.9985 |
| | 0.6 | 152.40 | 0.9940 | 148.44 | 0.9983 | 142.16 | 0.9967 | 133.00 | 0.9989 |
| | 0.7 | 149.95 | 0.9956 | 146.58 | 0.9986 | 140.32 | 0.9978 | 133.45 | 0.9977 |
| | 0.8 | 151.32 | 0.9966 | 148.26 | 0.9990 | 145.76 | 0.9986 | 143.43 | 0.9913 |
| | 0.9 | 195.69 | 0.9938 | 182.70 | 0.9978 | 193.57 | 0.9917 | 183.67 | 0.9863 |
| | 均值 | 184.26 | — | 174.10 | — | 165.25 | — | 153.68 | — |

*热力学参数及热爆炸临界温度计算*

热安全性和热力学参数对于高氮含能材料 5AT 来讲至关重要。采用 FWO 法计算所得的动力学参数作为输入量来计算四种粒径样品的热安全性参数和热力学参数。

自加速分解温度（self-accelerating decomposition temperature，$T_{SADT}$）对于评估自反应物质（如推进剂、烟火药、炸药等）在生产、存储、运输过程中的安全管理来说是一项非常关键的安全性指标[80]。$T_0$、$T_e$、$T_p$ 在升温速率趋近于 0（$\beta \to 0$）时所对应的数值为 $T_{00}$、$T_{e0}$、$T_{p0}$，这三项参数可以利用式（5-28）所示的回归方程计算得到。

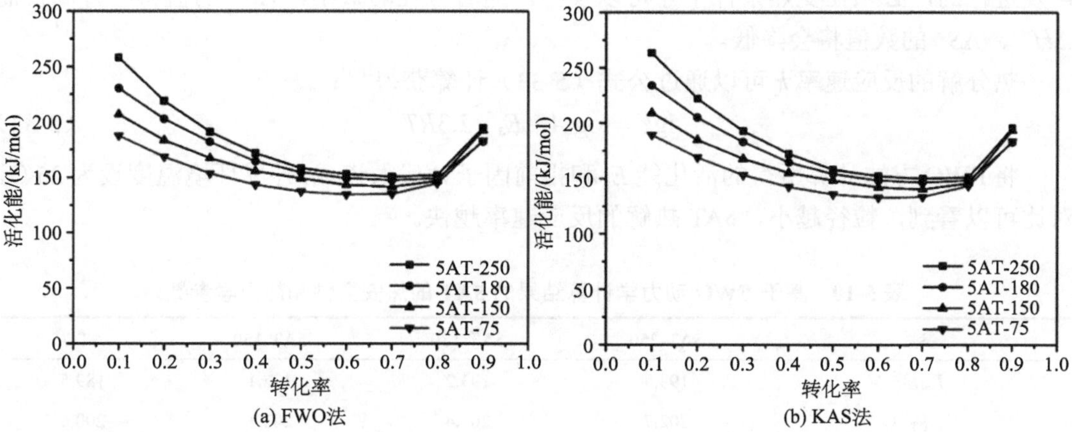


图 5-27 活化能与转化率的相关性

$$T_{0/e/p} = T_{00/e0/p0} + b\beta + c\beta^2 + d\beta^3 + e\beta^4 \tag{5-28}$$

式中，$b$、$c$、$d$、$e$ 均为系数。计算结果如表 5-10 所示。粒径越小的样品，其 TSADT 值越低。也就是说，当在外界热环境相同时，5AT 样品的粒径越小，对热的抵抗力越差，热安全性越差。

对于含能材料来讲，临界点燃温度（thermal ignition temperature，$T_{TIT}$）和热爆炸临界温度（critical explosion temperature，$T_b$）也是非常关键的参数。其中，$T_b$ 被定义为材料在受热条件下不发生热失控的最低温度[81]。Zhang 等[82]提出了临界点燃温度和热爆炸临界温度的计算方法，如式 5-29 所示，式中，当活化能 $E$o 取值为 $E_{eO}$、$T$ 取值为 $T_{e0}$ 的时候，所得到的即为 $T_{TIT}$；当活化能 $E$o 取值为 $E_{pO}$、$T$ 取值为 $T_{p0}$ 的时候，所得到的即为 $T_b$。

$$T_{TIT/b} = \frac{E_O - \sqrt{E_O{}^2 - 4E_O RT}}{2R} \tag{5-29}$$

计算结果表明 $T_{TIT}$ 和 $T_b$ 的数值均比较高，这表明 5AT 这种材料从热分解转化为热爆炸的过程并不是非常容易发生。粒径越大，热分解转化为热爆炸越困难。

吉布斯自由能（$\Delta G^{\neq}$）、焓（$\Delta H^{\neq}$）、熵（$\Delta S^{\neq}$）是三项重要的热力学参数，可以通过公示（5-30）~公式（5-32）求解，其中各变量取值如下：$T = T_{p0}$、$E = E_k$、$A = A_k$[83,84]。

$$A\exp\left(-E_a / RT\right) = \left(k_B T / h\right)\exp\left(-\Delta G^{\neq} / RT\right) \tag{5-30}$$

$$\Delta H^{\neq} = E_a - RT \tag{5-31}$$

$$\Delta G^{\neq} = \Delta H^{\neq} - T\Delta S^{\neq} \tag{5-32}$$

式中，$k_B$ 为玻尔兹曼（Boltzmann）常量，$h$ 为普朗克（Planck）常量。从将 FWO 方法计算所得的活化能 $E_a$ 和指前因子 $A$ 代入该式，外界环境温度设为 25℃。对比可以看到，粒径越小，5AT 热解的反应速率越快。

从表 5-10 可以看到，$\Delta G^{\neq}$、$\Delta H^{\neq}$ 的计算结果均为正值，说明 5AT 的吸热反应是非自发进行的，必须在受热条件下才可以发生。随着粒径的减小，$\Delta G^{\neq}$ 的值将会升高，而 $\Delta H^{\neq}$、$\Delta S^{\neq}$ 的数值将会降低。

热分解的反应速率 $k$ 可以通过公式（5-33）计算获得[85]：

$$\lg k = \log A - E_a / 2.3RT \tag{5-33}$$

将 FWO 方法计算所得的活化能 $E_a$ 和指前因子 $A$ 代入该式，外界环境温度设为 25℃。对比可以看到，粒径越小，5AT 热解的反应速率越快。

**表 5-10　基于 FWO 动力学计算结果的 5AT 的热安全性和热力学参数**

| 参数 | 5AT-250 | 5AT-180 | 5AT-150 | 5AT-75 |
|---|---|---|---|---|
| $T_{00}$/℃ | 193.9 | 193.2 | 192.1 | 189.5 |
| $T_{SADT}$/℃ | 202.7 | 201.4 | 201.1 | 200.6 |
| $T_{p0}$/℃ | 204.1 | 203.0 | 202.6 | 201.0 |
| $T_{TIT}$/℃ | 203.8 | 202.6 | 202.4 | 202.3 |
| $T_b$/℃ | 205.2 | 204.3 | 204.0 | 202.7 |
| $\Delta G^{\neq}$/(kJ/mol) | 118.60 | 119.08 | 119.45 | 120.54 |
| $\Delta H^{\neq}$/(kJ/mol) | 309.62 | 261.46 | 250.09 | 194.90 |
| $\Delta S^{\neq}$/(J/mol) | 395.44 | 294.40 | 270.55 | 153.96 |
| $\lg k$ | –20.92 | –17.75 | –16.99 | –13.41 |

*反应级数的确定*

基于四种 5AT 样品在 20℃/min 升温速率下的 TG 数据，绘制了不同热解模型中 $\ln[g(\alpha)/T^2]$ 与 $1/T$ 之间的线性关系，如图 5-28 所示。表 5-11~表 5-14 分别列出了基于 Coads-Redfern（CR）方法的四种 5AT 样品在不同升温速率下的活化能值及相关系数，以及四种升温速率下的活化能平均值。相关系数值越高，代表所选的动力学模型对该反应的适用性更好[86]。

如果样品在该动力学模型下活化能平均值接近于 FWO 法和 KAS 法计算所得的等转化率活化能平均值，则表明该动力学模型可用于表征此物质的热解机理前文使用 FWO 和 KAS 两种方法所得的四种样品的等转化率活化能的平均值分别为 183.8kJ/mol、173.8kJ/mol、165.2kJ/mol、153.9kJ/mol。与不同反应模型下的活化能平均值对比，可以看到，5AT-250 基于 FWO、KAS 算法的等转化率活化能平均值与 $D_1$、$D_2$ 模型的活化能平均值 161.17~181.13kJ 非常接近，因此 5AT-250 样品的热解机理为 $D_1$ 或 $D_2$ 模型中的一种。因此，需要进一步通过 Chang 方法进一步判断 5AT-250 样品的反应机理。同理可得，5AT-180 样品的热解机理也是 $D_1$ 或 $D_2$ 模型中的一种。但是，就 5AT-150 和 5AT-75 样品而言，由于其活化能与 $D_1$ 模型非常接近，因此这两种样品的热解机理为 $D_1$ 模型。

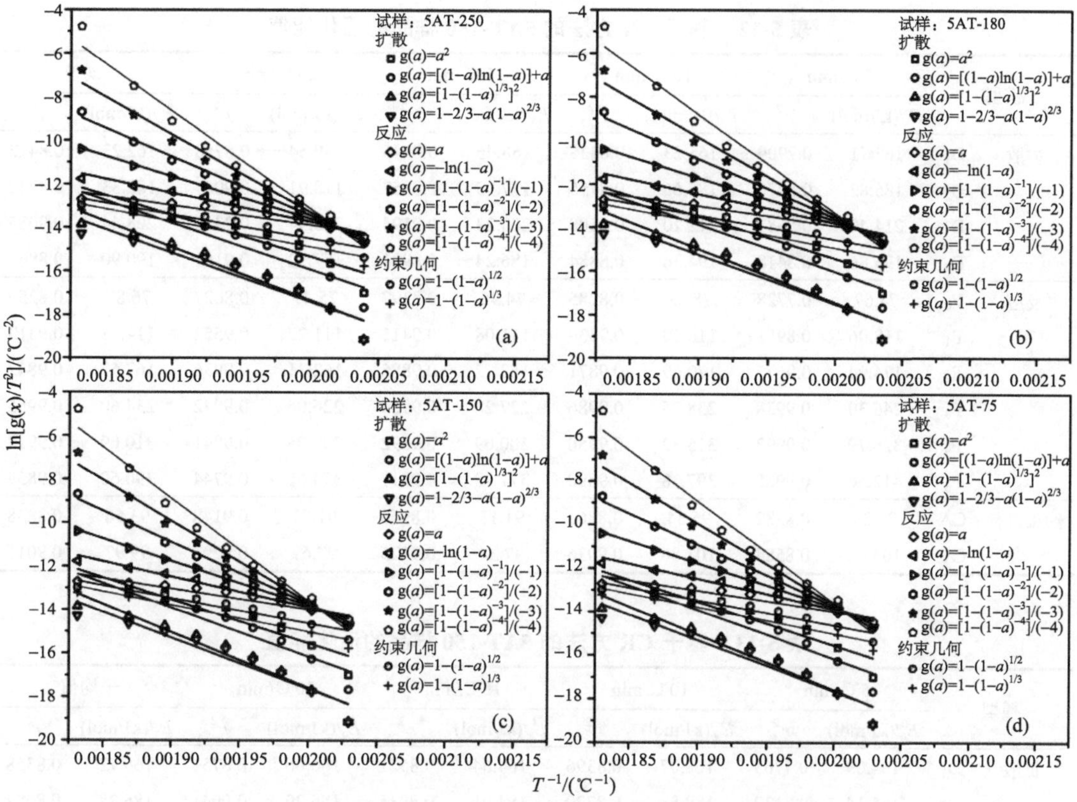


图 5-28 在 20℃/min 升温速率下，5AT 样品的 CR 曲线

**表 5-11 基于 CR 方法的 5AT-250 样品的活化能值**

| 模型 | | 5℃/min | | 10℃/min | | 15℃/min | | 20℃/min | | 平均值 | |
|---|---|---|---|---|---|---|---|---|---|---|---|
| | | $E_a$/(kJ/mol) | $r^2$ | $E_a$/(kJ/mol) | $r^2$ | $E_a$/(kJ/mol) | $r^2$ | $E_a$/(kJ/mol) | $r^2$ | $E_a$/(kJ/mol) | $r^2$ |
| 扩散 | $D_1$ | 164.45 | 0.7825 | 163.30 | 0.8431 | 160.74 | 0.8722 | 156.18 | 0.8706 | 161.17 | 0.8421 |
| | $D_2$ | 185.49 | 0.8191 | 183.51 | 0.8753 | 180.30 | 0.9014 | 175.22 | 0.9001 | 181.13 | 0.8740 |
| | $D_3$ | 213.02 | 0.8610 | 209.75 | 0.9106 | 205.60 | 0.9328 | 199.84 | 0.9315 | 207.05 | 0.9090 |
| | $D_4$ | 194.52 | 0.8342 | 192.12 | 0.8882 | 188.59 | 0.9130 | 183.30 | 0.9117 | 189.63 | 0.8868 |
| 反应 | $F_0$ | 78.04 | 0.7637 | 77.41 | 0.8280 | 76.10 | 0.8589 | 73.79 | 0.8567 | 76.33 | 0.8268 |
| | $F_1$ | 117.34 | 0.8884 | 114.92 | 0.9336 | 112.26 | 0.9531 | 109.00 | 0.9515 | 113.38 | 0.9317 |
| | $F_2$ | 174.18 | 0.9640 | 168.67 | 0.9865 | 163.89 | 0.9937 | 159.18 | 0.9916 | 166.48 | 0.9840 |
| | $F_3$ | 245.51 | 0.9922 | 235.92 | 0.9976 | 228.39 | 0.9960 | 221.87 | 0.9932 | 232.92 | 0.9948 |
| | $F_4$ | 325.96 | 0.9990 | 311.77 | 0.9939 | 301.12 | 0.9868 | 292.56 | 0.9839 | 307.85 | 0.9909 |
| | $F_5$ | 411.68 | 0.9991 | 392.67 | 0.9878 | 378.74 | 0.9776 | 368.02 | 0.9746 | 387.78 | 0.9848 |
| 约束几何 | CA | 95.56 | 0.8301 | 94.19 | 0.8860 | 92.30 | 0.9117 | 89.58 | 0.9100 | 92.91 | 0.8845 |
| | CV | 102.32 | 0.8508 | 100.64 | 0.9033 | 98.52 | 0.9270 | 95.63 | 0.9253 | 99.28 | 0.9016 |

**表 5-12　基于 CR 方法的 5AT-180 样品的活化能值**

| 模型 | | 5℃/min | | 10℃/min | | 15℃/min | | 20℃/min | | 平均值 | |
|---|---|---|---|---|---|---|---|---|---|---|---|
| | | $E_a$/(kJ/mol) | $r^2$ | $E_a$/(kJ/mol) | $r^2$ | $E_a$/(kJ/mol) | $r^2$ | $E_a$/(kJ/mol) | $r^2$ | $E_a$/(kJ/mol) | $r^2$ |
| 扩散 | $D_1$ | 165.71 | 0.7909 | 165.23 | 0.8435 | 158.45 | 0.8545 | 159.54 | 0.8758 | 162.23 | 0.8412 |
| | $D_2$ | 186.82 | 0.8270 | 185.66 | 0.8755 | 177.95 | 0.8857 | 178.91 | 0.9047 | 182.33 | 0.8732 |
| | $D_3$ | 214.40 | 0.8681 | 212.20 | 0.9108 | 203.23 | 0.9194 | 203.94 | 0.9355 | 208.44 | 0.9085 |
| | $D_4$ | 195.86 | 0.8418 | 194.36 | 0.8884 | 186.24 | 0.8981 | 187.12 | 0.9161 | 190.90 | 0.8861 |
| 反应 | $F_0$ | 78.67 | 0.7728 | 78.38 | 0.8285 | 74.95 | 0.8397 | 75.47 | 0.8627 | 76.87 | 0.8259 |
| | $F_1$ | 118.06 | 0.8951 | 116.30 | 0.9339 | 111.08 | 0.9411 | 111.27 | 0.9552 | 114.18 | 0.9313 |
| | $F_2$ | 174.94 | 0.9677 | 170.69 | 0.9871 | 162.72 | 0.9885 | 162.31 | 0.9936 | 167.67 | 0.9842 |
| | $F_3$ | 246.30 | 0.9938 | 238.75 | 0.9986 | 227.28 | 0.9954 | 226.06 | 0.9942 | 234.60 | 0.9955 |
| | $F_4$ | 326.79 | 0.9992 | 315.52 | 0.9950 | 300.09 | 0.9892 | 297.95 | 0.9841 | 310.09 | 0.9919 |
| | $F_5$ | 412.56 | 0.9985 | 397.38 | 0.9890 | 377.78 | 0.9817 | 374.68 | 0.9744 | 390.60 | 0.9859 |
| 约束几何 | CA | 96.24 | 0.8382 | 95.34 | 0.8863 | 91.13 | 0.8960 | 91.51 | 0.9148 | 93.56 | 0.8838 |
| | CV | 103.02 | 0.8584 | 101.86 | 0.9036 | 97.34 | 0.9125 | 97.67 | 0.9297 | 99.97 | 0.9011 |

**表 5-13　基于 CR 方法的 5AT-150 样品的活化能值**

| 模型 | | 5℃/min | | 10℃/min | | 15℃/min | | 20℃/min | | 平均值 | |
|---|---|---|---|---|---|---|---|---|---|---|---|
| | | $E_a$/(kJ/mol) | $r^2$ | $E_a$/(kJ/mol) | $r^2$ | $E_a$/(kJ/mol) | $r^2$ | $E_a$/(kJ/mol) | $r^2$ | $E_a$/(kJ/mol) | $r^2$ |
| 扩散 | $D_1$ | 164.09 | 0.7763 | 168.07 | 0.8396 | 164.64 | 0.8521 | 166.06 | 0.8751 | 165.72 | 0.8358 |
| | $D_2$ | 185.14 | 0.8132 | 188.88 | 0.8720 | 184.91 | 0.8835 | 186.20 | 0.9041 | 186.28 | 0.8682 |
| | $D_3$ | 212.71 | 0.8556 | 215.93 | 0.9077 | 211.20 | 0.9176 | 212.25 | 0.9350 | 213.02 | 0.9040 |
| | $D_4$ | 194.18 | 0.8284 | 197.76 | 0.8850 | 193.53 | 0.8960 | 194.75 | 0.9155 | 195.05 | 0.8812 |
| 反应 | $F_0$ | 77.86 | 0.7571 | 79.79 | 0.8247 | 78.05 | 0.8377 | 78.72 | 0.8625 | 78.61 | 0.8205 |
| | $F_1$ | 117.22 | 0.8833 | 118.45 | 0.9312 | 115.61 | 0.9398 | 115.97 | 0.9550 | 116.81 | 0.9273 |
| | $F_2$ | 174.21 | 0.9611 | 173.91 | 0.9858 | 169.38 | 0.9889 | 169.10 | 0.9942 | 171.65 | 0.9825 |
| | $F_3$ | 245.78 | 0.9912 | 243.33 | 0.9984 | 236.62 | 0.9972 | 235.46 | 0.9955 | 240.30 | 0.9956 |
| | $F_4$ | 326.48 | 0.9990 | 321.61 | 0.9955 | 312.46 | 0.9918 | 310.30 | 0.9858 | 317.71 | 0.9930 |
| | $F_5$ | 412.45 | 0.9997 | 405.10 | 0.9899 | 393.35 | 0.9848 | 390.18 | 0.9763 | 400.27 | 0.9877 |
| 约束几何 | CA | 95.39 | 0.8241 | 97.07 | 0.8830 | 94.86 | 0.8941 | 95.41 | 0.9144 | 95.69 | 0.8789 |
| | CV | 102.17 | 0.8450 | 103.73 | 0.9004 | 101.32 | 0.9108 | 101.81 | 0.9294 | 102.26 | 0.8964 |

**表 5-14　基于 CR 方法的 5AT-75 样品的活化能值**

| 模型 | | 5℃/min | | 10℃/min | | 15℃/min | | 20℃/min | | 平均值 | |
|---|---|---|---|---|---|---|---|---|---|---|---|
| | | $E_a$/(kJ/mol) | $r^2$ | $E_a$/(kJ/mol) | $r^2$ | $E_a$/(kJ/mol) | $r^2$ | $E_a$/(kJ/mol) | $r^2$ | $E_a$/(kJ/mol) | $r^2$ |
| 扩散 | $D_1$ | 161.57 | 0.7764 | 166.69 | 0.8454 | 169.26 | 0.8664 | 165.95 | 0.8786 | 165.86 | 0.8417 |
| | $D_2$ | 182.30 | 0.8133 | 187.26 | 0.8772 | 189.84 | 0.8959 | 186.02 | 0.9071 | 186.35 | 0.8734 |
| | $D_3$ | 209.46 | 0.8557 | 213.99 | 0.9122 | 216.53 | 0.9279 | 211.97 | 0.9375 | 212.99 | 0.9083 |
| | $D_4$ | 191.21 | 0.8286 | 196.03 | 0.8900 | 198.60 | 0.9077 | 194.54 | 0.9184 | 195.09 | 0.8862 |

续表

| 模型 | | 5℃/min | | 10℃/min | | 15℃/min | | 20℃/min | | 平均值 | |
|---|---|---|---|---|---|---|---|---|---|---|---|
| | | $E_a$/(kJ/mol) | $r^2$ | $E_a$/(kJ/mol) | $r^2$ | $E_a$/(kJ/mol) | $r^2$ | $E_a$/(kJ/mol) | $r^2$ | $E_a$/(kJ/mol) | $r^2$ |
| 反应 | $F_0$ | 76.60 | 0.7569 | 79.11 | 0.8308 | 80.35 | 0.8534 | 78.66 | 0.8663 | 78.68 | 0.8269 |
| | $F_1$ | 115.37 | 0.8833 | 117.30 | 0.9352 | 118.50 | 0.9489 | 115.78 | 0.9572 | 116.74 | 0.9312 |
| | $F_2$ | 171.51 | 0.9612 | 172.07 | 0.9878 | 173.06 | 0.9926 | 168.71 | 0.9949 | 171.34 | 0.9841 |
| | $F_3$ | 242.00 | 0.9912 | 240.61 | 0.9989 | 241.29 | 0.9973 | 234.81 | 0.9952 | 239.68 | 0.9957 |
| | $F_4$ | 321.50 | 0.9990 | 317.90 | 0.9950 | 318.20 | 0.9896 | 309.36 | 0.9849 | 316.74 | 0.9921 |
| | $F_5$ | 406.18 | 0.9996 | 400.33 | 0.9888 | 400.24 | 0.9810 | 388.92 | 0.9750 | 398.92 | 0.9861 |
| 约束 | CA | 93.87 | 0.8241 | 96.19 | 0.8881 | 97.42 | 0.9065 | 95.30 | 0.9174 | 95.70 | 0.8840 |
| 几何 | CV | 100.55 | 0.8450 | 102.76 | 0.9052 | 103.98 | 0.9220 | 101.68 | 0.9322 | 102.24 | 0.9011 |

Chang 方法也是一种单升温速率法，其数学表达式如式（5-34）所示。如果所选择的反应级数是正确的话，那么 $\ln[(d\alpha/dt)/(1-\alpha)^n]$与 $1/T$ 之间生成的直线的线性拟合度将会相当高。

$$\ln\frac{d\alpha/dt}{(1-\alpha)^n}=\ln A-\frac{E_a}{RT} \tag{5-34}$$

从图 5-29 可以看出，对于所有四种升温速率的热重数据，$D_1$ 模型均展现出相当高的线性度（$0.9729 \leqslant r^2 \leqslant 0.9974$）。5AT-250 和 5AT-180 样品基于 $D_2$ 模型的 Chang 曲线如图 5-30 所示。尽管对于升温速率为 10℃/min、15℃/min、20℃/min 时的 Chang 曲线都表现出了较高的线性度，但是 5℃/min 下的曲线线性度很低。因此，不论对于粒径较大的 5AT 样品还是粒径较小的 5AT 样品，其热解反应模型均为 $D_1$ 扩散模型。这表明，扩散作用在 5AT 样品的热解过程中发挥着重要作用。基于前文的 TG-MS 结果，可以预测 5AT 的热解过程被扩散作用所主导，具体指的是 $HN_3$、$NH_2CN$ 等气体从四唑环表面解吸并扩散出去。气体产物从反应物脱离反应物表面的扩散速率以及穿越相界面的速率决定了最终的反应速率。

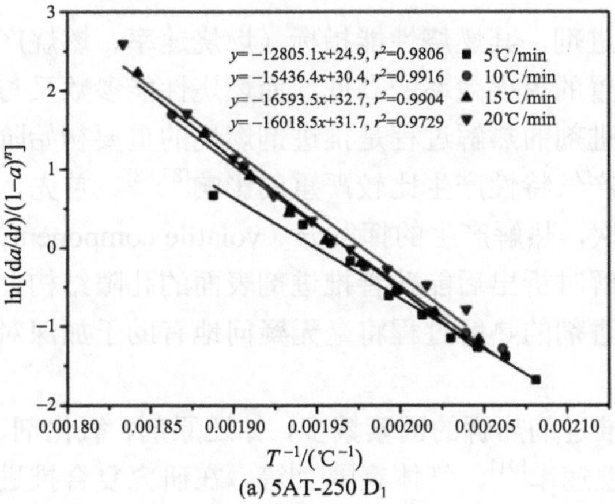

(a) 5AT-250 $D_1$

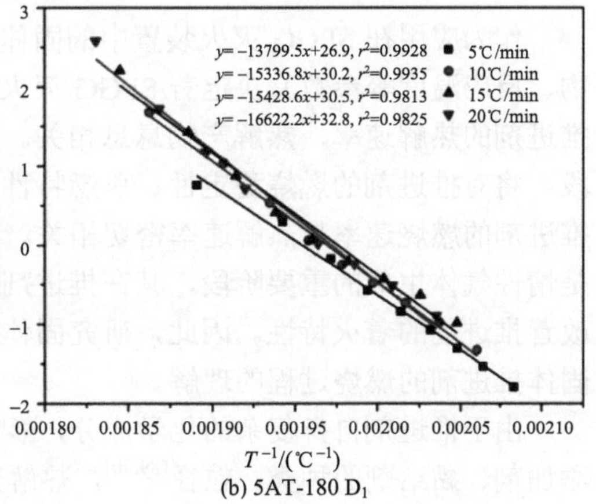

(b) 5AT-180 $D_1$

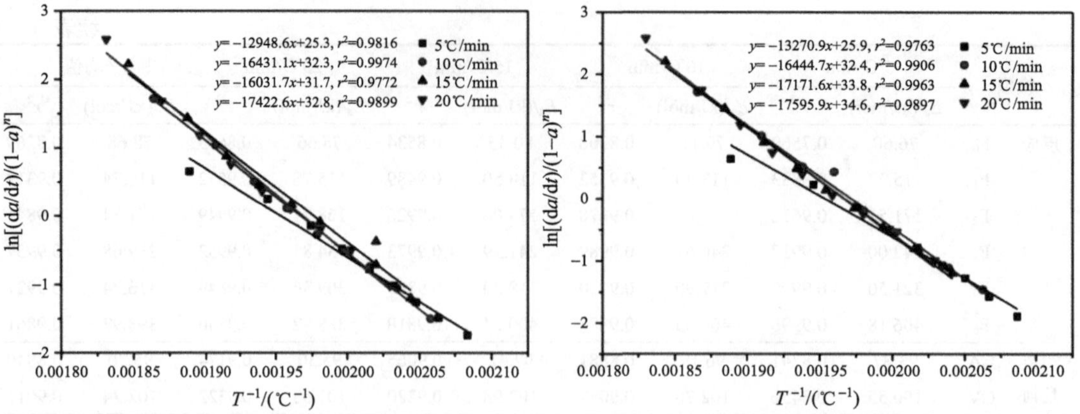


(c) 5AT-150 $D_1$　　(d) 5AT-75 $D_1$

图 5-29　四种样品基于 $D_1$ 模型的 Chang 曲线

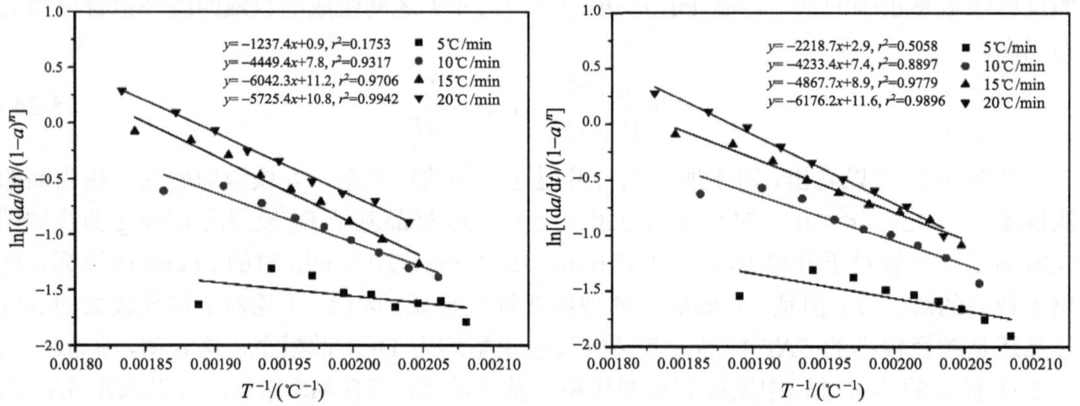


(a) 5AT-250 $D_2$　　(b) 5AT-180 $D_2$

图 5-30　5AT-250 和 5AT-180 样品基于 $D_2$ 模型的 Chang 曲线

### 2. 5AT/Sr $(NO_3)_2$ 推进剂的热解机理

作为应用在 SPGG 灭火装置中的固体推进剂，其燃烧性能指标（燃烧速率、燃烧产物、反应温度等参数）决定着 SPGG 灭火装置的灭火效率的高低，而燃烧性能参数又与推进剂的热解速率、热解产物息息相关。推进剂的热解过程是推进剂燃烧的重要初始阶段，将对推进剂的燃烧稳定性、引燃特性、产气特性产生比较严重的影响[87,88]。首先，推进剂的燃烧速率与热解速率密切相关。其次，热解产生的挥发分（volatile component）是惰性气体生成的重要阶段，其在推进剂热解时析出后能改善推进剂表面的孔隙结构，改善推进剂的着火特性。因此，研究固体推进剂的热解过程将毫无疑问地有助于加深对固体推进剂的燃烧过程的理解。

由于推进剂自身复杂的化学成分，影响推进剂热解的因素繁多，如还原剂、氧化剂、添加剂、黏结剂的种类、粒径[89,90]，热解升温速率[91]、气体氛围[92]等。在研究复合推进剂热解机理前，首先单独研究配方中的主要组分还原剂或氧化剂的热解性能。为研究

$5AT/Sr(NO_3)_2$推进剂的热解机理，首先分别研究还原剂5AT和氧化剂$Sr(NO_3)_2$的热解机理，然后基于自身组分的热解机理分析，推导推进剂的热解反应过程。

热重-质谱（TG-MS）联用技术不仅可以实现对待测样品质量、热量变化的检测，还可完成对热解过程中逸出气体的分析，从而实现对试样热解机理的推论。本章采用热重-质谱联用技术分别对5AT、$Sr(NO_3)_2$、$5AT/Sr(NO_3)_2$三种推进剂样品的热解机理进行推测，为后文推进剂燃烧机理的分析提供依据。

（1）实验

为推断推进剂的热解反应机理，分别测试5AT、$Sr(NO_3)_2$及$5AT/Sr(NO_3)_2$（5AT与$Sr(NO_3)_2$质量比为36.48:63.52）的热解过程，所采用的测试仪器为美国Perkin-Elmer公司生产的热重质谱联用仪（型号 TL-9000），测试时以20℃/min升温速率连续升温至800℃，所选用的粉体样品质量为5mg左右。其中，5AT粒径为45~180μm，$Sr(NO_3)_2$粒径为70~185μm。为了消除外界氧化物对推进剂的热解过程产生干扰影响，以氩气作为热解气体氛围。

（2）5AT热解机理分析

针对5AT样品热重质谱联用的测试结果，我们选取了质核比为27、42、43的三种质谱信号进行分析。基于标准气体的校准曲线[93]，可以依次将这三种质谱信号转化为HCN、$NH_2CN$、$HN_3$的信号。5AT热解时的逸出气体信号如图5-31所示，TG-DTG曲线如图5-32所示。可以看出，5AT的热分解分为3个较明显的阶段。首先，在199~358℃的温度段内，5AT发生分解生成$NH_2CN$和$HN_3$等逸出气体，同时会产生大量的固相三聚氰胺（melamine）产物[94]，以上过程对应图5-32中的第一阶段反应，如式（5-35）所示。逸出气体HCN的强烈信号出现在518℃附近，对应着DTG曲线中的第二个峰值。据文献[95]报道，5AT的热解第二阶段产生的固相产物主要是热稳定性介质，如蜜勒胺、

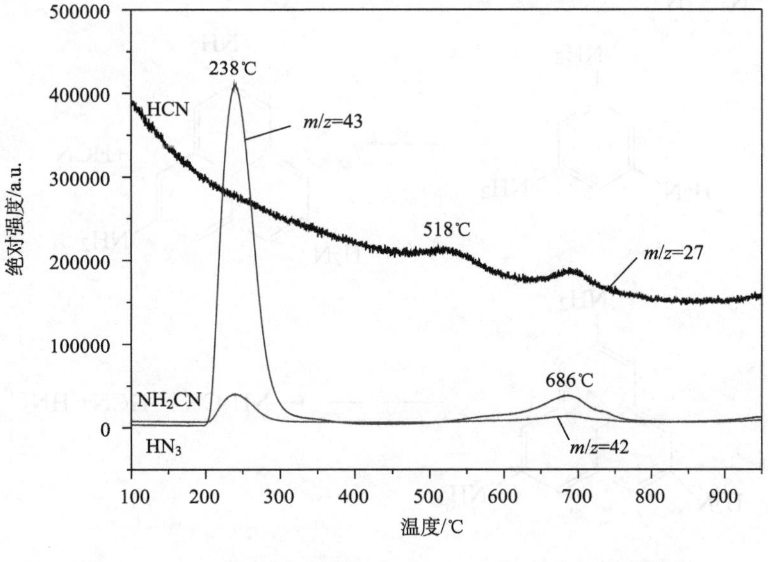


图5-31 5AT热解时质核比为27、42、43的逸出气体信号

蜜白胺等，这些物质属于非挥发性的产物，常表现为一小部分的黄色固体残渣，反应如式（5-36）所示。当温度超过 530℃时，热解第二阶段的固相产物继续分解，生成 HCN、$NH_2CN$、$HN_3$ 等逸出气体，如式（5-37）所示。

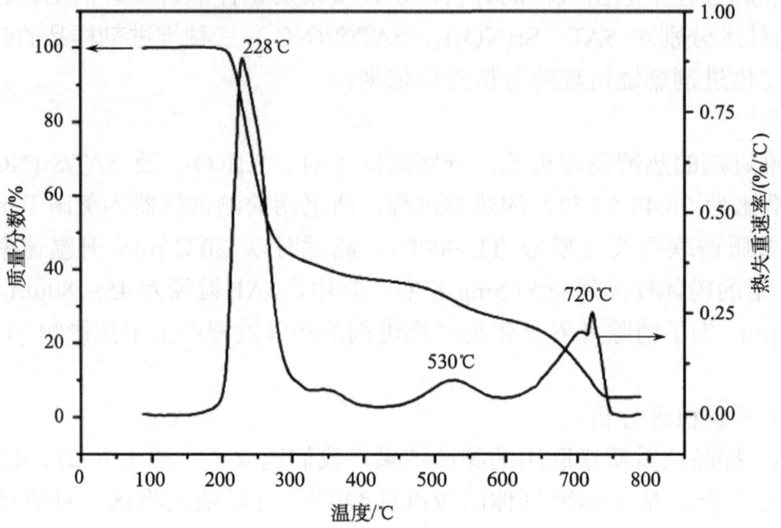


图 5-32　在 20℃/min 升温速率下，5AT 热解过程的 TG-DTG 曲线

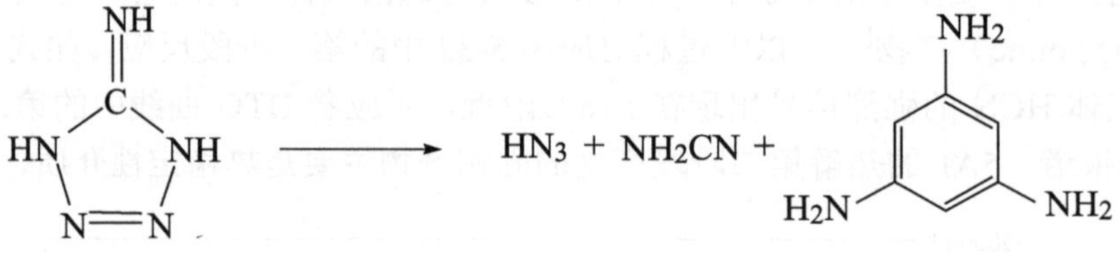


（5-35）

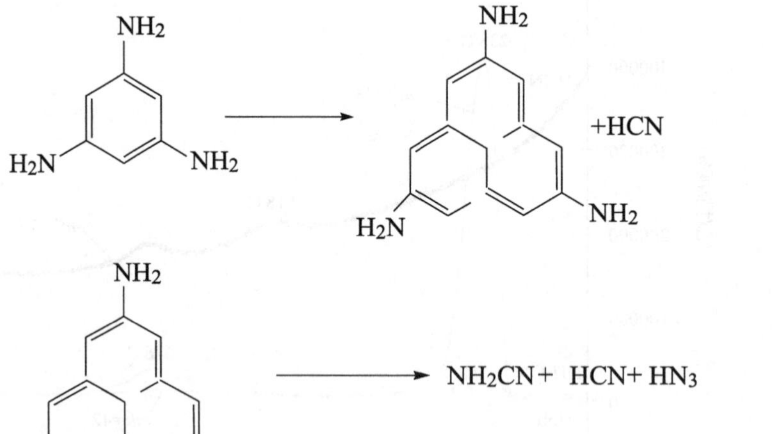


（5-36）

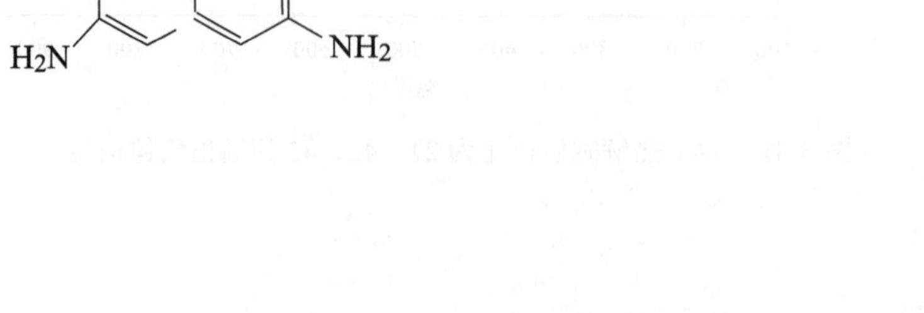


（5-37）

（3）硝酸锶热解机理分析

针对 $Sr(NO_3)_2$ 样品热重质谱联用的测试结果，我们选取了质核比为 30、32、44、46 的三种质谱信号进行分析（图 5-33），依次将这四种质谱信号转化为 NO、$O_2$、$N_2O$、$NO_2$ 的信号。在固体推进剂的配方中，$Sr(NO_3)_2$ 作为氧化剂使用。从图 5-34 的 DTG 曲线可以看出，它的热解过程主要发生在 500~689℃的温度范围，在 577℃附近呈现一个较弱的峰，但在 657℃附近有一个强峰。从图 5-33 可以看出，当热解温度升至 500℃以上时，质核比 $m/z$=32（$O_2$）的峰开始呈现增强的趋势，与此同时产生亚硝酸锶（$Sr(NO_2)_2$）的固态产物[96]，如式（5-38）所示。在温度升至 571℃时，质核比 $m/z$=30（NO）、44（$N_2O$）、46（$NO_2$）的峰的强度突然增强，同时上一阶段的固态产物亚硝酸锶继续分解生成固态氧化锶（SrO），反应式（5-39）所示。

$$Sr(NO_3)_2 \longrightarrow Sr(NO_2)_2 + O_2 \tag{5-38}$$

$$Sr(NO_2)_2 \longrightarrow SrO + NO + NO_2 \tag{5-39}$$

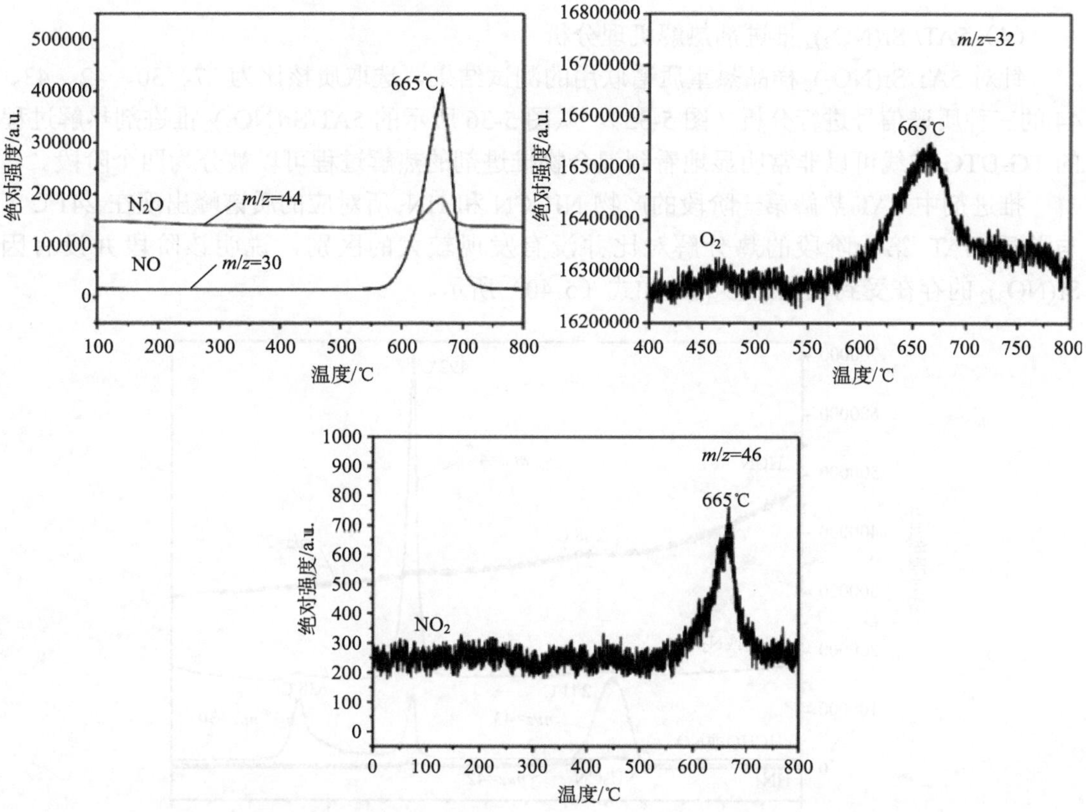


图 5-33 硝酸锶热解时质核比为 30、32、44、46 的逸出气体信号

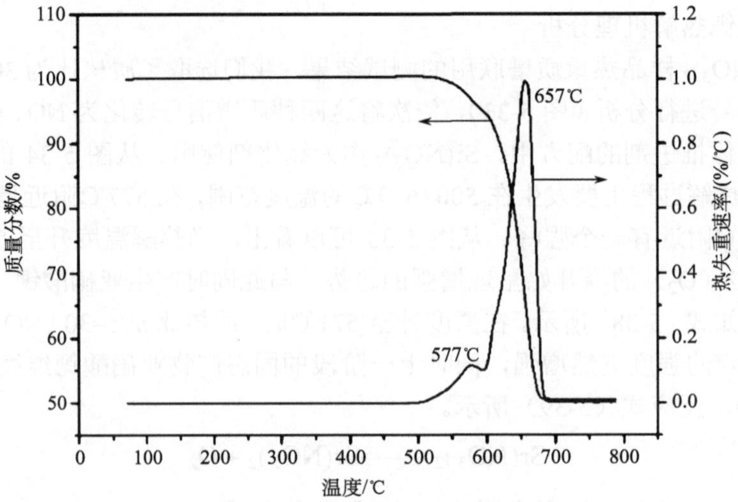


图 5-34　在 20℃/min 升温速率下，硝酸锶热解过程的 TG-DTG 曲线

（4）5AT/ $Sr(NO_3)_2$ 推进剂热解机理分析

针对 5AT/$Sr(NO_3)_2$ 样品热重质谱联用的测试结果，选取质核比为 27、30、42、43、44 的三种质谱信号进行分析（图 5-35）。从图 5-36 所示的 5AT/$Sr(NO_3)_2$ 推进剂热解过程的 TG-DTG 曲线可以非常明显地看到混合物推进剂的热解过程可以被分为四个阶段。

推进剂中 5AT 热解第一阶段的产物 $NH_2CN$ 和 $HN_3$ 所对应的质谱峰出现在 241℃，与单质 5AT 第一阶段的热分解对比并没有发现较大的区别，说明该阶段并没有因 $Sr(NO_3)_2$ 的存在受到较大的影响，如式（5-40）所示。

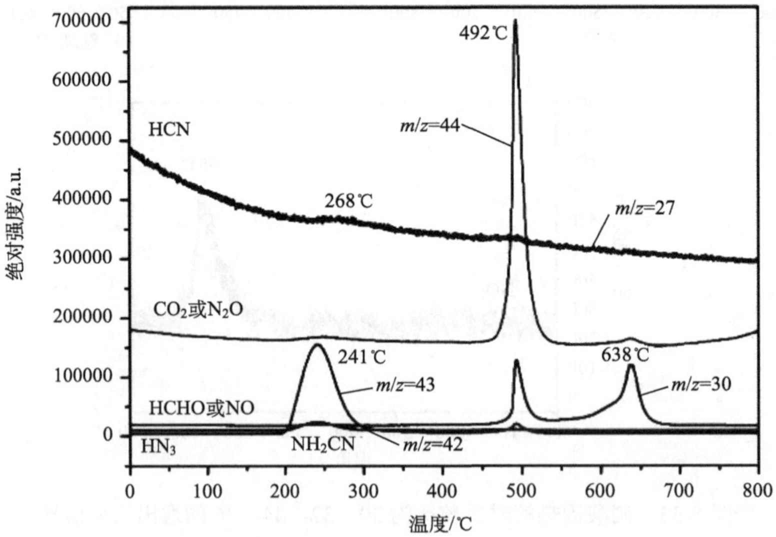


图 5-35　5AT/$Sr(NO_3)_2$ 推进剂热解时质核比为 27、30、42、43、44 的逸出气体信号

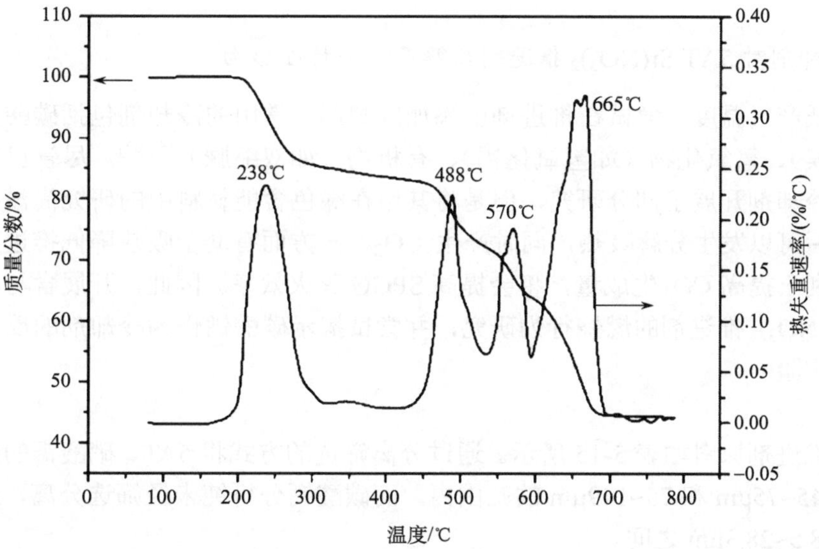


图 5-36　在 20℃/min 升温速率下，5AT/$Sr(NO_3)_2$ 推进剂热解过程的 TG-DTG 曲线

$$CH_3H_5 \longrightarrow HN_3 + NH_2CN + C_3N_3(NH_2)_3 \tag{5-40}$$

与单质 5AT 不同的是，5AT 与 $Sr(NO_3)_2$ 混合后第二阶段的热分解发生了较大变化，代表 HCN 的质谱峰出现在 268℃附近，表明反应被大大提前了。以上反应对应着图 5-36 中的 175~311℃之间的 TG-DTG 曲线，如式（5-41）所示。

$$C_3N_3(NH_2)_3 \longrightarrow C_6H_6N_{10} + HCN \tag{5-41}$$

$NH_2CN$、$HN_3$ 以及部分 HCN，作为 5AT 热解第三阶段的气体产物出现在 447~538℃的温度段内，与单质 5AT 热解相比，该反应也被大大提前了。与此同时，质核比 $m/z=30$ 和 $m/z=44$ 的峰表现得非常强烈，可以推断，质核比 $m/z=30$ 的峰是由甲醛（HCHO）产生的，而 $m/z=44$ 的峰是由二氧化碳（$CO_2$）所产生的。由此可见，5-氨基四氮唑的热解产物与尚未分解的 $Sr(NO_3)_2$ 之间发生了氧化还原反应，如式（5-42）所示。

$$C_6H_6N_{10} + Sr(NO_3)_2 \longrightarrow NH_2CN + HCN + HN_3 + HCHO + CO_2 \tag{5-42}$$

在高温的加热作用下，约 541~681℃附近，质核比 $m/z=30$ 和 $m/z=44$ 的峰再次呈现出增强的趋势，分别对应着图 5-36 中的最后两个 DTG 曲线的峰，其中一个在 570℃附近，另一个在 665℃附近。这一现象与图 5-34 所展示的单质 $Sr(NO_3)_2$ 的热分解行为相一致，如式（5-43）和式（5-44）所示。

$$Sr(NO_3)_3 \longrightarrow Sr(NO_2)_2 + O_2 \tag{5-43}$$

$$Sr(NO_2)_2 \longrightarrow SrO + NO + NO_2 \tag{5-44}$$

值得一提的是，质核比 $m/z=32$ 的峰仅仅出现在了单质 $Sr(NO_3)_2$ 的热解过程中，而在推进剂的热解质谱图中没有捕捉到 $m/z=32$ 的信号，这可能是由于在推进剂热解第二阶段中，游离态的氧已经被消耗掉用于氧化可燃物。以上分析可以看出，逸出气体的顺序可辅助我们较好地分析 5AT/$Sr(NO_3)_2$ 推进剂的热解反应机理。

3. 冷却剂对 $5AT/Sr(NO_3)_2$ 推进剂热解及燃烧特性影响

为降低产气温度，尝试在推进剂中添加冷却剂，常用的冷却剂包括碳酸盐（如碳酸钙、碳酸镁）、氢氧化物（如氢氧化铝）、有机物（如双缩脲）[56,97]。尽管已有学者将碳酸钙用作冷却剂开展了部分研究，但是将其用在绿色含能材料中的研究尚没有开展。碳酸钙受热后可以发生分解吸热，同时产生 $CO_2$，一方面有助于吸热降低推进剂燃温，另一方面有利于提高 $CO_2$ 生成量，将会提高 SPGG 灭火效率。因此，开展含与不含碳酸钙的 $5AT/Sr(NO_3)_2$ 推进剂的燃烧行为研究，并尝试揭示碳酸钙作为冷却剂的反应机理。

（1）实验

*制备*

所用推进剂原料如表 5-15 所示。通过分离筛选的方式将 5AT、硝酸锶的颗粒粒径分别控制在 45~75μm 和 75~149μm 的范围内，而碳酸钙分析纯未经筛选分离，经测量其粒径范围在 8.5~28.3μm 之间。

**表 5-15　推进剂原料及来源**

| 原料 | 类型 | 纯度 | 来源 |
|---|---|---|---|
| 5AT | 燃料 | ≥99.0% | 东阳市天宇化工有限公司 |
| 硝酸锶 | 氧化剂 | ≥99.5% | 国药集团化学试剂有限公司 |
| 碳酸钙 | 冷却添加剂 | ≥99.0% | 国药集团化学试剂有限公司 |

基于零氧平衡原理制备两种组分的推进剂配方。第一种配方命名为 SPGG01，每种组分的质量分数分别为 36.12%的 5AT、62.88%的硝酸锶以及 1%的聚乙烯醇；第二种配方命名为 SPGG02，组成包括 28.82%的 5AT、50.18%的硝酸锶、20%的碳酸钙以及 1%的聚乙烯醇。将按比例配制的样品放入立式行星式离心球磨机干磨 24h，转速 280r/min。为了保证两种配方中的 $5AT/Sr(NO_3)_2$ 基样的质量相同，所称取的 SPGG01 样品与 SPGG02 样品的质量比为 4:5。将称取的粉体置于直径 25.5mm 的圆柱形模具中，然后将模具放置在压力 2±0.2MPa 的油压机中静置 5min 压制成型。用于燃烧温度和燃速测量实验的推进剂药柱的几何尺寸如表 5-16 所示。其中，药柱密度值借鉴了前人研究中通常制备推进剂药柱的密度值[98,99]，但由于药柱在压制成型的过程中，人员操作油压机的压力值并不能完全一致，因此不能保证所有推进剂药柱的密度完全一致。最后，将所有的推进剂药柱在 50℃的烘箱中放置 2 天以排出多余的水分。

**表 5-16　推进剂药柱的几何特征尺寸**

| 试验类型 | 药柱尺寸参数 | SPGG01 | SPGG02 |
|---|---|---|---|
| 燃烧温度测量 | 药柱质量/g | 8.20 | 10.25 |
| | 药柱直径/cm | 2.55 | 2.55 |
| | 药柱高度/cm | 0.90 | 1.10 |
| | 药柱密度/($g/cm^3$) | 1.78 | 1.82 |

续表

| 试验类型 | 药柱尺寸参数 | SPGG01 | SPGG02 |
|---|---|---|---|
| 燃烧速率测量 | 药柱质量/g | 22.00 | 27.50 |
| | 药柱直径/cm | 2.55 | 2.55 |
| | 药柱高度/cm | 2.51 | 2.94 |
| | 药柱密度/($g/cm^3$) | 1.72 | 1.83 |

对 SPGG01 样品进行撞击感度、摩擦感度、静电感度测试，结果均显示 5AT/$Sr(NO_3)_2$ 推进剂的爆炸概率点估计值为 0，表明该推进剂组分是不敏感的，属于本质安全性推进剂。由于碳酸钙可以抑制推进剂材料的爆炸危险性，由此可以推断 SPGG02 配方也属于不敏感型推进剂。

（2）性能测试方法

*热解测试*

在 SDT-Q600 设备上进行 TG-DTG 测试，将质量约为 1.5mg 的 SPGG01 或 SPGG02 推进剂粉体放置在氧化铝坩埚中，控制 5℃/min、10℃/min、15℃/min、20℃/min 四种温升，温度范围控制在 25~800℃，气体氛围为氮气（流速控制在 100mL/min）。

*燃温测量*

利用自制的 R 型铂铑微细热电偶（型号：Pt/Pt-Rh13%）对推进剂的燃烧波结构温度进行测量。热电偶树的布置如图 5-37 所示，四只热电偶分别布置在距离推进剂表面 0cm、1cm、2cm、3cm 的位置处，分别将采样点命名为 TC0、TC1、TC2、TC3。热电偶的信号经由安捷伦采集仪 34970A 进行传输和收集。

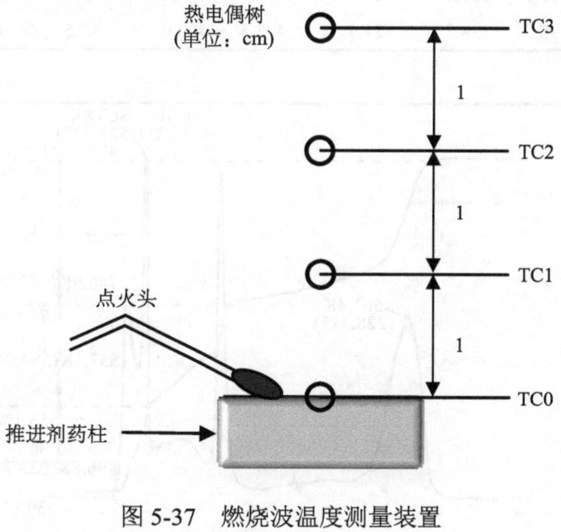


图 5-37　燃烧波温度测量装置

*燃速测量*

采用 700mL 密闭爆发器对推进剂燃速进行测试。

（3）$CaCO_3$ 对推进剂热解性能的影响分析

*热解行为*

SPGG01 和 SPGG02 在 10℃/min 升温速率时的 TG-DTG 曲线如图 5-38 所示，表 5-17 列出了不同升温速率下的热解起始温度、峰温、热失重等数据。可以看到，两种配方的热解过程中对应着 DTG 曲线的三个明显的峰，故可以分为三个阶段。在 $5AT/Sr(NO_3)_2$ 基样中添加 20%的碳酸钙之后，起始分解温度、峰温、热失重量均发生了不同程度的变化。具体而言，热解第 I、II 阶段的温度下限和温度上限均降低了，而第 III 阶段的温度上下限却升高了。就 DTG 曲线的峰温而言，添加了碳酸钙之后第 I、II 阶段的 DTG 峰温分别降低了 2.5℃和 7.5℃，而第 III 阶段的峰温升高了 23.3℃。除此之外，当温度达到 800℃时，SPGG01 中剩余残渣的质量比为 39.9%，包括固态的氧化锶（SrO）及黏结剂产生的副产物。与之不同的是，SPGG02 中剩余残渣的质量比为 46.2%，主要由氧化钙（CaO）、氧化锶（SrO）及少量在该温度尚未分解的化合物。

**表 5-17　TG 曲线热失重数据**

| 推进剂 | 温升速率 | 第 I 阶段 | | | 第 II 阶段 | | | 第 III 阶段 | | |
|---|---|---|---|---|---|---|---|---|---|---|
| | /(℃/min) | $T_0$/℃ | $T_p$/℃ | 热失重/% | $T_0$/℃ | $T_p$/℃ | 热失重/% | $T_0$/℃ | $T_p$/℃ | 热失重/% |
| SPGG01 | 5 | 190.9 | 214.1 | 26.4 | 461.4 | 473.0 | 21.5 | 564.5 | 572.6 | 11.8 |
| | 10 | 195.7 | 228.3 | 26.1 | 472.8 | 485.2 | 18.4 | 584.0 | 587.7 | 15.2 |
| | 15 | 196.1 | 233.1 | 27.4 | 479.2 | 493.2 | 16.8 | 586.4 | 601.3 | 15.3 |
| | 20 | 196.6 | 240.4 | 26.4 | 483.4 | 498.1 | 15.6 | 590.5 | 604.1 | 15.9 |
| SPGG02 | 5 | 188.4 | 213.7 | 22.9 | 456.2 | 466.5 | 12.9 | 586.5 | 597.7 | 15.7 |
| | 10 | 194.4 | 225.8 | 22.1 | 462.4 | 477.7 | 13.9 | 605.2 | 611.0 | 17.4 |
| | 15 | 195.2 | 231.4 | 21.1 | 471.7 | 484.3 | 13 | 610.2 | 614.5 | 17.4 |
| | 20 | 195.7 | 238.7 | 21.9 | 473.5 | 490.0 | 12.5 | 613.5 | 617.6 | 17.7 |

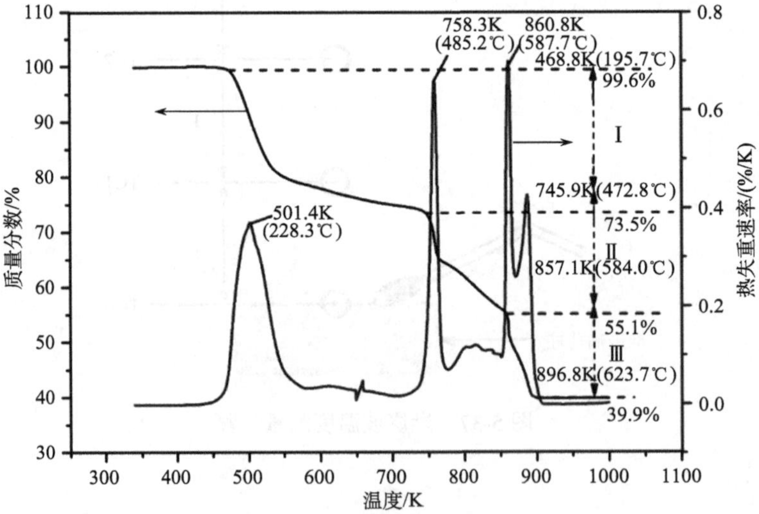

(a) SPGG01

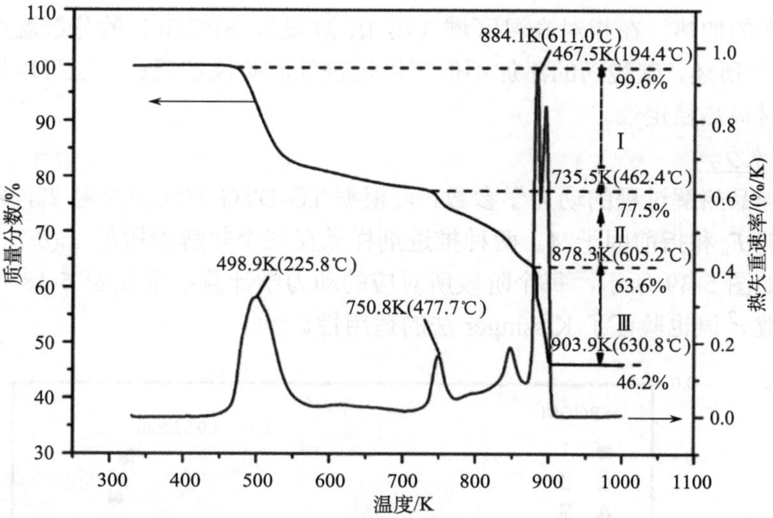

(b) SPGG02

图 5-38 温升速率为 10℃/min 下的 TG-DTG 曲线

下面将对三个热解阶段逐个进行分析。

第 I 阶段中，SPGG01 和 SGPP02 的热失重分别为 26.1%和 22.1%。如前文所述，在配料时 5AT 的质量百分比分别为 36.12%和 28.82%，用该阶段的热失重量除以 5AT 的初始比重，可以得到 5AT 的失重比率，SPGG01 的值与 SPGG02 非常接近，这说明两种配方中 5AT 在第 I 阶段的热失重的比重非常接近。Lesnikovich 等[100]研究发现 5AT 可以在 207℃附近开始发生分解，在 207~267℃的温度段内热失重约 50%。基于我们的测试结果和前人的研究，可以预测第 I 阶段的热失重主要是由 5AT 的熔融分解造成的，常伴随叠氮酸、三聚氰胺、蜜勒胺等的生成。第 I 阶段的 DTG 热失重速率峰值分别为 0.36%/K 和 0.32%/K，这说明添加了冷却剂碳酸钙之后的推进剂的热解速率略微减慢了。

第 II 阶段中，SPGG01 和 SGPP02 的热失重分别为 18.4%和 13.9%。经计算，两种配方中该阶段热失重与 5AT/$Sr(NO_3)_2$ 质量和的比值非常接近。这说明该阶段的热失重主要是由 5AT/$Sr(NO_3)_2$ 造成的，二者可能发生了氧化还原反应，并生成了 $N_2O$、$CO_2$。第 II 阶段中，两种配方的 DTG 曲线的峰值分别是 0.66%/K 和 0.17%/K，说明 SPGG02 的热解速率明显弱于 SPGG01，这可能是由于随着反应的进行，部分推进剂的颗粒表面被碳酸钙所覆盖造成的。

第 III 阶段中，SPGG01 和 SGPP02 的热失重分别为 15.2%和 17.4%，质量损失速率峰值分别为 0.69%/K 和 0.94%/K。这说明，碳酸钙的添加大大加速了该阶段的反应进程。在第 III 阶段，碳酸钙的分解造成了两种配方在热失重和反应速率的区别。根据前人的研究结果[101,102]，硝酸锶在 599.4℃时开始分解，碳酸钙则在 617.1℃开始分解。由于这两种物质在相近的温度段内接连开始发生分解，因此在 DTG 曲线中这两个分解过程的峰温发生了重叠和覆盖。

总结来讲，在相对低温区域（第 I、II 阶段），SPGG02 的分解温度比 SPGG01 要低，但是随着不断的加热，在相对高温区域（第 III 阶段），SPGG02 的分解温度要明显高于 SPGG01。综上所述，碳酸钙的添加不但可以促进低温阶段的反应，还可以提高推进剂在高温阶段的材料热稳定性。

*非等温动力学*

为确定样品热解过程的动力学参数，可根据 TG-DTG 曲线的峰温 $T_p$，采用 Kissinger 法计算活化能 $E_a$ 和指前因子 $A$。两种推进剂样品在三个热解阶段的 $\ln(\beta/T_p^2)$与 $1/T_p$之间的线性关系如图 5-39 所示，每个阶段所对应的动力学计算结果如表 5-18 所示，其中较高的相关系数 $r^2$ 值也验证了 Kissinger 法的适用性。

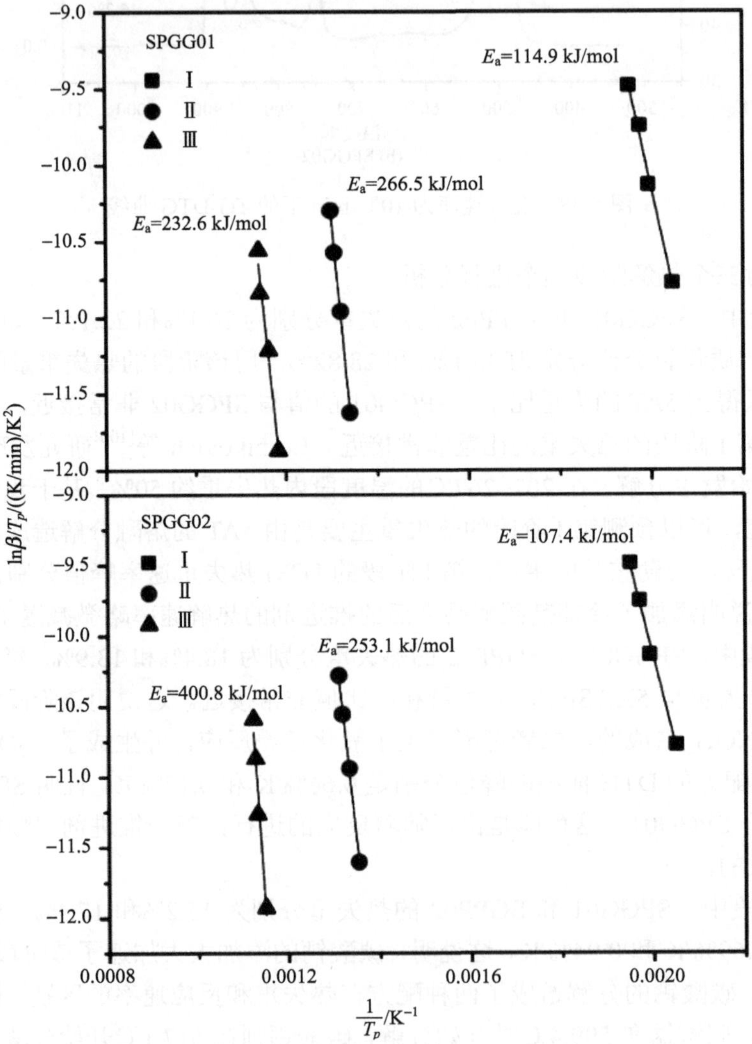


图 5-39　SPGG01 和 SPGG02 的活化能求解曲线

表 5-18　主要热分解阶段的动力学参数

| 推进剂 | 热解阶段 | 活化能 $E_a$/(kJ/mol) | 指前因子 $\lg A/s^{-1}$ | 相关系数 $r^2$ |
|---|---|---|---|---|
| SPGG01 | I | 114.92 | 9.16 | 0.9871 |
| | II | 266.47 | 31.30 | 0.9978 |
| | III | 232.56 | 21.20 | 0.9615 |
| SPGG02 | I | 107.43 | 15.70 | 0.9867 |
| | II | 253.11 | 29.58 | 0.9963 |
| | III | 400.76 | 43.42 | 0.9459 |

以上数据表明 SPGG01 和 SPGG02 热分解过程的每一个阶段伴随着不同的动力学参数，是一个复杂的多步反应。通过对比两种配方的动力学参数可知，添加碳酸钙可以降低第 I、II 阶段的反应活化能。换句话说，添加碳酸钙可以增强推进剂的反应活性，提高推进剂在 SPGG 灭火装置中的适用性。但是，在热解的第 III 阶段，SPGG02 的活化能要明显高于 SPGG01，热稳定性更高。

（4）$CaCO_3$ 对推进剂燃温性能的影响分析

*基于热化学法计算理论燃温*

为研究碳酸钙添加剂对 5AT/$Sr(NO_3)_2$ 推进剂的燃温的影响，在进行燃温测试之前，首先对理论燃温进行计算。固体推进气体发生剂的反应过程可以简化为一个区域模型，该区域分为燃烧区域、扩散区域和过滤网三个区域[103]，如图 5-40 所示。理论计算基于以下几项假设[104]：由于燃烧速率比较快，假设燃烧区域所产生的热量和物质均进入扩散区域；燃烧区域内只发生化学反应，扩散区域温度均一；区域模型外部为绝热，所有气体默认为理想气体。

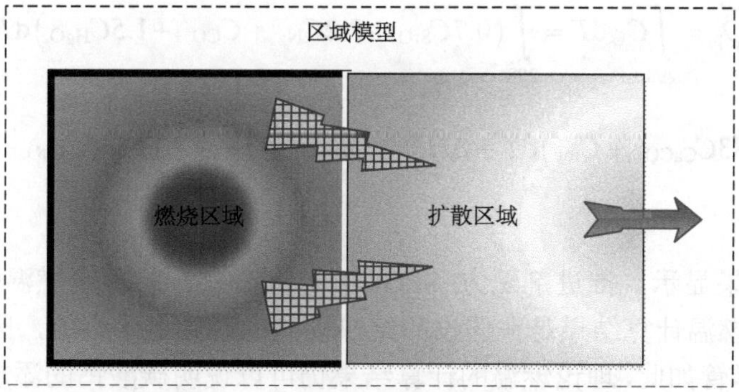


图 5-40　简化的推进剂绝热燃烧反应模型

在 SPGG01 和 SPGG02 两种配方中均会发生 5AT 与 $Sr(NO_3)_2$ 之间的氧化还原反应，并产生热量。此外，在 SPGG02 中，还会发生碳酸钙的分解反应，如式（5-45）所示。

$$CaCO_3 \rightarrow CaO+CO_2 \tag{5-45}$$

根据热力学第一定律[105,106]，反应的吸热量 $Q_p$ 和放热量 $\Delta H$ 之间存在式（5-46）所示的关系。

$$\Delta H + Q_p = 0 \tag{5-46}$$

两种配方中每种物质的摩尔质量、标准摩尔生成焓、恒压比热容如表 5-19 所示。可以依据式（5-47）和表 5-19 计算放热量 $\Delta H$ 的值。

$$\Delta H = \sum \Delta H(\text{products}) - \sum \Delta H(\text{reactants}) \tag{5-47}$$

**表 5-19　氧化还原反应中各反应物和生成物的热力学参数**

| 物质名称 | 分子式 | 摩尔质量 | 标准摩尔生成焓/(kJ/mol) | 恒压比热容/[J/(mol·K)] |
|---|---|---|---|---|
| 5AT | $CH_3N_5$ | 85.07 | 207.85 | — |
| 硝酸锶 | $Sr(NO_3)_2$ | 211.63 | –977.75 | — |
| 氧化锶 | SrO | 103.62 | –591.75 | $51.61+4.68\times10^{-3}$ |
| 氮气 | $N_2$ | 28.01 | 0.00 | $27.87+4.27\times10^{-3}$ |
| 二氧化碳 | $CO_2$ | 44.01 | –393.32 | $28.66+35.702\times10^{-3}$ |
| 水 | $H_2O$ | 18.02 | –241.70 | $30.01+10.71\times10^{-3}$ |
| 碳酸钙 | $CaCO_3$ | 100.09 | –1206.92 | $104.52+21.92\times10^{-3}$ |
| 氧化钙 | CaO | 56.08 | –635.90 | $48.83+4.52\times10^{-3}$ |

就 SPGG01 而言，氧化还原反应的生成焓全部用于加热反应产物，如式（5-48）所示。就 SPGG02 而言，当温度达到碳酸钙的初始分解温度 617℃时，碳酸钙将会发生分解反应，并吸收热量，这一过程的吸热量可以用式（5-49）来表示，式中 0.583 是指碳酸钙在 SPGG02 配方中所占的摩尔分数。

$$Q_p = \int_{298}^{T} C_{总}\,\mathrm{d}T = \int_{298}^{T} \left(0.7C_{SrO} + 3.2C_{N_2} + C_{CO_2} + 1.5C_{H_2O}\right)\mathrm{d}T \tag{5-48}$$

$$Q_p = \int_{298}^{890} \left(0.583C_{CaCO_3} + C_{tot}\right)\mathrm{d}T + \Delta H_c^{890K}(CaCO_3) + \int_{890}^{T} \left(0.583\left(C_{CaO} + C_{CO_2}\right) + C_{总}\right)\mathrm{d}T \tag{5-49}$$

以上计算结果显示，推进剂配方 SPGG01、SPGG02 的理论燃温分别为 2344℃和 1799℃。由于该燃温计算结果是在假设的绝热模型的基础上进行的，因此该数值将会大于实际测温值。尽管如此，理论燃温的计算结果仍可以说明碳酸钙的添加对 $5AT/Sr(NO_3)_2$ 推进剂的燃温显示出了良好的冷却效果。

*基于热电偶法的实际燃温*

采用自制的两种直径的 R 型铂铑热电偶来测试推进剂的燃温，直径分别为 50μm 和 75μm，型号为 Pt/Pt-Rh13%。补偿试验结果表明直径 50μm 的热电偶在 827℃时的热辐射修正大约为+33℃。此外，基于 OMEGA 热电偶生产厂家提供的参数，计算所得该热电偶的 l/lc 比例大于由 Petit 等所提出的推荐值[107]，因此可以忽略本试验中的热传导的损失误差。四个采样点 TC0~TC3 所测得的燃温峰值及到达峰温所需的时间如表 5-20 所示，图 5-41 对比展示了燃气温度-时间曲线。

**表 5-20　四个采样点的燃温峰值及到达峰温所需的时间**

| 采样点 | 测量参数 | SPGG01 | SPGG02 |
|---|---|---|---|
| TC0 | 峰温/℃（K） | 260.9（534.0） | 181.7（454.8） |
| | 达到峰温所需的时间/s | 3.4 | 4.6 |
| TC1 | 峰温/℃（K） | 574.5（847.6） | 254.7（527.8） |
| | 达到峰温所需的时间/s | 5.0 | 5.2 |
| TC2 | 峰温/℃（K） | 868.1（1141.2） | 536.1 |
| | 达到峰温所需的时间/s | 5.2 | 5.7 |
| TC3 | 峰温/℃（K） | 1290.7（1563.8） | 702.5（975.6） |
| | 达到峰温所需的时间/s | 5.4 | 6.1 |

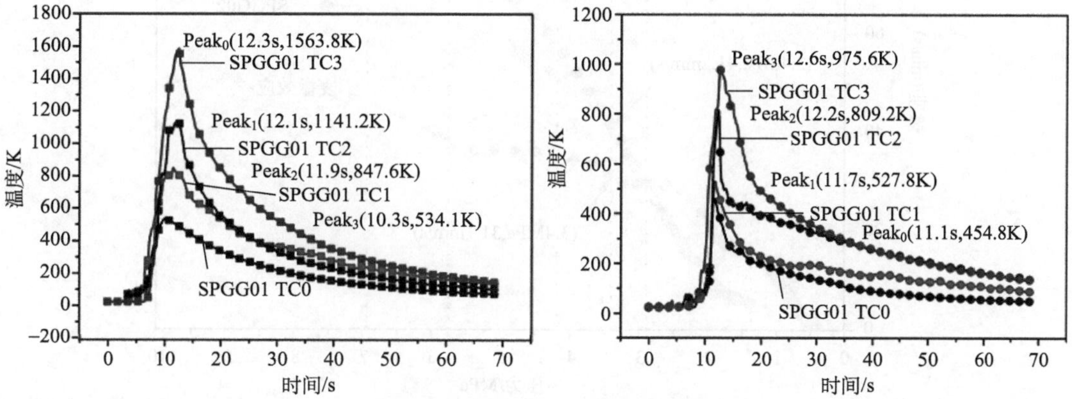


图 5-41　燃气温度-时间曲线对比

从图 5-41 可以看到，初始阶段 4~7s 的时间间隔内有一个缓慢的温度上升阶段，这是由点火延迟所引起的。通过对比燃温数据可以看到，SPGG02 的温度值比 SPGG02 的温度值降低了约 15%~38%，并且到达峰温的时间明显滞后。对于 $5AT/Sr(NO_3)_2$ 推进剂而言，碳酸钙的降温冷却效果非常明显。

（5）$CaCO_3$ 对推进剂燃速性能的影响分析

*燃速结果*

推进剂样品药柱的特征参数如表 5-21 所示。

表 5-21 推进剂弹道参数

| 参数 | 符号及单位 | SPGG01 | SPGG02 |
|---|---|---|---|
| 火药力 | $f/(kJ/kg)$ | 228.96 | 60.107 |
| 余容 | $\alpha/(m^3/kg)$ | 0.013 | 0.019 |
| 药柱密度 | $\delta/(kg/m^3)$ | 1720 | 1830 |
| 装填密度 | $\Delta/(kg/m^3)$ | 36.72 | 39.77 |
| 形状特征参数 | $\chi$ | 2.87 | 2.856 |
| | $\lambda$ | –0.955 | –0.950 |
| | $\varepsilon$ | 0.303 | 0.300 |

经计算，推进剂 SPGG01 和 SPGG02 的燃速与压力的相关性如图 5-42 所示，定量关系如表 5-22 所示。

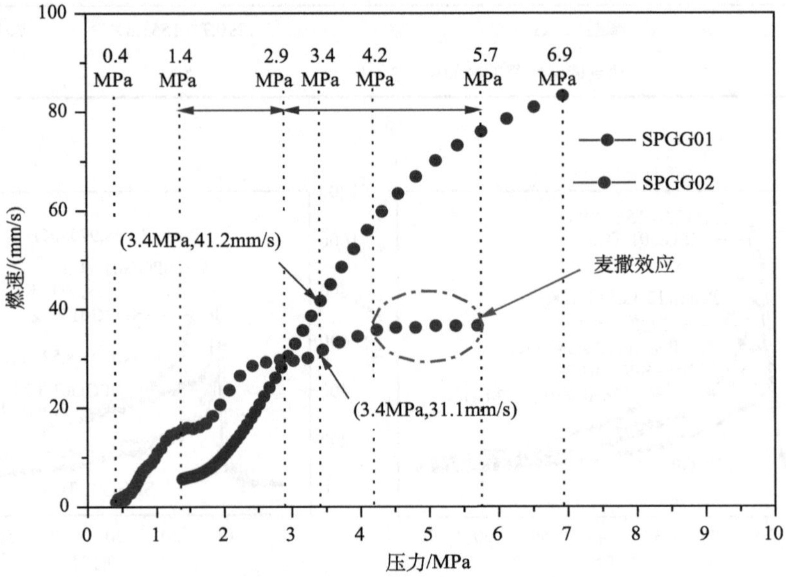


图 5-42 燃速与压力的相关性曲线

表 5-22 燃速与压力的定量关系式

| 推进剂 | 压力/MPa | $\mu = bP^n$ | $r^2$ |
|---|---|---|---|
| SPGG01 | 1.4~6.9 | $\mu = 13.09P^{0.932}$ | 0.915 |
| SPGG02 | 0.4~5.7 | $\mu = 9.94P^{0.871}$ | 0.925 |

推进剂的燃速压力指数小于 1 代表着推进剂可以保持良好的燃烧稳定性[108]。结合图 5-42 和表 5-22 可知，两种推进剂配方 SPGG01 和 SPGG02 的燃速压力指数均小于 1，代表这两种配方的燃烧稳定性都较好。添加碳酸钙可以提高推进剂在相对低压区域（<2.9MPa）的燃速，而降低在相对高压区域（>2.9MPa）的燃速。此外，SPGG02 的燃

速压力指数明显小于 SPGG01，说明碳酸钙的添加可以增强推进剂的燃烧稳定性。

麦撒效应，又称平台燃烧效应，指的是燃烧与压力的关系曲线对应的斜率为 0 或者负值[109]。从图 5-42 可以明显看出 SPGG02 的燃速曲线在 4.2~5.7MPa 的压力范围内出现了麦撒效应。该压力范围内，燃速稳定地保持在某一个值，不随着压力的变化而发生变化。SPGG02 燃速在低压区域被加快，而高压区域燃速被减慢，因而形成麦撒平台燃烧，最终导致燃速压力指数减小。考虑到热解行为，麦撒效应的出现可以归因于碳酸钙分解形成了氧化钙的熔融层。氧化钙的熔融层的黏度逐渐减小，当减小到熔融层可以流动覆盖推进剂颗粒表面时，燃速在短期内会不受压力的影响而发生变化，也就形成了麦撒效应。这表明，冷却剂的热解会在推进剂颗粒表面形成覆盖效应，并影响热量的释放，促进麦撒效应的发生。

将热解行为和燃烧行为综合考虑，可以进一步理解不同阶段的反应。第 I、 II 阶段，又可以被称作相对低温阶段，热解时形成的气体产物较少，气体压力较小，对应着燃速曲线中的相对低压区域（1.4~2.9MPa）。同理，第 III 阶段对应着燃速曲线中的相对高压区域（2.9~5.7 MPa）。

第 I、 II 阶段，固相区反应占据主导作用，添加碳酸钙的 SPGG02 的热解温度、活化能均比 SPGG01 要低很多。热电偶所测量的 SPGG02 燃温比 SPGG01 也要低，这一结果与 TG 实验中的热解温度结果一致。与 5AT、$Sr(NO_3)_2$ 的颗粒相比，碳酸钙粒径要小很多，因此碳酸钙的添加可以扩大反应物之间的接触面积。此外，热解温度也被降低，说明固相区的热反应活性升高了。基于更高的热反应活性，在相对低压区域的 SPGG02 的燃速比 SPGG01 要高。

与之不同的是，随着反应的进行，热解气体产物（$CO_2$、$N_2O$ 等）的量不断增多，因此第 III 阶段主要被气相区反应所控制。由于碳酸钙分解生成的氧化钙不会继续发生热分解，因而覆盖在推进剂颗粒的燃烧表面，发挥负催化剂的功效。以上因素协同作用，不仅会提高热解温度，还会提高活化能。碳酸钙的分解吸热作用大大降低了热解气体产物的温度，导致从气相反馈到燃烧表面的热量减少。因此，SPGG02 在相对高压区域燃速迅速降低。总的来讲，SPGG02 在相对高压区域所表现出的较低燃温、较快燃速可能通过热解时更高的热解温度和活化能来合理解释。

*与前人研究的燃速结果的对比*

如前文所述，前人已经开展了部分工作来研究冷却剂对推进剂的影响。举例来讲，将氟化锂（LiF）添加到高氯酸铵推进剂中可以明显降低气体产物温度，同时燃速也被降低[110]。但同时，氟化锂的添加会阻碍某一特定压力范围内的稳定燃烧，降低燃烧的稳定性。碳酸锶也曾被用于调节高氯酸铵推进剂的燃速[104]，其不但严重降低了燃速，并且不能降低燃速压力指数。在 1MPa 的压力下，推进剂的燃烧表面温度提高了 270℃，这些变化结果对于推进剂的使用来说都是非常不理想的。前人还曾将二氧化硅添加到叠氮化钠推进剂中[59]，发现当二氧化硅的添加量达到 25%时，推进剂的燃温可以降低 100℃。然而，当推进剂中端羟基聚丁二烯（HTPB）的浓度达到 40%以上时，添加了二氧化硅的推进剂便无法引燃。与之相比，将碳酸钙冷却剂添加到新型的 $5AT/Sr(NO_3)_2$ 推进剂中取得了较为理想的效果，不但降低了出气温低，还减小了燃速压力指数，同时推进剂的热解反应也变得更加容易进行。

4. 燃速调节剂对 $5AT/Sr(NO_3)_2$ 推进剂燃烧性能影响及传热机理

新型的 $5AT/Sr(NO_3)_2$ 推进剂作为气体发生剂在灭火领域取得了越来越多的关注。然而，$5AT/Sr(NO_3)_2$ 推进剂燃烧时会产生过高的燃气温度和不理想的燃速，严重限制了它在灭火领域的应用，这也促使学者们试图去寻找更为合适的原料比例或燃速催化剂等。在产氮配方的制作过程中，碳酸钠（$Na_2CO_3$）和碳酸氢钠（$NaHCO_3$）常常用以抑制燃烧。他们反应产生的碳酸盐产物不仅可以抑制燃烧温度，还可以降低热分解和燃烧的速率。

过渡金属氧化物（transition metal oxides，TMOs）常常被用作固体推进剂的燃速调节剂[111,112]，通常为小剂量（低于 3%）。常用作燃速调节剂的过渡金属氧化物包括氧化铁（$Fe_2O_3$）、氧化锌（ZnO）、氧化镍（NiO）、氧化铜（CuO）、二氧化钛（$TiO_2$）等。表 5-23 列出了常用的过渡金属氧化物（也被称作燃速调节剂）及其调节燃烧行为的机理。

**表 5-23 常见的燃速调节剂及其调节机理**

| 基样 | 过渡金属氧化物 | 提出的作用机理 |
|---|---|---|
| AP | $Fe_2O_3/Cr_2Cu_2O_5$ | 通过在固相反应区形成黏结剂的熔融流动层 |
| | $Fe_2O_3$ | 通过在高氯酸铵和黏结剂的交界面发生作用 |
| | $Fe_2O_3/CuO$ | 通过调节高氯酸铵在低压状态下的燃爆极限和点燃温度 |
| | $Fe_2O_3/CoO/CuO/PbO$ | 通过催化氧化剂和黏结剂之间的界面反应 |
| | $Nd_2O_3$ | 通过调节气相反应区 |
| SA | $GeO_2/Er_2O_3/Y_2O_3$ | 通过改变黏结剂热解反应时的质量损失速率 |
| AN | $CuO/TiO_2/LiF$ | 通过调节活化能和热分解路径 |
| ADN | MgO | 通过发生成核反应 |
| NM | $TiO_2$ | 通过改变比表面积 |

注：AP 为高氯酸铵（$NH_4ClO_4$）；SA 为叠氮化钠（$NaN_3$）；AN 为硝酸铵（$NH_4NO_3$）；AND 为二硝酰胺铵（$NH_4N(NO_2)_2$）；NM 为硝基甲烷（$CH_3NO_2$）

通过三种纳米级过渡金属氧化物（纳米氧化铁、纳米氧化铜、纳米氧化镍）对单质 5AT 的热解特性影响研究可知，三种过渡金属氧化物的存在可以加速 5AT 的热解速率，降低热解温度、活化能，同时升高该物质的吉布斯自由能，并加快反应速率常数。其中，三种过渡金属氧化物中，氧化铁对 5AT 的催化作用最为明显，其次是氧化镍，最后为氧化铜。三种过渡金属氧化物对 5AT 热解的催化作用是由于其加速 C—N 键的断裂，阻碍 C、N 组合成键所造成的。

（1）实验

*样品制备*

基于零氧平衡原理[113]，还原剂（$CH_3N_5$）和氧化剂（$Sr(NO_3)_2$）按照 36.48:63.52 的质量比进行混合获得 $5AT/Sr(NO_3)_2$ 基样，分别在 $5AT/Sr(NO_3)_2$ 基样中添加质量比 1%的

纳米氧化铁（$Fe_2O_3$），氧化铜（CuO）和氧化镍（NiO），所用试剂信息如表 5-24 所示。为使样品混合均匀，所有的原料与无水乙醇按照体积比 1:3 的比例进行混合，然后放入卧式行星式离心球磨机（中国合肥科晶材料有限公司）中以 150r/mim 的速率湿式球磨 24h。随后将混合后的粉末置于真空干燥箱中 8h 以便蒸发掉多余的溶剂。然后将干燥后的粉体置于直径 25.5mm 的圆柱形模具中压制成型，用于燃烧温度和燃速的测量实验。其中，燃温测试试验中所使用的推进剂药柱的质量约 6.0±0.2g，高度约 8.0±0.3mm；燃速测试试验中所使用的推进剂药柱的质量约 20.0±0.5g，高度约 26.4±0.6mm。最后，将推进剂药柱在 50℃的烘箱（DHG101-00）中放置 24h 以上排出多余的水分，同时可以保持样品温度均一。以上四种样品包括 5AT/$Sr(NO_3)_2$ 基样（命名为 NMP1）和三种分别添加了纳米氧化铁（命名为 NMP2）、氧化铜（命名为 NMP3）、氧化镍（命名为 NMP4）的样品，制备成型的样品如图 5-43 所示。

**表 5-24 实验所用推进剂原料试剂的信息汇总**

| 原料 | 类型 | 粒径 | 纯度 | 来源 |
|---|---|---|---|---|
| 5AT | 还原剂/燃料 | 20~180μm | ≥99.0% | 东阳市天宇化工有限公司 |
| 硝酸锶 | 氧化剂 | 70~185μm | ≥99.5% | 国药化学试剂有限公司 |
| 纳米氧化铁 | 燃速调节剂 | <50nm[a] | ≥99.0% | 西格玛奥德里奇中国公司 |
| 纳米氧化铜 | 燃速调节剂 | <50nm[a] | ≥99.0% | 西格玛奥德里奇中国公司 |
| 纳米氧化镍 | 燃速调节剂 | <50nm[a] | ≥99.8% | 西格玛奥德里奇中国公司 |

a：该信息由生产厂家西格玛奥德里奇中国公司所提供

图 5-43 圆柱形的 NMP1、NMP2、NMP3、NMP4 推进剂样品

*测试方法*

热重-差示扫描量热测试：运用美国 TA 公司的 SDT-Q600 设备进行热重-差示扫描量热测试（thermogravimetric–differential scanning calorimetry analysis，TG-DSC），所选用的粉体样品质量为 5mg 左右，将样品放入氧化铝坩埚后分别以 5℃/min、10℃/min、15℃/min、20℃/min 的升温速率从 60℃持续升温至 700℃，气体氛围为氮气，氮气的流动速率控制在 100mL /min。

推进剂颗粒形貌表征：在开展燃烧试验前，运用扫描电镜技术来观察基于 TMO 的 5AT/$Sr(NO_3)_2$ 推进剂颗粒的表面形貌特征。所用仪器为荷兰 FEI 公司的 SIRION200 仪器。

推进剂颗粒比表面积测试：在开展燃烧试验前，运用 Brunauer-Emmett-Teller（BET）方法来计算基于纳米过渡金属氧化物的 5AT/$Sr(NO_3)_2$ 推进剂颗粒的比表面积。所用仪器为美国 Micromeritics 设备公司的比表面积分析仪，型号为 Tristar II 3020M。

燃温测试：为采集四种含有不同纳米过渡金属氧化物的 5AT/$Sr(NO_3)_2$ 推进剂在常压

下的燃温，采用红外热像仪测温法，装置布置图如图 5-44 所示。首先使用两种规格的 R 型铂铑微细热电偶（直径 50μm 和 75μm）对温度进行校准，在同一时刻下，分别使用 R 型热电偶和红外热像仪采集推进剂药柱表面上方 15mm 处的采样点温度数据，然后按照红外热像仪的标定方法[114]，依据该同一时刻下两种方式所采集到的温度数据的差值来计算表面发射率，修正后的发射率数值为 0.87。

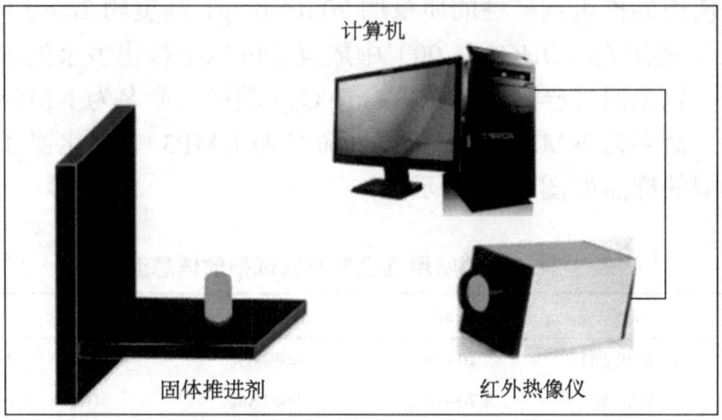


图 5-44　红外热像仪法测量推进剂燃烧温度装置图

燃速测试：采用自制的 700mL 密闭爆发器对推进剂燃速进行测试。

导热系数测试：采用 TC3000 系列热线法通用型导热系数仪对推进剂中各组成原料以及复合推进剂混合物的导热系数进行测试。

（2）含有燃速调节剂的推进剂表征

使用电镜扫描技术对燃烧前的推进剂颗粒进行表征，其微观结构如图 5-45 所示。可以看出，$Fe_2O_3$ 颗粒在推进剂中的分散最为均匀；CuO 颗粒则由于较高的表面能，出现了较为明显的团聚现象；而吸附在推进剂样品表面的 NiO 颗粒的数量是最少的。通过对比三种含有添加剂的推进剂的表面形貌和颗粒均匀度，我们可以推断 NMP2 的燃速相对最快，其次是 NMP3 和 NMP4。此外，纳米颗粒的混入可扩大还原剂与氧化剂之间的比表面积[115]，为燃烧反应的进行提供足够的比表面积。BET 测试结果显示，NMP2、NMP3、

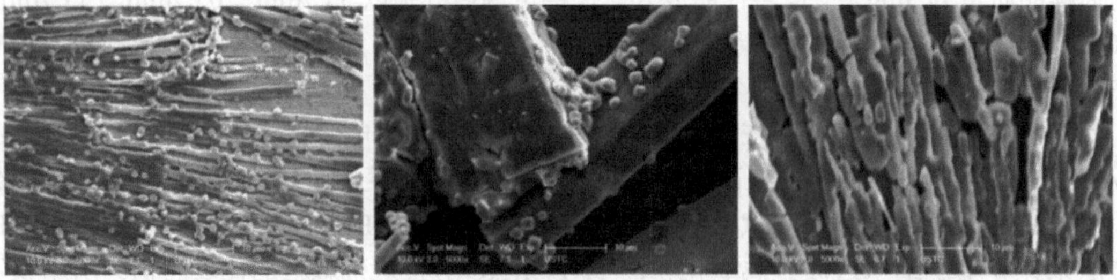

(a) 添加$Fe_2O_3$　(b) 添加CuO　(c) 添加NiO

图 5-45　燃烧前的推进剂颗粒的 SEM 图

NMP4 的比表面积分别为 0.816m²/g、1.432m²/g 和 1.047m²/g。可以依据样品比表面积的区别来预测其燃速行为。

（3）含有燃速调节剂的推进剂热解行为研究

*热失重结果分析*

图 5-46 和图 5-47 分别展示了 20℃/min 升温速率条件下，四种基于纳米过渡金属氧化物的 5AT/$Sr(NO_3)_2$ 推进剂样品热解时的 TG 和 DTG 曲线，所有四种推进剂样品在每个热解阶段的热失重量、峰温数据如表 5-25 所示。分析可以看到，在 189~306℃温度段内首选出现的第一个阶段的热失重主要是由于 5AT（$CH_3N_5$）的分解造成的，第Ⅰ阶段的固相产物（如三聚氰胺、蜜勒胺、蜜白胺等）将会在 429~531℃的温度段附近继续发生分解，形成第二个较为明显的热失重。当温度到达 531~600℃的区间时，硝酸锶开始逐渐发生分解，形成第三次失重。在 600~698℃内，伴随着亚硝酸锶的消耗带来了第四次明显的热失重。通过对比四种成分推进剂的 TG-DTG 曲线，可以明显看出将过渡金属氧化物加入到 5AT/$Sr(NO_3)_2$ 推进剂基样（NMP1）中以后，推进剂样品热解反应的终止时间被大大提前了。

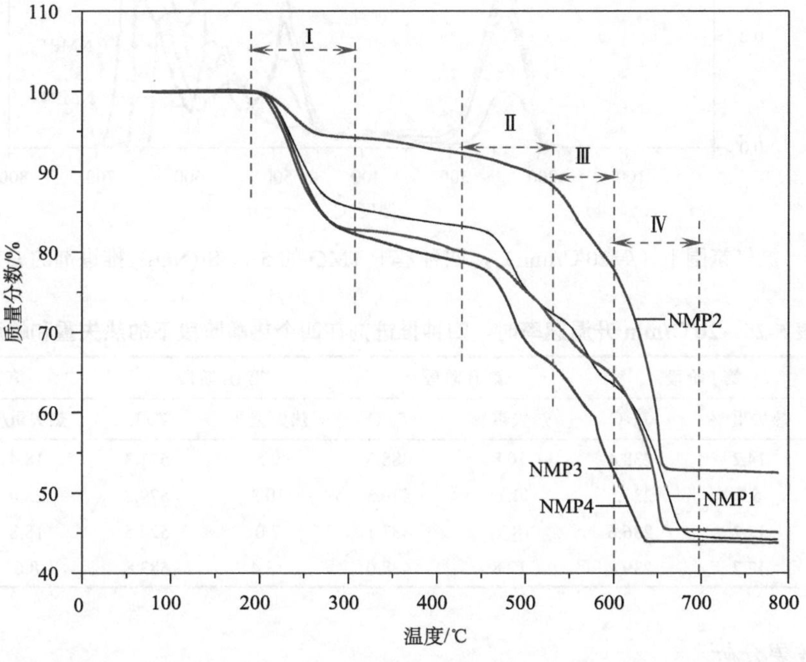


图 5-46　氮气氛围下（$\beta$=20℃/min），四种基于 TMO 的 5AT/$Sr(NO_3)_2$ 推进剂的 TG 曲线

从热解的第Ⅰ、Ⅱ阶段的表现可以看出，四种推进剂样品（NMP1~NMP4）的热失重速率的区别并不是非常明显，但在热解的第Ⅲ、Ⅳ阶段，过渡金属氧化物开始在热解反应中逐渐发挥出增强的催化作用。从图 5-47 中可以看出，就第Ⅲ、Ⅳ阶段的质量损失速率而言，NMP2 的最快，随后是 NMP3，而 NMP1 和 NMP4 的质量损失速率非常接近，下面通过对比热解第Ⅰ、Ⅱ阶段的质量损失速率对 NMP1 和 NMP4 进行比较。从图 5-47

中可以看出，在前两个热解反应阶段中 NMP4 的质量损失速率要明显快于 NMP1。因此，总体而言，质量损失速率从快到慢的顺序是 NMP1<NMP4<NMP3<NMP2。因此，将过渡金属氧化物添加在 $5AT/Sr(NO_3)_2$ 推进剂中可以调节推进剂基样的四个热解阶段，其中对亚硝酸锶的热解过程影响最剧烈。

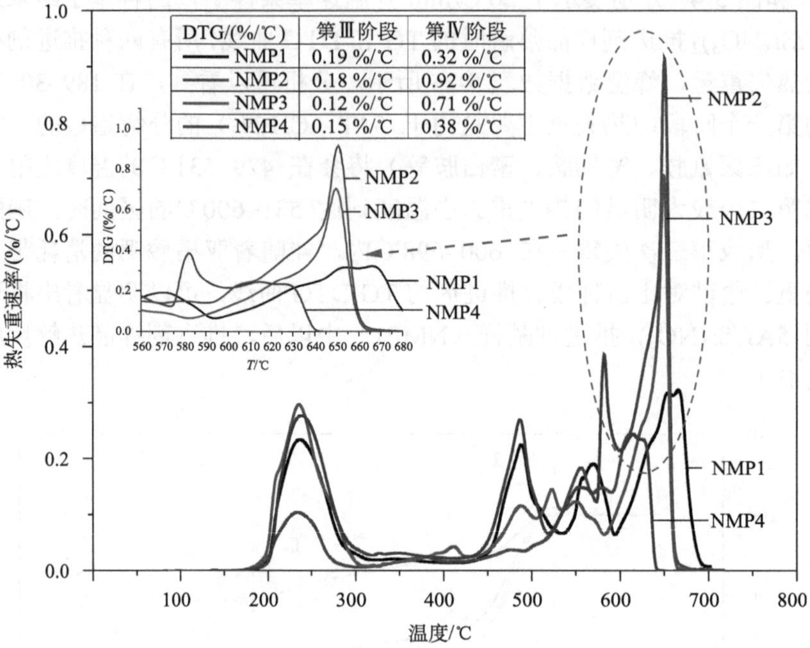


图 5-47　氮气氛围下（$\beta$=20℃/min），四种基于 TMO 的 $5AT/Sr(NO_3)_2$ 推进剂的 DTG 曲线

**表 5-25　20℃/min 升温速率时，四种推进剂在四个热解阶段下的热失重和峰温**

| 推进剂 | 第 I 阶段 | | 第 II 阶段 | | 第 III 阶段 | | 第 IV 阶段 | |
|---|---|---|---|---|---|---|---|---|
| | 热失重/% | $T_p$/℃ | 热失重/% | $T_p$/℃ | 热失重/% | $T_p$/℃ | 热失重/% | $T_p$/℃ |
| NMP1 | 14.2 | 238.4 | 10.8 | 488.3 | 9.5 | 571.3 | 18.4 | 667.8 |
| NMP2 | 5.7 | 237.5 | 4.1 | 476.5 | 10.3 | 579.2 | 25.0 | 650.8 |
| NMP3 | 17.2 | 236.6 | 8.9 | 487.1 | 7.0 | 524.5 | 18.8 | 649.8 |
| NMP4 | 17.7 | 239.2 | 12.8 | 488.0 | 13.4 | 583.8 | 8.6 | 615.4 |

*热流结果分析*

四种基于纳米过渡金属氧化物的 $5AT/Sr(NO_3)_2$ 推进剂样品的 DSC 热流曲线如图 5-48 所示，DSC 曲线的关键数据如表 5-26 所示。从 DSC 曲线中可以看到 3 个吸热峰和 2 个放热峰。第一个吸热峰源于 5AT 的熔融吸热过程。在熔融阶段后，出现了两个放热分解峰。第一个分解放热峰出现在 247~314℃内，是 5AT 的热解造成的；第二个分解放热峰源于三聚氰胺、蜜勒胺、蜜白胺的热解，主要集中在 486~496℃的温度段内。同时，硝酸锶的分解产物氧化了还原剂的分解产物，也发生了放热反应。最后两个吸热峰分别出

现在 532~578℃、598~672℃的温度段内，均是由逐渐增强的硝酸锶的热解反应造成的。

从表 5-26 可以看出，与 NMP1 相比，过渡金属氧化物的存在使得 NMP2、NMP3、

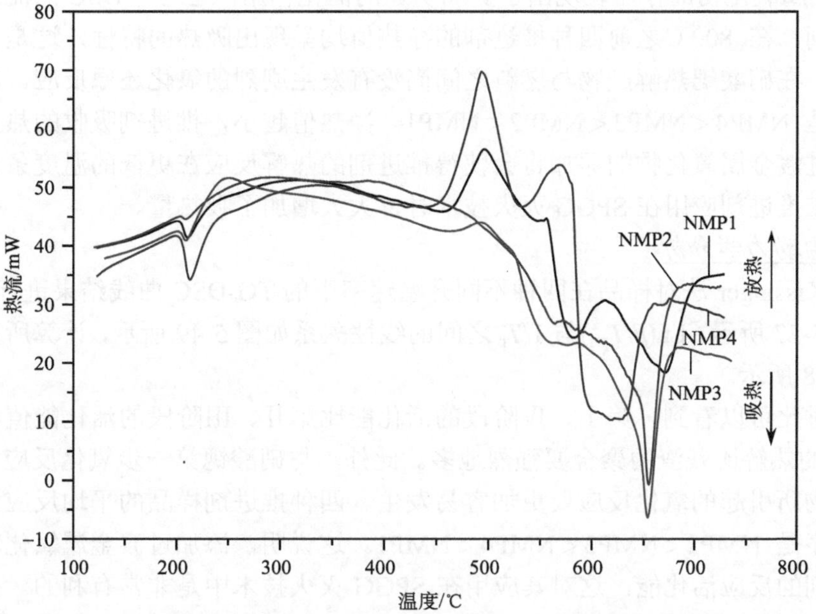


图 5-48 氮气氛围下（$\beta$=20℃/min），四种 $5AT/Sr(NO_3)_2$ 推进剂的 DSC 曲线

**表 5-26 DSC 曲线中吸热/放热峰的峰温和热量值**

| 推进剂 | 熔融阶段 | | 热分解阶段 | | 净热值/(J/g) |
|---|---|---|---|---|---|
| | 温度/℃ | 热值/(J/g) | 温度/℃ | 热值/(J/g) | |
| NMP1 | 210.8 | −18.4 | 283.9 | 108.8 | −194.0 |
| | | | 496.1 | 212.2 | |
| | | | 578.0 | −190.3 | |
| | | | 671.5 | −306.3 | |
| NMP2 | 209.8 | −5.5 | 272.3 | 105.0 | −254.0 |
| | | | 486.1 | 101.8 | |
| | | | 562.3 | −22.7 | |
| | | | 654.9 | −432.6 | |
| NMP3 | 208.6 | −8.4 | 247.4 | 215.3 | −290.0 |
| | | | 494.4 | 43.6 | |
| | | | 552.4 | −135.8 | |
| | | | 653.9 | −404.7 | |
| NMP4 | 213.2 | −41.4 | 313.8 | 33.7 | −423.1 |
| | | | 493.1 | 136.3 | |
| | | | 532.1 | −62.9 | |
| | | | 598.3 | −488.8 | |

NMP4 的吸热/放热峰的峰温明显发生了变化，其中对最后两个吸热阶段的影响程度相比较前三个吸热/放热阶段峰温的影响程度更加剧烈，换句话说，在硝酸锶的热解反应过程中，过渡金属氧化物的存在表现出了更加明显的催化作用。通过对 DSC 热流曲线进行积分可以看到，在 800℃之前四种推进剂的净热值均呈现出吸热的特性，这是由于在该温度范围内，在硝酸锶热解产物与燃料之间尚没有发生剧烈的氧化还原反应。净热值从低到高分别是 NMP4 < NMP3 < NMP2 < NMP1。净热值越小，推进剂吸收的热量越多。总体而言，过渡金属氧化物的添加将会使得推进剂的热解反应在更低的温度条件下得以进行，同时在推进剂应用在 SPGG 灭火技术时，大大增加了吸热量。

*非等温动力学分析*

利用 Kissinger 法对样品在四种不同升温速率下的 TG-DSC 曲线结果进行处理，峰温数据如表 5-27 所示。$\mathrm{Ln}(\beta/T_p^2)$与 $1/T_p$ 之间的线性关系如图 5-49 所示，计算所得动力学结果如表 5-28 所示。

通过对比可以看到，第Ⅰ、Ⅳ阶段的活化能比第Ⅱ、Ⅲ阶段的活化能值小很多。这说明 5AT 的热解比残渣的聚合要强烈地多。此外，与硝酸锶第一步氧化反应相比，硝酸锶热解产物所引起的氧化反应要更加容易发生。四种推进剂样品的平均反应活化能从底到高的顺序是 NMP2 < NMP3 < NMP4 < NMP1。这说明，添加过渡金属氧化物可以大大降低推进剂的反应活化能，这对其应用在 SPGG 灭火技术中是非常有利的。推进剂的反应活化能越低，氧化还原反应也就更加容易进行。由此可以推断四种推进剂的燃烧速率从快到慢可能是 NMP2 > NMP3 > NMP4 > NMP1。此外，对比三种过渡金属氧化物可以看出，$Fe_2O_3$ 可以同时降低四个热解阶段的反应活化能，说明与其他两种添加剂相比，添加 $Fe_2O_3$ 的样品最容易发生化学反应，反应也最强烈。

**表 5-27　四种推进剂样品在氮气氛围下的 DTG 曲线中的峰温**（单位：℃）

| 推进剂 | 升温速率/(℃/min) | 第 I 阶段 | 第 II 阶段 | 第 III 阶段 | 第 IV 阶段 |
|---|---|---|---|---|---|
| NMP1 | 5 | 211.7 | 460.9 | 559.7 | 588.9 |
| | 10 | 224.2 | 473.9 | 556.2 | 631.9 |
| | 15 | 231.2 | 481.2 | 565.5 | 655.9 |
| | 20 | 238.4 | 488.3 | 571.3 | 667.8 |
| NMP2 | 5 | 209.6 | 452.2 | 553.0 | 570.0 |
| | 10 | 223.8 | 464.6 | 568.6 | 610.2 |
| | 15 | 232.1 | 474.3 | 572.5 | 632.9 |
| | 20 | 237.5 | 476.5 | 579.2 | 650.8 |
| NMP3 | 5 | 212.76 | 463.4 | 507.5 | 551.3 |
| | 10 | 224.4 | 472.2 | 509.6 | 607.7 |
| | 15 | 232.1 | 482.3 | 521.6 | 635.3 |
| | 20 | 236.6 | 487.1 | 524.5 | 649.8 |
| NMP4 | 5 | 212.8 | 462.0 | 551.2 | 577.1 |
| | 10 | 223.2 | 473.3 | 566.0 | 596.1 |
| | 15 | 232.8 | 480.4 | 579.2 | 601.9 |
| | 20 | 239.2 | 488.0 | 583.8 | 615.4 |

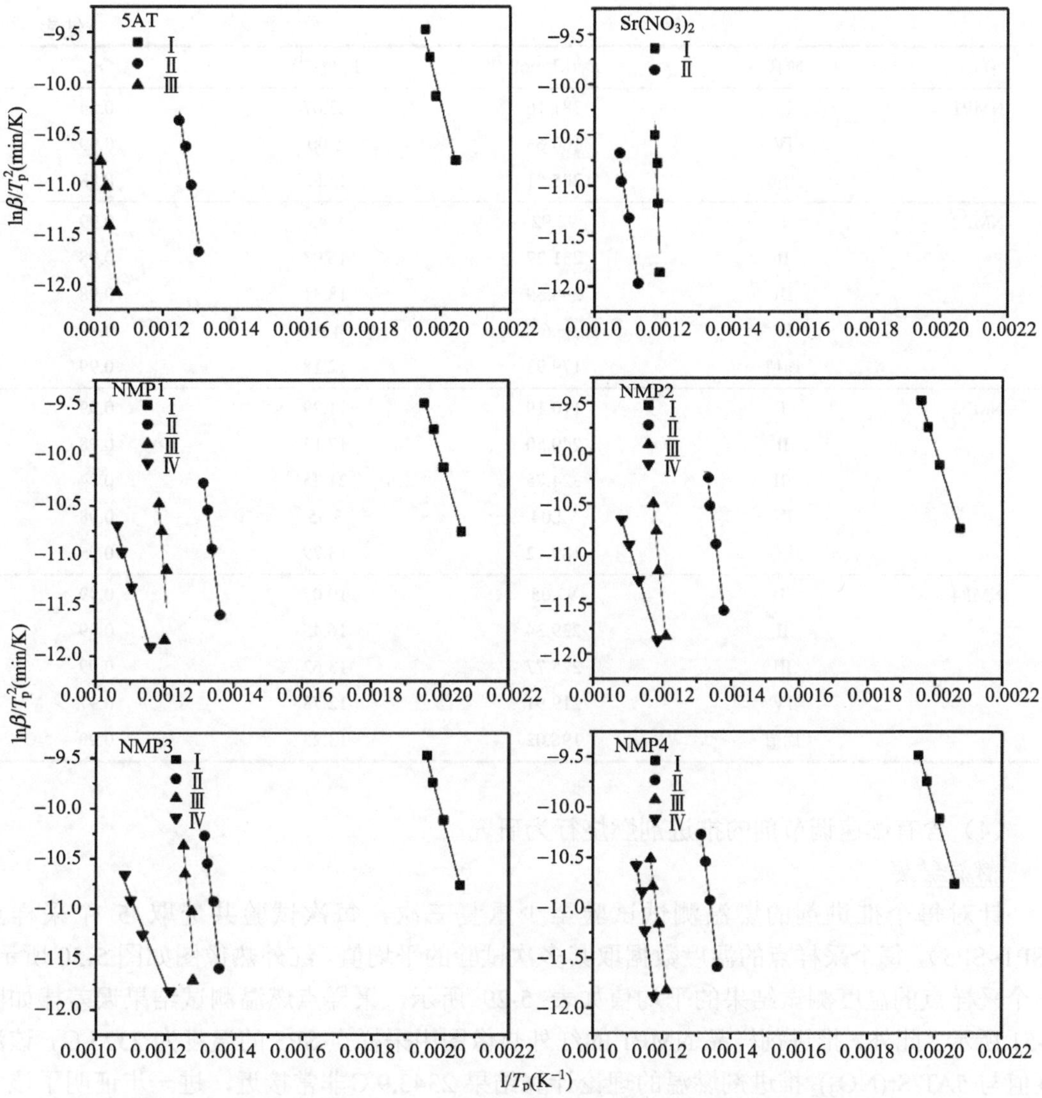


图 5-49 5AT、$Sr(NO_3)_2$ 及其推进剂热解的 $\ln(\beta/T_p^2)$-$1/T_p$ 曲线

**表 5-28 氮气氛围下，5AT、$Sr(NO_3)_2$ 及其推进剂热解的动力学参数**

| 样品 | 阶段 | $E_a$/(kJ/mol) | $\lg A/(s^{-1})$ | $r^2$ |
|---|---|---|---|---|
| 5AT | I | 119.55 | 12.22 | 0.97 |
| | II | 194.09 | 12.54 | 0.97 |
| | III | 241.95 | 12.72 | 0.97 |
| $Sr(NO_3)_2$ | I | 792.32 | 48.99 | 0.88 |
| | II | 191.16 | 10.40 | 0.98 |
| NMP1 | I | 99.44 | 10.12 | 0.99 |
| | II | 240.81 | 16.62 | 0.99 |

续表

| 样品 | 阶段 | $E_a$/(kJ/mol) | lg$A$/($s^{-1}$) | $r^2$ |
|---|---|---|---|---|
| NMP1 | III | 381.16 | 23.67 | 0.54 |
| | IV | 100.63 | 5.00 | 0.99 |
| | 均值 | 205.51 | 13.85 | 0.88 |
| NMP2 | I | 92.92 | 9.43 | 0.99 |
| | II | 231.27 | 16.08 | 0.98 |
| | III | 298.89 | 18.31 | 0.98 |
| | IV | 96.64 | 4.90 | 0.99 |
| | 均值 | 179.93 | 12.18 | 0.99 |
| NMP3 | I | 110.19 | 11.29 | 0.99 |
| | II | 249.50 | 17.17 | 0.98 |
| | III | 324.75 | 21.35 | 0.84 |
| | IV | 72.04 | 3.35 | 0.98 |
| | 均值 | 189.12 | 13.29 | 0.95 |
| NMP4 | I | 99.05 | 10.07 | 0.99 |
| | II | 239.34 | 16.45 | 0.99 |
| | III | 225.77 | 13.62 | 0.99 |
| | IV | 219.91 | 12.78 | 0.97 |
| | 均值 | 196.02 | 13.23 | 0.99 |

（4）含有燃速调节剂的推进剂燃烧行为研究

*燃温结果*

针对每个推进剂的燃温测试试验至少重复三次，每次试验共选取 5 个采样点（SP1~SP5），每个采样点的温度数据取其多次试验的平均值。红外热像图如图 5-50 所示，5 个采样点的温度测试结果的平均值如表 5-29 所示，采样点燃温测试结果误差棒如图 5-51 所示。此外，推进剂样品 NMP1 的红外热像图中采样点 SP5 的温度为 2325℃，该温度值与 5AT/$Sr(NO_3)_2$ 推进剂燃温的理论计算结果 2343.9℃非常接近，进一步证明了该实验中红外热像法测试燃温的准确性。

**表 5-29　燃烧温度测试结果平均值**（单位：℃）

| 推进剂 | 采样点 | | | | |
|---|---|---|---|---|---|
| | SP1 | SP2 | SP3 | SP4 | SP5 |
| NMP1 | 1439.9 | 1587.1 | 1814.5 | 2129.5 | 2399.0 |
| NMP2 | 1202.4 | 1500.6 | 1753.4 | 1985.3 | 2153.2 |
| NMP3 | 1151.3 | 1317.4 | 1597.5 | 1829.5 | 2045.7 |
| NMP4 | 949.2 | 1190.3 | 1456.1 | 1780.6 | 2263.1 |

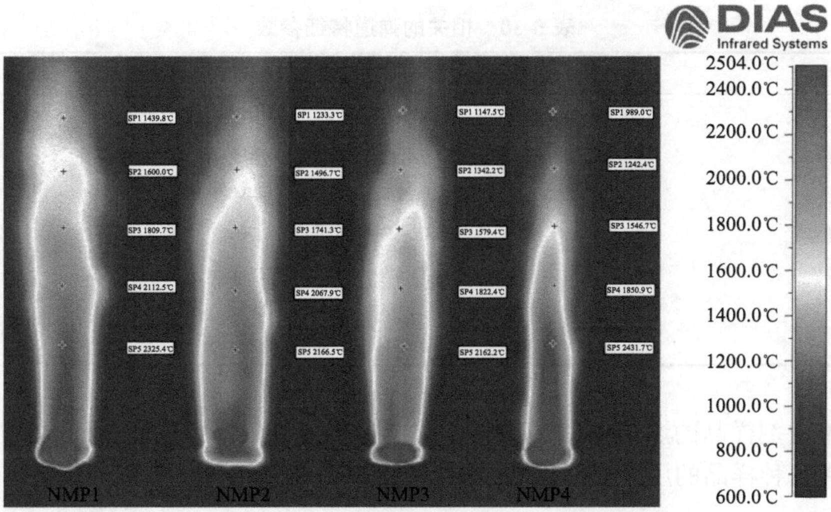


图 5-50　推进剂表面火焰的瞬时红外热像图

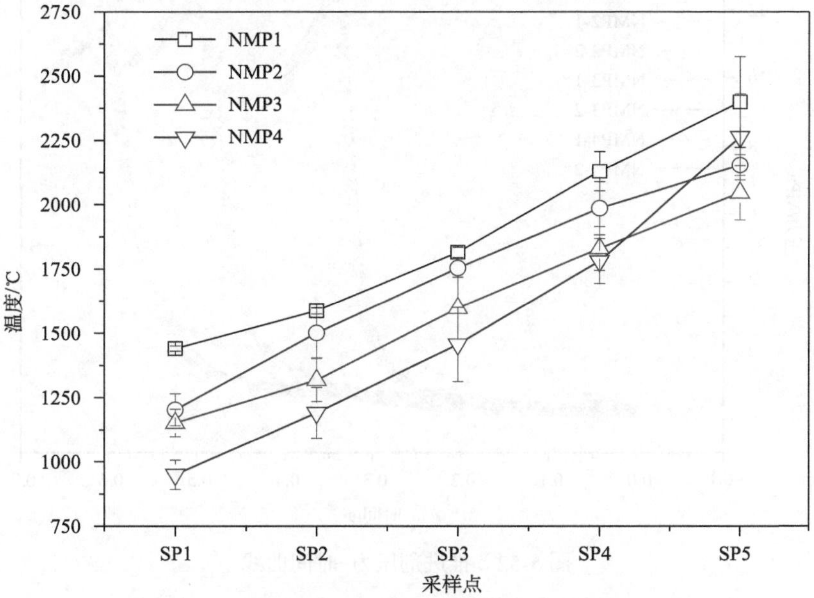


图 5-51　采样点燃温测试结果误差棒

对比可知，NMP1 的燃温是最高的，其次由高到低依次是 NMP2、NMP3 和 NMP4，说明在降低燃温方面，NiO 的效果比 $Fe_2O_3$ 和 CuO 的更加显著。综上所述，对于 $5AT/Sr(NO_3)_2$ 推进剂而言，过渡金属氧化物是一种有效的冷却降温剂，该特性可提高推进剂在 SPGG 灭火技术中的灭火有效性。

*燃速结果*

推进剂样品药柱的特征参数如表 5-30 所示。

表 5-30　相关的弹道特征参数

| 参数 | 符号及单位 | NMP1 | NMP2 | NMP3 | NMP4 |
|---|---|---|---|---|---|
| 药柱密度 | $\delta$/ (kg/m$^3$) | 1519 | 1426 | 1485 | 1535 |
| 火药力 | $f$/(kJ/g) | 0.339 | 0.274 | 0.275 | 0.286 |
| 余容 | $\alpha$/(m$^3$/kg) | 0.013 | 0.024 | 0.021 | 0.021 |
| 装填密度 | $\Delta$/(kg/m$^3$) | 26.973 | 26.701 | 28.130 | 28.110 |
| 形状特征参数 | $\chi$ | 3.047 | 2.993 | 2.982 | 3.016 |
| | $\lambda$ | −1.015 | −0.998 | −0.994 | −1.005 |
| | $\varepsilon$ | 0.344 | 0.332 | 0.329 | 0.337 |

每种推进剂样品的燃速测试试验至少重复两次，所测得的压力-时间曲线如图 5-52 所示，其中每种样品的压力-时间曲线的误差棒如图 5-53 所示。

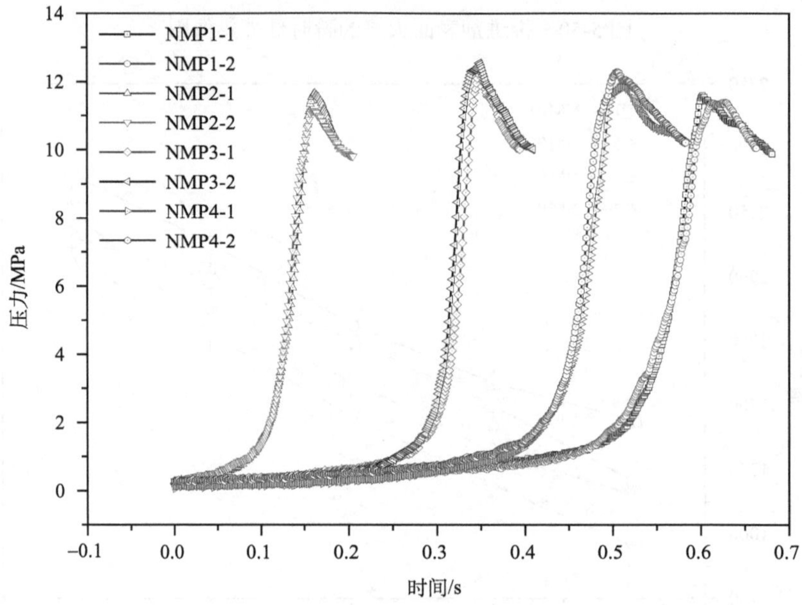


图 5-52　推进剂压力-时间曲线

基于压力-时间曲线，燃速计算结果如表 5-31 所示，燃速与压力的相关性如图 5-54 所示。由于 SPGG 灭火装置中最优的释放压力范围是 2.8~6.9MPa，因此针对 5AT/$Sr(NO_3)_2$ 推进剂的燃速分析也集中在该压力范围内。从燃速结果可以看出，燃速从慢到快分别是 NMP1 < NMP4 < NMP3 < NMP2，这一结果与 DTG 曲线中的质量损失速率的趋势相一致。同时，从活化能的结果看，NMP2 的活化能最低，而 NMP1 的活化能最高，所以说这一结果与活化能的结果也保持一致。除此之外，在前文的分析中可以看到 NMP2 显示出最佳的分散均匀性以及最大的比表面积，因此燃速的变化趋势也可以通过 SEM 和 BET 的结果进行验证。

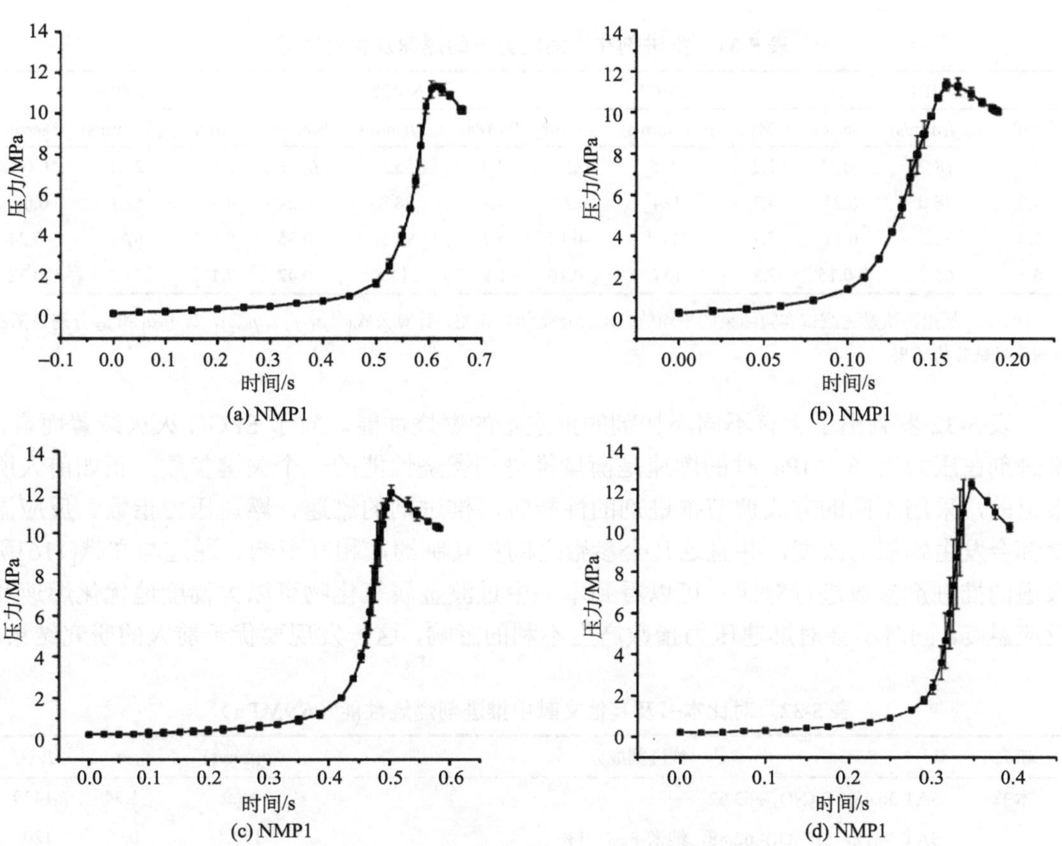


图 5-53 四种推进剂压力-时间曲线的误差棒

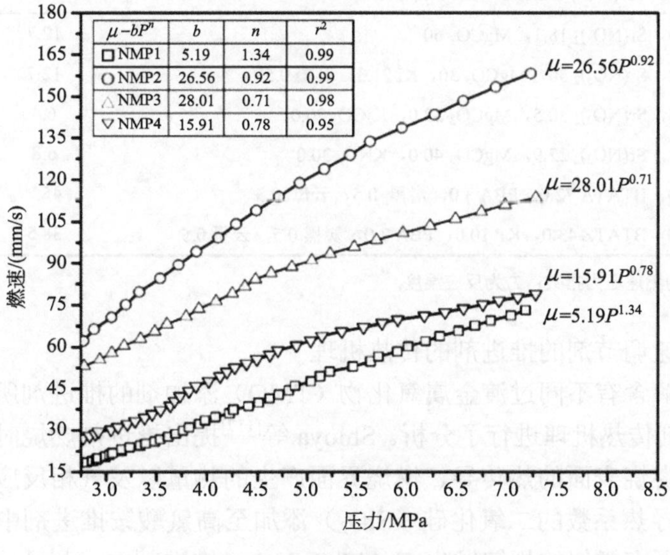


图 5-54 推进剂燃速-压力曲线

表 5-31　推进剂在不同压力下的燃速及相对误差

| NMP1 | | | NMP2 | | | NMP3 | | | NMP4 | | |
|---|---|---|---|---|---|---|---|---|---|---|---|
| $P$/MPa | $\mu_{avg}$/(mm/s) | %error | $P$/MPa | $\mu_{avg}$/(mm/s) | %error | $P$/MPa | $\mu_{avg}$/(mm/s) | %error | $P$/MPa | $\mu_{avg}$/(mm/s) | %error |
| 2.8 | 18.9 | −0.31 | 2.9 | 79.5 | 0.11 | 2.9 | 55.5 | 0.10 | 2.8 | 27.6 | 0.05 |
| 4.3 | 36.0 | 0.21 | 4.3 | 124 | 0.11 | 4.8 | 88.8 | −0.24 | 4.6 | 57.1 | 0.08 |
| 5.4 | 52.9 | 0.11 | 5.7 | 111.1 | −0.15 | 5.7 | 98.5 | −0.35 | 5.6 | 67.1 | −0.24 |
| 6.5 | 65.7 | −0.15 | 7.2 | 137 | −0.10 | 6.9 | 111.8 | −0.42 | 7.1 | 77.7 | −0.22 |

注：$\mu_{avg}$是指两次燃速测试实验结果的平均值；%error 是相对误差，计算公式[（$\mu_1$−$\mu_2$）/$\mu_{avg}$]，其中 $\mu_1$ 和 $\mu_2$ 分别是两次燃速测试试验的结果

表 5-32 罗列出了含有不同添加剂的推进剂的燃烧性能。对于 SPGG 灭火装置而言，推进剂在压力为 6.9MPa 时的燃速是衡量推进剂燃烧性能的一个关键参数。正如前人所报道的，采用不同的方式调节推进剂的性能时，推进剂的燃速、燃速压力指数、反应温度都会发生剧烈的改变，并且这几个参数之间相互制约，相互影响。通过与文献[116]所报道的推进剂参数进行对比，可以看到本书中过渡金属氧化物可以大幅度地优化燃速和反应温度，同时不会对燃速压力指数产生不利的影响，这一发现要优于前人的研究结果。

表 5-32　对比本书及其他文献中推进剂燃烧性能（6.9MPa）

| 研究 | 推进剂成分 | $u$/(mm/s) | $n$ | $T_f$/℃ |
|---|---|---|---|---|
| 本书 | 5AT 36.48，$Sr(NO_3)_2$ 63.52 | 68.9 | 1.34 | 1439 |
| | 5AT 36.12，$Sr(NO_3)_2$ 62.88，纳米-$Fe_2O_3$ 1% | 153.4 | 0.92 | 1202 |
| | 5AT 36.12，$Sr(NO_3)_2$ 62.88，纳米-CuO 1% | 108.6 | 0.71 | 1151 |
| | 5AT 36.12，$Sr(NO_3)_2$ 62.88，纳米-NiO 1% | 75.1 | 0.78 | 949 |
| 文献[116] | 5AT 21.9，$Sr(NO_3)_2$ 18.1，$MgCO_3$ 60 | 12.7 | 0.50 | 1177 |
| | 5AT 17.2，$Sr(NO_3)_2$ 30，$MgCO_3$ 30，KI 21.3，石墨 0.5 | 12.7 | 0.55 | 1177 |
| | 5AT 17.5，$Sr(NO_3)_2$ 30.5，$MgCO_3$ 32.0，$K_2CO_3$ 20.0 | 6.4 | 0.77 | 1207 |
| | 5AT 22.1，$Sr(NO_3)_2$ 22.9，$MgCO_3$ 40.0，$KNO_3$ 30.0 | 6.8 | 1.77 | 1197 |
| | 5AT 24.0，BTATA 72.0，PBA 3.0，炭黑 0.5，云母 0.5 | 45.2 | 0.71 | 1845 |
| | 5AT 43.0，BTATZ 43.0，KP 10.0，PBA 3.0，炭黑 0.5，云母 0.5 | 38.5 | 0.70 | 1688 |

注：$u$ 为燃速；$n$ 为燃速压力指数；$T_f$为反应温度.

（5）含有燃速调节剂的推进剂的传热机理

为进一步理解含有不同过渡金属氧化物（TMO）添加剂的推进剂所表现出的不同燃烧行为，对推进剂传热机理进行了分析。Shioya 等[117]提出推进剂燃烧时的传热过程可分为三个部分，即燃烧表面的热传导、燃烧界面产生的热量以及气相反应区的热反馈。该研究表明，将低导热系数的二氧化硅（$SiO_2$）添加至高氯酸铵推进剂中可以明显提高燃速。为了研究是否有类似的规律发生在 5AT/$Sr(NO_3)_2$ 推进剂中，测试了推进剂中各单质组分及混合后的推进剂样品的导热系数和扩散系数，测量结果如表 5-33 所示。可以看到，

过渡金属氧化物的导热系数远远小于 5AT 或 $Sr(NO_3)_2$，从小到大分别是 $Fe_2O_3$< CuO<NiO< $CH_3N_5/Sr(NO_3)_2$。同时，在四种混合物推进剂中，NMP1 的导热系数和扩散系数最大，而 NMP2 的最小。

**表 5-33　各组分的热传导系数及热扩散系数**

| | 待测试样 | 导热系数/(W · m$^{-1}$ · K$^{-1}$) | 扩散系数/(m$^2$/s) |
|---|---|---|---|
| 原料组分 | 5AT | 0.1588 | $4.4467\times10^{-7}$ |
| | 硝酸锶 | 0.1749 | $2.8487\times10^{-6}$ |
| | 纳米氧化铁 | 0.0335 | $0.4447\times10^{-8}$ |
| | 纳米氧化铜 | 0.0497 | $1.0581\times10^{-8}$ |
| | 纳米氧化镍 | 0.0722 | $3.0707\times10^{-8}$ |
| 推进剂 | NMP1 | 0.0900 | $10.3582\times10^{-8}$ |
| | NMP2 | 0.0750 | $4.8585\times10^{-8}$ |
| | NMP3 | 0.0770 | $5.9052\times10^{-8}$ |
| | NMP4 | 0.0840 | $6.5178\times10^{-8}$ |

图 5-55 展示了推进剂燃烧过程中热量传递的原理，可以看到 TMO 主要是在固相反应区发挥作用。如表 5-33 所示，TMO 的导热系数明显小于基样 5AT 和 $Sr(NO_3)_2$，这一特性将会阻碍热量从已燃区域向未燃区域传递，从而在 TMO 颗粒附近聚集大量的热，形成热区。热区的形成将会加速 5AT 和硝酸锶的热分解，从而提高燃速。添加剂的导热系数越小，对热量传递的阻碍效果越明显，聚集的热量也会越多，继而燃速越快，同时火焰温度也会越高。所以，四种推进剂的导热系数的大小关系（NMP2 < NMP3 <NMP4 <NMP1）与燃速的大小关系（NMP2 > NMP3 > NMP4 > NMP1）、燃温的大小关系（NMP2 > NMP3 > NMP4）均是恰好相反的。值得注意的是，推进剂基样中的 5AT 和硝酸锶均属于可燃物，而 TMO（氧化铁、氧化铜、氧化镍）均属于不可燃物，造成不含过渡金属氧化物的样品 NMP1 的燃温最高。以上分析表明，过渡金属氧化物的导热系数影响了推进剂的传热机理，该参数在调节推进剂的燃烧行为的过程中发挥了关键作用。

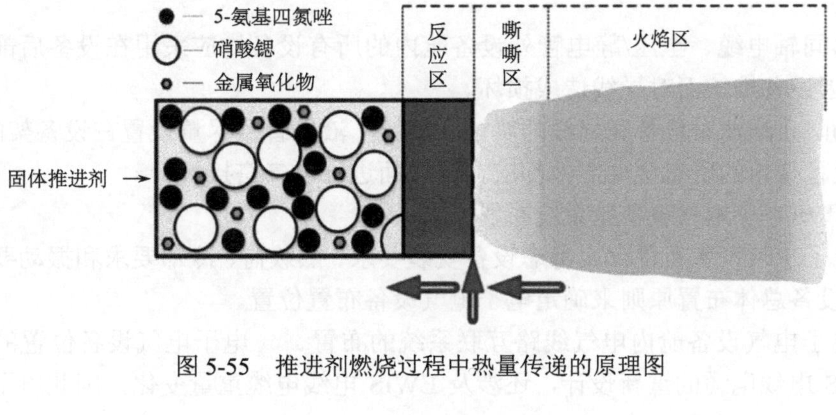


图 5-55　推进剂燃烧过程中热量传递的原理图

# 5.3 设备舱防火技术

## 5.3.1 设备舱简介

飞机设备舱是飞机上安装电子电气设备并提供其正常工作环境的舱室，因飞机机载设备模块化的集成、设备数量和功能的增加，电子电气设备舱的布置越来越具有挑战性。

民用飞机电子电气设备舱布置要求[118]：

① 设备舱内的电子电气设备应集中布置。

② 目前大多数现役飞机，为缩短设备舱与驾驶舱的导线长度，减轻重量和降低电磁干扰应将设备舱布置在驾驶舱下方。近年来，由于电子电气设备数量和种类的增多，热功耗越来越大，为减轻飞机重量、提高系统可靠性，对于新研飞机多采用分布式配电，即除了驾驶舱下方布置的一个设备舱外，在靠近机翼附近的机身段还布置一个设备舱，如图 5-56 所示。

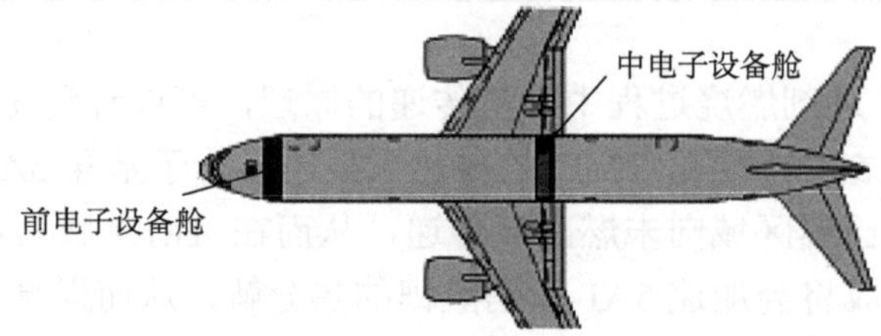


图 5-56 民用飞机设备舱布局[118]

③ 根据冗余设计的要求，设备舱内应至少安装两个设备架，以满足系统分离的需要，因为设备架的布置决定了大多数设备、电气线路互联系统（electrical wiring interconnection system，EWIS）、环控管路的布置方向以及设备舱维修通道的设计，因此设备架的位置的确定应充分考虑总体布置设计原则以及设备和电缆的维修性要求。

④ 设备架的层架空间应预留可以提出的增加设备所需空间，设置布置应预留增加设备的空间。

⑤ 除同轴电缆、全压/静电管外设备舱内的所有设备均应采用在设备后部安装插头座来减少因设备维护而对导线造成损坏。

⑥ 为防止漏油对设备和导线的腐蚀和破坏，液压管路尽量设置在设备架的下方。

⑦ 设备架内的所有金属零件都应在连接面进行电气搭接。

民用飞机电子电气设备舱系统布置要求[119]：

① 电子电气设备布置　考虑设备安装要求、热载荷、冷却要求和振动要求等条件后，按照设备总体布置原则来确定电子电气设备布置位置。

② 电子电气设备舱内电气线路互联系统的布置　电子电气设备位置的变化不仅涉及 EWIS 电线电缆的重新设计，还涉及 EWIS 电线电缆重量变化，因此电子电气设备

舱内 EWIS 电线电缆的布置与设备舱的电子电气设备密切相关，电子电气设备主要布置在设备架上，EWIS 电线电缆主要集中布置在设备架后部，电缆通道的布置不仅要做好与其他系统设备的隔离，还应远离燃油、高温高压管路，符合防火防潮的要求。

③ 通风冷却系统的布置　目前现役的大多数飞机均借助设备架的层架对电子电气设备进行通风冷却，因此设备架的布置决定了通风冷却系统的布置，具体布置见 5.3.3.1 节。

### 5.3.2 设备舱火灾探测技术

随着电子设备舱内设备的不断增多，适航取证时对这些设备本身的防火防烟要求也在不断升高和完善，目前电子设备的相关适航条款基本上涵盖了电子设备的防火、防烟、过热防护、材料和电路保护等设计要求，CCAR-25 的条款具体如下：

**第 25.869 条　系统防火**

（a）电气系统部件

（1）电气系统的部件必须满足第 25.831（c）条和第 25.863 条中有关的防火和防烟要求；

（2）位于指定火区并在应急程序中使用的设备必须至少是耐火的。

**第 25.831 条　通风**

（b）机组和旅客舱的空气不得含有达到有害或危险浓度的气体或蒸气。为此，采用下列规定：

（1）一氧化碳在空气中浓度超过 1/20000 即认为是危险的，可使用任何可接受的检测一氧化碳的方法进行测试；

（2）必须表明飞行期间通常有旅客或者机组乘坐的舱的二氧化碳浓度不得超过 0.5% 体积含量（海平面当量）。

（c）必须有措施保证，在通风、加温、增压或其他系统和设备出现有合理可能的故障或功能失常后，仍能满足本条（b）的规定。

**第 25.1353 条　电气设备及安装**

（a）电气设备和控制装置的安装，必须使任何一个部件或部件系统的工作不会对同时工作的、对安全运行起主要作用的其他系统和部件产生不利影响。飞机上任何可能产生的电气干扰不得对飞机或其系统产生危险的影响。

**第 25.1357 条　电路保护装置**

（a）必须采用自动保护装置，在线路发生故障或在系统或所连接的设备发生严重失灵时，最大限度地减小对电气系统的损坏和对飞机的危害。

（b）发电系统中的保护和控制装置的设计，必须能足够迅速地断电，并将故障电源和输电设备与其相关联的汇流条断开，防止出现危险的过压或其他故障。

（c）每一可复位型电路保护装置的设计，必须在发生过载或电路故障时，不论其操作位置如何，均能断开电路。

（d）如果飞行安全要求必须有使某一断路器复位或更换某一熔断器的能力，则这种断路器或熔断器的位置和标识必须使其在飞行中易被复位或更换。在使用熔断器的地方，必须有备用熔断器供飞行中使用，其数量至少应为保护整个电路所需的每种额定熔断器数量的 50%。

（e）每一重要负载电路必须具有单独的电路保护。但不要求重要负载系统中的每一电路（如系统中的每个航行灯电路）都有单独的保护。

（f）对于正常工作中有必要进行断电或电源复位的飞机系统，该系统必须设计为：其断路器不得作为断电或电源复位的主要手段，除非将断路器特别设计作为开关使用。

（g）如果对于接至某设备的电缆已有电路保护，则可采用自动复位断路器（如热断路器）作为该电气设备自身装有的保护器。

**第 25.1713 条　防火：EWIS**

（a）所有 EWIS 部件必须符合第 25.831（c）条适用的防烟防火要求。

（b）位于指定火区和应急程序使用的 EWIS 部件必须是耐火的。

从以上适航条款可以看出：规范并没有明确的要求设备舱必须安装烟雾探测系统，除此之外，设备舱与货舱和客舱等舱室不同，在电子设备舱设有通风冷却系统（具体见 5.3.3 节）为电子设备提供了降温措施，能够防止过热导致设备舱起火。因此目前仅有部分机型设备舱安装有烟雾探测系统，如波音 777 和波音 787，以及空客 A320、空客 A340 和空客 A380 等飞机，而大部分没有安装 [120]。

由于电子设备舱具有通风冷却系统，其内部气流的流速和强度比其他舱室要大，使得烟雾扩散至舱室顶部变得很困难，因此设备舱内烟雾探测系统的不能安装在顶部。设备舱内的通风冷却系统均设有废气排气管路，舱室内产生的所有气体包括烟气均会经过该管路排出设备舱，因此电子设备舱需要安装管路式烟雾探测器，具体见图 5-57。

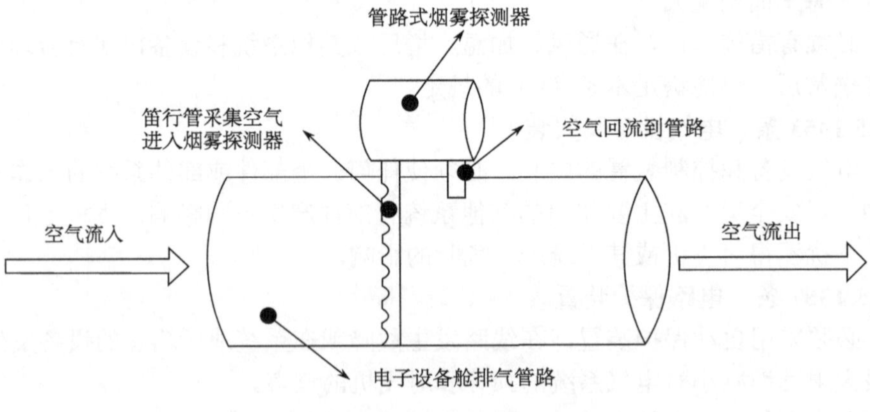


图 5-57　管路式烟雾探测器

## 5.3.3 设备舱环境的特殊控制系统

### 5.3.3.1 通风冷却系统

为了使设备舱内的电子电气设备能够长时间安全和可靠地运行，应采用电子设备通风冷却系统对电子电气设备进行通风冷却，保证舱内温度在规定的范围内，满足设备正常工作的环境温度[121]。设备舱内的设备架与通风冷却系统相连为电子电气设备提供统一的通风冷却接口，同时为保障电子电气设备的可靠性，设备架周围的环境温度也需满足相应的要求。

对于安装在电子电气设备舱内需要电子设备通风冷却系统提供强迫通风冷却的电子设备应符合 ARINC600[122]标准要求，电子电气设备舱强迫通风冷却要求如表 5-34 所示。

表 5-34 飞机电子电气设备舱强迫通风冷却要求[122]

| 冷却空气温度 | 冷却空气流量要求 | 对应状态 |
| --- | --- | --- |
| –40~70℃ | 设备入口冷却温度为 70℃时，冷却空气流量为 201kg/h | 设备启动阶段的短时工作状态下（30min 以内） |
| –15~55℃ | 设备入口冷却温度为 55℃时，冷却空气流量为 210kg/h | 连续地面工作或飞行工作状态 |
| 40℃ | 与设备发热量成正比，设计流量比率为海平面状态下 220kg/h | 连续地面工作状态 |
| 30℃ | 136kg/h，30~40℃时，冷却空气流量按比例减小 | 连续地面工作状态 |
| <30℃ | 136kg/h | 连续地面工作状态 |

而电子电气设备舱的通风冷却系统正常工作时，应确保飞机电子电气设备舱的环境温度在 RTCA /DO-160[123]中规定的 A2 类环境温度范围内，电子电气设备舱环境温度要求如表 5-35 所示。

表 5-35 飞机电子电气设备舱环境温度要求[123]

| 设备舱环境温度 | 对应状态 |
| --- | --- |
| –55~85℃ | 地面生存温度 |
| –40~70℃ | 30min 内的短时工作温度 |
| –15~65℃ | 在地面和飞行状态的工作温度 |

电子电气设备的通风冷却系统采用鼓风和抽风相结合的方式来实现，如图 5-58 所示，设备架顶层采用排风管道进行通风，设备架内存在强迫风冷设备和自然冷却设备混装的区域，这就需要向强迫通风冷却的电子电气设备内部提供冷却空气同时将该层所有设备散发的热量通过顶部排气孔和风道排出机外[124]。

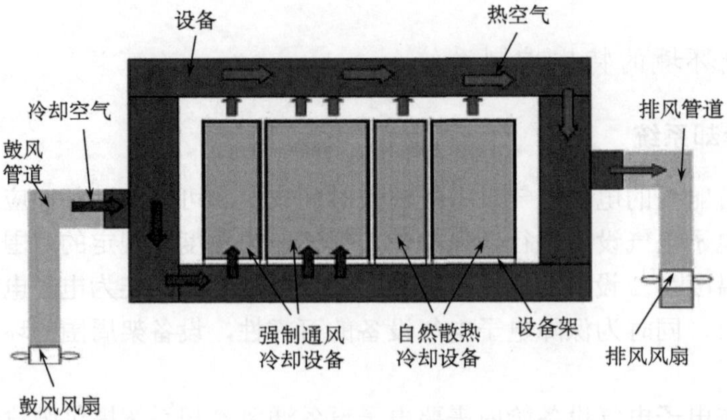


图 5-58 飞机电子电气设备舱设备架通风设计示意图[121]

对于强迫风冷设备冷却空气流量可以通过调节设备托架上孔板开孔数量来控制，且需满足 ARINC600 要求。设备架顶部排气孔可以将设备散发的热量排至设备架热风腔内，再通过电子电气设备舱通风冷却系统的排风管路排出机外以控制设备舱环境温度维持在 ARINC600 和 DO-160 规定的范围内。

#### 5.3.3.2 温度控制系统

机载电子电气设备的发热量随着其功能的增强而增大，如果电子电气设备产生的热量不及时散失，不但会使电子电气设备舱环境温度升高，严重的还会导致电子电气设备烧毁，引发飞行事故，因此需要飞机环境控制系统的温度控制系统来对电子电气设备舱的温度进行有效调控。

温度控制系统主要通过合理地控制热空气和冷空气[125]，对电子电气设备舱内的热载荷进行平衡，以达到控制电子电气设备舱温度的目的。通常直接从发动机压气机引出热空气，飞机制冷系统提供冷空气。高温热空气与低温冷空气经过温控装置适当混合后，送入设备舱，以保持需要的温度。

## 5.4 直升机防火系统简介

### 5.4.1 直升机固定式防火系统组成

直升机以其独特的低空机动飞行能力在军事和非战争军事行动中得到广泛应用，如低空突防、战场支援、边境巡逻、护林防火、抢险救灾等。在战场态势下，直升机的火灾安全性能对直升机的生存能力有着重要影响，直升机发动机舱设有发动机、大量管路、配线、附件和辅助装置。发动机舱气流变化大，气体、易燃液体和设备管路的组合使得直升机发动机舱面临复杂的火灾环境。因此，在发动机舱、货舱、行李舱和驾驶舱设计合理高效的灭火系统对直升机自身安全意义重大。当前，国内直升机产业规模不断增长，对直升机灭火系统的设计研制提出严格、标准的技术要求日趋迫切。

直升机固定式灭火系统组成与其他运输类飞机类似，通常由火警告警系统（包括火警探测装置、火警控制盒、火警告警装置等）、灭火控制系统（包括灭火控制盒、灭火控制阀、灭火控制旋钮/按钮等）、灭火实施系统（包括灭火瓶、灭火剂、灭火导管等）、固定装置（包括卡箍、固定座和搭铁线等）组成。

直升机发动机舱易着火的区域大体可以划为两个：一个是发动机的附件机匣冷端区，该区域着火的可能原因是燃油或滑油的泄漏；另一个是发动机燃烧室热端区，该区域温度高，燃油喷嘴如果泄漏极易引发火灾。燃油着火的显著特点是会产生强烈的光辐射，同时向外辐射热量，因此除了传统的应用在动力舱内的双金属式、热敏电阻式、热电偶式和气动线式等火灾探测器，使用感温型或感光型的火警探测器也是可行的。

目前国内外在役直升机的发动机舱火警探测系统大多采用感温火警探测器，并以双金属片式感温探测器居多。双金属片式感温探测器是采用两种感温系数的不同金属片作为感温元件，当周围介质温度达到规定值时，安装在双金属片之间的触点分开，使得探测器两接线柱之间产生电压阶跃信号。这种探测器直接安装在发动机表面上，根据发动机表面不同区域温度场，以及易着火的部位进行布置，单台发动机上布置的火警探测器数量一般在 4~9 个。发动机不同区域温度不同使得火警探测器的测温范围各不相同。每台发动机上的火警探测器采用串联连接，任何一个火警探测器或几个探测器感受高温后，均会输出火警告警信号。该类型探测器技术成熟、性能稳定、可靠性较高。但是，感温火警探测器有其局限性，因发动机表面不同区域的温度场不同，探测器探测范围窄，单台发动机需配备不同品种和多数量的探测器；探测器安装在发动机表面，不便于发动机的维护；最重要的是探测器感受的是周围介质的高温，而不是真正的火灾。

**直升机探测器应用举例[125]**

（1）“黑鹰”直升机上的红外火焰探测器

KAD（Kidde Aerospace and Defense）公司生产的红外火焰探测器利用中心波长为 4.3μm 的红外波段探测火灾，并采用数字信号处理电路来区分火焰产生的闪烁和发动机工作引起的背景红外信号[126]。数字处理电路还可以区分来自非火源（如自然光和人造光源）产生的背景。红外火焰探测器具有自检（BIT）功能，自检通过在探测器外壳内安装一个红外光源来实现，当火焰探测器自检时，给测试输入端施加 28V DC 信号，同时红外光源给探测器施加脉冲热信号，红外火焰探测器即输出报警信号。

KAD 公司的感光型火警探测器满足 MIL-F-23447 的要求，并获得 FAA 批准，应用于包括 AH -64（“阿帕奇”）、H60（“黑鹰”）、RAH-66（“科曼奇”）在内的多个型号的直升机和 F-22、F-18E/F 多个型号的战斗机的防火系统。“黑鹰”直升机发动机舱和 APU 舱均安装了 KAD 公司的红外火警探测器（见图 5-59）。每个发动机舱配备两个红外火警探测器，一个安装在纵向防火墙上部，火警探测器的探测窗口朝下，用于监控发动机附件机匣可能出现因燃油或滑油泄漏引起的火情；另一个安装于发动机底部的动力平台上，火警探测器的探测窗口朝向发动机燃烧室，用于监控发动机热端区的燃烧室燃油喷嘴可能泄漏引起的火情。

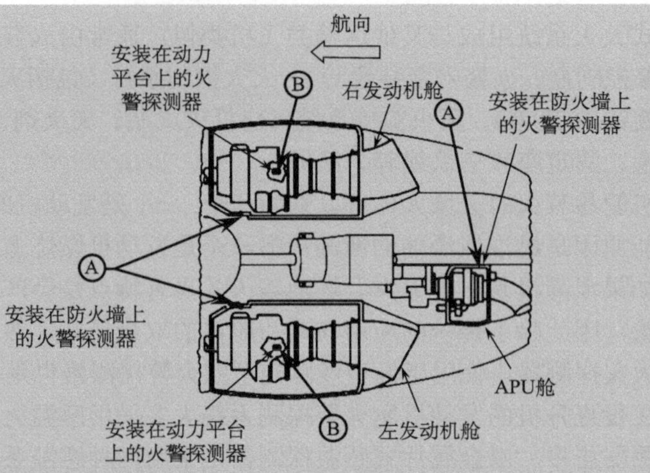


图 5-59 “黑鹰”直升机上的火警探测器安装（俯视图）[125]

（2）NH90 直升机上的紫外-红外火焰探测器

NH90 直升机上的紫外-红外火焰探测器根据欧洲直升机公司（Eurocopter）对感光型火警探测器的研发经验，早期阶段，他们采用 4.3μm 的红外火焰探测器作为发动机舱的火警探测器，但随后发现当发动机开车时，假报警率很高。因为发动机舱通风不理想造成的局部温升会辐射出 4.3μm 左右的电磁波，从而造成红外火焰探测器假报警。进一步的研究使欧洲直升机公司对感光型火警探测器获得了更多了解，他们进行了一些试验，对单紫外（UV）、单红外（IR）、双红外（IR-IR）、紫外红外（UV-IR）复合火焰探测器进行了不同光源的响应特性研究。

欧洲直升机公司从试验结果得到验证，认为单一的红外火焰探测器对热的物体是敏感的，增加一个红外波段的双红外火焰探测器并不能解决这一问题，因此不适用于发动机舱的火警探测。非日盲型单紫外火焰探测器虽然对日光敏感，但在发动机舱和主传动舱环境中不可能存在日光，因此单一的紫外火焰探测器可应用于直升机发动机舱和主传动舱。

同时，欧洲直升机公司并未放弃红外火焰探测器在具有特殊特征的火焰方面（闪烁和二氧化碳吸收波长）的检测能力，而最终选择了红外紫外复合的探测方式。这使得感光型火警探测器在性能和可靠性方面更具优势，同时，对日光和热不敏感使得紫外红外复合火焰探测器具有应用于飞机其他部位（货舱等其他无人机舱或非密闭舱）的可能性。

L’HOTELLIER 公司的红外紫外复合火焰探测器于 2002 年底定型，应用于欧直公司 NH90 直升机的发动机舱和主传动舱的防火系统。NH90 直升机应用了第一个航空紫外红外复合火警探测器，也是最早应用紫外红外复合火警探测器的直升机[125]。

## 5.4.2 直升机固定式灭火系统性能要求

### 5.4.2.1 火警告警系统

火警告警系统应将火灾区域的火灾信息实时传送到灭火控制系统和驾驶舱。由火警探测装置、火警控制盒和火警告警装置等组成。

（1）火警探测装置

火警探测装置是感受温度、火焰或烟雾等火灾信号的传感器（含连接电缆），应具备以下性能：

① 应随时、不间断地将感受的信息传送给火警控制盒；

② 应保证火灾发生后 3s 内发生火警信号，保证行李舱、客舱或货舱为 60s 内发生火警信号；

③ 设定告警温度的定温式火警探测装置，应在预定报警温度点（偏差±10%）实施告警；

④ 感受光谱的火警探测装置，应在距标准实验火焰或等效光源不小于 1.2m 范围内、±45°火焰探测视野范围内正常响应；

⑤ 感受烟雾的火警探测装置响应时，光透射率应在 60~96%/ft 之间。

（2）火警控制盒

火警控制盒是分析、处理火警探测装置发送的探测信息的设备，应具备以下性能：

① 应能够随时接收每一个火警探测装置发送的探测信息；

② 分析判断每一个火警探测装置发送的信息是否达到火警告警阈值；

③ 火警告警阈值的设定应根据火警探测装置安装部位确定；

④ 对安装探测温度的火警探测装置的火警告警系统，可按照温度数值设定告警阈值，也可按照温度变化速率设定告警阈值：

· 按照温度数值设定告警阈值的，应按照所安装部位最恶劣条件时，环境温度最高值，再增加 50℃设定。通常情况下：

动力装置舱：告警温度一般控制在 200～450℃（如压气机匣部位可设定为 200～240℃，涡轮机匣部位可设定为 400～450℃，尾部可设定为 300～340℃）；辅助动力装置舱：告警温度一般控制在 200～450℃；主减速器舱：告警温度一般控制在 200～450℃；行李舱：告警温度应设定为 160℃。

· 按照温度变化速率设定告警阈值的，应当在温度变化速率超过一定值时，实施告警。

⑤ 一个火警探测装置感受的信息达到告警阈值时，相邻火警探测装置感受的信息必须超出日常感受值 10%，才能实施告警；

⑥ 应根据火警探测装置的种类、功能，分析并确定其安装位置最恶劣环境条件的数值；

⑦ 驾驶舱和客舱/货舱内必须具有对直升机任何火灾区域发生火灾的告警能力；

⑧ 火警告警方式通常采用火警告警装置发出的听觉和视觉告警，听觉告警为话音告警或蜂鸣器发出声响告警，视觉告警为告警灯闪烁或电/光显示器中字符闪动，听觉告警和视觉告警必须同时采用；

⑨ 告警话音必须能够同时传送至所有机组成员，告警的声响等级应按照 GJB 2782—1996 规定执行；

⑩ 火警告警的时长应为连续告警 10s，暂停 5s，循环告警；

⑪ 在火警探测装置感受的探测信息低于告警阈值后，应停止各类告警，但告警的持

续时间应不少于 10s；

⑫ 将发生火灾的相应信息发送给灭火控制系统；

⑬ 将发生火灾的相应信息发送给直升机参数记录设备；

⑭ 在对外通信设备开机情况下应能够自动将告警话音向外发送，告警话音的发送应符合 GJB 2782—1996 的规定。

（3）火警告警装置

火警告警装置由火警告警灯、火警告警蜂鸣器（喇叭）和电/光显示器组成。应具备以下性能：

① 火警告警灯必须独立设置，安装在能够随时引起机组成员或乘员注意的位置，应满足 GJB1560—1992 的要求；

② 允许对需要告警的每一个火灾区域分别设立火警告警灯；

③ 驾驶舱火警告警灯的显示和安装位置，应符合 GJB 1006—1990 的规定；

④ 客舱或货舱火警告警灯的显示和安装位置，应位于客舱/货舱前部顶棚中间处；

⑤ 客舱或货舱告警蜂鸣器的安装位置应满足直升机总体要求，通常应安装在告警灯附近；

⑥ 客舱或货舱告警蜂鸣器的发声方式、发声时长及声音等级应符合 GJB 1006—1990 的规定；

⑦ 电/光显示器中应能够显示发生火灾的火灾区域信息。

#### 5.4.2.2 灭火控制系统

灭火控制系统是按照火警告警系统发送的火灾信息对失火的火灾区域实施灭火。

（1）灭火控制盒

灭火控制盒应具备以下性能：

① 具备控制直升机灭火系统满足不少于两次灭火的能力，至少应满足连续两次扑灭一个火灾区域或同时扑灭两个火灾区域火灾的能力；

② 必须具备使用手动控制对每一个火灾区域进行灭火的能力，对需要实施三个以上区域灭火的直升机，一般应具备对每一个火灾区域第一次灭火为自动控制、再次灭火可使用手动控制的能力；

③ 打开通往火警告警系统确定需要灭火的火灾区域通道；

④ 控制灭火实施系统释放灭火剂；

⑤ 在任何火灾区域中，所有部位的灭火剂浓度均应达到所采用灭火剂在相应国家标准中规定的最低灭火浓度值；

⑥ 在任何火灾区域中，从灭火剂开始喷射到达到规定浓度值的时间应不长于 3s；保持规定的灭火剂浓度值的时间应不短于 2s；

⑦ 控制灭火剂释放剂量，应满足在直升机上扑灭 GB/T 4968 规定的 B、C 类火灾的能力；

⑧ 对通过灭火导管输送灭火剂的灭火系统，为补偿浸润灭火导管和残留在灭火瓶中

的灭火剂损失，应在计算出的灭火剂最小剂量基础上，增加15%的剂量。

（2）灭火控制阀

灭火控制阀安装在通往各火灾区域灭火管路入口处，控制灭火剂向灭火控制盒确定的火灾区域流动。

（3）灭火控制旋钮/按钮

灭火控制旋钮/按钮的设计和布局应满足以下要求：

① 灭火控制旋钮/按钮的设计和防护，应满足 GJB 1512—1992 的要求；

② 应根据所配装直升机座舱布局要求，按照 GJB 1560—1992 的规定，设置在机组成员方便操作的位置；

③ 手动灭火的舱位选择应设置为旋钮，灭火控制应设置为按钮；

④ 灭火控制按钮上应覆盖防止误操作的保护盖。

### 5.4.3 灭火实施系统

灭火实施系统应具备以下功能：

① 储存灭火剂；

② 按照灭火控制系统的指令，释放灭火剂。

（1）固定灭火瓶

固定灭火瓶用于储存和释放灭火剂，应包含瓶体、灭火剂释放机构等，并应满足以下要求：

① 对定期或不定期需要拆装的单套固定灭火瓶的工作状态（含灭火剂）重量应不大于 15 kg；

② 如灭火所需的灭火剂总量导致单套灭火瓶重量超过规定值，则应设置两套或更多套灭火瓶；

③ 对一次释放完灭火剂的灭火瓶，瓶内标称压力应不大于 14.7MPa（20℃）；对允许多次释放完灭火剂的灭火瓶，瓶内标称压力应不大于 20MPa（20℃）；

④ 接通灭火剂释放机构 0.5s 内，灭火剂应开始从灭火瓶中喷出；

⑤ 灭火剂释放机构应保证在出现灭火瓶超压情况下，可随时自动释放灭火剂；

⑥ 设置随时显示固定灭火瓶工作压力的指示装置；

⑦ 固定灭火瓶的安装位置应选取在距离主要火灾区域较近的位置，应便于拆装、维护和填充灭火剂；

⑧ 在灭火瓶瓶体上应设有标牌，标牌上应有灭火瓶的通用标记、灭火剂型号、使用规则、灭火瓶空重、充填重量、工作压力、充填时间、充填有效期；

⑨ 固定灭火瓶的日常维修或充填灭火剂如必须拆卸后实施，灭火瓶瓶体应设置便于拆装时搬运的把手。

（2）灭火剂

灭火剂的选用应满足以下要求：

① 应选用符合 GB 6051—1985 的三氟一溴甲烷（$CF_3Br$）或 GB 4065—1983 的二氟一氯一溴甲烷（$CF_2ClBr$）灭火剂；

② 应满足在储存区域内任何条件下的稳定性；

③ 所选用的灭火剂，对直升机不得造成损伤，对机组成员不得造成伤害；

④ 所选用的灭火剂，应不得与直升机上可能接触灭火剂的任何材料发生物理或化学反应。

（3）灭火导管

灭火导管应满足以下要求：

① 具备将灭火剂输送到火灾区域的任何部位的能力；

② 灭火导管的长度应尽可能短，但必须保证其上的喷射孔（嘴）喷射出的灭火剂可以覆盖火灾区域任何部位；

③ 灭火导管应保证输送灭火剂距离最远处的喷射孔（嘴）喷出的灭火剂浓度，符合规定；

④ 灭火导管、接头和可挠性管路的最小破坏压力应按照固定灭火瓶存贮灭火剂后可能产生的最大压力的110%设计；

⑤ 灭火导管中不应有可以积聚液体或灭火剂的低洼处。

（4）喷射孔（嘴）

在火灾区域内的灭火导管上直接开设的喷射孔或安装的喷射嘴应满足以下要求：

① 通常情况下，喷射孔（嘴）应设置在需要实施灭火的部位上部中央处，使灭火剂向下喷射；

② 对有气流通过的火灾区域，应根据气流的流向和流速，设计喷射孔（嘴）的灭火剂喷射方向和喷射能力，应保证在需要实施灭火的部位处的灭火剂浓度符合规定；

③ 在灭火导管末端不应有喷射孔（嘴）；

④ 在灭火导管上不应采用贯穿孔（对开孔）或相对喷射嘴。

### 5.4.4 固定装置

固定装置应具备以下性能：

① 灭火系统所有设备、零组件、管路、导线在直升机上的安装、固定应满足GJB2490—1995 的要求；

② 固定装置应保证所固定的设备或元器件能够承受直升机使用过程中施加的在该部位的所有载荷；

③ 固定装置及其配件应耐受直升机所使用的各类油液、温度的侵蚀；

④ 固定灭火瓶的日常维修或充填必须拆卸后实施，其固定装置的拆装应满足灭火系统维修性要求。

## 本章参考文献


[1] 百度百科. 尼日利亚航空 2120 号班机空难. https://baike.baidu.com/item/%E5%B0%BC%E6%97%A5%E5%88%A9%E4%BA%9A%E8%88%AA%E7%A9%BA2120%E5%8F%B7%E7%8F%AD%E6%9C%BA%E7%A9%BA%E9%9A%BE. [2017-6-30]

[2] 韩琨. 民用飞机主起舱过热探测系统设计研究. 装备制造技术, 2014(8):228-230.

[3] 《飞机设计手册》总编委会. 飞机设计手册. 第 11 册, 民用飞机内部设施. 北京: 航空工业出版社, 1998.

[4] CCAR-25-R4. 中国民用航空规章. 第 25 部, 运输类飞机适航标准.

[5] 胡煌华, 袁征. 现代民用飞机防火系统研究. 民用飞机设计与研究, 2010(2): 7-9.

[6] Robaidek M F. Aircraft dry bay fire protection. Flight Dynamics Laboratory, Air Force Wright Aeronautical Laboratories, Boeing Military Airplane Company, 1987. Report AFWAL-TR-87-3032.

[7] 360 百科. 法国航空 4590 号班机空难. https://baike.so.com/d℃/6005832-6218816.html. [2017-6-2]

[8] distance0755. 中国台湾“华航”波音 737-800 型客机在日本冲绳机场着陆后爆炸起火(转载). http://bbs.tianya.cn/post-47-769641-1.shtml. [2017-5-25]

[9] Lentz M, Pascal A, Weisenbach M. Dry bay fire model enhancements//43rd Aiaa/asme/asce/ahs/asc Structures, Structural Dynamics, and Materials Conference. 2002.

[10] 蔡海亮, 宋笔锋, 裴扬. 飞机干舱点火源质量和能量计算方法. 四川兵工学报, 2011, 32(11): 110-113.

[11] 侯二永. 陶瓷间隙靶抗 12.7mm 穿甲燃烧弹机理及性能研究. 长沙: 国防科学技术大学, 2008.

[12] 赵强. 12.7mm 钨芯脱壳穿甲弹穿甲威力分析. 四川兵工学报, 2004, 25(1): 34-36.

[13] Disimile P J, Toy N. Experimental simulation of fuel pool ignition by incendiary flash//46th AIAA/ASME/ASCE/AHS/ASC Structures, Structural Dynamics, and Materials Conference. 2005: 1-9.

[14] Burdeshaw M D. The MAVEN approximation method within the MUVES environment. Army Research Lab, 1995. Report ARL-TR-787.

[15] Madhu V, Ramanjaneyulu K, Bhat T B, et al. An experimental study of penetration resistance of ceramic armour subjected to projectile impact. International journal of impact engineering, 2005, 32(1): 337-350.

[16] Ball R E. The fundamentals of aircraft combat survivability: analysis and design, 2nd edition. Edition Aiaa Education, 2003.

[17] Pei Y, Song B F, Han Q. A generic calculation model for aircraft single-hit vulnerability assessment based on equivalent target. Chinese Journal of Aeronautics, 2006, 19(3):183-189.

[18] Lumsden M. 燃烧武器及其杀伤效应. 郎宗亨, 汪逢栗, 郭仁松等译. 北京: 中国人民解放军战士出版社, 1980.

[19] Bein D P. History of fire suppression in aircraft. https://www.nist.gov/sites/default/files/documents/el/fire_research/Chapter-2.pdf. [2017-6-30]

[20] Mowrer D W, Bernier R G, Enoch W, et al. Aircraft fuel system fire and explosion suppression design guide. US Army Aviation Systems Command, USAVSCOM TR, 1990.

[21] Wong K. Evaluation of Halon 1301 fire extinguishing systems for dry bay ballistic problems. Wright Patterson Air Force Base Flight Dynamics Laboratory, 1985. Report AFWAL-TR-84-3112.

[22] Cyphers D C, Frederick S A, Haas J P. Enhanced powder panels//The Proceedings of the 12th Halon Options Technical Working Conference. 2002: 1-12.

[23] Grzyll L R, Meyer J A. Development of a solid-solid hybrid gas generator fire suppression system//Proceedings of Halon Options Technical Working Conference. 2005.

[24] Olander D E, Schall M L. Fire suppression system and solid propellant aerosol generator for use therein: EP, US 6851483. 2005.

[25] Neidert J B, Black III R E, Lynch R D, et al. Fighting fire with fire: solid propellant gas generator technology for fire suppression//1998 JANNM Propulsion Conference. 1998, 11: 77-86.

[26] Yoon S S, Kim H Y, Hewson J C, et al. A modeling investigation of suppressant distribution from a prototype solid-propellant gas-generator suppression system into a simulated aircraft cargo bay. Drying Technology, 2007, 25(6): 1011-1023.

[27] Fallis S, Reed R, Lu Y C, et al. Advanced propellant/additive development for fire suppressing gas generators//Halon Options Technical Working Conference. 2000, 361.

[28] Sugiyama T, Itadzu N, Nishi S. Burning characteristics and sensitivity characteristics of some guanidinium 1,5'-bis-1H-tetrazolate/metal oxide mixtures as candidate gas generating agent. Propellants, Explosives, Pyrotechnics, 2011, 36(1): 51-56.

[29] Ishitha K, Ramakrishna P A. Studies on the role of iron oxide and copper chromite in solid propellant combustion. Combustion and Flame, 2014, 161(10): 2717-2728.

[30] Pakhomov A V, Thompson M S, Swift W, et al. Ablative laser propulsion: specific impulse and thrust derived from force measurements. AIAA journal, 2002, 40(11): 2305-2311.

[31] Galbraith L D, Holland G F, Poole D R, et al. Apparatus for suppressing a fire: US, US5423384. 1995.

[32] Galbraith L D, Holland G F, Poole D R, et al. Apparatus for suppressing a fire: US, US5613562. 1997.

[33] Reuther J J. Assessment of design and reliability of solid propellant gas generators for F-22 engine-nacelle fire suppression. https://www.nist.gov/sites/default/files/documents/el/fire_research/R0002197.pdf. [2017-5-30]

[34] Mitchell R M, Arnot N R, Callis G J. Hybrid fire extinguisher: US, US6702033. 2004.

[35] 俞国星，范晓东，张翔宇,等. 高能固体推进剂用粘合剂的研究进展[J]. 中国胶粘剂，2006, 15(8):37-41.

[36] 张端庆. 固体火箭推进剂. 北京：兵器工业出版社, 1991.

[37] 刘建平. 国外固体推进剂技术现状和发展趋势. 固体火箭技术, 2000, 23(1):22-26.

[38] 庞维强，张教强，国际英,等. 21 世纪国外固体推进剂的研究与发展趋势. 化学推进剂与高分子材料, 2005, 3(3):16-20.

[39] Grosshandler W, Hamins A, McGrattan K, et al. Transient application, recirculating pool fire, agent effectiveness screen: final report, NGP Project 3A/890. National Inst of Standards and Technology Gaithersburg Md Building and Fire Research Lab, 2001.

[40] Gann R G. Advanced fire suppression technology for aircraft. http://ws680.nist.gov/publication/get_pdf.cfm?pub_id= 900090. [2017-5-30]

[41] Talawar M B, Sivabalan R, Mukundan T, et al. Environmentally compatible next generation green energetic materials (GEMs). Journal of Hazardous materials, 2009, 161(2): 589-607.

[42] Helmy A, Tong W. Thermal decomposition of 5-amino-tetrazole propellant//36th AIAA/ASME/SAE/ASEE Joint Propulsion Conference and Exhibit. 2000: 3330.

[43] Klapötke T M, Stierstorfer J. Nitration Products of 5 - Amino - 1H - tetrazole and Methyl - 5 - amino - 1H - tetrazoles - Structures and Properties of Promising Energetic Materials. Helvetica Chimica Acta, 2007, 90(11): 2132-2150.

[44] Kabo G Y, Miroshnichenko E A, Kozyro A A, et al. Thermochemistry of alkyl derivatives of urea. Bulletin of the Academy of Sciences of the USSR, Division of chemical science, 1990, 39(4): 662-667.

[45] Wierenga P H, Holland G F. Developments in and implementation of gas generators for fire suppression//Proceedings Halon Options Technical Working Conference. 1999: 27-29.

[46] Neidert J B, Black R E. Gas generator for expelling halon replacements: US, 09/370171. 1999.
[47] Bird C W. A new aromaticity index and its application to five-membered ring heterocycles[J]. Tetrahedron, 1985, 41(7): 1409-1414.
[48] Lu Y C, Wierenga P. Further advances in the development of hybrid fire extinguisher technology// Proceedings Halon Options Technical Working Conference. 2000: 2-4.
[49] 赵宇.气溶胶灭火剂的配方优化设计及性能测试的研究. 南京: 南京理工大学, 2013.
[50] Chaturvedi S, Dave P N. Review on thermal decomposition of ammonium nitrate. Journal of Energetic Materials, 2013, 31(1): 1-26.
[51] Ebeling H, Schmid H, Eisenreich N. Development of gas generators for fire extinguishing. Propellants, explosives, pyrotechnics, 1997, 22(3): 170-175.
[52] Degirmenci E. Effects of grain size and temperature of double base solid propellants on internal ballistics performance. Fuel, 2015, 146: 95-102.
[53] Trache D, Maggi F, Palmucci I, et al. Effect of amide-based compounds on the combustion characteristics of composite solid rocket propellants. Arabian Journal of Chemistry, 2015.
[54] Jawalkar S, Kurva R, Sundaramoorthy N, et al. Studies on high burning rate composite propellant formulations using TATB as pressure index suppressant. Central European Journal of Energetic Materials, 2012, 9(3): 237-249.
[55] Grosshandler W L, Gann R G, Pitts W M. Evaluation of alternative in-flight fire suppressants for full-scale testing in simulated aircraft engine nacelles and dry bays. Building and Fire Research Laboratory, National Institute of Standards and Technology, 1994.
[56] Ghorpade V G, Dey A, Jawale L S. Study of burn rate suppressants in AP-based composite propellants. Propellants, explosives, pyrotechnics, 2010, 35(1): 53-56.
[57] Akiyoshi M, Nakamura H, Hara Y. The thermal behavior of the zinc complexes as a non - azide gas generant for safer driving—Zn complexes of the carbohydrazide and semicarbazide. Propellants, Explosives, Pyrotechnics, 2000, 25(1): 41-46.
[58] Holland G F, Wilson M A. Chemically active fire suppression composition: US, 6024889. 2004.
[59] Arkhipov V A, Kiskin A B, Zarko V E, et al. Laboratory method for measurement of the specific impulse of solid propellants. Combustion, Explosion, and Shock Waves, 2014, 50(5): 622-624.
[60] Isert S, Groven L J, Lucht R P, et al. The effect of encapsulated nanosized catalysts on the combustion of composite solid propellants. Combustion and Flame, 2015, 162(5): 1821-1828.
[61] Kishore K, Sunitha M R. Effect of transition metal oxides on decomposition and deflagration of composite solid propellant systems: a survey. AIAA Journal, 1979, 17(10): 1118-1125.
[62] Rastogi R P, Singh G, Singh R R. Burning rate catalysts for composite solid propellants. Combustion and Flame, 1977, 30: 117-124.
[63] Hasue K, Iwama A, Kazumi T. Combustion aspects of sodium azide and its mixtures with potassium perchlorate and burning catalysts. Propellants, explosives, pyrotechnics, 1991, 16(5): 245-252.
[64] Pang W, De Luca L T, Fan X, et al. Effects of different nano-sized metal oxide catalysts on the properties of composite solid propellants. Combustion Science and Technology, 2016, 188(3): 315-328.
[65] Hahma A, Edvinsson H, Östmark H. The properties of ammonium dinitramine (ADN): Part 2: melt casting. Journal of Energetic Materials, 2010, 28(2): 114-138.
[66] Survase DV, Gupta M, Asthana SN. The effect of Nd2O3 on thermal and ballistic properties of ammonium perchlorate (AP) based composite propellants. Progress in crystal growth and characterization of materials, 2002, 45(1): 161-165.

[67] McCown III K W, Petersen E L. Effects of nano-scale additives on the linear burning rate of nitromethane. Combustion and Flame, 2014, 161(7): 1935-1943.
[68] Puccio R, Maggi F, Colombo G, et al. Low temperature gas generators propellants//3rd CEAS Air&Space Conference and 21st AIDAA Congress. Confine Edizioni, 2011: 435-442.
[69] Gann R G. FY2000 annual report: next generation fire suppression technology program (NGP). National Institute of Standards and Technology, 2001.
[70] Brill T B. Connecting the chemical composition of a material to its combustion characteristics. Progress in energy and combustion science, 1992, 18(2): 91-116.
[71] Gao A, Oyumi Y, Brill T B. Thermal decomposition of energetic materials 49. Thermolysis routes of mono-and diaminotetrazoles. Combustion and Flame, 1991, 83(3-4): 345-352.
[72] Lesnikovich A I, Printsev G V, Ivashkevich O A, et al. Tetrazole combustion. Combustion, Explosion and Shock Waves, 1988, 24(5): 549-551.
[73] Fogel–zang A E, Serushkin V V, Sinditskii V P. Spontaneous explosion of hexamethylenetriperoxide diamine. Combustion, Explosion, and Shock Waves, 1989, 25(6): 780-781.
[74] Rojas F, Kornhauser I, Felipe C, et al. Capillary condensation in heterogeneous mesoporous networks consisting of variable connectivity and pore-size correlation. Physical Chemistry Chemical Physics, 2002, 4(11): 2346-2355.
[75] Lü H Y, Wan F, Jiang L H, et al. Graphene nanosheets suppress the growth of Sb nanoparticles in an Sb/C nan℃omposite to achieve fast Na storage. Particle & Particle Systems Characterization, 2016.
[76] Naya T, Kohga M. Influences of particle size and content of RDX on burning characteristics of RDX-based propellant. Aerospace Science and Technology, 2014, 32(1): 26-34.
[77] Doyle C D. Kinetic analysis of thermogravimetric data. Journal of applied polymer science, 1961, 5(15): 285-292.
[78] Tompa A S, Boswell R F. Thermal stability of a plastic bonded explosive. Thermochimica acta, 2000, 357: 169-175.
[79] Ferriol M, Gentilhomme A, Cochez M, et al. Thermal degradation of poly (methyl methacrylate) (PMMA): modelling of DTG and TG curves. Polymer degradation and stability, 2003, 79(2): 271-281.
[80] Committee of Experts on the Transport of Dangerous Goods. Recommendations on the transport of dangerous goods: manual of tests and criteria. United Nations Publications, 2009.
[81] Pickard J M. Critical ignition temperature. Thermochimica Acta, 2002, 392: 37-40.
[82] Zhang T, Hu R, Xie Y, et al. The estimation of critical temperatures of thermal explosion for energetic materials using non-isothermal DSC. Thermochimica Acta, 1994, 244(244):171-176.
[83] Criado J M, Pérez-Maqueda L A, Sánchez-Jiménez P E. Dependence of the preexponential factor on temperature. Journal of thermal analysis and calorimetry, 2005, 82(3): 671-675.
[84] Pourmortazavi S M, Hosseini S G, Rahimi-Nasrabadi M, et al. Effect of nitrate content on thermal decomposition of nitrocellulose. Journal of hazardous materials, 2009, 162(2): 1141-1144.
[85] Sovizi M R. Thermal behavior of drugs. Journal of Thermal Analysis and Calorimetry, 2010, 102(1): 285-289.
[86] Vyazovkin S, Wight C A. Model-free and model-fitting approaches to kinetic analysis of isothermal and nonisothermal data. Thermochim Acta. 1999; 340:53-68.
[87] Rocco J, Lima J E S, Frutuoso A G, et al. Thermal degradation of a composite solid propellant examined by DSC. Journal of thermal analysis and calorimetry, 2004, 75(2): 551-557.
[88] Manelis G B. Thermal decomposition and combustion of explosives and propellants. Boca Raton: CRC

Press, 2003.

[89] Varney A M, Strahle W C. Thermal decomposition studies of some solid propellant binders. Combustion and Flame, 1971, 16(1): 1-7.

[90] Stowe A C, Shaw W J, Linehan J C, et al. In situ solid state 11 B MAS-NMR studies of the thermal decomposition of ammonia borane: mechanistic studies of the hydrogen release pathways from a solid state hydrogen storage material. Physical Chemistry Chemical Physics, 2007, 9(15): 1831-1836.

[91] Liu L, Li F, Tan L, et al. Effects of nanometer Ni, Cu, Al and NiCu powders on the thermal decomposition of ammonium perchlorate. Propellants, Explosives, Pyrotechnics, 2004, 29(1): 34-38.

[92] Ismail I M K, Hawkins T. Kinetics of thermal decomposition of aluminium hydride: I-non-isothermal decomposition under vacuum and in inert atmosphere (argon). Thermochimica Acta, 2005, 439(1): 32-43.

[93] Kumar P, Joshi P C, Kumar R. Thermal decomposition and combustion studies of catalyzed AN/KDN based solid propellants. Combustion and Flame, 2016, 166: 316-332.

[94] Paletsky A A, Budachev N V, Korobeinichev O P. Mechanism and kinetics of the thermal decomposition of 5-aminotetrazole. Kinetics and Catalysis, 2009, 50(5): 627.

[95] Brill T B, Ramanathan H. Thermal decomposition of energetic materials 76: chemical pathways that control the burning rates of 5-aminotetrazole and its hydrohalide salts. Combustion and Flame, 2000, 122(1): 165-171.

[96] Nair SMK, James C. Evaluation of kinetic parameters for the thermal decomposition of gamma-irradiated strontium nitrate by dynamic thermogravimetry. Thermochim Acta, 1984, 78(1-3): 357-370.

[97] Dey A, Ghorpade V G, Kumar A, et al. Biuret: a potential burning rate suppressant in ammonium chlorate(VII) based composite propellants. Central European Journal of Energetic Materials, 2014: 11.

[98] Yin J, Li B, Wang K, et al. Combustion mechanism of a negative pressure exponent composite solidpropellant. Journal of Propulsion and Power 1992, 8(1): 37-44.

[99] Verma S, Ramakrishna P A. Dependence of density and burning rate of composite solid propellant on mixer size. Acta Astronautica, 2014, 93: 130-137.

[100] Lesnikovich A I, Ivashkevich O A, Levchik S V, et al. Thermal decomposition of aminotetrazoles. Thermochimica Acta, 2002, 388(1): 233-251.

[101] Xu T W, Du Z M, Wang M M. Performance study of 5-aminotetrazole nitrate gas generant. Advanced Materials Research, 2014, 1004: 719-725.

[102] Li X G, Lv Y, Ma B G. Decomposition kinetic characteristics of calcium carbonate containing organic acids by TGA. Arabian Journal of Chemistry, 2013.

[103] Tang C, Zheng J, Huang Z. Study on nitrogen diluted propane-air premixed flames at elevated pressures and temperatures. Energy Conversion and Management, 2010, 51(2): 288-295.

[104] Zhang T, Li G, Yu Y. Numerical simulation of ammonium dinitramide (ADN)-based non-toxic aerospace propellant decomposition and combustion in a monopropellant thruster. Energy Conversion and Management, 2014, 87: 965-974.

[105] Prins MJ, Ptasinski KJ, Janssen F. Thermodynamics of gas-char reactions: first and second law analysis. Chemical Engineering Science, 2003, 58(3): 1003-1011.

[106] Razus D, Oancea D, Brinzea V. Experimental and computed burning velocities of propane-air mixtures. Energy Conversion and Management, 2010, 51(12): 2979-2984.

[107] Heitor M V, Moreira A L N. Thermocouples and sample probes for combustion studies. Progress in Energy and Combustion Science, 1993, 19(3): 259-278.

[108] Yan Q L, Song Z W, Shi X B, et al. Combustion mechanism of double-base propellant containing

nitrogen heterocyclic nitroamines(II): the temperature distribution of the flame and its chemical structure. Acta Astronautica, 2009, 64(5): 602-614.

[109] Jayaraman K, Anand K V, Chakravarthy S R. Effect of nano-aluminium in plateau-burning and catalyzed composite solid propellant combustion. Combustion and Flame, 2009, 156(8): 1662-1673.

[110] Khanaev V M, Borisova E S, Kundo N N. Modeling of controlled combustion of high-energetic materials on structured catalysts. Combustion, Explosion, and Shock Waves, 2008, 44(5): 535-542.

[111] Jacobs P W M C, Whitehead H M. Decomposition and combustion of ammonium perchlorate. Chemical Reviews, 1969, 69(4): 551-590.

[112] Chaturvedi S, Dave P N. A review on the use of nanometals as catalysts for the thermal decomposition of ammonium perchlorate. Journal of Saudi Chemical Society, 2013, 17(2): 135-149.

[113] Wu Q, Pan Y, Xia X, et al. Theoretic design of 1, 2, 3, 4-tetrazine-1, 3-dioxide-based high-energy density compounds with oxygen balance close to zero. Structural Chemistry, 2013, 24(5): 1579-1590.

[114] Jiang L, Xiao H, An W, et al. Correlation study between flammability and the width of organic thermal insulation materials for building exterior walls. Energy and Buildings, 2014, 82: 243-249.

[115] Karlsson H L, Gustafsson J, Cronholm P, et al. Size-dependent toxicity of metal oxide particles—a comparison between nano-and micrometer size. Toxicology Letters, 2009, 188(2): 112-118.

[116] Grosshandler W L. Chapter9: Power panel and propellant discharge technologies//Richard G G. Advanced technology for fire suppression in aircraft. Gaithersburg: National Institute of Standards and Technology, 2007, 997-1006.

[117] Shioya S, Kohga M, Naya T. Burning characteristics of ammonium perchlorate-based composite propellant supplemented with diatomaceous earth. Combustion and Flame, 2014, 161(2): 620-630.

[118] 田瑞娜. 民用飞机电子电气设备舱布置方法研究. 科技信息, 2013(18): 410-411.

[119] 陈裕. 民用飞机的分舱布置设计与分析. 民用飞机设计与研究, 2012(1): 13-16.

[120] 马进涛, 银未宏. 民用飞机电子设备舱烟雾探测系统. 国际航空, 2011(11): 70-71.

[121] 刘牧, 袁建新. 电子设备舱设备架通风设计与仿真计算. 科技视界, 2017(3): 96-97.

[122] ARING. Air transport avionics equipment interface: arinc specification 600-19. Annapolis: Aeronautical Radio Inc., 2011.

[123] RTCA DO-160G. Environmental conditions and test procedures for airborne equipment.2010

[124] 百度百科. 飞机环境控制系统. https://baike.baidu.com/item/飞机环境控制系统. [2017-6-30]

[125] 翟雅琼, 郑友兰, 李基堂, 等. 感光型火警探测器在直升机防火系统中的应用研究. 直升机技术, 2017, (1): 66-69,24.

[126] Stanton B. Optical fire detection for engine nacelle and auxiliary power units. https://www.fire.tc.faa.gov/2007conference/files/Engine_Fire_Protection/WedAM/StantonKADofd/StantonKADofdPres.pdf. [2017-6-30].

# 6 飞机典型可燃物火灾特性研究

可燃材料不仅广泛应用于飞机各个部位，而且在飞机运输货物中也含有大量的可燃材料，虽然飞机上使用的可燃材料均经过阻燃处理，但长时间暴露于高温或其他火灾条件下，仍会产生大量的热和烟气，使其力学性能下降，这将给飞机带来毁灭性的灾难。本章首先概述了飞机典型可燃材料，然后依次对典型的固体可燃材料（隔热/隔音、锂电池和镁合金等）和液体可燃材料（航空煤油和液压油等）的火灾特性和相关试验方法进行归纳总结。结合国内外标准，先对安装在飞机隐蔽区的隔热/隔音材料的可燃性和火焰蔓延特性以及抗烧穿性的试验方法进行详细描述；接着对跟乘客密切相关的飞机座椅和客舱内可燃材料火灾特性的试验方法进行阐述，主要描述座椅垫可燃性、货舱衬垫抗火焰烧穿性和客舱材料热释放速率试验方法；其次在简要介绍航空电缆相关国内外标准的基础上，对航空电缆燃烧特性试验方法和电缆火的防治技术进行了介绍；锂电池和镁合金的火灾危险性制约着其大规模的航空应用，因此本章结合作者和国内外学者的工作，重点对锂电池和镁合金的火灾危险性以及火灾防治技术进行详细介绍，为锂电池防火系统的设计和镁合金在航空领域的应用提供理论依据；最后论述航空煤油和液压油的火灾危险性，为其火灾的防治提供参考。

## 6.1 飞机典型可燃材料概述

飞机内可燃材料的存在是火灾发生的根本原因，按形态其可分为：固体、液体和气体三种，飞机内主要存在固体和液体两种形态的可燃材料。液相可燃材料主要为飞机航行时携带的大量航空燃油和液压油等可燃油料，其中航空燃油是飞机上最易燃烧且火灾荷载最大的物质；固相可燃材料包括制造飞机使用的材料和飞机上托运的货物或旅客行李，飞机使用的材料主要分为非金属和金属可燃材料[1]。飞机上使用的非金属可燃材料为高分子聚合材料，主要包含：塑料制品（如用于座椅衬垫聚氨酯、用于窗户的有机玻璃和用于仪表的强化塑料等）、纺织品（如地毯、椅套、隔帘等）、橡胶制品（如飞机轮胎等）和木材（如胶合板等），主要的非金属可燃材料介绍具体见 6.1.1~6.1.3 节；飞机上使用的金属可燃材料主要包括：锂离子电池和镍镉电池（飞机发动机、APU 等作启动或应急电源）、镁合金（在发动机罩、机翼蒙皮及座椅框架上使用）、航空电缆（连接着飞机航电、电气、通信和操纵等各系统）等。飞机上使用的材料一般都经过阻燃处理且必须通过阻燃测试，阻燃测试并不要求材料不可燃，而是要求其在指定温度的明火下，可在一段时间保持一定强度且燃烧速度低于指定速度，因此在正常情况下材料不易被点燃，只有受到长时间的高温作用才会发生燃烧。飞机托运的旅客行李或货物中大约有 80%的可燃材料，这些物品有本身极易燃烧的，如托运的化学危险物品（锂离子电池）、化妆品和衣物等，另外一些物品本身不燃，但其包装或衬垫材料是可燃材料。可见，飞机是可燃材料聚集的地方，因此为了确保飞行安全，需要对飞机内的可燃材料进行燃烧性能测试，评估其火灾危险性，制定有效的控制措施来保证飞行安全。

### 6.1.1 飞机隔热/隔音材料简介

为了提高隔热、隔音、防潮效果，飞机的整个加压部分均使用隔热/隔音材料做内衬，尤其是在飞机客舱天花板与机壳之间，隔热/隔音材料成了飞机中迄今为止使用量最大的非金属材料。隔热/隔音材料是大多数是包覆层-絮状物-包覆层的三明治状，少部分由泡沫或毛毡组成，没有包覆层，隔音材料的要求比隔热材料的要高。

飞机所使用的隔热/隔音材料大多是纤维状玻璃棉，密度为 0.42~0.6lb/ft$^3$，玻璃纤维的直径非常小，约为 0.0006in，隔音效果好。泡沫（如聚氨酯和聚酰亚胺）和毛毡（如芳族聚酰胺）等其他隔热/隔音材料也被广泛使用。在较高的温度区域（如发动机短舱、动力装置和发动机排气管道等），使用的是硅胶黏合剂（用于温度高达 700℉①区域）和陶瓷棉（用于温度高达 2000℉区域）。

包覆层覆盖隔热/隔音材料的主要原因是将其保持在适当位置，并防止灰尘和液体（特别是水）的污染。由尼龙纱线增强的聚酯或聚氟乙烯的塑料薄膜（0.5~2 密耳②）制作的包覆层因其重量轻、抗撕裂性好而被广泛使用，高温区域则需要使用有机硅涂层的玻璃纤维、金属化玻璃纤维或陶瓷包覆层。

### 6.1.2 飞机座椅材料简介

飞机座椅部件主要由非金属材料组成，具体可以分为五个基本区域（见图 6-1）：泡沫衬垫、装饰材料、阻火层、塑料模制品和结构件，所有座椅部件必须符合 FAR 25.853（b）和（c）[2]的要求。下面将对这五个区域所使用的材料进行介绍。

（1）泡沫衬垫

座椅泡沫选择时要考虑磨损、舒适性、浮选性、易燃性等性能要求，为了满足这些要求，飞机上使用了各种密度的泡沫，其中开孔聚氨酯泡沫是最常用的，密度低至 1.98lb/ft$^3$③。如果缓冲垫在紧急情况下用作浮选装置，泡沫必须是闭孔的，经常使用的是聚乙烯泡沫。

（2）装饰材料

典型的装饰罩面料主要包括羊毛、羊毛/尼龙混合物、皮革和阻燃聚酯，阻燃处理（通常为锆型）的羊毛/尼龙混合物是目前最常见的装饰材料，也是通过 FAR 25.853（b）和

① $n$℉=[($n$−32)×5/9]℃

② 密耳为千分之一寸

③ 1lb/ft$^3$＝16.02kg/m$^3$

FAR 25.853（c）[2]测试的装饰材料中最可靠的一种。

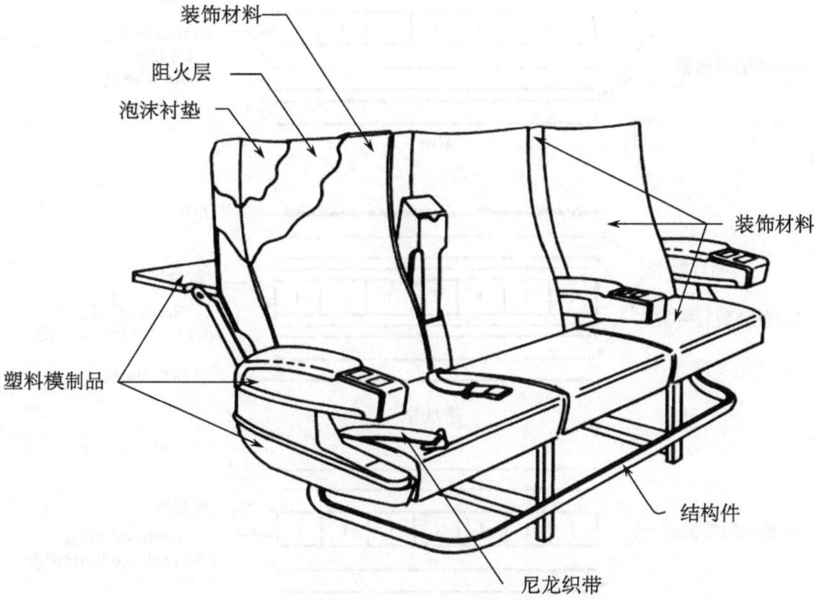


图 6-1 典型飞机座椅

（来源：https://www.fire.tc.faa.gov/pdf/handbook/00-12_apC.pdf）

（3）阻火层

飞机座椅的阻火层要求符合 FAR 25.853（c）[2]，为了符合这一规定，用诸如聚苯并咪唑、芳族聚酰胺和玻璃的合成纤维制成的纺织品被织造或熔化后包封泡沫。阻火层的重量主要取决于泡沫结构和类型，较低密度的泡沫通常需要较重的阻火层。

（4）塑料模制品

飞机座椅采用各种各样的塑料模制品，如装饰性的外罩，装饰条，食物托盘和扶手。聚碳酸酯，丙烯腈-丁二烯-苯乙烯（ABS）和装饰性乙烯基通常用于塑料模制品。

（5）结构件

大多数座椅结构件由铝合金和镁合金等制成，目前已经引入碳复合结构来减轻重量。

### 6.1.3 飞机其他材料简介

（1）面板

因高刚度和高重量比，三明治结构是目前大多数飞机内部的面板结构，整体式层压板则使用的很少。三明治结构面板主要由面板、黏合剂、芯和装饰覆盖物制成，典型的面板结构如图 6-2 所示，这些面板用于天花板、厨房、盥洗室、侧壁、行李架、地板、隔断和壁橱等。用于这些应用的所有面板必须符合 FAR 25.853（a）和（a-1）[2]，所有面板均由树脂系统和纤维增强件组成。

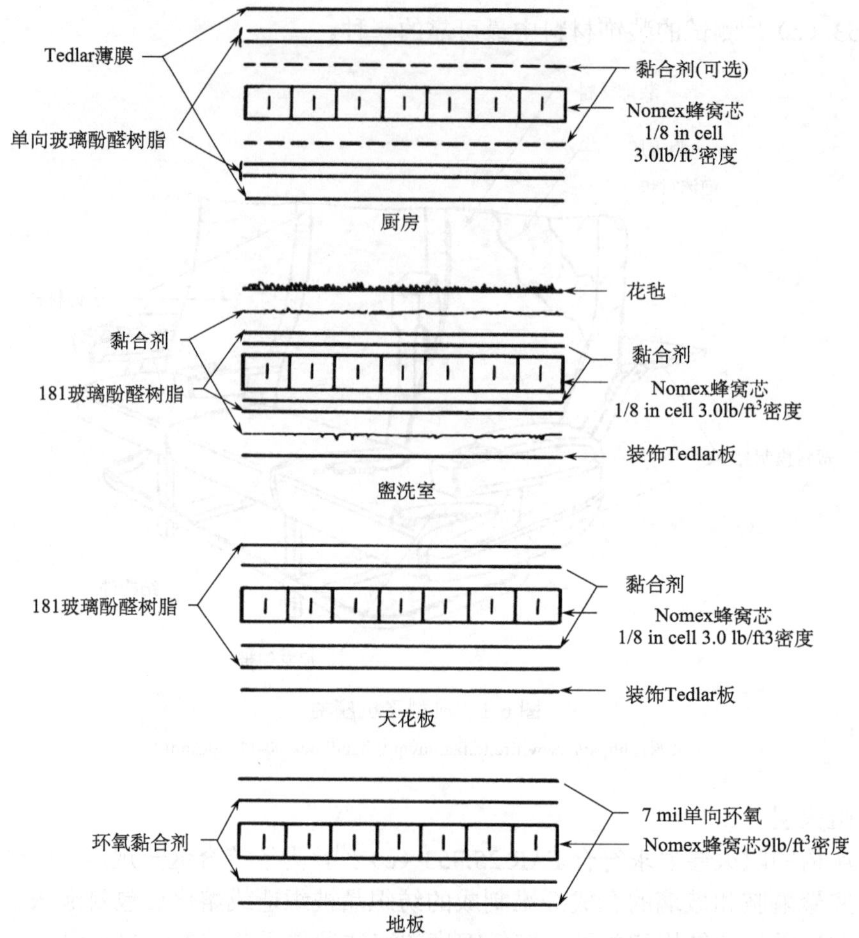


图 6-2　典型的面板

（来源：https://www.fire.tc.faa.gov/pdf/handbook/00-12_apC.pdf）

① 树脂系统。环氧树脂体系在 20 世纪 60 年代中期得到广泛应用。尽管酚醛树脂的强度较低，但其耐火性好和烟雾排放量少，因此从 20 世纪 70 年代开始，酚醛树脂系统开始取代环氧树脂，成为目前最普遍使用的树脂体系。

② 纤维增强件。玻璃纤维、芳香族聚酰胺和石墨/碳由于其高重量比和良好的耐火性而被广泛使用，其中玻璃纤维因价格低廉使用最为广泛，芳族聚酰胺和碳纤维虽然成本高，但其高重量比使其在许多应用中具有吸引力。

（2）芯材

夹芯板的核心采用蜂窝结构，这种结构能够在最小重量下实现最佳物理性能。其中铝蜂窝已用于客舱内部，然而最常见的蜂窝结构是用酚醛树脂涂覆的芳族聚酰胺纸。芳纶蜂窝密度为 1.5lb/ft$^3$，用于轻质天花板，蜂窝单元尺寸范围为 1/8~3/4in。

（3）面板装饰层

所有内部面板在乘客可见表面上都有装饰层，图6-3 为飞机典型主机舱中使用的装饰层。

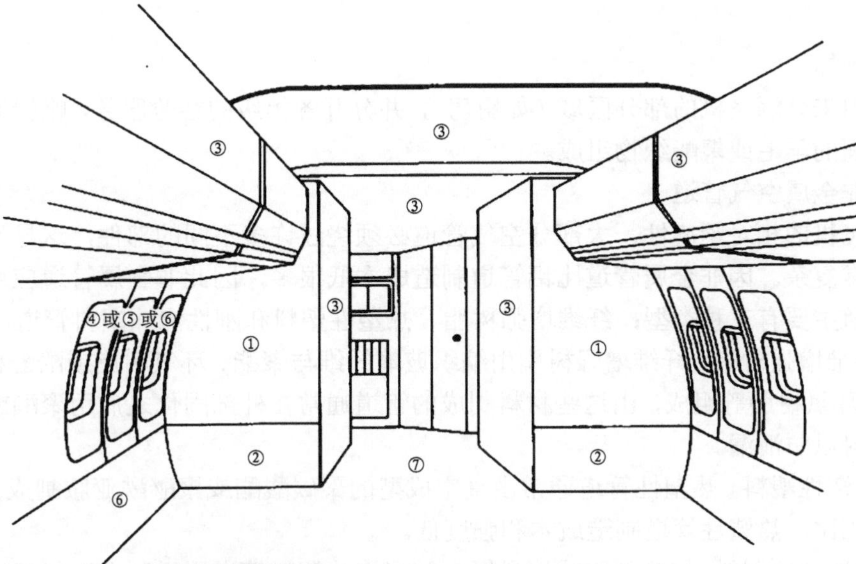


①带挂毯的面板结构
②带有护壁版的面板结构
③面板结构与装饰层塑料板
④装饰塑料层压板
⑤成形热塑性或层压板
⑥成形铝与装饰塑料层压板
⑦复合层板与壁板盖

图 6-3　典型主客舱

（来源：https://www.fire.tc.faa.gov/pdf/handbook/00-12_apC.pdf）

① 塑料层压板。与乘客和机组人员直接接触的大多数表面都有装饰塑料层压板，其中过道、天花板、行李架、盥洗室内饰、厨房和洗手间表面是装饰塑料层压板的典型应用。由于乙烯基的耐磨性良好，其使用范围较广，而聚氟乙烯（PVF）或 PVF /乙烯基组合具有良好的清洁性和耐色牢度。

② 装饰纺织品。厨房、卫生间、壁橱和隔板等面向乘客的表面通常用装饰纺织品覆盖，毛绒、手工簇绒、100%羊毛面料挂毯通常用于上面板表面，下面板表面则通常采用轻便地毯或者花式罗布覆盖，护墙板通常由经处理的羊毛或尼龙制成。随着新的释热量的要求，大多数以前使用的挂毯和护墙板不再适用，生产由合成纤维和双酚合成组合物制成的挂毯和护墙布以满足释热要求。

③ 油漆。聚氨酯油漆和水性油漆主要用于可以看到小瑕疵的表面，如飞行员背后的表面。

（4）地板覆盖物

地毯覆盖大部分的机舱地板，包括通道和座椅下方。大多数飞机地毯由聚酯、聚丙烯、棉或玻璃纤维背衬纱线和阻燃背涂层的羊毛或尼龙面纱线组成，羊毛地毯用阻燃剂处理，尼龙地毯则用高度阻燃的背面耐火材料处理，地毯垫层用于某些飞机上进行噪音隔离，流体溢出的区域（如厨房和洗手间）通常使用由乙烯基制成的塑胶地板来防滑。

（5）帷幔

帷幔用来分隔飞机的部分区域（如厨房），并分开各等级的客舱服务，帷幔通常是用阻燃剂处理的羊毛或聚酯织物组成。

（6）非金属空气管道

由于飞机的相对紧凑性，大部分空气管道必须绕过许多不同的部件，这导致一些管道形状非常复杂。因非金属管道比铝管道制造成本低很多，因此非金属管道应用广泛。非金属管道主要有三种类型：纤维增强树脂、热塑性塑料和刚性泡沫塑料管道。

① 纤维增强树脂。纤维增强树脂由编织玻璃纤维与聚酯、环氧树脂或酚醛树脂、芳族聚酰胺/环氧树脂等组成，由这些材料制成的管道通常在外部固化之后用聚酯或环氧树脂涂覆密封以防泄漏。

② 热塑性塑料。热塑性管道通常由真空成型的聚碳酸酯或聚醚酰亚胺制成。与纤维增强树脂相比，热塑性管道制造成本和强度低。

③ 刚性泡沫塑料。聚酰亚胺或聚异氰脲酸酯泡沫塑料管道用于制造形状复杂的较大管道，泡沫塑料管道因具有不需要额外绝缘和重量轻等优点而被广泛使用。

（7）衬垫（非面板）

在需要强度和柔性以提供轮廓形状的地方使用衬垫，如出口门、飞行甲板、机舱侧壁，门框和货舱的区域使用由增强树脂或热塑性塑料制成的衬垫，某些飞机上使用由成形铝制成的装饰性侧壁衬里。根据应用场合，衬垫必须符合 FAR 25.853（a）、（a-1）或（b）或 FAR 25.855（a）或（a-1）[2]或其综合要求。

① 增强树脂。织物增强树脂具有柔韧性高、抗冲击性好、强度高和重量低等优点，在乘客和食品车通行区域使用，货物衬垫则由耐燃烧和耐冲击的玻璃纤维增强树脂制造。

② 热塑性塑料。热塑性塑料制作成本低，在不需要高强度的衬里中使用。真空和压力成形的热塑性塑料如丙烯腈-丁二烯-苯乙烯共聚物（acrylonitrile butadiene styrene，ABS）、聚碳酸酯和聚醚酰亚胺在飞机甲板侧壁、门内衬、服务台等部件广泛应用。在许多应用中，热塑性塑料是整体着色和有纹理的，不需要任何装饰性覆盖物。

（8）电气元件

① 电线电缆绝缘。对于压力外壳中的一般电线电缆，绝大多数使用的绝缘体是聚酰亚胺，其次是辐照交联聚乙烯四氟乙烯。在某些区域，芳香族聚酰胺编织用于覆盖供电电缆以抗磨损。对于较高温度区域，则使用聚四氟乙烯（polytetrafluoroethylene，PTFE），在需要非常高的温度或耐穿透性的区域，通常使用填充的 PTFE，以前石棉被用作填料，目前石棉已被纤维取代。为承受高温，使用镀镍铜线来确保电气设备的持续运行。所有电线绝缘需满足 FAR 25.1359（d）[2]，而位于高温区域的电线绝缘则必须满足 FAR 25.1359（b）[2]。

② 连接器。飞机中的大多数连接器都是由具有硅胶或硬化电介质材料插入物的电木铝制成，并且没有特定的燃烧要求，而位于防火墙中的连接器必须是防火的，并且由低碳钢或不锈钢制成，以满足烧穿的要求。

（9）防火墙

所有指定的防火区（如发动机压缩机和附件部分）都需要防火墙来隔离火灾（图 6-4），使用至少 0.015in 厚的钛和钢作为防火墙。钢是优选的材料，因为它不会在加热下扭曲到钛的程度。为了在特定区域提供更好的耐燃烧性，可使用树脂浸渍的高硅石玻璃或涂覆的铌。

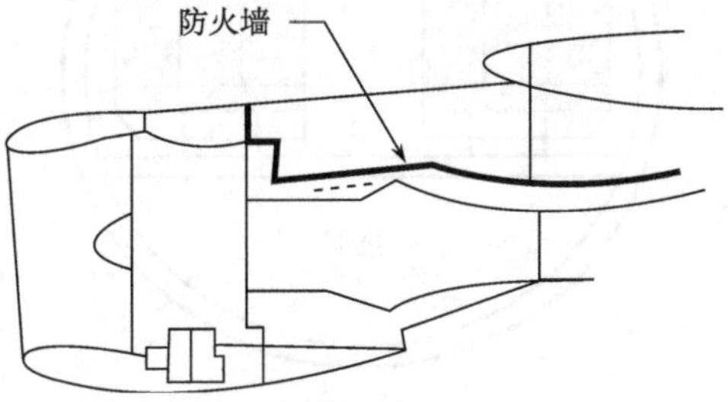


图 6-4 典型的高涵道比发动机

（来源：https://www.fire.tc.faa.gov/pdf/handbook/00-12_apC.pdf）

（10）窗

目前所有的飞机窗都是由拉伸浇铸聚甲基丙烯酸甲酯制成，拉伸丙烯酸具有光学透明度、高强度、低重量和耐溶剂性等优点。

## 6.2 飞机材料火灾特性试验方法

### 6.2.1 飞机隔热/隔音材料的可燃性和火焰蔓延特性的试验方法

通常安装隔热/隔音材料的区域属于隐蔽区（图 6-5），这些区域分布着许多电线，一旦起火会造成严重后果，目前已经发生了多起由隔热/隔音材料燃烧引起的火灾事故[3]，例如，1988 年 9 月 2 日，瑞士航空 MD-11 在加拿大哈利法克斯机场附近海域发生坠机，全机 229 人均死亡，其中包括一名中国乘客。空难原因是由电线短路引起的火花点燃了聚对苯二甲酸乙二酯隔热层，隔热层燃烧产生的辐射热引燃了周围可燃物。自此事故以后，FAA 致力于降低隔热/隔音材料火灾危险性的试验方法研究，以下简要介绍隔热/隔音材料的火灾特性试验方法，该试验方法[2]用于评估隔热/隔音材料暴露于辐射热源和明火条件下的可燃性和火焰传播性。首先给出相关术语解释：

【火焰蔓延长度】从引火源火焰的中点测量火焰向测试样品远端传播的最远距离，在最初施加引火源之后，在试样上的所有火焰熄灭之前测量此长度。

【隔热/隔音材料】用于提供热和/或噪声保护的材料或材料系统。

【辐射热源】电加热面板或丙烷加热面板。

【零点】引燃燃烧器应用于试样的点。

（1）试验装置

隔热/隔音材料可燃性和火焰蔓延特性试验装置如图 6-6 所示。

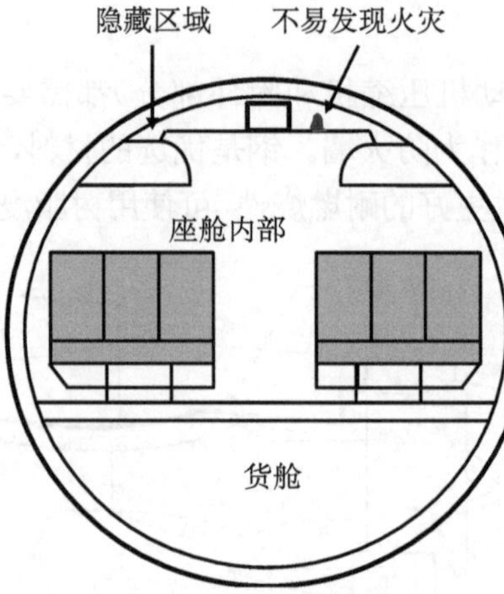


图 6-5　飞机隐蔽区域[2]

图 6-6　隔热/隔音材料的可燃性和火焰蔓延特性试验装置

（来源：http://www.motis-tech.com/index.php/home/product/index_en.html?id=34）

① 辐射板测试箱。在辐射板测试箱中进行测试（图 6-7），将测试箱放置在排气罩下，排气罩用于清除每次测试后的烟雾。测试箱长 1397mm，深度 495mm，比试样高 710~762mm（最大）。两侧，端部和顶部使用纤维陶瓷绝缘体（如 Kaowool M™板），正面设置 1321mm×305mm 耐高温玻璃窗，用于在测试期间观察样品，在玻璃窗下方设置门，以便可移动的样品平台支架的进出，测试箱的底部设置可滑动钢平台，其能够确保样品平台支架处于一个固定和水平的位置。该测试箱设有烟筒，其外部尺寸：宽 129mm、深 411mm、高 330mm，内部尺寸：宽 114mm、深 395mm，与辐射面板相对，烟囱需延伸到测试箱的顶部（图 6-8）。

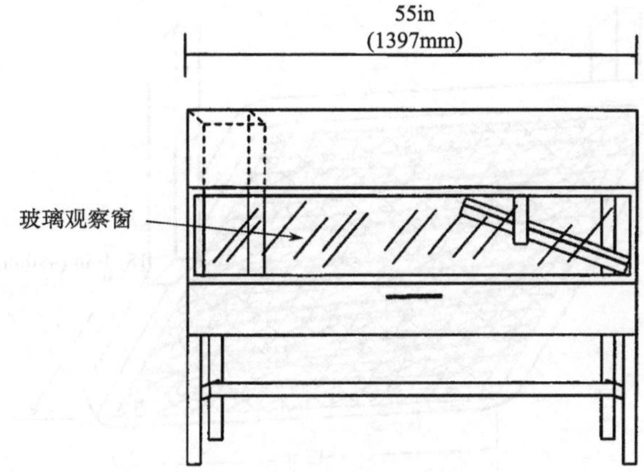


图 6-7 辐射板测试箱[2]

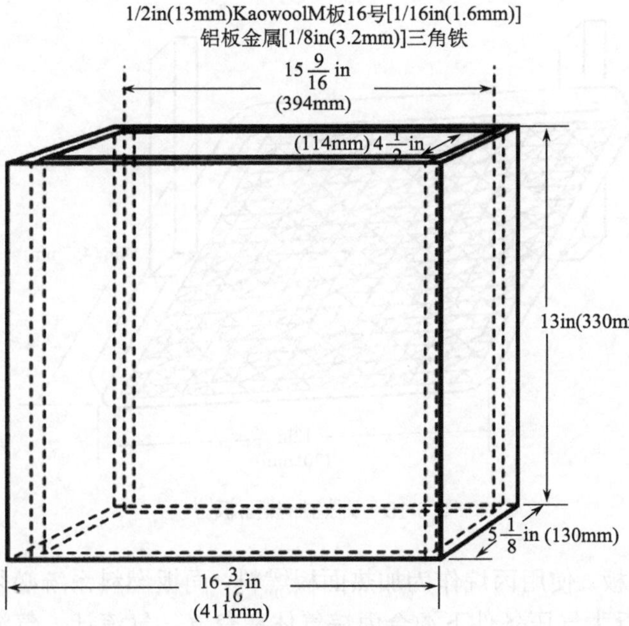


图 6-8 内部烟囱[2]

② 辐射热源。将辐射热源安装在铸铁框架或等同物中。辐射热源主要有电加热面板或丙烷加热面板两种。电加热面板必须有六个 76mm 宽垂直于面板的长度方向的发射条，面板辐射面尺寸为 327mm×470mm，温度能够达到 704℃，见图 6-9。丙烷加热面板由多孔耐火材料制成，面板辐射面尺寸 305mm×457mm，温度能够达到 816℃，见图 6-10。

③ 电加热面板。辐射面板必须是三相，工作电压 208V，单相 240V 面板也可以接受。使用固态功率控制器和基于微处理器的控制器来设置面板的工作参数。

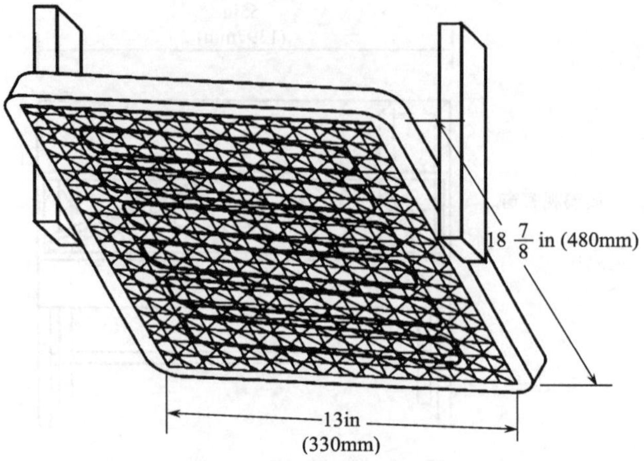


图 6-9　电加热面板[2]

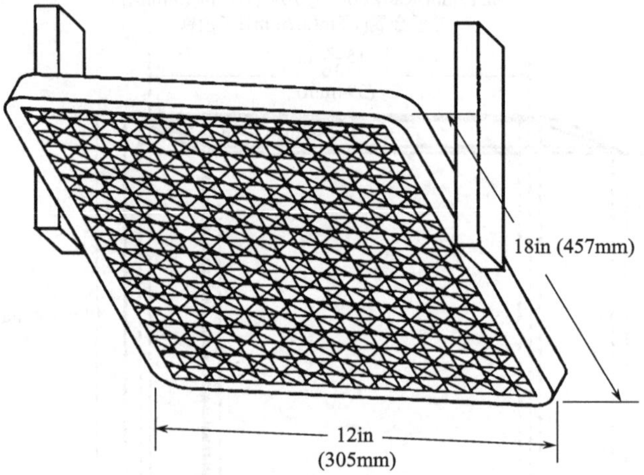


图 6-10　丙烷加热面板[2]

④ 丙烷加热面板。使用丙烷作为加热面板燃料，面板燃料系统必须由文丘里型吸气器组成，用于在接近大气压条件下混合丙烷气体和空气。气流计、气流调节器和压力表用于监控和控制面板上燃料和空气的流动。

⑤ 辐射热源放置。将面板安装在测试箱内，与试样水平面呈 30°，并固定在样品零点上方 190mm 处。

（2）标本夹持系统

① 滑动平台。滑动平台用于放置测试样本，支架可以通过翼形螺母连接到平台的上缘，以适应各种厚度试样的安装。将试样放置在 Kaowool M$^{TM}$ 板或 1260 标准板（由 Thermal Ceramics 制造）或等效件上，试样或者靠在滑动平台下缘或支架底部上。为满足样品高度要求，需要根据试样的厚度使用多层阻燃材料，通常阻燃材料厚度为 6mm。只要满足样品高度要求，比图 6-11 所示的 50.8mm 平台更深的滑动平台也是可以接受的。

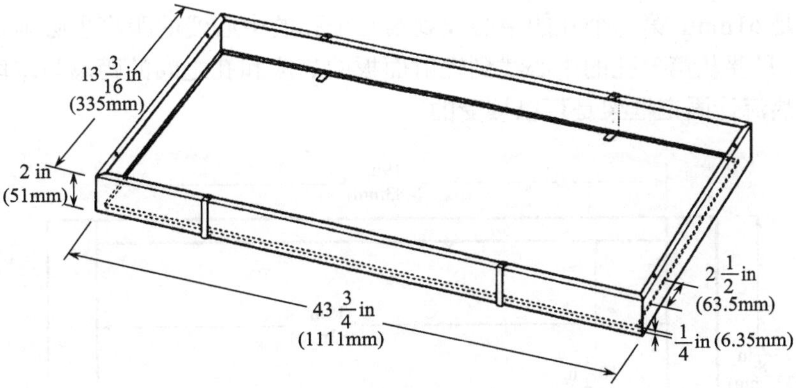


图 6-11 滑动平台[2]

② 隔热板。将一块厚 13mm、尺寸为 1054mm×210mm 的 Kaowool M™板或其他耐高温材料贴在平台背面，用作热隔离器，防止试样过度预热，该板的高度不得阻碍滑动平台进出测试箱。如果平台的背面足够高能够防止滑动平台移出时样品的过度预热，则不需要此隔热板。

③ 固定框架。将试样水平放置在阻燃板上。将厚度 3.2mm，尺寸为 584mm×333mm 软钢制成的钢质固定框架放置在试样上，框架中间带有尺寸为 483mm×273mm 的试样开口。框架上缘的前部，后部和右侧边缘必须放置在滑动平台的顶部，底部法兰必须夹紧测试样品的所有 4 个侧面，下缘的右侧必须与滑动平台齐平，具体见图 6-12。

④ 引燃燃烧器。用于点燃样品的引燃燃烧器必须是具有轴向对称燃烧器喷嘴的 Bernzomatic™ 商用丙烷文丘里喷灯，燃烧器具有孔径为 0.006in（0.15mm）的丙烷供应管，燃烧管的长度为 71mm，具体如图 6-13 所示。丙烷流量通过嵌入式的调节器调节，能够产生 19mm 的蓝色火焰。19mm 的指示标识（如薄金属条）可以焊接到燃烧器的顶部来帮助设定火焰高度，总火焰长度必须大约为 127mm。应设计一种将燃烧器从点火位置移开的方法，不但使火焰水平，还要保持在样品上方至少 50mm。

⑤ 热电偶。在测试箱中安装美国线规（AWG）24 号 K 型铬-铝热电偶进行温度测量，通过穿过测试箱后部的小孔将其插入，热电偶放置在距离箱后壁 279mm，距离箱右壁 292mm，辐射板下方 51mm 位置。也可以使用其他类型的热电偶。

⑥ 热流计。热流计规格：1in 圆柱形水冷，总热流密度，箔型 Gardon 热流计，具有 0~5BTU /ft$^2$-s（0~5.7W/cm$^2$）的测量范围。

热流计安装：将滑动平台从测试箱中拉出，安装热流计固定框架，并将一层阻燃材料放置在与固定框架贴近的滑动平台的底部，这样可以防止校准过程中的热损失。固定框架尺寸：深度 333mm、宽 203mm，靠在滑动平台的顶部。固定框架由 3.2mm 厚的扁钢制成，并具有可容纳 12.7mm 厚的阻燃材料的开口，开口与滑动平台的顶部平齐。该板必须有 3 个 25.4mm 直径的孔，该孔用于插入热量计。从第一个孔（位置 0）的中心线到辐射面板表面的距离必须为 191±3mm，第一个孔的中心线与第二个孔的中心线之间的距离必须是 51mm，第二个孔的中心线到第三个孔的中心线的距离也必须是 51mm，具体见图 6-14。只要从第一孔的中心线到辐射面板的高度和孔之间的距离与本段所述相同，构造不同的热流计固定框架是可以接受的。

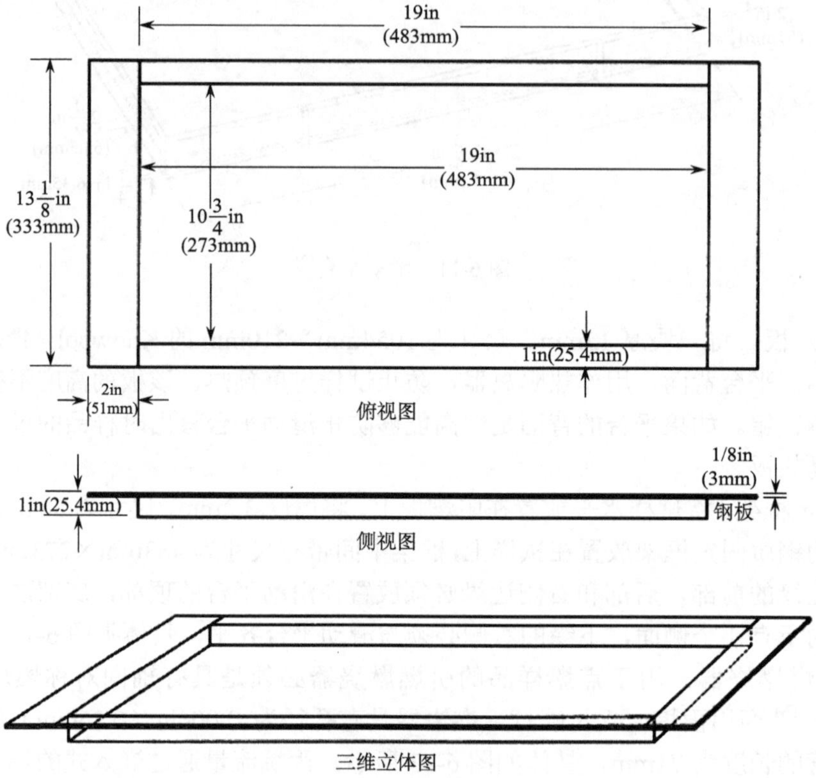


图 6-12　固体框架[2]

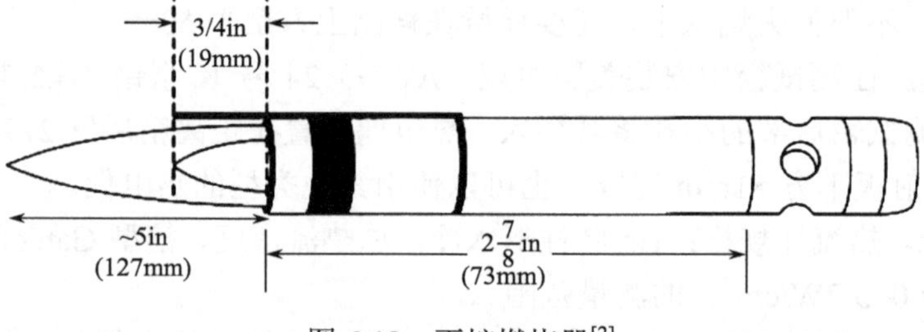


图 6-13　丙烷燃烧器[2]

⑦ 测量设备。提供具有适当范围的经校准的记录装置或计算机化的数据采集系统，以测量和记录热流计和热电偶的输出。校准时，数据采集系统必须能够每秒记录热流计输出。

⑧ 计时设备。提供秒表或其他设备，精确到±1s，以测量引燃燃烧器火焰的作用时间。

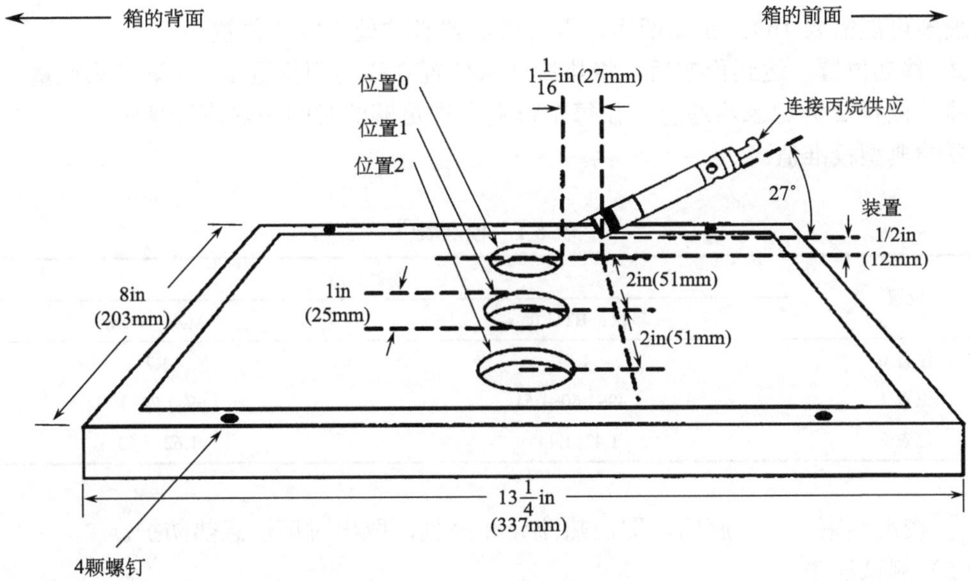


图 6-14 热流计保持架[2]

（3）试样

① 试样准备。准备和测试至少三个试样，如果使用具有各向异性膜覆盖材料，则要准备并测试经向和纬向两个方向的试样。

② 试样制作。测试试样必须包括所有用于制作隔热/隔音材料的材料（包括纤维、薄膜、胶带和织物等）。切割一块核心材料如泡沫或玻璃纤维，并切割一块足够大的薄膜覆盖材料（如果使用）以覆盖芯材。热密封是制备玻璃纤维样品的首选方法，因为它们可以在不压缩玻璃纤维（“盒样品”）的情况下制备。不能热封的覆盖材料可以被装订、缝合或胶带，只要覆盖材料被过度切割以足以在不压缩芯材的情况下向下拉，紧固装置应尽可能沿接缝的长度连续。样品厚度必须与安装在飞机上的厚度相同。

③ 试样尺寸。为了方便样品在滑动平台支架中正确放置，切割非刚性芯材（如玻璃纤维）：宽 12.5318mm、长 584mm，切割刚性材料（如泡沫）：宽 292±6mm、长 584mm，并使暴露表面与支架开口齐平。

④ 试样环境。试样在 21±2℃、55%±10%相对湿度条件下放置试样至少 24h 后方能测试。

（4）仪器校准

① 零位置安装。滑动平台滑出测试箱，安装热流计固定架。将平台推回测试箱，并将热流计插入第一个孔（位置 0），关闭位于滑动平台下方的门。热流计中心线到辐射面板表面的距离必须为 191±3mm。在点燃辐射板之前，确保热流计表面清洁，并且热流计已经接通冷却水。

② 点燃面板。在位置 0 调整燃油-空气混合物达到 1.5 BTU/ft$^2$-s±5%（1.7W/cm$^2$±5%）。如果使用电加热面板，设置电源控制器以达到适当的热通量，让设备达到稳定状

态（最多可能需要 1h）。在此期间，引燃燃烧器必须处于关闭位置。

③ 移动位置。达到稳态后，将热流计从位置 0 移动到位置 1，并记录热通量，将热流计移至位置 2 并记录热通量。在每个位置允许足够的时间使热流计稳定。表 6-1 为三个位置的典型校准值。

表 6-1 校准表[2]

| 位置 | 辐射热流 | |
|---|---|---|
| | 单位：$BTU/ft^2$-s | 单位：$W/cm^2$ |
| 位置 0 | 1.5 | 1.7 |
| 位置 1 | 1.49~1.50~1.51 | 1.69~1.70~1.71 |
| 位置 2 | 1.43~1.44 | 1.62~1.63 |

④ 校准结束。打开底门，取出热流计和夹具，取出时请注意热防护。

（5）测试程序

① 点燃引燃器。确保它在平台顶部至少 51mm，在测试开始之前，燃烧器不得接触样品。

② 将试样置于滑动平台固定架上，确保测试样品表面与平台的顶部平行。在位置 0，样品表面必须在辐射板下方 191±3mm。

③ 将框架放在试样上。为了在位置 0 保持从样品到辐射板的距离为 191±3mm，需要上下调节样品。对于薄膜/玻璃纤维组件样品，在薄膜覆盖物上切口以清除内部的空气是至关重要的，长度约为 51mm 的纵向切口必须位于固定框架左缘 76±13mm 的位置。可以使用刀来划破薄膜。

④ 立即将滑动平台推入箱并关闭底部门。

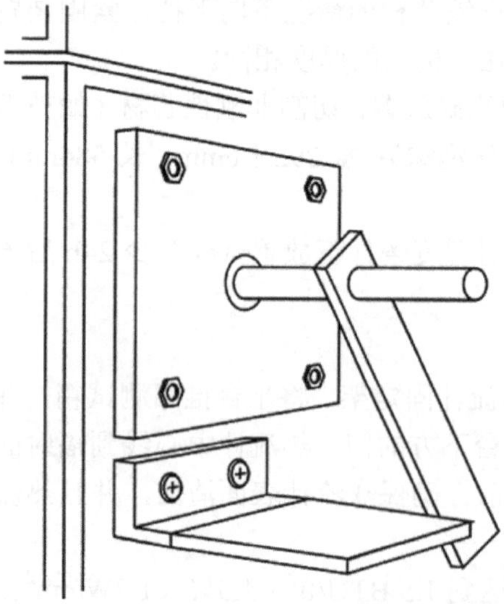

图 6-15 丙烷燃烧器停止装置[2]

⑤ 使燃烧器火焰在位置 0 与样品中心接触，同时启动定时器。燃烧器必须与样品成 27°，并且在样品上方约为 13mm。如图 6-15 所示的定位器可使得操作人员每次正确地定位燃烧器。

⑥ 将燃烧器放置在该位置点火 15s，然后移至样品上方至少 51mm 的位置。

（6）报告

① 确定并描述试样；

② 报告试样的任何收缩或熔化；

③ 报告火焰蔓延距离，如果距离小于 51mm，试样通过；

④ 报告火焰熄灭时间。

（7）要求

① 从燃烧器火焰中心线的左侧起，火焰蔓延不能超过 51mm；

② 任何试样在移开燃烧器后火焰燃烧时间不能超过 3s。

### 6.2.2　飞机隔热/隔音材料抗烧穿性的试验方法

该试验方法[2]用于评估隔热/隔音材料暴露在高强度开放火焰下的抗烧穿特性。首先给出相关术语：

【烧穿时间】指燃烧器火焰烧穿试样的时间（单位：s），和/或在距离隔热/隔音材料试验架前表面 305mm 的板内侧热流量达到 $2.27W/cm^2$ 所需的时间，两者取较小者。烧穿时间在每一个隔热/隔音材料面向飞机舱内的一侧测量。

【隔绝毯试样】是指位于试验台两侧，与垂直方向成 30° 的两个试样中的一个。

【试样组】两个构造和材料相同的隔绝毯试样组成一套试样组，两个试样的尺寸对称。

（1）试验装置

烧穿试验装置的布置如图 6-16 和图 6-17 所示。

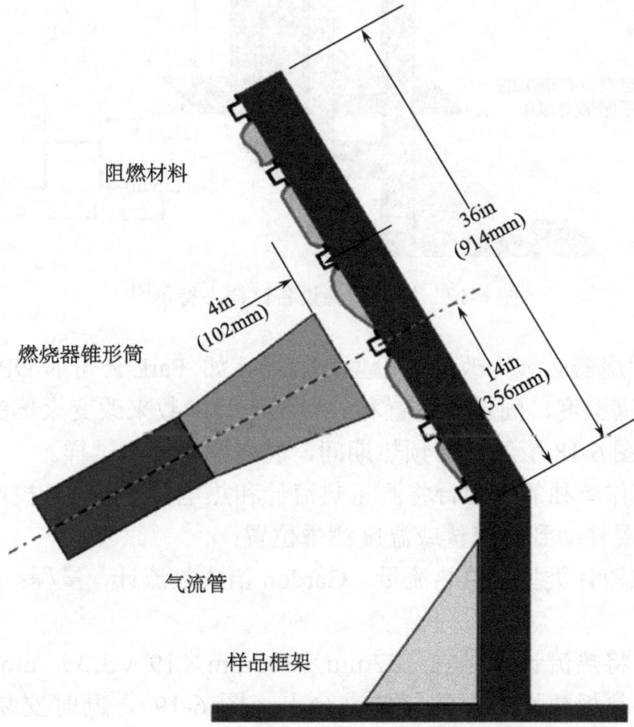


图 6-16　烧穿试验设备[2]

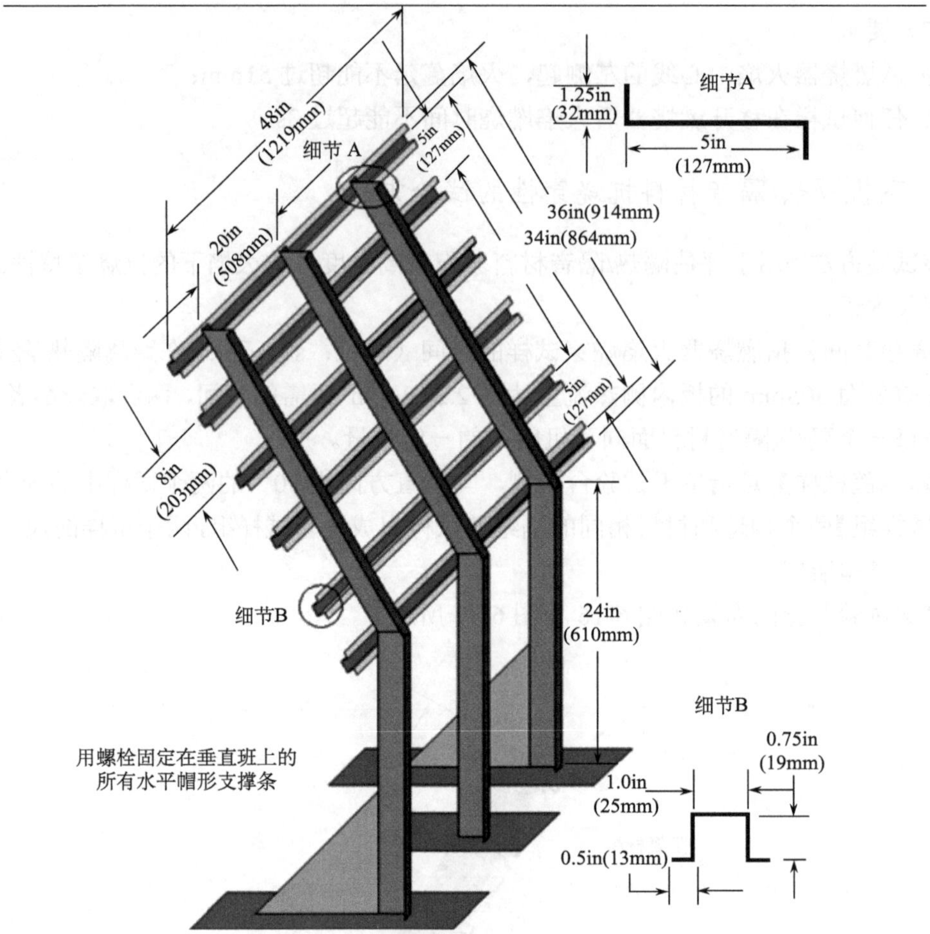


图 6-17 烧穿试验设备试样夹持器[2]

① 燃烧器。燃烧器必须为改进的枪型燃烧器，如 Park 公司的 DPL 3400 型燃烧器。调节燃油压力、喷嘴深度、固定片位置和进口气流等参数来改变火焰的尺寸和结构，燃烧器锥形筒尺寸如图 6-18 所示。在预热期间，燃烧器要远离试样。

② 校准台。制作单独的校准台将测量热流计和热电偶一体化，校准台能够使燃烧器方便地从试验台位置移动到热流量或温度测量位置。

③ 热流计。热流计类型：总热流量、Gardon 箔式热流计，量程：0~22.7 W/cm$^2$，精度：±3%。

热流计安装：将热流计安装在 152mm×305mm×19（±3）mm 的绝热板上，在校准过程中，该绝热板放置在热流计校准台上（图 6-19），同时安装时要确保热流计的表面与试验燃烧器锥形筒的出口平面平行，注意绝热板的老化并在必要时及时更换绝热板。

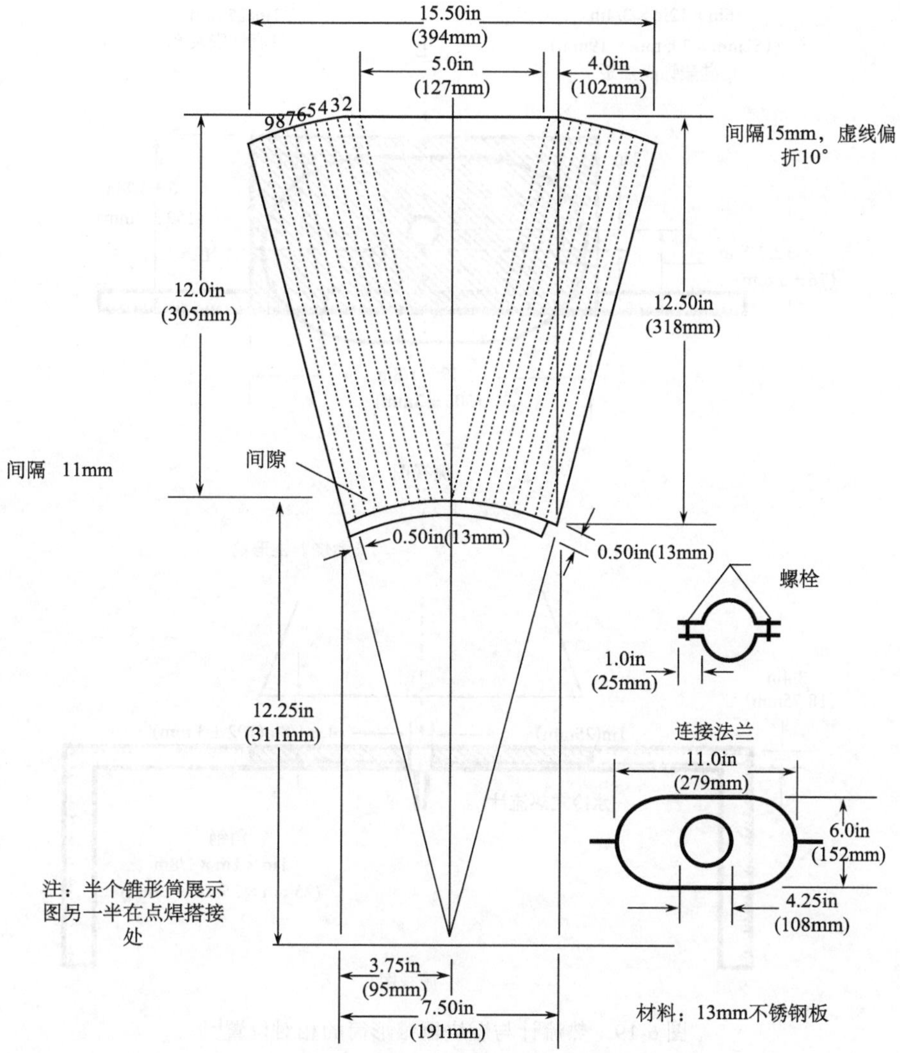


图 6-18 燃烧器气流管锥形筒展开图[2]

④ 热电偶。将 7 根 3.2mm 的陶管包封、金属铠装 K 型（镍铬-镍铝合金）热电偶连接到一个角钢支架上制成热电偶树，具体见图 6-20。

⑤ 风速计。进入燃烧器的空气的速度由叶片风速计来校准。Omega Engineering Model HH30A 满足要求。

⑥ 样品安装框架。样品安装框架如图 6-16 所示，为了减少热变形，中央垂直板用 6.4mm 厚的钢，其他部位则用 3.2mm 厚的钢。样品安装框架的支撑条（水平）应用螺栓固定在试验框板（垂直）上，使得支撑条的膨胀不会引起整个结构变形。

⑦ 背面热流计。在样品安装框架的背面（冷）区域，即绝热试样后安装两个总热流计 Gardon 型热流计，如图 6-21 所示。沿着与燃烧器锥形筒中心线相同的平面定位热流计，与试验框的垂直中心线的距离为 102mm。

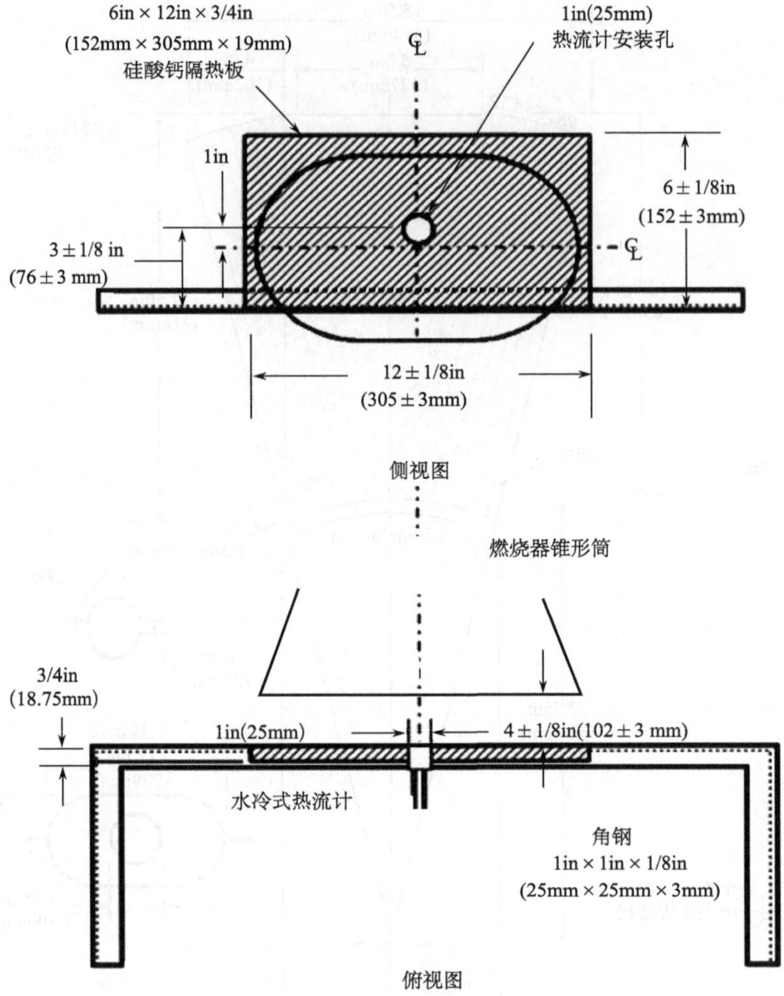


图 6-19　热流计与燃烧器锥形筒的相对位置[2]

热流计型号：总热流计、箔式 Gardon 热流计，量程：0~5.7 W/cm$^2$，精度：±3%。

⑧ 测量设备。提供一个具有合适量程的记录式电位计或其他适当的经校准的仪表来测量和记录热流计和热电偶的输出值。

⑨ 计时设备。提供一个秒表或其他装置，精确度为±1%，测量燃烧器火焰的作用时间和烧穿时间。

⑩ 试验箱。在一个合适的箱中进行试验以减少或消除由于空气运动造成的试验波动可能性。该箱必须具有最小的底面尺寸为305cm×305cm。

⑪ 通风罩。给试验箱提供一个能够在试验期间清除燃烧产物的排气系统。

（2）试样

① 试样准备。至少准备同一个结构和构形的 3 套试样用于试验。

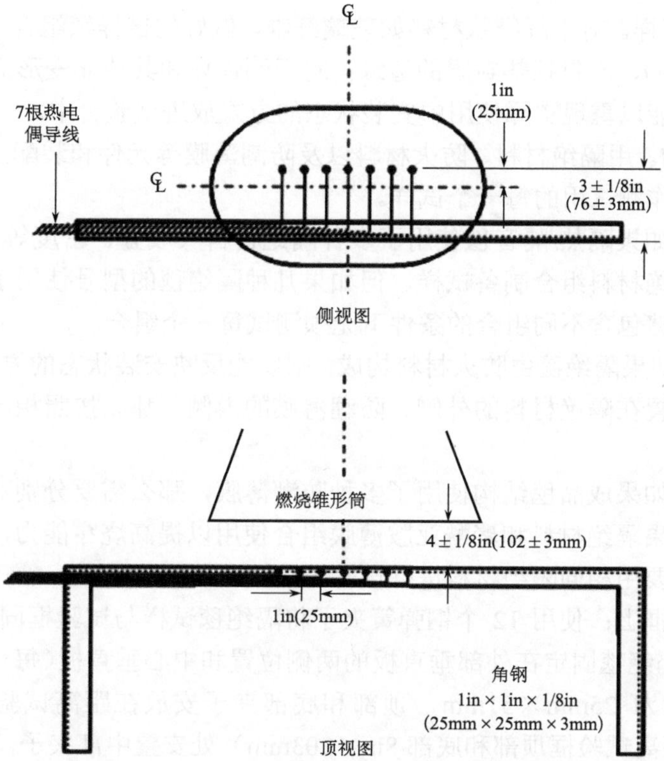


图 6-20 热电偶树与燃烧器锥形筒的相对位置[2]

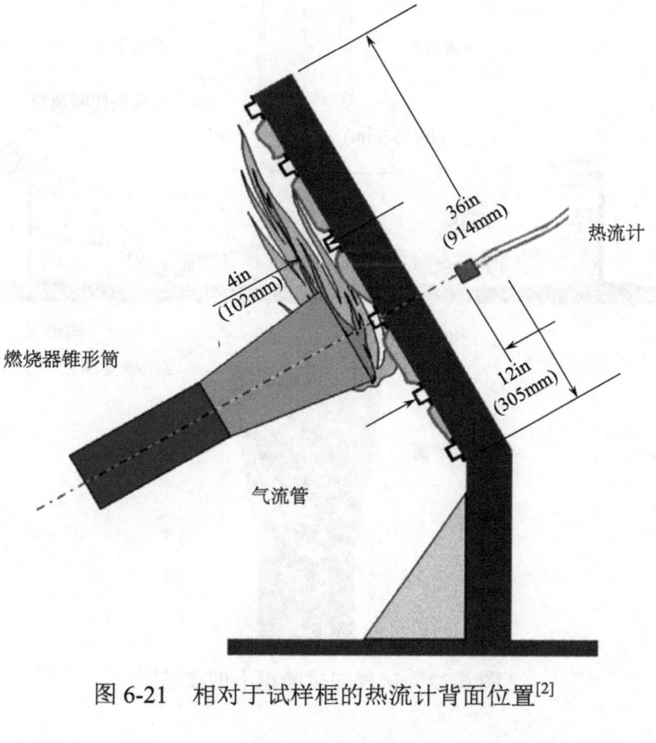


图 6-21 相对于试样框的热流计背面位置[2]

② 隔绝毯试样。对于纤维状材料如玻璃纤维，做好的试样毯组合必须为 32in×36in（813mm×914mm），不包括热封膜的边缘；对于刚性体和其他非变形类型的隔绝材料，最终的试样必须能以重现实际使用中安装状态的方式放进试验台中。

③ 试样结构。用隔绝材料、防火材料以及防潮薄膜等元件和装配工艺（有代表性的接缝和封口）制作测试用的每一个试样。

隔绝材料：如果隔热/隔音毯使用了多种隔绝材料（成分、密度等），必须有能够代表实际使用的隔绝材料组合制备试样。但如果几种隔绝毯的型号使用了相似的隔绝材料组合，那么在能够包含不同组合的条件下无须测试每一个组合。

防火材料：如果隔绝毯由防火材料构成，则以能反映安装状态的方式放置防火材料，例如防火材料放置在隔绝材料的外侧、防潮薄膜的内侧，那么按照相同的方式将它放在试样中。

防潮薄膜：如果成品毯结构使用了多种防潮薄膜，那么需要分别对每一个组合进行试验。例如，如果隔绝材料和聚酰亚胺薄膜组合使用以提高烧穿能力，当它与聚氟乙烯薄膜组合时，也要用相同隔绝材料进行试验。

安装在试验框上：使用 12 个钢弹簧夹子将隔绝毯试样与试验框固定，如图 6-22 所示。使用夹子将隔绝毯固定在外部垂直板的两侧位置和中心垂直板(每一个板 4 个夹子)。夹子的表面尺寸为 25mm×51mm，顶部和底部夹子安放在距离试验框顶部和底部各 152mm 处，在距离试验框顶部和底部 8in（203mm）处安置中部夹子。

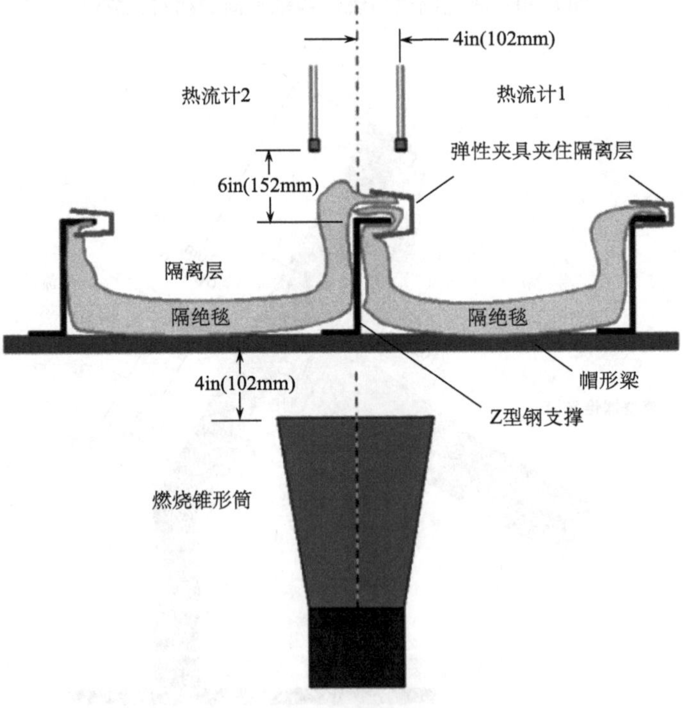


图 6-22 试样在试验框上的安装[2]

④ 预处理。在试验前将试样置于 21±2℃和 55%±10%相对湿度的环境中至少 24h。

（3）设备准备

① 将框架整体放平和居中来确保燃烧器锥形筒与热流计和/或热电偶树对准。

② 打开试验箱的通风罩，不要打开燃烧器吹风机。使用叶片式风速计或相同的测量设备测量试验箱的风速。隔绝毯上部顶端后面的垂直风速应为 0.51±0.25m/s，水平风速应小于 0.25m/s。

③ 如果没有已校准的流量计，使用合适尺寸的量筒测量燃油流量。在确保点火系统已关闭后，打开燃烧器，用一个塑料或橡胶管将燃油收集到量筒中 2min，以 gal/h 为单位确定流量，燃油流量应达到 6.0±0.2gal/h（0.378±0.0126L/min）。

（4）仪器校准

①将燃烧器放在热流计前，使其居中并使燃烧器锥形筒出口的垂直面距热流计表面 102±3mm，确保燃烧器锥形筒的水平中心线在热流计的水平中心线下方偏离 25.4mm（图 6-23）。不打乱热流计的位置，旋转燃烧器至热电偶树前，使得中间的热电偶（7 个热电偶中的第 4 个）位于燃烧器锥形筒的中心。

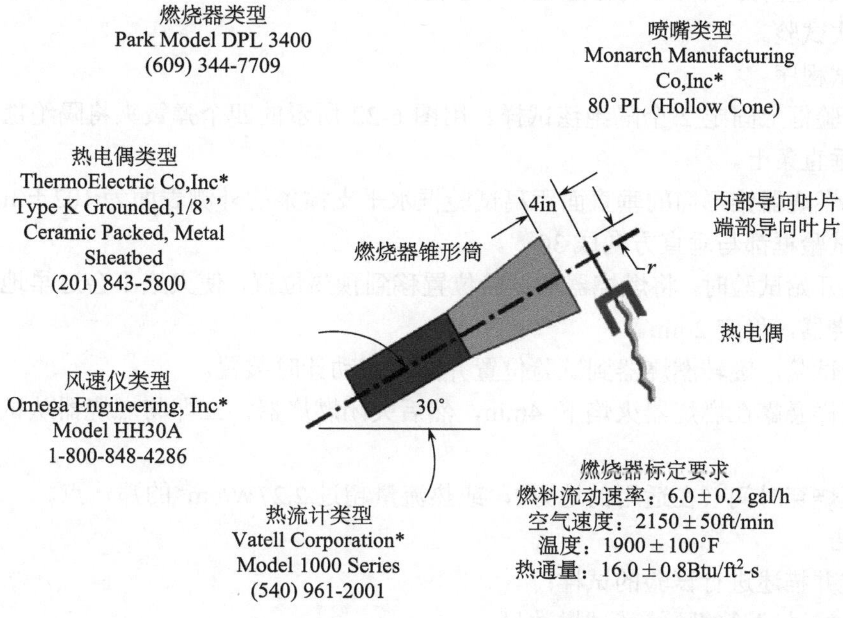


图 6-23 燃烧器校准[2]

确保燃烧器锥形筒的水平中心线也在热电偶树的水平中心线下方偏离 1in，将燃烧器旋转到各个位置来再次检查测量装置，确保锥形筒和热流计及热电偶树对准。

② 在适配器或空气过滤机中定位风速计，确保在气流速度测量装置周围可能泄漏空气的地方没有缝隙。在确保燃油电磁阀和点火器是关闭的情况下打开风机/电机，调节进气速度达到 10.92m/s，然后关闭风机/电机。

③ 将燃烧器旋转到预热位置。在点燃燃烧器前，确保热流计和燃烧器锥形筒上表面没有烟灰沉积物，并有水通过热流计，由于燃烧器锥形筒会随时间变形，需要定期检查其尺寸。

④ 当燃烧器仍在预热位置时，打开风机/电机，点燃燃烧器，预热 2min。移动燃烧器到校准位置，保持 1min 使热流计到达稳定，然后每秒记录一次热流量（共 30s），关闭燃烧器，旋转离开该位置，使其冷却，计算 30s 时间里的平均热流量，平均热流量应达到 18.2±0.9W/cm$^2$。

⑤ 燃烧器定位于热电偶数前。适当的调整检查后，旋转燃烧器到预热位置，打开风机/电机，点燃燃烧器，预热 2min。移动燃烧器到校准位置并保持 1min 使热电偶达到稳定，然后在每秒记录一次 7 个热电偶的温度（共 30s）。关闭燃烧器，旋转离开该位置，使其冷却。计算 30s 时间里的每个热电偶的平均温度并记录，7 个热电偶的各自平均温度应达到 1038±56℃。

⑥ 如果热流量或温度不在规定的范围内，那么需要调节燃烧器的进气速度并重复上述的④和⑤来获得正确的值，确保进气速度在 10.92±0.25m/s 的范围内。

⑦ 每次试验前必须校准到稳定值。在证明已经达到稳定之后，在一系列试验校准前后可进行多次试验。

（5）测试程序

① 在试验框上固定 2 个隔绝毯试样。用图 6-22 所示的四个弹簧夹将隔绝毯固定在试验架中央垂直条上。

② 确保燃烧器锥形筒的垂直面距离试验框水平支撑条的外测表面为 102±3mm，并且燃烧器和试验框都与垂直方向成 30°。

③ 准备开始试验时，将燃烧器从试验位置移到预热位置，使火焰不会过早地接触试样，点燃燃烧器，稳定 2min。

④ 开始试验，旋转燃烧器到试验位置并同时启动计时装置。

⑤ 将试样暴露在燃烧器火焰下 4min，然后关闭燃烧器，立即将燃烧器从试验位置移开。

⑥ 确定烧穿时间（在适用的地方），或热流量超过 2.27W/cm$^2$ 的那一点。

（6）报告

① 确定并描述进行试验的试样；

② 报告经过试验的隔绝毯试样数目；

③ 报告烧穿时间（如果有）、隔绝毯试样背面的最大热流量和最大热流量发生的时间。

（7）要求

① 两个隔绝毯试样中的任何一个都不能在 4min 内被火或火焰烧穿；

② 任何一个隔绝毯试样在隔绝试样冷面一侧距试验架表面 30.5cm 的那一点的热流都不能超过 2.27 W/cm$^2$。

### 6.2.3 飞机座椅材料

飞机撞击后起火产生大量的烟气和毒性气体是导致人员死亡的主要原因，为了提高人员的生存力，FAA 在 C133 飞机上进行的全尺寸模拟火灾试验，得出座椅垫材料对火焰的传播起了很大作用[4]。

飞机座椅垫是客舱中的重要部件，与旅客直接接触，它主要由装饰套、挡火层和泡沫芯组成。装饰套是由羊毛纤维制成的，羊毛着火温度为570～600℃，燃烧热值低（20.5kJ/g），具有一定的阻燃性。挡火层主要采用芳纶 1414，是一种难燃材料，泡沫芯选用的是软质聚氨酯泡沫，它含可燃的碳氢链段，开孔率较高，极易燃烧，极限氧指数（LOI）只有 17 左右，且燃烧会产生大量有毒烟雾。为了对飞机座椅垫的防火安全性进行客观评估，FAA 规定了座椅垫燃烧试验，该试验用于评估飞机座椅垫在置于高强度、开放性火焰中的耐燃性及失重性能。规定要求至少占试验组总数 2/3 的试验的烧焦长度不得大于 43.2cm，并且平均烧焦长度不得大于 43.2cm，平均失重百分比不得大于 10%。

飞机座椅垫可燃性试验方法[5]具体如下：

（1）接受准则

① 必须至少试验 3 组，每组试样包括一个座椅坐垫试样和一个靠垫试样。

② 如果座椅垫中含有挡火层，则挡火层必须完全包裹座椅垫的泡沫芯料。

③ 用泡沫芯、浮性材料、挡火材料等预定用于产品的主要部件和装配工艺（典型的接缝和包边）制作测试用的每一个试样。如果坐垫和靠垫使用不同的材料组合，则必须用每种材料组合构成完整的试样组来试验。

④ 烧焦长度是指从靠近燃烧器的椅框内边到试样烧灼损坏最远处的垂直距离，包括部分或完全烧掉、炭化或脆化区域，但不包括熏黑、变色、翘曲或褪色的区域，也不包括远离热源处的材料皱缩或熔化的区域。要求至少有 2/3 试样组的烧焦长度不得从靠近燃烧器的一边达到燃烧器对面的座椅垫边缘，并且烧焦长度不得超过 432mm。

⑤ 试样的平均百分比重量损失是试验前后试样组重量之差与试验前重量的百分比。要求试样平均百分比重量损失不得超过 10%，并且至少有 2/3 试样组的重量损失不得超过 10%，在确定试样重量之前，要除去从座椅垫和固定架上掉落的所有滴落物。

（2）试验条件

座椅靠垫顶部垂直气流平均速度应为 0.13±0.05m/s，座椅坐垫正上方水平气流速度应低于 0.05m/s。气流速度应在通风罩工作、燃烧器马达关闭时测量。

（3）试验装置

试验设备的布置如图 6-24 所示。

① 试样固定架。试样固定架由角钢构成，如图 6-25 所示，固定架腿长 305±3mm，按图 6-25、图 6-26 所示将座椅坐垫和靠垫试样固定在固定架上，固定架还应包括一个衬有铝箔、适于盛滴落物的盘子，铝箔无光泽面朝上。

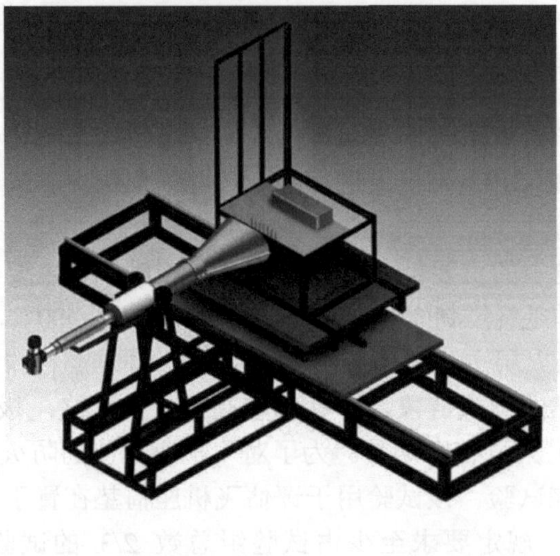

图 6-24　航空座椅垫可燃性试验装置

（来源：http://www.motis-tech.com/index.php/home/product/index_en.html?id=38）

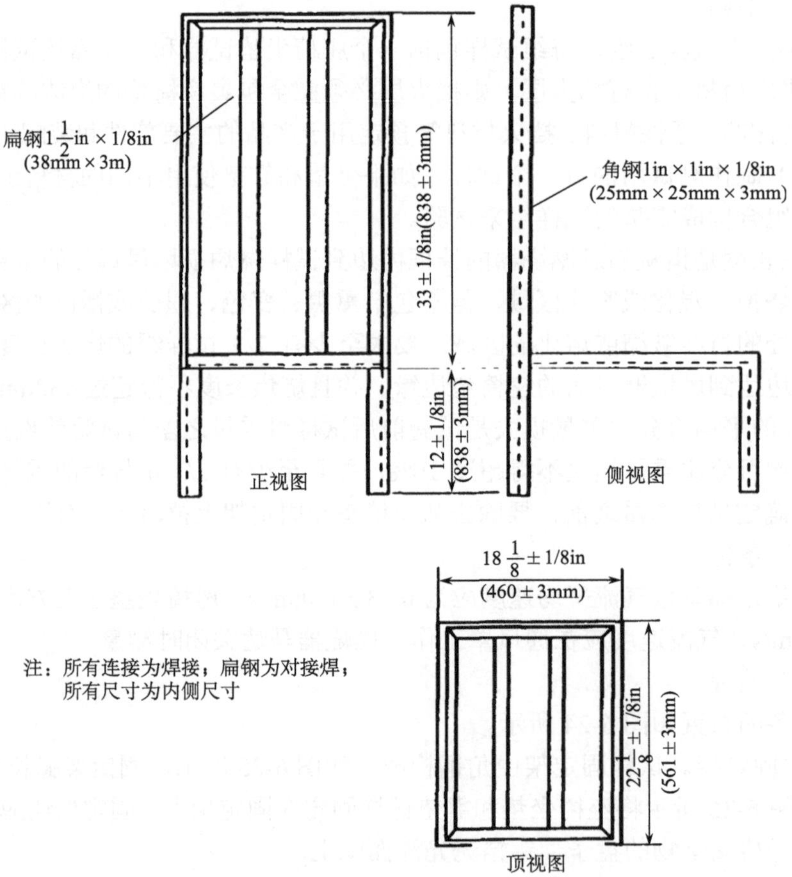


图 6-25　试验固定架[5]

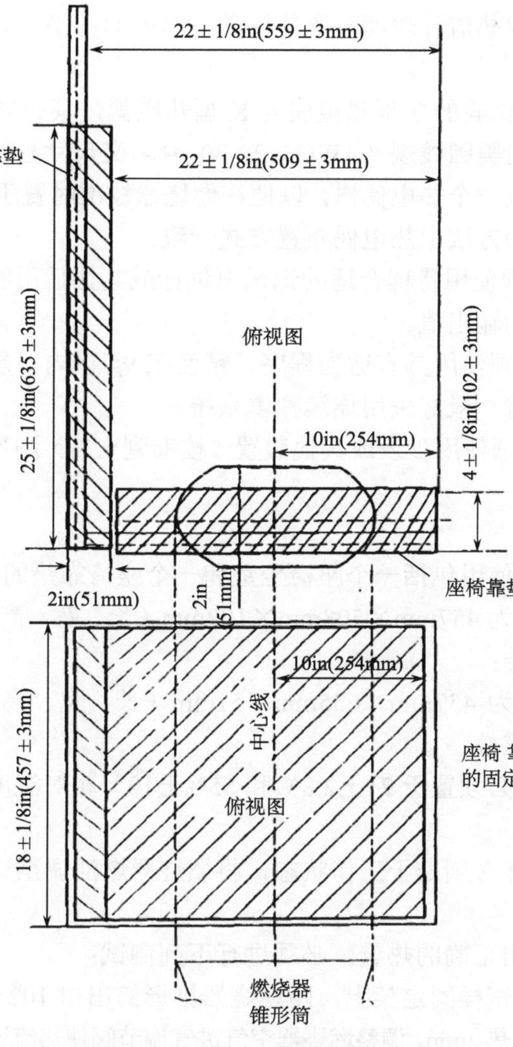


图 6-26 试样固定架[5]

② 试验燃烧器。燃烧器是改进的喷枪型，与隔热/隔音材料抗烧穿性试验方法中燃烧器一样。喷嘴喷射角为 80°，在燃烧器喷管端部装有一个长 305mm 锥形筒，开口为 152mm 高、280mm 宽，燃烧器装有燃油压力调节阀，能够使美标 2 号煤油或等效燃油流量值达到为 0.126L/min。

燃烧器必须固定在适用支架上，使燃烧器锥形筒出口距试样固定支架的一边为 102±3mm，燃烧器支架应能使燃烧器在预热阶段转离试样固定架。

③ 热流计。热流计量程：0~17.0W/cm$^2$，精度：±3%，需要将其装在尺寸为 152mm×305mm×19mm 的硅酸钙隔热板上，隔热板固定在角钢托架上，在校准燃烧器时放在试样固定架上，与隔热/隔音材料抗烧穿性试验方法中热流计布置方式一致。

试验中必须监测热流计以防治由于隔热板在使用中的碎裂使热流计偏斜，必要时，用垫片调整固定以确保热流计表面与隔热板的外露表面齐平，且平行于燃烧器锥形筒的出口。

④ 热电偶。用于试验的 7 根热电偶为 K 型热电偶，其必须具有 1.6~3.2mm 的金属护套、瓷管包封、采用美国线规（AWG）22-30 号名义尺寸导线接壳。7 根热电偶必须连接到角钢托架上构成一个热电偶树，以便在燃烧器校准时置于试样固定架上，与隔热/隔音材料抗烧穿性试验方法中热电偶布置方式一致。

⑤ 测量设备。必须使用量程合适的记录电位计或其他适用的校准过的仪表以测量和记录热流计和热电偶的输出值。

⑥ 重量设备。必须使用具有适当程序、精度在 9g 以内、能确定每组座椅垫试样试验前后重量的称重装置，最好采用连续称重系统。

⑦ 计时设备。必须使用秒表或其他装置（校准到±1s）测量施加火焰时间和自熄时间或试验持续时间。

（4）试样

① 每一试验必须使用包括一个座椅坐垫和一个座椅靠垫的一组试样；

② 坐垫试样尺寸为 457mm×508mm×102mm（长、宽、高偏差均为±3mm），不包括织物包边和接缝重叠；

③ 靠垫试样尺寸为 457mm×635mm×51mm（长、宽、高偏差均为±3mm），也不包括织物包边和接缝重叠；

④ 试验前，试样必须置于 21±2.8℃和 55%±10%相对湿度的环境中至少 24h。

（5）设备准备

校准前，所有仪器必须处于工作状态，将燃烧器燃油调至试验规定值。

（6）仪器校准

为保证燃烧器输出正确的热量，必须进行下列测试：

① 把热流计置于试样固定架上，距燃烧器锥形筒出口 102±3mm；

② 打开燃烧器，预热 2min，调整燃烧器空气进气调节阀使热流计读数为 11.9±0.6 W/cm$^2$，达到稳定状态后关闭燃烧器。

③ 用热电偶树代替热流计；

④ 打开燃烧器使热电偶读数达到 1038±56℃，并达到稳定状态；

⑤ 如果热流汁和热电偶的读数超出上述规定范围，重复①~④步骤并调整燃烧器空气进气调节阀直到获得正确读数。应经常使用热电偶梳和热流计以保持和记录已校准的试验参数，除非该套设备的一致性被证实，否则每次试验均应进行校准。在确认其一致性后，可以在试验前进行预试校准和试验后进行校准核查的条件下进行若干次试验。

（7）测试程序

必须按下述程序试验每组试样的可燃性：

① 记录每组座椅坐垫和靠垫试样的重量，精确到 9g（0.02lb）。

② 将坐垫和靠垫试样固定在试样固定架上，靠垫试样固定在固定架上部。

③ 将燃烧器转到试验位置并保证燃烧器锥形筒到坐垫试样一侧的距离为 102±

3mm（4±1/8in）。

④ 将燃烧器转离试验位置，打开燃烧器工作 2min，使燃烧器锥形筒充分预热并使火焰稳定。

⑤开始试验，将燃烧器转到试验位置，同时启动计时装置。

⑥ 座椅垫试样置于燃烧器火焰中 2min，然后关闭燃烧器，立即将燃烧器转离试验位置。座椅垫置于燃焰中 7min 后，使用气体灭火剂（即卤化物或二氧化碳）终止试验。

⑦ 称量固定架上座椅垫试样组残余物（不包括滴落物）的重量，精确到 9g（0.02lb）。

（8）报告

对进行符合性试验的座椅垫，其所有试样组均必须记录下述数据：

① 试样的识别标记和说明；

② 试样组的数目；

③ 每组试样的原始重量和剩余重量，计算每组试样的百分比重量损失和所有试样组的平均百分比重量损失；

④ 每组试样的烧焦长度。

### 6.2.4 货舱衬垫抗火焰烧穿性试验方法

该试验方法[5]用于测定货舱衬垫材料明火作用下的抗火焰烧穿能力。

（1）接受准则

① 必须至少试验 3 块货舱侧壁或天花板衬垫板试样，天花板和侧壁衬垫板可以单独进行试验，通过天花板衬垫板试样试验的衬垫板都可以用作侧壁衬垫板。

② 每一试样必须模拟货舱侧壁或天花板衬垫板，包括其失效会影响衬垫安全包容火焰能力的任何设计特征，如接合部位、照明装置等。

③ 施加火焰 5min 内，任一试样均不得被烧穿，且在水平试样表面上方 102mm 处测得的火焰最高温度不得超过 203℃。

（2）试验装置

① 试样固定架。试样固定架由角钢构成，如图 6-27 所示。

② 试验燃烧器、热流计和热电偶。试验燃烧器，热流计和热电偶的型号与飞机座椅垫可燃性试验中使用的相同。燃烧器固定在一个适当支架上，使燃烧器锥形筒出口距天花板衬垫板和侧壁衬垫板的距离分别为 203mm 和 51mm，燃烧器支架应能使燃烧器在预热阶段转离试样。热流计同样固定在 152mm×305mm×19mm 的隔热板上，具体如图 6-28 所示。

7 个热电偶也必须连接到角钢托架上构成一个热电偶树，以便在燃烧器校准时放置于试样固定架上，具体如图 6-29 所示。

③ 测试设备。使用量程适当的记录电位计或其他适用的仪表以测量并记录热流计和热电偶的输出值。

④ 计时设备。使用秒表或其他装置测量施加燃焰时间和烧穿时间（如发生烧穿）。

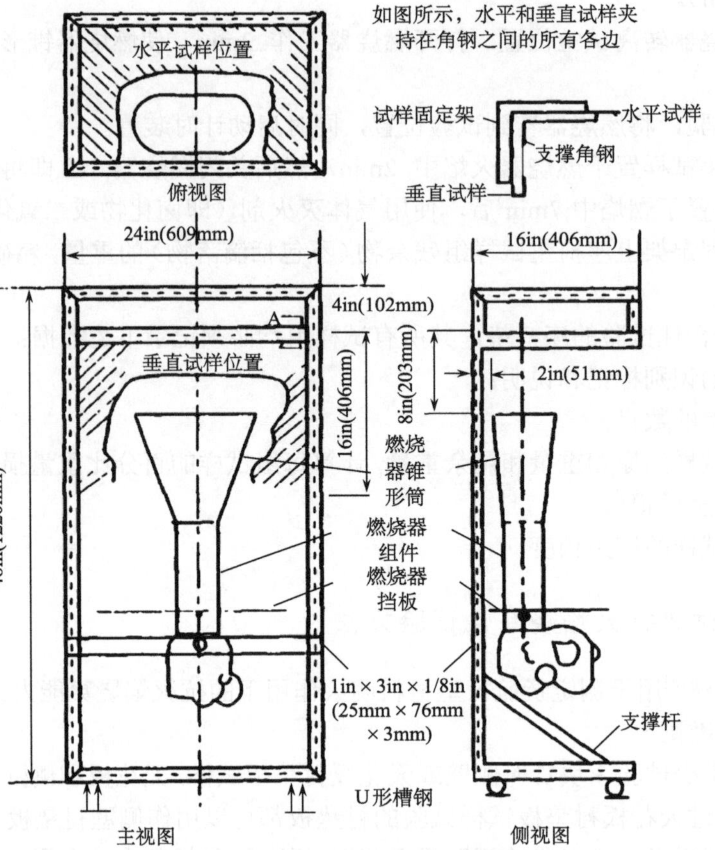


图 6-27 水平和垂直安装的试验设备[5]

（3）试样

① 试样尺寸 406mm×610mm（长和宽偏差均为±3mm）。

② 试验前应将试样置于 21±2℃和 55%±5%相对湿度的环境中至少 24h。

（4）设备准备

校准前，所有仪器均处于工作状态，并且其输出值稳定，燃烧器燃油流量必须调节至规定值。

（5）仪器校准

为保证燃烧器输出符合试验要求的热量，需进行下列测试：

① 从喷管端部拆去燃烧器锥形筒，在不接通燃油或点火器的情况下打开燃烧器的增压部分，在喷管开口表面的中心部位用热线风速仪测定空气流速，调节燃烧器进气调节阀使空气流速在 7.87~9.14m/s 范围内。如果在喷管出口使用了调整片，则测试前必须拆下，重新装上喷管的锥形筒。

② 将热流计放置在试样固定架上，距燃烧器锥形筒出口 203mm，以模拟水平试样放置位置。

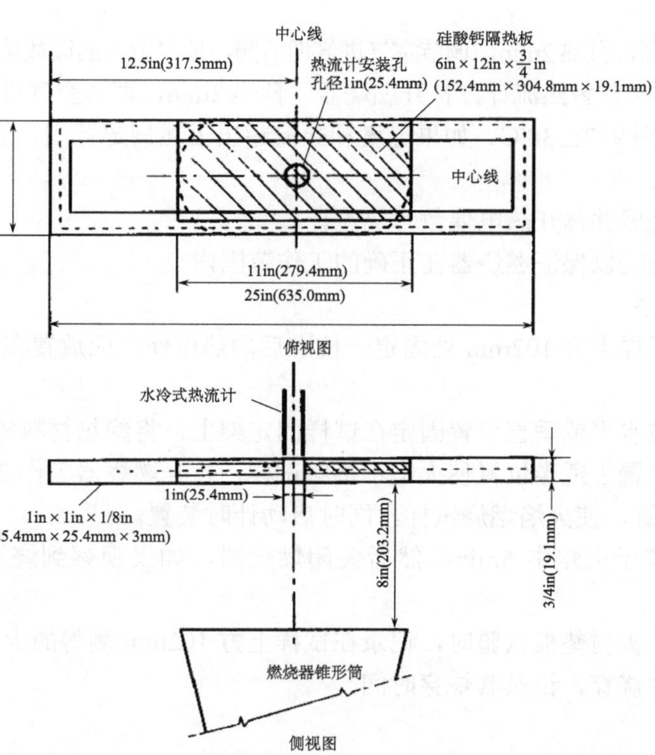


图 6-28　热流计托架[5]

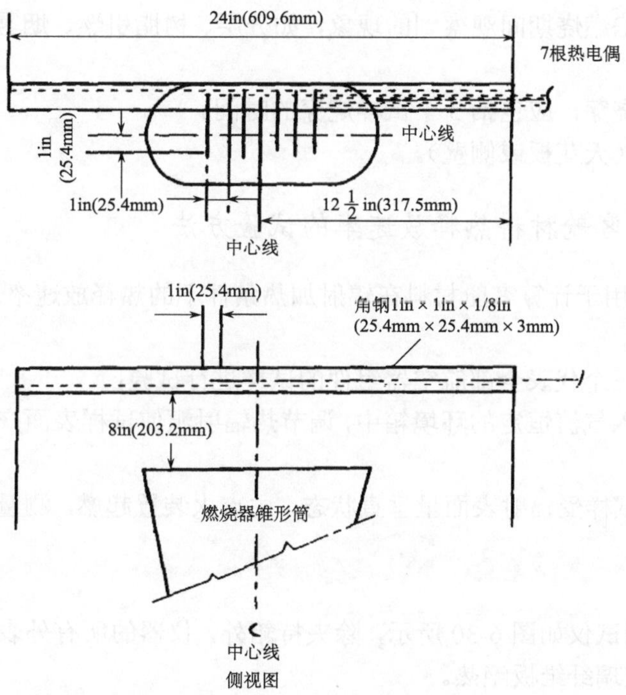


图 6-29　热电偶树[5]

③ 打开燃烧器，预热2min，调节空气进气调节阀，使热流计的读数达到9.1±0.6 W/cm$^2$。

④ 用热电偶树代替热流计，打开燃烧器，预热2min，调节空气进气调节阀，使7根热电偶的读数达到927±38℃，如果温度和热流超出上述规定范围，重复步骤②~④直到获得正确的读数。

⑤ 关闭燃烧器并移开热电偶数和热流计。

⑥ 重复步骤①以保证燃烧器在正确的工作范围内。

（6）测试程序

① 在水平试样上方102mm处固定一校准后的热电偶，应放置在燃烧器锥形筒中心的上方。

② 将试样按水平或垂直位置固定在试样固定架上，将绝热材料置于背面。

③ 将燃烧器置于适当位置使火焰不接触试样，打开燃烧器工作2min后，然后将燃烧器转到工作位置，使火焰燃烧试样，同时启动计时装置。

④ 将试样置于火焰中5min，然后关闭燃烧器，如果观察到烧穿则试验可以提早结束。

⑤ 在做天花板衬垫板试验时，记录在试样上方102mm测得的火焰最高温度。

⑥ 如果发生烧穿，记录其烧穿时间。

（7）报告

报告包括下列内容：

①试验材料的完整说明，包括材料型号，制造厂家、厚度及其他有关数据；

② 试样在火焰燃烧期间观察到的现象，如分层、树脂引燃、烟雾等，包括上述现象发生的时间；

③ 如果发生烧穿，应包括3个试样烧穿的时间。

④ 板的方位（天花板或侧壁）。

### 6.2.5 热辐射下客舱材料热释放速率的试验方法

该试验方法[5]用于计算客舱材料在辐射加热条件下的热释放速率。

（1）接受准则

① 必须至少三个代表全部航空器组件的试样进行试验；

② 将试样放入气流恒定的环境箱中，调节热辐射源使试样表面产生的总辐射热通量达到3.5W/cm$^2$；

③ 试验中，试样受辐射表面呈垂直状态，由点火装置起燃，测量燃烧产物来计算热释放速率。

（2）试验装置

热释放速率测试仪如图6-30所示，除夹持箱外，仪器的所有外表面均使用25mm厚的低密度耐高温玻璃纤维板绝热。

图 6-30　热释放速率测试仪

（来源：http://www.motis-tech.com/index.php/home/product/index_en.html?id=36）

① 热电偶堆。进出环境箱的空气温差由一个有 5 个冷端和 5 个热端及美标 24 号镍铬-镍铝接点的热电偶堆测量，热端横放在距离烟道口下表面 10mm 处，其中一个热端放置在几何中心，其余 4 个沿对角线分布，距中心 30mm。

② 辐射源。辐射源由 4 个 508mm 长、外径 16mm、阻值 1.4 Ω 的 LL 型碳化硅元件组成，具体如图 6-31 所示，热通量最大到 100kW/m$^2$，在辐射源加上 1.07±0.05mm 不锈钢菱形罩，以在垂直试样所占的面积上提供均匀的热流密度。

③ 烟道。烟道材质为美标 28 号不锈钢，横截面为 133mm×70mm，长为 254mm，安装在棱锥形排气罩出口，由美标 31 号不锈钢制成的 25mm×76mm 挡板放置在烟道内中心，垂直于气流方向，在烟道底部以上 76mm 处。

④ 试样夹具。试样垂直固定在试样夹具上，试样用铝包覆后，通过夹具的夹持框沿只有 6mm 宽的边缘夹持，V 形弹簧夹将其固定在一起，具体见图 6-32。此外，对于易熔和易滴落材料，还应提供一尺寸为 12mm×12mm×150mm 的可拆卸盛滴落物盘和两根直径 0.02in（0.5mm）的不锈钢丝。为适应不同厚度试样，在试样夹具不同孔插入挡杆来改变弹簧和夹持框的配置。固定试样，使其表面距辐射源下表面 100mm。

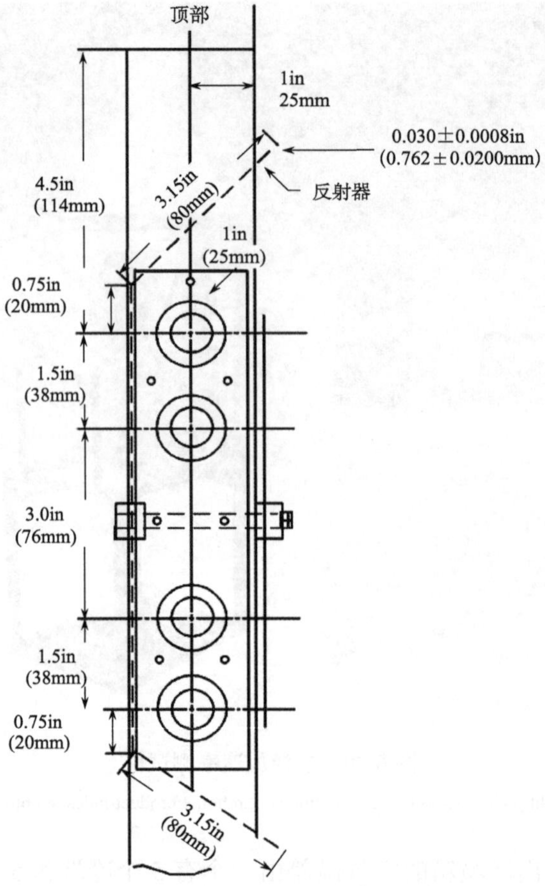


图 6-31　碳化硅辐射板[5]

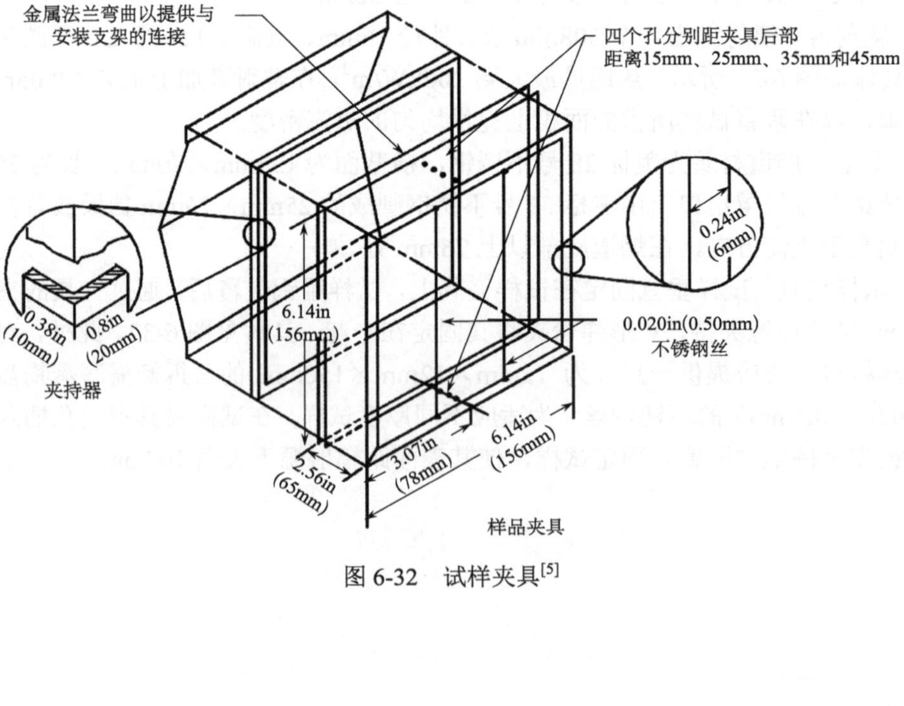


图 6-32　试样夹具[5]

⑤ 热流计。必须使用一全通量的热流计来测量总热通量。热流计固定在 12.7mm 厚的硅酸铝纤维板的中心，该板嵌在试样夹具上。

⑥ 点火器。使上、下引燃燃烧器同时点燃试样，由于大于 3s 的引燃灭火间歇会使试验结果无效，可安装一个点火器来确保下引燃燃烧器持续燃烧。

• 下引燃燃烧器：引燃管为外径 6.3mm、壁厚 0.8mm 的不锈钢管。燃料为甲烷和空气的混合气，其中甲烷的供给速率为 120cm$^3$/min，空气的供给速率为 850cm$^3$/min，引燃燃烧管末端应距试样外露铅垂面 10mm，并与其垂直，燃烧管出口中心线须在试样下缘以上 5mm 处与试样垂直中心线相交。

• 上引燃燃烧器：引燃管为外径 6.3mm、壁厚 0.8mm、长 360mm 的不锈钢直管，管的一端必须封闭。管上钻有 3 个孔距 60mm 的美标 40 钻孔作燃气孔，同向喷射。第一个孔距管的封闭端为 5mm，引燃管应固定在距试样上表面 19mm 和后方 19mm 处，中间的孔必须指向辐射源，并在垂直于试样暴露表面且通过其垂直中心线的铅垂面内。燃料为甲烷，且总燃气流量能调节产生 25mm 长火焰。

• 选择性的 14 孔上引燃燃烧器：该燃烧器可用来代替上述标准 3 孔燃烧器，燃烧器尺寸为外径 6.3mm、壁厚 0.8mm、长 400mm 的不锈钢直管，管的一端必须封闭。管上应钻有 14 个孔距 13mm 的美标 59 号钻孔作燃气孔，同向喷射。第一个孔距管的封闭端应为 13mm，管固定在试样夹具上方。燃料为甲烷与空气以大约 50/50 的比例混合的混合气体，总燃气流量应能调到产生 25mm 长火焰。当燃气/空气的比例调整恰当时，大约 6mm 长火焰呈现黄色。

（3）仪器校准

① 热释放速率。应将图 6-33 所示的燃烧器气密连接于下引燃管末端，流入引燃器的气流至少须含 99%甲烷。使用前，将湿式测试表调水平，并在无气体流动时向内部指示器末端充蒸馏水。环境温度和水的压力依据湿式测试表的温度，先调定大约 1 L/min 的基准流量，然后增加到较高的预定流量 4L/min、6L/min、8L/min。在记录甲烷流速前应采用 8L/min 的流速 2min 预处理燃烧室，此不作为校准的部分记录。该流量测定采用秒表，以记录湿式测试表对基准流量和较高流量两者的全周期时间，变到下一个较高流量之前要返回基准流量。测量热电堆基准电压。流入燃烧器的燃气应增到较高的预定流量且燃烧 2min，然后测量热电堆电压，重复操作直到全部测出 5 个电压值为止。这 5 个数据的平均值应作为标定系数。如果相对标准偏差超过 5%，则整个过程必须重复，有关计算见下文。

② 热通量均匀度。对试样上方热通量的均匀度必须进行定期检查和更换加热元件后的检查，以确定其是否处于允许的±5%限制内。

③ 清除热电偶热端的沉积物以保持校准精度。

（4）试样准备

① 试样尺寸。试样标准尺寸为 150mm×150mm，厚度不超过 45mm，试样厚度应与其所代表的航空器元件一样，最大可为 45mm 厚。

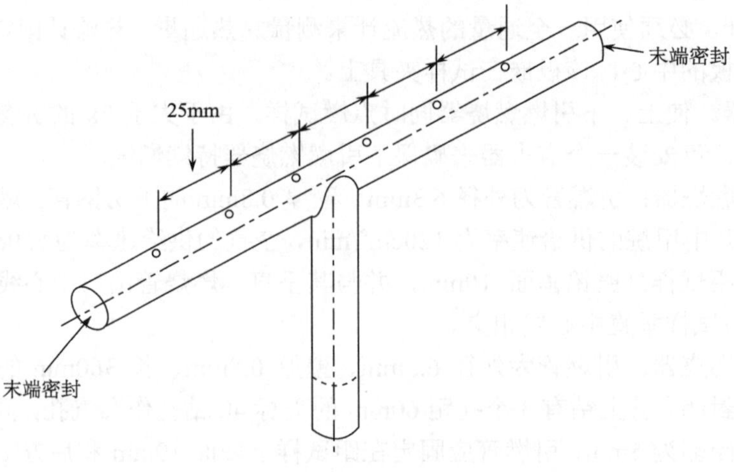


图 6-33　燃烧器[5]

② 预处理。试样必须置于 21±2.8℃和 50%±5%相对湿度的环境下，直到水分达到平衡或放置 24h。

③ 安装。试验中试样应只有一个表面暴露在外，其余未暴露表面全部用 0.025mm 厚的单层铝箔包覆，竖直安装。

（5）测试程序

①接通辐射板电源产生 3.5W/cm$^2$ 的辐射热通量，该值应在试样置于试验位置时其暴露表面中心处测定，并须在通过设备的气流调到额定流量后测得。

② 点燃引燃火焰并检查火焰位置。

③ 通过设备的气流应由一个位于直径为 38.1mm 的管道内的圆孔板盘控制，该管道内有 2 个压力测量点分别位于圆孔板盘的上流 38mm 和下流 19mm 处，且管道应与设置压差为 200mm 汞柱的流量计相接，通过设备的气流设定为 0.04±0.001 m$^3$/s（常压下）。调整垂直试样夹持连杆的止动器使试样被放人环境箱时，其暴露表面距入口 100mm。

④ 辐射门关闭，将试样放入夹持箱，关紧外侧气密舱门并启动记录装置。投放前，试样必须在夹持箱内保持 60±10s，热电偶堆的零值应在保持时间的最后 20s 内确定。

⑤试样投入时，打开辐射门，把试样放进环境箱中，立即关闭辐射门。

⑥ 试样放入并关闭辐射门时的时间设为时间零点，在试样位于环境箱内的全过程中，至少每秒必须记录热电偶堆的输出值。

⑦ 试验进行 5min，除可以间歇不超过 3s 的间歇性火焰熄灭外，下引燃燃烧器和上引燃燃烧器在整个试验期间应保持燃烧，而且若选用 3 孔上引燃燃烧器，除可以间歇不超过 3s、3 个火焰出口全部间歇性火焰熄灭外，在整个试验期间至少 2 个火焰出口应保持燃烧。

⑧ 至少试验 3 个试样。

（6）计算

① 标定系数按下式计算：

$$K_h = \frac{(F_1 - F_0)}{(V_1 - V_0)} \times \frac{(210.8 - 22)\text{kcal}}{\text{mol}} \times \frac{273}{T_a} \times \frac{P - P_V}{760} \times \frac{\text{mol}}{22.41} \times \frac{\text{W} \cdot \text{min}}{0.01433\text{kcal}} \times \frac{\text{kW}}{1000\text{W}} \tag{6-1}$$

式中，$F_0$为甲烷基准流量，L/min；$F_1$为甲烷预定流量，L/min；$V_0$为热电堆基准电压，mV；$V_1$为预定流量下热电堆电压，mV；$T_a$为环境温度，K；$P$为环境压力，mmHg；$P_v$为水蒸气压力，mmHg。

② 任一时刻的热释放速率可用下式根据热电偶堆的输出电压算出：

$$\text{HRR} = \frac{V_M K_h}{0.02323\text{m}^2} \tag{6-2}$$

式中，HRR（heat release rate）为热释放速率，$kW/m^2$；$V_M$为测得的热电堆电压，mV；$K_h$为标定系数，kW/mV。

③ 热释放速率与时间的积分是总放热量。

（7）接受准则

必须将至少 3 个试样开始试验 2min 以上时间内的正总放热量值进行平均，总放热量的平均值不得超过 $65kW \cdot min/m^2$，其次计算试样的峰值热释放速率，峰值热释放速率的平均值不得超过 $65kW \cdot min/m^2$。

（8）报告

试验报告应包括各试样下列内容：

① 试样说明；

② 试样受到的辐射热通量，用 $W/cm^2$ 表示；

③ 给出作为时间函数的热释放速率 $kW/m^2$）数据，以时间间隔不超过 10s 的图形或表格表示，且须给出标定系数（$K_h$）；

④ 如发生熔化、下垂、分层或其他影响暴露表面面积或燃烧形态的情况，需将这些情况及发现时间记录下来；

⑤ 必须记录峰值热释放速率值和 2min 的热释放速率积分值。

## 6.3 航空电缆

### 6.3.1 电缆相关规范和适航要求

#### 6.3.1.1 国际标准

目前关于阻燃电缆国际标准分为欧洲体系（包括 IEC、ISO 和 BS 等标准）和美国体系（包括 UL、ASTM 和 AEIC 等标准），成束电缆的垂直燃烧试验是这两大体系的最大区别，具体表现为：美国是允许在通风管道内敷设电缆，而欧洲不允许。其中，UL1666 和 UL910 分别模拟了多根电缆垂直敷设于通风竖井中和水平敷设于隧道中的燃烧状况[6]。

世界航空电缆标准主要有 EN（欧标）、MIL（美军标）、NASA（美国宇航局标准）、

ABS（法国空客标准）和 BMS（波音材料标准）等。我国的航空电缆标准基本参照 MIL（美军标），它对材料的综合性能要求很高，高达 50 多项。MIL-STD-2223 以及 SAE AS4373 标准是国外使用广泛的航空电线试验标准，由于 MIL-STD-2223 自 1994 年以后没有更新过，所以现在只被一些航空电线的产品标准所引用，2007 年 SAE AS4373 发布 C 版，其是美军标体系改革后的航空航天电线检测标准，目前是国际上最先进的航空航天电线检测标准，因为其不仅覆盖了 MIL-STD-2223 的测试项目，并且兼顾了欧洲的航空航天电线检测标准内容，是航空电缆主流产品及新产品检测鉴定所依赖的最主要标准[7]。

#### 6.3.1.2 国内标准

（1）国标

我国现行的大部分电线电缆阻燃国家标准等同或等效国际标准，如 GB/T 12666—2008《电线电缆燃烧试验方法》和 GB/ T 18380—2001《电缆在火焰条件下的燃烧试验》分别参照了美国保险商实验室标准 UL1581 和 IEC 60332—1992 制定。GB/T 12666—2008《电线电缆燃烧试验方法》主要包含 5 部分：单根电线电缆垂直、水平、倾斜和成束电线电缆燃烧试验方法，燃烧试验方法和电线电缆耐火试验方法等，GB/T 18380—2008《电缆在火焰条件下的燃烧试验》主要包括 3 部分：单根绝缘电线或电缆垂直的竖直燃烧试验方法，单根铜芯绝缘电线或电缆垂直的竖直燃烧试验方法和成束电线或电缆燃烧试验方法。GB/T18380—2008 用于不同粗细的绝缘电线电缆而 GB/T 12666—2008 相对适用于电子仪器设备和家用电气设备用电线电缆，可以看出 GB/T 18380 具有相对更广泛的适用性[8]，2017 年 7 月 1 日实施了 GB/T 33343—2016《航空绝缘电线试验方法》。

（2）国军标

目前我国现行的航空电缆国家军用检测标准主要有 GJB17—1984《航空电线电缆试验方法系列标准》，该标准主要参照国外标准制定，主要包括电压、高温电压和表面电阻等 20 个检测项目[9]，远低于 SAE AS4373 所包括的 60 个检测项目，因此已不能适应目前我国航空业发展需要。为进一步提升我国航空用电线产品的安全性和可靠性，中国航空综合技术研究所于 2016 年 12 月公布《航空电线试验方法-行业标准项目建议书》，主要包括航空电线的装配、维护及维修试验，导体试验，电性能试验，环境试验，机械性能试验和热试验等测试项目。

### 6.3.2 航空电缆燃烧特性

电线电缆使用量随着飞机多电和全电供电技术的迅猛发展而增多，如空客 A380 使用的电线电缆总量达到了 500km 以上，一架波音飞机的机舱布线用特种电线电缆不少于 30km，电线电缆总量不少于 80km。当前航空电线电缆按材料分类主要有 2 类：军用直升机的聚酰亚胺-氟 46 复合薄膜绕包烧结绝缘电缆和用于近代军用和民用大型飞机的体积小、重量轻、耐高温的辐照交联乙烯-四氟乙烯共聚物绝缘电缆。航空电线电缆按用途分类主要包括航空电网安装线及动力电缆（约占 80%）、飞机发动机区高温耐火电缆、航空特种电缆和航空通信数据电缆四类。虽然航空电缆是特制的耐高温绝缘电缆，但电线电缆受辐射、过载、短路和振动等因素的影响会发生绝缘层裂化和碳化，诱发故障电弧，引起火灾，火灾得不到及时控制，可能会导致机毁人亡，因此电线电缆燃烧特性的研究成了国内外众多学者的研究热点。FAA 针对航空电线电缆的燃烧特性制定了专门的试验方法，其中航空电线电缆 60° 燃烧试验方法[2]用于航空电线电缆的阻燃性能测试。

（1）试验准则

① 装于机身任何区域的电线或电缆的绝缘层，进行 60° 试验时，必须是自熄的；

② 平均烧焦长度不得超过 76mm；

③ 移开火源后的平均燃烧时间不得超过 30s，试样的滴落物在跌落后继续燃烧的时间平均不得超过 3s。

（2）试验装置

60° 航空电线可燃性燃烧试验装置如图 6-34 所示。

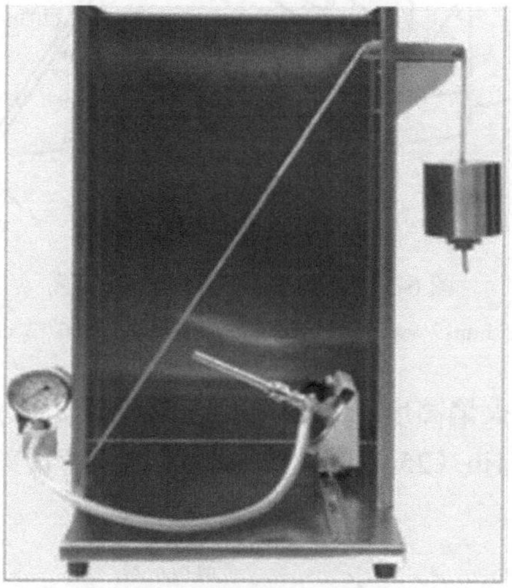

图 6-34　60° 航空电线燃烧试验装置整体外观

（来源：http://www.standard-groups.com/FlammabilityTesting/2101.html）

① 样品架。试验必须在没有抽风的试验箱内进行，试验箱尺寸：610mm 高、305mm 宽、305mm 深，试验箱正面和顶部敞开，底部封闭，样品架如图 6-35 所示，其由耐腐蚀金属制成，样品通过样品架下端的夹具和上端的滑轮或杆固定，使得样品与水平面保持 60° 的角度，夹具和杆或滑轮之间的跨度为 24in（610mm），尺寸过大无法放入试验箱的试样，必须在类似的没有抽风现象的条件下试验。

② 燃烧器。燃烧器内直径 9.5mm，在燃烧器筒底部装有针阀，用于调节气体流量（见图 6-36）。建议将燃烧器安装在允许水平面旋转的灯具上。燃烧器燃料首选甲烷气体（最低纯度为 99%），可以通过燃烧器筒底部的孔吸气形成纯扩散火焰，在燃烧器入口处的压力达到 17±2kPa 时，将具有能够调节输送速率的控制阀系统安装在供气管道与燃烧器之间，用于为燃烧器提供气体。

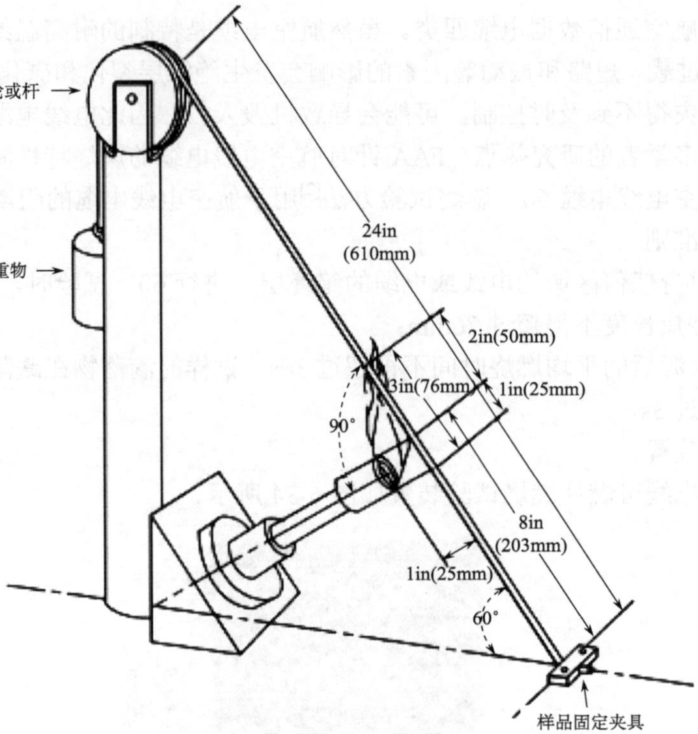


图 6-35 60° 电线燃烧试验装置

（来源：https://www.fire.tc.faa.gov/pdf/handbook/00-12_ch4.pdf）

③ 火焰高度指示器。火焰高度指示器可用于帮助设定火焰的高度，指示器连接到燃烧器外壁，与燃烧器相距 1in（25mm），并在燃烧器枪管顶部上方有 3in（76mm）的尖头，如图 6-36 所示。

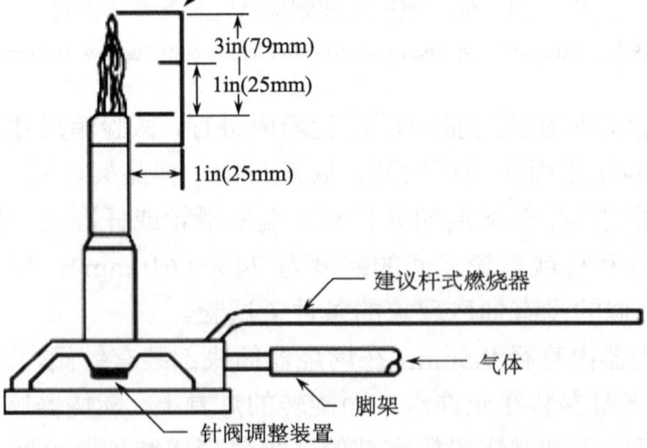


图 6-36 燃烧器管道和燃烧器火焰高度指示器

（来源：https://www.fire.tc.faa.gov/pdf/handbook/00-12_ch4.pdf）

最好有两个指示器来测量火焰高度，一个以指示火焰的内锥体的高度和一个以指示火焰高度的尖端。对于这个测试，已经确定当内部锥体高度为 1in（25mm），火焰尖端高度为 3in（76mm）。

④ 计时器。秒表以测量移除燃烧器后样品燃烧保持时间，下落部分的燃烧时间等。

（3）试样

每组单独的样本将至少包含三个样本，试样长度 762mm ，每个样品的一端做一个 203mm 的刻度标记。

（4）预处理

试样必须置于 21±2.8℃和 50%±5%相对湿度的环境下，直到水分达到平衡或放置 24h，每个试样在送入火焰之前必须保持在预处理环境内。

（5）测试程序

航空电线或电缆（包括绝缘层）试样与水平面成 60°，试样下端夹紧，上端绕过滑轮或杆，并连接适当的重物，使试样在整个易燃性试验过程中保持张紧，然后安装在试验箱内，试验时箱门打开，使得有足够的空气流入达到完全燃烧，但是不能有抽风现象，试样必须与箱的正面平行，相隔约 152mm，试样从下端夹子到上端滑轮或杆的距离为 610mm，而且在距下端 203mm 处必须做上标记，表明施加火焰的中心点，燃烧器火焰施加在试验标记处 30s，燃烧器装在试样标记的下方，与试样正交，与通过试样的垂直平面成 30°，用经校准的热电偶测得的火焰最高温度不得低于 954℃，燃烧器的放置必须使火焰的最热部分施加到导线的试验标记上，记录火焰燃烧时间、烧焦长度和滴落物（如果有）的燃烧时间，烧焦长度测量必须精确到 2.5mm，导线试样的断裂不认为是失败。

国内外学者也在过载、短路、高温、低压和热老化等环境条件下进行了大量电缆的燃烧特性。如王蔚[10]利用锥形热流计研究了点火功率、电缆护套尺寸以及排布方式等因素对电缆束火蔓延过程的影响，揭示了聚氯乙烯电缆的点燃、质量损失速率、热释放速率、烟气生成速率等火灾特征参量随温度的变化规律，同时利用热重差热联用分析仪研究了电缆热解动力学过程。付强[11]利用锥形热流计测试了电缆的结构及外加热辐射强度对成品电缆的点燃时间、热释放速率及生成速率等火灾特征参数的影响规律，利用微型燃烧仪测试了电缆材料的点燃温度、热释放速率等参数，并与锥形热流计实验结果进行了对比分析，得出两者具有相关性，建立了二维电缆点燃模型，并结合试验数据证明所建模型可以根据微型燃烧仪所测点燃温度预测点燃时间，同时利用 FDS 对电缆的锥形热流计实验进行了数值模拟，模拟结果与实验结果吻合很好。美国航空航天局 NASA 的 Friedman[12]对导线进行了一系列的火灾标准测试，先将导线加热至 125℃，再利用外部火源引燃导线来研究导线可燃性和自熄机制。Shea[13]研究了在过载情况下通电导线温度变化情况。得出过载能够引起绝缘层温度迅速升高，伴随着大量烟气的释放，并引发电弧继而发生火灾。Fujita[14]研究了不同氧浓度下通电电流短期过流导线的点燃特性，得出短期通电情况下的点火延迟时间比持续通电时的点火延迟时间长。Elliot 和 Whiteley[15]对比了 ISO5659 实验条件（外部辐射加热）下的产烟速率和产烟量与多种电缆过载情况下的产烟速率和产烟量，得出在这两种情况不同种类电缆的产烟量存在很大区别。Rodak

等[16]在外部辐射加热下从导线尺寸、导线温度和导线固定方向等方面研究了通电导线绝缘层的燃烧特性。Fernandez-Pello 等[17]利用热重分析仪对比研究了不同外部辐射作用下不同导线的点火延迟时间和火焰传播速率。Cahill[18]对三种商用飞机中经常使用的电缆（MIL-W-22759/34，MIL-W-81381/12 和 BMS1360）在飞机电气系统短路和电流过载的条件进行了测试，主要用于测试短路保护开关对过流、短路和护套故障的响应，得出短路保护开关对过流、短路有响应，而对护套故障无响应。Nakamura 等[19]分别对低压环境下（20~101kPa）和低压环境与通风条件耦合作用下的未通电聚乙烯镍铬芯导线的燃烧特性进行了研究，得出随外部空气流动速度的增加，火焰传播速率减小，当到达一定值时保持不变，随着压强的降低，火焰传播速率增大。Huang 等[20]研究了在外部加热条件下不同加热长度、氧浓度和环境压力条件下两种导线从点燃到火焰传播的转变过程。基于导线点燃和火焰传播过程的理论分析，建立了相应的数值模型，并通过实验验证了模型的正确性。同时得出导线的火焰传播能力随着氧浓度的增加而增加，而压力对导线点燃的影响较小。舒中俊等[21]采用锥形热流计对不同热老化程度的阻燃 PVC 电缆的燃烧特性开展了试验研究，得出随热老化程度的增加，电缆的引燃时间延长，老化前期引燃时间增大较快，后期减缓，随热老化程度的增加，热释放速率的初始峰值呈下降趋势，随老化时间的延长，火灾性能指数总体呈下降的趋势，因此老化电缆的引燃危险和热危险相对减小。

### 6.3.3 电缆火防治技术

电缆火的防治主要从新型阻燃型电缆的研制和防火涂料的设计两方面来进行。阻燃电缆使用阻燃电缆料替代非阻燃电缆料用于制作电缆的护套层和绝缘层是阻燃电缆与非阻燃电缆的本质区别[22]，因此，阻燃电缆料的研发是阻燃电缆研发的关键。20 世纪 70 年代初，国内外开始研制含卤阻燃电缆，而含卤阻燃聚合物材料在燃烧时会产生有毒且具腐蚀性的气体，因此 70 年代末，国外开始研制无卤低烟阻燃电缆，主要集中在无机金属氢氧化物在无卤阻燃电缆料中的应用，开始时主要采用氢氧化镁和氢氧化铝为阻燃剂，后来采用膨胀石墨和聚磷酸铵（APP）为阻燃剂，如法国的 Barusseau 等[23]报道了一种无卤阻燃电缆护套的研究，其由无卤基材树脂和膨胀阻燃体系制得，制备工艺为：首先将 EVA、PA 6 和抗氧剂在 230℃下共混，混匀后降低到 180℃，加入可膨胀石墨和填料，最后加入 APP。通过 IEC 60332-1 和 IEC 60332-2 系列标准的检测。

电缆防火涂料是一种涂覆于电缆表面能形成具有防火阻燃保护及一定装饰作用的功能性涂料，其本身具有难燃或不燃性，遇火受热分解出不燃性气体和活性自由基团，不燃性气体冲淡被保护基材受热分解放出的易燃气体和空气中的氧气，抑制燃烧，自由基与有机自由基结合，中断连锁反应，降低燃烧速度。

# 6.4 锂 电 池

## 6.4.1 航空电池分类

### 6.4.1.1 航空机用电池

按构成材料不同，电池主要分为蓄电池和锂电池，根据是否可充电，锂电池分又锂金属电池（不可充电，且负极为金属态的锂）和锂离子电池（可充电）。目前，民用飞机机用电池包括：铅酸蓄电池（电极主要由铅及其氧化物制成，电解液为硫酸溶液的一种蓄电池）、镍镉蓄电池（其正极由氧化镍粉和石墨粉等活性物质组成，负极由氧化镉粉和氧化铁粉的活性物质组成，电解液为硫酸溶液）和锂离子电池（以炭材料（石墨）为负极，以含锂的化合物作正极，锂盐和有机溶剂组成的混合物为电解液），由于镍镉蓄电池具有可大电流充放电、内阻小、耐过充和维护较简单等优点，大多数飞机上所使用的蓄电池都为镍镉蓄电池，也有部分飞机使用铅酸蓄电池[24]。

无论是镍镉蓄电池还是铅酸蓄电池均存在重量重、体积大和污染大等缺点，而锂离子电池由于具有能量密度高、重量轻和无污染等优点，已开始在新型飞机使用，如波音787飞机是全球第一架使用锂离子电池（简称：锂电池）作为启动发动机与辅助动力系统的电源和备用电源的民用飞机[25]，波音787中安装锂电池的位置如图6-37所示，APU电池在机翼后下方的电子电气设备舱，用于启动APU，2013年1月7日，停靠在波士顿国际机场的日本航空公司JA829J次航班突然发生APU舱起火，事故原因是锂电池内短路引起火灾，火灾迅速蔓延至周围电池从而导致连锁反应的发生，短路引起的突然高温导致安装在电池表面的温度监控模块没来得及反应就被烧毁，最终导致APU电池

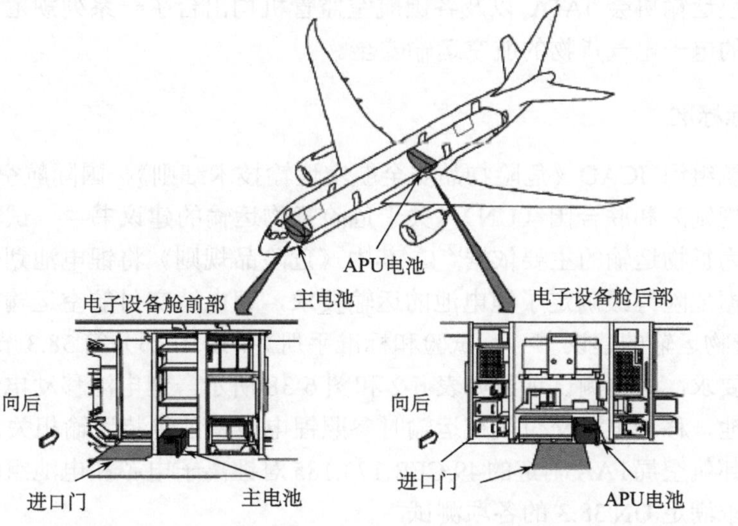


图6-37 波音787主电池和APU电池系统的位置[25]

从电压发生异常开始仅仅 15s 就因为无预警的热失控而造成整体失效并起火燃烧，飞机失去电力供应；主电池位于飞机电子电气设备舱的前部，其主要用于应对紧急状态，比如发电机全部停止工作时，主电池可用来控制飞机完成最基本的降落等操作，平常很少使用[26]，2013 年 1 月 16 日，全日空波音 787 紧急迫降事件中发生冒烟的就是这块主电池；2013 年发生的多起波音 787 锂电池起火事故使得锂电池未来在飞机上应用的可行性还需要重新验证。

#### 6.4.1.2 航空运输电池

目前锂电池的航空运输有两种途径：旅客行李中的锂电池驱动设备和作为货物托运的锂电池。锂电池货物主要有以下三类：单独的锂电池、安装在设备中的锂电池、和设备包装在一起的锂电池[27]。由于蓄电池里面有稀硫酸是液体不能作为货物托运，锂金属电池的负极是金属锂，其化学性质极其活泼，国际民航组织（International Civil Aviation Organization，ICAO）已禁止客机运输锂金属电池，目前只有锂离子电池可以通过货物托运的方式进行运输。

### 6.4.2 锂电池航空运输安全规范和适航要求

随着锂电池的广泛应用和全球物流链的快速发展，利用飞机运输的锂电池越来越多，2015 年，中国民航局统计[28]，中国各航空公司运输含锂电池的设备和锂电池的数量占危险品运输总量的 87.5%，运输量达 22.3 万吨。在航空运输中，锂电池受高温、振动和冲击等多种因素耦合作用的影响会发生起火或爆炸事故，而目前的探测和灭火技术不能有效控制锂电池空中起火，单个起火的锂电池极易引燃电池包内的其他锂电池，在大批量的运输下，火灾不能得到控制，将很可能导致机毁人亡事故的发生。因此，国际民航组织、国际航空运输协会 IATA 以及各国航空监管机构出台了一系列规范，来保证锂电池及含锂电池的电子电气货物的航空运输安全。

#### 6.4.2.1 国际标准

国际民航组织 ICAO《危险物品安全航空运输技术细则》、国际航空运输协会 IATA 的《危险品规则》和联合国（UN）《关于危险货物运输的建议书——试验和标准手册》是锂电池作为货物运输的主要依据[29]。其中《危险品规则》将锂电池划分为第 9 类杂项危险品，根据危险等级确定了锂电池的运输要求，锂电池交付航空运输前需要满足 UN《关于危险货物运输的建议书——试验和标准手册》中第 III 部分第 38.3 节（简称 UN 38.3）的各项试验要求，具体测试项目如表 6-2 和图 6-38 所示。锂电池移动电源（充电宝）应视为备用电池，移动电源交付航空运输时参照锂电池单独包装运输相关包装说明。

美国联邦航空局 FAA 制定的 49 CFR 173.185 对锂离子电芯和电池组的运输进行了规定，同样要求满足 UN 38.3 的各项测试。

表 6-2 UN38.3 实验项目[29]

| 编号 | 项目名称 | 试验要求 |
|---|---|---|
| T.1 | 高度模拟 | 电池在气压小于或等于 11.6kPa 环境下储存至少 6h |
| T.2 | 温度试验 | 电池在–40℃和 75℃环境温度下各储存 6h，共完成 10 次循环 |
| T.3 | 振动 | 电池固定在试验台上进行正弦波扫频振动，频率范围 7~200Hz，最大加速度 8g，振幅 0.8mm |
| T.4 | 冲击 | 电池固定在试验台上经受最大加速度 150g 的机械冲击，脉冲持续时间 6ms |
| T.5 | 外部短路 | 在 57℃环境温度下，用总内阻小于 0.1Ω 的导线对电池进行外部短路 |
| T.6 | 撞击/挤压 | 撞击（适用于直径≥18mm 的圆柱形电池芯）：用重量 9.1kg 重锤从 61cm 高度撞击电池芯；挤压（适用于菱形、软包、纽扣电池芯以及直径＜18mm 的圆柱形电池芯）：将电池芯放在两个平面上挤压，最大挤压压力 13kN |
| T.7 | 过充电 | 电池充电电压大于 18 V，使用 2 倍的最大充电电压或 22 V，取较小值对电池过压充电；电池充电电压不大于 18 V，使用 1.2 倍的最大充电电压对电池过压充电 |
| T.8 | 强制放电 | 已完全放电的电池以最大放电电流强制放电 |

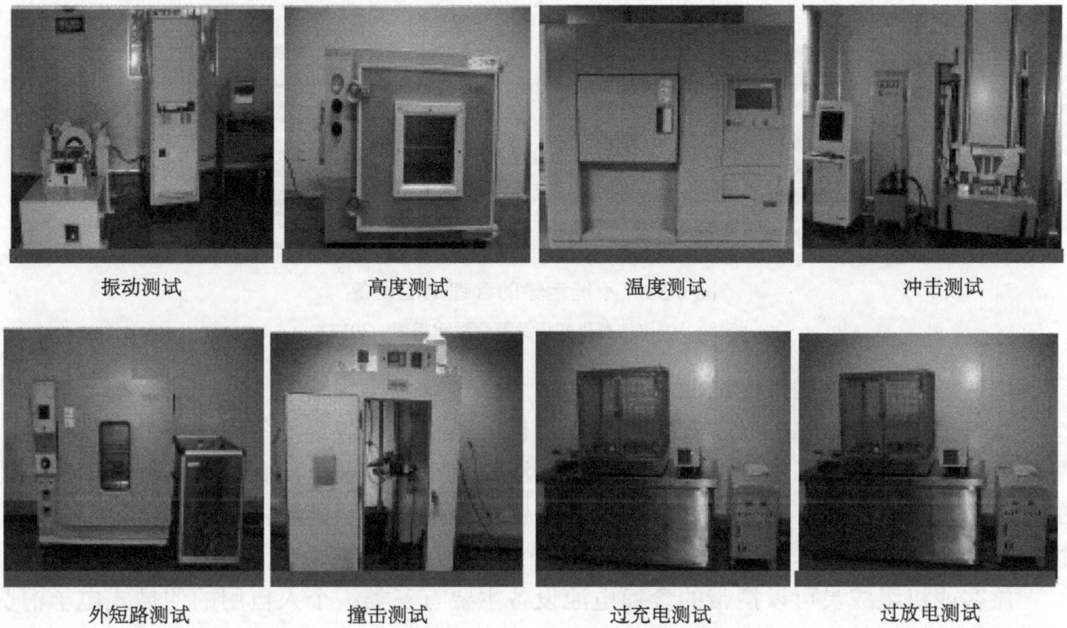


图 6-38 锂电池 UN 38.3 测试设备

（来源：锂电池基础知识及航空运输指南，2017）

#### 6.4.2.2 国内标准

（1）货物运输

中国民用航空局 CAAC 在 2013 年 5 月 1 日颁布的中华人民共和国民用航空行业标准 MH/T 1052—2013《航空运输锂电池测试规范》[30]，该标准主要参考国际航空运输协会 IATA 的《危险品规则》和 UN 38.3 以及中国民用航空行业标准 MH/T 1020《锂电池航空运输规范》等标准和规范制定，为我国锂电池航空运输安全提供指导。该规范规定锂电池交付运输前不仅需要通过以下 8 个实验测试：高度模拟实验、温度实验、振动、冲击、外部短路、撞击和挤压、过度充电和强制放电，还要通过包装件测试，包装件测试是指包装件从 1.2m 的高度自由跌落至冲击板上，冲击板为无弹性的水平表面。

航空运输锂电池要求：锂电池能量不超过 100Wh，且锂电池必须安装在设备中，锂电池芯能量不超过 20Wh，单个包装件内不得超过 4 块电池芯或 2 块电池。由于能量超标不能邮寄的含锂电池设备如图 6-39 所示。

图 6-39　不能运输的含锂电池设备

（来源：锂电池基础知识及航空运输指南，2017）

（2）旅客行李中携带锂电池

旅客携带含锂电池的设备既可以托运，也可以手提或随身，备用锂电池严禁托运，只能手提或随身。为了加强旅客行李中锂电池的航空运输安全，做好旅客行李中锂电池的安全运输管理工作，对于旅客行李中携带锂电池的，按照国际民航组织 ICAO《危险物品安全航空运输技术细则》执行以下规定[31]：

旅客或机组成员可以携带的含锂电池设备主要有三类：个人自用的便携式电子消费品、便携式电子医疗设备和电动轮椅/ 代步工具，具体如图 6-40 所示，具体可携带量如表 6-3 所示。

为防止短路，便携式电子装置的备用电池必须单个做好保护，具体防护措施如图 6-41 所示，并且仅能在手提行李中携带。

充电宝必须是旅客个人自用携带，充电宝只能在手提行李中携带或随身携带，严禁在托运行李中携带，充电宝额定能量不超过 100Wh，无需航空公司批准；额定能量超过 100Wh 但不超过 160Wh，经航空公司批准后方可携带，但每名旅客不得携带超过两个，额定能量超过 160Wh 严禁携带；严禁携带未标明额定能量同时也未能通过标注的其他参

图 6-40 可携带的锂电池设备

（来源：锂电池基础知识及航空运输指南，2017）

**表 6-3 锂电池携带数量限制**

<table>
<tr><th colspan="2">设备类型</th><th>额定能量或锂含量限制</th><th>行李类型</th><th>数量限制</th><th>批准</th><th>保护措施</th><th>通知机长</th></tr>
<tr><td colspan="2" rowspan="2">个人自用电子设备</td><td>≤100Wh 或≤2g</td><td rowspan="2">托运、手提或随身</td><td>—</td><td>—</td><td rowspan="2">防意外启动</td><td>—</td></tr>
<tr><td>100~160Wh</td><td>—</td><td>运营人批准</td><td>—</td></tr>
<tr><td colspan="2" rowspan="2">个人自用电子设备的备用电池</td><td>≤100Wh 或≤2g</td><td rowspan="2">手提或随身</td><td>见注释</td><td>—</td><td rowspan="2">单个保护</td><td>—</td></tr>
<tr><td>100 ~160Wh</td><td>每人 2 块</td><td>运营人批准</td><td>—</td></tr>
<tr><td colspan="2">便携式电子医疗装置</td><td rowspan="2">≤160Wh 或≤8g</td><td>托运、手提或随身</td><td>—</td><td rowspan="2">运营人批准</td><td>防意外启动</td><td>—</td></tr>
<tr><td colspan="2">便携式电子医疗装置的备用电池</td><td>手提或随身</td><td>每人 2 块</td><td>单个保护</td><td>—</td></tr>
<tr><td rowspan="2">电动轮椅或代步工具</td><td>电池不可拆卸</td><td>—</td><td>托运</td><td rowspan="2">—</td><td rowspan="4">运营人批准</td><td rowspan="4">电池防短路防受损</td><td rowspan="4">通知机长</td></tr>
<tr><td>电池可拆卸</td><td>≤300Wh</td><td>电池应卸下并手提</td></tr>
<tr><td colspan="2" rowspan="2">电动轮椅或代步工具的备用电池</td><td>≤160Wh</td><td rowspan="2">手提</td><td>每人 2 块</td></tr>
<tr><td>≤300Wh</td><td>每人 1 块</td></tr>
</table>

注：携带数量以旅客和机组成员在行程中使用设备所需的合理数量为判断标准

来源：锂电池基础知识及航空运输指南，2017

数计算得出额定能量的充电宝。飞行过程中应当确保充电宝开关处于关闭状态，不得使用充电宝为电子设备充电或作为外部电源使用，不得开启充电宝的其他功能。

切忌多个电池散装乱堆放在一起，也不要与金属物品放在一起　　电池可以放在塑料袋中　　电池可以放在盒子中

图 6-41　备用锂电池的包装

（来源：锂电池基础知识及航空运输指南，2017）

（3）蓄电池的适航要求

CCAR-25-R4 第 25.1353 条[5]规定飞机机用蓄电池必须按下列要求设计和安装：

①在任何可能的充电或放电状态下，单体蓄电池的温度和压力必须保持在安全范围之内。当蓄电池（在预先安全放电之后）在下列情况重新充电时，单体蓄电池的温度不得有不可控制的升高：

• 以调定的最大电压或功率；
• 最长持续飞行期间；
• 服役中很可能出现的最不利的冷却条件。

② 必须通过试验表明符合第①条的要求，但是，如果类似的蓄电池和安装方法的使用经验也已表明，使单位蓄电池保持安全的温度和压力不存在问题则除外。

③ 正常工作时，或充电系统或蓄电池装置发生任何可能的故障时，从任何蓄电池逸出的易爆或有毒气体，在飞机内的积聚量不得达到危险程度。

④ 蓄电池可能逸出的腐蚀性液体或气体，均不得损坏周围的飞机结构或邻近的重要设备。

⑤ 每个镉镍蓄电池装置必须有措施防止蓄电池或某个单体蓄电池短路时所发出的最大热量危及结构或重要系统。

⑥ 镉镍蓄电池必须具有下列系统之一：

• 自动控制蓄电池充电速率的系统，以防止蓄电池过热；
• 蓄电池温度敏感和超温警告系统，该系统具有一旦出现超温情况即可将蓄电池与其充电电源断开的应急措施。

## 6.4.3　锂电池火灾危险性

运输量激增，而飞机早期探测和灭火技术无法控制锂电池火灾，这势必会导致锂电池航空运输事故多发。据 FAA[32]调查，1991 年 3 月~2015 年 6 月，全球共发生 158 起由运输锂电池引发的航空事故，其中有多起直接导致机毁人亡，如 2010 年 9 月 3 日，美国联合包裹服务公司（United Parcel Service，UPS）的一架波音货机在迪拜坠机，图 6-42 是货机在迪拜坠机后的残骸，两名飞行员牺牲，起因是 81000 块锂电池因过热起火和爆炸[33,34]。表 6-4 列举了 2006 年至今在航空领域由运输锂电池引发的火灾或爆炸事故[35]，可知，锂电池航空运输火灾事故危害大，尤其是发生在运输途中的锂电池火灾，单个锂电池起火后会迅速引燃周围锂电池，而目前飞机上配备的 Halon 1301 或 Halon 1211 灭火剂虽然能扑灭明火，但不能阻止其内部继续发热[36]，导致极易发生复燃，同时爆炸产生的威力可使机身爆开，极有可能发生机毁人亡，造成非常严重的损失。

图 6-42　波音 747-400 货机坠毁后残骸

（来源：http://news.carnoc.com/list/169/169252.html）

**表 6-4　锂电池导致的航空事故统计**

| 序号 | 时间 | 事故 | 事故原因 | 后果 |
|---|---|---|---|---|
| 1 | 2016.10.02 | 四川航空 3U8588 航班客舱起火 | 充电宝自燃 | 飞机迫降 |
| 2 | 2016.05.06 | 台湾威航 ZV252 航班客舱起火 | 充电宝自燃 | 飞机返航 |
| 3 | 2015.10.24 | 马印航空客舱起火 | 电子烟电池起火 | 飞机迫降 |
| 4 | 2015.05.12 | 山东航空 SC4976 客舱起火 | 充电宝自燃爆炸 | 飞机迫降 |
| 5 | 2015.05.02 | 沙特阿拉伯航空客舱起火 | 充电宝自燃 | 航班取消 |
| 6 | 2013.12.12 | 上海航空 FM9534 客舱起火 | 充电宝短路 | 座椅烧毁 |
| 7 | 2013.01.16 | 全日空波音 787 主电池过热起火 | 锂电池短路 | 飞机迫降 |
| 8 | 2013.01.07 | 日航波音 787APU 电池组起火 | 锂电池短路 | 飞机迫降 |
| 9 | 2012.03.20 | 国航 CA1742 航班行李箱自燃 | 手机锂电池短路 | 行李烧毁 |
| 10 | 2011.07.11 | 韩亚航空货机起火爆炸 | 运输锂电池起火 | 机毁人亡 |
| 11 | 2011.05.25 | 国航 CA1549 航班客舱起火 | 摄像机电池自燃 | 飞机迫降 |
| 12 | 2010.09.03 | UPS 的波音 747-400 货机迪拜坠机 | 运输锂电池燃烧 | 机毁人亡 |
| 13 | 2009.08.15 | 联邦快递包装件起火 | 震动导致电池燃烧 | 货物烧毁 |
| 14 | 2009.07.27 | 深圳某公司销往美国锂电池起火 | 劣质锂电池自燃 | 飞机迫降 |
| 15 | 2008.08.03 | 国航 CA4178 航空托运行李自燃 | 锂电池高温自燃 | 行李烧毁 |
| 16 | 2006.05.15 | 汉莎航空芝加哥飞慕尼黑航班客舱起火 | 笔记本电池起火 | 飞机迫降 |
| 17 | 2006.02.18 | UPS 的 DC-8 货机高空突然冒烟起火 | 运输锂电池燃烧 | 货物烧毁 |

航空运输锂电池火灾危险性往往会在以下四方面表现更为突出：

① 火灾初期征兆不明显，短时间内发生剧烈燃烧或爆炸。

锂电池需要在 230℃的高温下才会被点燃，在此之前，征兆不明显（仅有少量的刺激性气体释放，表面温度有小幅度的升高），但一旦点燃，内部发生链式反应，使得火灾瞬间变得不可控。

② 燃烧温度高，蔓延速度快，破坏性大。

锂离子电池不但燃烧强度大，而且表面温度高（650~1000℃），超过大多数物质的燃点（铝的燃点 560℃），足以引燃相邻的锂离子电池和其他可燃物，同时锂电池爆炸产生的压力能够使飞机结构破坏，使得火灾迅速蔓延至整个机舱。

③ 自燃性高，复燃性大。

在航空运输中，受颠簸、挤压以及高温等因素的影响，锂电池均会发生自燃；即使飞机货舱采取灭火措施，灭火后货舱内的温度仍会使锂电池再次发生复燃，给灭火救援增加了难度。

④ 烟雾毒气大，扑救困难，损失严重。

锂电池一旦在飞行中起火，目前飞机上使用的灭火剂 Halon 1301、Halon 1211 不能将其及时扑灭，火势会迅速蔓延至其他部位，快速引燃火源附近的可燃物，造成大面积着火。锂电池燃烧会释放出大量刺激性、窒息性气体和烟雾，如 CO、$CO_2$、HF 以及 $SO_2$ 等有毒气体，这些气体蔓延至驾驶舱不但使驾驶舱能见度降低，而且易导致驾驶员中毒，无法操纵飞机，极有可能发生坠机事故，给民航业造成极大的经济损失。

#### 6.4.3.1 真实飞机机舱环境锂电池火灾危险性

1. 货舱运输的大批量锂电池

为了评估真实环境下飞机大批量运输锂离子电池的火灾危险性，2011 年 FAA[37]针对锂离子电池和锂金属电池分别展开了小尺度和中尺度的火灾试验，测试了热失控温度、爆炸压力和锂电池火灾蔓延特性以及包装材料燃烧特性等。结果表明，热失控最大温度达到 1100K，超过大多数 A 类材料的着火温度，一个电池达到热失控产生的热量足以引燃相邻的电池，锂电池极易发生连锁爆炸，四个锂离子电池同时爆炸能够产生 1psi 压力，这个压力能激活压力释放面板，不但货舱的完整性受破坏，还会导致 Halon 1301 灭火剂泄漏，降低其灭火效果。

2013 年 FAA[38]在波音 727 主货舱（E 类货舱：无灭火系统）分别对 5000 个 18650 型锂离子电池和 4800 个 SF123A 锂金属电池的火灾危险性进行了不同引燃方式下（明火引燃和高温加热）的全尺寸实验，具体如图 6-43 所示。通风设定为：换气量为 5.75min/次，燃烧一段时间后用水对其进行灭火，实验得到的部分数据如表 6-5 所示。实验结果表明：锂金属电池火灾传播速率远远大于锂离子电池，温度更高，火灾危险性更大。

（a）5000 个 18650 锂离子电池（50%电量）全尺寸实验（高温加热）

（b）5000 个 18650 锂离子电池（50%电量）全尺寸实验（明火引燃）

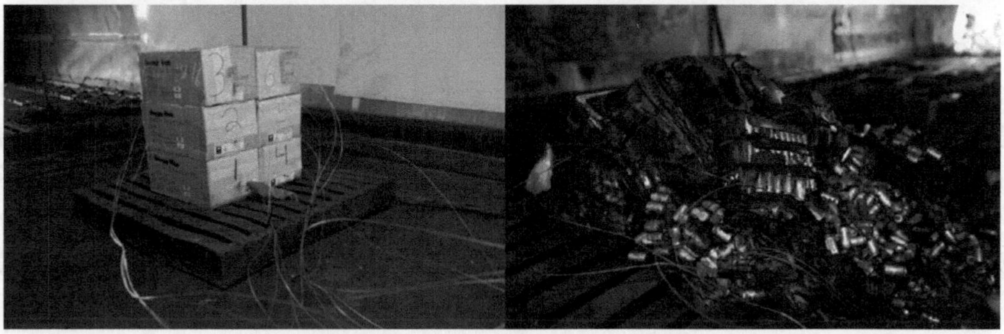

（c）4800 个锂金属电池（100%电量）全尺寸实验（高温加热）

（d）4800 个锂金属电池（100%电量）全尺寸实验（明火引燃）

图 6-43　FAA 开展全尺寸锂电池火灾试验前和试验后图片[38]

表 6-5 波音 727 主货舱锂电池实验数据[38]

| 参数 | | | 电池种类 | | | |
|---|---|---|---|---|---|---|
| | | | 5000 个锂离子 | 5000 个锂离子 | 4800 个锂金属 | 4800 个锂金属 |
| 开始灭火时间/min | | | 57 | 36 | 16 | 18 |
| 参与电池个数 | | | 2792 | 3878 | 2445 | 2792 |
| 舱顶最高温度/℃ | | | 810 | 677 | 821 | 927 |
| 电池堆最高温度/℃ | | | 721 | 749 | 1260 | 1232 |
| 货舱 | 气体体积分数/% | $O_2$ | 8.3 | 8.8 | 8.1 | 3.5 |
| | | $CO_2$ | 10 | 10 | 10 | 10 |
| | | CO | 1.90 | 5.00 | 1.56 | 2.00 |
| | 温度/℃ | 15cm | 88 | 200 | 121 | 121 |
| | | 92cm | 221 | 370 | 293 | 327 |
| | | 152cm | 330 | 480 | 454 | 474 |
| 驾驶舱 | 气体体积分数/% | $O_2$ | 18.3 | 19.9 | 16.0 | 17.5 |
| | | $CO_2$ | 1.90 | 0.36 | 0.65 | 2.40 |
| | | CO | 5.00 | 0.42 | 0.40 | 0.60 |
| | 温度/℃ | 15cm | 12 | 37 | 11 | 22 |
| | | 92cm | 18 | 41 | 17 | 26 |
| | | 152cm | 30 | 44 | 23 | 30 |

2014 年，FAA[39]在 C 类货舱的（配带灭火系统）的前货舱对通风条件下分别对 5000 个 18650 型锂离子电池和 4800 个 SF123A 锂金属电池火灾危险性进行了评估，C 类和 E 类货舱结构具体如图 6-44 所示，燃烧 1min 后用 Halon 1301 对其进行灭火，试验结果如图 6-45~图 6-47 所示，结果表明：哈龙能抑制锂离子电池的电解液火灾，大约 1200 个锂离子电池被消耗，爆炸压力对货舱衬垫损坏小，而对于锂金属电池目前飞机上使用的哈龙灭火剂不能将其扑灭，火灾危险性极大，爆炸产生的压力冲破货舱壁板，使火势蔓延到飞机的其他部位。

图 6-44 E 类和 C 类货舱结构对比[39]

图 6-45 实验中飞机货舱和驾驶舱的内部烟雾和温度分布[39]

（a）5000 个 18650 锂离子电池（50%电量）全尺寸实验（明火引燃）

（b）4800 个锂金属电池（100%电量）全尺寸实验（明火引燃）

图 6-46 实验后照片[39]

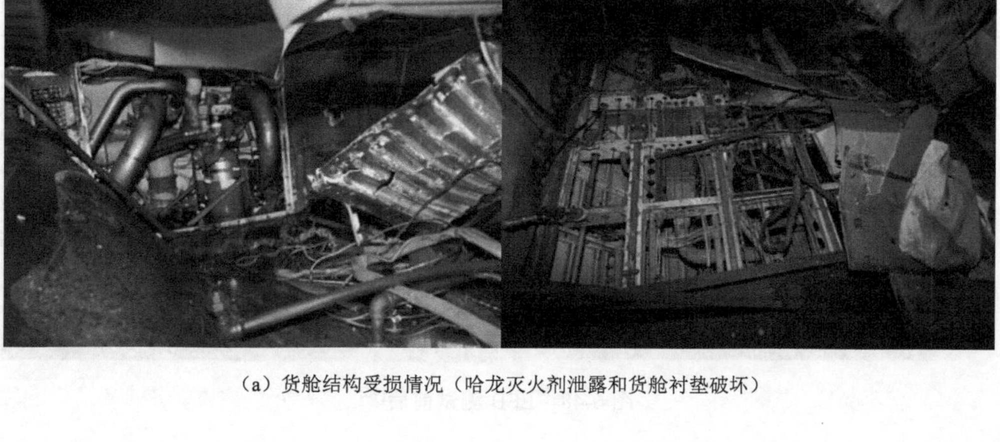

（a）货舱结构受损情况（哈龙灭火剂泄露和货舱衬垫破坏）

（b）盥洗室和驾驶舱的门破裂

图 6-47 锂金属电池爆炸导致结构受损情况[39]

2. 驾驶舱电子飞行包内锂电池

2013 年，FAA[40]在波音 737 的驾驶舱对不同通风条件下装有锂离子电池的电子飞行包（EFB）火灾危险性进行了测试，具体如图 6-48 所示，试验用加热器直接加热满电的电子飞行包，测试锂离子电池燃烧过程中释放的 CO、$CO_2$、$O_2$浓度、热失控温度的变化以及 Halon 1211、Halon 1301 灭火剂的灭火效能，在出现明火后立即启动哈龙灭火系统进行灭火。结果表明：锂离子电池释放的烟浓度（烟雾遮光率最高达 35%且持续 1.5min）具有严重的危害性，即使在较高的通风速率下（1 次/min），通风也不能降低烟雾浓度，而 CO、$CO_2$、$O_2$在不同通风速率下变化很小，但驾驶舱最高温度却可达 600℃，爆炸产生的巨大压力脉冲可推开未锁舱门，Halon 1211 和 Halon 1301 灭火剂不能阻止火灾的蔓延和气体的释放。

图 6-48 EFB 测试前后[40]

3. 客舱平板电脑内含有的锂电池

平板电脑是机组及旅客随身携带的娱乐设备，在振动或高温等条件下具有较大的火灾风险。2014 年 FAA[41]在波音 737 飞机客舱内进行通风条件下平板电脑的火灾危险性实验，实验将平板电脑放在厨房手推车上。平板电脑的放置方式如下图 6-49 所示，实验结果：1in 间隔条件下平板电脑未引燃，无间隔被引燃，通风系统虽正常使用，但舱内仍充满浓烟，具体如图 6-50 所示，且爆炸产生的压力冲开推车门。

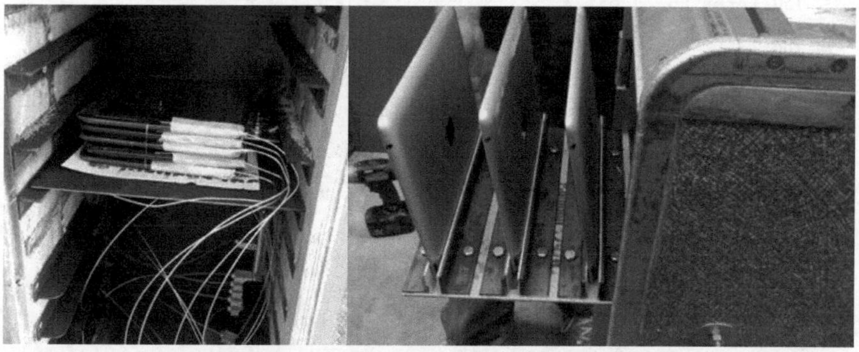

图 6-49 平板电脑放置方式（横向和纵向）[41]

图 6-50 实验中烟雾[41]

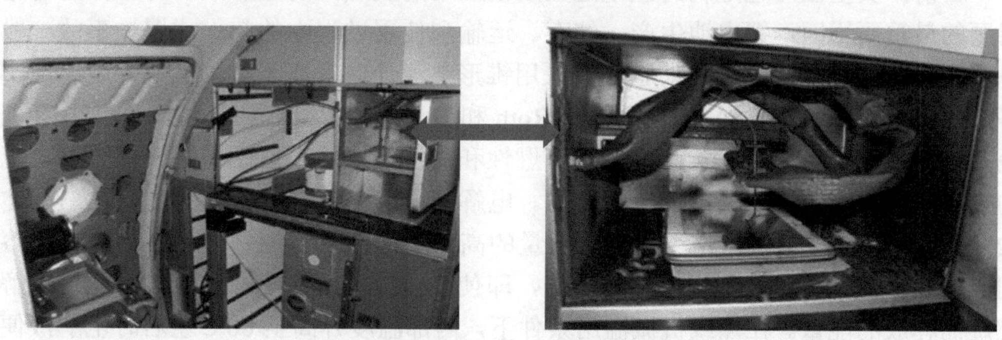

图 6-51 波音 727 的前方厨房平板电脑测试[42]

2015 年 FAA[42]在波音 727 的前方厨房进行平板电脑的火灾危险性测试，具体如图 6-51 所示，通风系统打开，测试厨房温度、CO 和 $CO_2$浓度（图 6-52）的变化，结果表明厨房能够承受锂电池的燃烧，且释放的毒性气体浓度低于人类忍受极限值。

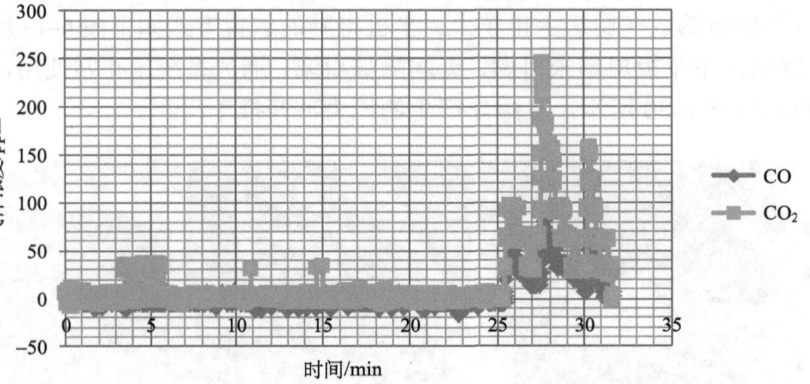


图 6-52　CO 和 $CO_2$变化曲线[42]

#### 6.4.3.2　变动环境锂电池火灾危险性

1. 高温环境

据 FAA 统计[27]，2009~2011 年 20 起由锂电池引起的地面不安全事件中有 75%是由锂电池高温储存引起的。锂电池自身为一封闭体系，在热滥用下，其具有着火或爆炸的三要素：电解液、隔膜和塑料外壳等均是可燃物，正负极活性材料热分解提供氧气，内部材料相互间发生一系列不可控的放热反应，释放大量的热量和可燃性气体，达到燃烧极限，便会发生火灾，同时产生的大量气体使其内部压力急剧升高，超过壳体承受压力时，便会发生爆炸[43-46]。可见高温环境为锂电池火灾提供了必要的活化能，因此揭示高温环境对锂电池燃烧特性的影响机制，不仅能为飞机货舱运输锂电池火灾的防治提供科学依据，还能为飞机货舱火灾探测系统的选型和设计提供技术支撑。

目前，安全性问题是制约锂电池大规模应用的瓶颈，而电解液的可燃性是引起安全问题的最重要原因，锂电池生产、储存、运输和使用过程中的起火或爆炸事故一般是由电解液泄漏被点燃造成的。张旭等[47]采用锥形热流计对锂离子动力电池开展燃烧实验，得出不含电解液的锂电池不发生燃烧；Roth 和 Doughty[48]和 Garcia 等[49]对 18650 型锂电池开展热失控实验，得出实验产生的可燃性和毒性气体均来自于电解液热分解，电解液的热分解直接决定了热失控反应的发生。电解液占整个锂电池质量的 14%左右、体积的 32%左右，其性能直接决定了锂电池容量的高低和循环性能的好坏，然而，有机溶剂的闪点低和挥发性高导致电解液易于燃烧，即使完全放电的锂电池也包含有通过电解液的燃烧而释放的能量。在热或机械滥用条件下，内部温度升高至 80℃左右时电解液便会发生热分解[50-52]，同时电解液与电极材料之间也会相互反应，正负极活性材料热解释放的氧气会氧化 5%的电解液[53]，剩余的电解液在安全阀破裂后都泄漏至空气中。泄漏的电解液是液态和汽化的电解液及电解液热分解产生的可燃性气体组成的混合物，在高温环境下，可燃性气体混合物与空气混合后在泄漏口发生射流火燃烧，而液态的电解液则沿着锂电池的表面流动并在低洼处积累，形成薄层受限油池。油池的大小取决于泄漏的电解液量，油池能够被锂电池释放的热量点燃，火焰将迅速蔓延至整个油池表面。2013 年 1 月 7 日，日航的波音 787 客机机身后部的辅助动力锂电池发生过热导致起火，泄漏的电解液形成的池火燃烧使得半米以外的飞机机体结构受到损坏[26]。电解液油池火燃烧释放的能量不仅能够引起锂电池内部温度的升高，而且能够引燃周围的锂电池[54]，泄漏的电解液燃烧所释放的能量是锂电池储存的电能 4 倍[55,56]。Ribière 等[56]发现锂聚合物电池燃烧释放的能量 67%来自于泄漏的电解液燃烧，因此电解液的燃烧决定着锂电池火灾的发生、蔓延以及火灾扑救的最佳时机和灭火效果。为预防锂电池火灾的发生以及控制火灾的发展，需要对高温环境下电解液的燃烧特性开展研究。

本章利用锥形热流计对航空运输量最大的 18650 型锂离子电池及其电解液在高温环境下的火灾危险性开展了实验和理论研究。

（1）电解液的火灾危险性

<u>实验对象</u>

测试的电解液为 1mol/L $LiPF_6$ 溶解于质量比为 1:1:1 的碳酸乙烯酯（EC）、碳酸二甲酯（DMC）和碳酸甲乙酯（EMC）混合物中，这种电解液广泛应用于商业锂电池中。表 6-6 给出了电解液中三种有机碳酸酯溶剂的性能参数。

**表 6-6　EC、DMC 和 EMC 的性能参数**

| 溶剂 | 分子式 | 化学结构式 | $\rho$/(g/cm³) | 闪点/℃ | 沸点/℃ | $\Delta H_c$/(kJ/g) | $\Delta H_g$/(kJ/g) |
|---|---|---|---|---|---|---|---|
| EC | $C_3H_4O_3$ | 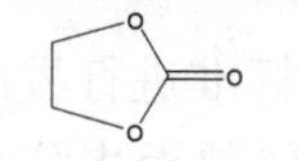 | 1.40 | 146 | 248 | 12.66 | 0.62 |
| DMC | $C_3H_6O_3$ | 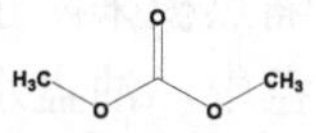 | 1.06 | 18 | 91 | 14.48 | 0.43 |
| EMC | $C_4H_8O_3$ | 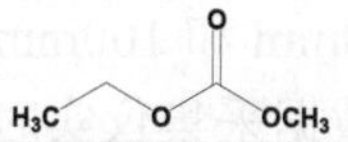 | 1.00 | 23 | 110 | 18.41 | 0.34 |

注：$\Delta H_c$ 为有效燃烧热；$\Delta H_g$ 为汽化热

<u>实验工况</u>

根据 ISO 5660-1 标准[57]的规定，锥形热流计测试的样品托盘尺寸应为 10cm×10cm，Lindholm 等[58]发现缩小样品托盘尺寸对热释放速率（heat release rate, HRR）和有效燃烧热的影响可以忽然；然而，Nussbaum 和 Östman[59]发现增大样品托盘的尺寸（20cm×20cm），HRR 峰值和均值均比 10cm×10cm 的高。不同能量密度的锂电池包含的电解液质量不同，10 Ah 磷酸铁锂离子动力电池（总质量约为 360g）包含大约 51g 电解液，2.6 Ah 18650 型锂离子电池（总质量约为 46g）包含大约 5g 电解液。综合上述原因：选取的油盘尺寸应小于等于 10cm，本章分别选取 4cm、6cm 和 10cm 的方形油盘，等效直

径分别为4.5cm、6.8cm和11.3cm，油盘为2cm厚的不锈钢板制作，油盘高度为2cm，燃料的初始厚度为1.5cm，这种厚度下，三种油池内电解液的初始质量分别为20g、45g和125g。

三种代表不同火灾规模的辐射热流（30kW/$m^2$、40kW/$m^2$和50kW/$m^2$）被应用，同时还测试了在无辐射热流条件下，电解液被明火点燃，在有辐射热流条件下，电解液被锥形热流计的电火花点燃。具体的实验工况如表6-7所示，每组实验重复两次以保证其实验的可重复性，结果取三组实验的平均值。

表6-7　实验工况

| 工况/组 | 油盘直径/cm | 辐射热流/(kW/$m^2$) | 测量参量 |
| --- | --- | --- | --- |
| 一 | 4.5 | 0 | HRR,MLR,火焰高度，气体释放速率 |
| | | 30 | |
| | | 40 | |
| | | 50 | |
| 二 | 6.8 | 0 | HRR,MLR,火焰高度，气体释放速率 |
| | | 30 | |
| | | 40 | |
| | | 50 | |
| 三 | 11.3 | 0 | HRR,MLR,火焰高度，气体释放速率 |
| | | 30 | |
| | | 40 | |
| | | 50 | |

注：MLR（mass loss rate）为质量损失速率

*实验方法*

开始实验前，首先对锥形热流计按照ISO 5660-1标准进行校准，然后调试数据采集装置使辐射热流达到测试值，在天平和样品架间放置隔热板来防止高温对天平的损坏，油盘四周用锡箔纸包裹，将一定质量的电解液加入油盘中，油盘水平放置在样品架上，沿油盘中心线布置两根热电偶，分别距离油盘表面50mm和100mm，用于测量火焰温度，水平距离油盘中心1.5m处布置摄像机。开始试验，数据采集仪实时显示并保存记录的温度数据，电子天平记录样品燃烧时的失重，摄像机记录整个实验过程，锥形热流计自带的数据处理软件记录实验过程中的HRR、点燃和熄灭时间以及CO和$CO_2$气体产量等数据。

由于锥形热流计测试气体成分的局限性，为进一步分析电解液热解过程中产生的气体产物，采用TG-FTIR联用技术对电解液在受热过程中的蒸发气和热解气进行在线分析，实验条件为：样品初始质量约为40mg，温度范围为室温至400℃，加热速率10℃/min，氮气氛围。

*实验结果与分析*

① 热释放速率（HRR）分析与预测模型的建立：

热释放速率（HRR）是单位时间内燃料燃烧所释放的热量，其是衡量电解液火灾危险性的最重要参量，同时电解液 HRR 也直接决定了相邻的锂电池是否能被点燃。图 6-53 给出了不同辐射热流下 6.8cm 电解液油池火的 HRR 变化曲线，可以看出，30kW/m$^2$、40kW/m$^2$ 和 50kW/m$^2$ 辐射热流下电解液油池火的 HRR 变化曲线趋势基本一致，均有两个峰值（第一峰值远大于第二峰值），将整个燃烧分为点燃、沸腾燃烧、衰退三个明显阶段，这与小尺寸的氢化物池火燃烧四阶段（点燃、稳定燃烧、沸腾燃烧和衰退）不同[60]，主要与电解液中多种有机碳酸酯的蒸发速率快慢有关。

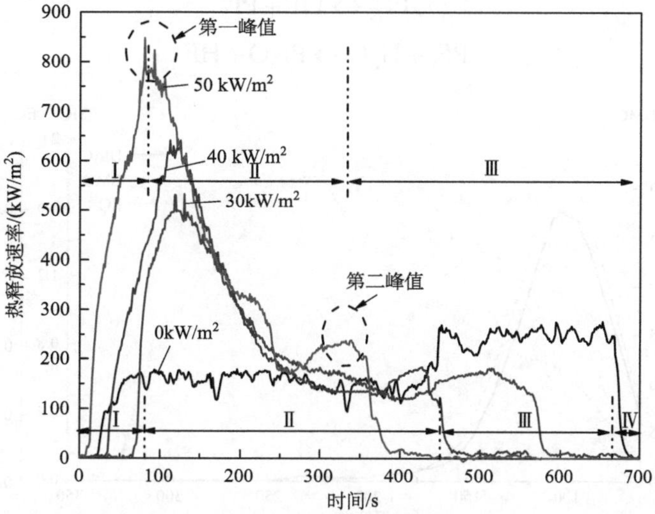


图 6-53　不同辐射热流下 6.8cm 电解液油池火的 HRR 变化曲线

在阶段Ⅰ，电解液热解气被电火花点燃后，火焰迅速扩展至整个油面，火焰反馈的热量在短时间内传递到油池底部，使整个油层的温度迅速上升，燃烧速度持续上升，并在较短的时间内达到 HRR 第一峰值；在阶段Ⅱ，随着电解液的不断消耗，其厚度迅速降低，电解液表面接收到火焰和加热锥的热量降低，HRR 减小。除此之外，线状有机碳酸酯快速的蒸发（见图 6-54），维持初期的火焰燃烧，在阶段Ⅰ的末期其逐渐被消耗完，而环状有机碳酸酯的蒸发速率慢，这也导致 HRR 减小。由于燃料层变薄，且电解液的有机溶剂沸点较低，再加上火焰热反馈的积累，使得油池壁面温度达到并超过燃料的沸点，导致热量由壁面向燃油传递，在油池壁面和电解液液体交界面产生气泡，即固液和气液界面均蒸发产生燃料蒸气，随着燃烧的进行，池壁上产生的气泡越来越多，在阶段Ⅱ末期，发生剧烈沸腾并伴随着喷溅（是由气泡从燃料液面逸出时，包裹在气泡外表的电解液接触火焰发生微爆引起的），使得电解液蒸发速率增大，从而 HRR 又上升，出现第二峰值。

在阶段Ⅲ，随着电解液持续减少，池火火焰逐渐变小直至熄灭，HRR 呈下降趋势直至变为 0。在此阶段，不但有大量的烟气产生，而且有刺激性气体释放，参考 FTIR 谱图

（参见下文的图 6-69），刺激性气体为 HF，其具有极大的毒性，这对于发生火灾时的人员逃生是极其不利的，HF 来自于锂盐的水解和热分解[61-64]，具体方程式如式（6-3）~式（6-5）所示，这与 Yang 等[65]和 Wilken 等[66]的研究结果一致。通过视频观察，燃烧结束后油盘内有少量灰色固体残留物，其质量占初始电解液质量的 3%左右，根据六氟磷酸锂的解离平衡方程，LiF 的理论质量占电解液的总质量的 2.3%，对比试验和理论值可以初步推断该残留物为 LiF，为进一步确定残留物的成分，采用 XRD 方法对燃烧后的固体残留物成分进行分析。图 6-55 所示为残留物的 XRD 谱，从图中可以看出，XRD 谱中只存在 LiF 的典型 X 射线衍射峰，因此固体残留物只有 LiF，这与 Eshetu 等[67]得出的结果一致。

$$LiPF_6 + H_2O \rightarrow LiF + POF_3 + 2HF \tag{6-3}$$

$$LiPF_6 \leftrightarrow LiF + PF_5 \tag{6-4}$$

$$PF_5 + H_2O \rightarrow PF_3O + HF \tag{6-5}$$

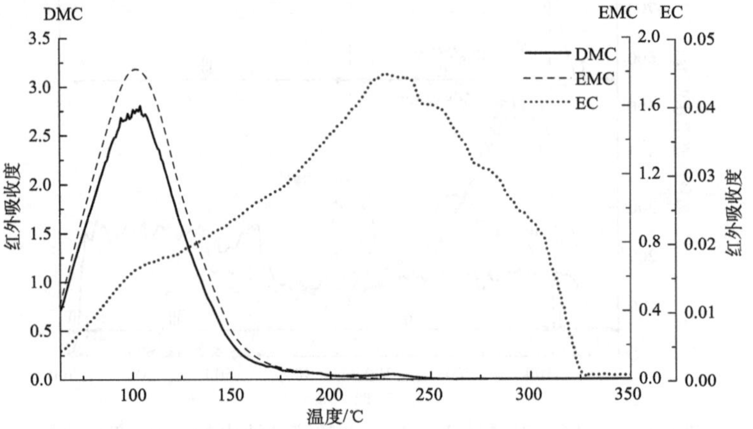


图 6-54 三种有机溶剂的 FTIR 谱图

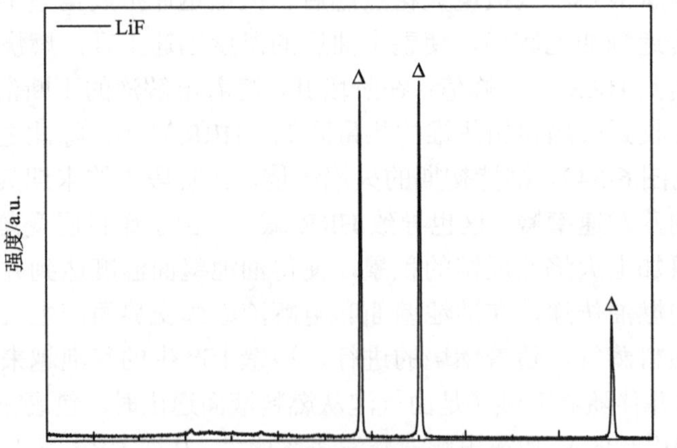


图 6-55 电解液池火残留物的 XRD 谱图

从图 6-53 中可以看出，随着辐射热流的升高，单位面积的电解液油池接收的热量增多，蒸发和燃烧速率加快，点燃和沸腾燃烧阶段持续时间均明显缩短，释放的热量增多，即第一峰值随着辐射热流的升高而明显增大，而第二峰值随着辐射热流的升高有小幅度的增大，主要是因为第一峰值是由火焰热反馈形成，第二峰值是由油壁的传导热形成[68]。4.5cm 和 11.3cm 的油盘电解液在不同辐射热流条件下的燃烧现象与之相同，因此可以得出随着环境温度的升高，电解液的火灾危险性增大。

电解液是由多种有机碳酸酯和锂盐组成的复杂混合物，其中锂盐是不燃的[67]，一般情况下，电解液油池火被点燃后，轻组分优先蒸发，进入火焰燃烧，而较重的组分则不断沉降，参与后期的火焰燃烧。为了探究电解液中有机溶剂的蒸发快慢，使用 FTIR 对电解液受热过程中蒸发和热分解产物进行了测量。选取电解液中三种有机溶剂的代表性吸收峰值（DMC: 1285$cm^{-1}$, EC: 1876$cm^{-1}$, EMC: 1268$cm^{-1}$），绘制三种有机溶剂的 FTIR 谱图，如图 6-54 所示，可以看出，线状有机碳酸酯 DMC 和 EMC 的蒸发速率随着温度的升高而迅速增大，并在 100℃时达到最大值，而环状有机碳酸酯 EC 的蒸发速率随着温度的升高极其缓慢的增大，230℃才达到最大值。由表 6-6 可知，EC 的汽化热几乎是 DMC 和 EMC 的 1.5 倍和 2 倍，这表明，EC 蒸发时需要吸收更多的热量，导致用于燃烧的热量降低，同时也可以看出，EMC 和 DMC 的闪点远低于 EC，从而线状有机碳酸酯更易形成可燃混合蒸气，即电解液中有机溶剂的热稳定性由小到大为 EMC<DMC<EC，这与王青松[69]的研究结果一致。综上分析可知，电解液中线状有机碳酸酯 EMC 和 DMC 属于轻组分，更容易蒸发燃烧，主要在电解液燃烧的阶段 I 消耗，而 EC 则属于重组分，主要在后期阶段消耗，从这个角度来说，环状有机碳酸酯 EC 更不易燃烧，可以作为难燃电解液的成分。

由于没有辐射热流，电解液油池燃烧的发展主要受火焰热反馈和池壁传递热量的影响，与有辐射热流工况的燃烧现象截然不同。由图 6-53 可以看出，无辐射热流电解液油池的燃烧过程可分四个阶段：点燃、稳定燃烧、沸腾燃烧和衰退。图 6-56 和图 6-57 分别是有效直径 $D$①6.8cm 和 11.3cm 的油盘典型时刻火焰形态图。

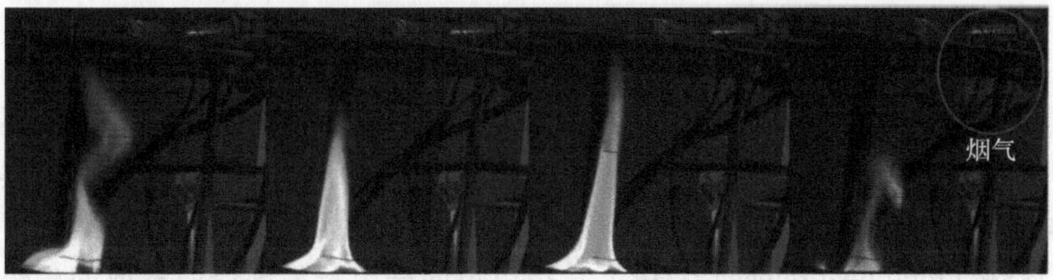


(a) 50s (b) 300s (c) 600s (d) 670s

图 6-56 典型时刻电解液池火火焰形态（$D$=6.8cm）

① 本书所提直径如无特殊说明均为有效直径

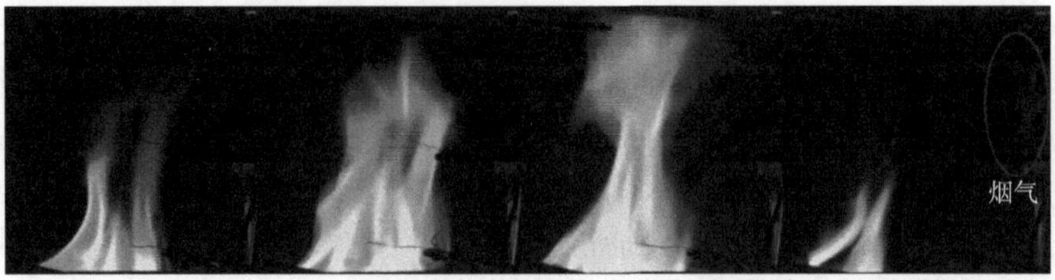


(a) 5s (b) 50s (c) 100s (d) 300s

图 6-57　典型时刻电解液池火火焰形态（$D$=11.3cm）

阶段Ⅰ：点燃。油池被点燃后，火焰不断增大并逐渐扩展至整个液面，火焰通过辐射、对流及传导三种传热方式反馈热量来加热电解液，使得电解液温度不断上升，蒸发和燃烧速率不断加快，HRR 逐渐升高，此阶段持续时间较短，大约 73s。

阶段Ⅱ：稳定燃烧。此阶段的明显特征是 HRR 基本维持在恒定值，主要是因为：燃烧的加剧使得电解液液面获得的火焰反馈热量与油池表面的辐射、通过油池侧壁和底面损失的总热量趋于平衡，且电解液蒸发的线状有机碳酸酯又能维持燃烧必需的释热速率。此阶段持续时间较长，大约 350s。

阶段Ⅲ：沸腾燃烧。此阶段的明显特征是 HRR 突然增大至最大值，之后有小幅度的变化，火焰波动显著，这归因于薄层沸腾现象所引起的燃油蒸发，图 6-58 为此工况下有效直径 $D$ 为 11.3cm 的油盘沸腾阶段典型时刻液面变化图。此阶段持续时间相对于稳定燃烧阶段较短，大约 250s，HRR 却大约是稳定燃烧阶段的 2 倍。

阶段Ⅳ：衰减阶段。电解液大量消耗，火焰逐渐变小至熄灭，HRR 持续下降直至 0，伴随着大量烟气和刺激性气体产生。

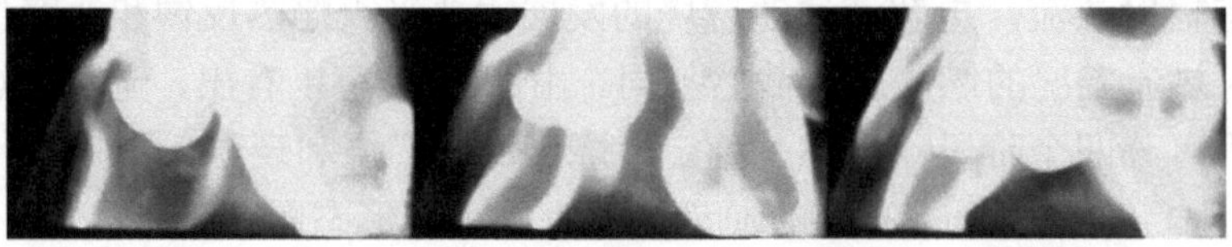

(a) 50s (b) 100s (c) 150s

图 6-58　沸腾阶段典型时刻火焰形态（$D$=11.3cm）

在有辐射热流条件下，随着燃烧的进行，电解液不断消耗，电解液厚度不断减小，使得电解液表面接收的加热锥的辐射热和火焰反馈热量不能减少，因此下文集中对第一个 HRR 峰值进行分析。在无辐射热流条件下，对稳定燃烧阶段进行分析。

总释放热（total heat release, THR）是指单位面积电解液燃烧所释放的总热量。积分 HRR 曲线可以得出 50kW/m$^2$、40kW/m$^2$、30kW/m$^2$ 和 0kW/m$^2$ 辐射热流下的 THR 分别为 139 MJ/m$^2$、117 MJ/m$^2$、113 MJ/m$^2$ 和 120 MJ/m$^2$，其中 50kW/m$^2$ 辐射热流条件下，电解液的 THR 明显高于其他三种工况，而其他三种工况的 THR 相差很小。

图 6-59 给出了不同辐射热流和油盘直径下电解液池火单位面积热释放速率峰值（peak HRR, PHHR），从图中可以看出，对于相同尺寸的油盘，PHRR 随着辐射热流的升

高而增大，但其增加速率明显低于氢化物池火的[70]。值得注意的是，正庚烷和航空煤油池火的 PHRR 总是高于电解液池火，然而，对于其他三种氢化物（柴油、滑油和液压油）池火的 PHRR 只有当辐射热流高于特定值时才高于电解液池火，比如，柴油池火的 PHRR 只有当辐射热流高于 $10kW/m^2$ 时才高于电解液池火，滑油和液压油池火的 PHRR 只有当辐射热流高于 $30kW/m^2$ 时才高于电解液池火，从以上分析可以得出：相对于氢化物，尽管在无辐射热流时，电解液池火的 PHRR 较高，但由于在有辐射热流，其低的 PHRRs 使得电解液池火总体的火灾危险性相对于普通氢化物是较低。从图 6-59 中也可以看出，在相同的辐射热流条件下，单位面积的 PHRR 随着油盘直径的增大而降低，油盘面积的增大对于燃烧带来正反两方面的影响，一是使电解液燃烧面积增大，电解液之间相互的预热更加完全，燃烧更充分，二是使电解液的热损失增大，热损失对于小尺寸薄层油池燃烧的影响更显著，显然对于实验测试的电解液池火，热损失对电解液燃烧的影响更明显，导致 PHRR 随着油盘直径的增大而降低。电解液的有效燃烧热不随油盘直径和辐射热流的变化而变化，因此 PHRR 正比于质量损失速率，而由池火燃烧速率模型可知[71]，油盘尺寸对质量损失速率的影响根据主导的热反馈分为：热传导（$D\leqslant 7cm$）、过渡区（$7cm<D\leqslant 10cm$）、热对流（$10cm<D\leqslant 20cm$）和热辐射（$D\geqslant 20cm$），本书使用的油盘尺寸属于传导热反馈占主导（除了 $D=11.3cm$ 外），根据公式（6-6），单位面积的 PHRR 应随着油盘尺寸的增加而降低。

$$\dot{q}''_{cond}=4k\frac{T_f-T_s}{D} \tag{6-6}$$

式中，$q_{cond}$ 为传导热，kW；$T_f$ 为火焰温度，℃；$T_s$ 为表面温度，℃；$D$ 为有效直径，m；$k$ 为传导系数，W/mk。

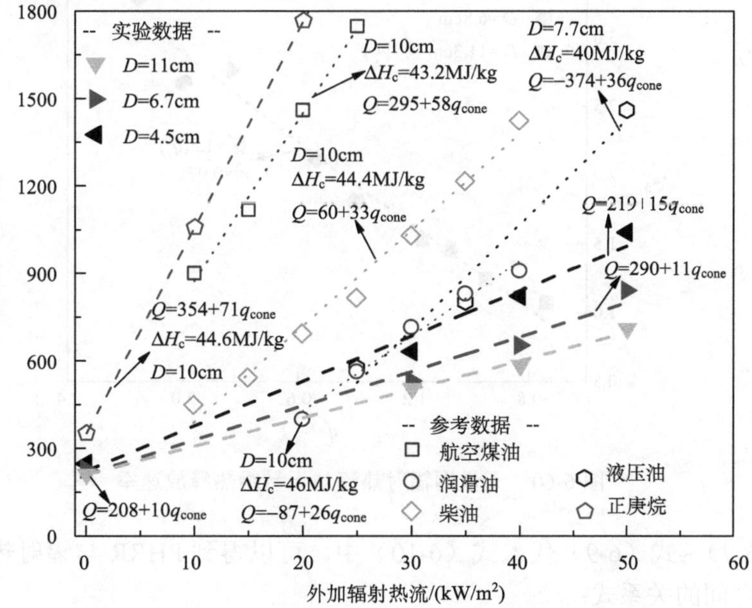


图 6-59 不同辐射热流和油盘直径下电解液池火 PHHR

根据前文的分析可知，电解液池火的 PHRR 与辐射热流和油盘直径有关，为了定量分析两者对 PHRR 的影响，本书定义无量纲辐射热流 $Q^*$为辐射热流与火焰反馈给电解液表面的热量的比值:

$$Q^* = \frac{q_{ex}}{q_s} \tag{6-7}$$

式中，$q_{ex}$ 为辐射热流，kW；$q_s$ 为火焰反馈给电解液表面的热量，kW；根据文献[72]，$q_s$ 可表示为

$$q_s = \chi_s \frac{4\rho_\infty c_p (T_\infty g(T_f - T_\infty))^{1/2} D^{1/2}}{\pi} \tag{6-8}$$

式中，$D$ 为油盘的有效直径；$c_p$、$g$、$\rho_\infty$ 和 $T_\infty$ 分别是空气的比热容、加速度、密度和温度；$T_f$为两个热电偶测得是电解液池火平均火焰温度，$\chi_s=\Delta H_g/\Delta H_c$ [52]是热反馈分数，其值为 0.07（详见后文）。

$Q^*$定义为无量纲火源功率[73]，其由下式表示：

$$Q^* = \frac{Q}{\rho_\infty c_p T_\infty g^{1/2} D^{5/2}} \tag{6-9}$$

式中，$Q$ 是 PHRR，kW。

图 6-60 给出了无量纲辐射热流与无量纲热释放速率之间的关系，根据实验数据可以拟合得到式（6-10），$r^2$ 为 0.97。

$$Q^* = 1.3(q^*)^{1.1} \tag{6-10}$$

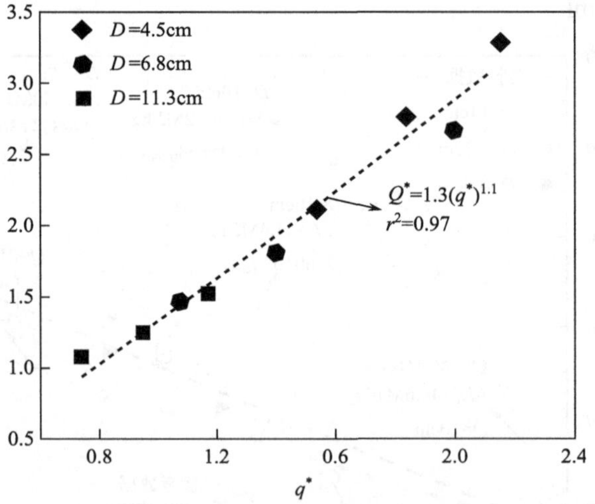


图 6-60　无量纲辐射热流与无量纲热释放速率

将式（6-7）~式（6-9）代入式（6-10）中，可以得到 PHRR 与辐射热流、火焰温度和油盘直径之间的关系式：

$$Q = 968 q_{ex}^{1.1} (T_f - T_\infty)^{-0.55} D^{-0.05}, q_{ex} > 0 \tag{6-11}$$

式中，系数 968 是由 $4.6g^{-0.05}\chi_s^{-1.1}c_p^{-0.1}\rho_\infty^{-0.1}T_\infty^{0.45}$ 计算出的值。

式（6-11）可用于预测不同辐射热流和油盘直径下电解液池火的 HRR。

表 6-8 为电解液燃烧实验中测得的主要燃烧特性参量。有效燃烧热（$\Delta H_c$）是指特定时刻的 PHRR 与 PMLR（质量损失速率峰值，peak MLR）之比。从表 6-8 中可以看出，$\Delta H_c$ 是不随油盘直径和辐射热流而变化的，取所有工况的平均值得出电解液的 $\Delta H_c$ 为 12.7±1.3MJ/kg。根据 Zhang 等[74]提出的计算混合物的化学分子式计算方法，得出测试电解液的化学分子式为 $C_{3.32}H_6O_3$，根据公式（6-12）[67]，计算测试电解液的理论有效燃烧热 $\Delta H_c$ 为 14.3MJ/kg，通过对比可以发现 $\Delta H_c$ 的实验值与理论值很接近，说明锥形热流计能够用于测试电解液池火的燃烧特性。有机物的燃烧热主要与其元素组成和氧/碳原子比有关，电解液的三种有机溶剂（EC、DMC 和 EMC）中的部分碳原子已经被氧化，没有激活的氧原子存在，除此之外，三种有机溶剂的氧/碳原子比比氢化物高，因此，电解液的燃烧热比碳氢化合物低得多，具体见图 6-59。

$$\Delta H_c = 33.8\text{C} + 144.153\text{H} - 18.019\text{O} \tag{6-12}$$

式中，C、H 和 O 分别是电解液混合物中碳原子、氢原子和氧原子的质量分数。

**表 6-8　锥形热流计测得的主要参量**

| $D_{eff}$ /cm | 热流 /(kW/m²) | PHRR /(kW/m²) | PMLR /(kg/m²s) | $T_{flame}$ /℃ | $\Delta H_c$ /(MJ/kg) | $z_{f,st}$ /m | $z_{f,bl}$ /m | yCO(峰值) /(g/s) | yCO₂(峰值) /(g/s) | CO/CO₂ 摩尔比 |
|---|---|---|---|---|---|---|---|---|---|---|
| 4.5 | 0 | 280 | 0.024 | 690 | 11.6 | 0.13 | 0.14 | 0.0005 | 0.07 | 0.0081 |
| | 30 | 603 | 0.051 | 590 | 11.8 | — | — | 0.0006 | 0.09 | 0.0085 |
| | 40 | 808 | 0.06 | 556 | 12.2 | — | — | 0.0009 | 0.13 | 0.0077 |
| | 50 | 999 | 0.071 | 524 | 14 | — | — | 0.0011 | 0.17 | 0.009 |
| 6.8 | 0 | 265 | 0.022 | 742 | 12 | 0.15 | 0.16 | 0.003 | 0.1 | 0.0075 |
| | 30 | 531 | 0.041 | 641 | 12.9 | — | 0.27 | 0.0035 | 0.11 | 0.0078 |
| | 40 | 653 | 0.049 | 610 | 13.3 | — | 0.30 | 0.0037 | 0.21 | 0.0081 |
| | 50 | 841 | 0.06 | 579 | 14 | — | 0.32 | 0.0039 | 0.26 | 0.0085 |
| 11.3 | 0 | 244 | 0.019 | 840 | 12.2 | 0.21 | 0.24 | 0.0063 | 0.2 | 0.0083 |
| | 30 | 490 | 0.036 | 725 | 13.6 | — | — | 0.0065 | 0.26 | 0.0089 |
| | 40 | 575 | 0.045 | 668 | 12.7 | — | — | 0.0071 | 0.35 | 0.0076 |
| | 50 | 680 | 0.055 | 650 | 12.3 | — | — | 0.0082 | 0.37 | 0.0084 |

注：yCO 和 $yCO_2$ 分别表示 CO 和 $CO_2$ 产生速率；$\Delta H_c$ 为有效燃烧热；$Z_{f,st}$ 为稳定阶段火焰高度；$Z_{f,bl}$ 为沸腾阶段火焰高度。后同

② 质量损失速率和汽化热：

MLR 是指单位时间单位面积燃料燃烧消耗的质量，其表示燃烧的快慢。

Tewarson[75]得出的 MLR 计算公式为

$$m'' = \frac{q_{cone} + q_s - \varepsilon\sigma T_v^4}{\Delta H_g} \tag{6-13}$$

式中，$\varepsilon\sigma T_v^4$ 为辐射热损失，kW/m²；$T_v$ 为蒸发温度，同一燃料其为恒定值，K；$\Delta H_g$ 为

汽化热，kJ/kg。

$q_s$ 能够使用公式（6-8）计算，图 6-61 为不同油盘直径下电解液池火的质量损失速率峰值（peak MLR, PMLR）与火焰反馈热量和辐射热流之和的关系图，拟合 $q_{cone}+q_s$ 与 PMLR，由公式（6-13）知每条直线的斜率即为汽化热，取三者的平均值得出电解液的平均汽化热为 903±7kJ/kg，可以看出电解液的平均汽化热是高于氢化物的，具体见图 6-62，主要是因为有机溶剂的极性很高。

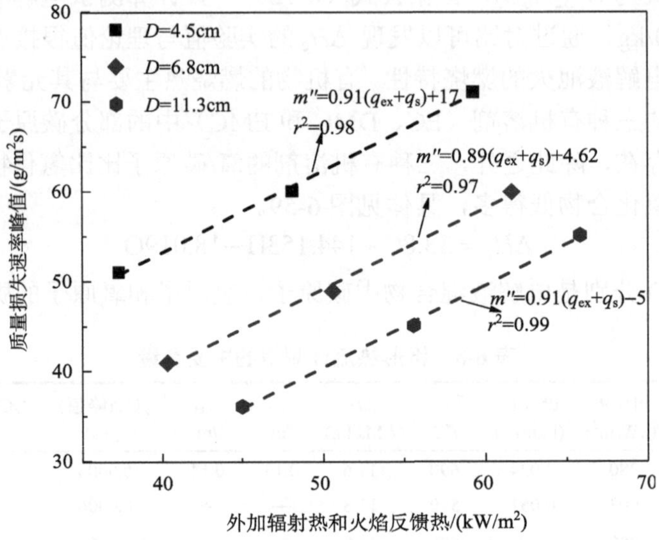


图 6-61　质量损失速率与辐射热流和表面热反馈热量之和关系

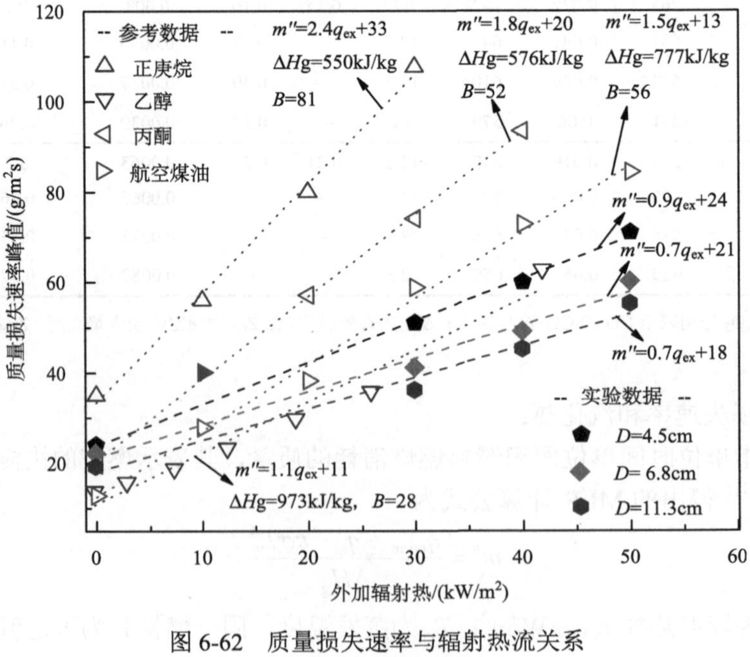


图 6-62　质量损失速率与辐射热流关系

图 6-62 给出了不同辐射热流和油盘直径下电解液池火 PMLR，从图中可以看出，与 PHRR 相似，PMLR 随着辐射热流的增加和油盘直径的减小而增大，电解液的 PHRR 和 PMLR 随油盘尺寸的变化趋势与氢化物的相同，但与氢化物相比，其燃烧速率明显较低，主要是因为电解液有较高的汽化热和较低的燃烧热，较高的汽化热意味着电解液的汽化需要吸收更多的热量，较低的燃烧热意味着其燃烧释放的热量较少。

Hamins 等[72]已经证明 MLR 与汽化热和燃烧热的比值有关，并用一个无量纲的系数 $\chi_s$ 来表示，即 $\chi_s=\Delta H_g/\Delta H_c$，而 $\chi_s=1/B$，其中 $B$ 为传质特征参量（mass transfer B-number），其是燃料的固有属性，根据实验得出的 $\Delta H_g$ 和 $\Delta H_c$ 计算出电解液的 $B$ 为 14，其是图 6-62 中的氢化物的 17%~50%，参考公式（6-14）[76]，电解液的 PHRR 和 PMLR 比氢化物的要低得多，同时得出 $\chi_s$ 大约为 0.07。

$$m''=\frac{h}{c_g}\ln(1+B) \tag{6-14}$$

式中，$h$ 为对流传热系数，$W/m^2\cdot K$；$c_g$ 为空气热容，J/K。

③ 平均火焰高度预测模型：

平均火焰高度是指火焰亮点概率在 50%的包络线顶部与火焰底部的垂直距离，是由 Zukoski 等提出[76]，平均火焰高度不仅直接影响热反馈，而且能够用于评估周围可燃物是否能被引燃。本节通过将 RGB 图像先转化成灰度图像，然后进行二值化[77]得到火焰的基本外形特征，具体如图 6-63 所示，对二值化处理后的录像进一步分析得到每一侦的火焰高度，然后根据定义计算出平均火焰高度。图 6-64 为无辐射热流下 6.8cm 油盘直径的电解液池火平均火焰高度随时间的变化图，从图中可以看出，在点燃阶段平均火焰高度随着燃烧的进行逐渐升高，在稳定燃烧阶段平均火焰高度基本维持在一恒定值，进入沸腾燃烧阶段后平均火焰高度首先升高，之后存在小范围的波动，在衰退阶段，随着电解液的耗尽，平均火焰高度也逐渐下降。综上分析可知，在稳定燃烧和沸腾燃烧两个阶段

图 6-63 沸腾阶段火焰形状及二值化后的图像（$D$=6.8cm，$q_{ex}$=0kW/m²）

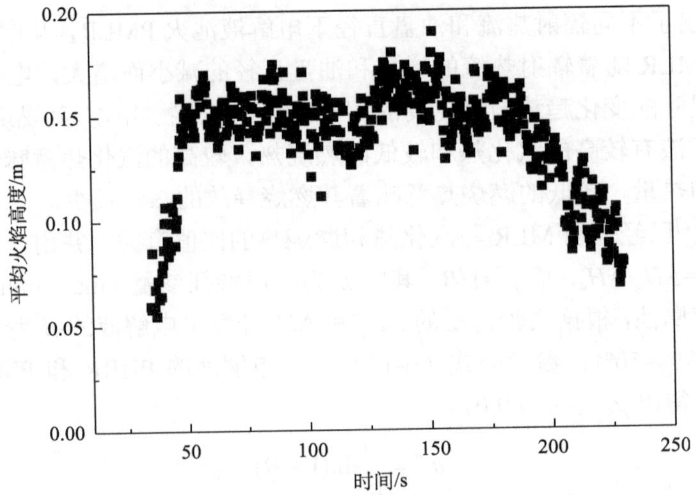


图 6-64 平均火焰高度随时间变化（$D$=6.8cm，$q_{ex}$=0kW/m$^2$）

内，平均火焰高度变化不大，所以本书对无辐射热流工况的稳定燃烧和沸腾燃烧阶段分别求平均火焰高度，分别记为 $z_{f,st}$ 和 $z_{f,bl}$，st 和 bl 分别代表稳定燃烧和沸腾燃烧阶段，火焰高度超过一定值时，部分火焰将被加热锥遮挡，导致在 40kW/m$^2$ 和 50kW/m$^2$ 辐射热流下的火焰高度无法测量，具体测得的平均火焰高度值详见表 6-8。

Heskestad[73]在大量实验数据基础上，得出了应用广泛的平均火焰高度预测模型，具体如下所示：

$$\frac{L}{D}=-1.02+15.6\frac{(c_{p}T_{\infty})^{1/5}}{(\rho_{\infty}^{2}g)^{1/5}(\Delta H_{c}/r)^{3/5}}\frac{Q_{c}^{2/5}}{D} \tag{6-15}$$

式中，$\Delta H_c$ 为有效燃烧热，$r$ 是空气与燃料的质量当量比，对于多数的液体和气体，$\Delta H_c/r$ 的值在 2900~3200kJ/kg；$Q_c$ 是对流热，kW，$Q_c=\alpha Q$，$\alpha$ 是对流热分数，本书取为 0.7。

将公式（6-9）代入公式（6-15）得

$$\frac{L}{D}=-1.02+15.6\left(\frac{rc_{p}T_{\infty}}{\Delta H_{c}}\right)^{3/5}(Q^{*})^{2/5} \tag{6-16}$$

根据 Eshetu 等[67]的研究结果，电解液几乎能够完全燃烧，实验用的锂电池电解液是由三种碳酸酯有机溶剂混合物和锂盐组成，锂盐不与氧气发生反应，三种碳酸酯有机溶剂即 EC（$C_3H_4O_3$）、DMC（$C_3H_6O_3$）、EMC（$C_4H_8O_3$）与氧气反应，根据 Zhang 等[74]使用的方法求出三种有机溶剂混合物的分子式为 $C_{3.32}H_6O_3$，其与氧气反应的方程式如下:

$$C_{3.32}H_6O_3+3.32O_2 \rightarrow 3.32CO_2\uparrow+3H_2O \tag{6-17}$$

根据上式计算得出空气燃料的质量当量比 $r$=4.9，进而得出 $\Delta H_c/r$ 为 2591kJ/kg，其超出正常值范围，因此 Heskestad 提出的经典火焰高度预测模型（$L/D=-1.02+3.7(Q^*)^{2/5}$）需要修正，将 $\Delta H_c/r$ 的值代入公式（6-16）得出：

$$\frac{L}{D}=-1.02+4.22(Q^*)^{\frac{2}{5}} \tag{6-18}$$

图 6-65 为无量纲平均火焰高度与无量纲热释放速率的线状拟合结果，由图可知，无量纲平均火焰高度与无量纲热释放速率具有非常好的相关性，相关系数 $r^2$=0.99，实验拟合斜率 4.24 与理论计算值 4.22 有较高的一致性，而 Heskestad 提出的火焰高度预测模型低估电解液平均火焰高度。从图 6-65 也可以看出，电解液池火的无量纲火焰高度在实验范围内随油池直径的增大而变小。

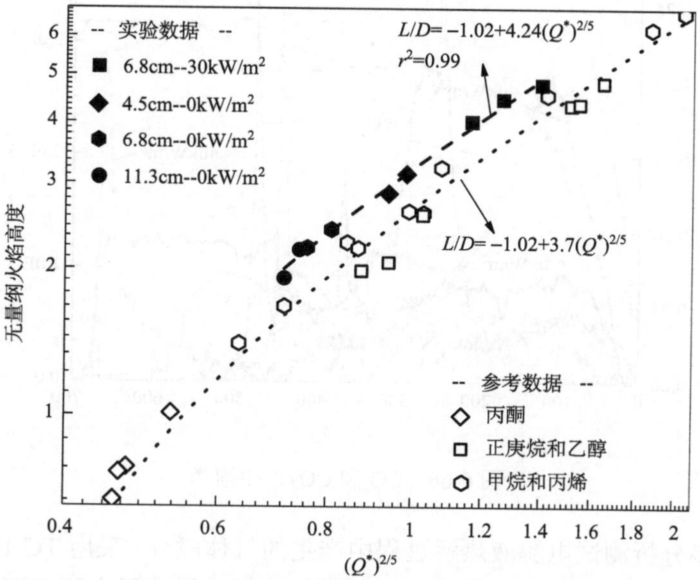


图 6-65　无量纲火焰高度与无量纲热释放速率关系

④ 气体释放速率和电解液热解机理：

燃烧中产生的烟气直接影响人员疏散，因此需要对烟气释放速率进行研究，CO 和 $CO_2$ 是主要的烟气组分，CO 和 $CO_2$ 的摩尔浓度比与火灾的毒性危险性成正比。图 6-66 是不同辐射热流下直径为 6.8cm 的油盘的电解液池火的 CO 和 $CO_2$ 释放速率曲线，可以看出，发生有焰燃烧后，$CO_2$ 的释放速率增加，且 $CO_2$ 浓度曲线与 HRR 曲线的趋势基本一致，均有一大一小两个峰值，这表明 $CO_2$ 的产生与挥发性气体的热解紧密相关，高的火焰温度能够促进挥发性气体的氧化，产生更多的 $CO_2$，而 CO 的释放速率仅仅在燃烧的最后一个阶段有急剧升高，这与火焰熄灭之前观察到的大量的烟气产生这一现象一致，CO 的产生不仅与不完全燃烧有关，而且与电解液中有机溶剂间的相对蒸发性有关。DMC 和 EMC 在燃烧的初期阶段已被消耗完，剩余的燃烧过程由 EC 主控，而 EC 的汽化热比 DMC 和 ECM 高得多，因此其蒸发过程需要更多的热量，这就导致能够用于挥发气氧化反应的热量减少，在这种情况下，CO 释放速率增加。表 6-8 列出了不同油盘直径和辐射热流下电解液油池火的 CO 和 $CO_2$ 最大释放速率以及 CO 和 $CO_2$ 的摩尔浓度比，从表中可以看出，CO 和 $CO_2$ 最大释放速率均随着油盘直径和辐射热流的增加而增大，而 CO 和 $CO_2$ 的摩尔浓度比（取自于第二阶段的平均值）却不随油盘直径和辐射热流的变化而变化，取所有实验工况的 CO 和 $CO_2$ 的摩尔浓度比的平均值，得出电解液的 CO 和 $CO_2$ 的摩尔浓度比为 0.0082，其值是远高于醇类（甲醇：0.0002，异丙醇：0.002），表明电解液的毒性比醇类高得多。

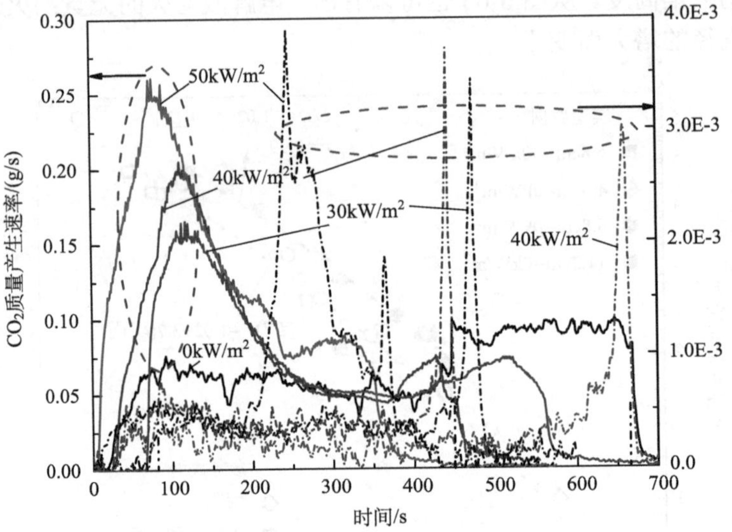


图 6-66　CO 和 $CO_2$ 产生速率

为了进一步分析测试电解液热解过程中产生的气体成分，采用 TG-FTIR 联用技术对电解液在受热过程中的蒸发气和热解气进行在线分析，以揭示电解液在高温环境下的热解机理。

电解液在氮气气氛条件下热解的失重曲线和微商热重（derivative thermal gravity, DTG）曲线如图 6-67 所示。由 DTG 曲线可知，电解液在氮气气氛条件下的热解有两个主要的热解峰（一个大的反应峰及一个包含两个肩峰相对小的反应峰），表明电解液的热解主要经历三个阶段：第一阶段发生在室温至 155℃的温度范围内，这一阶段大约有 61%的质量损失，并在大约 99℃达到最大降解速率，这一阶段主要为 DMC 和 EMC 的蒸发以及电解液中锂盐的水解（下文解释），由 DMC 和 EMC 的沸点（90℃和 109℃）可知，这两种溶剂在这一阶段基本蒸发完；第二阶段发生在 155~330℃的温度范围内，这一阶段大约有 37%的质量损失，并在大约 210℃达到最大降解速率，这一阶段存在两个肩峰体现了热解反应的复杂性，不仅有 EC（沸点 230℃）的蒸发和热解，而且存在有机溶剂间以及有机溶剂与锂盐热解产物之间的反应；而后随着温度的增加，降解速率快速降低，在 350℃左右反应基本结束（第三阶段）。热解反应最后剩余的固体大约占初始电解液质量的 2%，与理论计算的 LiF 的质量占电解液的总质量的 2.3%基本一致，同样验证了最后残余物为 LiF。

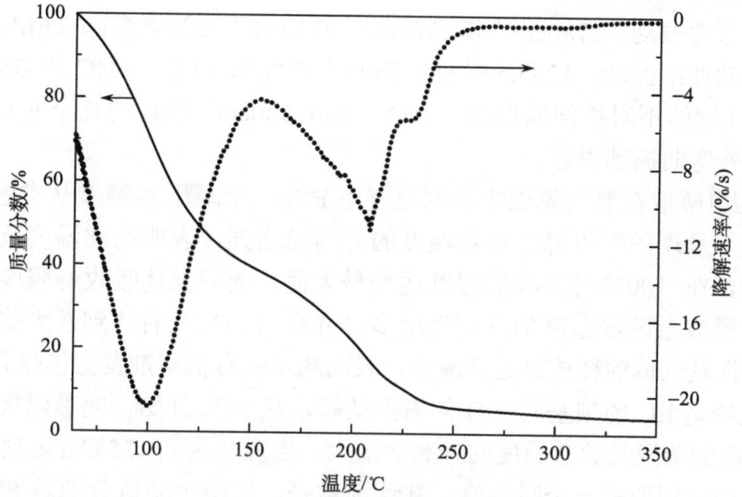


图 6-67 电解液的 TG-DTG 曲线

由于气态分解产物会参与电解液的热解过程，导致电解液热分解过程非常复杂，因此研究热分解过程中气态产物的变化是推断电解液热解机理的一种有效方法。气态热解产物主要包括达到沸点后蒸发的有机溶剂气体和热解产生的气体。

在 TG 中经过热分解产生的气体被载气带入 FTIR 中进行实时监测，图 6-68 为电解液在室温条件下 FTIR 光谱图，根据 Lambert-Beer 定律[78]，气体产物的浓度大小可以用红外光谱的吸收强度表示，对特征吸收峰强度进行分析，可以判别该温度下的气态产物。从图 6-68 可以看出，$3002cm^{-1}$ 处微弱的吸收峰为 EC 环上的亚甲基 $CH_2$ 的 C—H 键的伸缩振动，$2962cm^{-1}$ 和 $2864cm^{-1}$ 两处的吸收峰为 EMC 和 DMC 中的甲基 $CH_3$ 的 C—H 键的伸缩振动，而 $1452cm^{-1}$ 处的尖锐吸收峰则为 EMC 和 DMC 中的甲基 $CH_3$ 的 C—H 键

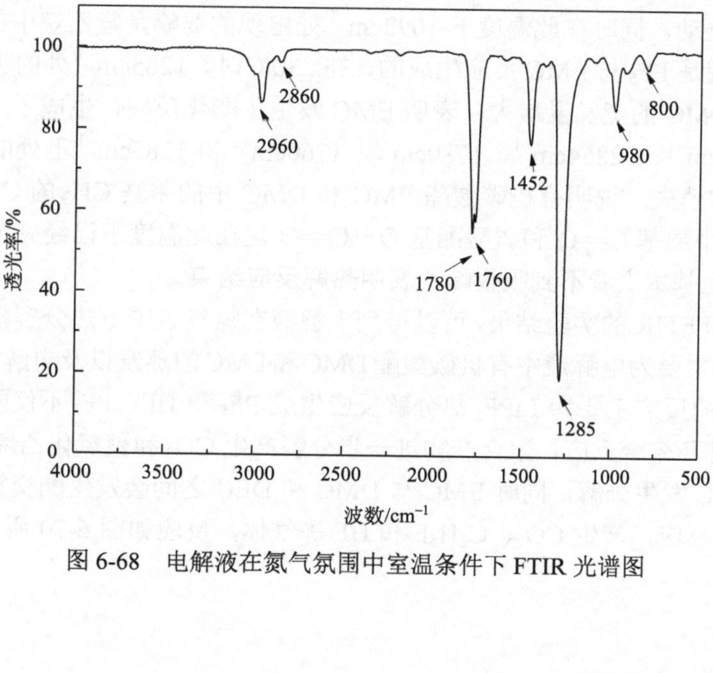


图 6-68 电解液在氮气氛围中室温条件下 FTIR 光谱图

的面内非对称弯曲振动，1780cm$^{-1}$ 和 1760cm$^{-1}$ 两处的强峰为碳酸酯（EMC 和 DMC）种的羰基 C═O 的伸缩振动，1285cm$^{-1}$ 处的强峰为碳酸酯（EC、EMC 和 DMC）中的碳酸酯基 O—C═O 键的不对称伸缩振动，此外，800~980cm$^{-1}$ 附近的几个弱峰是由 EC 环上的 C—H 的面外弯曲振动引起。

图 6-69 为电解液在氮气氛围中不同温度下 FTIR 光谱图，当温度从室温升高到 100℃左右时，室温下呈现的吸收峰均随着温度的升高而增强，表明在此温度范围内主要是有机溶剂的蒸发，在 100℃时各峰值强度达到最大值，随后上述吸收峰强度明显减弱，说明挥发气体的释放量随着温度的升高而增多，并在 100℃左右达到最大值，随着温度的进一步增加，挥发气体的释放量迅速减小，表明蒸发的有机溶剂发生了热分解。1876cm$^{-1}$ 处的特征吸收峰是 EC 的羰基 C═O 伸缩振动峰，从 90℃开始，随着温度的升高，逐渐增大，表明 EC 的蒸发量随着温度的升高而增大。当温度达到 155℃左右时，在 1430cm$^{-1}$ 和 876cm$^{-1}$ 两处分别形成一个吸收峰，并逐渐增强，这两个峰值分别是 $POF_3$ 中的 P═O 键的伸缩振动和=$PF_3$ 键的轴对称伸缩振动引起的，这两个峰在 190℃增加至最大，同时在 155℃时，在 4000cm$^{-1}$ 和 3600cm$^{-1}$ 之间的出现的一系列旋转峰是 H—F 的伸缩振动引起的，在 190℃，分别在 1015cm$^{-1}$ 和 945cm$^{-1}$ 处形成两个强峰，同时在 574cm$^{-1}$ 和 530cm$^{-1}$ 处也分别形成一个弱峰，这归因于 $PF_5$ 中 P—F 键的伸缩振动，这四个峰在温度达到 230℃左右时增大至最大值，随后降低，表明生成的 $PF_5$ 又参与了热解反应。通过对比温度可以看出，$PF_5$ 出现得比 $POF_3$ 和 HF 要晚，表明 $LiPF_6$ 先发生水解，生成 HF 和 $POF_3$，再发生热解，生成 $PF_5$；当温度超过 190℃时，在 2360cm$^{-1}$ 处出现一个新的吸收峰，这一峰值与 $CO_2$ 生成有关，根据 Mogi 等[79]和 Sloop 等[50]的研究结果，当温度超过 192℃，$PF_5$ 起路易斯酸作用，能够使 EC 发生开环聚合反应，生成 $CO_2$ 和聚环氧乙烷（PEO），而对应于 EC 环结构的 800cm$^{-1}$ 和 980cm$^{-1}$ 两处的吸收峰也在此温度消失；在 1125cm$^{-1}$ 处一个新的吸收峰也在此温度下形成，这一峰值是 EC 的开环反应生成的醚键 C—O—C 的不规则伸缩振动，同时在此温度下 1092cm$^{-1}$ 处出现的弱峰是氟乙烷中的 C—F 键的伸缩振动，氟乙烷是 $PF_5$ 与 EMC 反应生成的，在 230℃时，1285cm$^{-1}$ 处的吸收峰增强，同时在此温度，DMC 的蒸发量增大，表明 EMC 发生了酯化反应，生成了 DMC，从 90℃开始，在 2962cm$^{-1}$、 2864cm$^{-1}$、1780cm$^{-1}$、1760cm$^{-1}$ 和 1285cm$^{-1}$ 五处的吸收峰逐渐减弱，并在 330℃消失，说明有机碳酸酯 EMC 和 DMC 中的甲基 $CH_3$ 的 C—H 键和 EC、EMC 和 DMC 中羰基 C═O 和碳酸酯基 O—C═O 键在此温度下已经完全断裂，同时在此温度下谱图上基本上看不到吸收峰，表明热解反应结束。

结合 TG 和 FTIR 的实验结果，可以得到电解液在氮气氛围下热分解机理主要分为两步进行，第一步主要为电解液中有机碳酸酯 DMC 和 EMC 的蒸发以及电解液中锂盐 LiPF5 的水解;第二步的反应主要为 $LiPF_5$ 热分解反应生成 $PF_5$ 和 HF，$PF_5$ 不仅能催化有机溶剂中的 EC 发生开环聚合反应，聚合产物进一步分解产生 $CO_2$ 和聚氧化乙烯（PEO），而且 $PF_5$ 也会使 EMC 发生分解，同时 EMC 与 DMC 和 DEC 之间会发生酯交换反应，也存在 $PF_5$ 与 DMC 的反应，产生 $CO_2$、$C_2H_5F$ 和 HF 等气体，反应如图 6-70 所示。

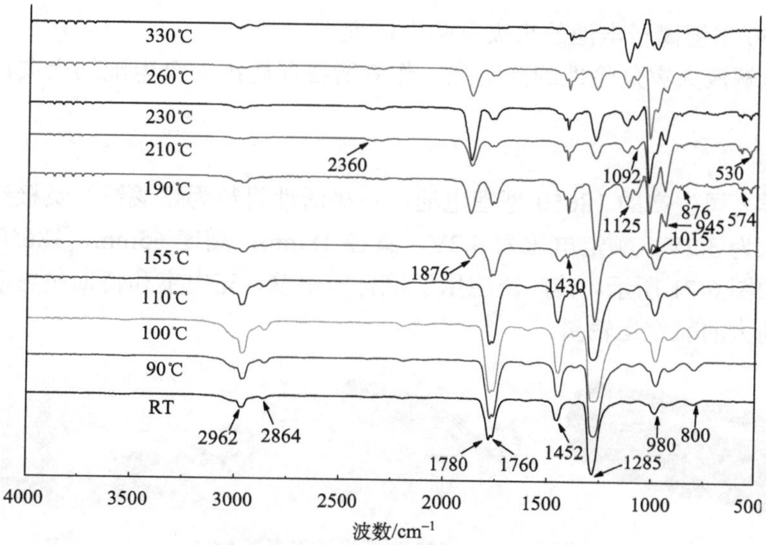


图 6-69 电解液在氮气中不同温度下的 FTIR 光谱图

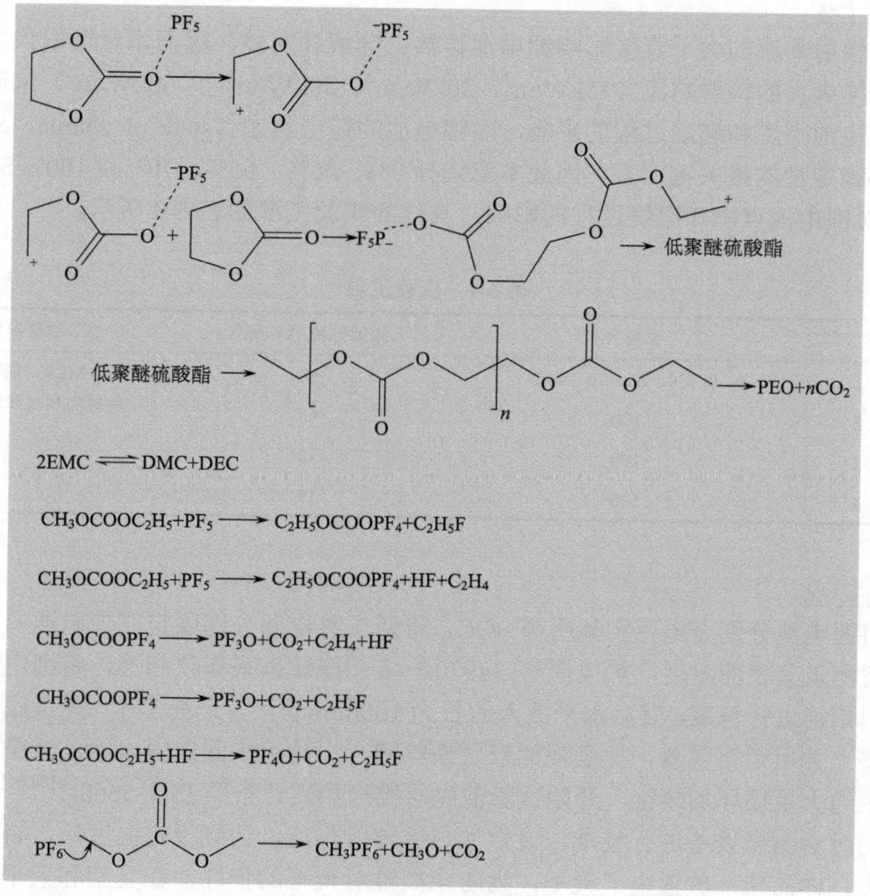


图 6-70 电解液的热解反应

（2）18650 型锂离子电池的火灾危险性研究

在研究电解液火灾危险性的基础上，作者所在课题组对全电池的火灾危险性进行了定量研究。

*实验对象*

日本三洋公司生产的 18650 型锂电池，正极活性材料为钴酸锂，负极活性材料为石墨，标称电压为 3.7V，额定电压为 4.2V，直径 18mm，高度 65mm，18650 型锂电池及其拆解分别如图 6-71 所示，其广泛应用于笔记本电脑、充电宝和特斯拉电动汽车等设备中，具有特别大的航空运输量。

图 6-71　18650 型锂电池及其拆解图

*实验工况*

由于辐射热流的大小直接影响锂电池传热、分解和燃烧，因而本章选取代表小规模和中等规模火灾的辐射热流（15kW/m$^2$、30kW/m$^2$、50kW/m$^2$ 和 60kW/m$^2$）来研究辐射热流对锂电池点燃和燃烧过程的影响，而锂电池的荷电状态（state of charge，SOC）是影响其热稳定性的最关键因素，因此本章选择 0%、50%、65%、70%和 100% SOC 来研究 SOC 对锂电池点燃和燃烧过程的影响，具体的实验工况如表 6-9 所示。

**表 6-9　实验工况**

| 编号 | SOC/% | 辐射热流/(kW/m$^2$) | 测量参量 |
| --- | --- | --- | --- |
| 工况 1 | 0、50、65、70、100 | 50 | HRR，MLR，表面温度，点燃时间和气体释放速率 |
| 工况 2 | 100 | 60 | |
| 工况 3 | 100 | 30 | |
| 工况 4 | 100 | 15 | |

*实验方法*

先将锂电池分别充电至实验所需 SOC，将两支热电偶分别固定在锂电池上下表面的中心位置测量其表面温度，热电偶与 34970A 多功能数据采集仪相连，将锂电池的底部和两端用铝箔进行包裹，然后水平放入边长为 100mm 的正方形托盘中，托盘底部垫上耐热纤维垫上并用铝箔包裹，托盘外加双层铁丝网，一是用来固定锂电池，二是用来防止爆炸产生的火星损坏加热锥，开始试验前先对锥形热流计按照 ISO 5660-1[80,81]标准进行校准，同时对测量设备进行校准，设定加热锥辐射热流，达到设定温度后，将托盘放在样品架上，样品架下放置电子天平，为防止高温对天平的损坏，在支架和天平之间放置绝缘隔热板，通过调整样品支架使得样品上表面距加热锥 3cm，同时将防护罩放下以防止爆炸产生的火星飞溅，开始实验，电子天平记录样品质量损失，34970A 多功能数据采集仪实时显示并保存温度数据，摄像机记录整个实验过程，锥形热流计自带的数据处理软件记录实验过程中的 HRR、点燃和熄灭时间以及毒性气体产量等数据。

实验结果

① 热释放速率：

热释放速率测量方法：目前 HRR 的实验测量方法主要有氧耗法、质量损失速率法和化学量热法等[82-84]，其中化学量热法适用于已知化学组成的可燃物，而锂电池是一种既有固体可燃物又有液体可燃物的混合物，因此该方法不适用。基于 Thornton's principle[85]的氧耗法因其具有测量精度高、操作简单和不需已知燃料的化学组成等特点，目前成为使用最为广泛的方法。采用氧消耗法和质量损失速率法来分别计算 HRR，以此来评估锥形热流计是否能够用于测量含能锂电池的燃烧特性和消耗锂电池正极活性材料分解产生的氧气所释放的能量。

质量损失速率法是基于材料的燃烧热值，在 GB 8624—2006《建筑材料燃烧性能分级方法》[86]中，A 级复合夹芯材料 HRR 的获得是采用的质量损失速率法。基于质量损失速率计算 HRR 的公式为[87]

$$\dot{Q} = \chi \Delta H_{\mathrm{c}} \dot{m}_{\mathrm{fuel}} \tag{6-19}$$

式中，$\Delta H_{\mathrm{c}}$ 是可燃物燃烧热，本书取 6.2MJ/kg；$\dot{m}_{\mathrm{fuel}}$ 是可燃物的质量损失速率，kg/s；$\chi$ 是可燃物的燃烧效率，本书取 0.78[88]。

由公式（6-19）可以看出，在知道材料的燃烧热的基础上，只需要测量燃烧过程中的质量损失速率就可以得出 HRR，相对比较简单。

**热释放速率有效性评估：**下面以满电锂电池在辐射热流为 50kW/m$^2$ 的工况为例，介绍锂电池燃烧过程。图 6-72 为满电锂电池的典型燃烧行为，在高温环境下，锂电池经历了三个明显阶段。阶段Ⅰ：表面膨胀，锂电池处于阴燃阶段；阶段Ⅱ：有焰燃烧，安全阀破裂导致可燃气体释放和电解液泄漏，并在正极极耳处与空气混合而发生持续的有焰燃烧；阶段Ⅲ：剧烈燃烧或爆炸，热积累导致热失控的发生，进而发生剧烈燃烧或爆炸，并伴随着浓烟，火焰持续几秒后即熄灭。由此可见，在高温环境下，锂电池火灾早期处于阴燃状态，只有少量刺激性气体释放，初期征兆极不明显，只有在热失控瞬间才会释放大量的烟气，但此时火灾已失控，因此目前飞机货舱内安装的感烟或感温探测器均不能实现早期预警。

阶段 Ⅰ

阶段 Ⅱ

阶段 Ⅲ

图 6-72 满电锂电池在辐射热流为 50kW/m$^2$ 条件下的典型燃烧行为

下面结合 HRR 曲线对燃烧过程进行具体分析。根据燃烧行为将锂电池的 HRR 曲线也分为三个阶段，具体如图 6-73 所示，图中包含使用氧耗法和质量损失速率法分别得到的 HRR 曲线，阶段Ⅰ和阶段Ⅱ的 HRR 较小，由于锂电池燃烧或爆炸的发生，阶段Ⅲ的 HRR 迅速激增至最大值，比较两种方法可以看出 HRR 曲线变化趋势基本相同，阶段Ⅰ两种方法得出的 HRR 曲线几乎重叠，在阶段Ⅱ和Ⅲ，基于氧耗法计算的 HRR 曲线低于基于质量损失速率法计算的，这归因于基于氧耗法计算的 HRR 低估了锥形热流计系统内氧气的消耗，锂电池在受热过程中，正负极活性材料会发生热分解释放出一定量的氧气，氧气的释放会降低锥形热流计测试到的氧消耗量，而基于氧耗法计算的 HRR 并未将消耗这部分氧气释放的热量计算到 HRR。

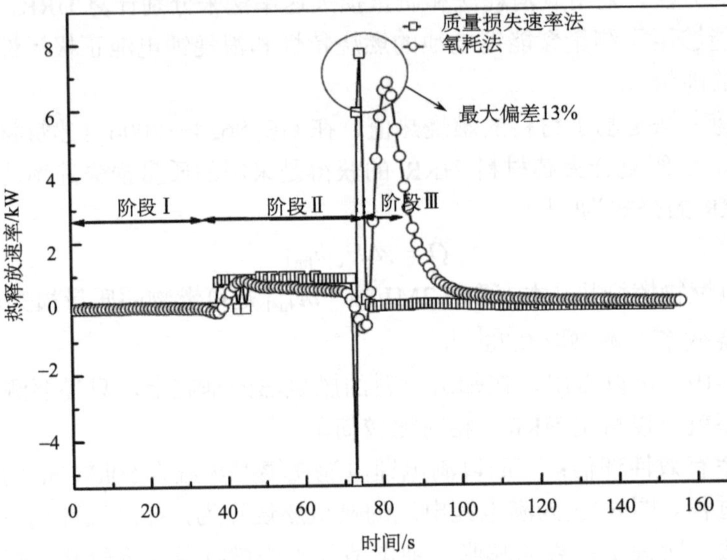


图 6-73 满电锂电池在辐射热流为 50kW/m$^2$ 条件下的 HRR 曲线

阶段Ⅰ的末期，即在 37s 左右时，由于负极表面的固体电解质界面膜（solid electrolyte interface, SEI）在 80℃左右时会受热分解放氧[89,90]，反应具体如式（6-20）所示，SEI 膜是锂电池在首次充放电过程中负极与电解液反应生成的，其具有阻止电解液和负极反应的作用。在阶段Ⅱ的初期基于氧耗法得出的 HRR 出现一小峰值，发生在安全阀破裂后，这时在正极极耳处已有可燃的刺激性气体和少量的电解液释放到空气中，可燃性气体与空气混合形成预混可燃气，当气体的浓度达到燃烧下限（lower flammability limit, LFL）浓度，在点火器的作用下发生气相着火，由于析出的热解气大多聚集在锂电池的表面，故火焰附着在锂电池周围，塑料外皮和电解液也被引燃，同时空气可以通过安全阀扩散到锂电池内部，加速内部热分解反应，除此之外，火焰的辐射热反馈和加热锥的辐射也加速内部热分解反应，大量的可燃气体和电解液释放，与空气混合后发生有焰燃烧，导致出现第一个 HRR 峰值；随后由于内部压力梯度的降低，从正极极耳析出的可燃气体量减少，导致燃烧减弱，HRR 降低。此阶段基于氧耗法得到的 HRR 相对于阶段Ⅰ明显增加，在 75s 左右时，由于正极活性材料钴酸锂的受热分解放氧，反应具体如式（6-21）~式（6-23）所示，HRR 再次出现负值，Kumari 等[91]阐述正极活性材料钴酸锂的热分解会产生氧气，正极活性材料 $LiCoO_2$ 在通常情况下热稳定性较好，但经充电脱锂后结构转变为 $Li_{0.5}CoO_2$，其热稳定性较差。MacNeil 和 Dahn[92,93]报道在温度超过 200℃时，脱锂的 $Li_{0.5}CoO_2$ 热分解放氧，$Co_3O_4$ 在温度超过 400℃有电解液存在的条件会分解为 $O_2$ 和 CoO，而 CoO 在 473℃左右会进一步分解放氧。

$$(CH_2OCO_2Li)_2 \rightarrow Li_2CO_3+C_2H_4\uparrow+CO_2\uparrow+\frac{1}{2}O_2\uparrow \tag{6-20}$$

$$Li_{0.5}CoO_2 \rightarrow \frac{1}{2}LiCoO_2+\frac{1}{6}Co_3O_4+\frac{1}{6}O_2\uparrow \tag{6-21}$$

$$Co_3O_4 \rightarrow 3CoO+\frac{1}{2}O_2\uparrow \tag{6-22}$$

$$CoO \rightarrow Co+\frac{1}{2}O_2\uparrow \tag{6-23}$$

由于阶段Ⅱ产生的热量不断的积累，导致阶段Ⅲ发生了热失控，内部温度和压力急剧上升，当可燃气体的体积分数达到爆炸极限时将发生爆炸，爆炸产生的冲击力导致锂电池的整个顶盖被顶开，内部未燃活性材料（可燃性的有机电解液、正负极集流体和活性材料以及易燃的隔膜）和大量的可燃性气体被喷射至空气中，发生剧烈燃烧，伴随着大量的黑烟产生，HRR 在 10s 内达到第二峰值，由于此阶段可燃物数量较阶段Ⅱ多，第二 HRR 峰值远大于第一峰值；而基于质量损失速率法计算的 HRR，在大约 77s，由于锂电池发生的爆炸和喷射火燃烧产生的反冲力作用于电子天平，导致质量读数激增，因此 HRR 表现为先速降至最小值立即又激增至最大值。

值得注意的是，尽管含能的锂电池在燃烧过程中有少量的氧气释放，但内部产生的氧气对 HRR 的影响很小。比较两种方法测得的 HRR（图 6-73）可以得到最大的 HRR 偏差在大约 13%，另外，在锂电池受热过程中，隔膜会发生熔化，导致正负极直接接触，发生内部短路，短路的发生会释放焦耳热，而基于氧耗原理计算的 HRR 也不包含这部分热量，因此能够推出消耗锂电池内部释放的氧气所释放的热量和内部短路所释放的焦耳热占总产热的比例应小于 13%。Ribière 等[56]使用 Tewarson 热流计得出锂聚合物电池内部短路所释放的焦耳热占总产热的比例不超过 10%，这说明锥形热流计测试的结果和其他热流计得出的结果基本上是一致的，这也确信了锥形热流计能够用于测量含能锂电池的 HRR。

从以上分析可知，在高温环境下，锂电池的着火和爆炸包含传热、传质和组分扩散等一系列复杂化学变化过程，其具体的着火和爆炸过程可以用图 6-74 表示。

**荷电状态对热释放速率的影响机制**：图 6-75 为 $50kW/m^2$ 辐射热流下不同 SOC 的锂电池的 HRR 曲线，65%、70%和 100% SOC 等高 SOC 的锂电池的 HRR 曲线是基本相同的，HRR 曲线均出现两个 HRR 峰值，第二 HRR 峰值均远大于第一峰值。50%和 0% SOC 等低 SOC 锂电池 HRR 曲线是相似的，其 HRR 曲线只有一个明显的峰值，发生在安全阀

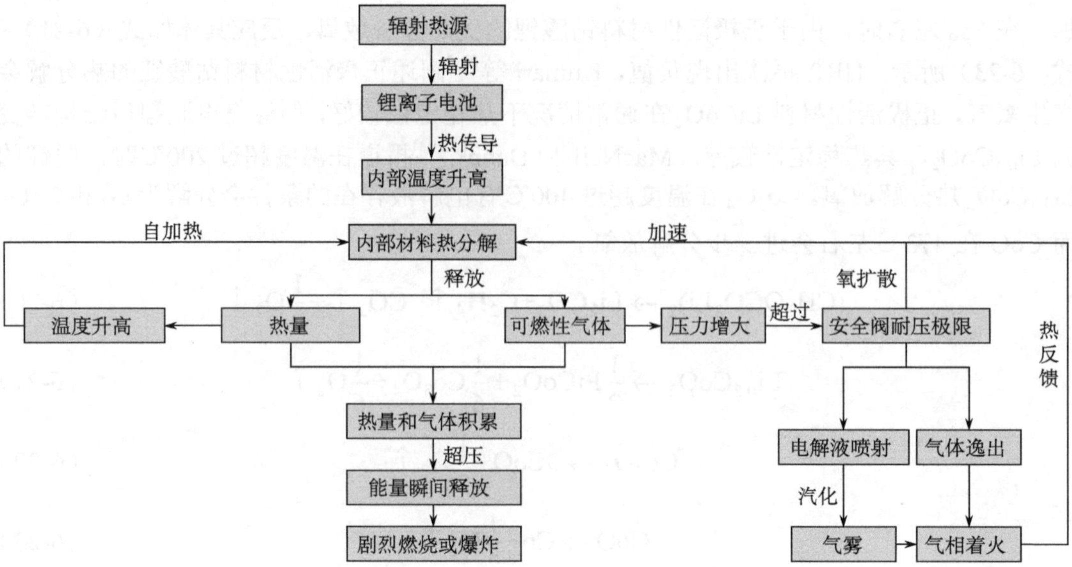


图 6-74　高温环境下锂电池的着火和爆炸过程示意图

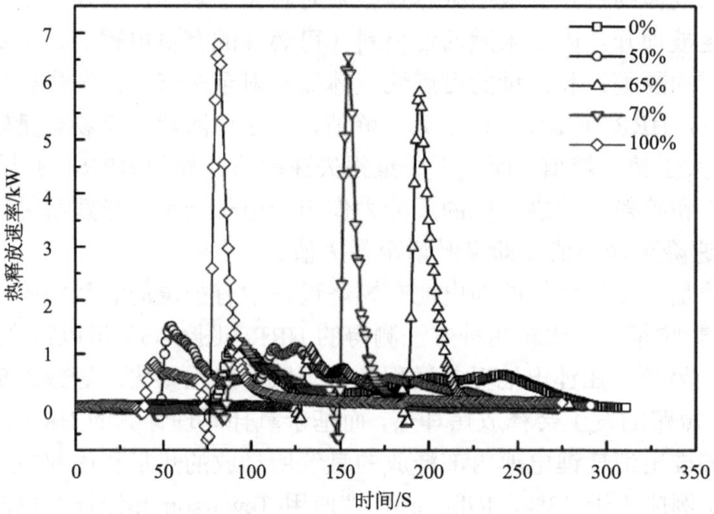


图 6-75　不同 SOC 的锂电池 HRR 曲线对比

破裂后，峰值大小与高 SOC 的锂电池的第一峰值基本相同。由于 SOC 越低，负极形成的嵌锂碳越少，导致单位时间内嵌锂碳与电解液的放热反应产生的热量就越少，而锂电池热失控的热量主要来自这些放热反应，因此低的 SOC 放热反应所释放的能量不足以引发热失控，只有释放的可燃气体发生小幅度的燃烧，并未发现爆炸，后期的 HRR 随着燃烧强度的变化而波动，没有明显的峰值形成，整个过程持续时间很长，但最后锂电池整体保持完整，由此可以得出，SOC 对初期的热解反应影响不大，对热失控反应却影响很大。从图 6-75 中也可以看出，SOC 对 PHRR 和到达峰值的时间有明显的影响，100%、

70%和 65% SOC 的锂电池的最大峰值出现时间分别为 81s、156s 和 200s，到达峰值时间随着 SOC 的升高而显著降低，火灾危险性增大；100%、70%、65%、50%和 0% SOC 锂电池的 PHRR 分别为 6.8kW、6.5kW、5.8kW、1.5kW 和 1.1kW，从满电降至无电，其 HRR 峰值降低 84%。一方面是因为 SOC 越高，负极嵌锂越多，高温条件下会有更多的锂离子从负极脱出与电解液发生放热反应，释放更多的可燃气体和热量，热积累也增多，导致热失控强度增强，Maloney[94]得出 18650 型钴酸锂电池的可燃气体释放量随 SOC 的增加而增多，特别是超过 60% SOC，增加显著，具体如图 6-76 所示；另一方面，从式（6-24）[95]可以看出：SOC 越高，锂电池的内部储存的电化学越多[96]，短路电流越大，释放的焦耳热越多，同样导致热失控强度增加，HRR 增加速率加快，PHRR 增大，达到峰值的时间缩短，火灾危险性增大，因此合理的控制 SOC 能够显著降低锂电池的运输风险。

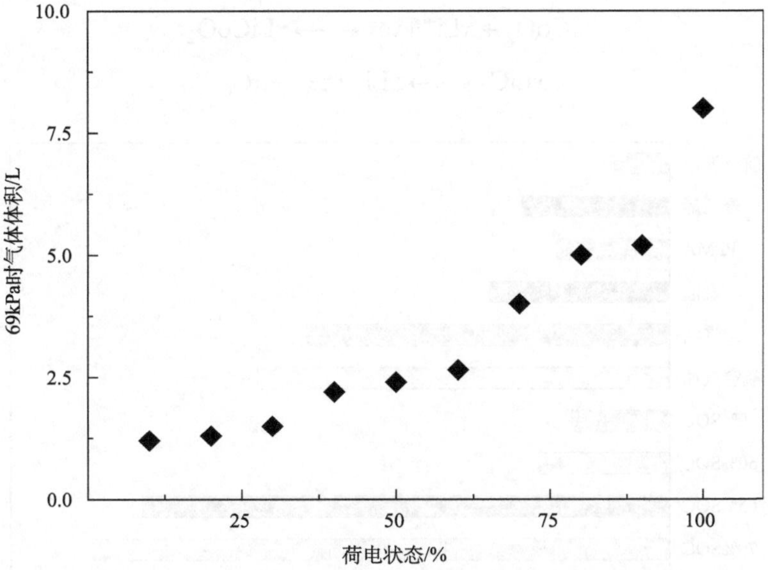


图 6-76　18650 型锂电池可燃气体释放总量随 SOC 的变化

$$\Delta G = 0.1(\varepsilon C)_{\text{nom}} + \frac{\text{SOC}(\%)}{100}(\varepsilon C)_{\text{nom}} = \left(0.1 + \frac{\text{SOC}(\%)}{100}\right)(\varepsilon C)_{\text{nom}} \tag{6-24}$$

式中，$\varepsilon$ 是锂电池电势，本书取 3.7V；$C$ 是锂电池的电荷，本书取 2.6A；$(\varepsilon C)_{\text{nom}}$=3.7×2.6×3600=34.63kJ。

HRR 除以锂电池暴露的表面积可以得到锂电池的标准 HRR，100%、70%、65%、50%和 0% SOC 锂电池的标准 PHRR 分别为 3.7 $MW/m^2$、3.5 $MW/m^2$、3.2 $MW/m^2$、0.8 $MW/m^2$和 0.6 $MW/m^2$，图 6-77 为不同 SOC 锂电池的 PHRR 与普通燃料的 HRR 对比，从图中可以看出，0% SOC 锂电池的 PHRR 大于航空煤油[97]，50% SOC 锂电池的 PHRR 大于 PMMA[98]，超过 65% SOC 的锂电池的 PHRR 大于航空汽油[99]。HRR 对时间积分得到总热释放量 THR，计算公式如式（6-25）所示，100%、70%、65%、50%和 0%SOC 的锂

电池外部燃烧释放的 THR 分别为 54 MJ/m$^2$、55 MJ/m$^2$、57 MJ/m$^2$、65 MJ/m$^2$ 和 59 MJ/m$^2$，可以看出除了 0% SOC 的锂电池外，随着 SOC 的增加，释放的热量在降低，可能有两方面的原因：（i）突然的爆炸限制了氧气的消耗，导致不完全燃烧[56]；（ii）爆炸时喷射的含卤素物质抑制了燃烧[95]。储存的电化学能主要由正负极的氧化还原反应决定的，具体储存能量反应如式（6-26）和式（6-27）所示。根据公式（6-24）可以得出 100%、70%、65%、50 %和 0 % SOC 锂电池储存的电化学能（$\Delta G$）分别为 38.1kJ、27.7kJ、26kJ、20.8kJ 和 3.5kJ，可以看出储存的电化学能量远低于火灾过程中燃烧释放的能量，可以推断在高温条件下，锂电池储存的电化学为热失控反应只提供了基本的活化能，而内部材料自身热分解和相互间的放热反应释放的热量是热失控的主要来源。

$$\mathrm{THR} = \int_0^{\infty} \mathrm{HRR}\,\mathrm{d}t \tag{6-25}$$

$$x\mathrm{CoO_2} + x\mathrm{Li^+} + x\mathrm{e^-} \longleftrightarrow x\mathrm{LiCoO_2} \tag{6-26}$$

$$x\mathrm{LiC_6} \longleftrightarrow x\mathrm{Li^+} + x\mathrm{e^-} + x\mathrm{C_6} \tag{6-27}$$

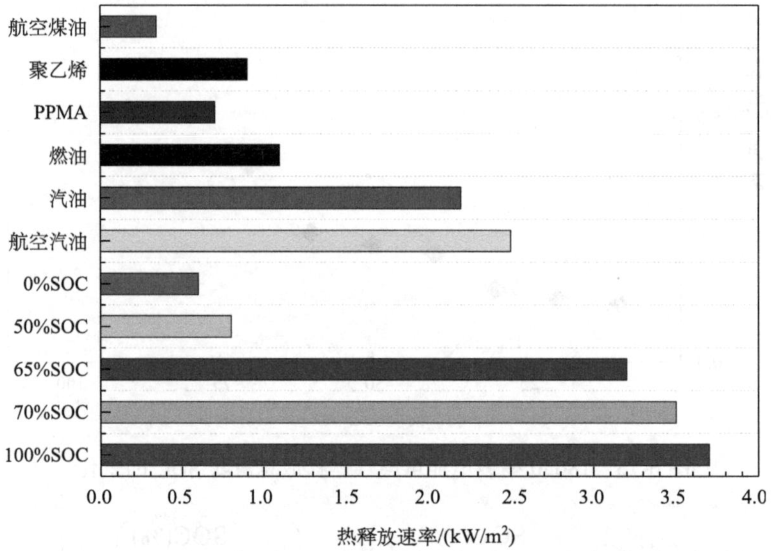


图 6-77　不同 SOC 锂电池的 PHRR 与普通燃料的 HRR 对比

根据 THR 和质量损失（100%、70%、65%、50%和 0% SOC 的锂电池质量损失分别为 16g、18g、10g、7.6g 和 6.5g）可以计算出 100%、70%、65%、50%和 0% SOC 的锂电池的有效燃烧热 $\Delta H_c$ 分别为 6.2 MJ/kg、5.6 MJ/kg、10.4 MJ/kg、15.7 MJ/kg 和 16.7MJ/kg，满电的锂电池 $\Delta H_c$ 低于 PMMA（25kJ/g）、汽油（44.1kJ/g）、丙酮（30.8kJ/g）和正庚烷（48kJ/g）等可燃物[100]，$\Delta H_c$ 与最低燃烧极限（LFL）有关，气体的 LFL 的计算公式[95]为

$$\mathrm{LFL} = c_p\,(1300℃ - T)/\Delta H_c \tag{6-28}$$

式中，$c_p$ 为比热容，本书取 0.030kJ/(kg ·℃)；$T$ 为释放的气体温度，本书取热失控开始

温度 264℃。

锂电池在加热条件下，释放的气体主要是由氢气、甲烷、一氧化碳和烃等组成的混合物，混合物分子量约为 30g/mol[95]，由式（6-28）可求出 100%、70%、65%、50%和 0 % SOC 的锂电池所释放气体的 LFL 分别为 0.17v/v、0.185v/v、0.1v/v、0.07v/v 和 0.06v/v，0% SOC 的锂电池所释放气体的 LFL 都比氢化物燃料释放的气体 LFL（0.05v/v）[94]高，说明锂电池释放的气体极易燃烧。

综上所述，锂电池的 SOC 越低，火灾危险性越低，低于 50% SOC 的锂电池只发生小幅度的燃烧，并未发生热失控，可见将锂电池的 SOC 控制在 50%以下可以显著降低其火灾风险，而 ICAO[101]规定航空运输锂电池的 SOC 应低于 30%，虽然 SOC 低于 30% 的锂电池的安全系数会有所提升，但 SOC 低于 30%时，如果锂电池自放电比较大，或未及时充电，锂电池的电压低于下限电压，对锂电池性能会有比较大的损害，因此建议将锂电池的 SOC 控制在 50%以下，既可以降低航空运输时的火灾风险，又可以保持其性能。

**辐射热流对热释放速率的影响机制：**满电锂电池在不同辐射热流下的 HRR 曲线如图 6-78 所示。在高辐射热流下（30kW/m$^2$、50kW/m$^2$ 和 60kW/m$^2$）不但最先开始热解并且热解的速率显著高于低辐射热流（15kW/m$^2$），高辐射热流下的 HRR 曲线均出现两个峰值，且第二峰值均远大于第一峰值，PHRR 和到达峰值的时间均受辐射热流的影响，第一和第二峰值均与辐射热流呈正相关，辐射热流越大，到达峰值的时间越短，特别是在 60kW/m$^2$ 辐射热流下，点燃时间极短（仅 17s），可见辐射热流对锂电池的热分解和热失控反应强度影响很大。当辐射热流由 30kW/m$^2$ 增加至 60kW/m$^2$ 时，PHRR 从 6.2kW 增加至 9.1kW，增加了 47%。而辐射热流为 15kW/m$^2$ 时，HRR 曲线只有一个峰值，峰值大小与高辐射热流下的第一 HRR 峰值相当，且到达峰值的时间远大于高辐射热流的，这种现象的原因来自于两方面：（i）温度升高，锂电池内部的锂离子扩散速率和材料活性均增强，导致热解速率加快[102]；（ii）在表面热传导系数相同的条件下，温度越高，单位时间内锂电池表面所接收的净热量越多，锂电池内部的温度梯度越大，加快热量向内部传递，使得热分解反应不但充分，而且速率加快，单位时间内产热量和产气量均增多，能够迅速达到热失控。积分 HRR 曲线可以得出 15kW/m$^2$、30kW/m$^2$、50kW/m$^2$ 和 60kW/m$^2$ 辐射热流下锂电池外部燃烧释放的总热量 THR 分别为 13kJ、42kJ、54kJ 和 56kJ，可以看出随着辐射热流的增加，THR 也在升高。从图 6-78 中可以看出，辐射热流越高，点燃时间越短，使得点燃前锂电池热分解消耗的质量越少，进而剩余的参与燃烧的质量越多，燃烧强度越大，热释放的热量越多，因此，合理控制运输过程中的环境温度，能够显著降低运输过程中的火灾风险。

② 表面温度：

锂电池表面温度是体现内部材料热解速率最直观的参量，可被用作火灾模拟的输入参量。根据燃烧行为将锂电池的表面温升也分为三个阶段，如图 6-79 所示，其中表面温度为样品表面固定的两个热电偶的平均值。阶段Ⅰ，样品因吸收加热锥的辐射热，表面和内部温度均升高，内部温度的升高引起 SEI 膜发生热分解，产生的热量使温度继续升高；

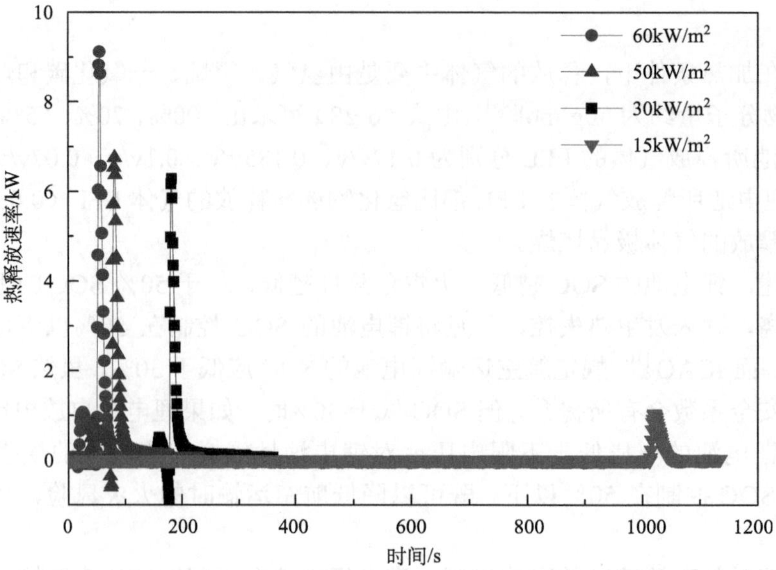


图 6-78 满电锂电池在不同辐射热流下的 HRR 曲线对比

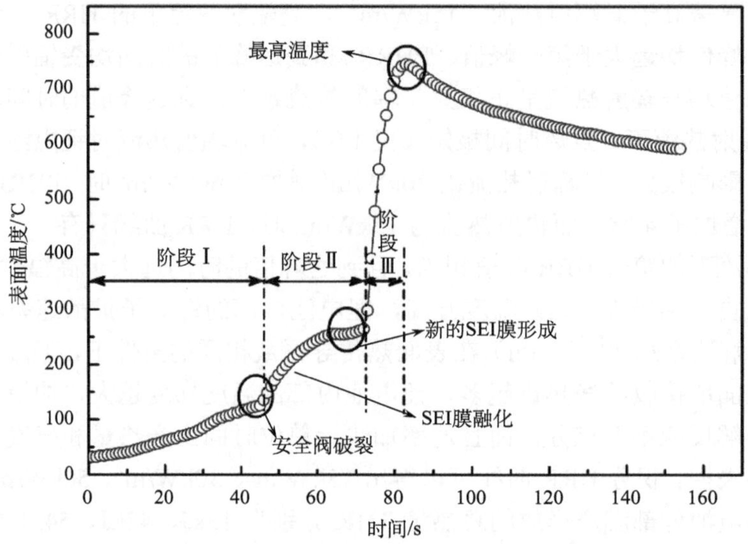


图 6-79 满电锂电池在辐射热流为 50kW/m² 条件下表面温升曲线

阶段Ⅱ，安全阀破裂释放的可燃气体和电解液的有焰燃烧的热反馈增加了表面温度，与此同时，SEI 膜的热分解导致嵌入的锂离子直接与电解液反应，此反应不但能产生新的 SEI 膜，而且会释放大量的热量引发正负极活性材料和电解液之间的反应[103,104]，导致温度进一步升高，但新的 SEI 膜的形成阻止了嵌入的锂离子继续与电解液反应，导致温度在 255℃出现小幅度的下降；阶段Ⅲ，热失控的发生使锂电池表面温度在 10s 内从 264℃激增至 747℃，极易引燃周围可燃物，导致火灾迅速蔓延。Jhu 等[105]采用 VSP2 绝热热流计对同种锂电池得出的最高温度为 733℃。根据方谋等[26]的研究结果可知，锂电池的导热系数低，可以推断锂电池内部温度远大于 747℃，超过铝的熔点（660℃），导致正极集流体铝箔熔化，正极涂层随着反应产生的气体大量喷出，即实验中观察到的大量黑烟产生的原因。随后温度随着火焰的熄灭而缓慢降低，因此降低锂电池的温度是有效控火的关键。

图 6-80 是满电锂电池表面温升速率随表面温度的变化曲线。在加热锥的辐射作用下，锂电池表面温度从室温逐渐升高，在 126℃温升曲线增加，并在 148℃达到第一峰值，此时安全阀破裂，因此将 148℃定义为放气温度，随后因隔膜的吸热熔化[106]和安全阀破裂释放出的气体和电解液带走一部分热量使得表面温升速率下降，隔膜的熔化导致内部短路，正负极与电解液以及电解液自身均发生放热反应，释放大量的热量，表现为温升速率在 261℃左右开始急剧升高，故将此温度定义为热失控开始温度，这与 Jhu 等[105]采用 VSP2 绝热热流计得出的结果基本一致（自放热开始温度 140℃，200℃左右热失控反应开始）。参考 Roth 和 Doughty[48]使用 ARC 得出的研究结果：SEI 膜在 90~130℃发生降解，嵌入的锂离子在 90~290℃与电解液反应，正极活性物质在 150~500℃分别发生自身热降解以及与电解液的放热反应，Gnanaraj 等[107]使用 ARC 得出隔膜在 170 ℃左右吸热熔化，170~330℃为放热反应，对比本书得出的数据可以发现锥形热流计得出的数据基本上和绝热热流计是一致的，主要是因为锂电池自身是封闭的体系，高温辐射下锂电池发生热失控不仅时间短（10s 左右），而且其内部产热速率远大于表面辐射和传导的散热速率，锂电池内部环境类似于绝热环境。

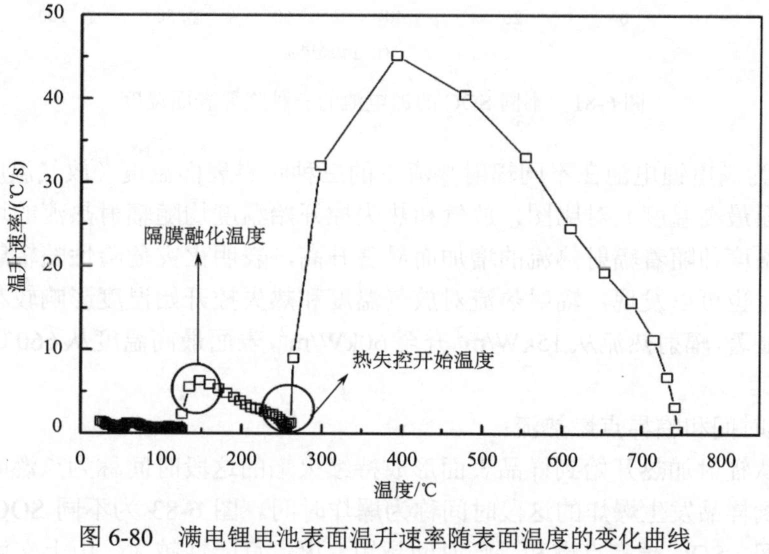


图 6-80　满电锂电池表面温升速率随表面温度的变化曲线

图 6-81 为 50kW/m$^2$ 辐射热流下不同 SOC 的锂电池的三种临界表面温度（放气温度、热失控开始温度和表面最高温度）对比图，锂电池放气温度和热失控开始温度均随 SOC 的增加而降低，而表面最高温度却随 SOC 的增加而增加，同样说明 SOC 越高，火灾危

险性越大，这与 Golubkov 等[108,109]、Doughty 和 Roth[110]、Jhu 等[105]和 Roth 和 Doughty[48]等的实验结果一致。这一现象的原因是 SOC 越高，负极形成的嵌锂碳越多，高温条件下嵌锂碳与电解液反应释放的热量越多，热分解反应强度越大，导致放气温度和热失控开始温度降低，最高温度升高。从图 6-81 中也可以看出，SOC 对放气温度影响较小，对热失控开始温度和最高温度影响较大，SOC 从 0%升至 100%，放气温度仅降低了 14℃，而 SOC 从 65%升至 100%，热失控开始温度降低了 39℃，最大温度却升高了 83℃，同样证明了 SOC 对初期的热解反应影响不大，而对热失控反应却影响很大。

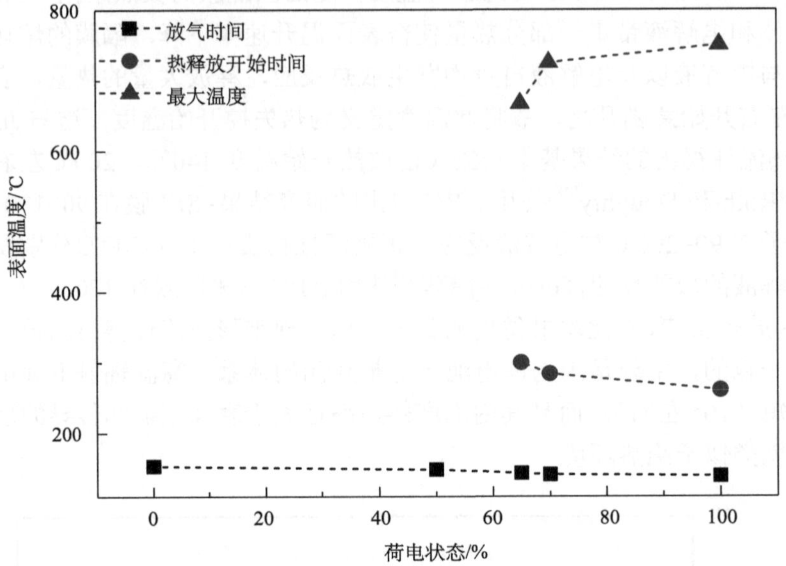


图 6-81　不同 SOC 的锂电池的三种临界表面温度

图 6-82 为满电锂电池在不同辐射热流下的三种临界表面温度（放气温度、热失控开始温度和表面最高温度）对比图，放气和热失控开始温度均随辐射热流的增加而降低，而表面最高温度却随着辐射热流的增加而显著升高，表明火灾危险性随辐射热流的增加而增大。同时也可以发现，辐射热流对放气温度和热失控开始温度影响较小，对表面最高温度影响显著，辐射热流从 $15kW/m^2$ 升至 $60kW/m^2$，表面最高温度从 660℃升至 934℃，升高了 334℃。

③ 点燃时间和临界点燃热流：

本书将从辐射加热开始到样品表面形成持续火焰的这段时间称为点燃时间，将从辐射加热开始到样品发生爆炸的这段时间称为爆炸时间。图 6-83 为不同 SOC 锂电池的点燃和爆炸时间，SOC 越高点燃和爆炸时间越短，火灾危险性越大。由上文可知，SOC 越高，表面温度升高的越快，同时参考图 6-76，当 SOC≥60%时，可燃气体释放量随着 SOC 的增加而显著增加，当 SOC＜60%时，可燃气体释放量随着 SOC 的增加呈现小幅度的增加，综合可燃气体浓度和温度的影响得出高 SOC（≥60%）的点燃和爆炸时间明显小于低 SOC（＜60%）的，同时也可以看出，SOC 越高，从点燃至爆炸的时间间隔越短，100%SOC 的只有 41s，表明 SOC 越高，火灾越不可控，对人员疏散越不利，而 FAA[111] 规定飞机货舱火灾探测系统必须在火灾发生 60s 内给机组成员发出报警信号，显然这项规定对于满电锂电池火灾的控制是无效的，因此应严格控制航空运输锂电池的 SOC，同时也从另一方面说明，为防止航空运输中锂电池火灾发展为不可控，及时有效的火灾早期预警是必须的。

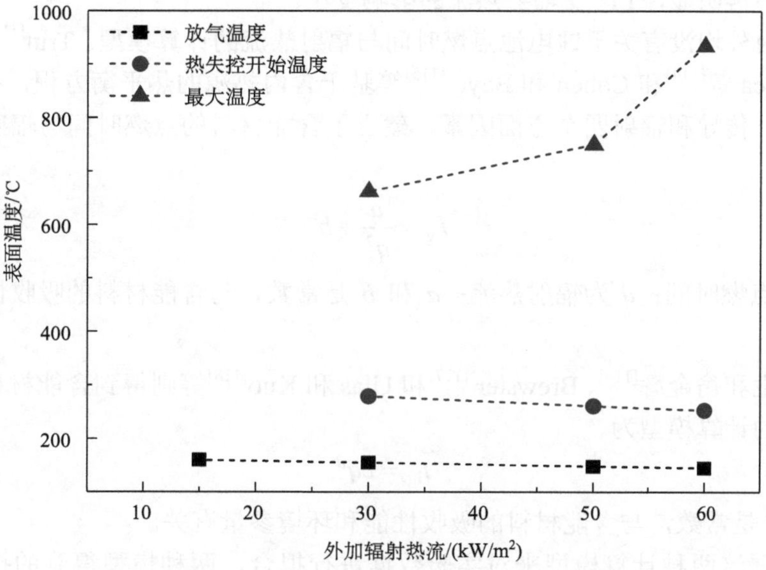


图 6-82　满电锂电池在不同辐射热流下的三种临界表面温度

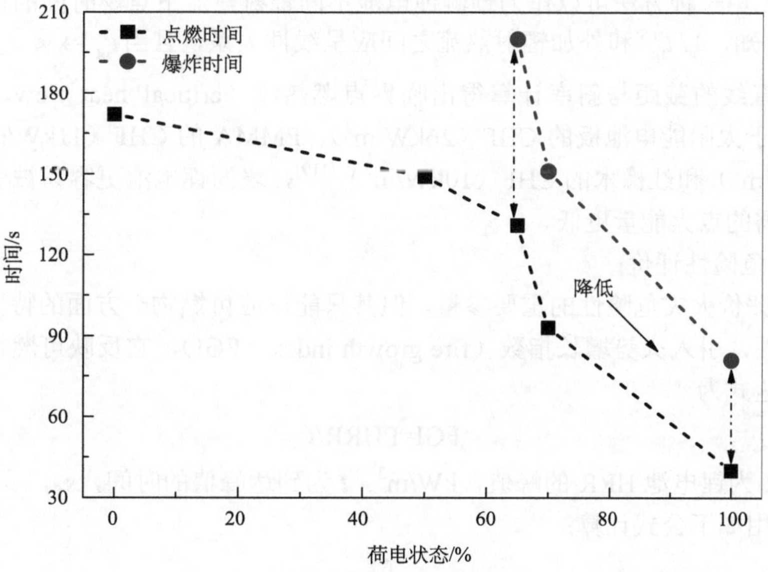


图 6-83　不同 SOC 的锂电池点燃和爆炸时间对比

图 6-84 是满电锂电池在不同辐射热流下的点燃时间（TTI），从图中可以看出，在低辐射热流（15~30kW/m$^2$）条件下，锂电池的 TTI 随着辐射热流的增加而显著减小（从 1021s 速减至 157s），而在高辐射热流（50~60kW/m$^2$）条件下，TTI 的差别很小，主要是因为辐射热流的增加加速了锂电池表面温度的升高，使得内部材料的热分解加速，可燃性气体以及热量的释放速率增大，故 TTI 减小，而当辐射热流≥50kW/m$^2$ 时，内部材料的放热反应达到了饱和，即辐射源的加热和内部材料的热解吸热达到平衡状态，热分解速率增大的不再明显，TTI 受辐射热流的影响变小。

目前国内外均没有关于锂电池点燃时间与辐射热流的计算模型。Tritt[112]、Ohlemiller 等[113]、DeLuca 等[114]和 Cohen 和 Beyer[115]等基于含内热源的热平衡方程，考虑化学反应过程、扩散、传导和辐射四个方面因素，建立了含能材料的点燃时间与辐射热流的计算模型：

$$t_{\mathrm{ig}}=\frac{a}{q^2}+b \tag{6-29}$$

式中，$t_{\mathrm{ig}}$ 为点燃时间；$q$ 为辐射热流；$a$ 和 $b$ 是常数，与含能材料的吸收性能和环境参量有关。

而翁春生和翁金辉[116]、Brewster [117]和 Ulas 和 Kuo[118]等则得到含能材料的点燃时间与辐射热流的计算模型为

$$t_{\mathrm{ig}}=cq^d \tag{6-30}$$

式中，$c$ 和 $d$ 是常数，与含能材料的吸收性能和环境参量有关。

分别根据这两种计算模型来对实验数据进行拟合，两种模型得到的拟合曲线如图 6-84 所示，由拟合曲线可知，两种模型的拟合结果都挺好，比较而言第一种方法拟合精度更高，因此第一种方法可以作为预测锂电池不同辐射热流下点燃时间的计算模型。由式（6-29）可知，$1/t_{\mathrm{ig}}^{0.5}$ 和外加辐射热流之间应呈线性关系，且当 $t_{\mathrm{ig}}\to\infty$，即 $1/t_{\mathrm{ig}}^{0.5}\to 0$ 时，可以由直线的截距与斜率计算得出临界点燃热流（critical heat flow，CHF）约为 9kW/m$^2$，小于太阳能电池板的 CHF（26kW/m$^2$）、PMMA 的 CHF（11kW/m$^2$）、PVC 的 CHF（10kW/m$^2$）和红橡木的 CHF（10kW/m$^2$）[119]，表面锂电池更容易被引燃，即锂电池被引燃所需的点火能量更低。

④ 火灾危险性评价：

THR 是评价火灾危险性的重要参量，但其只能反应可燃物一方面的特性，为全面评价火灾危险性，引入火势增长指数（fire growth index，FGI），它反映可燃物对热反应的能力，其表达式为

$$\mathrm{FGI}=\mathrm{PHRR}/t \tag{6-31}$$

式中，PHRR 为锂电池 HRR 的峰值，kW/m$^2$；$t$ 为到达峰值的时间，s。

THR 可用如下公式计算：

$$\mathrm{THR}=\int_0^{\infty}\mathrm{HRR}\,\mathrm{d}t \tag{6-32}$$

式中，THR 为总放热量，kJ；HRR 为热释放速率，$kW/m^2$；$t$ 为时间，s。

Petrella[120]提出用 FGI 和 THR 来对材料的火灾危险等级进行分类，其评价体系如表 6-10 所示，Chow 和 Han[121]通过实验证明了 Petrella[120]所建立的评价体系是合理的。

根据公式（6-31）和公式（6-32）分别计算锂电池的 FGI 和 THR，具体值如表 6-11 所示。从表 6-11 中可以看出，FGI 与 SOC 和辐射热流均成正相关，说明 SOC 越高，辐射强度越大，火灾危险性越高。与 Petrella 评价体系进行对比，SOC 在 50%以下闪燃危险性为中度，而高于 50%闪燃危险性为高度，在 $15kW/m^2$ 辐射热流下闪燃危险性最低，大于 $30kW/m^2$ 辐射热流下闪燃危险性极高，但均大于 PMMA 的 FGI（$1.2kW/m^2s$）不同 SOC 和辐射热流下的 THR 均在 10~100 $MJ/m^2$ 之间，属于中度危险。

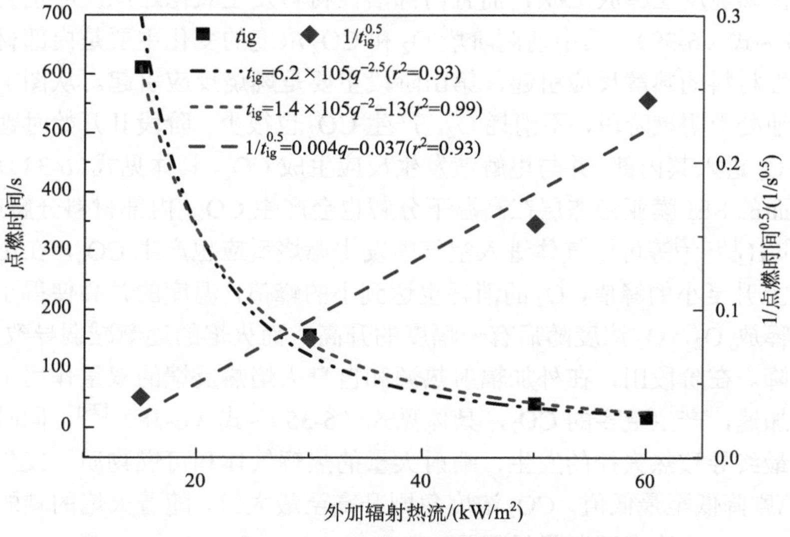


图 6-84 满电锂电池在不同辐射热流下的点燃时间对比

**表 6-10 Petrella 提出的火灾危险性评价体系**

| 数值 | FGI | THR/($MJ/m^2$) |
|---|---|---|
| 0.1~1 | 闪燃低度危险 | 超低度危险 |
| 1~10 | 闪燃中度危险 | 低度危险 |
| 10~100 | 闪燃高度危险 | 中度危险 |
| 100~1000 | — | 高度危险 |

**表 6-11 锂电池 FGI 和 THR**

| 工况 | SOC/% | | | | | 辐射热流/($kW/m^2$) | | | |
|---|---|---|---|---|---|---|---|---|---|
| | 100 | 70 | 65 | 50 | 0 | 60 | 50 | 30 | 15 |
| FGI/($kW/m^2s$) | 93 | 38 | 24 | 5 | 3 | 295 | 93 | 22 | 0.9 |
| THR/($MJ/m^2$) | 54 | 55 | 57 | 65 | 59 | 56 | 54 | 42 | 13 |

⑤ 气体浓度：

为定量评估锂电池的火灾危险性，需要对其燃烧过程中所释放的毒性气体进行分析。Roth 和 Doughty[48]测试 18650 型锂电池在高温条件下释放的主要为 $CH_4$、CO 和 $H_2$ 等可燃性气体，Ribière 等[56]测试在加热条件下锂电池产生的气体主要有 CO、HF 和 $SO_2$ 等毒性气体。根据前人的研究，$CO_2$ 和 CO 是锂电池在高温条件下释放的主要气体，而氧气直接与 HRR 有关，因此本书主要研究 CO、$O_2$ 和 CO 在燃烧过程中的浓度变化。

图 6-85 为满电锂电池燃烧过程中释放的 $CO_2$ 和 $O_2$ 浓度以及 HRR 变化曲线，$CO_2$ 质量流率变化趋势与 HRR 一致，而 $O_2$ 浓度变化趋势与 $CO_2$ 质量流率和 HRR 变化趋势相反，同时 $CO_2$ 和 $O_2$ 浓度变化曲线均有两个前小后大的峰值。锂电池不同于普通的固体燃料，其不仅燃烧反应释放 $CO_2$，而且内部活性材料发生氧化还原反应也会释放，具体如式（6-34）~式（6-39）。其中前两阶段 $O_2$ 和 $CO_2$ 浓度的变化主要是内部材料的氧化还原反应和活性材料的热解反应引起，第Ⅲ阶段主要是燃烧反应引起。从图中可以看出，阶段Ⅰ锂电池处于阴燃阶段，不消耗 $O_2$，产生 $CO_2$ 也很少。阶段Ⅱ开始时锂电池的安全阀破裂导致 $O_2$ 进入其内部，并与电解液发生反应生成 $CO_2$，具体见式（6-33）和式（6-34），同时负极表面的 SEI 膜亚稳态层在高温下分解也会产生 $CO_2$，内部材料分解产生的 $CH_4$、CO、$C_2H_4$ 和 $H_2$[91,122]等可燃气体进入空气中发生燃烧反应也产生 $CO_2$，在Ⅲ者综合作用下 $CO_2$ 浓度上升至小的峰值，$O_2$ 的消耗也达到小的峰值，温度的升高使得正负极活性材料发生热解释放 $O_2$，$O_2$ 浓度随后有一幅度的升高，而火焰的逐渐减弱导致 $CO_2$ 浓度出现小幅度下降。在阶段Ⅲ，在外加辐射热源和自身火焰热反馈的双重作用下，内部材料的热解反应加速，产生更多的 $CO_2$，具体见式（6-35）~式（6-38）[79]，同时引起热量在内部积累，最终导致热失控的发生，喷射大量的热解气体和可燃物质，发生剧烈燃烧使得 $O_2$ 浓度急剧降低至最低值，$CO_2$ 浓度急剧升高至最大值，随着火焰的减弱，$O_2$ 浓度逐渐升高至 21%，$CO_2$ 浓度逐渐降低至零。

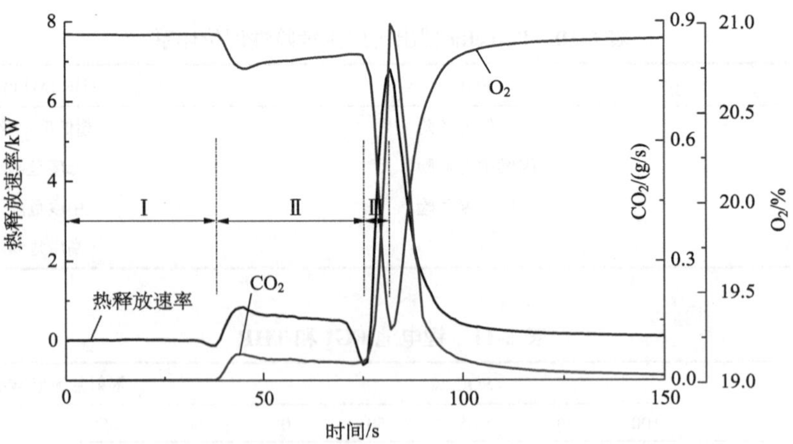


图 6-85　满电锂电池燃烧过程中释放的 $CO_2$ 和 $O_2$ 浓度以及 HRR 变化曲线

$$C_3H_6O_3+3O_2 \rightarrow 3CO_2\uparrow+3H_2O \tag{6-33}$$

$$C_3H_4O_3+3O_2 \rightarrow 3CO_2\uparrow+2H_2O \tag{6-34}$$

$$CH_3OCOOPF_4 \rightarrow PF_3O+CO_2\uparrow+C_2H_4\uparrow+HF\uparrow \tag{6-35}$$

$$CH_3OCOOPF_4 \rightarrow PF_3O+CO_2\uparrow+C_2H_5F\uparrow \tag{6-36}$$

$$LiOCO_2CH_3+H_2O \rightarrow LiCO_3+CH_3OH+CO_2\uparrow \tag{6-37}$$

$$LiOCO_2CH_3+HF \rightarrow LiF+CH_3OH+CO_2\uparrow \tag{6-38}$$

图 6-86 为满电锂电池燃烧过程中 $CO_2$ 和 CO 质量流率变化曲线，CO 质量流率变化趋势与 $CO_2$ 变化趋势基本一致，其中前两阶段 CO 浓度的变化主要由内部活性材料间的化学反应以及 $CO_2$ 的还原反应引起，具体如式（6-39）和式（6-40）所示，第Ⅲ阶段主要是不完全燃烧引起。其他 SOC 的锂电池的 $CO_2$，CO 和 $O_2$ 的变化趋势与此类似。

$$2CO_2+2Li^++2e^- \rightarrow Li_2CO_3+CO\uparrow \tag{6-39}$$

$$C_3H_4O_3+2Li \rightarrow CO\uparrow+CH_3OLi+C_2H_5OLi \tag{6-40}$$

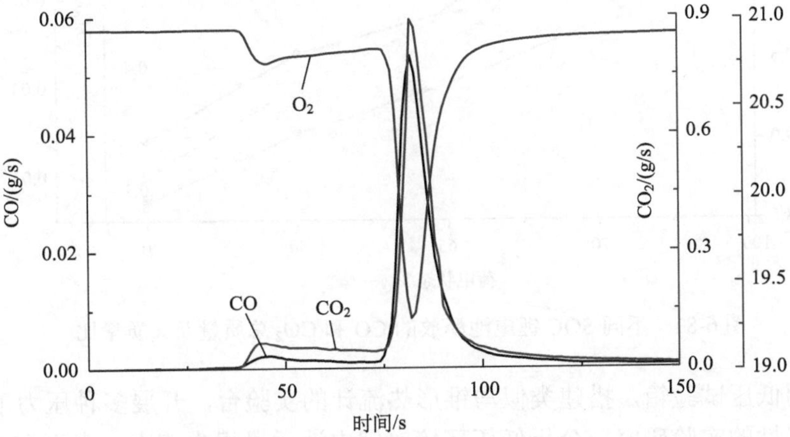


图 6-86　满电锂电池燃烧过程中释放的 $CO_2$, CO 和 $O_2$ 浓度变化曲线

积分 $CO_2$ 和 CO 质量损率曲线得到 100%、70%、65%、50%和 0% SOC 的锂电池燃烧过程中释放的 $CO_2$ 和 CO 的总质量分别为 10.9g 和 0.61g、10.85g 和 0.47g、9.8g 和 0.37g、9.54g 和 0.29g、9g 和 0.18g，同时计算得出 CO 和 $CO_2$ 总质量的比值分别为 0.55、0.043、0.038、0.03、0.02，具体如图 6-87 所示，从图中可以看出 CO 和 $CO_2$ 总质量以及 CO 和 $CO_2$ 总质量比率均随 SOC 的增加而增大，一方面表明 SOC 越高，释放的毒性气体越多，火灾危险性越大，另一方面表明 SOC 越高，燃烧越不充分，燃烧效率越低。满电锂电池的 CO 和 $CO_2$ 摩尔比率（0.094）明显大于燃油（0.01）、PMMA（0.063）和木头（0.07）等可燃物。

2. 低压环境

民航客机、货机和客货两用机的巡航高度在 10000m 左右时外部环境压力约为 0.26

个大气压，为了降低机身结构疲劳，同时又保证乘客的舒适，对于客机，FAA 规定[123]，机舱内部压力应增至 75~84kPa，但大部分货机并不增压，与外部环境一致，因此锂电池航空运输环境是典型的低压环境。此外，对于航空运输的锂电池必须通过联合国 UN38.3《危险货物运输建议书——试验和标准手册》测试，该测试除检测锂电池过充、过放和高温等条件下的安全性能外，还检测锂电池在低压和振动等条件下的安全性能。除此之外，对于全货机，对货舱进行降压处理[106]是 FAA 批准的抑制飞行中货舱火灾的程序。因此需要开展低压环境下锂离子电池火灾危险性的测试实验，来评估降压对锂电池灭火的有效性。

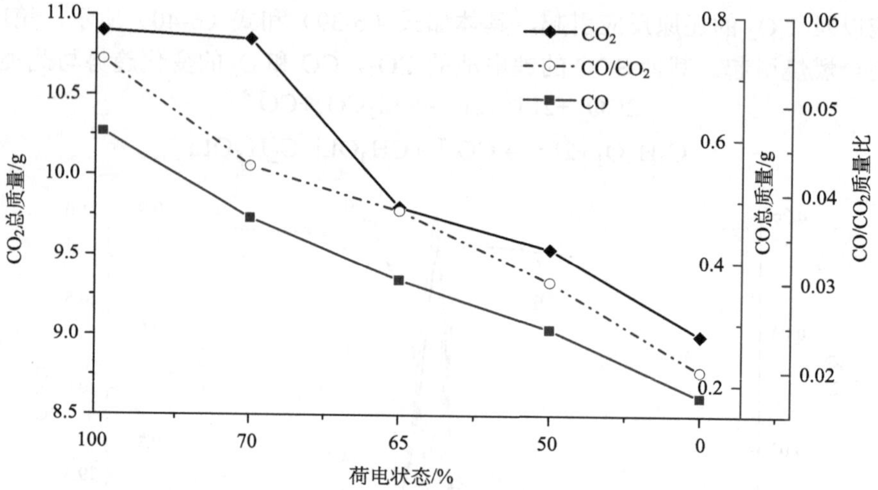


图 6-87　不同 SOC 锂电池释放的 CO 和 $CO_2$ 总质量及其质量比

本书利用低压试验箱，搭建类似与锥形热流计的实验台，开展多种压力下 18650 型锂电池燃烧特性的实验研究，分析低压环境对锂电池质量损失速率、表面和火焰温度以及点燃时间等燃烧特性参量的影响规律。

<u>实验工况</u>

为了模拟飞机不同飞行阶段的压力变化，分别选取了 101kPa、90kPa、80kPa、70kPa、60kPa、50kPa、40kPa 和 30kPa 八种压力来研究低压环境对锂电池的着火和燃烧过程的影响，锂电池的 SOC 均为 100%，在低压环境下，我们采用辐射板和电子点火器来引燃锂电池，为了快速引燃锂电池，辐射热流设为 $50kW/m^2$。

<u>实验装置和方法</u>

在低压试验箱内部搭建锂电池燃烧特性测试实验台（图 6-88）。实验台主要由辐射板、水平导轨、固定架和数据采集系统组成。水平导轨安装在实验箱的上部，辐射板固定在水平导轨上，通过移动下端的滚轮可以使辐射板固定在任意位置，辐射板采用远红外高温辐射板，稳定工作时表面最高温度能达 700℃。用隔热板将箱体分为预热区和实验区两部分，预热区主要用于辐射板的预热，在实验区将样品固定在固定架，固定架放在电子天平上，为防止高温对天平的损坏，在固定架和天平之间放置绝缘隔热板，天平测量

的数据通过 R232 数据线与箱体侧面的航空插头连接，通过航空插头和数据线与箱外的电脑连接，实时记录和保存质量的变化。在距离样品上表面 1cm、6cm、11cm 和 16cm 的中心位置布置四支热电偶测量火焰温度，热电偶测量的数据也通过数据线与箱体侧面的航空插头连接，通过航空插头和数据线与箱外的 Agilent 34980A 的多功能数据采集仪相连，数据采集仪通过 USB 接口与电脑连接，实时记录和保存温度和氧浓度的变化，在箱外观察窗位置放置摄像机记录燃烧过程，箱内的压力和电子点火器的动作通过气压箱控制面板来控制。

实验前将样品充电至满电，将两支 K 型热电偶分别固定在其左右表面的中心位置，测量其表面温度，然后用锡箔纸包裹样品底部，并放入固定架的夹具内，在样品与夹具壁面之间填充隔热材料石棉，通过螺母固定锂电池；实验开始前，启动辐射板电源，通过改变输入电压来调节辐射板的输出功率至实验所需值，数值稳定后将辐射板移动至实验区；启动真空泵，待箱内压力达到设定值时，启动数据采集系统，开始实验，火焰熄灭时实验结束。对于持续时间超过 1h 仍未发生燃烧的工况，应结束实验。

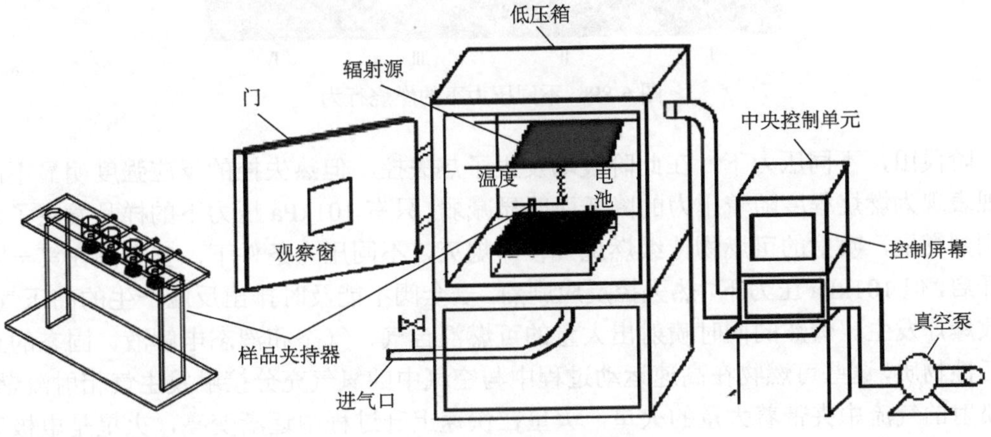


图 6-88 实验装置图

*实验结果与分析*

① 燃烧行为特征：

图 6-89 为三种代表性压力（30kPa、80kPa 和 101kPa）下锂电池的典型燃烧行为，其他实验压力下的燃烧过程与 80kPa 基本类似，燃烧过程大致分为四个阶段：表面膨胀、大量气体释放、剧烈燃烧或爆炸以及衰减阶段，从图中可以看出，压力对燃烧过程影响很大，特别是第Ⅲ和第Ⅳ阶段，而第Ⅰ阶段基本不受影响。

阶段Ⅰ，在此阶段不同压力下锂电池的燃烧行为与开放空间内采用锥形热流计测试一致，因 SEI 膜热分解释放出气体，导致正极极耳附近出现小鼓包，随着气体释放量不断增加，内部压力逐渐达到安全阀承受压力，在此阶段末期安全阀破裂，少量的气体和电解液释放，并发出清脆的嘶鸣声。

阶段Ⅱ，在此阶段不同压力下锂电池均有大量的刺激性气体释放，但均未发生燃烧，与采用锥形热流计测试的不一致；除了 101kPa 压力下的样品在正极极耳喷射出少量的火花外（主要是由内部挥发的电解液蒸气和空气中的氧气接触发生闪燃引起），其他压力下均未发生燃烧，而锥形热流计测试此阶段为气相燃烧。在开放环境中（氧气含量充足），可燃气体的浓度达到燃烧极限且温度足够高是气相着火发生的两个必要条件，但低压下箱体内氧浓度的降低导致此阶段燃烧未发生。

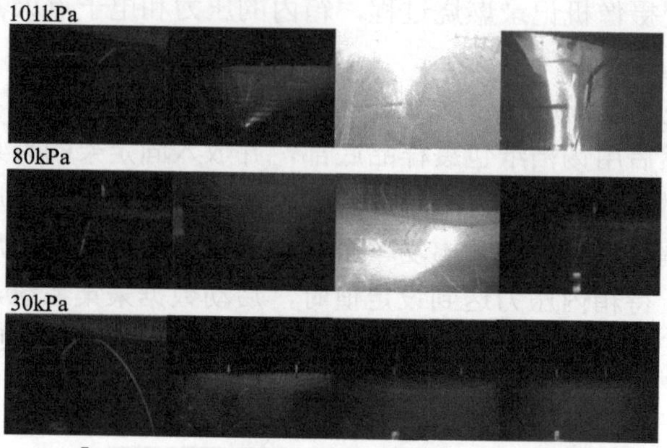


图 6-89　不同压力下的燃烧行为

阶段Ⅲ，不同压力下，在此阶段均发生了热失控，但热失控的反应强度明显不同，外观表现为燃烧程度随着压力的降低而明显减弱，只有 101kPa 压力下的样品发生了爆炸和剧烈燃烧，喷射的可燃物持续燃烧几秒即熄灭，不同压力条件下，安全阀在第一阶段均开启，但 101kPa 压力下，热失控反应剧烈，安全阀不能及时排出反应产生的高压气体，导致爆炸发生。爆炸的同时喷射出大量的可燃混合气、气态和液态电解液、固态的正负极活性物质，这些可燃物在高速运动过程中与空气中的氧气充分接触发生气相射流燃烧，在喷射的气流中夹带着大量的火星，火星在快速上升过程中逐渐变亮，火星是电极表面氧化的电极材料从集流体脱落下来形成的。而 80kPa 压力下的样品只发生了剧烈的喷射火燃烧，未发生爆炸，且燃烧强度明显低于 101kPa，主要归因于安全阀破裂导致内部的热解反应暴露在空气中，空气中的氧气能够通过扩散作用进入锂电池内部参与热解反应，而压力越低，空气中的氧气浓度越低，热解反应速率越慢，释放的气体和热量越少，热失控强度越小。同时还可以发现，101kPa 压力下火焰发生在远离安全阀的位置，而 80kPa 压力下，火焰附着在安全阀，这一现象是由于 101kPa 压力下热失控强度大，气体从安全阀极速的释放，降低了此处的空气密度，导致喷射的气体不能充分和空气混合，而在此阶段，30kPa 压力下的样品未发生燃烧和爆炸，样品整体呈通红状态，释放大量的刺激性气体，从燃烧反应的三要素（可燃物、氧气和引火源）来看，低压下降低的氧浓度使得可燃气体未发生燃烧。

阶段Ⅳ，火焰逐渐熄灭，在 30kPa 压力下样品持续 1h 的加热均未发生燃烧。

从以上分析可以看出，可见降低压力能够抑制明火的产生，但不能控制热失控的发生。

② 质量损失速率：

图 6-90 为三个典型压力下锂电池的质量损失曲线，与燃烧行为对应，质量损失曲线也分为四个阶段，从图中可以看出，不同压力下的质量损失曲线明显不同，在阶段Ⅰ初期不同压力下的质量基本没有变化，在此阶段末期，安全阀破裂释放的少量气体导致质量出现小幅度的降低；不同压力下锂电池的质量在阶段Ⅱ均呈现明显的下降，但随着压力的降低，质量下降得越少，在 101kPa 压力下，由于火星从安全阀喷射产生的反冲力使得质量呈现回升现象，从图中可以看出，质量损失曲线出现两次上升，表明在此压力下，锂电池发生了两次火星喷射，而在其他压力下，质量则随着气体的释放而逐渐降低；在阶段Ⅲ，锂电池热失控的发生使得大量的可燃性气体和电解液等活性物质被喷射到空气中，喷射的瞬间产生的反冲力导致质量急剧升高，随后由于可燃物在空气中发生的剧烈燃烧导致质量急剧下降，大部分质量在此阶段消耗，而在 30kPa 压力下，锂电池虽然没有发生燃烧，但发生的热失控所释放的大量气体使质量也出现急剧下降；在阶段Ⅳ不同压力下，火焰的减弱至熄灭，质量损失表现为缓慢减少。

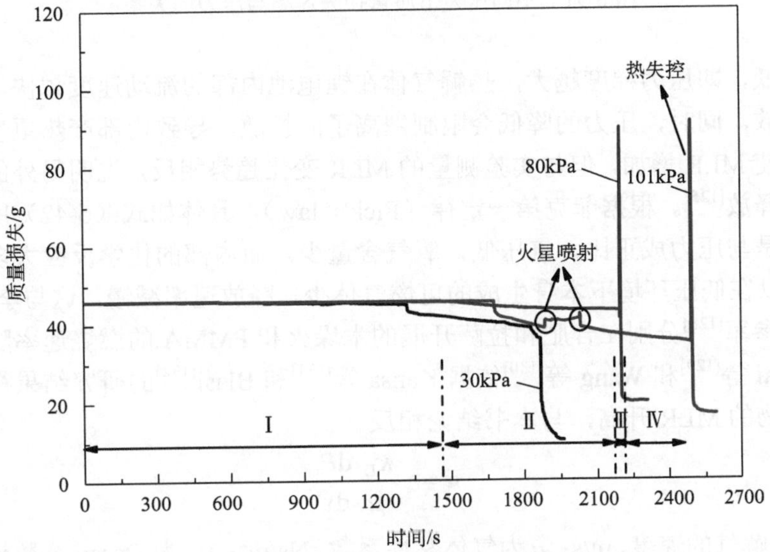


图 6-90　不同压力下的质量变化

对质量损失曲线求导得到 MLR，图 6-91 为不同压力下样品的 MLR，从中可以看出，MLR 随着压力的降低而降低。

锂电池在外界辐射作用下，内部温度升高，当达到一定温度时，内部材料发生热分解，释放热解气体，热解气体生成后的流动由输运及扩散过程控制，即由热解气体的压力梯度和浓度梯度控制[124]，其中扩散过程由气体的浓度梯度驱动，扩散通量满足菲克第一定律（Fick's law）；输运过程则由压力梯度驱动，输运速率满足达西定理，只有当热解气浓度梯度达到一定值且锂电池内部压力大于外界压力，锂电池内部产生的热解气才会从内部溢出至其表面，锂电池失重才会发生。由达西（Darcy's law）定律即式（6-41）可知，

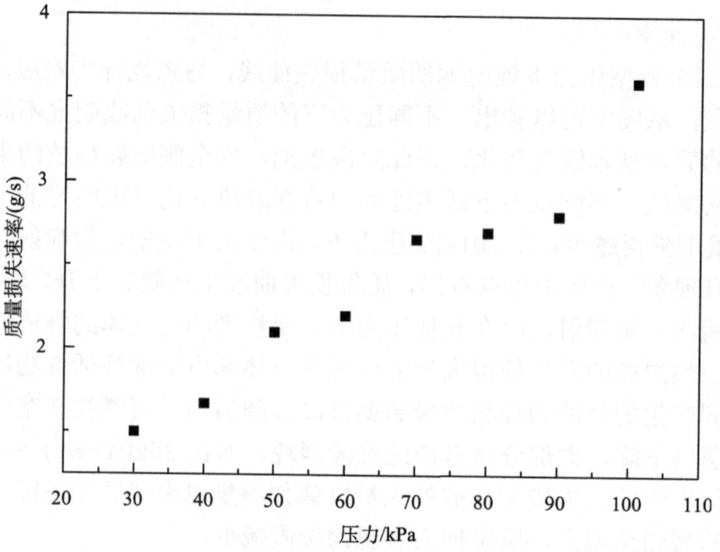


图 6-91　不同压力下质量损失速率与压力的关系

环境压力越低，即压力梯度越大，热解气体在锂电池内部的流动速度越快，更有利于热解气体的释放。同时，压力的降低会限制锂离子的扩散，导致内部产热更快发生，理论上两者都应使 MLR 增加，但与实验测量的 MLR 变化趋势相反，说明另外的机理控制着热解气体的释放[125]。根据菲克第一定律（Fick's law），具体如式（6-42）所示，气体的浓度梯度总是与压力成正比，气压低，氧气含量少，而内部的化学反应大多依赖氧气参与反应，所以在低压环境下本身生成的可燃气体少，释放速率减慢，这与李振华[126]、龚俊辉[127]、梁参军[128]分别在合肥和拉萨开展的木垛火和 PMMA 的燃烧速率随压力的变化趋势一致，Dai 等[129]和 Wang 等[130]依据 Kansa 等[131]和 Blasi[132]的研究结果得出低压环境下固体可燃物的 MLR 升高，与本书结论相反。

$$\vec{u} = -\frac{\kappa_{\mathrm{D}}}{\mu}\frac{\mathrm{d}P}{\mathrm{d}x} \tag{6-41}$$

式中，$\vec{u}$ 为热解气的速度，m/s；$\mu$ 为气体黏性系数，Ns/m$^2$；$\kappa_D$ 为 Darcy 系数梯度，m$^3$s/kg；$P$ 为压力，kPa。

$$N_{\mathrm{g}}'' = -D_{\mathrm{g}}\frac{\partial C_{\mathrm{g}}}{\partial x} \tag{6-42}$$

式中，$N_{\mathrm{g}}''$ 为摩尔流密度，kmol/s·m$^2$；$D_{\mathrm{g}}$ 为扩散系数，m²/s；$\partial C_{\mathrm{g}} / \partial x$ 为沿着扩散方向的浓度梯度。

以上是环境压力对初期阶段锂电池固体内部的热解气流动过程的影响，下面分析环境压力对扩散至锂电池表面上方的热解气着火过程影响，此过程环境压力对 MLR 的影响主要有三个方面：（i）压力降低，样品表面的氧气绝对浓度减小，会使扩散至锂电池内部的氧浓度降低，导致热分解速率减慢，放出的热量和气体减少，气相燃烧反应速率减弱，MLR 降低；（ii）在常压下，氧气的供应主要通过对流和扩散两种机制，在低压下，浮力减小，相对于常压来说，对流减弱，氧气的供应更多依赖扩散机制，扩散控制机理下的气相燃烧，从燃料区到环境区的氧气浓度梯度变大，燃烧反应速率减慢，火焰热反馈量减少，MLR 降低；（iii）压力降低，空气密度降低，导致雷诺数和格拉斯霍夫均降低，使得火焰对锂电池的热对流作用减弱，MLR 降低。

③ 表面和火焰温度：

图 6-92 为不同压力下的锂电池表面温度变化曲线，对应于燃烧行为，表面温度曲线也分为四个阶段，分别是：缓慢上升区、稳步上升区、骤变区和减弱区，从图中可以看出，在不同压力条件下，锂电池表面温度变化趋势一致，阶段Ⅰ的表面温度曲线几乎重合，在阶段Ⅰ末期表面温度均有小幅度的降低，在阶段Ⅲ开始，温度均发生突变，在极短的时间内达到峰值，阶段Ⅳ表面温度随着火焰强度的减弱而迅速降低，但不同压力条件下，每一阶段的持续时间和温升速率明显不同，表明压力会影响锂电池内部材料的热解反应。还可以看出，表面温度曲线在 50kPa 发生了变化，压力小于 50kPa 的相对于大于 50kPa 的，不但最高表面温度明显下降，而且表面温度曲线明显后移，即点燃时间显著增长。

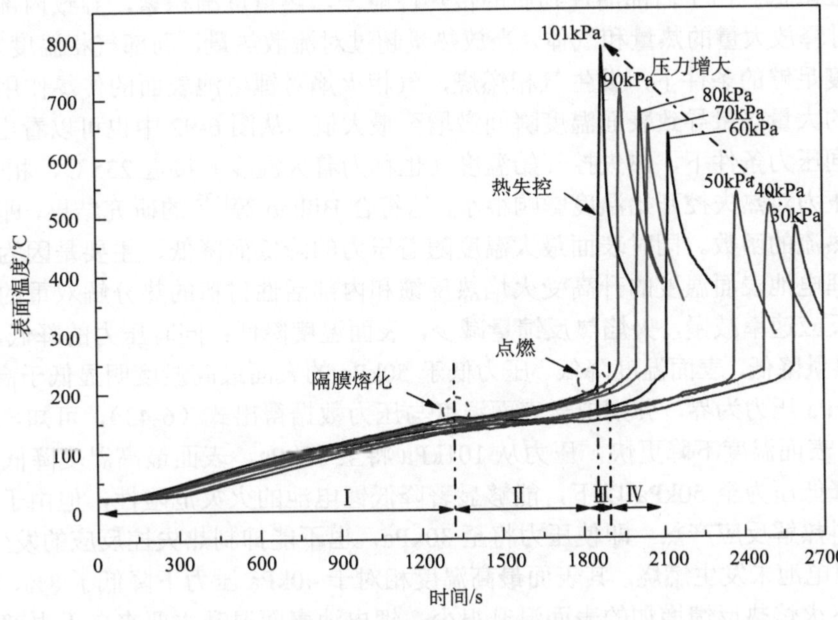

图 6-92 不同压力下的锂电池表面温度变化曲线

阶段Ⅰ：在此阶段八种工况下的表面温升相差很小，低压下的表面温升速率弱微有些降低。在此阶段锂电池温度的升高主要来源于辐射源的加热，在此阶段的末期，即表面温度在 155℃左右时，安全阀破裂，部分电解液和可燃性气体释放，释放的气体和少量电解液带走一部分热量，同时隔膜吸热熔化，使得温度曲线均有小幅度的降低。从图 6-92 中可以看出，不同压力下的放气温度基本维持在 155℃上下波动，最大差值为 7℃，由于锂电池表面温度很难精确测量，可以忽略此误差，可见压力对 155℃之前的内部材料热解反应影响很小。

阶段Ⅱ：随着压力的降低，此阶段持续时间明显在增长，表面温升速率在减慢。在此阶段的开始，即 155℃之后不同压力下的表面温升曲线出现明显的分叉，随着时间的推移，在相同时间点处锂电池的表面温升随着压力的升高而增大，155℃时隔膜的熔化造成内部短路，导致正负极直接与电解液接触，使得正负极活性材料与电解液以及电解液自身均发生放热反应，生成大量的热量使得表面温度升高，从温升曲线可以推断，压力对 155℃以后的锂电池内部活性材料的热解反应速率产生了明显的影响。此阶段低压下表面温升速率的降低主要受热解反应速率和对流热损失两方面因素的影响，热解反应速率随着压力的降低而降低，导致放热量降低，表面温升速率降低，而随着压力的降低，对流换热系数减小，样品表面的对流热损失降低，当外加热流恒定时，这导致样品表面所接受到的总的热流随着压力的减小而增大，表面温度应该升高，但从温升曲线可以推断热解反应速率对表面温升的影响显著大于对流热损失。低压下热解速率的降低，导致产热和产气量均减小，进而点燃时间增长。

阶段Ⅲ：不同压力下的锂电池表面温度均激增至最大，且随着压力的降低，表面最高温度明显降低。由于内部活性物质的传热性能差，热量逐渐积累，导致内部材料分解加剧，同时释放大量的热量和气体，当放热量超过对流散热量，局部气相温度发生跃升，在氧气浓度足够的条件下，发生气相燃烧，气相火焰对锂电池表面的传热作用以及内部瞬时累积的大量热量导致表面温度瞬间激增至最大值，从图 6-92 中也可以看出，相同辐射热流不同压力条件下，热失控开始温度（也称为着火温度）接近 235℃，相差±10℃，表明环境压力对热失控开始温度影响很小，这符合 Bilbao 等[133]的研究结果，即着火温度只是入射热流的函数。同时表面最大温度随着压力的降低而降低，主要是因为在着火发生之后，锂电池表面温度的升高受火焰热反馈和内部活性材料的热分解双重的影响。低压下燃烧反应速率减慢，火焰热反馈量减少，表面温度降低；同时压力的降低，MLR 也降低，放热量降低，表面温度降低。压力低于 50kPa 的表面最高温度明显低于高于 50kPa 的，以 50kPa 压力为界，分别拟合表面温度与压力数据得出式（6-43），可知，压力低于 50kPa 的，表面温度下降更快，压力从 101kPa 将至 30kPa，表面最高温度降低了 40%，也表明将降低压力至 50kPa 以下，能够显著降低锂电池的火灾危险性，但由于锂电池内部活性材料热解反应产热，即使压力将至 30kPa，也不能抑制热失控反应的发生，30kPa 压力下，锂电池未发生燃烧，其表面最高温度相对于 40kPa 压力下降低了 8%，因此可以推断低压下火焰热反馈增加的表面温升很少，锂电池表面温升主要来自于内部材料的热分解放热。

$$\begin{cases} T_{\max} = 117P^{0.4}(P > 50\text{kPa}) \\ T_{\max} = 3P + 387(P \leqslant 50\text{kPa}) \end{cases} \tag{6-43}$$

图 6-93 为 101kPa 压力下锂电池上方和表面温度变化曲线，从图中可以看出，上方温度与表面温度变化趋势相同，但锂电池上方不同位置处的温度在第Ⅰ和第Ⅱ阶段，因没有火焰的产生，只有微弱的升高，在第Ⅰ阶段末期，因为少量液态电解液从正极极耳

处喷射，在空气中迅速汽化吸热，导致不同位置的温度出现小幅度降低，随后在辐射源的持续加热下缓慢升高，直到第Ⅲ阶段有焰燃烧的发生，上方中心线温度才迅速增加，并在极短的时间内达到最大值，喷射火焰上升过程会卷入大量的冷空气，导致随着高度的增加火焰温度显著下降，表明锂电池燃烧产生的高温对环境温度的影响随着距离的增加而减弱。

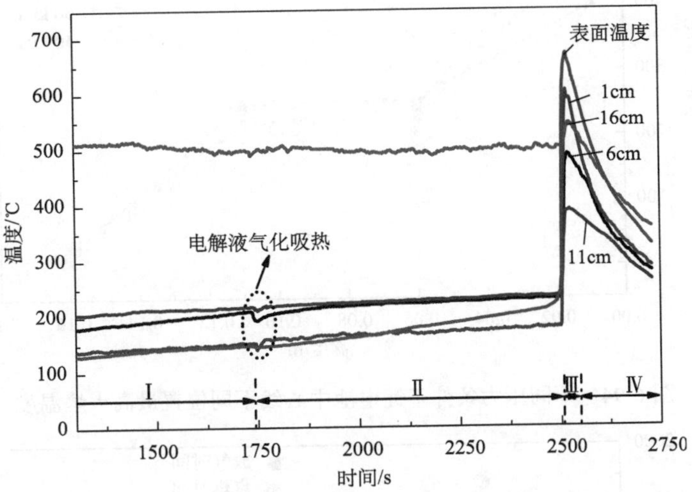


图 6-93 101kPa 压力下的锂电池火焰温度变化曲线

图 6-94 为不同压力条件下锂电池上方中心线不同位置的最高火焰温度。由图可以看出：不同压力下，火焰最高温度均发生在靠近锂电池上表面位置，其他位置的火焰温度均随着高度的增加而降低，靠近锂电池上表面位置的温度随着压力的降低而降低，压力从 101kPa 降至 40kPa，火焰最高温度降低了 50%，由于喷射火焰喷射方向的任意性，导致其他位置的火焰温度与压力并无明显的关系。低压下靠近锂电池上表面位置火焰温度降低主要受两方面因素的影响：（i）低压环境下 MLR 小，所以热释放速率低，从而导致火焰温度低；（ii）锂电池的气相燃烧属于动量驱动扩散火焰，可燃气体和电解液从安全阀喷出后，与周围空气混合燃烧，由于低压下氧气绝对浓度的降低，氧气扩散速率降低，单位体积的热释放速率随之降低，从而使火焰温度降低。

④ 点燃时间：

放气、点燃和热失控时间分别为从锂电池受到辐射加热到安全阀破裂、稳定火焰和剧烈燃烧或爆炸的持续时间；放气和点燃时间的时间间隔是有效控火时间。

图 6-95 为不同压力条件下锂电池的放气和点燃时间，锂电池的放气、点燃和热失控时间与压力均成负相关，压力在 50kPa 以下的，放气、点燃和热失控时间明显长于 50kPa 以上，有效控火时间也随着压力的降低而增大，不同压力条件下，有效控火时间在 9~13min，这比前人[134]得出的飞机隐蔽火的可控时间 8~10min 长一些，通常飞机在发生灾难性事故前，机组人员有 15~20min 的迫降时间[134]，可见降压能够为飞机的灭火救援带来极为有利的条件，但从点燃至剧烈燃烧的时间不受压力的影响，均在 8~10s 之间，FAA 规定飞机货

舱探测系统必须在火灾发生后 1min 给机组警告，可见这项规定对锂电池火灾无效。

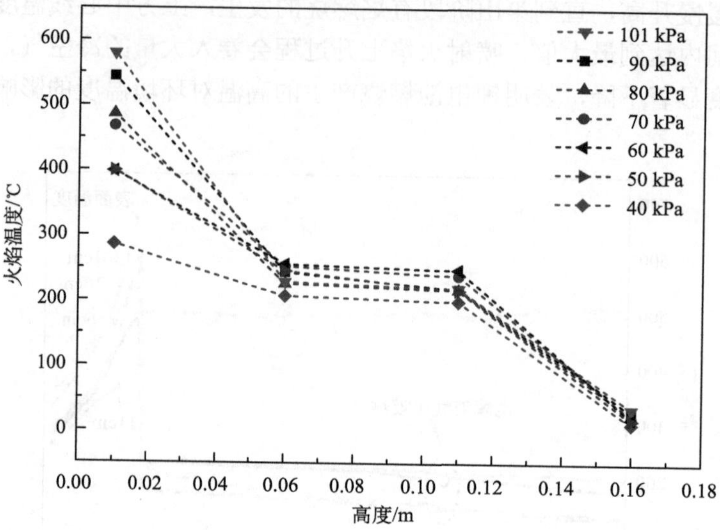


图 6-94　不同压力条件下锂电池中心线不同位置最高火焰温度

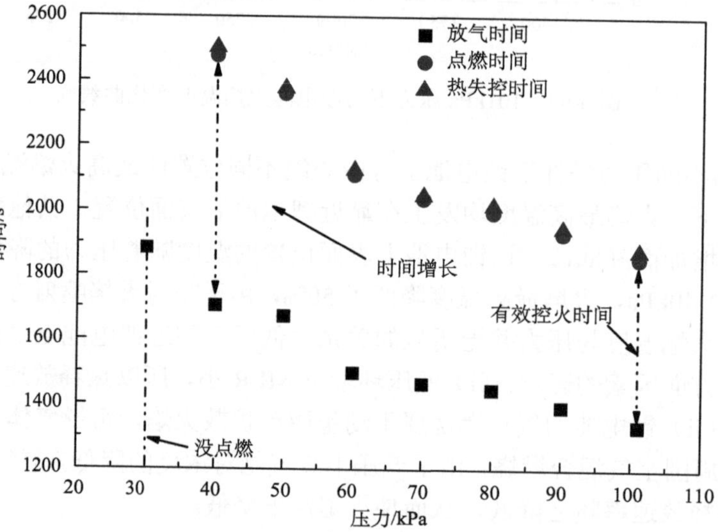


图 6-95　不同压力下锂电池放气和点燃时间与压力关系

TTI 是由锂电池固体内部热解气的释放速率以及点燃时刻锂电池上方热解气临界质量流率共同决定的，因此 TTI 除了受辐射传热影响外，同时受内部材料热解反应动力学、热解气体流动状态以及气相化学反应动力学等因素的影响，在受限空间内，点燃的发生需要达到三个条件：热解气体的浓度达到燃烧极限、温度达到临界值和氧气充足。由不同压力下的表面温度变化曲线可知，锂电池热解速率随压力的降低而降低，导致释放的可燃气体量和热量均降低，点燃时间增长。

Chen 等[135]分别在合肥和拉萨采用锥形热流计测试了不同数量的锂金属电池的燃烧

特性，得出锂金属电池在低压环境下燃烧强度明显减弱，具体见图 6-96，在合肥和拉萨，锂金属电池的质量损失均是锂金属电池数量的线性函数，热释放速率、放热率、有效燃烧热、热通量和燃烧效率均随着海拔高度的升高而降低。

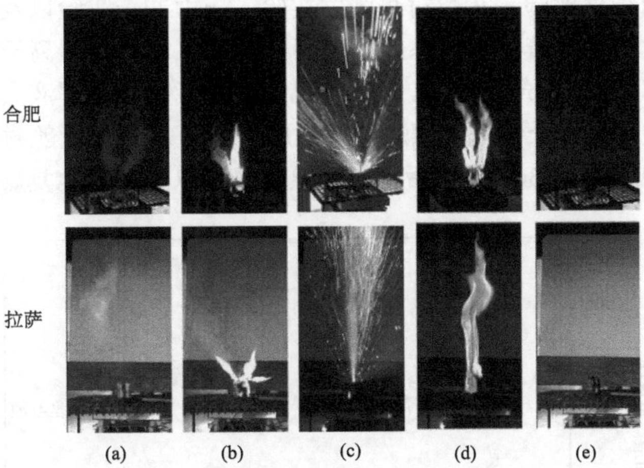


图 6-96 合肥和拉萨锂电池燃烧对比

## 6.4.4 锂电池可燃性评估

### 1. 航空运输锂电池

从 2004 年，FAA[136]就开始对锂电池的可燃性进行研究，其采用 64ft$^3$ 小尺度试验箱（图 6-97）研究明火条件下锂电池和锂电池组的燃烧和蔓延性能以及 Halon 1301、Halon 1211 灭火剂对锂电池火灾的灭火有效性，结果表明：在小火源功率的条件下，锂电池就能自燃，并且单个锂电池燃烧释放的能量能够点燃相邻的锂电池，Halon 1301 和 Halon 1211 灭火剂不能扑灭锂电池火灾，实验结果作为禁止在客机上锂电池作为货物来运输条款的依据。

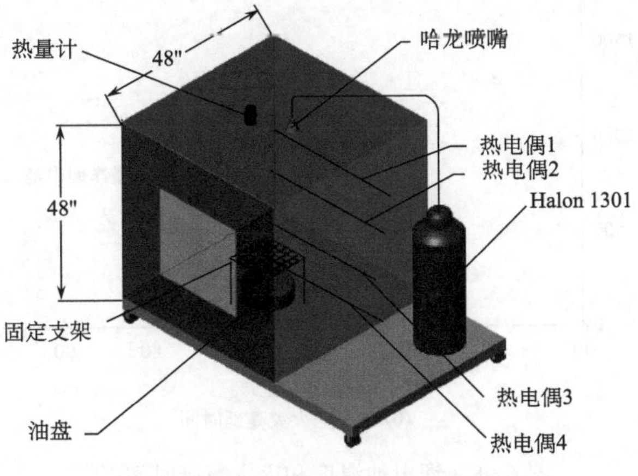


图 6-97 64ft$^3$ 小尺度试验箱[136]

2006 年，FAA[137]同样采用 64ft$^3$ 试验箱研究 18650 型锂离子电池和锂离子电池组的燃烧和蔓延特性、Halon 1301 对锂离子电池火灾的灭火有效性以及锂电池所带荷电状态对其燃烧特性的影响。分别进行了不同荷电状态下单个锂电池，多个锂电池的燃烧实验，Halon 1301 灭火有效性实验，货舱衬垫强度实验，压力冲击实验以及自燃实验，得出锂离子电池的火灾危险性随着荷电状态的升高而升高，电解液是锂离子电池火灾发生、发展和蔓延的关键部件；Halon 1301 在 5%和 3%浓度下能扑灭电解液火灾，但不能抑制锂离子电池火灾的发生，4 个锂电池燃烧产生的压力大于 1psi，货舱衬垫不能承受锂电池火灾的损坏，施加 Halon 1301 灭火后的舱内温度仍可以使锂电池复燃。

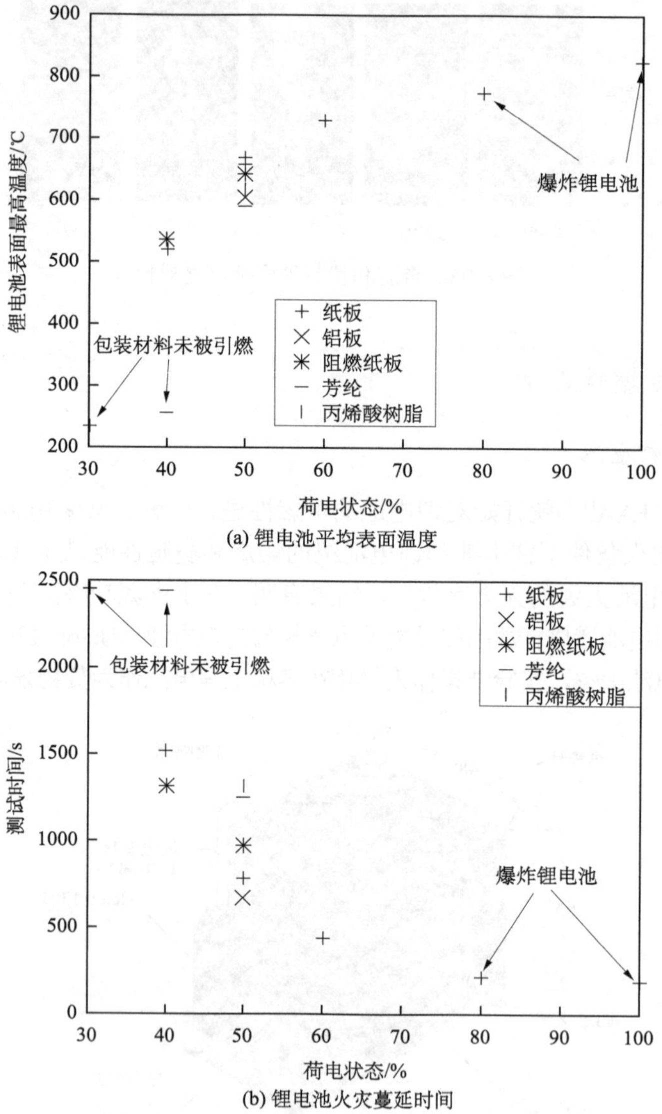


图 6-98　锂电池温度和火灾蔓延时间[138]

2013 年 FAA[138]测试航空运输锂电池包装和隔离材料对锂电池火灾危险性的影响，同时测试了在锂电池上方放置水包对控制锂电池热失控传播的有效性，隔离材料分别为纸板，阻燃材料处理过的纸板、芳纶、ABS 塑料和铝塑模塑纸箱。得出隔离材料延迟了火灾蔓延时间并降低了温度，具体如图 6-98 所示，水包能在一定程度上控制锂电池火灾的蔓延。

2016 年 FAA[139]分别使用锥形量热仪和热电容热流计测试锂金属电池、镍镉蓄电池和锂离子电池等各种类型的电池的火灾危险性。使用锥形量热仪测试了不同荷电状态和辐射热流下锂电池的质量损失、热释放速率、燃烧总释放热量以及有效燃烧热等参数。采用热电容热流计不同荷电状态和加热速率下锂电池的化学放热量等参数，具体如图 6-99 所示，得出质量损失速率、燃烧释放的能量、表面温度、有效燃烧热和化学能均与荷电状态成正比，热失控仅几秒时间，但满电锂电池最高温度却最大达 1000℃，燃烧释放的热量远大于化学能，具体数据见表 6-12~表 6-15。

图 6-99 锂电池热电容热流计实验装置[139]

表 6-12 18650 型锂电池锥形量热仪测试数据[139]

| 锂电池 | 类型 | SOC /% | 热流 /(kW/m$^2$) | $t_1$/s | $t_2$/s | PHRR /kW | 总热量 /kJ | 质量损失 /g | $\Delta H_c$ /(kJ/g) | THR/$m_0$ /(kJ/g) |
|---|---|---|---|---|---|---|---|---|---|---|
| A | $LiCoO_2$ | 100 | 10 | 731 | — | 0.2 | 9 | 4 | 2.2 | 0.2 |
| A | $LiCoO_2$ | 100 | 30 | 165 | 242 | 13.7 | 84 | 10.3 | 8.2 | 1.9 |
| A | $LiCoO_2$ | 100 | 30 | 166 | 242 | 9.8 | 76 | 12.6 | 6.0 | 1.7 |
| A | $LiCoO_2$ | 100 | 50 | 109 | 159 | 10.2 | 100 | 10.1 | 9.9 | 2.3 |
| A | $LiCoO_2$ | 100 | 50 | 96 | 137 | 16.2 | 93 | 9.6 | 9.7 | 2.1 |
| A | $LiCoO_2$ | 100 | 75 | 56 | 75 | 12.3 | 82 | 9.1 | 9.0 | 1.9 |
| A | $LiCoO_2$ | 100 | 75 | 50 | 71 | 16.2 | 93 | 9.1 | 10.2 | 2.1 |
| A | $LiCoO_2$ | 20 | 50 | 86 | — | 4.4 | 59 | 6 | 9.7 | 1.3 |

续表

| 锂电池 | 类型 | SOC /% | 热流 /(kW/m²) | $t_1$/s | $t_2$/s | PHRR /kW | 总热量 /kJ | 质量损失 /g | $\Delta H_c$ /(kJ/g) | THR/$m_0$ /(kJ/g) |
|---|---|---|---|---|---|---|---|---|---|---|
| A | $LiCoO_2$ | 20 | 50 | 86 | — | 2.5 | 102 | 6.5 | 15.6 | 2.2 |
| A | $LiCoO_2$ | 20 | 50 | 87 | — | 3.3 | 92 | 6.1 | 15.0 | 2.0 |
| A | $LiCoO_2$ | 20 | 50 | 93 | — | 3.0 | 97 | 6.3 | 15.5 | 2.1 |
| A | $LiCoO_2$ | 20 | 50 | 86 | — | 3.5 | 81 | 6.3 | 12.8 | 1.8 |
| A | $LiCoO_2$ | 30 | 50 | 102 | 130 | 6.0 | 92 | 5.9 | 15.6 | 2.0 |
| A | $LiCoO_2$ | 30 | 50 | 104 | 132 | 4.0 | 95 | 5.7 | 16.8 | 2.1 |
| A | $LiCoO_2$ | 30 | 50 | 102 | 133 | 3.2 | 86 | 5.3 | 16.1 | 1.9 |
| A | $LiCoO_2$ | 30 | 50 | 86 | 130 | 2.7 | 84 | 5.7 | 14.8 | 1.9 |
| A | $LiCoO_2$ | 30 | 50 | 92 | 125 | 9.2 | 78 | 8.1 | 9.6 | 1.7 |
| A | $LiCoO_2$ | 50 | 50 | 100 | 135 | 7.4 | 73 | — | — | 1.6 |
| A | $LiCoO_2$ | 50 | 50 | 106 | 123 | 7.4 | 68 | 7.6 | 9.0 | 1.5 |
| A | $LiCoO_2$ | 50 | 50 | 95 | 132 | 10.4 | 93 | — | — | 2.0 |
| A | $LiCoO_2$ | 50 | 50 | 99 | 126 | 9.2 | 83 | 6.9 | 12.1 | 1.8 |
| A | $LiCoO_2$ | 70 | 50 | 93 | 122 | 5.4 | 64 | 22.4 | 2.8 | 1.4 |
| A | $LiCoO_2$ | 70 | 50 | 93 | 120 | 6.7 | 70 | 12 | 5.8 | 1.5 |
| A | $LiCoO_2$ | 70 | 50 | 102 | 129 | 5.3 | 63 | 14 | 4.5 | 1.4 |
| A | $LiCoO_2$ | 70 | 50 | 102 | 124 | 8.4 | 77 | 11.8 | 6.5 | 1.7 |
| A | $LiCoO_2$ | 70 | 50 | 93 | 121 | 7.2 | 69 | 10.6 | 6.5 | 1.5 |
| A | $LiCoO_2$ | 100 | 50 | 86 | 112 | 6.2 | 58 | 13.3 | 4.4 | 1.3 |
| A | $LiCoO_2$ | 100 | 50 | 92 | 112 | 3.3 | 68 | 20.8 | 3.3 | 1.5 |
| A | $LiCoO_2$ | 100 | 50 | 103 | 117 | 12.1 | 59 | n/a | — | 1.3 |
| A | $LiCoO_2$ | 100 | 50 | 93 | 119 | 5.9 | 57 | 13.7 | 4.2 | 1.3 |
| A | $LiCoO_2$ | 100 | 50 | 88 | 113 | 8.4 | 62 | 12.3 | 5.1 | 1.4 |
| B | $LiCoO_2$ | 100 | 50 | 86 | — | 4.2 | 48 | 4.1 | 11.7 | 2.4 |
| B | $LiCoO_2$ | 100 | 50 | 61 | — | 5.6 | 55 | 5 | 11.0 | 2.7 |

注：$m_0$为初始质量，后同；$t_1$、$t_2$分别为第一次和第二次爆炸时间，后同

**表 6-13　其他锂离子电池和镍镉蓄电池锥形量热仪测试数据[139]**

| 锂电池 | 类型 | SOC /% | 热流 /(kW/m²) | $t_1$/s | $t_2$/s | PHRR /kW | 总热量 /kJ | 质量损失 /g | $\Delta H_c$ /(kJ/g) | THR/$m_0$ /(kJ/g) |
|---|---|---|---|---|---|---|---|---|---|---|
| C1 | Li-ion | 50 | 10 | 500 | — | 0.2 | 6 | 5.2 | 1.2 | 0.3 |
| C1 | Li-ion | 50 | 30 | 112 | — | 9.2 | 57 | 3.3 | 17.3 | 2.4 |
| C1 | Li-ion | 50 | 30 | 130 | — | 8.9 | 47 | 2.9 | 16.2 | 2.0 |
| C1 | Li-ion | 50 | 50 | 38 | 51 | 6.0 | 77 | 5.1 | 15.1 | 3.3 |
| C1 | Li-ion | 50 | 50 | 48 | 63 | 5.7 | 75 | 5.6 | 13.4 | 3.2 |
| C1 | Li-ion | 50 | 75 | 14 | 44 | 7.1 | 109 | 6.1 | 17.9 | 4.7 |
| C1 | Li-ion | 50 | 75 | 22 | 31 | 5.8 | 97 | 7.2 | 13.5 | 4.2 |
| C2 | Li-ion | 50 | 10 | 512 | — | 0.5 | 0 | 4.3 | 0 | 0.0 |
| C2 | Li-ion | 50 | 30 | 64 | 84 | 7.8 | 156 | 10.2 | 15.3 | 3.8 |

续表

| 锂电池 | 类型 | SOC /% | 热流 /(kW/m²) | $t_1$/s | $t_2$/s | PHRR /kW | 总热量 /kJ | 质量损失 /g | $\Delta H_c$ /(kJ/g) | THR/$m_0$ /(kJ/g) |
|---|---|---|---|---|---|---|---|---|---|---|
| C2 | Li-ion | 50 | 30 | 68 | 88 | 7.0 | 145 | 9.8 | 14.8 | 3.5 |
| C2 | Li-ion | 50 | 50 | 35 | 52 | 8.0 | 162 | 11.1 | 14.6 | 3.9 |
| C2 | Li-ion | 50 | 50 | 35 | 58 | 5.8 | 147 | 11.1 | 13.2 | 3.6 |
| C2 | Li-ion | 50 | 75 | 19 | 35 | 8.9 | 165 | 12.1 | 13.6 | 4.0 |
| C2 | Li-ion | 50 | 75 | 22 | 39 | 7.4 | 170 | 12 | 14.2 | 4.1 |
| D | NiMH | 100 | 50 | 212 | 357 | 0.0 | 0 | 2.6 | 0 | 0.0 |
| D | NiMH | 100 | 50 | 353 | — | 0.7 | 13 | 1.1 | 11.8 | 0.5 |
| E | NiCd | 100 | 50 | — | — | 0 | 0 | 6.5 | 0 | 0.0 |
| E | NiCd | 100 | 50 | — | — | 0 | 0 | 5.8 | 0 | 0.0 |

**表 6-14 不可充电电池锥形量热仪测试数据[139]**

| 锂电池 | 类型 | SOC /% | 热流 /(kW/m²) | $t_1$/s | $t_2$/s | PHRR /kW | 总热量 /kJ | 质量损失 /g | $\Delta H_c$ /(kJ/g) | THR/$m_0$/ (kJ/g) |
|---|---|---|---|---|---|---|---|---|---|---|
| F | $LiFeS_2$ | 100 | 50 | 80 | 160 | 3 | 51 | 2 | 25.5 | 3.5 |
| G | $LiMnO_2$ | 100 | 30 | 104 | 149 | 4.2 | 42 | 4.7 | 8.9 | 2.6 |
| G | $LiMnO_2$ | 100 | 30 | 113 | 149 | 3.6 | 55 | 8.4 | 6.5 | 3.4 |
| G | $LiMnO_2$ | 100 | 50 | 74 | 94 | 3.9 | 52 | 4.4 | 11.9 | 3.2 |
| G | $LiMnO_2$ | 100 | 50 | 69 | 89 | 4.7 | 74 | 4.4 | 16.7 | 4.5 |
| G | $LiMnO_2$ | 100 | 75 | 48 | 68 | 5.9 | 64 | 3.8 | 16.8 | 3.9 |
| G | $LiMnO_2$ | 100 | 75 | 52 | 67 | 3.5 | 45 | 4.3 | 10.4 | 2.7 |
| H | $LiMnO_2$ | 100 | 30 | 115 | 148 | 2.8 | 27 | 3.3 | 8.2 | 2.5 |
| H | $LiMnO_2$ | 100 | 30 | 118 | 161 | 3.1 | 32 | 3.2 | 10 | 3 |
| H | $LiMnO_2$ | 100 | 50 | 77 | 85 | 3.9 | 20 | 3.4 | 6 | 1.9 |
| H | $LiMnO_2$ | 100 | 50 | 90 | 118 | 3.7 | 33 | 3.5 | 9.5 | 3.2 |
| H | $LiMnO_2$ | 100 | 75 | 54 | 65 | 6.5 | 34 | 2.3 | 14.6 | 3.2 |
| H | $LiMnO_2$ | 100 | 75 | 54 | 70 | 4.2 | 31 | 3.7 | 8.5 | 2.9 |
| J | $ZnMnO_2$ | 100 | 50 | 204 | — | 0.6 | 17 | 2.7 | 6.3 | 0.7 |
| J | $ZnMnO_2$ | 100 | 50 | 202 | — | 0.6 | 10 | 3.0 | 3.3 | 0.4 |

**表 6-15 18650 型锂电池热电容热流计测试数据[139]**

| 测试组 | SOC/% | 功率/W | $m_0$/g | $t_1$/s | $m_1$/g | $t_2$/s | $m_2$/g | $m_f$ | $T_1$/℃ | $T_2$/℃ | $T_{max}$/℃ | 化学能/kJ |
|---|---|---|---|---|---|---|---|---|---|---|---|---|
| 9 | 0 | 25.3 | 44.3 | 400 | 44 | 400 | 34 | 38.6 | 190 | 230 | 800 | 2 |
| 19 | 0 | 26.9 | 44 | 400 | 42 | 800 | 37 | — | 180 | 280 | 560 | 0 |
| 18 | 22 | 27.6 | 43.8 | 450 | 41 | 550 | 34 | 38.2 | 200 | 270 | 670 | 17 |
| 16 | 30 | 23.6 | 43.8 | 630 | 41 | 700 | 37 | 38.2 | 200 | 260 | 580 | 17 |
| 14 | 40 | 26.1 | 44.2 | 540 | 42 | 630 | 37 | 37.9 | 210 | 270 | 650 | 21 |
| 21 | 60 | 25.7 | 44 | 400 | 41 | 560 | 31 | 35.7 | 180 | 240 | 740 | 28 |
| 13 | 60 | 26.4 | 44.3 | 500 | 40 | 580 | 31 | 33.9 | 200 | 250 | 950 | 25 |

续表

| 测试组 | SOC/% | 功率/W | $m_0$/g | $t_1$/s | $m_1$/g | $t_2$/s | $m_2$/g | $m_f$ | $T_1$/℃ | $T_2$/℃ | $T_{max}$/℃ | 化学能/kJ |
|---|---|---|---|---|---|---|---|---|---|---|---|---|
| 27 | 80 | 9.95 | 44.2 | 1380 | 40 | 1520 | 30 | 32.6 | — | 230 | 770 | 30 |
| 29 | 80 | 22.1 | 44.1 | 590 | 43 | 670 | 28 | 32.9 | — | 270 | 800 | 31 |
| 11 | 80 | 23.6 | 44.1 | 550 | 42 | 640 | 32 | 31.9 | 190 | 250 | 910 | 33 |
| 7 | 80 | 25.2 | 44.3 | 570 | 43 | 640 | 32 | 32.4 | 200 | 250 | 1350 | 40 |
| 8 | 80 | 25.2 | 44.2 | 440 | 40 | 540 | 29 | 31.7 | 200 | 250 | 840 | 33 |
| 30 | 80 | 36.4 | 44 | 350 | 40 | 395 | 31 | 30.6 | — | 260 | 830 | 32 |
| 31 | 80 | 49.5 | 44.2 | 220 | 38 | 270 | 28 | 32.8 | — | 270 | 870 | 33 |
| 32 | 80 | 58.8 | 44.1 | 174 | 40 | 220 | 31 | 32.1 | — | 280 | 820 | 28 |
| 33 | 80 | 73.2 | 44 | 130 | 41 | 165 | 25 | 30 | — | — | — | — |
| 34 | 80 | 74.2 | 44.1 | 125 | 40 | 165 | 29 | 32 | — | 270 | 930 | 35 |
| 23 | 90 | 27 | 44.1 | 500 | 42 | 550 | 25 | 25.9 | 200 | 240 | 640 | 20 |
| 15 | 100 | 25 | 44.3 | 520 | 41 | 570 | 29 | 27.5 | 200 | 250 | 800 | 31 |
| 12 | 100 | 25.5 | 44.3 | 540 | 41 | 600 | — | 29 | — | — | 1200 | 48 |
| 17 | 100 | 25.6 | 44.1 | 500 | 40 | 550 | 24 | 24.6 | 200 | 250 | 800 | 30 |
| 10 | 100 | 25.8 | 44.1 | 480 | 40 | 540 | -4 | 21.9 | 190 | 250 | — | — |

注：$m_f$为最后剩余质量

2. 航空机用锂电池

2010 年，FAA[140]对飞机上使用的锂离子电池和锂聚合物电池的可燃性进行了评估。分别进行了火灾暴露试验、Halon 1211 灭火试验、短路试验、自燃试验。结果表明，锂聚合物电池火灾危险性远远大于圆柱形的锂离子电，因为其比能量比锂离子电池高 3.5 倍，且没有通风口，导致内部温度和压力的增加更大。Halon 1211 能有效扑灭燃烧的电解液，但不能抑制锂离子电池复燃，即灭火完成后，锂电池内部温度依然在其自燃点之上，存在复燃的风险，外部短路不能使锂离子电池达到热失控点，锂离子电池自燃温度在 330℉和 527℉范围内，锂聚合物电池自燃温度更低，实验结果不仅对预防热失控的发生有重要作用，而且对研制锂离子电池火灾灭火技术有极大促进作用。

### 6.4.5 锂电池火灾探测技术

与普通燃烧不同，锂电池在滥用条件下，其内部发生化学反应，火灾初期主要是阴燃，征兆并不明显（表面温度升高和少量的刺激性气体释放），但内部反应积累的热量一旦达到热失控开始温度（230℃），火灾不可控，瞬间发生剧烈的燃烧或爆炸，伴随着大量的烟气和火星释放，因此，对锂电池火灾早期快速准确的探测和报警是抑制锂电池剧烈燃烧或爆炸的关键，而目前飞机货舱火灾探测系统主要采用光电感烟或感温火灾探测器，但这两种探测器不但在飞机货舱实际应用过程中存在着缺陷和不足，而且其不适用于锂电池火灾。感烟探测器工作原理是利用烟颗粒对光的吸收和散射作用来探测火灾的，由于飞机货舱内干扰信号多，如货舱内的灰尘颗粒、动物绒毛和货物纤维，遇到飞行中颠簸，这些干扰信号会引起感烟探测器误报警，感温火灾探测器需要货舱内温度达到一定范围后发出报警信号，但是由于火灾初期往往是阴燃，舱内温度升高较慢，使得舱内温度无法在短期内达到设定范围，不能及时发现火情，传统的火灾探测技术不能满锂电池火灾探测要求，其只能进行明火阶段而不能提供锂电池火灾的早期探测和报警，由于锂电池起火无法预知，因此必须能提前预警监控，高效的热失控早期探测技术对于保障人员生命和财产安全是极为关键的。

由 18650 型锂电池燃烧爆炸机理与火灾行为可知，锂电池在滥用条件下发生火灾的过程中存在明显的阶段性反应，内部反应产生的气体达到安全阀泄压极限时，安全阀破裂，发出一声清脆的响声，释放出刺激性和可燃性气体，这是一明显的阶段，之后发生热失控，释放出大量的热量和烟气，这是另一明显的阶段，根据锂电池火灾的上述火灾特性，为及时对锂电池进行有效控制，应重点抓住初期火灾征兆信息进行响应（温度和气体），而感烟探测器又是依靠烟气扩散至天花板而响应的，此时锂电池火灾已失控，因此目前飞机货舱使用的感烟探测器对于锂离子电池火灾不能起到早期预警的作用。感温火灾探测器主要是利用热敏元件来探测火灾的，探测器中的热敏元件发生物理变化，从而将温度信号转变成电信号，并进行报警处理。按照探测器的结构形式分为点型和线型。线型探测器响应某一连续线路周围的火灾参数，点型探测器是对某一点周围的火灾参数响应，根据货架内放置的锂离子电池的特点，不应选择点型的感温火灾探测器。根据其感热效果和结构型式可分为定温式、差温式及差定温式三种。定温式探测器是在规定时间内，火灾引起的温度上升超过某个定值时启动报警的火灾探测器，它有线型和点型两种结构，其中线型是当局部环境温度上升达到规定值时，可熔绝缘物熔化使两导线短路，从而产生火灾报警信号。点型定温式探测器利用双金属片、易熔金属、热电偶热敏半导体电阻等元件，在规定的温度值上产生火灾报警信号。差温式探测器是在规定时间内，火灾引起的温度上升速率超过某个规定值时启动报警的火灾探测器，它也有线型和点型两种结构。线型差温式探测器是根据广泛的热效应而动作的，点型差温式探测器是根据局部的热效应而动作的，主要感温器件是热敏半导体电阻元件等。差定温式探测器结合了定温和差温两种作用原理并将两种探测器结构组合在一起。差定温式探测器一般热敏半导体电阻式等点型组合式探测器。只有在热失控阶段，锂电池在燃烧过程中释放出大量的热量，周围环境温度才会急剧上升。因此对于货舱天花板上安装的感温探测器对锂电池火灾不适用，但整个热失控过程均有热量释放，即锂电池的表面温度一直在升高，因此在锂电池包装箱内紧贴锂电池表面安装线型差温式探测器能够实现早期探测，但这种会大大增加成本。大量的学者已证实，锂电池初期会释放可燃性气体，Roth 和 Doughty[48]测试 18650 型锂电池在高温条件下释放的主要为 $CH_4$、CO 和 $H_2$ 等可燃性气体，2015 年 FAA[141]测试 18650 型锂电池释放的气体为 $CO_2$、$H_2$、CO、$CH_4$、$C_3H_6$ 和 $C_3H_8$ 等，气体体积随着荷电状态的增加而增加。Somandepalli 等[142]采用 GC-MS 测试锂聚合物电池产生的可燃气体成分以及释放量，得出可燃气体主要由 CO、$CO_2$ 和 $H_2$ 等组成。气体火灾探测器按照探测对象主要分为两大类：CO 和 $CO_2$ 等燃烧气体产物型以及甲烷和乙烯等可燃气体型。气体探测器由于环境干扰因素小，且能在环境温度和烟气体积分数变化很小时就触发探测报警，因此能实现火灾早期探测。目前CO气体探测器主要用于客舱和驾驶舱，普通可燃物火灾初期往往是阴燃，会伴随着大量的CO气体产生，CO浓度急剧升高，但荷电状态在50%以下，CO浓度很低[141]（图6-100），因此货舱内若采用气体探测方式，应使用可燃气体型火灾探测器和CO气体复合探测器，然而，锂电池货物火灾一般开始于封闭包装内部的单个锂电池放气、剧烈燃烧和爆炸，发生于堆积的货物内部的火灾释放的气体很难扩散到货舱天花板，因此建议采用吸气式可燃气体型火灾探测器和CO气体复合探测器，来达到飞机探测报警时间小于1min的要求。张青松等[143]采用甲烷、CO和感烟复合探测器在1:2缩小尺度的空客A320飞机货舱内对锂电池火灾进行探测，同时利用FDS进行了模拟，模拟和实验结果基本一致，结果显示，探测器布置在货舱顶部比侧面的效果好，无论在顶部还是侧面，CO气体探测器的报警时间都比$CH_4$气体探测器短，约为初爆后40s。感烟探测器报警时间均超过了60s。

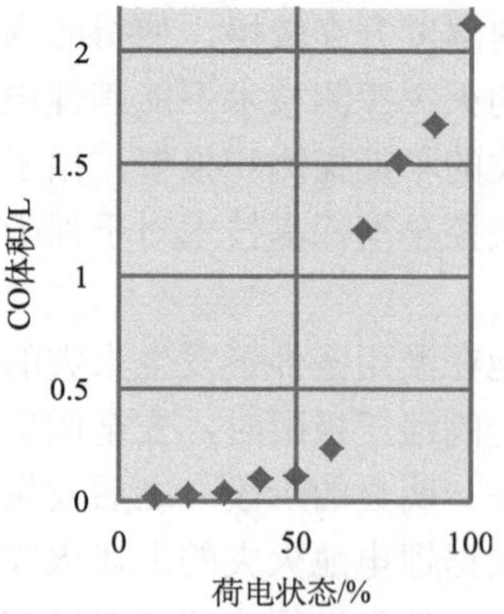


图6-100　不同荷电状态的锂电池释放气体量[141]

## 6.4.6　锂电池火灾灭火技术

锂电池灭火技术的研制首先要从锂电池燃烧的三要素（引火源、可燃物和助燃物）说起，无论是切断任何一个要素都能够抑制燃烧的进行，但锂电池内部就含有这三要素，防止其内部反应的发生是最关键的，斯坦福大学[144]研制的新隔离膜（图6-101）中间有一层聚合物的保护壳，包裹阻燃剂磷酸三苯酯TPP，温度达160℃，保护壳融化，释放出包裹的阻燃剂到电解液，防止电池燃烧，具体如图6-102所示，目前其使用寿命、制作成本以及推广的可行性有待进一步考证。

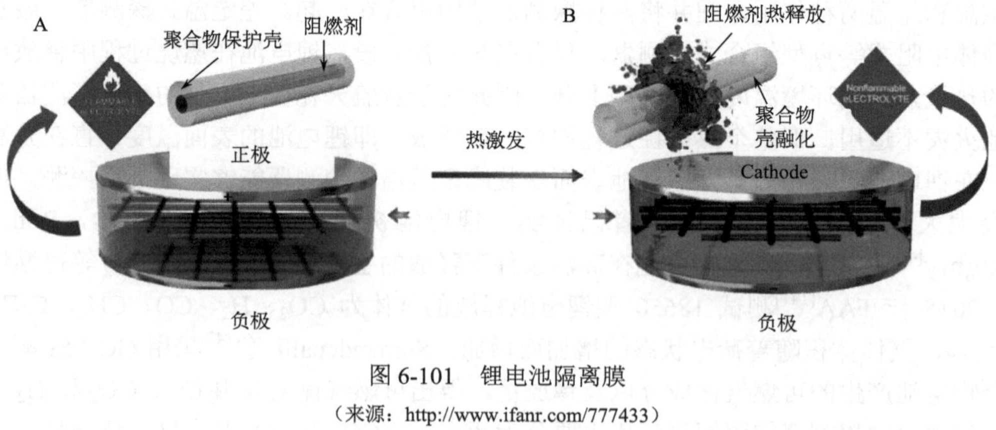


图6-101　锂电池隔离膜
（来源：http://www.ifanr.com/777433）

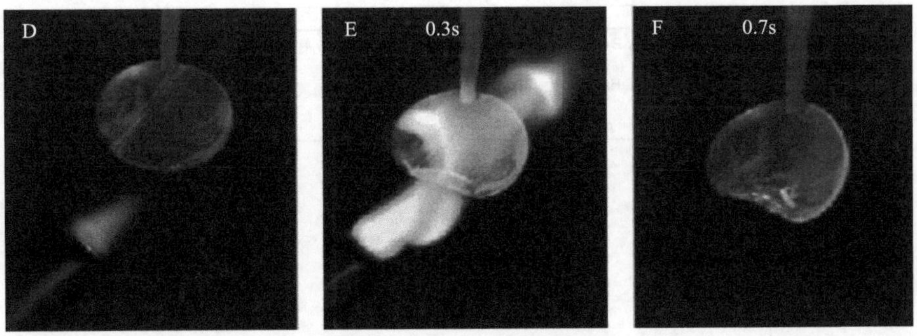


图 6-102 锂电池燃烧试验

（来源：http://www.ifanr.com/777433）

外部施加灭火剂的关键是对锂电池快速降温，以此来抑制内部链式反应的发生，安全阀泄气后，应隔离助燃物，防止明火的产生，一旦有明火产生，就要对未燃锂电池和其他可燃进行隔离，将燃烧限制在发生故障的电池盒（或箱）内，以此来控制火灾的蔓延。

2014 年，FAA[145]测试了不同种类的灭火剂（惰性气体、非水系灭火剂和水系灭火剂）对锂离子电池和锂金属电池火灾的灭火有效性，测试在 64ft$^3$ 测试箱中进行。首先，通过计算平均温度的下降来定量测试不同灭火剂冷却热板（图 6-103）的有效性。在热板中心温度达到 160℃时，停止加热，喷射灭火剂，水和水基型灭火剂（AF-21、AF-31、Aqueous A-B-D）是最有效的，非水基型灭火剂（Novec 1230、Halon 1211、FM-200、Halotron I、FE-36、$CO_2$ 和 Purple-K）是最不有效的，具体见图 6-104。接下来，使用锂电池进行定性实验验证了热板结果，得出含水量最大的灭火剂是最有效的，其灭火效果随着体积的增加而增加，水基型灭火剂比非水基型灭火剂的灭火效果好（图 6-105），气体灭火剂不太有效，并且随着体积的增加表现出较小的有效性增加，所有的灭火剂均不能控制热失控，锂金属电池不能用水和水基型灭火剂灭火，因为锂与水会反应，可能导致爆炸。非水基型灭火剂能熄灭锂电池火灾，但不能控制热失控的传播。

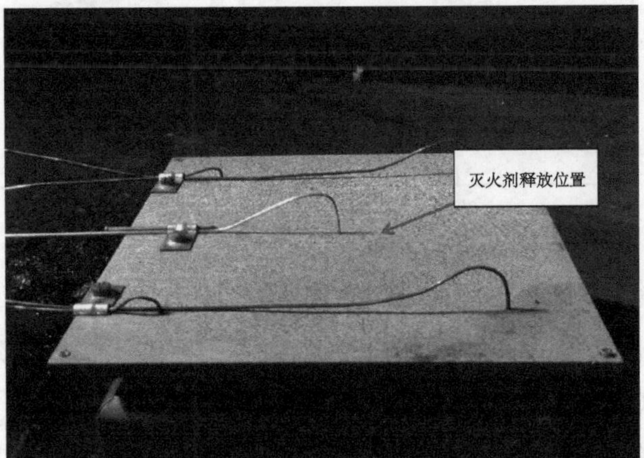


图 6-103 冷却热板[145]

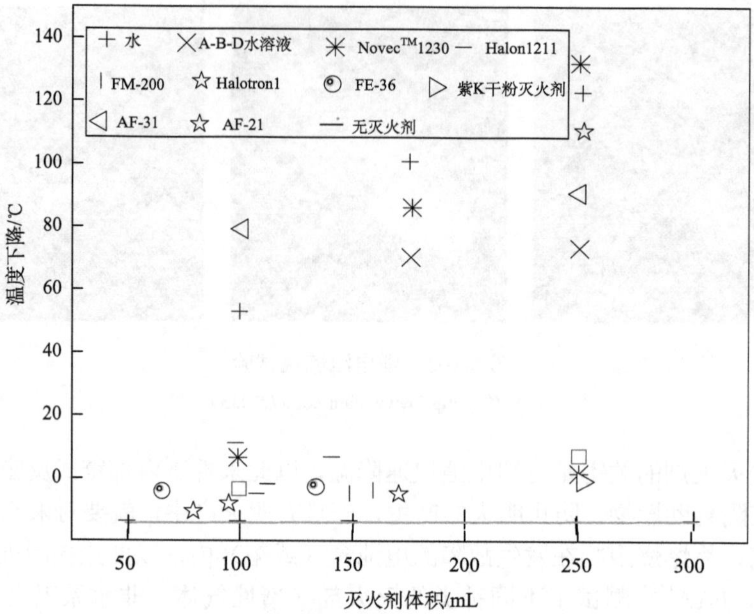


图 6-104　不同灭火剂的降温效果（热板）[145]

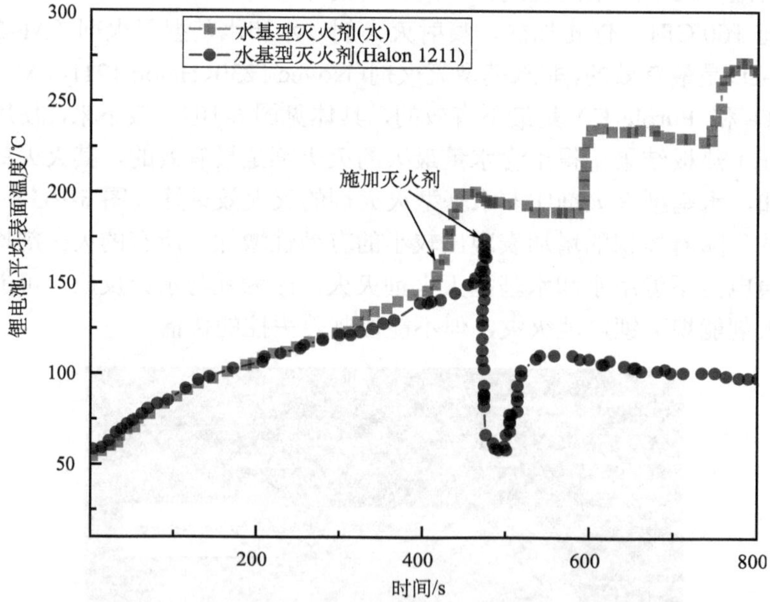


图 6-105　水和 Halon 1211 对锂电池火灾的灭火效果对比[145]

2014 年 FAA[146]在 10m$^3$ 的压力容器（图 6-106）内测试氩气和氮气等惰性气体对 200 个锂金属电池火灾的灭火有效性，得出两种惰性气体对锂电池火灾蔓延时间无影响，但当氧气浓度降低至 9%时，氮气能够抑制锂电池的火灾，而氩气不能抑制锂电池的火灾（图 6-107）。

图 6-106 压力容器

空气 氩气 氮气

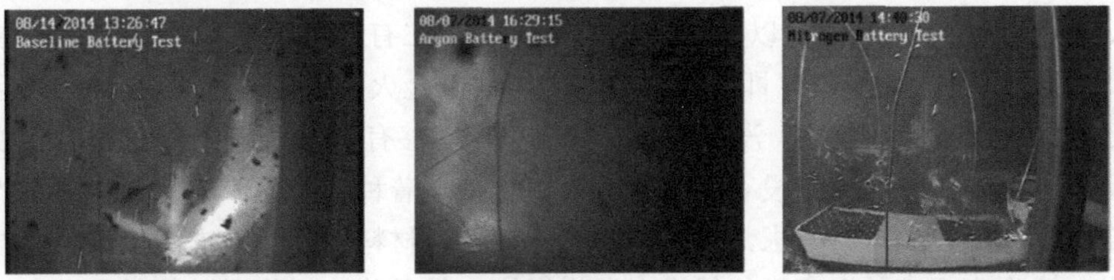


| 空气 | 氩气 | 氮气 |
|---|---|---|
| 初始氧浓度：21% | 初始氧浓度：9% | 初始氧浓度：9% |
| 火灾持续时间：187s | 火灾持续时间：339s | 火灾持续时间：337s |
| 氧消耗量：7.25% | 氧消耗量：3.67% | 氧消耗量：6.33% |
| 最大气体浓度：2237% | 最大气体浓度：7394% | 最大气体浓度：8746% |
| 压力容器最大升温118.1℃ | 压力容器最大升温165.5℃ | 压力容器最大升温37.63℃ |

图 6-107 氮气和氩气对锂电池火灾的灭火效果对比

2015 年，FAA[141]利用压力容器测试 Halon 1301 灭火剂对 550 个锂离子电池火灾的灭火有效性，得出 Halon 1301 灭火剂不能抑制锂电池热失控产生的可燃气体的燃烧，具体见表 6-16，但 10.43%浓度的 Halon 1301 有明显的降压效果。

**表 6-16 不同浓度的哈龙 1301 对锂电池火灾的灭火效果对比[141]**

| | 预测浓度（$8.8m^3$ 测试箱） | 实际浓度（无灭火剂） | 实际浓度（5.28% Halon 1301 灭火剂） | 实际浓度（10.43% Halon 1301 灭火剂） |
|---|---|---|---|---|
| THC | 2.47% | 2.5% | 2.77% | 3.2% |
| $H_2$ | 2.7% | 2.74% | 3.5% | 3.54% |
| CO | 0.705% | 1.4% | 1.5% | 2.04% |
| $CO_2$ | 3.58% | 3.97% | 3.42% | 4.73% |

戚瀚鹏[147]利用 FDS 模拟空运锂电池的集装箱细水雾集成灭火系统对锂电池火灾的灭火有效性，得出集装箱细水雾集成灭火系统对于高效扑灭锂电池火灾。

颜为芹等[148]在 100L 实验舱中采用细水雾来对锂电池组进行灭火试验，结果发现，喷细水雾后各节电池温度较之前实验数据均有明显下降，降温效果明显，但没有具体的降温数据，因此是否可行还需要进一步验证。

## 6.5 镁合金

### 6.5.1 镁合金材料在飞机上的应用

早在 20 世纪 80 年代，我国科研单位就研发出了 MB25 高强度稀土变形镁合金并成功应用在飞机上，主要的装机部位有某型飞机前机身 24~29 框、照相舱大梁、前机身 16 框中部以及后机身两侧的水平尾翼整流罩部分隔板，同时在密封盒摇臂、支架摇臂和发动机操纵摇臂也有模锻件应用[149]。而由于镁与氧气的亲和力较强，镁或者镁合金粉末、小尺寸的镁合金碎屑以及含有镁合金的粉尘在有电火花或小火焰存在时极易被点燃[150,151]，一旦发生燃烧，即使火源被移除，镁合金火灾难以自行熄灭[152]，并且当前应用于航空领域的灭火剂中，没有任何一种灭火剂能够有效扑灭镁合金火灾[153]，以上种种原因使得镁合金材料迟迟没有用于客舱内。尽管有着种种考虑，当前一些国家的航空管理部门基于减重的迫切需求，对多种牌号的镁合金材料进行了火灾实验，实验结果显示有些镁合金在极高的温度下依然没有发生燃烧，基于此，解除了以前对于镁合金的禁令，但是通过简单的火焰燃烧实验能否保证镁合金应用的安全性还有待验证。因此当前时期内研究镁合金火灾危险性和发展环保的镁合金合成方法对镁合金在航空业的大批量应用有着重要意义。我国航空事业起步较晚，在一些方面尤其是材料制备上落后于美国等发达国家，基于这些考虑，当前亟需了解几种典型镁合金的火灾行为，研究其燃烧氧化机理，为镁合金在航空工业的应用提供有限的理论支持。

FAA 研究人员在镁合金客舱座椅框架的防火性能测试方面进行了多年的研究，随着当前对减重的需求增加，最佳的方法是将客舱内的铝合金座椅框架替换为镁合金材料，其质量将减轻近三分之一。FAA 在研究以镁合金材料替换飞机客舱中座椅骨架的铝合金材料实验中采用航空燃油燃烧器（图 6-108）对长条状的镁合金材料燃烧特性进行了研究[153]。结果显示除了 AZ31 等少数的传统镁合金，多数镁合金在被点燃后，随着点火源的移除，燃烧会自熄灭。通过大尺寸的模拟飞机客舱火灾实验可以发现，WE43 和 ZE10 等含有稀土元素的镁合金火灾安全性与铝合金相当，在客舱内采用镁合金座椅骨架并不会显著增加客舱的火灾危险性。

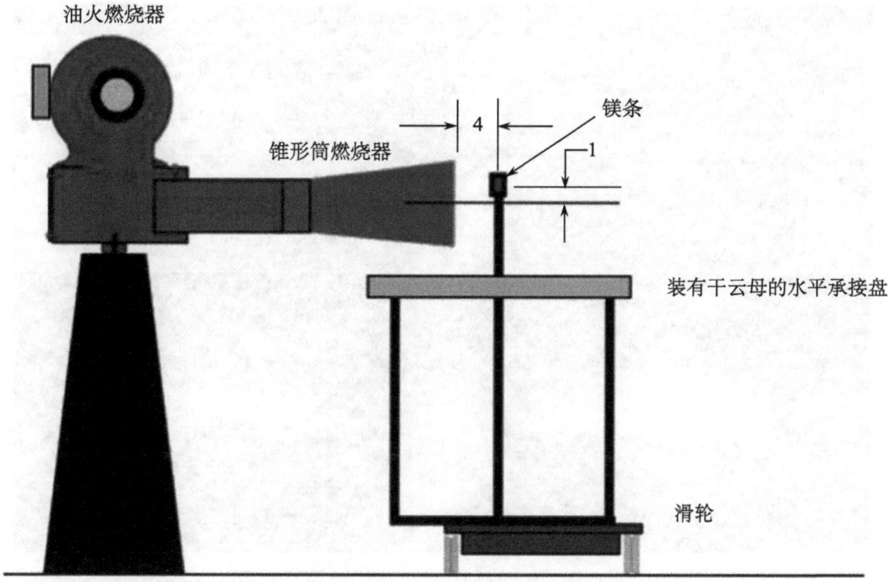


图 6-108 FAA 用于镁合金燃烧实验的航空燃油燃烧器示意图[153]

## 6.5.2 镁合金材料的火灾危险性

### 6.5.2.1 不同种类镁合金材料燃烧特性

本书利用锥形量热仪对典型的镁合金的燃烧特性开展了实验研究。通过图 6-109 可以看出，镁合金材料在常温常压下的燃烧过程存在一些显著的特点。随着温度的不断升高，样品的侧表面和上表面首先发生变化，在 100~200s 之后，上表面的一些凸起发生点燃，进而发展为一个较小的黄色火焰，在 100s 之后，小火焰转变为强烈的白色火焰，伴随着大量的白色烟气（MgO）。在本书实验条件下，约 45g 的镁合金材料的强烈火焰持续时间约 5min，此后燃烧转为较为温和的火焰，发出淡黄色光芒。整个燃烧过程持续时间约 2h 并且难以用当前常用灭火剂如水或液态 $CO_2$ 灭火剂扑灭，唯一有效的灭火方式为砂土掩埋。在整个燃烧过程中，即使经过约 1h 的燃烧，在合金的内部仍然存在液态的、未发生燃烧的合金，一旦由于表面破损与氧气发生接触，依然会发生剧烈燃烧伴随强光和大量烟气产生，这大大增加了其潜在的火灾危险性。根据 FAA 的研究，当前主流的灭火剂对镁合金火灾的抑制效果均非常有限，有的灭火剂如 Halon 1211 甚至会促进火灾的发展，这进一步导致了镁合金火灾的危险性增加。

在燃烧过程中，三种镁合金分别表现出一些不同的燃烧特征，首先是上表面的变化情况，如图 6-110 所示，三种镁合金直接接受辐射的上表面在点燃前凸起的大小、数量和形态均有所不同。AZ31 镁合金上表面出现了白色的菜花状凸起，直径在 2~5mm 之间，

图 6-109　65kW/m² 辐射条件下 WE43 镁合金燃烧过程

而 ZE10 在点燃前则是迅速出现直径在 1mm 左右的点状黑色颗粒；反观 WE43，其表面仅有灰黑色粉末状凸起出现。这些形状大小不同的表面变化现象是由于镁合金内所包含的合金元素有所不同。根据前人研究，AZ31 镁合金主要有α-Mg 基体和 β-$Al_{12}Mg_{17}$ 金相组成[154]，α-Mg 基体是 Al 和 Zn 在 Mg 中的固溶体，β-$Al_{12}Mg_{17}$ 析出相主要沿着固溶体的晶界分布[155,156]。β-$Al_{12}Mg_{17}$ 析出相的熔点仅有 437℃[157]，一旦氧化温度超过 437℃，β-$Al_{12}Mg_{17}$ 析出相会发生软化和膨胀，进而造成镁合金表面的破坏形成凸起。此后短时间内合金内部的 Mg 与氧气接触并发生剧烈反应，释放出的大量热量将引起合金的燃烧。

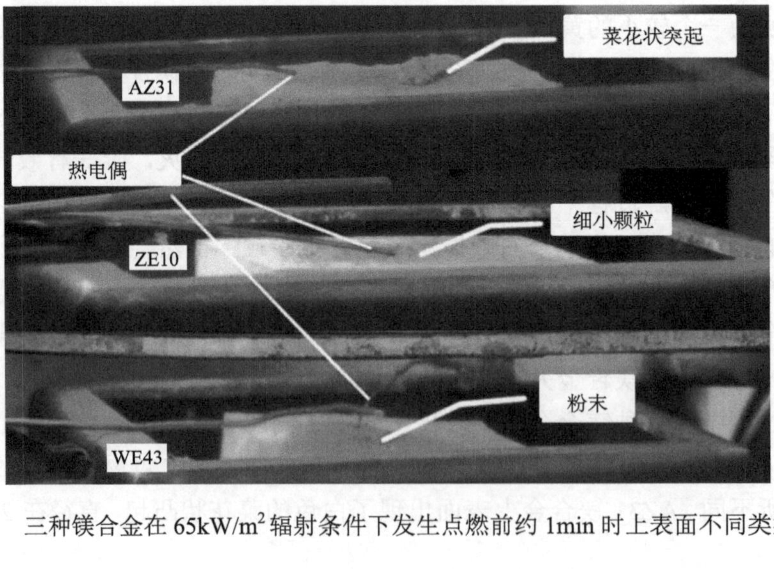


图 6-110　三种镁合金在 65kW/m² 辐射条件下发生点燃前约 1min 时上表面不同类型的凸起

在 ZE10 镁合金的表面金相图中存在一些细小的深色颗粒状金相，这可能是导致在点燃初期 ZE10 镁合金表面黑色颗粒出现的原因[158,159]。Wang 等[160]对 Mg-Y 镁合金的早期氧化行为进行了研究，其氧化氛围为纯氧气，Y 的质量百分比分别为 0.82%、1.09%、4.31%和 25.00 %。结果显示在 823K 的温度条件下，Mg-Y 镁合金（Y=0.82%）的氧化过程可以分为两个阶段，而 WE43 镁合金中主要存在的金相有 $Mg_{41}Nd_5$、$Mg_{12}Nd$ 和 $Mg_{24}Y_5$ 几种，在点燃早期出现的灰黑色粉末可能与这几种合金相的存在有关。此外，在 AZ31 和 WE43 镁合金燃烧的过程中，镁合金的边缘位置有时会出现一个丘状鼓起，进而凸起爆裂，内部的镁蒸气发生点燃，发出耀眼的白光并伴随爆裂声，如图 6-111 所示。

从图 6-110 还可以看出，AZ31 镁合金和 WE43 镁合金在发生点燃前已经熔化，因为其几何外形已经发生了明显改变，在有些实验工况下，液态的镁合金会在表层氧化膜破裂后流出，继而随着与空气的接触发生剧烈燃烧，这大大增加了镁合金火灾的危险性。AZ31 和 WE43 镁合金的整个燃烧过程大致可以分为三个阶段，第一个阶段是合金熔化，第二个阶段是表面发生氧化变形，第三个阶段是点燃并剧烈燃烧。值得注意的是，ZE10 镁合金直到发生点燃时，其几何外形未见明显变化，因此不能确定其在点燃时合金是否发生了熔化。

图 6-111　AZ31 镁合金在 $65kW/m^2$ 辐射条件下镁蒸气逸出并发生点燃

图 6-112 为三种镁合金材料燃烧后产物的照片，从整体来看，三种合金的燃烧产物类似，在产物中出现了少量的淡黄色 $Mg_3N_2$，而 $Mg_3N_2$ 的产生会对热释放速率的测量结果产生一定的影响，因为锥形量热仪的热释放速率测量是基于耗氧法的，$Mg_3N_2$ 的生成并不需要氧气并且会消耗部分氮气进而对其他气体的体积浓度计算产生影响。根据 Kubaschewski 等和 Yuan 等的研究，Mg 在空气中几乎不与氮气发生反应[161,162]，因此此处暂时将生成少量 $Mg_3N_2$ 对热释放速率测量的影响忽略。

图 6-113 为三种镁合金发生点燃前上表面的温度曲线，点燃的判定原则是只要有表面凸起出现燃烧并发出耀眼白光即算发生点燃，在第一个凸起发生燃烧到发展为小火焰约存在 30s 左右的延迟。从曲线可以看出，在开始阶段温度上升很快，随着温度的升高，合金自身对外的辐射增加，温度上升趋于平缓。值得注意的是，在实验过程中我们发现，当合金表面存在氧化腐蚀形成的灰色斑块时，在发生点燃前灰色区域会首先发生氧化变成疏松的灰色粉末，这一过程会增加合金的吸收率，大大提前点燃时间，因此镁合金在

使用过程中的腐蚀会造成其火灾危险性的增加。在图 6-113 中可以看出，AZ31 镁合金的最后一段时间曲线较为平缓，结合其外形上的变化，我们认为这段时间合金处于熔化过程，而 ZE10 和 WE43 的温度曲线则处于一直上升的状态，也在一定程度上说明这两种合金熔点较高。由于温度测量在镁合金发生闪燃后即被移除，因此取温度曲线的最高点作为镁合金的点燃温度，三种镁合金在 65kW/m$^2$ 辐射条件下点燃温度分别为 601℃、626℃和 651℃。本书中的点燃温度是表面温度，在锥形量热仪实验中测量了镁合金材料上下表面的温差，结果显示上下表面温差很小，即由于镁合金较大的导热系数，其内部的温度梯度可以忽略，因此表面温度可认为就是点燃是合金基体的温度。

(a) AZ31　　(b) ZE10　　(c) WE43

图 6-112　三种镁合金材料锥形量热仪实验产物照片

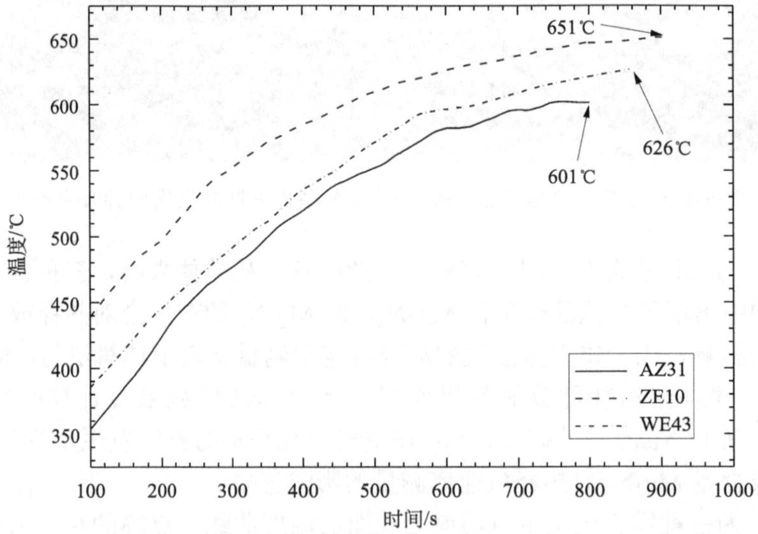


图 6-113　三种镁合金在锥形量热仪实验中 65kW/m$^2$ 辐射条件下升温至点燃的温度曲线

通过锥形量热仪，我们对三种镁合金材料的热释放速率进行了测量，结果如图 6-114 所示，其他的参量如表 6-17 所示，结合图 6-114 中 HRR 曲线以及表 6-17 中的一些其他重要参数来看，ZE10 镁合金的点燃时间比 AZ31 镁合金延迟了 262s，比 WE43 镁合金延

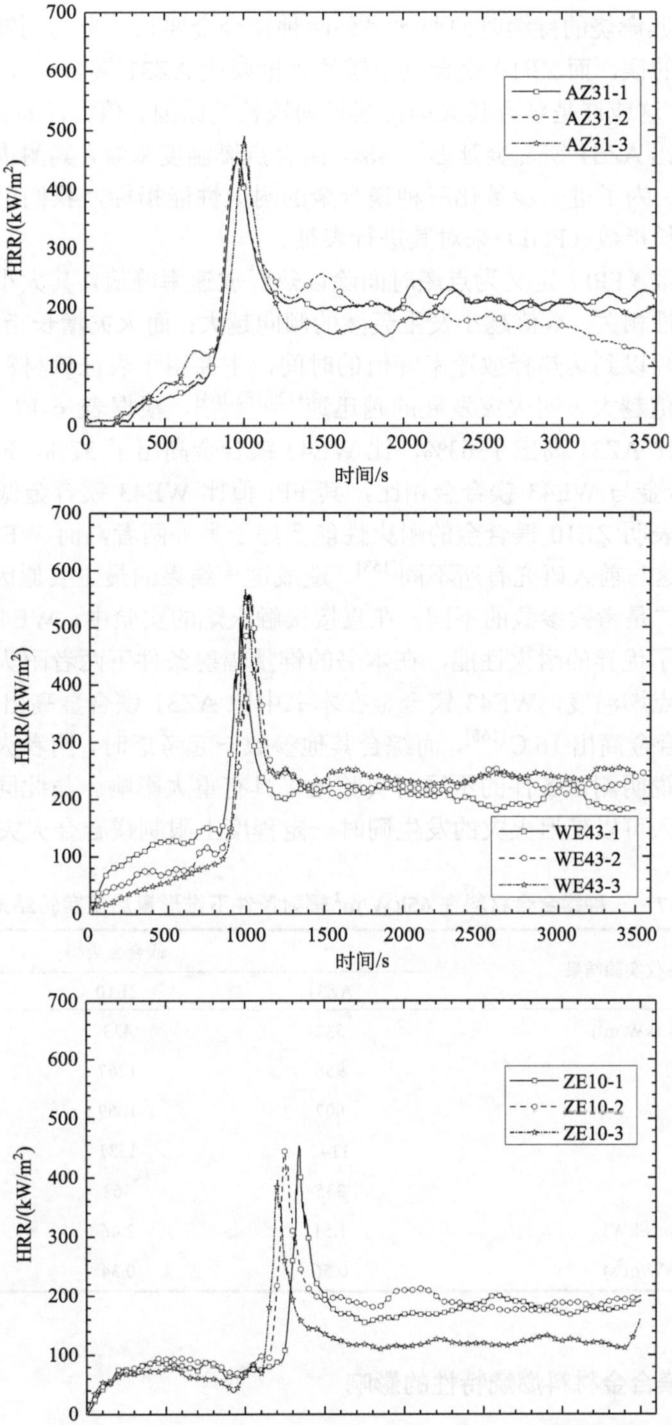


图 6-114 锥形量热仪 65kW/m$^2$ 辐射条件下三种镁合金热释放速率曲线

迟了214s，然而其燃烧的持续时间要比另外两种镁合金要长。考虑到镁合金燃烧时，其主要燃料是其中的镁，而ZE10镁合金中镁的含量要比AZ31镁合金高了2%，比WE43镁合金高了4%，这或许是导致其火焰持续时间较长的原因。值得注意的是，WE43镁合金的点燃时间仅比AZ31镁合金延迟了48s，结合点燃温度来看，其耐火性能似乎并不比AZ31高出很多，为了进一步量化三种镁合金的耐火性能指标，我们引入火灾性能指数（FPI）和火灾增长指数（FGI）来对其进行表征。

火灾性能指数（FPI）定义为点燃时间除以热释放速率峰值，其大小与该材料发生火灾时轰然的危险性相关，数值越小发生轰然的倾向越大；而火灾增长指数（FGI）定义为热释放速率峰值除以到达热释放速率峰值的时间，主要用于表征该材料发生火灾时火灾的增长速率，数值越大表明火灾发展的越迅速[120,163,164]。根据表6-17中的参数，ZE10镁合金的FPI值比AZ31高出了63%，比WE43镁合金高出了37%，FGI值比两者低了40%。AZ31镁合金与WE43镁合金相比，其FPI值比WE43镁合金低了16%，而FGI值两者相同。这表明ZE10镁合金的耐火性能要好于另外两者，而WE43镁合金的耐火性能并不突出，这与前人研究有所不同[153]。造成这一结果的最主要原因有两个，一是实验工况的不同，二是考察参数的不同。在直接接触火焰的实验中，WE43镁合金和ZE10镁合金均表现出了优异的耐火性能，在本书的锥量辐射条件下两者耐火性能相差较大。如果进一步考虑点燃温度，WE43镁合金在本书中比AZ31镁合金高出25℃，在前人研究中比AZ31镁合金高出16℃[165]，而综合其他参数一起考虑时，两者火灾危险性相差不大。这也进一步说明测试条件的不同对实验结果具有重大影响。与此同时，锥量结果表明稀土元素的加入可以延迟火灾的发生同时一定程度上限制镁合金火灾的增长。

**表6-17　三种镁合金材料在65kW/m² 辐射条件下锥形量热仪实验结果汇总**

| 锥形量热仪实验结果 | 镁合金类型 | | |
|---|---|---|---|
| | AZ31 | ZE10 | WE43 |
| 热释放速率峰值/($kW/m^2$) | 532 | 433 | 555 |
| 到达PHRR时间/s | 958 | 1267 | 991 |
| 点燃时间/s | 807 | 1069 | 855 |
| 火焰熄灭时间/s | 1142 | 1531 | 1183 |
| 火焰持续时间/s | 335 | 462 | 328 |
| 火灾性能指数/($m^2s/kW$) | 1.51 | 2.46 | 1.79 |
| 火灾增长指数/($kW/m^2s$) | 0.56 | 0.34 | 0.56 |

### 6.5.2.2　压力对镁合金材料燃烧特性的影响

目前镁合金材料在航空领域已有很多应用，今后将逐渐进入客舱、动力舱等舱室内，而航空器飞行高度较高，一旦在飞行途中发生火灾，后果不堪设想。一般民航客机从起飞到巡航高度，气压从1atm降低至0.7atm，即使通过增压设备对客舱内的压力进行调节，其内部压力也仅为 0.8atm，而对于货舱、APU 舱等舱室来说，基本不设置增压设备，其压力与机外环境压力相仿。当前 FAA 等机构进行了镁合金的地面常压燃烧实验，结果显示客舱内的镁合金材料座椅在燃油火的作用下并没有增加客舱的火灾危险性[153]，但压力对固体材料的燃烧具有显著的影响[166,167]。因此，研究低气压下镁合金的火灾发生、发展规律对镁合金材料在航空领域的进一步应用具有非常重要的意义。

本书在 101kPa~70kPa 每隔 10kPa 进行不同压力下的镁合金燃烧实验，采用电阻炉进行升温，对整个燃烧过程中的质量变化，点燃前的温度变化和镁合金样品的形态变化和燃烧过程进行记录测量，旨在揭示低压环境下镁合金材料的燃烧规律，验证前人发展的固体火灾压力模型以及固体材料内部热解模型是否适用于镁合金；同时根据实验结果对前人模型进行修正，为今后的镁合金材料火灾模拟提供基础实验数据。

（1）质量增加速率

图 6-115 为 ZE10 镁合金在不同压力条件下质量随时间的变化以及质量增加速率随时间的变化。我们将样品的质量进行归一化，根据式（6-44）将所有样品的质量无量纲化。

$$\alpha = \frac{m_0 - m_t}{m_0 - m_f} \tag{6-44}$$

式中，$m_0$、$m_t$ 和 $m_f$ 分别表示样品初始质量、$t$ 时刻的质量和整个反应完成后的质量。

从图 6-115 中可以看出，在压力降低时，点燃时间越来越短，而质量增加速率越来越低，即在低压下镁合金更加容易点燃但燃烧过程剧烈程度有所降低。图 6-116 和图 6-117 是另外两种镁合金的增重曲线以及质量增加速率曲线，可以看到压力对三种镁合金点燃时间和质量变化速率具有相同的作用趋势。WE43 镁合金质量增加速率的峰值随压力的降低较小，但点燃时间有明显缩短，从具体的数值来看，在低压情况下 WE43 镁合金的质量增加速率峰值最大，说明其在低压下燃烧最为剧烈。

在刚开始点燃时天平由于响应时间的问题并不能及时的检测到质量变化，因此在反应开始阶段质量变化接近于直线，且相对于点燃时间有一定延迟，因此点燃时间以视频中有明火被观察到的时间为准。通过比较可以发现，天平测量到的质量变化开始时间约比视频中获取的点燃时间延迟 1min 左右。

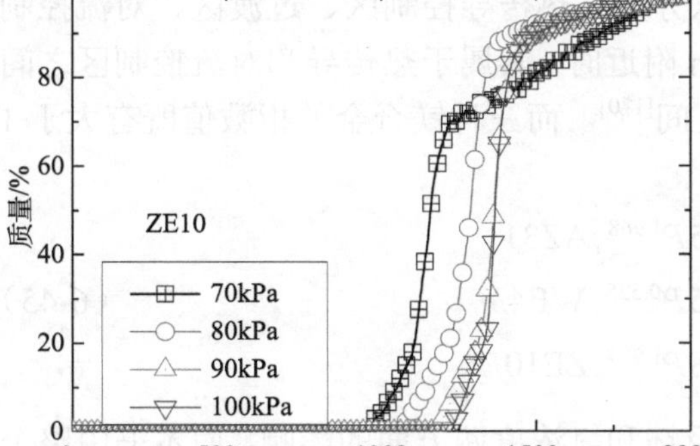


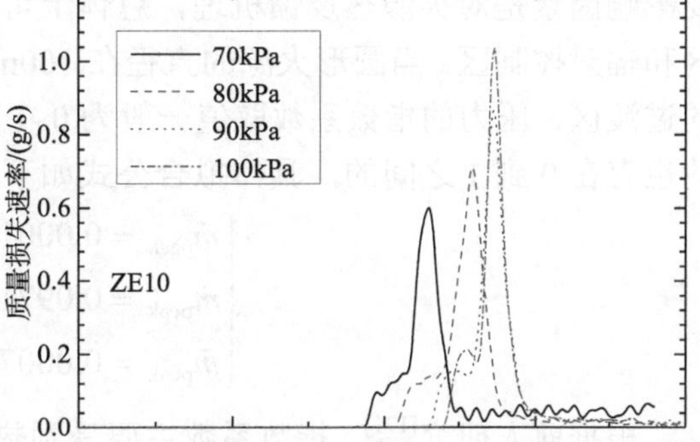


图 6-115　不同压力下 ZE10 镁合金质量增加速率和无量纲质量随时间变化

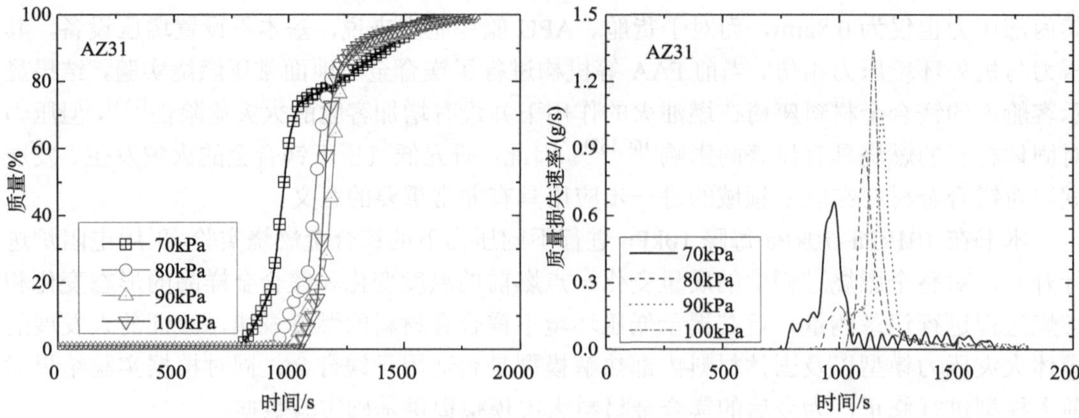


图 6-116 不同压力下 AZ31 镁合金质量增加速率和无量纲质量随时间变化

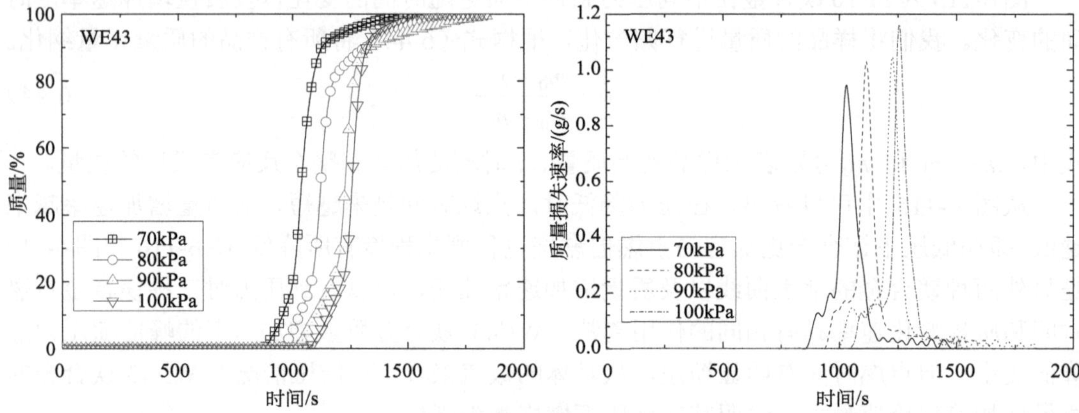


图 6-117 不同压力下 WE43 镁合金质量增加速率和无量纲质量随时间变化

图 6-118 是三种镁合金材料不同压力条件下的质量增加速率峰值，当环境压力降低时，镁合金剧烈燃烧时质量变化峰值也有所减小，具体关系可以表达见式（6-45），与前人研究结果相一致[168,169]。关于低气压环境对质量损失速率的影响前人做了大量研究，主要影响因素是对火源热反馈机理，总体上可以分为：热传导控制区、过渡区、对流控制区和辐射控制区。当圆形火源的直径在 100mm 附近时，其属于热传导和对流控制区之间的过渡区，压力的指数系数取值一般为 0~1 之间[170]。而三种镁合金的指数值既有大于 1 的也有在 0 到 1 之间的，具体拟合公式如下：

$$\begin{cases} \dot{m}_{\text{peak}} = 0.000155P^{1.968}, \text{AZ31} \\ \dot{m}_{\text{peak}} = 0.097185P^{0.535}, \text{WE43} \\ \dot{m}_{\text{peak}} = 0.000798P^{1.554}, \text{ZE10} \end{cases} \tag{6-45}$$

根据前人研究[171]，指数系数主要受到热反馈和氧浓度两方面的影响，而本书中整个样品置于电阻炉内，由于温度变化引发的热反馈变化几乎可以忽略。与此同时，由于反应消耗的氧气与舱内氧气总质量相比几乎可以忽略，因此电阻炉内样品反应界面处局部氧浓度的不同成为压力影响其质量增加速率峰值的主要原因。

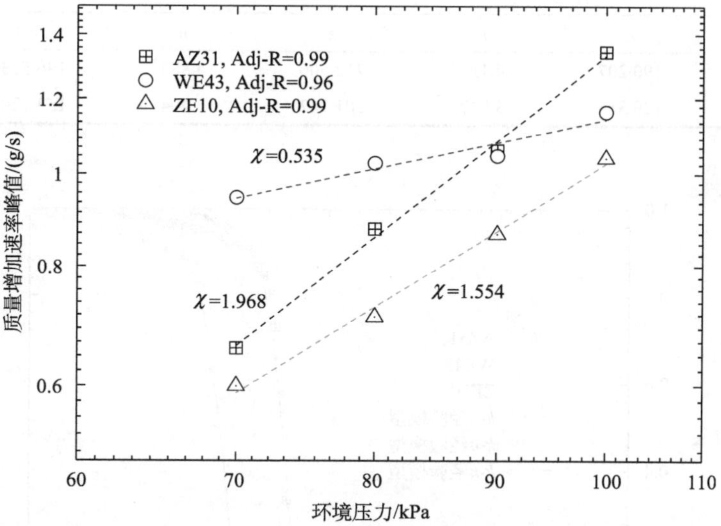


图 6-118 不同环境压力下三种镁合金质量增加速率峰值随压力的变化

Adj-R 为校正决定系数

从三种镁合金质量随时间的变化可以看到，其燃烧过程非常快速，整个质量变化曲线为单调递增的，因此可以借由前人根据固体燃料得出的 $k$-$n$ 经验模型对其进行拟合[171]：

$$W^* = \frac{(t-t_0)^n}{(t-t_0)^n + k^n} \tag{6-46}$$

式中，$W^*$为无量纲质量，其形式与式（6-44）相同；$t$ 为点燃时间；$n$ 表示燃烧的剧烈程度，$n$ 越大质量变化速率越大；$k$ 表示燃烧到一半时消耗的时间，即转化率达到 0.5 时消耗的时间。前人对拉萨与合肥的 12 个工况下 $n$ 和 $k$ 的值进行了拟合对比，发现压力对 $n$ 的值影响不大，而拉萨地区实验所得 $k$ 值要远大于合肥。

图 6-119 为三种镁合金在常压下的拟合曲线，其他情况下的拟合参数以及置信系数见表 6-18。从图 6-119 中可以看出，前人的经验模型对镁合金质量变化的拟合效果较好，其调整决定系数达 0.99。在质量变化的起始阶段，由于天平采集精度和响应问题，实验的结果为一段直线，而实际上根据对视频的观察，这一阶段为燃烧的发展阶段，其质量变化应该为一段曲线。

**表 6-18 不同压力条件下三种镁合金增重曲线拟合参数**

| 压力/kPa | AZ31 | | WE43 | | ZE10 | |
|---|---|---|---|---|---|---|
| | $k$ | $n$ | $k$ | $n$ | $k$ | $n$ |
| 70 | 224.950 | 3.114 | 248.710 | 5.013 | 246.703 | 3.143 |
| 80 | 194.721 | 3.589 | 224.103 | 3.656 | 227.089 | 4.484 |

续表

| 压力/kPa | AZ31 | | WE43 | | ZE10 | |
|---|---|---|---|---|---|---|
| | $k$ | $n$ | $k$ | $n$ | $k$ | $n$ |
| 90 | 190.207 | 4.123 | 212.506 | 4.885 | 196.513 | 4.151 |
| 101 | 129.315 | 3.747 | 201.742 | 6.404 | 153.720 | 3.703 |

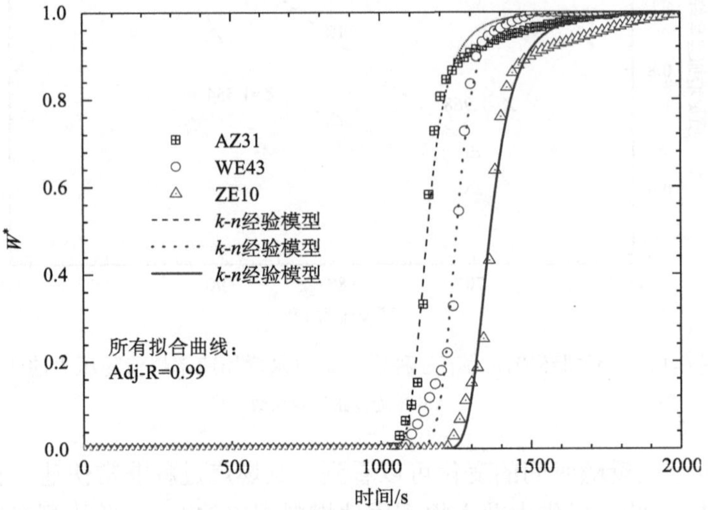


图 6-119　三种镁合金在常压下无量纲质量随时间的变化及拟合曲线

从表 6-18 的拟合值可以看出，采用该经验模型对质量变化进行拟合时，随着压力的降低 $k$ 值有明显的增加趋势，而 $n$ 值从理论上来讲应该呈下降趋势，因为低压情况下镁合金的燃烧要更加缓慢，但从拟合结果来看压力对 $n$ 值的影响趋势不明显，这说明该模型在描述镁合金这种非常剧烈的燃烧时有所欠缺。根据前人的瞬时压力模型理论和一维扩散火焰模型，燃料瞬时的无量纲失重与时间的理想关系为

$$t \sim \frac{W^2}{Gr^{1/3}} \tag{6-47}$$

因此，

$$k \propto Gr^{-1/3} \sim P^{-2/3} \tag{6-48}$$

通过上式可以得出，70kPa 情况下 $k$ 值应该是 101kPa 情况下的 1.28 倍，而三种镁合金的该比值分别为 1.73（AZ31）、1.23（WE43）和 1.60（ZE10）。从数值上看，WE43 镁合金更加接近于理论值，这说明压力对其燃烧特征的影响与纸箱、PMMA 等有机材料类似，而另外两种镁合金的比值要大于理论值，这说明压力的降低对这两种镁合金燃烧时间的影响要更加强烈。

（2）点燃时间和点燃温度

从镁合金的点燃过程分析可知，表面的变化是点燃的开始标志，具体来讲，其点燃过程又可以分为三个阶段，分别是表面开始破裂出现黑灰色凸起、内部燃料通过破裂的通道输运至表面形成白色疏松氧化镁层以及更多的燃料通过氧化镁层输运至表面形成火焰，分别对应图 6-120 中左起第 2、3、4 幅图。

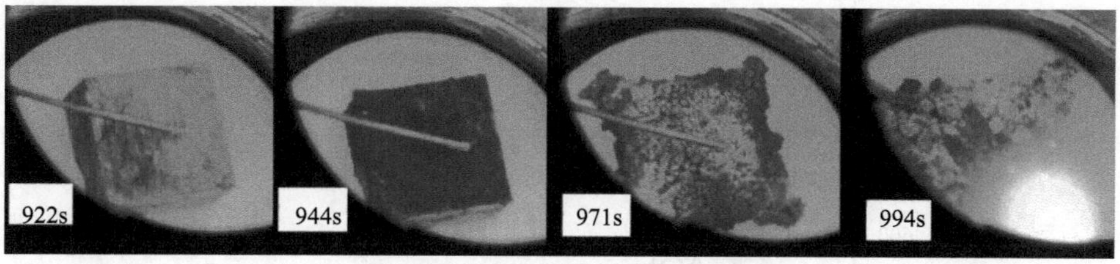


图 6-120 WE43 镁合金点燃过程

在第Ⅱ阶段会有短暂的闪燃出现，即少量的镁剧烈燃烧发出耀眼的白光并伴随少量白烟。表 6-19 为根据视频统计的表面开始变化时间、发生闪燃的时间和有明火出现的时间，分别对应上述三个阶段，其中我们将有明火出现的时间定为镁合金的点燃时间，即第Ⅲ阶段的开始时间。

**表 6-19 三种镁合金根据实验视频获取的点燃过程中各阶段开始时间**

| 压力/kPa | AZ31 阶段开始时间/s | | | WE43 阶段开始时间/s | | | ZE10 阶段开始时间/s | | |
|---|---|---|---|---|---|---|---|---|---|
| | Ⅰ | Ⅱ | Ⅲ | Ⅰ | Ⅱ | Ⅲ | Ⅰ | Ⅱ | Ⅲ |
| 70 | 658 | 680 | 707 | 753 | 775 | 800 | 859 | 866 | 903 |
| 80 | 802 | 834 | 862 | 830 | 858 | 882 | 966 | 974 | 1001 |
| 90 | 882 | 911 | 929 | 904 | 927 | 943 | 1062 | 1075 | 1118 |
| 101 | 929 | 944 | 973 | 944 | 971 | 994 | 1106 | 1136 | 1164 |

从表 6-19 可以看出，由阶段Ⅰ到阶段Ⅱ时间在 30s 左右，从阶段Ⅱ到阶段Ⅲ时间在 40s 左右，在这一阶段中，样品内外的压力差是对燃料输运影响最大的参数，但这一过程相对于整个点燃时间 1000s 来讲，压力对其影响可以忽略不计。而根据图 6-121 中三种合金在阶段Ⅰ开始时的温度可知，随着压力的升高，阶段Ⅰ的起始温度也有所增加，这与前人的分析结果相吻合[172]，那么综合来看，压力对阶段Ⅰ开始时间的影响是其影响整个点燃时间的关键。

根据前人的研究，镁合金在初始状态下会在表面形成一层致密的氧化膜，但该层氧化膜很薄，随着内部温度的升高，镁合金基体熔化汽化并产生压力，当压力足够大时会将该氧化膜撕裂，进而发展为疏松的氧化膜，最终发生燃烧[145,173,174]。而通过本章中实验结果可以发现，正是这一阶段对氧化膜的破坏作用发生的时间控制着镁合金的点燃时间，而压力正是影响这一破坏过程的重要因素。结合绪论中的分析可知，镁合金表面的金属间化物在氧化膜的破裂中扮演了重要的角色。金属间化物附近由于合金元素的富集导致固溶在合金中的合金元素含量较低，首先发生膨胀，破坏表面氧化膜。随着压力的变化，氧化膜破裂的时间也有所不同，进而导致点燃时间的变化。

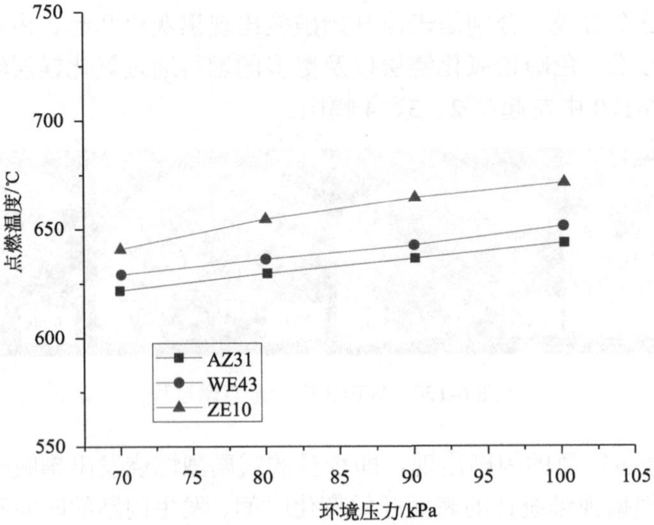


图 6-121　三种镁合金点燃温度随环境压力的变化

从上文的分析可知，当合金内部压力高于外部环境压力与氧化膜本身结构强度决定的压力之和时，点燃阶段开始发生，而确定交界面上的压力就成为至关重要的一环。根据前人针对木材建立的内部热解模型[129,175-182]，我们假设：①镁合金与空气的交界面定义为很薄的一层，其温度保持不变；②一维半无限长固体；③内部可燃气的输运主要由内外部压力差驱动。这样一来具体物理过程就变得非常简单，如图 6-122 所示，我们将氧化膜层本身结构带来的阻力等效为一个固定的压力 $P$，当内部压力 $P'$ 大于环境压力与结构压力之和时，氧化层破裂。根据理想气体状态方程，我们可以将密度与压力和温度进行联系，也就是说合金内部的压力由合金的温度和镁蒸气的密度决定：

$$P' = \rho RT \tag{6-49}$$

而根据对固体材料引燃过程的分析，镁合金的点燃时间与点燃温度之间呈线性关系：

$$t_{ig} \approx \rho c_p d \frac{T_{ig} - T_\infty}{\dot{q}_e''} \tag{6-50}$$

则点燃时间与压力之间也应当为线性关系。根据测得的温度曲线可以假定在发生表面破裂前温度是一个线性变化的过程，在相同的辐射条件下，要达到更高的温度就需要更多的时间。将式（6-49）中的温度设为点燃温度，代入式（6-50）中可知，点燃时间与环境压力呈一个 $y=Ax+B$ 的形式：

$$t_{ig} \approx \rho c_p d \frac{T_{ig} - T_\infty}{\dot{q}_e''} = \frac{c_p d}{\dot{q}_e'' R} P_0 + \left[ \frac{c_p dP}{\dot{q}_e'' R} - \frac{\rho c_p d T_\infty}{\dot{q}_e''} \right] \tag{6-51}$$

将三种镁合金的点燃时间对压力作图可以看到，WE43 镁合金和 ZE10 镁合金基本满足线性关系，AZ31 镁合金在低压力条件下点燃时间小于理论值，这可能是由于镁合金表面氧化膜结构和组分的不同造成。通过拟合可以得出三种镁合金点燃时间随压力的变化趋势（图 6-123）：

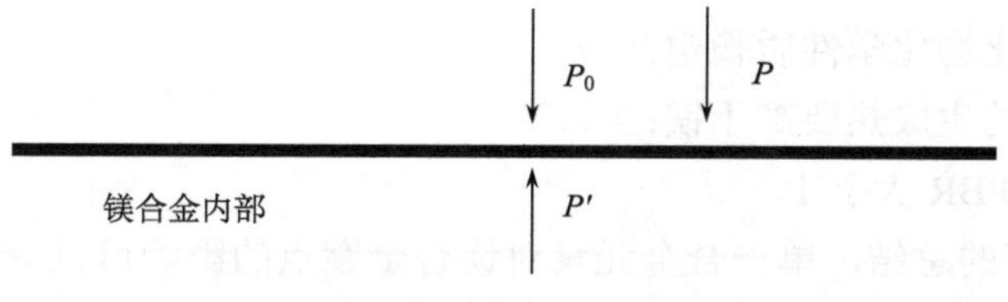


图 6-122　镁合金点燃过程第一阶段开始时内外压力示意图

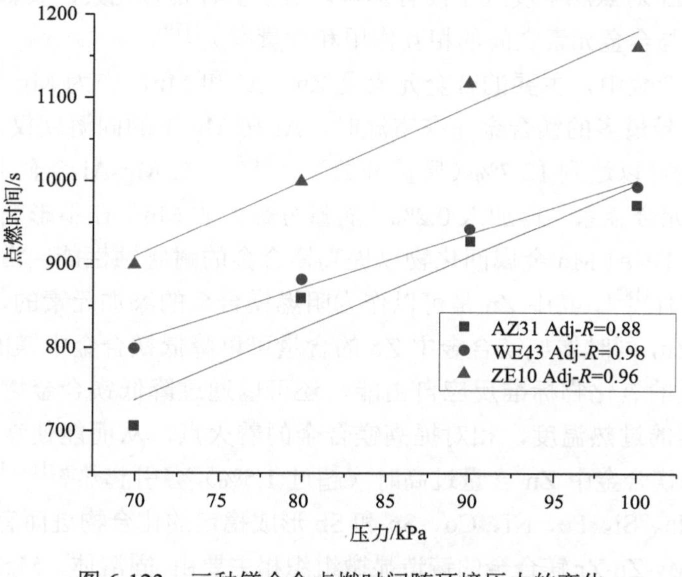


图 6-123　三种镁合金点燃时间随环境压力的变化

$$\begin{cases} t_{ig} = 132.5 + 8.65P, & \text{AZ31} \\ t_{ig} = 358.2 + 6.43P, & \text{WE43} \\ t_{ig} = 273.1 + 9.09P, & \text{AE10} \end{cases} \tag{6-52}$$

总的来说，低气压会明显减少镁合金材料的点燃时间，稍微降低燃烧时的剧烈程度，且点燃温度随气压的降低而逐渐减小。当环境压力升高时，镁合金燃烧时的质量增加速率峰值也随之上升，且镁合金质量增加速率峰值与压力呈指数关系 ，指数系数 WE43 镁合金最小，约为 0.5，另外两种镁合金均超过 1。

## 6.5.3　镁合金火灾防治技术

由于当前针对镁合金火灾尚未有非常有效的灭火剂，因此多采用大量的沙土掩埋的方式进行灭火，而在飞机上这种方式显然并不适用。在无法有效扑灭镁合金火灾的情况下，从源头上对镁合金火灾进行防治就显得尤为重要。合金化作为一种改善合金各种性质的重要方法一直备受关注，对于镁合金来说，通过添加适量的容易形成致密氧化膜的表面活性元素，可以在合金表面形成致密的保护层，进而大大提高镁合金的耐高温性能。根据文献中的研究，添加的活性元素须满足如下几个条件[177,178]：

① 形成的氧化物化学性质稳定；

② 氧化反应的生成热要高于镁；

③ 氧化物的PBR大于1。

根据王雪敏等的总结，单一合金元素对镁合金燃点的影响可以分为三类，其中Er、Gd、Dy、Y、Ce、Nd和La等可以直接提高点燃温度；Mn、Cd、Zn和Al等可以直接降低点燃温度；Zr对点燃温度几乎没有影响。对于多种合金元素，其影响除了与元素种类有关之外，还与合金元素之间的相互作用和含量有关[179]。

在AZ31镁合金中，主要的合金元素是Zn、Al和Mn，作为Mg-Al系合金，是目前应用最广、牌号最多的镁合金。在室温时，Al在Mg中的固溶度仅为2.0%（质量分数），在437℃时可以达到12.7%（质量分数）[180,181]。在Mg-Al合金中加入Zn可以形成Mg-Al-Zn三元合金系，再加入0.2%（质量分数）的Mn，在不影响合金力学性能的同时，可以形成Fe-Al-Mn金属间化物以提高镁合金的耐腐蚀性能，常常用于制造形状复杂的薄壁压铸件[182]。其中Zn是可以作为阻燃镁合金的添加元素的，添加Zn后可以与Mg形成MgZn，同时增加镁合金中Zn的含量可以降低镁合金中镁的铸造平衡分压，同时增大形成镁的氧化物标准反应自由能，还可以通过降低镁合金熔点来降低铸造生产过程中所必需的过热温度，相对提高镁合金的着火点，从而能使镁合金可以在大气中熔炼，但是当镁合金中Zn含量过高时（超过1.5%）会引起热裂[183,184]。Zr可以和多种元素如Al、Mn、Si、Fe、Ni、Co、Sn和Sb形成稳定的化合物进而有效的细化镁合金的晶粒[185,186]。Mg-Zn-Zr镁合金的铸造显微组织相主要由 固溶体、MgZn相和少量可能存在的ZnZr相组成[187-189]。

在Mg-Zn-Zr镁合金中继续添加少量稀土元素等可以生成稀土Mg-Zn-Zr镁合金如WE43，可以克服Mg-Zn-Zr镁合金铸造性能差、热裂倾向严重和塑性较低的缺点，进一步提高其力学性能，扩大应用范围[190,191]。在WE43和ZE10镁合金中，起到提高其阻燃效果的合金元素主要是Y、Ce等稀土元素，Yu等[192]针对Y对镁合金抗氧化性的作用进行了研究，结果表明即使在纯镁基体中仅添加1.5%（质量分数）的Y，在500℃的高温下经过160min仍然检测不到质量变化，而传统的AZ31镁合金在不到60min的时间内即发生燃烧。此外，如果在纯镁基体中同时加入Al和Y，则其耐高温性能会有所下降，根据XRD以及SEM结果，加入的Al与Y形成了$Al_2Y$金属间化物，一定程度上抑制了$Y_2O_3$的形成，而$Y_2O_3$氧化膜是Y元素提高镁合金耐高温性能的主要原因。同时，Y元素也被作为低浓度添加元素加入到三元或四元镁合金中。如图6-124所示，在Mg-Zn-Zr镁合金中继续添加少量Y，在400 ℃的条件下，经过约90h，镁合金的质量不再增加，直到实验结束（270h）[193]。在Kumar等的研究中，WE43镁合金可以耐高温至750℃，当温度达到650℃时，镁合金已经发生熔化，而表面的氧化膜发生破裂，然而由于Y元素的存在，形成的$Y_2O_3$氧化物对破裂产生的缝隙进行了修复[194]。

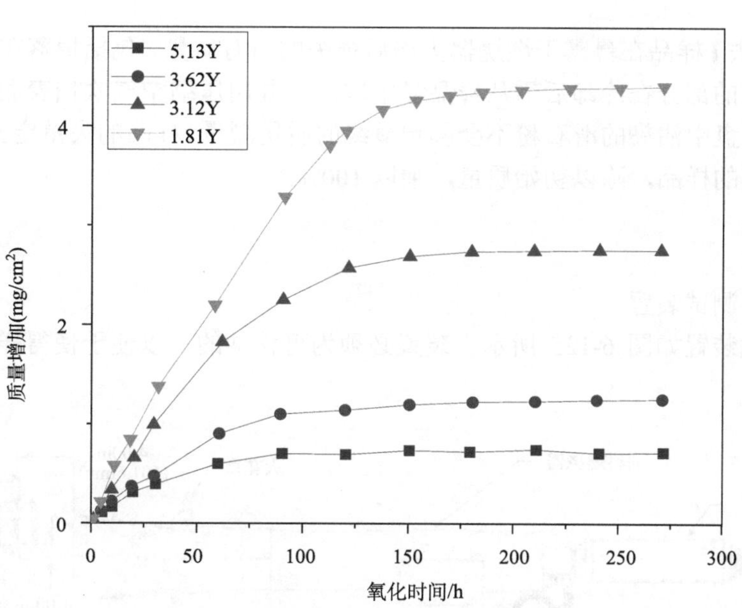


图 6-124 不同 Y 添加量的镁合金在 400℃温度下质量随时间变化曲线

### 6.5.4 镁合金座椅框架燃烧器测试

1. 适用性

本测试方法[153]采用高强度的开放火焰对用于飞机座椅主要框架结构部件中的镁合金材料抗点燃特性和可燃性进行评估，以表明该材料在撞击导致的火灾中具有足够的耐火性能。

2. 定义

【镁合金】由镁元素和一系列其他合金元素（如 Zn）或稀土元素（如 Y）形成的合金。任何镁元素质量分数超过 10%的组件或材料应当被认为是镁合金。

【样品系列】由三个或三个以上相同的样品组成，样品材料为用于飞机座椅结构组件的镁合金。

【熔化】样品经过加热变软，有明显可见的一部分从样品主体上脱落并落入下方的样品盘内。样品的弯曲、翘起或下垂不能认为发生熔化。

【点燃】首次观察到镁合金在燃烧器火焰的作用下产生火花即认为合金被点燃。通常发生点燃时样品会产生非常明亮的蓝白火焰，与燃烧器产生的黄色火焰具有明显区别。点燃一般是燃烧的初期阶段，燃烧阶段则是样品持续的被点燃。

【燃烧】燃烧（持续点燃）定义为点燃时间持续 10s 不间断（如样品点燃不足 10s 即发生中断，后又重新发生点燃且超过 10s，则首次超过 10s 的持续点燃可认为是燃烧的初期阶段）。

【质量损失】样品在暴露于燃烧器火焰后损失的所有质量，包括掉落在样品盘内熔化的部分。熔化的部分在冷却后需从样品盘中取出，并用压缩空气吹扫表面，使得生成的氧化物和样品盘中沾染的滑石粉不会影响最终的质量测量。样品的失重定义为最终质量，包括所有滴落的样品，除以初始质量，乘以 100%。

3. 设备

（1）样品测试装置

样品测试装置如图 6-125 所示，装置必须为可移动的，以便于使得样品正对燃烧器发出的火焰。

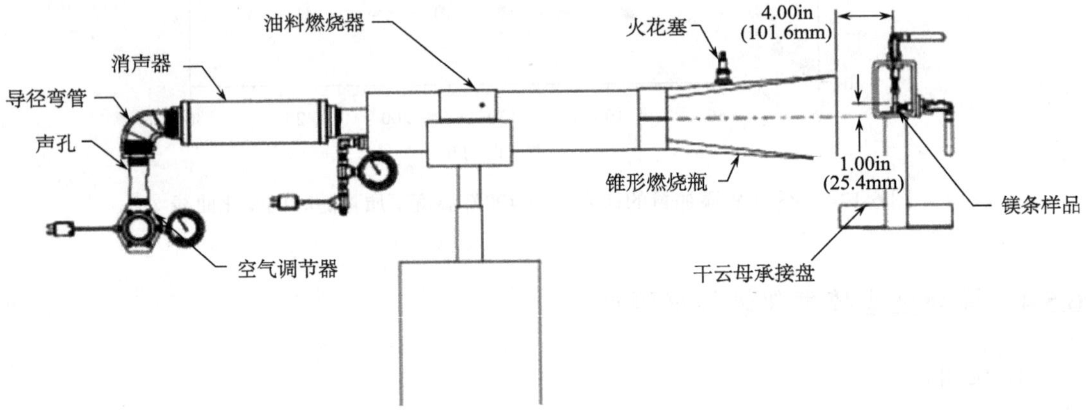


图 6-125　镁合金测试装置[153]

（2）样品盘

样品测试装置包括一个位于样品下方，尺寸足够大的样品盘，底部铺有足够滑石粉以防止点燃滴落的镁合金飞溅。滑石粉的厚度不应小于 6mm，样品盘的尺寸不应小于 20cm×41cm，深度不应小于 38mm。样品夹持部分可以直接安装在样品盘的两个侧面。

（3）滑石粉

滑石粉是一种硅酸镁基的矿物质，在整个测试过程中其应当保持干燥并及时更换。推荐存储在密闭的塑料容器内，以防止滑石粉吸潮。

（4）样品夹

样品夹应当可以将水平的长条状样品牢固的安装在正对着燃烧器的适当位置（图 6-126）。样品夹由 51mm 长，76mm×102mm 厚度 6mm 的不锈钢方管焊接而成。样品夹分为两部分，分别安装在焊接在样品盘两侧面的支架顶部，支架采用 38mm×38mm 的方管焊接而成。在样品夹的横断面上钻孔，用于安装样品夹具，夹具应当可调节松紧，避免对样品造成过大压力（图 6-126）。

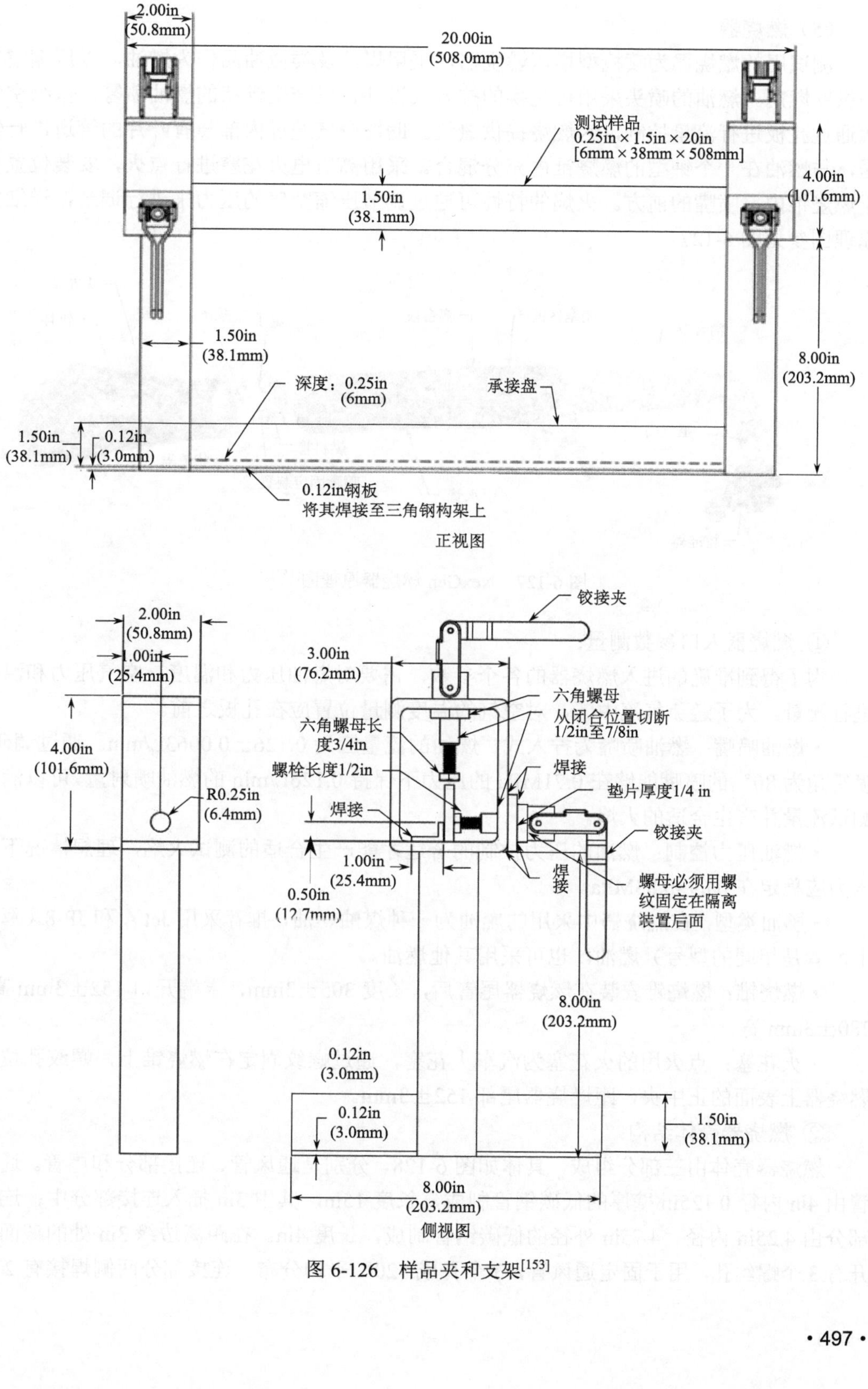


图 6-126 样品夹和支架[153]

（5）燃烧器

测试用的燃烧器为喷枪型增压燃烧器，采用煤油及类似油品作为燃油，以压缩空气提供助燃剂。燃油的喷头采用可更换的拧入式设计，以产生锥状的燃油喷雾。压缩空气源通过孔板进行流量控制，为燃烧提供氧气。助燃空气通过内部装有叶片的管道进行输送，与燃油在一个钟型的燃烧锥内充分混合。采用高压电火花塞进行点火，安装位置位于燃烧锥内，喷嘴的前方。火焰的特性可通过调节压缩空气的压力来进行调节，详细的原理图参见图 6-127。

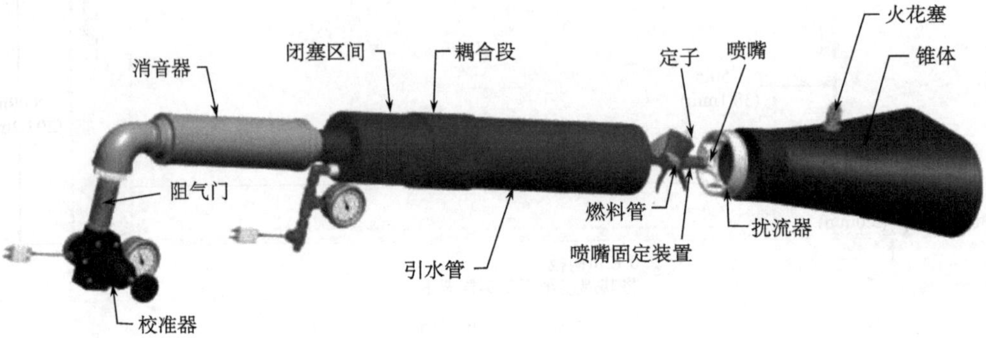


图 6-127　NexGen 燃烧器原理图[153]

① 燃烧器入口参数测量：

为了得到准确的进入燃烧器的各个参数，需要对燃油压力和温度、空气压力和温度进行测量。为了避免气流中断，对空气的温度测量位置应在孔板之前。

• 燃油喷嘴：燃油喷嘴为拧入式，燃油的流量应为 0.126±0.0063L/min。通过调研，喷雾角为 80° 的喷嘴能够在 0.71MPa 的压力下保持 0.126L/min 的燃油喷射量，可以满足测试流量并产生合适的火焰。

• 燃油压力控制：燃油的压力控制的合适才能产生合适的测试火焰，理想情况下，压力应稳定在 0.69~0.83MPa。

• 燃油类型：在燃烧器中采用的燃油为一种煤油燃油，推荐采用 Jet A 和 JP-8（军事上两者是相同的型号）燃油，也可采用其他燃油。

• 燃烧锥：燃烧锥安装在燃烧器尾管后，长度 305±3mm，末端开口 152±3mm 高，280±3mm 宽。

• 火花塞：点火用的火花塞为汽车火花塞，通过螺纹固定在燃烧锥上，螺纹孔位于燃烧器上表面的正中央，距燃烧器尾部 152±3mm。

② 燃烧器壳体结构：

燃烧器壳体由三部分组成，具体如图 6-128，分别是通风管、连接部分和尾管。通风管由 4in 内径 0.125in 壁厚的低碳钢管制成，长度 15in，其中 3in 插入连接部分中；连接部分由 4.25in 内径、4.75in 外径的低碳钢管制成，长度 4in。在距离边缘 3in 处的截面上开有 3 个螺丝孔，用于固定通风管，3 个孔成 120° 平均分布。连接部分两侧焊接有 2 个

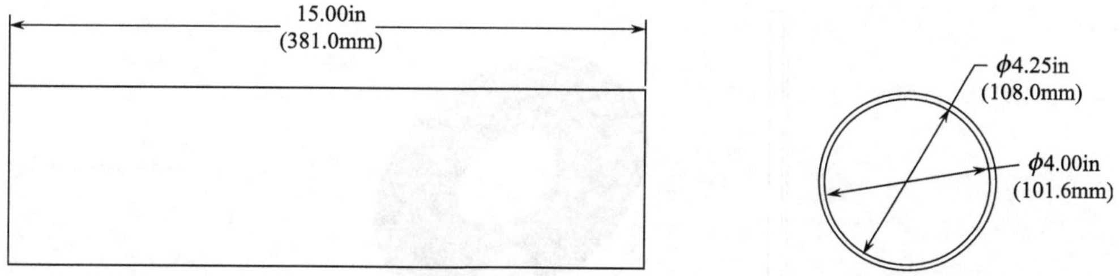


(a) 通风管尺寸

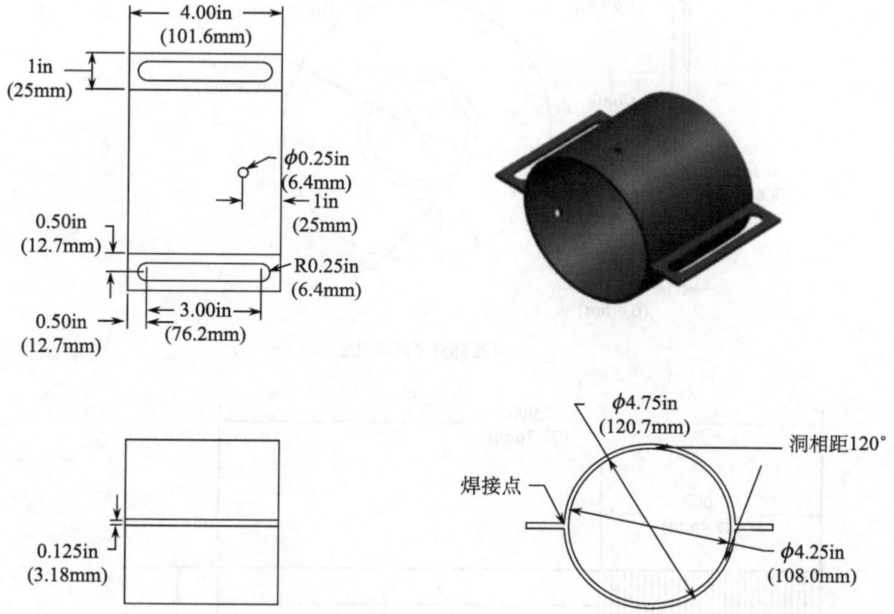


(b) 连接部分尺寸

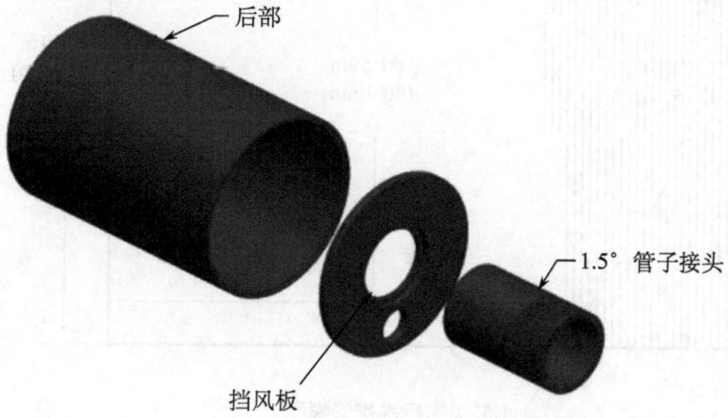


(c) 尾管组成

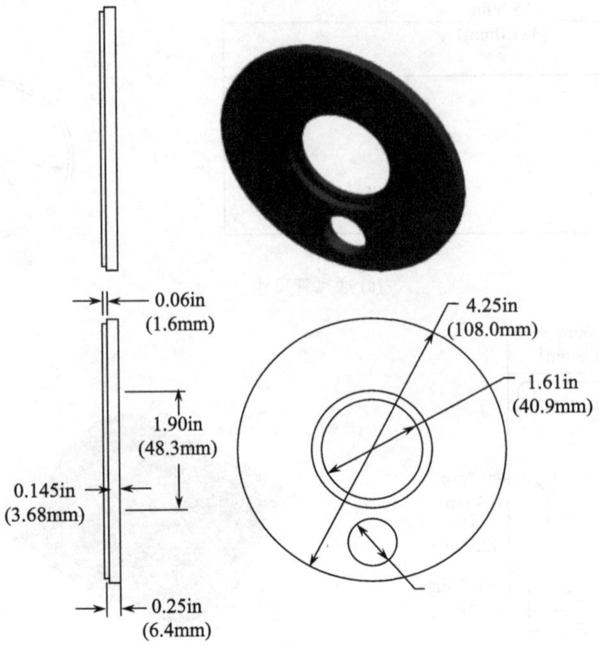


(d) 尾部封堵圆盘尺寸

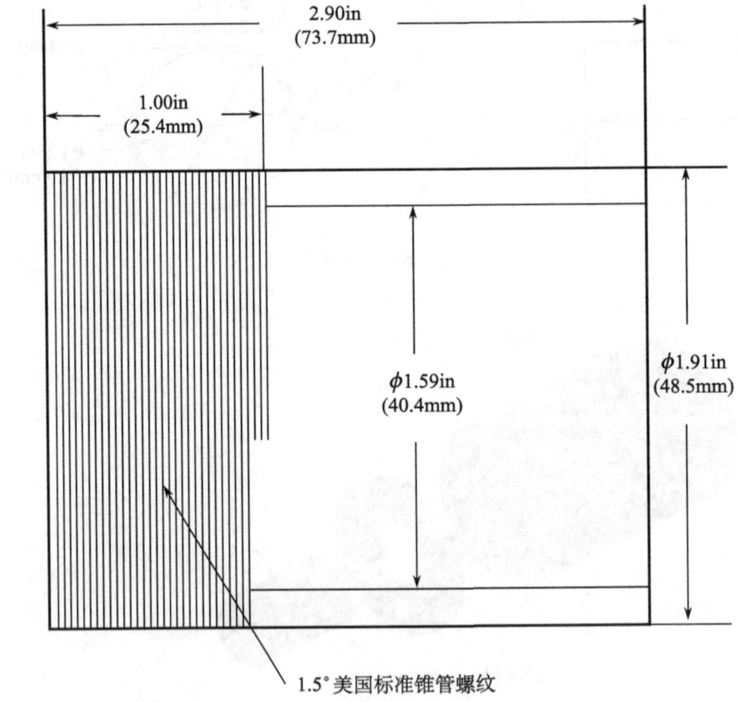


(e) 螺纹连接管尺寸

图 6-128　NexGen 燃烧器结构[153]

安装支架，便于安装和调整。尾管与通风管采用相同规格的钢管制成，长度 6in，其中 1in 插入连接部分中并焊接牢固。采用一个直径 4.25in，厚度 0.125in 的不锈钢圆盘对尾管进行封堵，圆盘上开有两个孔，分别用于空气和燃油的进入。在圆盘中心的开孔上焊接一个直径 1.5in 的 NPT（美制）螺纹连接管，长度 2.9in。

③ 音速喷嘴：

NexGen 燃烧器的空气流量由一个音速喷嘴控制，该喷嘴可以根据上游空气压力产生一个恒质量流量的空气气流，如图 6-129。该喷嘴由不锈钢和 1in 的 NPT 喉口螺纹公头组成，喉口直径 0.25in，可以控制质量流量如下式所示：

$$\dot{m} = 0.89P_i + 12.43 \tag{6-53}$$

其中，压力单位为 $lb/in^2$。

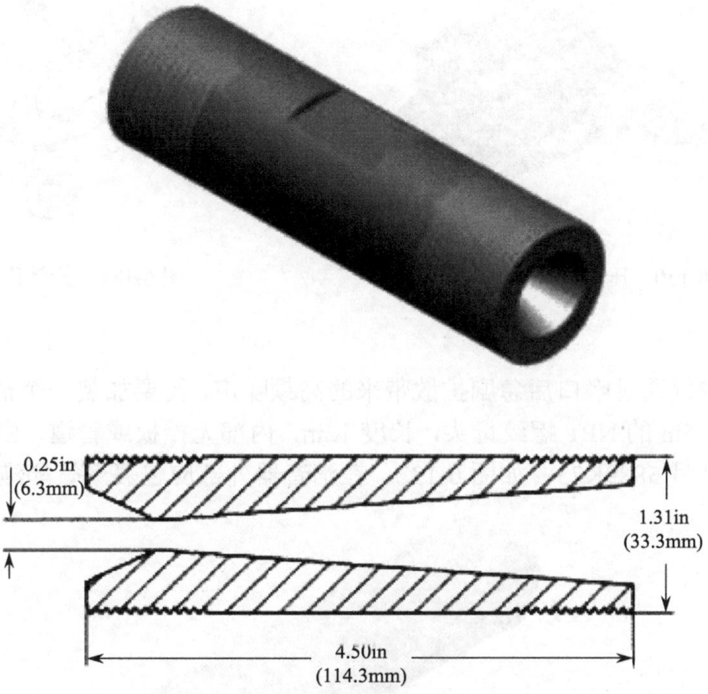


图 6-129 音速喷嘴原理图[153]

④ 空气压力控制器：

空气压力控制器用于控制空气流的稳定，是一个至关重要的部件。控制器应当包括一个外径 1in 的 NPT 喉口母头，至少一个测压孔用于测量出口压力，具体如图 6-130 所示。建议使用的压力调节器为 Grainger 公司生产，零件号 4ZM10，压力调节范围 5~125$lb/in^2$。MSC Industrial 生产的另一种零件号为 73535627 的压力调节器也符合测试需要，调节范围 2~125$lb/in^2$。

⑤ 压力表：

测量压力使用的压力表必须经过 NIST 认证，精度不低于±2%，若采用数字仪表，则读数不应大于 1lb/in$^2$。若采用指针式仪表，则应在表内装有甘油，以减轻指针的震动，且其表盘应清晰易读。压力表的量程应与测试时空气的压力范围相适应。数字表采用 Omega 公司生产的 DPG 1001B-500G 压力表，指针表采用 McMaster-Carr 公司的 4053K23 仪表，如图 6-131 所示。

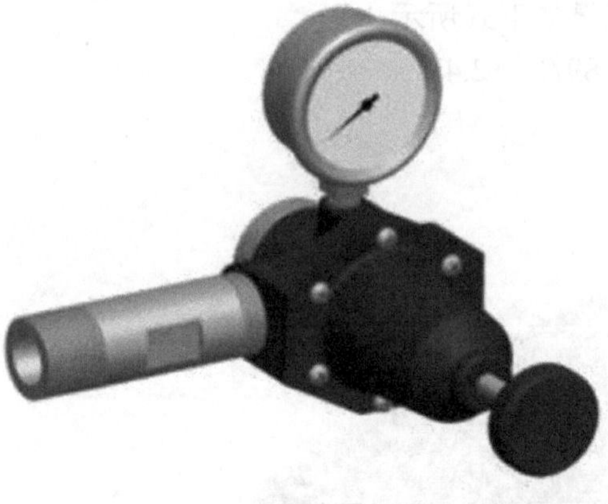

图 6-130　压力调节器[153]

图 6-131　指针压力表[153]

⑥ 消音器：

为了降低空气通过喉口后急剧扩散带来的高频噪声，需要加装一个消音器。外径 3in 的消音器具有 1.5in 的 NPT 螺纹母头，长度 12in，内部无挡板或管道，由 McMaster-Carr 公司生产，零件号 5889K73，如图 6-132。在消音器外部应包裹聚氨酯泡沫来消除噪音，

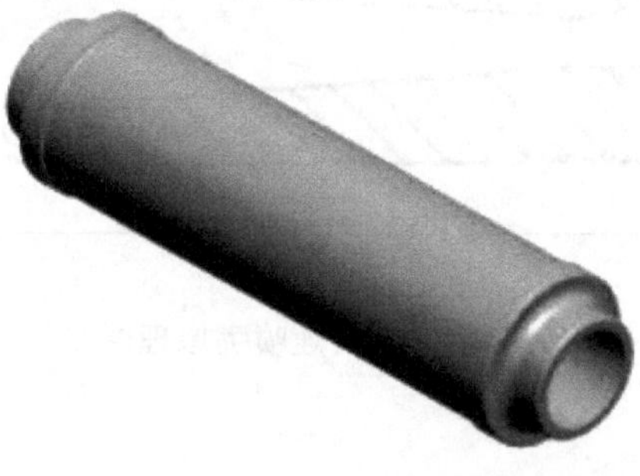

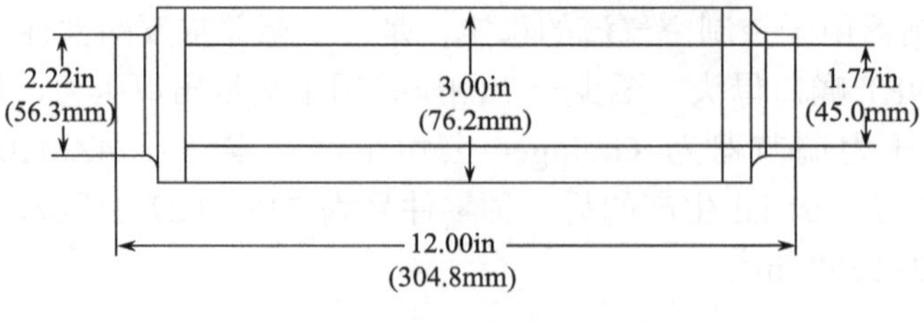


图 6-132　消音器原理图[153]

可以将聚氨酯泡沫切成 3in 直径 12in 长的圆柱体，其密度应在 1.2~1.5lb/ft$^3$ 之间，孔密度应为 20pores/in。此外，在消音器出口处的不锈钢网上应安装两条安全金属丝，以防止聚氨酯泡沫从其中脱出进入燃烧器外壳中，两条金属丝应互相垂直。音速喷嘴的公头与一个 1in 的 NPT 母头连接，母头与 1.5in 的公头六角衬套连接，六角衬套的公头与消音器的进气端通过一个 1.5in 的 NPT 母头和一个 1.5in 的 NPT 公头组成的鸳鸯弯管连接。

在测试过程中空气温度应保持在 50±10℉之间，可以通过本部分后续介绍的热交换系统实现。

⑦ 定子：

定子由四个叶片组成，用于产生回旋流，安装时中心与燃油管道和通风管的中心线对齐。定子外径 4in，如图 6-133。定子由 Marlin Engineering 提供，零件号 ME1513-3。

图 6-133　定子[153]

⑧ 扰流器：

扰流器是一个外径 4in 的涡流组件，安装在通风管的尾部，中心孔直径 2.75in，如图 6-134 所示，由 Marlin Engineering 提供，零件号 ME1512-1。

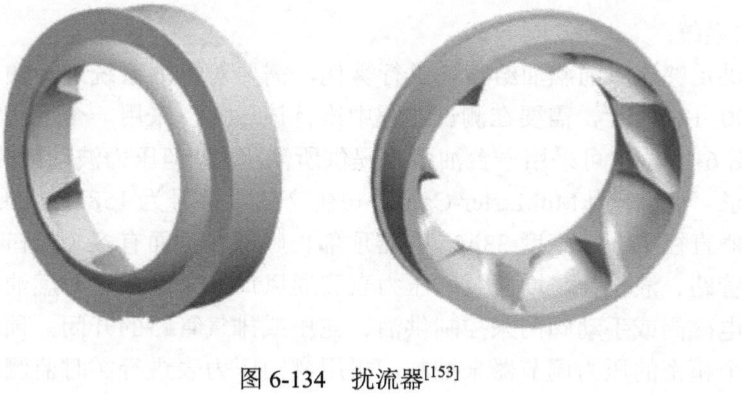

图 6-134　扰流器[153]

⑨ 定子和扰流器配置：

将定子装入燃油通风管中轴，调整其角度，用螺母锁定位置，如图 6-135。将扰流器安装在通风管的末端，标签对准 6 点钟方向。典型的配置中定子距离扰流器的出口平面约 2.6875in。

(a) 燃油管道中定子位置

(b) 燃油管道中扰流器位置

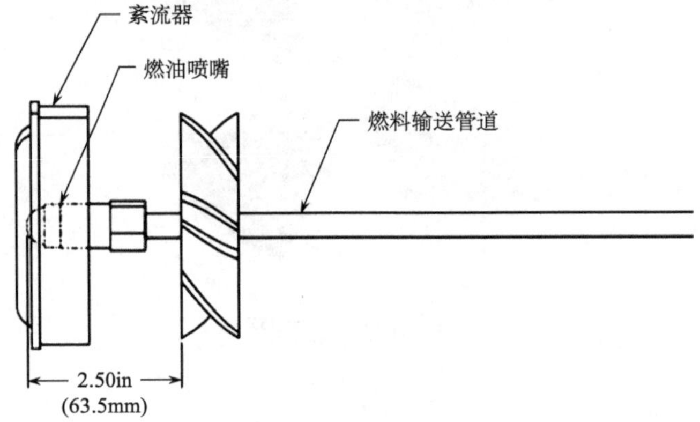


(c) 典型配置图

图 6-135 定子和扰流器配置图[153]

⑩ 燃油系统：

为了提供足够流量的燃油给喷嘴进行雾化，需要对燃油系统进行加压。需要的压力典型值在 100~120lb/in$^2$，需要在测试过程中维持该压力，采用一个增压燃油箱来满足测试需要，如图 6-136。也可采用一台油泵来提供所需压力，但压力波动应控制在最小范围，满足装置需求。可以采用 McMaster-Carr 公司生产的零件号为 1584K7 的压力容器来盛放燃油，该容器直径 12in、高度 33in。容器顶部、底部和侧面有多个接口，用于连接充填管路、供油管路、液位计、增压泵、压力表和通风口，采用氮气对燃油箱顶部空间进行加压，采用电磁阀或手动阀门来控制供油、充压或排气管路的开闭。顶部空间内氮气的压力通过一个精密的压力调节器来控制，采用燃油压力表进行实时监测，采用一根半透明高压管来显示箱内燃油高度。

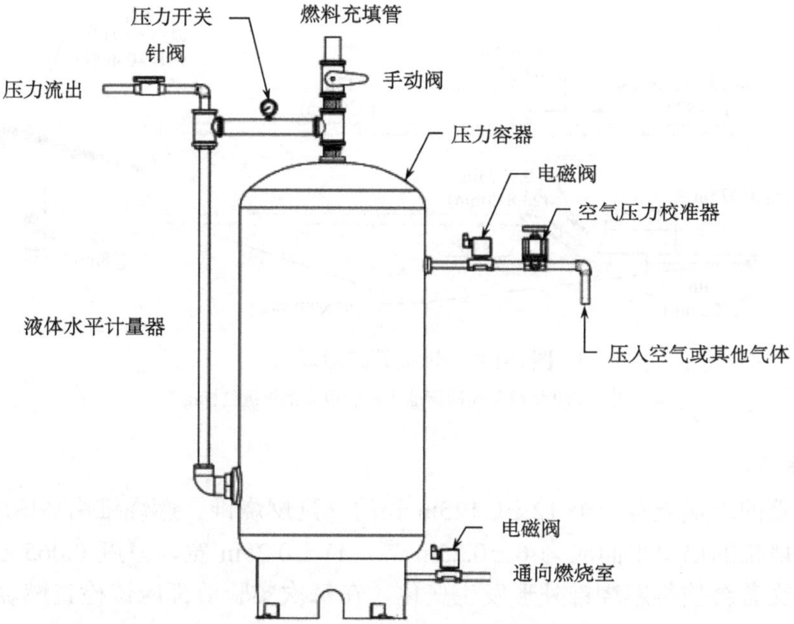


图 6-136 增加燃油箱系统原理图[153]

•燃油温度：在测试过程中燃油温度应保持在 42±10℉之间，可以通过本部分后续介绍的热交换系统实现。

•燃料管路：NexGen 燃烧器上的燃料管被设计用来允许燃料喷嘴和空气流与通风管轴线对齐。可以通过在燃料管的截面上使用两个弯管来完成（图 6-137）。该管由内径 0.125in 外径 0.405in 的不锈钢管制成，壁厚 0.095in，长度约 21.5in；在车床上拆下一段外壁，以使管道穿过无缝衬套把管子固定在合适的位置。燃油管路的末端 4in 长的区域外径减小到 0.375in。管道根据图中的尺寸采用弯管机制成相应的形状，采用钢模将管路的两端攻入 1/8in 的 NPT 管螺纹。采用 0.004in 厚的螺纹密封胶带包覆螺纹外表面，以防止燃油泄漏。采用一截 1.375in 长的黄铜燃油喷嘴适配接头与燃油管路的末端螺纹连接，然后连接燃油喷嘴。采用一个无缝衬套来固定燃油管路的末端。燃油管路末端连接一个管路接口，与燃油箱上的供油接口连接。

⑪ 热交换系统：

由于空气和燃油流量均与密度相关，需要采用一套热交换系统来保持燃烧器进口处的空气和燃油温度，冰浴可以采用一个绝缘冷却器或一台卧式冰箱来实现，燃料从冰浴装置内的弯曲铜管中流过，再流入燃料进口，空气通过 McMaster-Carr 公司生产的 43865K78 型换热器进行冷却，冷却水在热交换器的外部进行循环，带走空气中的热量。循环冷却水通过一个潜水泵在换热器和冷却器之间的闭路管道内流动。铜盘管的尺寸和水流速度应根据实验室条件下的测量数据进行设置。采用主动加热和冷却系统代替上述系统是可行的，且温度控制精度更高，但成本会有所增加。

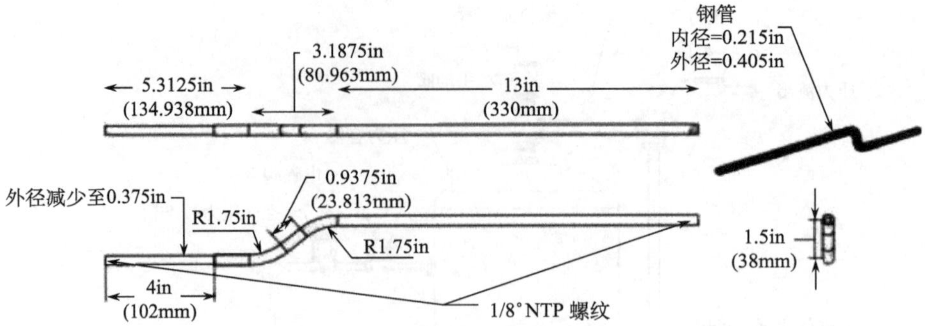


图 6-137　燃油管路原理图[153]

注：NTP 螺纹是美国标准“一般用途钢管螺纹标准”

⑫ 燃烧锥：

在通风管的末端装有一个 12±0.125in 长的外延燃烧锥。燃烧锥由 AISI 型 310 不锈钢制成，燃烧锥的出口平面应为 6±0.25in 高，11±0.25in 宽，厚度 0.065±0.015in。测试时的冷热交替会使得燃烧锥外形发生变化，在每次实验前都应该检查燃烧锥的外形尺寸以确保其在允许的公差范围内。

（6）火焰一致性验证用热电偶

对火焰一致性的验证需要采用 7 根热电偶，热电偶直径 3.2mm，陶瓷填充，310 不锈钢铠装，K 型，并采用符合美国现规的导体进行接地。七根热电偶应安装于一个不锈钢安装平台上，制成一个热电偶束，以便于在火焰一致性测试时进行放置。安装平台距离热电偶顶端 102mm，如图 6-138。

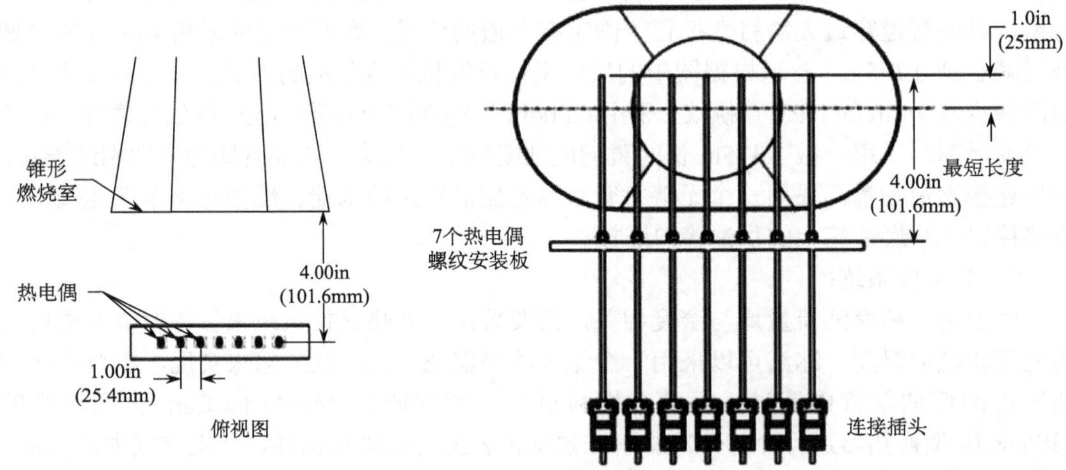


图 6-138　热电偶束[153]

（7）数据采集

一个经过校准的记录装置或一个具有适当数据采集范围的计算机数据采集系统用于

测量和记录热电偶的输出。

① 计时装置。一个秒表或其他设备，精确度达到每 8h±1s（±3s/d），用于测量燃烧器火焰作用到样品上的时间，以及试样点火和熄灭时间。

② 电子天平。测量样品的初始质量和最终质量，包括落在样品盘中的试样，分辨率 0.01kgs，精度 0.01kgs。

③ 实验室。为了避免空气流动带来的影响，实验室面积不应小于 305cm×305cm。

④ 通风罩。实验室应具有通风罩，用于将实验时产生的氧化镁等产物排出。

4. 试样

（1）样品配置

样品为典型的飞机座椅框架的主要部件，如横撑、十字管、靠背骨架、低处的行李支撑杆，材质应与实际应用中的镁合金完全一致。

（2）样品数量

每一种镁合金型号每一种零部件需要准备至少 3 个样品用于测试，样品表面不应进行任何包覆处理，包括涂覆阻燃油漆或阳极氧化等。

（3）样品尺寸

样品尺寸为(6.4±0.16mm)×(38.1±0.8mm)×(508±1.6mm)，如图 6-139。

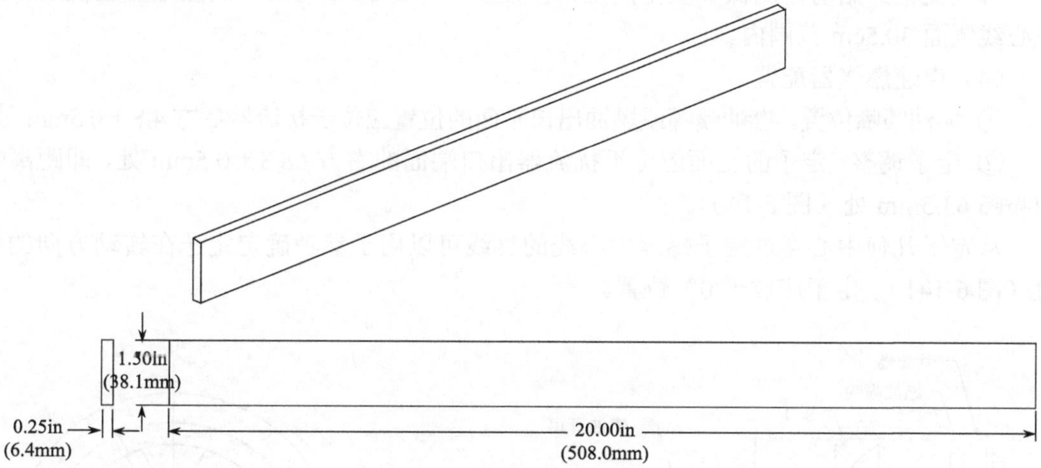


图 6-139 样品尺寸[153]

（4）样品朝向

样品应水平固定，距离燃烧器尾锥口垂面 10.2cm，燃烧器中心线上方 2.5cm。

（5）样品表面处理

所有样品的所有表面需经过机械加工抛光，粗糙度不超过 1.75μm，一般为 0.9μm。

（6）样品涂层

若实际应用的镁合金材料表面有阳极氧化或其他航空领域专用涂层，则垂直本生灯测试方法即可满足需求。垂直本生灯测试采用的样品涂层与镁合金基体材料应连接在一起，保持与实际使用中一致。测试时采用的样品厚度应为实际使用中结构件的最小厚度，若材料通过测试，则表明实际使用中所有厚度超过该厚度的材料均符合要求。若实际使用中的组件进行更新后有低于该厚度的使用方式，则需要重新以最小厚度进行测试。

（7）样品调节

所有样品在测试前应在 21±3℃，55%±10%的环境中调节 24h。

5. 装置准备

（1）校准

样品支架水平和垂直位置应与燃烧器的燃烧锥相对应，将测试样品安装框架移动至燃烧器前方，检查其位置确保合适。移动装置上应有锁止装置，以保证在测试时不需要测量就可以直接将样品推到合适的位置。

（2）室内通风

打开室内的通风装置，关闭燃烧器的空气加压泵，采用叶片式风速计或其他类似设备测量室内的气流速度。以样品中心为中心，半径 30.5cm 范围内任意点的垂直气流速度不应超过 50.8cm/s，水平气流速度不应超过 25.4cm/s。

（3）室内温度

每次实验开始前，测试实验室的室内温度应在 10~38℃之间，测温位置应位于样品中心线侧面 30.5cm 范围内。

（4）声速燃烧器配置

① 燃油喷嘴位置。燃油喷嘴或燃油出口平面的位置应位于扰流器后方 4.8±0.5mm 处。

② 定子调整。定子的正面应位于扰流器出口端面的右方 68.3±0.5mm 处，即距离燃油喷嘴 63.5mm 处（图 6-140）。

从定子几何中心穿过定子螺丝中心线的直线可以用于参考确定定子在转动方向的位置（图 6-141）。定子应位于 0° 位置。

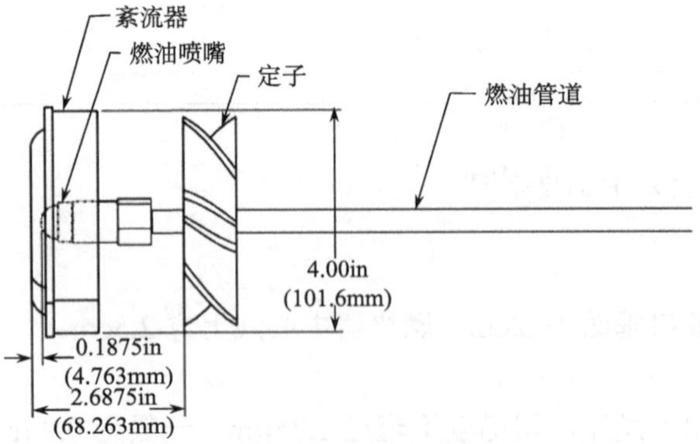


图 6-140　燃油喷嘴和定子位置[153]

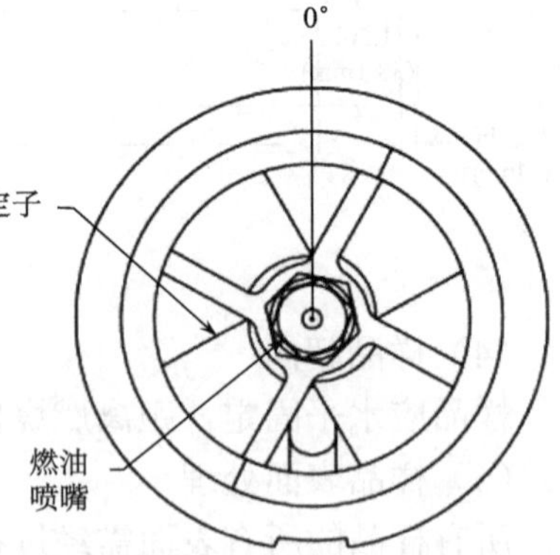


图 6-141　定子轴向位置[153]

③ 火花塞位置。火花塞应采用带有螺纹的支管安装在燃烧器尾部燃烧锥的上表面，距离入口端面 152±3mm（图 6-142）。

④ 火花塞间隙。火花塞两电极之间距离应为 2.5mm（图 6-143）。

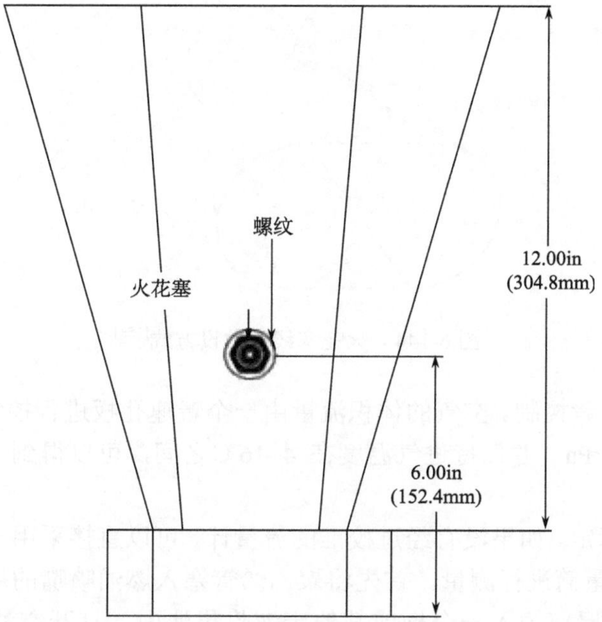


图 6-142 火花塞位置[153]

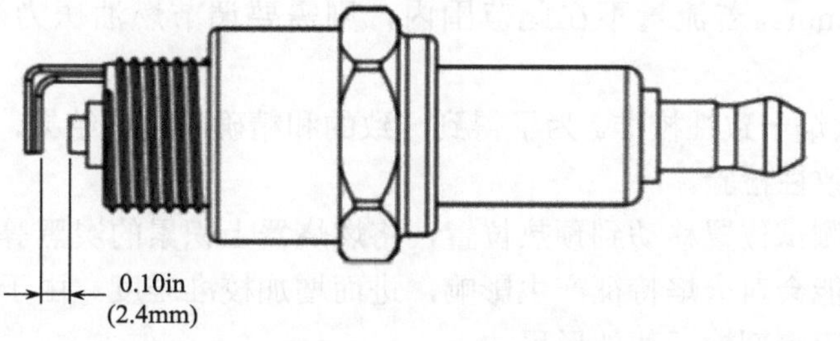


图 6-143 火花塞电极间隙[153]

⑤ 火花塞线路敷设。火花塞线路的敷设应避免在标定和测试时直接受到火焰的冲击，一旦燃烧器开始发出火焰，燃烧锥上表面的温度会迅速上升，若火花塞线路与其接触，则会造成损坏。在敷设线路时应确保不与任何热表面接触，在线路外表面应采用隔热材料包覆，以防止火焰带来的对流升温或辐射。推荐采用如图 6-144 的方式进行线路敷设，可以确保其不与燃烧锥附近的任何热表面接触。

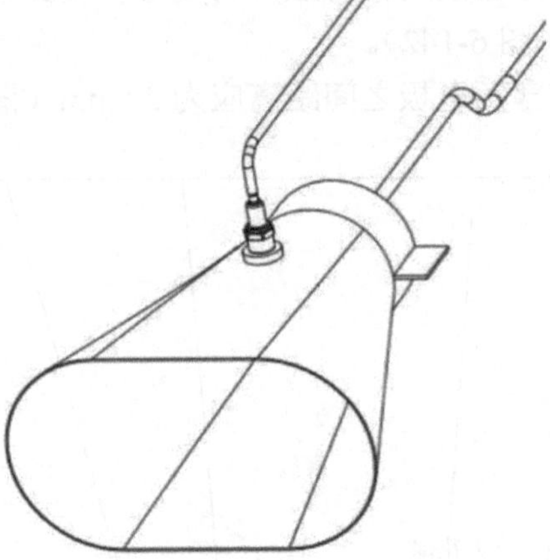

图 6-144　火花塞线路敷设方式[153]

⑥ 空气体积流量控制。空气的体积流量由一个音速孔板进行控制，通过调节上游空气压力为 310±6.9kPa，并保持进气温度在 4~16℃之间，可以得到一个满足实验要求的空气气流。

⑦ 燃油流量标定。如果没有经过校准的流量计，可以直接采用一段聚乙烯管配合适当尺寸的带刻度的量筒进行测量。首先将聚乙烯管塞入燃油喷嘴的尾部并确保密封性良好，将聚乙烯管的尾部插入一个桶或其他废液收集池中，打开燃油电磁线圈，确保点火系统为关闭状态，当燃油流速稳定之后，将聚乙烯管插入量筒同时开始计时，采集燃油 2min 同时将聚乙烯管从量筒中移出。根据量筒的测量数值计算流量，确保其满足 0.126±0.0063L/min。若流量不在此范围内，则需要调节燃油压力。燃油的温度应在 0~11℃之间。

⑧ 燃烧器火焰一致性校准。为了得到一致的和精确的测试结果，应对音速燃烧器产生的火焰进行一致性检验。

将燃烧器从测试位置移动到预热位置，将燃烧器上积累的炭黑等燃烧产物擦净，燃烧产物如炭黑可能会对火焰特征产生影响，进而增加校准难度。由于燃烧器在高温下会发生变形，因此应定期检查其外形尺寸。

将热电偶束安装在一个可移动的支架上，以便于迅速将其移动到燃烧器前方的适当位置。将热电偶束移动到标定位置，检查每一只热电偶与燃烧锥出口端面的距离，确保均为 102±3mm，同时确保热电偶水平中心线高于燃烧锥的水平中心线 25.4±2mm，将第四只热电偶对准燃烧锥的中心。注意，热电偶束支架应带有锁止机构，将热电偶束保持在正对燃烧锥的位置，以便于在标定过程中可以迅速地将热电偶束移动到正确位置。确定合适的位置后，将热电偶束移开再移回，并重新检查与燃烧锥的距离。当所有位置确认后，将热电偶束移开。

移开热电偶束后，打开点火器，调节空气和燃油压力，点亮燃烧器。燃烧器允许有

2min 左右的预热时间，预热后，将热电偶束移动到确认的位置，允许热电偶有 1min 左右的稳定时间。之后每一秒记录一个数据，采集 30s。然后移开热电偶并关闭燃烧器，计算每一只热电偶的平均温度，其结果应在 927±55℃范围内。若温度超出该范围，则需要重新检查燃烧器，或在公差允许的范围内略微调整定子角度和到引流管的距离。若经检查燃烧器无任何问题，则应对测量值超出该温度范围的热电偶进行替换。建议进行多次实验以确保火焰一致性验证的准确性。

6. 测试程序

① 检查并清理燃烧锥内的炭黑等燃烧产物和杂质。

② 对镁合金样品进行称重并记录结果。

③ 将镁合金样品安装在样品支架上，水平测试中应确保样品位于水平状态，样品正对燃烧器的表面应与燃烧锥末端面保持 102±3mm 的距离，同时该表面中心线应高出燃烧锥末端面中心线 25.4±2mm。

④ 将样品支架移开，以确保在预热阶段不会受到火焰的冲击。在预热期间样品与燃烧锥的末端距离不应小于 46cm。然后打开燃烧器，进入 2min 的预热时间。

⑤ 将样品之间移动到测试位置，同时开始计时。

⑥ 记录样品熔化和点燃的时间。（燃烧（持续点燃）定义为持续点燃时间超过 10s，如在反复点燃过程中，第一个持续时间超过 10s 的时间段认为是燃烧的开始时间）

⑦ 将样品置于火焰中 4min，之后缓慢地将样品支架移动到初始位置，关闭燃烧器。

⑧ 对仍位于样品支架上的样品进行持续观察，若样品仍在燃烧，记录其燃烧熄灭的时间。

⑨ 当样品完全冷却后，松开样品夹，移除样品，记录最终质量。同时应移除样品盘中所有的熔化和燃烧后的样品。在首次将氧化物和滑石粉粉末吹扫干净后，应记录其质量。（可以采用压缩空气吹扫掉最终样品表面的氧化物和滑石粉。该过程应在实验结束 1h 内进行）

7. 报告

① 报告应详细描述测试样品的生产厂家、合金成分和商品名称等信息。

② 对于所有的三个样品，应注明熔化时间（熔化的判据：当样品的中心剖面偏离初始位置时），点燃时间，熄灭时间。

③ 计算并记录每一个样品的质量损失比例，计算方法为最终残留在样品支架上的样品质量和样品盘中的样品质量之和除以初始质量。需要注意的是最终样品质量测量时应除去氧化物和滑石粉粉末，仅保留金属部分。计算公式如下：

样品质量损失百分比=（样品初始质量–最终质量）/初始质量×100%

④ 记录样品在暴露于火焰中时所有的相关现象，如出现爆音、爆炸或烟气等，以及出现这些现象的时间。

⑤ 提供一份燃烧器火焰一致性校准记录。

8. 要求

① 任意一个样品不应在 2min 内发生燃烧（持续点燃）。

② 质量损失比例不超过 10%。

③ 如果一个或多个样品没有满足上述要求，可以进行额外的测试，若最终超过 80% 的样品通过测试，则可认为该样品通过测试。例如，若在三个样品中有 1 个样品没有通过测试，则可以再进行 2 组实验，若这 2 组实验均通过测试，则总的通过测试的实验达到 4 组，占总测试次数的 80%，可以认为该材料通过测试。

## 6.6 航空煤油和液压油

### 6.6.1 航空煤油

#### 6.6.1.1 航空煤油的种类和主要性能

航空燃油不仅要有高的能量，而且还要保障飞机和发动机燃油系统工作可靠、运输过程性能稳定。饱和蒸气压、燃烧热、黏度、热氧化安定性与飞机结构材料的相容性、抗磨性等指标是表征燃油使用性能的主要指标，单一品种的燃油很难达到上述的指标，来满足喷气飞机的需要，因此需要研制不同牌号的燃油，使其各自具有不同的性能，以满足不同使用的需求[195]。

RP-1、RP-2、RP-3、RP-4、RP-5 和 RP-6 时我国研制出的 6 个品种的燃油。RP-1、RP-2 和 RP-3 为煤油型，RP-4 为宽馏分燃油，RP-5 为高闪点煤油型燃油，用于舰载飞机，RP-6 为高密度（20℃时，≥$0.835g/cm^3$）燃油，用于高超声速飞机。

#### 6.6.1.2 航空燃油的火灾危险性

自从人类进行以燃油燃烧为动力的飞行活动以来，燃油的燃烧和爆炸事故就一直威胁着飞机的飞行安全。飞机航行时燃油箱存储大量的航空燃料，达到一定的温度和压力其蒸发，并在燃油箱的上部空间与空气混合形成可燃油气混合气，在燃油箱内存在潜在引火源（如静电积聚放电、雷击或电子设备短路）的条件下，燃油箱内便会发生燃烧和爆炸，其燃烧产生的热量和压力会严重损坏燃油箱的结构强度，导致火灾迅速蔓延，甚至可能导致机毁人亡。据统计，从 1950 年至今，在全球范围内一共发生了 17 起油箱点燃爆炸事故，导致 542 死亡，11 架飞机失踪[196]。1996 年 7 月 17 日，环球航空公司的一架波音 747-100 型飞机从纽约的肯尼迪国际机场飞往巴黎的戴高乐国际机场，在纽约的长岛上空附近发生爆炸，机上全部人员遇难[196]，因此降低航空燃油火灾危险性方面的研究成了国际航空运输领域的热点。

航空煤油火灾危险性主要体现在以下几方面：

1. 燃烧热高，热辐射强

航空煤油是由链烃、环烷烃以及芳香族等碳原子数从 C7 到 C16 的多种烃类物质组成的化合物。在航空煤油组分中，含碳原子数较少的轻质烃分子在受热条件下会首先从液态燃油中挥发到燃油箱上部空间，与此空间内的氧气混合形成可燃的混合气体，在存在引火源的条件下，发生气相燃烧。由于航空煤油的燃烧热比目前常用的含碳较低的烃类燃料高，约为 43.3MJ/kg[197]，当其发生燃烧时，其产生的燃烧热会加速油箱内未燃液体航空燃油的蒸发，增加燃烧强度，同时加大了燃油箱发生爆炸的危险性。

2. 闪点低，燃烧速度快

闪点是能在燃油表面上方产生燃烧的最低燃油蒸气温度，其是表示燃油的火灾危险性的一个重要参数[196]。根据闪点的差异，可燃液体分类见表 6-20：

**表 6-20 可燃液体分类[196]**

| 液体编号 | | 闪点温度/℃ | 沸点温度/℃ | 液体类型 |
|---|---|---|---|---|
| I | A | $T<22.8$ | $T<37.8$ | 易燃液体 |
| | B | $T<22.8$ | $T>37.8$ | |
| | C | $T>22.8$ | $T>37.8$ | |
| II | | $37.8<T<60$ | — | 可燃液体 |
| III | A | $T<60$ | $T<93$ | |
| | B | $T>93$ | — | |

航空煤油属于Ⅱ类可燃液体，其闪点比航空滑油低 60℃左右，容易被点燃。俄罗斯、美国和我国典型的航空燃油的闪点值如下[196]：

① 俄罗斯燃油的闪点值：

TC-1 不低于 28℃；

T-1 不低于 30℃；

T-6 不低于 66℃；

T-8 不低于 40℃；

PT 不低于 28℃；

② 美国燃油的闪点值：

JetA-1 不低于 37.8℃；

JetA 不低于 37.8℃；

JP-5 不高于 68℃；

JP-7 不低于 60℃；

JP-8 不高于 38℃；

TS 不低于 43℃。

③ 我国燃油的闪点值：
RP-1 不低于 28~80℃；
RP-2 不低于 28℃；
RP-3 不低于 38℃；
RP-5 不低于 60℃。

3. 燃烧极限范围广，燃烧的可能性大

航空煤油蒸发并与燃油箱内的氧气混合后发生气相燃烧，因此航空煤油在燃油箱内的燃烧属于预混燃烧，在燃烧过程中，预混火焰的火焰前锋仅能在航空煤油和氧气的组合范围内传播，该范围即为航空煤油的燃烧下限（lower flammable limit，LFL）和燃烧上限（upper flammable limit，UFL），见图 6-145。

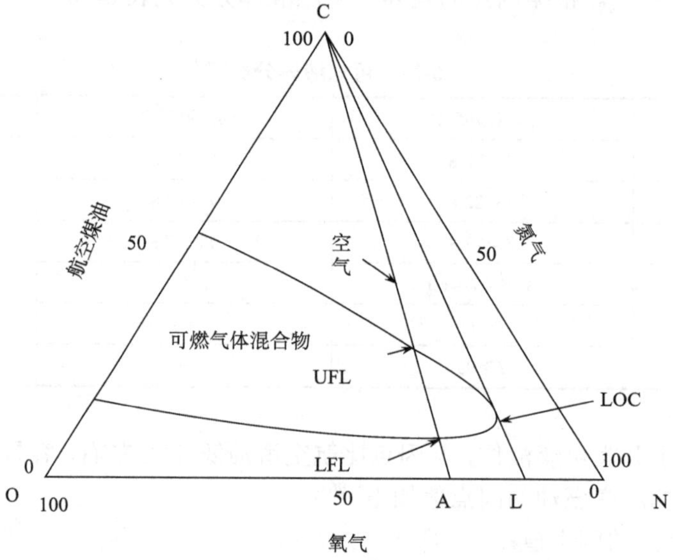


图 6-145　燃油箱中航空煤油燃烧极限示意图[198]
LOC 为极限氧气浓度

航空煤油是多种烃类组成的混合物，由于烃蒸气的从液体燃烧中溢出的数量不确定，导致航空煤油的燃烧极限很难确定。由文献[199]可知，JP-4 的燃烧下限为 1.3%，燃烧上限为 8%，而混合物的燃烧极限是单个物质的燃烧极限的混合，基于以上两点可以预测航空煤油燃烧极限在 1.3%~8%左右，可以看出航空煤油燃烧极限的范围还是比较广的。

### 6.6.1.3　航空燃油火灾原因与防治

根据 FAA 统计结果，燃油系统的火灾爆炸大部分是由飞机加油过程中产生的静电放电引起的，少部分是由发动机故障产生的高温部件穿透油箱、雷电击中飞机蒙皮等原因引起的[200]，下面重点介绍航空煤油静电起火原因和防治措施。

1. 航空煤油静电起火成因

以下列举了燃油箱静电引起航空煤油燃烧和爆炸需要同时满足的条件：

① 有相当于静电放电电极的物体存在；

② 处于容易产生静电带电的状态；

③ 静电发生后泄漏少，处于能够充分蓄积静电的绝缘状态；

④ 静电火花引起着火只限于接近化学当量浓度的可燃性气体；

⑤ 静电放电的能量足够大，能点燃可燃性气体。

要确定是否具备上述条件，需要进行飞机油箱内燃油带电状况、危险的静电引火源和飞机燃油箱内可燃性蒸气浓度研究。

（1）燃油箱内燃油带电状况

燃油箱内静电发生主要有以下三种途径：

① 飞机机动飞行和滑跑中，燃油与油箱壁面、尼龙织物隔板的摩擦及燃油渗透隔板过程时（占 83.5%）；

② 燃油经输油管注入油箱时（占 14.7%）；

③ 油面上各种浮子浮动时（占 1.8%）。

燃油箱内静电的消散主要有以下两种途径：

① 与空气中存在的电子或离子中和，但飞机燃油箱是用发动机增压空气增压的密闭容器，发动机停车后，基本上没有含电子或离子的新鲜空气进行中和；

② 通过带电绝缘体、容器及其支持件，向大地泄漏而消散，但油箱壁、油箱舱到大地之间的电阻率在 1012Ω·cm 以上，处在充分蓄积静电的绝缘状态，因此泄露量也很少。

（2）危险的静电引火源

油箱内主要有以下三种放电类型：

① 油箱中未搭接导体之间发生的火花放电（火花放电是高能量放电，因为蓄积的全部电荷在瞬间内集中释放，这种放电的危险性最大）；

② 从燃油表面到接地伸出物曲率半径大于 6mm 部位之间的流光放电（由于燃油的绝缘性，只是放电部位处的那部分电荷释放完，其他部位仍然留有电荷，流光放电的能量与火花相比要小得多）；

③ 从燃油表面到某些接地伸出物尖端部位之间的电晕放电（电晕放电通常以短的闪光出现，每次闪光放电能量小，基本没有危险）。

（3）燃油箱内可燃性蒸气浓度

可燃性火花点火能量随其浓度变化。当时，点火能量在可燃性气体浓度接近化学当量浓度时最小，点火能量在可燃性气体浓度接近上限或下限时按指数函数增大。可以看出静电火花在可燃性气体浓度接近化学当量浓度的那一区域才能引起燃烧或爆炸。

气温、油温、飞行速度、高度、时间、发动机使用情况和着陆滑跑中制动情况等因素均影响飞机油箱内生成的可燃性蒸气浓度。

2. 预防飞机燃油静电起火的措施

当燃油生成易燃爆的混合气和静电放电形成火源两个条件同时具备时才会发生燃油箱燃烧和爆炸。因此，防止飞机燃油静电起火应针对消除或限制造成上述两条件的有关主要因素采取措施。

（1）防止生成燃油蒸气和空气的混合气

从飞机战术性能、维修性、可靠性、经济性等方面综合考虑后再选取防止生成易燃爆混合气的措施。采用油箱惰化、使用高闪点燃油是防止生成燃油蒸气和空气的混合气的主要措施。油箱空间惰化具有防止静电起火和雷电危害的优点，但也具有增重和提高维护复杂性的缺点。在满足飞机战术性能和发动机性能要求的前提下，使用高闪点燃油来防止混合气的产生也是值得的。

（2）防止燃油带电

不使物体内蓄积静电以及将已产生的静电安全消除掉是防止燃油带电的措施。在飞机燃油系统设计时，通常采取静电中和技术和增加燃油电导率等措施。

静电中和技术是利用材料自身的带电特性，即材料在静电带电序列中的位置不同，与燃油接触分离后产生的静电荷极性不同，静电荷相互中和，这种方法能在较长期间内达到减少燃油带电的效果。如将柞蚕丝和涤纶两种纤维交织后，与航空煤油摩擦带电量约为纯纤维织品的十分之一，能使航空煤油最高带电量低于安全带电量值(约三分之一)。

增加电导率是减少在地面燃油储存、运输、转注等过程中燃油带电的一种有效措施，但这种方法对用高电阻率材料制成的飞机燃油箱以及表面经阳极化处理过的铝合金制的油箱来说不适用。

（3）消除危险的静电放电

防止产生静电和带电的措施一旦失效时的一种补充措施是消除危险的静电放电。为消除火花放电，首先在设计时要保证金属零件之间良好的电搭接性能，其次对于难以保持电搭接的部位，应更改零件的材料或改变结构形式，将危险的火花放电改变为其他危险性较小的放电，还可以改变放电空间介质，将油面上燃油蒸气空间内的放电改为油面下液态燃油内的放电，用于提高放电击穿强度，使其在使用情况下不可能发生燃爆。

## 6.6.2 航空液压油

### 6.6.2.1 航空液压油的种类和主要性能

作为飞机液压系统中的液体工作液，航空液压油不仅能够有效地传递能量，还要能够起到润滑、防锈、冷却、密封、阻尼和减震等作用[201]，液压传动技术目前已经广泛应用在飞机的驾驶控制系统、发动机的部分操纵部件和刹车系统等部件。根据唐有才等[202]的报道，航空液压油引起的故障越占飞机液压系统故障的50%以上，而飞机液压系统故障约占飞机机械总故障的40%左右，因此飞机液压油的性能引起了高度的重视。

国内外根据飞机的用途、使用的环境和工作条件研制了多种航空液压油，主要包括石油基和非石油基液压油，其中非石油基液压油又包括磷酸酯航空液压油和合成烃航空液压油，磷酸酯航空液压油具有耐燃性优、火焰扩散慢等优点，但其有一定的毒性，且对环境的影响较大，除此之外，其存在与飞机液压油系统不相容的缺点阻碍了其应用。与磷酸酯航空液压油相比，合成烃航空液压油运动黏度小，但其可降解，对环境无污染，并且是其对温度、压力的要求完全符合航空液压系统的需求，合成烃低温耐燃航空液压油的研发成为目前的研究热点。

液压系统工作压力和温度随着飞机飞行速度、飞行高度、液压系统功率的不断增长而升高，根据目前的趋势，预计未来液压系统的压力可达到 56MPa，温度在 174~204℃之间[203]。如美国，俄罗斯等国家已提出研制高超声速（马赫数达到 4~6）大型民用客机方案。新研航空液压油主要考虑以下性能要求[195]：

① 黏度。航空液压油的黏度对飞机液压系统性能有很大的影响，黏度大则液压油在系统中的阻力会增加，不仅会造成液压能的传输损失增大，过多地消耗泵的功率，温升增快，而且会导致液压油流动减慢，液压传动装置工作不灵敏，影响飞行安全；黏度太小则液压系统密封性能减弱，液压油容易漏失，降低泵的容积效率，使得系统压力不足，严重时会使飞机控制系统失调；除此之外，液压油黏度对润滑性能也有直接的影响。液压油的黏度是随温度、压力而改变的，温度升高，黏度减小，压力升高，黏度增大，飞机上常用 28MPa 以下的液压系统，液压油的黏度还与工作中的剪切速度、剪切应力有关，经过剪切以后黏度有所下降。

② 着火特性。着火特性应考虑液压油的闪点和自燃点等有关着火安全方面的因素。

③ 低温特性。低温特性应考虑液压油的倾点和凝固点。

④ 热传导特性（比热容、热导率）。

⑤ 挥发性、饱和蒸气压、沸点、蒸发性。

⑥ 密度。

⑦ 毒性。毒性指液压油或其蒸气对人体皮肤、眼睛等外部引起的刺激，或当吸入或摄入时所产生的不良影响，或长期接触所产生的病变。

⑧ 化学特征。包括化学稳定性、氧化稳定性、热稳定性、水解稳定性和抗辐射能力。

⑨ 相容性。应检验液压油和金属、橡胶、涂层、镀层、滑油、脂及添加剂的相容性。

⑩ 腐蚀。包括化学腐蚀和电化学腐蚀。

#### 6.6.2.2 航空液压油的火灾危险性

液压油通常在高压下工作，当液压管路通过发动机排气系统时，如果管路破裂，一部分泄漏液压油形成的可燃流体迅速汽化在发动机舱内形成可燃蒸气，飞溅的油液与高温表面接触或与电气线路产生的电弧接触则会引起剧烈燃烧。另一部分泄漏液压油在排油孔堵塞的情况下会在排油孔处聚积形成油池，遇高温热表面或电弧也会发生剧烈燃烧。管路破裂可能是由于环境腐蚀、设备磨损，也可能是由于武器打击[204]。无论是油池火还是喷雾火均严重威胁到飞行安全，因此需要对航空液压油的火灾动力学过程开展研究。

FAA在全尺寸飞机发动机舱内进行航空液压油的喷雾火和油池火实验，实验布置如图6-146和图6-147所示，其中有两点值得注意，其燃油喷嘴布置于一个高5cm的肋板后方，肋板对火焰具有稳定作用，另外点火装置为高压电打火，布置于喷嘴前上方。

图6-146　航空液压油喷雾火实验

（来源：https://www.fire.tc.faa.gov/pdf/systems/Oct06Meeting/Ingerson-1006-HalonReplacement.pdf）

图6-147　航空液压油油池火实验

（来源：https://www.fire.tc.faa.gov/pdf/systems/Oct06Meeting/Ingerson-1006- HalonReplacement.pdf）

## 本章参考文献

[1] 王存栋. 民航飞机的火灾危险性浅析. 中国西部科技, 2013, 12(12): 77-78.

[2] FAR Part 25: Airworthiness standards: transport category. http://www.engineerstoolkit.com/Airworthiness%20Standards%20%20FAA%20FAR%20Part%2025.pdf. [2017-6-30]

[3] 韩松兴. 飞机舱内隔音/隔热材料新的试验方法介绍. 民用飞机设计与研究, 2004(2): 36-45.

[4] 包丽. 运输类飞机座椅材料的阻燃要求. 科技创新导报, 2013(13): 233-234.

[5] CCAR-25-R4. 中国民用航空规章. 第 25 部, 运输类飞机适航标准.

[6] 崔祥柱. 电缆成束燃烧试验 GB18380 和 IEC 标准与 UL 标准的差异. 现代测量与实验室管理, 2007, 15(2): 20-21.

[7] 际华展览服务（上海）有限公司. 航天航空线缆产品市场大. http://www.nbwire.com/cnt_442.html. [2017-11-20]

[8] 张佳庆, 范明豪, 杜晓峰, 等. 电线电缆燃烧试验标准溯源与测试体系研究. 绝缘材料, 2015, 48(9): 6-11.

[9] GJB17—1984. 航空电线电缆试验方法系列标准.

[10] 王蔚. 聚氯乙烯电缆火灾特性及其影响因素研究. 合肥: 中国科学技术大学, 2008.

[11] 付强. 典型电缆燃烧性能研究. 合肥: 中国科学技术大学, 2012.

[12] Friedman R. Fire safety in the low-gravity spacecraft environment. SAE Technical Paper, 1999, 75(7): 348-352.

[13] Shea J J. Identifying causes for certain types of electrically initiated fires in residential circuits. Fire and Materials, 2011, 35(1): 19-42.

[14] Fujita O, Kyono T, Kido Y, et al. Ignition of electrical wire insulation with short-term excess electric current in microgravity. Proceedings of the Combustion Institute, 2011, 33(2): 2617-2623.

[15] Elliot P J, Whiteley R H. The measurement of smoke production from electrical wires under conditions of current overload. Fire and materials, 2000, 24(6): 259-263.

[16] Rodak E M, Taylor R J, Hirsch D B, et al. Effects of sample and test variables on electrical wire insulation flammability. Journal of testing and evaluation, 1994, 22(5): 447-450.

[17] Fernandez-Pello A C, Hasegawa H K, Staggs K, et al. A study of the fire performance of electrical cables. Fire Saf Sci, 1991, 3: 237-247.

[18] Cahill P. Electrical short circuit and current overload tests on aircraft wiring. Electrical Short Circuit & Current Overload Tests on Aircraft Wiring, 1995, 95.

[19] Nakamura Y, Yoshimura N, Matsumura T, et al. Opposed-wind effect on flame spread of electric wire in sub-atmospheric pressure. Journal of thermal science and technology, 2008, 3(3): 430-441.

[20] Huang X, Nakamura Y, Williams F A. Ignition-to-spread transition of externally heated electrical wire. Proceedings of the Combustion Institute, 2013, 34(2): 2505-2512.

[21] 舒中俊, 贾文娜, 陈南. 热老化对阻燃 PVC 电缆燃烧性能的影响. 消防科学与技术, 2010(2): 142-144.

[22] 冯军, 葛欣国, 张泽江, 等. 电线电缆阻燃技术. 建筑电气, 2015, 34(7): 3-5.

[23] Barusseau S, Ducatel F, Gouchi A. Cable sheath including a halogen-free intumescent composition: US, US6998536. 2006.

[24] 曹涛, 吴善永, 邱俊杰. 民用飞机蓄电池系统设计分析研究. 民用飞机设计与研究, 2013(4): 71-74.

[25] 刘春明, 金英, 张岚岚. 波音 787 锂电池问题研究. 航空制造技术, 2016, 505(10): 106-109.
[26] 方谋, 赵骁, 陈敬波, 等. 从波音 787 电池事故分析大型动力电池组的安全性. 储能科学与技术, 2014(1): 42-46.
[27] 肖瑞萍. 民用航空危险物品运输. 北京: 科学出版社, 2008.
[28] 民航局运输司. 危险品航空运输管理信息. http://www.caacdgc.org/tzgg/zhxw/201705/W020170527345289377129.pdf. [2017-6-30]
[29] 李冬. 锂电池航空运输要求. 安全与电磁兼容, 2016(4): 19.
[30] MH/T 1052—2013. 航空运输锂电池测试规范.
[31] Organization ICAO. The safe transport of dangerous goods by air: annex 18to the convention on International Civil Aviation. Montreal: International Civil Aviation Organization, 2011.
[32] 杜珺, 梁晓瑜. 锂电池航空运输安全风险管理研究. 安全与环境学报, 2012, 12(6): 212-215.
[33] 孙瑞军. 美国 UPS 货机在迪拜坠毁 两名飞行员丧生. http://news.163.com/10/0904/04/6FN9P5JV000146BC.html?f=jsearch. [2017-5-29]
[34] Airportwatch. Air freight news. http://www.airportwatch.org.uk/air-freight/. [2017-5-29]
[35] Lithium Batteries Risk Mitigation Guidance for Operators. http://www. iata. org/publications/Documents/lithiumBattery-risk-mitigation-guidance-for-operators-1st-ed. pdf. [2014-12-8]
[36] FAA. SAFO: Risks in transporting lithium batteries in cargo by aircraft. https://www.faa.gov/news/press_releases/media/safo10017.pdf. [2013-7-8]
[37] Webster H. Fire protection for the shipment of lithium batteries in aircraft cargo compartments. http://www. fire. tc. faa. gov/pdf/10-31. pdf. [2017-6-30]
[38] Webster H. Full scale battery tests: mixed cells, lithium-ion, lithium metal. http://www.prba.org/wp-content/uploads/FAAPresentations.pdf. [2014-11-3]
[39] Webster H. Full scale battery tests: aircraft response to fires involving large numbers of small lithium batteries. http://www3.alpa.org/Portals/Alpa/Meetings/ASF2014/ASF2014Webster_8-6-14.pdf. [2014-11-3]
[40] Summer S. Electronic flight bag (EFB) hazard assessment. https://www.fire.tc.faa.gov/pdf/systems/Nov11Meeting/Summer-1111-EFB.pdf. [2014-11-3]
[41] Thomas Maloney, E-Tablet Fire Tests: Storage in the aircraft. FAA Fire Safety, 2014.
[42] Maloney T, Tan J, Cheok M. Fire behavior of e-tablets stored in aircraft galley carts. http://www. fire. tc. faa. gov/pdf/TC-TN-14-40. pdf. [2016-12-27]
[43] Thackeray M M, Wolverton C, Isaacs E D. Electrical energy storage for transportation—approaching the limits of, and going beyond, lithium-ion batteries. Energy & Environmental Science, 2012, 5(7): 7854-7863.
[44] Tarascon J M, Armand M. Issues and challenges facing rechargeable lithium batteries. Nature, 2001, 414(6861):359-367.
[45] Etacheri V, Marom R, Ran E, et al. Challenges in the development of advanced Li-ion batteries: a review. Energy & Environmental Science, 2011, 4(9):3243-3262.
[46] Spotnitz R, Franklin J. Abuse behavior of high-power, lithium-ion cells. Journal of Power Sources, 2003, 113(1):81-100.
[47] 张旭, 王志, 王旭, 等. 电动飞机锂电池电芯火灾危险性研究. 消防科学与技术, 2016, 35(10).
[48] Roth E P, Doughty D H. Thermal abuse performance of high-power 18650 Li-ion cells. Journal of Power

Sources, 2004, 128(2): 308-318.

[49] Garcia M, Nagasubramanian G, Tallant D R, et al. Instability of polyvinylidene fluoride-based polymeric binder in lithium-ion cells: final report. Office of Scientific & Technical Information Technical Reports, 1999.

[50] Sloop S E, Kerr J B, Kinoshita K. The role of Li-ion battery electrolyte reactivity in performance decline and self-discharge. Journal of Power Sources, 2003, 119(03):330-337.

[51] Kawamura T, Kimura A, Egashira M, et al. Thermal stability of alkyl carbonate mixed-solvent electrolytes for lithium ion cells. Journal of Power Sources, 2002, 104(2):260-264.

[52] Ono Y. Dimethyl carbonate for environmentally benign reactions. Catalysis Today, 1997, 35(1–2):15-25.

[53] 方谋, 赵骁, 王要武, 等. 隔膜和电解质对电动车电池模块安全性影响. 新材料产业, 2014: 48-52.

[54] Larsson F, Andersson P, Blomqvist P, et al. Characteristics of lithium-ion batteries during fire tests. Journal of Power Sources, 2014, 271: 414-420.

[55] Doughty D. H, Battery safety & abuse tolerance test procedures for electric and hybird electric vehicles-comparison and analysis of published tested method// Li Ion Security Seminar CNRS, Paris, 2011.

[56] Ribière P, Grugeon S, Morcrette M, et al. Investigation on the fire-induced hazards of Li-ion battery cells by fire calorimetry. Energy & Environmental Science, 2012, 5(1): 5271-5280.

[57] ISO 5660-1:2002. Reaction to fire Tests——Heat release, smoke production and mass loss rate——Part1: Heat Release Rate.

[58] Lindholm J, Brink A, Hupa M. Influence of decreased sample size on cone calorimeter results. Fire and Materials, 2012, 36(1): 63-73.

[59] Nussbaum R M, Östman B A L. Larger specimens for determining rate of heat release in the cone calorimeter. Fire and Materials, 1986, 10(3-4): 151-160.

[60] 康泉胜. 小尺度油池火非稳态燃烧特性及热反馈研究. 合肥: 中国科学技术大学学位论文, 2009.

[61] Sloop S E, Pugh J K, Wang S, et al. Chemical reactivity of $PF_5$ and $LiPF_6$ in ethylene carbonate/ dimethyl carbonate solutions. Electrochemical and Solid-State Letters, 2001, 4(4):A42-A44.

[62] Plakhotnyk A V, Ernst L, Schmutzler R. Hydrolysis in the system LiPF6-propylene carbonate-dimethyl carbonate-$H_2O$. Journal of Fluorine Chemistry, 2005, 126(1): 27-31.

[63] Kawamura T, Sonoda T, Okada S, et al. Improvement of the stability of LiPF6 electrolytes toward water by the addition of LiCl. Electrochemistry, 2003, 71(12): 1139-1141.

[64] Aurbach D, Markovsky D, Rodkin A, et al. On the capacity fading of $LiCoO_2$ intercalation electrodes: the effect of cycling, storage, temperature, and surface film forming additives. Electrochimica Acta, 2002, 47(27): 4291-4306.

[65] Yang H, Zhuang G V, Ross P N. Thermal stability of LiPF6 salt and Li-ion battery electrolytes containing LiPF6. Journal of Power Sources, 2006, 161(1): 573-579.

[66] Wilken S, Johansson P, Jacobsson P. Infrared spectroscopy of instantaneous decomposition products of LiPF6-based lithium battery electrolytes. Solid State Ionics, 2012, 225: 608-610.

[67] Eshetu G G, Bertrand J P, Lecocq A, et al. Fire behavior of carbonates-based electrolytes used in Li-ionrechargeable batteries with a focus on the role of the LiPF6 and LiFSi salts. Journal of Power Sources, 2014, 269: 804-811.

[68] Shi L, Chew M Y L. Fire behaviors of polymers under autoignition conditions in a cone calorimeter. Fire Safety Journal, 2013, 61: 243-253.

[69] 王青松. 锂离子电池材料的热稳定性及电解液阻燃添加剂研究. 合肥: 中国科学技术大学, 2005.
[70] Iwata Y, Koseki H, Janssens M L, et al. Combustion characteristics of crude oils. Fire and materials, 2001, 25(1): 1-7.
[71] Drysdale D. An introduction to fire dynamics. Hoboken: John Wiley & Sons, 1998.
[72] Hamins A, Kashiwagi T, Buch R R. Characteristics of pool fire burning. Doboku Gakkai Ronbunshuu B, 1996, 40:15-41.
[73] Heskestad G. Fire plumes, flame height, and air entrainment//SFPE handbook of fire protection engineering. New York: Springer, 2016: 396-428.
[74] Zhang W, Chen X, Chen Q, et al. Combustion calorimetry of carbonate electrolytes used in lithium ion batteries. Journal of Fire Sciences, 2015, 33(1): 22-36.
[75] Tewarson A. Generation of heat and chemical compounds in fires//SFPE handbook of fire protection engineering. New York: Springer, 2002, 3: 83-161.
[76] Zukoski E E, Cetegen B M, Kubota T. Visible structure of buoyant diffusion flames. Symposium on Combustion, 1985, 20(1):361-366.
[77] Hu L, Wang Q, Delichatsios M, et al. Flame height and lift-off of turbulent buoyant jet diffusion flames in a reduced pressure atmosphere. Fuel, 2013, 109: 234-240.
[78] Bassilakis R, Carangelo R M, Wójtowicz M A. TG-FTIR analysis of biomass pyrolysis. Fuel, 2001, 80(12): 176-178.
[79] Mogi R, Inaba M, Iriyama Y, et al. Study on the decomposition mechanism of alkyl carbonate on lithium metal by pyrolysis-gas chromatography-mass spectroscopy. Journal of power sources, 2003, 119:597-603.
[80] Standard Test Method for Heat and Visible Smoke Release Rates for Materials and Products, ASTM E-906, ASTM, Philadelphia, 1983.
[81] ISO 5660-1:1993. Fire tests——Reaction to fire——Part 1: Rate of heat release from building products--(Cone calorimeter method).
[82] ASTM E1354-17. Standard test method for heat and visible smoke release rates for materials and products using an oxygen consumption calorimeter. https://www.astm.org/Standards/E1354. htm. [2016 -5-30]
[83] Huggett C. Estimation of rate of heat release by means of oxygen consumption measurements. Fire and Materials, 1980, 4(2): 61-65.
[84] Babrauskas V. Development of the cone calorimeter—a bench-scale heat release rate apparatus based on oxygen consumption. Fire and Materials, 1984, 8(2): 81-95.
[85] Thornton W M. XV. The relation of oxygen to the heat of combustion of organic compounds. Philosophical Magazine, 1917, 33(194): 196-203.
[86] GB8624—2006. 建筑材料及制品燃烧性能分级.
[87] Celina M, Michael K, Kevin W, et al. Fire protection research foundation. https://www.nfpa.org/News-and-Research/Resources/Fire-Protection-Research-Foundation. [2012-3-18]
[88] Eshetu G G, Grugeon S, Laruelle S, et al. In-depth safety-focused analysis of solvents used in electrolytes for large scale lithium ion batteries. Physical Chemistry Chemical Physics, 2013, 15(23): 9145-9155.
[89] Zheng T, Gozdz A S, Amatucci G G. Reactvity of the solid electrolyte interfaceon carbon electrodes at elevated temperatures. Journal of the Electrochemical Society, 1999, 146(11): 4014-4018.

[90] Andersson A M, Edstrom K. Chemical composition and morphology of the elevated temperature sei on graphite. Journal of the Electrochemical Society, 2001, 148(9): A1100-A1109.
[91] Kumai K, Miyashiro H, Kobayashi Y, et al. Gas generation mechanism due to electrolyte decomposition in commercial lithium-ion cell. Journal of power sources, 1999, 81: 715-719.
[92] MacNeil D D, Dahn J R. The reactions of $Li_0$. $5CoO_2$ with nonaqueous solvents at elevated temperatures. Journal of the electrochemical society, 2002, 149(7): A912-A919.
[93] MacNeil D D, Dahn J R. The reaction of charged cathodes with nonaqueous solvents and electrolytes: I. $Li_{0.5}CoO_2$. Journal of the Electrochemical Society, 2001, 148(11): A1205-A1210.
[94] Maloney T. Lithium battery thermal runaway vent gas analysis. https://www.fire.tc.faa. gov/pdf/TC-15-59. pdf. [2016-6-30]
[95] Quintiere J G, Crowley S, Walters R N, et al. Fire hazards of lithium batteries. https://www. fire. tc. faa. gov/pdf/TC-TN15-17. pdf. [2016-8-30]
[96] Mikolajczak C, Kahn M, White K, et al. Introduction to lithium-ion cells and batteries// Lithium-Ion Batteries Hazard and Use Assessment. Springer US, 2011:1-24.
[97] 童琳，张瑞芳，谢启源，等. 有风条件下航空煤油池火燃烧特性的实验研究. 火灾科学, 2010, 19(3): 123-130.
[98] 安伟光. PS 建筑外墙保温材料燃烧及火蔓延行为研究. 合肥：中国科学技术大学, 2015.
[99] 张佳庆，姜晓燕，陆守香，等. 100 号航空汽油池火燃烧特性试验研究. 安全与环境学报, 2010(5): 136-140.
[100] Gore J, Klassen M, Hamins A, et al. Fuel property effects on burning rate and radiative transfer from liquid pool flames. Fire Safety Science, 1991, 3:395-404.
[101] ICAO. Technical instructions for the safe transport of dangerous goods by air. http://www.ubak.gov.tr/BLSM_WIYS/TMKDG/tr/doc/20170130_112447_64574_1_64.pdf. [2017-5-29]
[102] 罗玲，宋文吉，林仕立，等. 工作温度对磷酸铁锂电池 SOC 影响及研究进展. 新能源进展, 2015, 3(1): 59-69.
[103] Ohsaki T, Kishi T, Kuboki T, et al. Overcharge reaction of lithium-ion batteries. Journal of Power Sources, 2005, 146(1): 97-100.
[104] Wang Q, Sun J, Yao X, et al. Thermal behavior of lithiated graphite with electrolyte in lithium-ion batteries. Journal of the Electrochemical Society, 2006, 153(2): A329-A333.
[105] Jhu C Y, Wang Y W, Wen C Y, et al. Self-reactive rating of thermal runaway hazards on 18650 lithium-ion batteries. Journal of thermal analysis and calorimetry, 2011, 106(1): 159-163.
[106] Roth E P, Doughty D H, Franklin J. DSC investigation of exothermic reactions occuring at elevated temperatures in lithium-ion anodes containing PVDF-based binders. Journal of power sources, 2004, 134(2): 222-234.
[107] Gnanaraj J S, Zinigrad E, Asraf L, et al. The use of accelerating rate calorimetry (ARC) for the study of the thermal reactions of Li-ion battery electrolyte solutions. Journal of Power Sources, 2003, 119:794-798.
[108] Golubkov A W, Scheikl S, Planteu R, et al. Thermal runaway of commercial 18650 Li-ion batteries with LFP and NCA cathodes–impact of state of charge and overcharge. RSC Advances, 2015, 5(70):57171-57186.
[109] Golubkov A W, Fuchs D, Wagner J, et al. Thermal-runaway experiments on consumer Li-ion batteries

with metal-oxide and olivin-type cathodes. RSC Advances, 2014, 4(7): 3633-3642.
[110] Doughty D H, Roth E P. A general discussion of Li ion battery safety. The Electrochemical Society Interface, 2012, 21(2): 37-44.
[111]14 CFR 29. Airworthiness standards: transport category rotorcraft. https://www.gpo.gov/fdsys/granule/CFR-2011-title14-vol1/CFR-2011-title14-vol1-part29. [2017-6-30]
[112] Tritt T M. Thermal conductivity: theory, properties, and applications. New York: Kluwer Academic/Plenum Publishers, 2012.
[113] Ohlemiller T J, Caveny L H, DeLuca L, et al. Dynamic effects on ignitability limits of solidpropellants subjected to radiative heating//Symposium(International)on Combustion. Elsevier, 1973, 14(1): 1297-1307.
[114] DeLuca L, Caveny L H, Ohlemiller T J, et al. Radiative ignition of double-base propellants. I-Some formulation effects[J]. AIAA Journal, 1976, 14(7): 940-946.
[115] Cohen A, Beyer R A. Laser Ignition of Solid Propellants: 1. Ignition Delays. Army research Lab, 1993. Report ARL-TR-162.
[116] 翁春生，翁金辉. 激光点火过程的简化解析解. 莆田学院学报, 2005, 12(2):49-52.
[117] Brewster M Q. Surface-absorption assumption for radiant heating and ignition of energetic solids. Journal of Thermophysics and Heat Transfer, 2006, 20(2): 348-351.
[118] Ulas A, Kuo K K. Laser-induced ignition of solid propellants for gas generators. Fuel, 2008, 87(6): 639-646.
[119] 杨红运. 太阳能电池板火灾危险性的实验研究. 合肥：中国科学技术大学, 2016.
[120] Petrella R V. The assessment of full-scale fire hazards from cone calorimeter data. Journal of Fire & Flammability, 1994, 12(1): 14-43.
[121] Chow W K, Han S S. Studies on fire behaviour of video compact disc (VCD) materials with a cone calorimeter. Polymer testing, 2004, 23(6): 685-694.
[122] Biensan P, Simon B, Peres J P, et al. On safety of lithium-ion cells. Journal of Power Sources, 1999, 81: 906-912.
[123] Zhu F L, Wang X J, Cheng X P, et al. Modeling multi-stage decomposition of cotton fabrics considering char oxidation in the presence of oxygen. Fire and Materials, 2009, 33(8): 395-411.
[124] 王亚飞. 热解气体流动特性对炭化可燃物热解着火特性影响规律研究. 合肥：中国科学技术大学, 2011.
[125] Lai W J, Ali M Y, Pan J. Mechanical behavior of representative volume elements of lithium-ion battery cells under compressive loading condition. Journal of Power Sources, 2014, 245: 609-623.
[126] 李振华. 西藏高原低压低氧条件下可燃物燃烧特性和烟气特性研究. 合肥：中国科学技术大学, 2009.
[127] 龚俊辉. 典型非碳化聚合物材料热解及逆流火蔓延实验和理论研究. 合肥：中国科学技术大学, 2014.
[128] 梁参军. 环境压强对固体可燃物火蔓延的影响研究. 合肥：中国科学技术大学, 2014.
[129] Dai J, Yang L, Zhou X, et al. Experimental and modeling study of atmospheric pressure effects on ignition of pine wood at different altitudes. Energy & Fuels, 2009, 24(1): 609-615.
[130] Wang Y, Yang L, Zhou X, et al. Experiment study of the altitude effects on spontaneous ignition characteristics of wood. Fuel, 2010, 89(5):1029-1034.

[131] Kansa E J, Perlee H E, Chaiken R F. Mathematical model of wood pyrolysis including internal forced convection. Combustion and Flame, 1977, 29: 311-324.
[132] Blasi C D. Modeling and simulation of combustion processes of charring and non-charring solid fuels. Progress in Energy & Combustion Science, 1993, 19(1):71-104.
[133] Bilbao R, Mastral J F, Lana J A, et al. A model for the prediction of the thermal degradation and ignition of wood under constant and variable heat flux. Journal of Analytical and Applied Pyrolysis, 2002, 62(1): 63-82.
[134] FAA. Advisory Circular: In-flight fires. https://www.faa.gov/documentLibrary/media/Advisory_Circular/AC120-80.pdf. [2010-3-27]
[135] Chen M, Liu J, Lin X, et al. Combustion characteristics of primary lithium battery at two altitudes. Journal of Thermal Analysis and Calorimetry, 2016, 124(2): 865-870.
[136] Webster H. Flammability assessment of bulk-packed, nonrechargeable lithium primary batteries in transport category aircraft. http://www. tc. faa. gov/its/worldpac/techrpt/ar04-26. pdf. [2015-5-30]
[137] Webster H. Flammability assessment of bulk-packed, rechargeable lithium-ion cells in transport category aircraft. http://www. tc. faa. gov/its/worldpac/techrpt/ar06-38. pdf. [2015-5-30]
[138] Sarkos G. An overview of FAA fire safety R&D since the previous triennial conference// The 7th Triennial International Fire & Cabin Safety Research Conference, Philadelphia, 2013.
[139] James G. Quintiere, Sean B. Crowley, Richard N. Walters, Richard E. Lyon, and David Blake. Fire Hazards of Lithium Batteries. Federal Aviation Administration, DOT/FAA/TC-TN15/17. 2016.
[140] Summer S M. Flammability assessment of lithium-ion and lithium-ion polymer battery cells designed for aircraft power usage. http://www. tc. faa. gov/its/worldpac/techrpt/ar0955. pdf. [2015-5-30]
[141] FAA Fire Safety. The aircraft hazards of flammable gasses produced by lithium batteries in thermal runaway. https://www. icao. int/safety/DangerousGoods/Third %20International %20Multidisciplinary %20Lithium%20Batt/1psi_vent_gas_tests_6. pdf. [2016-6-30]
[142] Somandepalli V, Marr K, Horn Q. Quantification of combustion hazards of thermal runaway failures in lithium-ion batteries. SAE International Journal of Alternative Powertrains, 2014, 3(1): 98-104.
[143] 张青松，秦帅星，罗星娜，等. 空运锂离子电池热解气体探测效果对比分析. 消防科学与技术, 2017, 36(3): 352-355.
[144] 爱范儿. 斯坦福学霸开发出防炸机电池，会是未来电池吗？http://www.ifanr.com/777433. [2017-1-17]
[145] Maloney T. Extinguishment of lithium-ion and lithium-metal battery fires. https://www. fire. tc. faa. gov/pdf/TC-13-53. pdf. [2015-5-30]
[146] Summer S. Propagation of Lithium Battery Fire in an Inert Environment. https://www. fire. tc. faa. gov/pdf/systems/Oct14Meeting/MALONEY-1014-PropagationLithiumBatteryFire. pdf. [2016-5-30]
[147] 戚瀚鹏. 空运锂电池 ULD 集成灭火系统研究. 天津：中国民航大学, 2015.
[148] 颜为芹，马元朋，马钟丽，等. 空运锂电池火灾自动报警与联动控制装置设计. 科技创新导报, 2017, 14(5):5-6.
[149] 王迪瓒. MB25 高强稀土变形镁合金在飞机上的应用研究. 材料工程, 1986, (5): 11-13.
[150] Choi K, Sakasai H, Nishimura K. Minimum ignition energies of pure magnesium powders due to electrostatic discharges and nitrogen's effect. Journal of Loss Prevention in the Process Industries, 2016, 41: 144-146.

[151] Mittal M. Explosion characteristics of micron-and nano-size magnesium powders. Journal of Loss Prevention in the Process Industries, 2014, 27(1): 55–64.
[152] Brachi P, Miccio F, Miccio M, et al. Isoconversional kinetic analysis of olive pomace decomposition under torrefaction operating conditions. Fuel Processing Technology, 2015, 130: 147-154.
[153] Marker T. Evaluating the flammability of various magnesium alloys during laboratory-and full-scale aircraft fire tests. https://www. fire. tc. faa. gov/pdf/AR11-13. pdf. [2017-6-30]
[154] Lee D B. High temperature oxidation of AZ31+0. 3wt. %Ca and AZ31+0. 3wt. %CaO magnesium alloys. Corrosion Science, 2013, 70: 243-251.
[155] Czerwinski F. Oxidation characteristics of magnesium alloys. Jom, 2012, 64(12): 1477-1483.
[156] Song G L. Corrosion and protection of magnesium alloys: an overview of research undertaken by CAST. Materials Science Forum, 2005: 649-652.
[157] Wei L, Dunlop G. The solidification behaviour of Mg-Al-rare earth alloys. Journal of Alloys and Compounds, 1996, 232(1-2): 264-268.
[158] Liu Y, Li W, Li Y Y. Microstructure and mechanical properties of ZE10 magnesium alloy prepared by equal channel angular pressing. International Journal of Minerals, Metallurgy and Materials, 2009, 16(5): 559-563.
[159] Mekonen M N, Steglich D, Bohlen J, et al. Mechanical characterization and constitutive modeling of Mg alloy sheets. Materials Science and Engineering: A, 2012, 540: 174-186.
[160] Wang X M, Zeng X Q, Zhou Y, et al. Early oxidation behaviors of Mg–Y alloys at high temperatures. Journal of Alloys and Compounds, 2008, 460(1-2): 368-374.
[161] Yuan C M, Yu L F, Li C, et al. Thermal analysis of magnesium reactions with nitrogen/oxygen gas mixtures. Journal of Hazardous Materials, 2013, 260: 707-714.
[162] Kubaschewski O, Hopkins B E. Oxidation of metals and alloys. Oxford: Butterworths, 1967.
[163] Nazare S, Kandola B, Horrocks A R. Use of cone calorimetry to quantify the burning hazard of apparel fabrics. Fire and Materials, 2002, 26(4-5): 191-199.
[164] Cross M, Cusack P, Hornsby P. Effects of tin additives on the flammability and smoke emission characteristics of halogen-free ethylene-vinyl acetate copolymer. Polymer Degradation and Stability, 2003, 79(2): 309-318.
[165] Liu M, Shih D S, Parish C, et al. The ignition temperature of Mg alloys WE43, AZ31and AZ91. Corrosion Science, 2012, 54: 139-142.
[166] Kleinhenz J, Feier I I, Hsu S-Y, et al. Pressure modeling of upward flame spread and burning rates over solids in partial gravity. Combustion and Flame, 2008, 154(4): 637-643.
[167] Niu Y, He Y, Hu X, et al. Experimental study of burning rates of cardboard box fires near sea level and at high altitude. Proceedings of the Combustion Institute, 2013, 34(2): 2565-2573.
[168] Fang J, Tu R, Guan J F, et al. Influence of low air pressure on combustion characteristics and flame pulsation frequency of pool fires. Fuel, 2011, 90(8): 2760-2766.
[169] Jun F, Yu C-Y, Ran T, et al. The influence of low atmospheric pressure on carbon monoxide of n-heptane pool fires. Journal of Hazardous Materials, 2008, 154(1): 476-483.
[170] 王洁. 飞机货舱环境顶棚射流区火灾烟气特征及温度分布规律研究. 合肥: 中国科学技术大学, 2015.
[171] 牛奕. 低压低氧环境下纸箱堆垛火的实验和数值模拟研究. 合肥: 中国科学技术大学, 2013.

[172] 戴佳昆. 固体可燃物热解气化及热解气对冲流场点燃过程模型与实验研究. 合肥: 中国科学技术大学, 2012.
[173] Czerwinski F. The early stage oxidation and evaporation of Mg–9%Al–1%Zn alloy. Corrosion Science, 2004, 46(2): 377-386.
[174] Czerwinski F. Controlling the ignition and flammability of magnesium for aerospace applications. Corrosion Science, 2014, 86(9): 1-16.
[175] Baum H R, Atreya A. A model of transport of fuel gases in a charring solid and its application to opposed-flow flame spread. Proceedings of the Combustion Institute, 2007, 31(2): 2633-2641.
[176] Spearpoint M, Quintiere J. Predicting the burning of wood using an integral model. Combustion and Flame, 2000, 123(3): 308-325.
[177] Wikle K G. Improving aluminum castings with beryllium// Meeting of the American Foundrymen's Society, 1978: 513-518.
[178] 加藤政义. 金属腐蚀手册. 成都: 四川科学技术出版社, 1985.
[179] 王雪敏, 曾小勤, 吴国松, 等. 合金元素对镁合金氧化性能的影响. 材料导报, 2006, (11): 69-72.
[180] 刘正, 张奎, 曾小勤. 镁基轻质合金理论基础及其应用. 北京: 机械工业出版社, 2002.
[181] 杨明波, 潘复生, 李忠盛, 等. 镁合金铸态晶粒细化技术的研究进展. 铸造, 2005, 54(4): 314-319.
[182] 游志勇. 合金化对高锌镁合金组织和性能影响的研究. 太原: 太原理工大学, 2012.
[183] 李伟. 固态稀土镁合金燃烧性的研究. 长春: 吉林大学, 2007.
[184] 姚三九, 刘卫华, 陈日月. 高锌镁合金研究. 特种铸造及有色合金, 2001, (5): 18-19.
[185] Qian M, Stjohn D H, Frost M T. Characteristic zirconium-rich coring structures in Mg-Zr alloys. Scripta Materialia, 2002, 46(9): 649-654.
[186] 孙明, 吴国华, 戴吉春, 等. Zr 在镁合金中晶粒细化行为研究进展. 铸造, 2010, 59(3): 255-259.
[187] Bhan S, Lal A. The Mg-Zn-Zr system (magnesium-zinc-zirconium). Journal of Phase Equilibria, 1993, 14(5): 634-637.
[188] Galiyev A, Kaibyshev R, Gottstein G. Correlation of plastic deformation and dynamic recrystallization in magnesium alloy ZK60. Acta Materialia, 2001, 49(7): 1199-1207.
[189] 罗治平, 张少卿, 汤亚力, 等. 稀土在镁合金溶液中作用的热力学分析. 中国稀土学报, 1995, (2): 119-122.
[190] 陈晓强, 刘江文, 罗承萍. 高强度 Mg-Zn 系合金的研究现状与发展趋势. 材料导报, 2008, 22(5): 58 62.
[191] 麻彦龙, 左汝林, 汤爱涛, 等. 时效 ZK60 镁合金中的合金相探索. 重庆大学学报, 2004, 27(12): 91-94.
[192] Yu X, Jiang B, Yang H, et al. High temperature oxidation behavior of Mg-Y-Sn, Mg-Y, Mg-Sn alloys and its effect on corrosion property. Applied Surface Science, 2015, 353: 1013-1022.
[193] Ning Z, Liang W, Cao F, et al. The effect of Y on the Oxidation of Mg-Zn-Zr alloys. International Journal of Modern Physics B, 2009, 23(06-07): 796-801.
[194] Kumar N V R, Blandin J J, Suéry M, et al. Effect of alloying elements on the ignition resistance of magnesium alloys. Scripta Materialia, 2003, 49(3):225-230.
[195] 《飞机设计手册》总编委会. 飞机设计手册. 第 12 册, 飞行控制系统和液压系统设计. 北京: 航空工业出版社, 2003.
[196] SFAR 88. Fuel Tank System Fault Tolerance Evaluation Requirements. 2002.

[197] 李增华. 燃烧学. 徐州：中国矿业大学出版社, 2005.
[198] 刘春波. 民用飞机燃油箱防爆的综合分析研究. 南京：南京航空航天大学, 2014.
[199] Hill R, Johnson G R. Investigation of Aircraft Fuel Tank Explosions and Nitrogen Inerting Requirements during Ground Fires. National Aviation Facilities Experimental Center Atlantic City NJ, 1975.
[200] 张鹏飞. 飞机燃油箱氮气惰化系统性能研究. 沈阳：沈阳航空工业学院, 2010.
[201] 姜旭峰, 校云鹏, 刘长城. 航空液压油的性能要求和应用注意事项. 合成润滑材料, 2016(4): 34-36.
[202] 唐有才, 刘振岗, 王占勇, 等. 飞机液压系统故障多的原因探讨及对策. 液压与气动, 2009(10): 84-87.
[203] 李正雄, 周莉娟. 探讨合成烃航空液压油的发展趋势. 化工设计通讯, 2017, 43(6): 35-35.
[204] Bennett J M, Kolleck M L. Assessing the cost impact of Halon alternatives on aviation// Halon Options Technical Working Conference, 1997.

# 索　引

**G**



**H**



**J**

## K



## L



## M



## N



## P



## Q

## Z



## 其 他